Ergebnisse der Mathematik und ihrer Grenzgebiete 100

A Series of Modern Surveys in Mathematics

Hans Petersson

Modulfunktionen und quadratische Formen

Springer-Verlag Berlin Heidelberg GmbH 1982

Prof. Dr. Dr. h. c. Hans Petersson
Ochtrupweg 42
D-4400 Münster

Gedruckt mit Unterstützung der Gesellschaft zur Förderung der
Westfälischen Wilhelms-Universität zu Münster

CIP-Kurztitelaufnahme der Deutschen Bibliothek
Petersson, Hans: Modulfuktionen und quadratische Formen / Hans Petersson. – Berlin;
Heidelberg; New York: Springer, 1982.
(Ergebnisse der Mathematik und ihrer Grenzgebiete; 100)
ISBN 978-3-642-68621-4   ISBN 978-3-642-68620-7 (eBook)
DOI 10.1007/978-3-642-68620-7
NE: GT

2141/3140-543210

Vorwort

Seit langem ist bekannt, daß man durch Anwendung der Modulfunktionen einer komplexen Variablen Sätze über die Darstellungsanzahlen natürlicher Zahlen durch positiv-definite ganzzahlige quadratische Formen beweisen kann. Die erzeugende Fourier-Reihe der Darstellungsanzahlen ist eine Thetareihe und damit eine ganze Modulform. Über diese gilt ein Reduktionstheorem, das besagt, daß sich jede solche durch ein geeignetes lineares Aggregat Eisensteinscher Reihen auf eine ganze Spitzenform der gleichen Formenklasse additiv reduzieren läßt.

Im wesentlichen nach diesem besonders von E. Hecke herausgestellten Schema kann alles abgeleitet werden, was an konkreten Resultaten zum genannten Thema vorliegt. Die Resultate sind im strengen Sinne Analoga der berühmten Formel von C. G. J. Jacobi für die Anzahl der Darstellungen einer natürlichen Zahl als Summe von vier Quadraten ganzer Zahlen. Wir bezeichnen im folgenden diese Analoga als Identitäten Jacobischer Art. Der vorliegende Bericht besteht aus lauter Beispielen für die Anwendung des obigen Verfahrens auf den Beweis solcher Identitäten. Es entstehen deren nicht nur endlich viele. Es werden auch Serien unendlich vieler Probleme der Bestimmung von Darstellungsanzahlen durch quadratische Formen aufgewiesen, deren Lösung auf Identitäten Jacobischer Art mit zunächst unbestimmten Koeffizienten führt. Für diese sind die Lösungen eines linearen Gleichungssystems einzusetzen, dessen eindeutige Lösbarkeit von vornherein feststeht.

Die entscheidende Forderung, die an die formale Struktur der Identitäten Jacobischer Art gestellt wird, besagt, daß diese vollständig explizit und finit sein sollen. Für die beteiligten ganzen Spitzenformen ergeben sich in Übereinstimmung mit dieser Vorschrift Darstellungen als Potenzprodukte (mit natürlichen Zahlen als Exponenten) von einfachen und binären Thetareihen. Dabei erweisen sich nichttriviale Theta-Relationen sehr oft als unentbehrliches Hilfsmittel. Sie beruhen auf der Divisorentheorie der Modulformen und damit auf dem in der vorliegenden Untersuchung dauernd angewendeten Transformations-Apparat (insbesondere den Multiplikatorsystemen) der Modulformen halbzahligen Grades ($-\frac{1}{2}$ und $-\frac{3}{2}$); es ist

$$\text{Grad} = \text{Dimension} = \text{minus Gewicht.}$$

Die überwiegend verwendeten Eisenstein-Reihen sind zwar solche ganzzahligen Grades, nehmen aber bei Transformation durch Modulmatrizen der betreffenden Untergruppe stets auch Multiplikatoren des Betrages 1 auf, die nicht dem Hauptcharakter entsprechen. Dies bedingt starke Abweichungen gegen-

über der klassischen Theorie von E. Hecke, die völlig auf Hauptkongruenzgruppen und den Hauptcharakter zugeschnitten ist. Die entsprechenden Formenklassen sind wegen der mit der Stufe steil ansteigenden Werte für die Anzahlen der Spitzenbahnen und die Geschlechter zur Lösung von Aufgaben der
oben angedeuteten Art in den weitaus meisten Fällen ungeeignet. Andererseits
geben darüber, inwieweit für die Fourier-Koeffizienten Eisensteinscher Reihen
das Postulat expliziter und finiter Darstellung realisiert werden kann, die Formeln von § 20 Auskunft; es handelt sich hier um Modulformen halbzahligen
Grades ($-\frac{5}{2}$ und $-\frac{7}{2}$).

Fragen der Asymptotik treten in diesem Bericht fast in den Hintergrund.
Eine gewisse natürliche asymptotische Gliederung ergibt sich aus den Abschätzungen der Fourier-Koeffizienten der ganzen Spitzenformen. Diese liefern tief-
liegende asymptotische Aussagen, sobald es gelingt, die Fourier-Koeffizienten
des linearen Kompositums Eisensteinscher Reihen, welche im Reduktionstheorem erscheinen, nicht-trivial nach unten abzuschätzen.

Im Gegensatz zur Asymptotik wird auf die numerische Berechenbarkeit des
Resultat-Ausdrucks der verwendeten Methode der größte Wert gelegt. In allen
vorliegenden Fällen gelang es, die numerische Übereinstimmung der beiden
Seiten der Identität Jacobischer Art bis zum dreifachen Wert einer gewissen
(wohlbekannten) Identitätsschranke (für die durch die quadratische Form dar-
zustellende Zahl) zu bestätigen. Es sei hervorgehoben, daß dies lediglich in
einigen der erwähnten Fälle halbzahligen Grades von § 20 den Gebrauch von
Rechengeräten erforderte.

Im Hinblick auf die Eindeutigkeit der additiven Zerlegung der ganzen Modulformen nach dem Reduktionstheorem werden im Anhang G die Grundzüge
der metrischen Verknüpfung ganzer Modulformen kurz entwickelt. Die genannte Eigenschaft ergibt sich unmittelbar aus der Orthogonalität der Eisenstein-Reihen zu den ganzen Spitzenformen. Diese ist damit zugleich eine wesentliche Eigenschaft der Identitäten Jacobischer Art.

Im übrigen sind diese Identitäten, wie sie hier auftreten, und mit ihnen
zahllose weitere, die nach der gleichen Methode bewiesen werden können,
sämtlich Aussagen über Thetareihen und gehören also im engsten Sinne zu deren Anwendungen. Über dieses Thema (Anwendungen der Thetafunktionen)
sollte ein Artikel in der Enzyklopädie der Mathematischen Wissenschaften be-
richten, der auf Wunsch von E. Hecke in den dreißiger Jahren geplant war und
den zu schreiben der Verfasser übernommen hatte. Nachdem das Projekt —
nicht zuletzt wegen der Schwierigkeit der stofflichen Abgrenzung — aufgegeben
werden mußte, soll nun die vorliegende Darstellung zum Verständnis wenigstens dessen beitragen, was Thetareihen in der Theorie der quadratischen Formen zu leisten vermögen.

Die vorliegende Darstellung ist im Laufe mehrerer Jahre entstanden; es ergab sich schließlich ein nicht unkompliziertes Manuskript, das neben kleinen
Inkonsequenzen der Bezeichnung auch typographische Schwierigkeiten darbot.
Die Inkonsequenzen der Bezeichnung habe ich, da sie logisch belanglos sind,
nicht geändert, um Druckfehlern vorzubeugen. Den finanziellen Ausgleich ty-
pographischer Schwierigkeiten hat die Gesellschaft zur Förderung der Westfälischen Wilhelms-Universität zu Münster übernommen. Ihr kommt damit ein

wesentliches Verdienst am Erscheinen dieses Buches zu. Dem Verlag und der Druckerei habe ich für die außerordentliche Mühe, die beide aufgewendet haben, um einen hochqualifizierten Buchtext herzustellen, nachdrücklichst zu danken. Von der Seite hochverehrter Kollegen wurde mir mancher gute Rat, besonders in technischer Hinsicht, gespendet. Überaus wertvoll war in dieser Hinsicht, vor allem bei den Korrekturen, die Hilfe meiner Frau, ohne die manche besonders mühsame Arbeit mindestens die doppelte Zeit in Anspruch genommen hätte.

Ihr ist dieses Buch gewidmet.

Münster (Westf.), im September 1982

Hans Petersson

Inhaltsverzeichnis

Im Text findet sich vor jedem Paragraphen eine ausführlichere Inhaltsübersicht.

Kapitel I. Theoretischer Teil

§ 1. Allgemeiner Teil der Theorie: Die Modulgruppe, Modulformen

Inhaltsübersicht: Bezeichnungen und Definitionen im Grundlagenbereich, Rechenregeln für linear-gebrochene Substitutionen, Typen-Einteilung. Untergruppen Γ der Modulgruppe $_1\Gamma$, Kongruenzgruppen; Bahnen mod Γ. Fixpunkte, insbesondere Spitzen; Breite, Grundmatrix einer Spitze ζ in einer kanonischen Untergruppe Γ von $_1\Gamma$; Spitzensektoren, Fundamentalkomplex von Γ in der Modulfigur. Eulersche Polyederformel.

Hauptwerte von $\arg(m_1\tau + m_2)$, $(m_1\tau + m_2)^r$ $(m_1, m_2, r \in \mathbb{R})$, Summandensysteme $w(M, S)$, Faktorensysteme $\sigma(M, S)$, Strichoperatoren, Multiplikatorsysteme $[\Gamma, -r]^1$. Definition der Modulformen und der Formenklassen $\{\Gamma, -r, v\}$ $(r \in \mathbb{R})$; Fourier-Entwicklung einer Modulform bezüglich einer Spitze, Drehreste. Spezielle Formenklassen.

Verhalten von Modulformen $\{\Gamma, -r, v\}$ beim Übergang von Γ zu einer kanonischen Untergruppe $\Delta < \Gamma$. Transformation mit einer Matrix $S \in {}_1\Gamma$. Invariante Ordnungen einer Modulform $\{\Gamma, -r, v\}$ in den Spitzen. Definition der ganzen Modulformen und der ganzen Spitzenformen. Die klassischen Eisenstein-Reihen $G_{-r} \in \{_1\Gamma, -r, 1\}$; die Dedekindsche Modulform η. Entwicklung einer Modulform nach einem der lokalen Parameter eines Punktes in der oberen Halbebene, insbesondere eines elliptischen Fixpunktes (Grundmatrix E, Bestimmung von $v(E)$; invariante Ordnungen, Drehreste).

Divisoren auf einer Fundamentalmenge, Divisor einer Modulform $\{\Gamma, -r, v\}$. Residuensatz, Valenztheorem, Bestimmung einer Modulform durch ihren Divisor. Asymptotik der Fourier-Koeffizienten, Kennzeichnung der ganzen Modulformen durch eine asymptotische Eigenschaft gewisser Koeffizienten. Ergänzungsdivisor, Riemann-Rochscher Satz. Dimensionen der Scharen der ganzen Formen und der ganzen Spitzenformen. Formenklassen $\{\Gamma, -1, v\}$ $(r = 1)$, insbesondere solche mit $v^2 = 1$.

In diesem einleitenden § 1 werden die Grundlagen für die späteren Entwicklungen zusammengestellt. Ein erheblicher Teil der zitierten Behauptungen läßt sich ziemlich einfach ad hoc begründen; für die übrigen werden Beweise angedeutet, oder es werden Hinweise auf die Literatur oder auf die Anhänge gegeben, in denen Begründungen wichtiger Aussagen der Theorie zusammengestellt sind. Daß gelegentlich auch Sachverhalte, die auf speziellen Kenntnissen beruhen, ohne Zitat mitgeteilt werden müssen, gehört zu den unvermeidlichen Nachteilen einer einführenden Übersicht. Gegenstand ist eine Kurzfassung der Theorie der Modulformen reeller Dimension. Von den Begriffen, Formalismen und Sätzen der Theorie wird das meiste später wiederholt angewendet. Die wichtigsten Sätze (Rechenregeln über Summandensysteme w und Multiplikatorsysteme; Valenzformel, Residuensatz, Riemann-Rochscher Satz) können ohne Kenntnis ihrer Beweise angewendet werden.

Es seien $\mathbb{N}$, $\mathbb{Z}$, $\mathbb{Q}$, $\mathbb{R}$, $\mathbb{C}$ die Mengen bzw. der natürlichen, ganzen, rationalen, reellen, komplexen Zahlen. $a =: b$ und $b := a$ bedeuten, daß b durch a definiert wird; in diesem Sinne sei $\mathbb{N}_0 := \mathbb{N} \cup \{0\}$ und, wenn $\hat{\mathbb{C}}$ die Riemannsche Zahlenkugel bezeichnet: $\hat{\mathbb{Q}} := \mathbb{Q} \cup \{\infty\} \subset \hat{\mathbb{C}}$.

Die Matrizengruppe $\mathrm{SL}\,(2, \mathbb{Z})$ wird als (homogene) Modulgruppe und mit $_1\Gamma$ bezeichnet, die sie umfassende Gruppe $\mathrm{SL}\,(2, \mathbb{R})$ wirkt auf die komplexe Variable $\tau = x + i\,y\ (x, y \in \mathbb{R})$ von $\hat{\mathbb{C}}$ durch die zugehörigen Transformationen

$$(1.1) \qquad \tau' = S\,\tau = S\,(\tau) = \frac{a\,\tau+b}{c\,\tau+d} \left(S = \begin{pmatrix} a & b \\ c & d \end{pmatrix} \in \mathrm{SL}\,(2, \mathbb{R}),\ \tau \in \hat{\mathbb{C}} \right);$$

jede dieser Transformationen bildet die obere Halbebene $\mathfrak{H} := \{\tau \in \mathbb{C}, y > 0\}$ bijektiv auf sich ab. Die Zuordnung, die $S \in \mathrm{SL}\,(2, \mathbb{R})$ in die Abbildung (1.1) überführt, ist ein Homomorphismus mit dem Kern $\{\pm I\}$ $\left(I := \begin{pmatrix} 1 & 0 \\ 0 & 1 \end{pmatrix} \right)$, der zugleich das Zentrum von $\mathrm{SL}\,(2, \mathbb{R})$ ist. Durch ein $S \in {_1\Gamma}$ wird nach (1.1) auch $\hat{\mathbb{Q}}$, also $\mathfrak{H}' := \mathfrak{H} \cup \hat{\mathbb{Q}}$ bijektiv auf sich abgebildet. Die Bezeichnung (1.1) wird gelegentlich auch auf Elemente $S = \begin{pmatrix} a & b \\ c & d \end{pmatrix}$ von $\mathrm{GL}\,(2, \mathbb{C})$ angewendet.

Nicht-spezialisierte Matrizen aus $\mathrm{SL}\,(2, \mathbb{R})$ (vornehmlich solche aus $_1\Gamma$) werden mit $S = \begin{pmatrix} a & b \\ c & d \end{pmatrix}$, $L = \begin{pmatrix} \alpha & \beta \\ \gamma & \delta \end{pmatrix}$, aber u. U. auch mit A, M bezeichnet. In einer ein für allemal festen Relation zur Bezeichnung aller vier Elemente stehen nur S, L und von diesen abgeleitete Symbole, wie z. B.

$$S'' = \begin{pmatrix} a'' & b'' \\ c'' & d'' \end{pmatrix}, \qquad L^* = \begin{pmatrix} \alpha^* & \beta^* \\ \gamma^* & \delta^* \end{pmatrix}, \qquad L_j = \begin{pmatrix} \alpha_j & \beta_j \\ \gamma_j & \delta_j \end{pmatrix}, \ldots,$$

jedoch bedeutet als Ausnahme hiervon $\underline{S} := \{c, d\}$ die (im Hinblick auf den ggT so geschriebene) zweite Zeile von S. In diesem Sinne sollen $\underline{A} = \{a_1, a_2\}$, $\underline{M} = \{m_1, m_2\}$, $\underline{E} = \{e_1, e_2\}$ als Standard-Bezeichnung gelten; E ist dabei i. a. die Matrix einer elliptischen Transformation.

Die einfachen Rechenregeln für die Transformationen (1.1) lassen sich sämtlich aus einer von ihnen, der Identität

$$S\,\tau_1 - S\,\tau_2 = \frac{\tau_1 - \tau_2}{(c\,\tau_1 + d)\,(c\,\tau_2 + d)} \left(S = \begin{pmatrix} a & b \\ c & d \end{pmatrix} \in \mathrm{SL}\,(2, \mathbb{R}) \right)$$

ableiten; diese besteht für τ_1, $\tau_2 \in \mathbb{C}$, sofern der Nenner nicht verschwindet.

Unter entsprechenden Voraussetzungen gilt

$$S\,\tau = \frac{a}{c} - \frac{1}{c\,(c\,\tau + d)}\,, \qquad S\,\tau = \frac{b}{d} + \frac{\tau}{d\,(c\,\tau + d)}\,,$$

$$\operatorname{Im} S\,\tau = (\operatorname{Im}\tau)\,|c\,\tau + d|^{-2}, \qquad \frac{d}{d\,\tau}\,S\,\tau = (c\,\tau + d)^{-2}.$$

Die wichtigsten speziellen Matrizen aus $\mathrm{SL}\,(2,\,\mathbb{R})$ sind

$$(1.2)\quad I := \begin{pmatrix} 1 & 0 \\ 0 & 1 \end{pmatrix}, \qquad U := \begin{pmatrix} 1 & 1 \\ 0 & 1 \end{pmatrix}, \qquad T := \begin{pmatrix} 0 & -1 \\ 1 & 0 \end{pmatrix}, \qquad D_\lambda := \begin{pmatrix} \lambda & 0 \\ 0 & \lambda^{-1} \end{pmatrix} \qquad (\lambda \neq 0)$$

mit den zugehörigen Transformationen $\tau' =$ bzw. $\tau,\ \tau + 1,\ -1/\tau,\ \lambda^2\,\tau$. U und T erzeugen $_1\Gamma$, $-I$ ist das einzige Element der Ordnung 2. Zwei Matrizen $M_1, M_2 \in {}_1\Gamma$ mit der gleichen zweiten Zeile $\underline{M_1} = \underline{M_2}$ unterscheiden sich um einen linken Faktor U^k gemäß $M_2 = U^k\,M_1$ $(k \in \mathbb{Z})$. Die bekannte Einteilung der Abbildungen (1.1) wird von diesen auf die betreffenden Matrizen $S \in \mathrm{SL}\,(2,\,\mathbb{R})$ (einschließlich $\pm\,I$) übertragen: Durch $|a + d| < 2,\ = 2$ oder > 2 wird S als bzw. elliptische, parabolische oder hyperbolische Matrix gekennzeichnet. Die Matrizen $\pm\,I$ und nur diese werden trivial-parabolisch genannt. Die Fixpunkte auf $\hat{\mathbb{C}}$ von (1.1) heißen Fixpunkte von S. Die Fixpunkte der Matrizen $\neq \pm\,I$ einer Untergruppe Γ von $\mathrm{SL}\,(2,\,\mathbb{R})$ heißen Fixpunkte (des betreffenden Typs) von Γ; parabolische Fixpunkte heißen (im Hinblick auf die Geometrie der Fundamentalbereiche) *Spitzen*.

Im folgenden werden bevorzugt *kanonische Untergruppen* Γ von $_1\Gamma$, d.h. solche Untergruppen von $_1\Gamma$ betrachtet, für die gilt

$$(1.3)\qquad\qquad \mu_\Gamma := [_1\Gamma : \Gamma] < \infty,\quad -I \in \Gamma.$$

Beispiele für Untergruppen von endlichem Index sind die (inhomogenen bzw. homogenen) *Hauptkongruenzgruppen*

$$(1.4)\qquad \begin{aligned} \Gamma\,(N) &:= \{L \in {}_1\Gamma \mid L \equiv I \bmod N\} \\ \Gamma\,[N] &:= \{L \in {}_1\Gamma \mid L \equiv \pm\,I \bmod N\} \end{aligned} \qquad (N \in \mathbb{N})$$

und die Untergruppen

$$(1.5)\qquad \Gamma_0\,[N] := \{L \in {}_1\Gamma \mid \gamma \equiv 0 \bmod N\}, \quad \Gamma^0\,[N] := \{L \in {}_1\Gamma \mid \beta \equiv 0 \bmod N\}.$$

Für die Untergruppen (1.5) gilt $\Gamma_0\,[N] = T^{-1}\,\Gamma^0\,[N]\,T$. Im Falle $N = 2$ besteht die Konjugationsklasse von $\Gamma_0\,[2]$ in $_1\Gamma$ aus drei Gruppen; die dritte, die sog. *Thetagruppe*, wird von U^2 und T erzeugt und läßt sich darstellen durch

$$(1.6)\qquad \begin{aligned} \Gamma_\vartheta &:= U\,\Gamma^0\,[2]\,U^{-1} = \{L \in {}_1\Gamma \mid \alpha + \beta + \gamma + \delta \equiv 0 \bmod 2\} \\ &= \{L \in {}_1\Gamma \mid L \equiv I \quad \text{oder} \quad T \bmod 2\}. \end{aligned}$$

Eine Untergruppe Γ von $_1\Gamma$, die eine Hauptkongruenzgruppe $\Gamma\,[N]$ enthält, heißt *Kongruenzgruppe*, und jedes der unendlich vielen N dieser Art wird *eine Stufe* von Γ genannt. $\Gamma\,[N]$ und $\Gamma\,(N)$ sind für alle $N \in \mathbb{N}$ Normalteiler von $_1\Gamma$ und enthalten keine elliptischen Matrizen, wenn $N > 1$.

Es sei Γ eine Untergruppe von $SL(2, \mathbb{R})$. Für $\tau_1, \tau_2 \in \hat{\mathbb{C}}$ bedeute $\tau_2 \equiv \tau_1 \bmod \Gamma$, daß $\tau_2 = L\,\tau_1$ mit einem $L \in \Gamma$ zutrifft. Die so erklärten Kongruenzklassen heißen *Bahnen* (mod Γ oder von Γ); die Bahn eines $\tau \in \hat{\mathbb{C}} \bmod \Gamma$ wird mit $\Gamma\tau$ bezeichnet. Ist $s \in \hat{\mathbb{C}}$ ein Fixpunkt von Γ, so sind alle Punkte von Γs Fixpunkte des gleichen Typus von Γ wie s und im elliptischen Falle auch der gleichen Ordnung in Γ wie s; diese, die *Fixpunktordnung von s in Γ*, ist die Anzahl der verschiedenen Transformationen mit Matrizen aus Γ, die s festlassen, also, falls $-I \in \Gamma$, die halbe Ordnung des *Stabilisators* von s in Γ.

Alle kanonischen Untergruppen Γ von $_1\Gamma$ haben dieselben Spitzen; diese Spitzenmenge ist $= \hat{\mathbb{Q}}$ und eine einzige Bahn mod $_1\Gamma$, also $= {}_1\Gamma \infty$. Beim Übergang zu einer kanonischen Untergruppe Γ zerfällt $\mathbb{Q}$ in endlich viele Bahnen mod Γ. Bezeichnet $\zeta = A^{-1} \infty$ ($A \in {}_1\Gamma$, $\underline{A} = \{a_1, a_2\}$) eine Spitze, so wird ihre *Breite* (bei Klein [15] auch Amplitude genannt) N *in* Γ definiert durch

$$(1.7) \qquad N := \min\{k \in \mathbb{N} \mid A^{-1} U^k A \in \Gamma\} = \mathrm{am}_\Gamma\, \zeta;$$

sie hängt weder, bei gegebenem ζ, von der Wahl von A, noch, bei gegebener Bahn $\Gamma\zeta$, von der Wahl von ζ ab. $P := A^{-1} U^N A$ wird die *Grundmatrix von ζ in Γ* genannt; $L^{-1} P L$ ist dann die Grundmatrix von $L^{-1}\zeta = (AL)^{-1}\infty$ in Γ ($L \in \Gamma$). Der *Stabilisator von ζ in Γ* besteht aus den Matrizen $\pm P^\nu (\nu \in \mathbb{Z})$. Wenn $S \in {}_1\Gamma$, so ist auch $S^{-1} P S$ die Grundmatrix der Spitze $S^{-1}\zeta$ von $S^{-1}\Gamma S$, und diese hat also in $S^{-1}\Gamma S$ wieder die Breite N. Das Letztere trifft nicht immer zu, wenn $S \in SL(2, \mathbb{R})$, $S \notin {}_1\Gamma$, aber $S^{-1}\Gamma S \subset {}_1\Gamma$.

Durchläuft ζ_j ($1 \leq j \leq \sigma_\Gamma$) ein Vertretersystem der Spitzenbahnen mod Γ und bezeichnet N_j die Breite von ζ_j in Γ, so gilt

$$(1.8) \qquad \sum_{j=1}^{\sigma_\Gamma} N_j = \mu_\Gamma \qquad \text{(vgl. (1.3) und Anhang F.)}$$

Ist Γ ein Normalteiler von $_1\Gamma$, so stimmen alle N_j überein, und mit deren gemeinsamem Wert N gilt $\mu_\Gamma = N\,\sigma_\Gamma$. In $\Gamma[N]$ haben alle Spitzen die Breite N. (Zu diesen Ausführungen über Spitzen vgl. Anhang F.)

Man erhält das *Grunddreieck $\mathfrak{E}$ der Modulfigur*, indem man zunächst

$$\mathfrak{E}_0 := \{\tau \in \mathbb{C} \mid -\tfrac{1}{2} < \mathrm{Re}\,\tau < +\tfrac{1}{2} \quad \text{und} \quad |\tau| > 1\}$$

bildet und dann

$$(1.9) \qquad \mathfrak{E} := \mathfrak{E}_0 \cup (\partial \mathfrak{E}_0 \cap \{\tau \in \mathfrak{H} \mid \mathrm{Re}\,\tau \geq 0\}) \cup \{\infty\}$$

definiert. Jedes Dreieck $S\mathfrak{E}$ ($S \in {}_1\Gamma$) wird als ein *Moduldreieck* bezeichnet. Jedes Moduldreieck ist eine Fundamentalmenge (ein Vertretersystem der Bahnen) von $_1\Gamma$ in $\mathfrak{H}'$.

Es sei Γ eine kanonische Untergruppe der Modulgruppe. Dann und nur dann stellt $\bigcup\limits_{\nu=1}^{\mu} S_\nu\,\mathfrak{E}$, wo $\mu = \mu_\Gamma$ und $S_\nu \in {}_1\Gamma$, bis auf höchstens endlich viele *überflüssige Punkte* eine Fundamentalmenge von Γ in $\mathfrak{H}'$ dar, wenn $_1\Gamma = \bigcup\limits_{\nu=1}^{\mu} \Gamma S_\nu$. Dann wird $\bigcup\limits_{\nu=1}^{\mu} S_\nu\,\mathfrak{E}$ als *Fundamentalkomplex von Γ* (in $\mathfrak{H}'$) bezeichnet. Ist $\zeta = A^{-1} \infty$ eine Spitze ($A \in {}_1\Gamma$) und N ihre Breite in Γ, so nennt man

$$\bigcup_{v=0}^{N-1} A^{-1} U^{v_0 + v} \mathfrak{E} \quad \text{(bei beliebigem } v_0 \in \mathbb{Z}) \text{ einen } \textit{Spitzensektor von } \zeta \textit{ bezüglich } \Gamma.$$

Es gibt einen Fundamentalkomplex von Γ, der aus Spitzensektoren eines Vertretersystems der Spitzenbahnen mod Γ besteht und über Kanten zusammenhängt; als Kanten werden die Dreiecksseiten der $W \mathfrak{E}$ ($W \in {}_1\Gamma$) bezeichnet. Die dann möglicherweise auftretenden überflüssigen Punkte sind elliptische Fixpunkte von ${}_1\Gamma$.

Wir schreiben

$$(1.10) \qquad \xi_m := \exp \frac{\pi i}{m} \qquad (m \in \mathbb{N}).$$

Die elliptischen Fixpunkte von ${}_1\Gamma$ in $\mathfrak{E}$ sind die Punkte ξ_l ($l = 2, 3$); die Fixpunktordnung von ξ_l in ${}_1\Gamma$ ist $= l$, und der Stabilisator von ξ_l in ${}_1\Gamma$ ist eine zyklische Gruppe der Ordnung $2\,l$. Diese wird von einer ähnlich wie im parabolischen Fall definierten *Grundmatrix* E_0 erzeugt. Es gilt

$$(1.11) \qquad E_0 = -T \; (l = 2), \qquad E_0 = -T\,U^{-1} = \begin{pmatrix} 0 & 1 \\ -1 & 1 \end{pmatrix} \qquad (l = 3).$$

Man erhält alle elliptischen Fixpunkte von ${}_1\Gamma$ in der Gestalt $\omega = S\,\xi_l$ ($S \in {}_1\Gamma$, $l = 2, 3$); $S\,\xi_l$ hat in ${}_1\Gamma$ die Grundmatrix $E := S\,E_0\,S^{-1}$, und es gilt $E^l = -I$. Dann und nur dann ist $S\,\xi_l$ elliptischer Fixpunkt einer kanonischen Untergruppe Γ von ${}_1\Gamma$, wenn $E \in \Gamma$. Unter den $2\,l$ Matrizen E^j ($0 \leqq j \leqq 2\,l - 1$) von Γ mit dem Fixpunkt $\omega = S\,\xi_l$ ist E eindeutig dadurch gekennzeichnet, daß E gemäß (1.1) die hyperbolische Drehung mit dem kleinstmöglichen positiven Winkel um den Punkt ω bewirkt $\left(\text{dieser ist } = \dfrac{2\,\pi}{l}\right)$ und daß in der Darstellung $\underline{E} = \{e_1, e_2\}$ überdies gilt $e_1 < 0$.

Nach den obigen Ausführungen beträgt die Anzahl $e_l = e_{l,\Gamma}$ der Bahnen elliptischer Fixpunkte der Ordnung l von Γ höchstens μ_Γ. Es sei bemerkt, daß die überflüssigen Punkte einer Fundamentalmenge von Γ, die — abgesehen von diesen — aus vollständigen Spitzensektoren besteht, sämtlich zu den Punkten gehören, welche elliptische Fixpunkte von ${}_1\Gamma$, nicht aber von Γ sind. Bezeichnet p_Γ das Geschlecht der Γ entsprechenden kompakten Riemannschen Fläche, so gilt die Eulersche Polyederformel in der Gestalt

$$(1.12) \qquad \mu_\Gamma = 12\,(p_\Gamma - 1) + 6\,\sigma_\Gamma + 4\,e_{3,\Gamma} + 3\,e_{2,\Gamma}.$$

Wegen $e_{l,\Gamma} \equiv \mu_\Gamma \bmod l$ folgt hieraus die Existenz elliptischer Fixpunkte von Γ, falls $\mu_\Gamma \not\equiv 0 \bmod l$. —

Die Funktionalgleichungen, denen die Modulformen des Grades $-r \in \mathbb{R}$ genügen, enthalten den Faktor $(c\,\tau + d)^{-r}$ für gewisse $S \in {}_1\Gamma$. Es muß daher, wenn $r \notin \mathbb{Z}$, für jeden solchen Faktor ein Funktionszweig ausgewählt werden. Für $m_1, m_2 \in \mathbb{R}$, $\tau \in \mathfrak{H}$ werden $\arg(m_1\,\tau + m_2)$, $\arg(m_1\,\bar\tau + m_2)$, wenn nicht $m_1 = m_2 = 0$, definiert durch

$$(1.13) \qquad -\pi < \arg(m_1\,\tau + m_2) \leqq +\pi, \qquad -\pi \leqq \arg(m_1\,\bar\tau + m_2) < +\pi.$$

Das besagt z. B. $0 < \arg(\tau - \mu) < \pi$ $(\mu \in \mathbb{R})$ und

$$(1.14) \qquad \arg(m_1\,\tau + m_2) = \arg\left(\tau + \frac{m_2}{m_1}\right) + \frac{\pi}{2}\,(\operatorname{sgn} m_1 - 1) \qquad (m_1 \neq 0);$$

die Bestimmungen (1.13) sind für $m_1 = 0 > m_2$ nur deshalb nicht widersprüch-
lich, weil nie ein Übergang von der oberen in die untere Halbebene oder umgekehrt stattfindet.

Es seien $M, S \in \mathrm{SL}\,(2, \mathbb{R})$ mit $\underline{M} = \{m_1, m_2\}$, $M' = M\,S$ mit $\underline{M}' = \{m_1', m_2'\}$.
Man erhält

$$m_1\,S\,\tau + m_2 = (m_1'\,\tau + m_2')\,(c\,\tau + d)^{-1}$$

und daraus

$$(1.15) \qquad \arg(m_1\,S\,\tau + m_2) = \arg(m_1'\,\tau + m_2') - \arg(c\,\tau + d) + 2\,\pi\,w\,(M, S)$$

mit $w\,(M, S) \in \{-1, 0, +1\}$. Das System der $w\,(M, S)$ genügt folgenden Rechenregeln: Zunächst gilt die Assoziativregel für $M_1, M_2, M_3 \in \mathrm{SL}\,(2, \mathbb{R})$:

$$(1.16) \qquad w\,(M_1, M_2) + w\,(M_1\,M_2, M_3) = w\,(M_1, M_2\,M_3) + w\,(M_2, M_3).$$

Ferner erhält man, wenn $U^\xi := \begin{pmatrix} 1 & \xi \\ 0 & 1 \end{pmatrix}$ für $\xi \in \mathbb{R}$ als symbolische Potenz
definiert wird, für $M, S \in \mathrm{SL}\,(2, \mathbb{R})$ (s. [22], § 2,1. und Anhang F (b))

$$w\,(U^\xi D_\lambda, S) = w\,(M, U^\xi D_\lambda) = 0 \qquad (\xi \in \mathbb{R},\ \lambda > 0),$$

$$w\,(S^{-1}, S) = w\,(S, S^{-1}),$$

$$(1.17) \qquad w\,(S^{-1}, S) = 0 \quad \text{für} \quad c \neq 0 \quad \text{und für} \quad c = 0,\ d > 0,$$

$$w\,(S, S^{-1} U^\xi S) = 0 \qquad (\xi \in \mathbb{R}),$$

$$w\,(S, -I) = w\,(-I, S) = \tfrac{1}{2}\,(\operatorname{sgn} c + 1) \qquad (c \neq 0).$$

Es sei $r \in \mathbb{R}$. Die durch (1.13) definierten Werte

$$\arg(m_1\,\tau + m_2),\ (m_1\,\tau + m_2)^r = |m_1\,\tau + m_2|^r\,e^{i\,r\,\arg(m_1\tau + m_2)} \qquad (\tau \in \mathfrak{H})$$

werden als *Hauptwerte* bezeichnet; im folgenden werden ausschließlich Hauptwerte benutzt, sofern nicht anders angegeben. Es gilt

$$(1.18) \qquad (m_1\,S\,\tau + m_2)^r = \sigma^{(r)}\,(M, S)\,(m_1'\,\tau + m_2')^r\,(c\,\tau + d)^{-r}$$

mit

$$(1.19) \qquad \sigma^{(r)}\,(M, S) = \sigma\,(M, S) := e^{2\pi\,i\,r\,w\,(M, S)}.$$

In den zahlreichen Anwendungen dieser Formel wird der obere Index r meist
nicht ausgeschrieben, da der jeweils vorliegende Wert von r aus dem Zusammenhang hervorgeht.

Zur Aufstellung einer Theorie der automorphen (und Modul-) Formen
bedient man sich mit Vorteil gewisser Operatoren *(Strichoperatoren)* in $\mathfrak{H}$. Es
sei $f(\tau)$ in $\mathfrak{H}$ mit Ausnahme höchstens einer diskreten Punktmenge $\mathfrak{M}$ erklärt
und $r \in \mathbb{R}$. Wir definieren für $S \in \mathrm{SL}\,(2, \mathbb{R})$

$$(1.20) \qquad f\,|\,S = f(\tau)\,|\,S = f(\tau)\,|_r\,S := f(S\,\tau)\,(c\,\tau + d)^{-r} \qquad (\tau \in \mathfrak{H}),$$

wenn τ nicht in $S^{-1}\mathfrak{M}$ liegt. Im folgenden wird f als in $\mathfrak{H}$ meromorphe analytische Funktion von τ vorausgesetzt, so daß in üblicher Terminologie auf die Erwähnung von $\mathfrak{M}$ verzichtet werden kann. In diesem Sinne gilt nach (1.19) für $S_1, S_2 \in \mathrm{SL}(2, \mathbb{R})$, wenn überall der gleiche Wert r verwendet wird:

$$(1.21) \qquad f\,|\,S_1\,|\,S_2 := (f\,|\,S_1)\,|\,S_2 = \sigma^{-1}(S_1, S_2)\,f\,|\,S_1\,S_2.$$

Daraus folgt, wenn $f \not\equiv 0$ und

$$f(\tau)\,|_r\,S_1 = v(S_1)\,f(\tau), \qquad f(\tau)\,|_r\,S_2 = v(S_2)\,f(\tau)$$

mit irgendwelchen Konstanten $v(S_1), v(S_2)$ zutrifft, daß gilt

$$f(\tau)\,|_r\,S_1 S_2 = v(S_1 S_2)\,f(\tau) \quad \text{mit} \quad v(S_1 S_2) = \sigma(S_1, S_2)\,v(S_1)\,v(S_2),$$

$$f(\tau)\,|_r\,S_1^{-1} = v(S_1^{-1})\,f(\tau) \quad \text{mit} \quad \sigma(S_1, S_1^{-1})\,v(S_1)\,v(S_1^{-1}) = 1;$$

im übrigen hat man stets auch $f(\tau)\,|_r\,(-I) = e^{-\pi i r}\,f(\tau)$. Das führt auf folgenden Sachverhalt:

Erfüllt eine in $\mathfrak{H}$ meromorphe Funktion $f(\tau) \neq 0$ bei festem $r \in \mathbb{R}$ die Relationen

$$f(\tau)\,|_r\,S = v(S)\,f(\tau) \qquad (v(S) \text{ konstant})$$

für die S einer Teilmenge $\mathfrak{T}$ von $\mathrm{SL}(2, \mathbb{R})$, so bestehen Relationen genau gleicher Gestalt für alle S der von $\mathfrak{T}$ und $-I$ erzeugten Untergruppe Γ von $\mathrm{SL}(2, \mathbb{R})$, und es gilt für die dabei auftretenden Multiplikatoren $v(S)$ $(S \in \Gamma)$: $v(S) \neq 0$ sowie

$$(1.22) \qquad v(S_1 S_2) = \sigma^{(r)}(S_1, S_2)\,v(S_1)\,v(S_2) \qquad (S_1, S_2 \in \Gamma).$$

Als höchst nützliche Konsequenz von (1.21) ergibt sich

$$(1.23) \qquad f(\tau)\,|\,(-S) = e^{\pi i r \,\mathrm{sgn}\,c}\,f(\tau)\,|\,S \qquad (\text{falls } c \neq 0).$$

Für $S_1 = S_2 = -I$ läßt sich (1.22) aufgrund von $w(-I, -I) = 1$ explizit bestätigen.

Im Zusammenhang mit (1.22) definieren wir jetzt den Begriff eines *Multiplikatorsystems* v des Betrages 1 vom Grad $-r \in \mathbb{R}$ auf einer $-I$ enthaltenden Untergruppe Γ von $\mathrm{SL}(2, \mathbb{R})$. Die Definitionseigenschaften besagen für die Multiplikatorwerte (Multiplikatoren) $v(S)$ $(S \in \Gamma)$:

(M) $\qquad v(S) \in \mathbb{C}, |v(S)| = 1;\quad (1.22);\quad v(-I) = e^{-\pi i r}. \quad -$

Die Menge dieser $v: \Gamma \to \mathbb{C}$ bezeichnen wir mit $[\Gamma, -r]^1$. Ersichtlich gilt $[\Gamma, -(r+2)]^1 = [\Gamma, -r]^1$.

Wir erwähnen ein Fortsetzungslemma, das gelegentlich benötigt wird:

Lemma 1.1. *Es sei* Γ *eine Untergruppe von* $\mathrm{SL}(2, \mathbb{R})$, $-I \notin \Gamma$, $r \in \mathbb{R}$. $v: \Gamma \to \mathbb{C}$ *erfülle* $|v(S)| = 1$ $(S \in \Gamma)$ *und* (1.22). *Dann existiert auf* $\tilde{\Gamma} := \Gamma \cup \Gamma(-I)$ *genau ein* $\tilde{v} \in [\tilde{\Gamma}, -r]^1$ *mit* $\tilde{v}\,|_\Gamma = v$. $\quad -$

Der Beweis ergibt sich mit einiger Rechnung im wesentlichen aus der (1.16) entsprechenden Assoziativregel für die $\sigma(M, S)$ und der letzten Formel (1.17).

Wir kommen zur Definition der Modulformen. Fest gegeben seien im folgenden eine kanonische Untergruppe Γ der Modulgruppe, eine reelle Zahl r und ein Multiplikatorsystem v aus $[\Gamma, -r]^1$. Eine Funktion $f(\tau)$ der komplexen Variablen τ wird eine *Modulform zur Gruppe Γ, von der Dimension* (oder *vom Grade*) $-r$ (oder *vom Gewicht r*) und *zum Multiplikatorsystem v*, kurz eine *Modulform* $\{\Gamma, -r, v\}$ genannt, wenn sie die folgenden drei Definitionseigenschaften (MF I, II, III) aufweist:

(MF I) *$f(\tau)$ ist eine in $\mathfrak{H}$ meromorphe Funktion von τ. Jedes Moduldreieck $S\,\mathfrak{E}\,(S \in {}_1\Gamma)$ enthält höchstens endlich viele Pole von f.* $\quad -$

(MF II) *Für jedes $L \in \Gamma$ gilt*

$$(1.24) \qquad f(\tau)\big|_r L = v(L) f(\tau) \qquad (\tau \in \mathfrak{H}). \quad -$$

Diese zweite Forderung besagt, daß (1.24) bei gegebenem $L \in \Gamma$ im Punkte $\tau = \tau_0 \in \mathfrak{H}$ gilt, wenn $f(\tau)$ in $\tau = \tau_0$ und in $\tau = L\,\tau_0$ holomorph ist. Wenn nicht $f \equiv 0$ ist, f also in jedem Punkt von $\mathfrak{H}$ eine wohldefinierte klassische Ordnung besitzt, so folgt aus (1.24), daß diese Ordnungen von f in den Punkten einer und derselben Bahn mod Γ übereinstimmen.

Zur Formulierung von (MF III) bedarf es einiger Vorbereitungen. Es sei $\zeta = A^{-1}\infty$ $(A \in {}_1\Gamma)$ eine Spitze, N ihre Breite, P ihre Grundmatrix in Γ (vgl. (1.7)). Die durch $f = f_A | A$ definierte Funktion $f_A(\tau')$ $(\tau' = A\,\tau)$ ist gleichfalls in $\mathfrak{H}$ meromorph und verhält sich nach (MF I) in einer Halbebene $y' := \operatorname{Im} \tau' > h'$ $(h' \geqq 0)$ holomorph. Wir setzen $v(P) = e^{2\pi i \varkappa}(0 \leqq \varkappa < 1)$ und erhalten nach (MF I, II) und (1.17, 21):

$$v(P) f(\tau) = f(\tau) | P = f_A(\tau) | A P = f_A(\tau + N) | A,$$

also

$$f_A(\tau + N) = v(P) f_A(\tau) = e^{2\pi i \varkappa} f_A(\tau).$$

Das besagt die Existenz einer für $y > h'$ gültigen Entwicklung

$$(1.25) \qquad f_A(\tau) = \sum_{m=-\infty}^{+\infty} b_{m+\varkappa}(A, f) \exp\left\{ 2\pi i\,(m + \varkappa)\,\frac{\tau}{N}\right\}.$$

Hier kann bei gegebener Spitze ζ die Matrix A durch eine Matrix $B \in {}_1\Gamma$ genau dann ersetzt werden, wenn $B = \varepsilon\, U^k A$ $(\varepsilon^2 = 1, k \in \mathbb{Z})$. Dazu findet man

$$f(\tau) = f_A(\tau) | A = f_A(\tau) | U^{-k} | U^k A,$$

also

$$(1.26) \qquad f_B(\tau) = f_A(\tau - k) \qquad (B = U^k A, k \in \mathbb{Z}).$$

Der Übergang von A zu $-A$ ist ein Spezialfall des Überganges von A zu $A L$ $(L \in \Gamma)$, bei dem ζ durch $L^{-1}\zeta$, P durch $L^{-1} P L$ zu ersetzen ist. Daß dabei auch $\varkappa$ erhalten bleibt, d.h. daß $v(L^{-1} P L) = v(P)$ gilt, kann nach (1.16, 17) aus $w(A L, L^{-1} P L) = 0$ rein algebraisch erschlossen werden. Man erhält

$$f(\tau) = v^{-1}(L) f(\tau) | L = \sigma^{-1}(A, L)\, v^{-1}(L)\, f_A(\tau) | A L,$$

also

$$(1.27) \qquad f_{AL}(\tau) = \sigma^{-1}(A, L)\, v^{-1}(L)\, f_A(\tau) \qquad (L \in \Gamma).$$

Nunmehr besagt die dritte und letzte Definitionseigenschaft der Modulformen $\{\Gamma, -r, v\}$:

(MF III) *Es sei P die Grundmatrix der Spitze $A^{-1}\infty$ ($A \in {}_1\Gamma$) in Γ und*

$$v(P) = e^{2\pi i \varkappa} \qquad (0 \leqq \varkappa < 1).$$

In der Fourier-Entwicklung (1.25) der durch $f = f_A \,|\, A$ definierten Funktion $f_A(\tau)$ treten höchstens endlich viele negative Exponenten $m + \varkappa$ auf, d. h. es ist $b_{m+\varkappa}(A, f) = 0$, wenn $m < m_0$ für ein gewisses $m_0 \in \mathbb{Z}$. –

Nach (1.26, 27) besagt diese Forderung bei gegebenem $\zeta = A^{-1}\infty$ für alle $\varepsilon\, U^k A$ ($\varepsilon^2 = 1, k \in \mathbb{Z}, A \in {}_1\Gamma$) anstelle von A das gleiche; nach (1.27) genügt es, (MF III) für die Spitzen eines Vertretersystems der Spitzenbahnen mod Γ zu erfüllen. Wir bezeichnen die Reihe auf der rechten Seite von (1.25) als *Fourier-Entwicklung* von f in oder *bezüglich der Spitze ζ*. Die Zahl $\varkappa$ heißt der *Drehrest* von $\{\Gamma, -r, v\}$, gelegentlich wohl auch, wenn keine Unbestimmtheit zu befürchten ist, von f oder v in der Spitze ζ; wir nennen v in der Spitze ζ *unverzweigt*, wenn $\varkappa$ verschwindet. Die Menge der Modulformen $\{\Gamma, -r, v\}$ wird als *(Formen-)Klasse* und mit dem gleichen Symbol $\{\Gamma, -r, v\}$ bezeichnet, für das oft die Abkürzung K eingeführt wird. Es sei bemerkt, daß $f_A(\tau) = f(\tau)\,|\,A^{-1}$ zutrifft, sobald das Element a_1 in $\underline{A} = \{a_1, a_2\}$ nicht verschwindet.

Über Modulformen gibt es eine Reihe einprägsamer Sätze, deren einige wir im folgenden formulieren und als solche numerieren; dabei gelten die in (MF I, II, III) verwendeten Bezeichnungen.

Satz 1.1. *Jede Formenklasse $\{\Gamma, -r, v\}$ ist ein Vektorraum über $\mathbb{C}$. –*

Wir werden im folgenden einen Vektorraum Λ über $\mathbb{C}$, der aus Funktionen besteht, meistens als *(lineare) Schar* oder *Funktionenschar* und $\dim_{\mathbb{C}} \Lambda$ als *ihren Rang* bezeichnen; das Symbol $\dim_{\mathbb{C}} \Lambda$ wird jedoch beibehalten. – Unter den verschiedenen Formenklassen $\{\Gamma, -r, v\}$ zur gegebenen kanonischen Untergruppe Γ seien die folgenden hervorgehoben: Zunächst die der multiplikativen Funktionen zum geraden Charakter χ auf Γ, d. i. $\{\Gamma, 0, \chi\}$; unter diesen befindet sich für den Hauptcharakter $\chi \equiv 1$ die Klasse $\{\Gamma, 0, 1\}$ der vollinvarianten Modulfunktionen. Eine Klasse $\{\Gamma, -2, \chi\}$ wird als *multiplikative*, $\{\Gamma, -2, 1\}$ als *abelsche Differentialklasse* bezeichnet. Für $F(\tau) \in \{\Gamma, 0, \chi\}$ gilt

$$F'(\tau) \in \{\Gamma, -2, \chi\}$$

und bei nicht-konstantem F überdies $0 \not\equiv F^{-1}(\tau)\, F'(\tau) \in \{\Gamma, -2, 1\}$. –

Satz 1.2. *Aus $f(\tau) \in \{\Gamma, -r, v\}$, $g(\tau) \in \{\Gamma, -s, u\}$ ($s \in \mathbb{R}, u \in [\Gamma, -s]^1$) folgt*

$$f(\tau)\, g(\tau) \in \{\Gamma, -(r+s), v\, u\}, \quad (f(\tau))^{-1} \in \{\Gamma, +r, v^{-1}\},$$

letzteres, falls $f \not\equiv 0$. Dann gilt überdies

$$f(\tau)\, \{\Gamma, -s, u\} = \{\Gamma, -(r+s), v\, u\}. \quad –$$

Satz 1.3. *Wenn neben Γ auch Δ eine kanonische Untergruppe der Modulgruppe und Δ in Γ enthalten ist, gilt*

$$\{\Gamma, -r, v\} \subset \{\Delta, -r, v\}. \quad –$$

Zum Beweis sind nur die Fourier-Entwicklungen in den Spitzen zu untersuchen. Die Breite der Spitze ζ in Δ hat nach (1.7) die Gestalt $k\,N$ mit $k \in \mathbb{N}$; P^k ist die Grundmatrix von ζ in Δ (k wird gelegentlich als *Relativbreite von ζ in Δ bezüglich Γ* bezeichnet). Wie rein algebraisch aus $w\,(A, A^{-1}\,U^\xi A) = 0$ ($\xi \in \mathbb{R}$) deduziert werden kann, gilt

$$v\,(P^k) = e^{2\pi i k \varkappa} = e^{2\pi i \varkappa^*}\,(0 \le \varkappa^* < 1),\ k\,\varkappa = j + \varkappa^* \qquad (j \in \mathbb{N}_0).$$

Wenn nun $g\,(\tau) \in \{\Delta, -r, v\}$, so hat man mit geeignetem $n_0 \in \mathbb{Z}$

$$(1.28)\qquad
\begin{aligned}
g_A\,(\tau) &= \sum_{m=n_0}^{\infty} b_{m+\varkappa^*}\,(A, g)\,\exp 2\pi i\,(m + \varkappa^*)\,\frac{\tau}{k\,N}\\
&= \sum_{m=n_0-j}^{\infty} b_{m+k\varkappa}\,(A, g)\,\exp 2\pi i\,(m + k\,\varkappa)\,\frac{\tau}{k\,N}\,.
\end{aligned}$$

Der Vergleich dieser Formeln mit (1.25) ergibt die Behauptung. $-$

Satz 1.4. *(Voraussetzungen über Δ wie oben;) $g\,(\tau)$ liege in $\{\Delta, -r, v\}$ und genüge den Relationen*

$$g\,(\tau)\,|\,L = v\,(L)\,g\,(\tau) \quad \text{für} \quad L \in \Gamma.$$

Dann gilt $g\,(\tau) \in \{\Gamma, -r, v\}$. $-$

Beweis. Für $g_A\,(\tau)$ besteht einerseits eine Entwicklung (1.28), andererseits eine $-$ in der Richtung der negativen Exponenten möglicherweise nicht abbrechende $-$ Entwicklung (1.25). Die Übereinstimmung der Entwicklungen zeigt, daß (1.25) de facto abbricht. $-$

Eine wichtige Rolle spielt die Transformation der Modulformen $\{\Gamma, -r, v\}$ durch eine Matrix $S \in \mathrm{SL}\,(2, \mathbb{R})$ mit der Eigenschaft, daß $S^{-1}\,\Gamma\,S$ eine kanonische Untergruppe der Modulgruppe enthält.

Um diese Zusammenhänge möglichst durchsichtig zu formulieren, setzen wir zunächst nur voraus, daß zwei Matrizen L, S vorgegeben sind, für die gilt

$$L, S \in \mathrm{SL}\,(2, \mathbb{R}),\quad f(\tau)\,|\,L = v\,(L)\,f(\tau) \qquad (\,|\ := \,|_r),$$

wo f eine in $\mathfrak{H}$ meromorphe Funktion von τ und $v\,(L)$ eine Konstante des Betrages 1 bezeichnet. Dann folgt mit $L' := S^{-1}\,L\,S$ nach (1.21)

$$f(\tau)\,|\,S\,|\,L' = \sigma^{-1}\,(S, L')\,f(\tau)\,|\,L\,S = \frac{\sigma\,(L, S)}{\sigma\,(S, L')}\,f(\tau)\,|\,L\,|\,S$$

$$= v'_S\,(L')\,f(\tau)\,|\,S \quad \text{mit} \quad v'_S\,(L') := \frac{\sigma\,(L, S)}{\sigma\,(S, L')}\,v\,(L).$$

Durch diese Relation wird man auf den folgenden Formalismus geführt, der mit Hilfe von (1.16) exakt begründet werden kann:

Lemma 1.2. *Es sei Γ eine $-I$ enthaltende Untergruppe von $\mathrm{SL}\,(2, \mathbb{R})$, $r \in \mathbb{R}$, $v \in [\Gamma, -r]^1$ und $S \in \mathrm{SL}\,(2, \mathbb{R})$. Dann erhält man in der Gestalt*

$$v'_S\,(L') := \frac{\sigma\,(L, S)}{\sigma\,(S, L')}\,v\,(L)\,(L' := S^{-1}\,L\,S \in S^{-1}\,\Gamma\,S)$$

ein Multiplikatorsystem $v'_S \in [S^{-1}\,\Gamma\,S, -r]^1$. Für diese Transformation $v \to v'_S$ bestehen die Rechenregeln

$$(v'_{S_1})'_{S_2} = v'_{S_1 S_2} \quad (S_1, S_2 \in \mathrm{SL}\,(2, \mathbb{R})), \qquad v'_S = v \quad (S \in \Gamma). \quad -$$

Im folgenden setzen wir neben $S \in \mathrm{SL}\,(2, \mathbb{R})$ voraus, daß $S^{-1}\,\Gamma\,S$ eine Untergruppe Γ' besitzt, die, ebenso wie Γ, eine kanonische Untergruppe der Modulgruppe ist. Wenn $f \in \{\Gamma, -r, v\}$ $(r \in \mathbb{R}, v \in [\Gamma, -r]^1)$, so soll nun bewiesen werden, daß gilt

$$f\,|\,S \in \{\Gamma', -r, v'_S\}.$$

Zunächst ist (MF I) evident, wenn f in $\mathfrak{H}$ holomorph ist. Im anderen Falle weiß man, daß f auf einer Fundamentalmenge $\mathfrak{G}$ von Γ in $\mathfrak{H}$ nur endlich viele Pole besitzt, und muß die analoge Aussage für $f\,|\,S$ auf einer Fundamentalmenge $\mathfrak{G}'$ von Γ' in $\mathfrak{H}$ beweisen. Für $\mathfrak{G}$ kann ein Komplex gewählt werden, der bis auf endlich viele überflüssige Punkte aus endlich vielen Moduldreiecken $W\,\mathfrak{E}\,(W \in {}_1\Gamma)$ besteht; $\mathfrak{G}$ hat also einen endlichen hyperbolischen Flächeninhalt. $S^{-1}\,\mathfrak{G}$ ist eine Fundamentalmenge von $S^{-1}\,\Gamma\,S$ in $\mathfrak{H}$ und hat den gleichen hyperbolischen Flächeninhalt. Bei Berücksichtigung einer Menge $\mathfrak{U}$ von isolierten Punkten in $\mathfrak{H}$ erhält man eine Fundamentalmenge $\mathfrak{G}'$ von Γ' in $\mathfrak{H}$ aus einer Relation

$$\mathfrak{G}' \cup \mathfrak{U} = \bigcup_{v=1}^{\mu'} R_v\,S^{-1}\,\mathfrak{G}, \quad \text{wo} \quad S^{-1}\,\Gamma\,S = \bigcup_{v=1}^{\mu'} \Gamma'\,R_v, \quad \mu' := [S^{-1}\,\Gamma\,S : \Gamma'].$$

Dies ergibt $\mu' < \infty$ und die Aussage, daß $f\,|\,S$ auf $\mathfrak{G}'$ nur endlich viele Pole hat; zugleich aber, daß die obigen Voraussetzungen über Γ und S besagen, daß Γ und $S^{-1}\,\Gamma\,S$ kommensurabel sind.

Zu (MF II) ist nichts zu beweisen. — Es habe $\zeta' := A'^{-1}\infty$ $(A' \in {}_1\Gamma)$ in Γ' die Grundmatrix $P' = A'^{-1}\,U^N\,A'$. Hier ist $P' = S^{-1}\,P_1\,S$ mit $P_1 \in \Gamma$, wo $P_1\,\zeta = \zeta$, $\zeta := S\,\zeta'$ und $P_1 \neq \pm I$ parabolisch. Setzt man $\zeta = A^{-1}\infty$ $(A \in {}_1\Gamma)$ und bestimmt $P = A^{-1}\,U^N\,A$ als Grundmatrix von ζ in Γ, so erhält man $P_1 = P^k$ $(k \in \mathbb{Z})$, $A'^{-1}\infty = (A\,S)^{-1}\infty$, also

$$A\,S = \varepsilon\,D_\lambda\,U^\xi\,A' \quad (\varepsilon^2 = 1,\ \lambda > 0,\ \xi \in \mathbb{R}).$$

Ein Vergleich der beiden hieraus zu gewinnenden Darstellungen von P' liefert $\lambda^2\,N' = k\,N$, was $k \in \mathbb{N}$ und $\lambda^2 \in \mathbb{Q}$ impliziert. Offensichtlich kann A so gewählt werden, daß $\varepsilon = +1$; dies werde unterstellt. Dann findet man nach (1.21) (s. a. bei (MF III))

$$f\,|\,S = f_A\,|\,A\,|\,S = \sigma^{-1}\,(A, S)\,f_A\,|\,D_\lambda\,U^\xi\,A' = \sigma^{-1}\,(A, S)\,\lambda^r f_A(\lambda^2\,(\tau + \xi))\,|\,A',$$

also in verständlicher Bezeichnung bei geeignetem $m_0 \in \mathbb{Z}$

$$(f(\tau)\,|\,S)_{A'} = \sigma^{-1}\,(A, S)\,\lambda^r f_A(\lambda^2\,(\tau + \xi))$$

(1.29)

$$= \sigma^{-1}\,(A, S)\,\lambda^r \sum_{m=m_0}^{\infty} b_{m+\varkappa}(A, f)\,\exp 2\,\pi\,i\,k\,(m + \varkappa)\,\frac{\tau + \xi}{N'}.$$

Dies ergibt

Satz 1.5. *Wie bisher sei Γ eine kanonische Untergruppe der Modulgruppe, $r \in \mathbb{R}$, $v \in [\Gamma, -r]^1$. Überdies sei $S \in \mathrm{SL}\,(2, \mathbb{R})$ mit der Eigenschaft, daß $S^{-1}\,\Gamma\,S$ eine* *kanonische Untergruppe Γ' der Modulgruppe enthält (was besagt, daß Γ und $S^{-1}\Gamma S$ kommensurabel sind). Wenn $f(\tau) \in \{\Gamma, -r, v\}$, so gilt $f(\tau)\,|\,S \in \{\Gamma', -r, v_S'\}$ mit v_S' nach Lemma 1. Speziell gilt dies für $S \in {}_1\Gamma$, $\Gamma' := S^{-1}\Gamma S$, und der betreffende Sachverhalt ist dann umkehrbar.* —

Einfache Beispiele dieser Art ergeben sich in der Bezeichnung (vgl. (1.5))

$$\Gamma[m\backslash n] := \Gamma_0[m] \cap \Gamma^0[n] \qquad (m, n \in \mathbb{N})$$

wie folgt: Es sei q eine Primzahl und

$$\lambda := q^{\frac{1}{2}h}, h \in \mathbb{Z}; \quad k, l \in \mathbb{N}_0, k + l > 0, \quad -l \leqq h < k.$$

Dann gilt

$$D_\lambda \Gamma[q^k\backslash q^l] D_\lambda^{-1} = \Gamma[q^{k-h}\backslash q^{l+h}],$$

also etwa $(k = 2, l = 0, h = 1)$

$$D_{\sqrt{q}}\, \Gamma_0[q^2]\, D_{\sqrt{q}}^{-1} = \Gamma[q\backslash q].$$

Der Transformation auf der linken Seite entspricht $\tau' = q\,\tau$; sie verknüpft zwei Kongruenzgruppen verschiedener „Stufen".

Im folgenden sollen, wenn nicht anders vermerkt, Γ, r, v die in Satz 1.5 angegebenen Bedeutungen haben. Hinsichtlich der Existenzfrage für Modulformen $f \not\equiv 0$ in $\{\Gamma, -r, v\}$ gilt in allen Fällen

Satz 1.6. $\dim_{\mathbb{C}}\{\Gamma, -r, v\} = \infty$.

Beweis mit Hilfe Poincaréscher Reihen.

Aus der Fourier-Entwicklung (1.25) von $f \in \{\Gamma, -r, v\}$ in der Spitze $A^{-1}\infty$ läßt sich eine wohldefinierte *Ordnung von f in $A^{-1}\infty$* ableiten, falls $f \not\equiv 0$. Sie wird (vgl. (MF III)) durch $m_0 + \varkappa$ erklärt, wenn, was immer erreicht werden kann, $b_{m_0+\varkappa}(A, f) \neq 0$. Diese Bedingung, und damit $m_0 + \varkappa$, hängt bei gegebener Spitze $\zeta = A^{-1}\infty$ $(A \in {}_1\Gamma)$ nicht von A und bei gegebener Spitzenbahn $\Gamma\zeta$ nicht von ζ ab; $m_0 + \varkappa$ kann sich jedoch in der Situation von Satz 1.3 beim Übergang von Γ zu Δ ändern, wie aus (1.28) hervorgeht. Wir bezeichnen daher die Ordnung von $f \in \{\Gamma, -r, v\}$ $(f \not\equiv 0)$ in der Spitze ζ mit $\mathrm{ord}_{\Gamma, \zeta} f := m_0 + \varkappa$. In der Situation von Satz 1.3 ergibt sich nach (1.25, 28)

$$(1.30) \qquad \mathrm{ord}_{\Delta, \zeta} f = k\,\mathrm{ord}_{\Gamma, \zeta} f = k\,(m_0 + \varkappa),$$

wo k die Relativbreite von ζ in Δ bezüglich Γ bedeutet. Daraus erhält man das folgende

Lemma 1.3. *Gilt neben $f \in \{\Gamma, -r, v\}$ auch $f \in \{\Gamma', -r, v'\}$, wo Γ' wie Γ eine kanonische Untergruppe der Modulgruppe und $v' \in [\Gamma', -r]^1$ ist, so besteht $v'|_\Delta = v|_\Delta$ auf $\Delta := \Gamma \cap \Gamma'$, sobald $f \not\equiv 0$, und dann überdies, wenn N' die Breite von ζ in Γ' angibt:*

$$(1.31) \qquad N^{-1}\,\mathrm{ord}_{\Gamma, \zeta} f = N'^{-1}\,\mathrm{ord}_{\Gamma', \zeta} f. \quad -$$

Die Formel folgt mit $\Delta = \Gamma \cap \Gamma'$ aus (1.30).

Die im Vordergrund des Interesses stehenden *ganzen Modulformen* und *ganzen Spitzenformen* f einer Klasse $\{\Gamma, -r, v\}$ werden durch die folgenden Zusatzforderungen zu (MF I, III) erklärt:

$$\text{(MF I') } f(\tau) \text{ ist in } \mathfrak{H} \text{ holomorph.}$$

(MF III') In jeder Entwicklung (1.25) $(A \in {}_1\Gamma)$ verschwindet $b_{m+\varkappa}(A, f)$ für $m < 0$, wenn f eine ganze Modulform ihrer Klasse darstellt; und für $m + \varkappa \leqq 0$, wenn f eine ganze Spitzenform ihrer Klasse darstellt.

Ein Unterschied in der lokalen Bedeutung der beiden Fälle von (MF III') besteht nur für $\varkappa = 0$. Unter den Voraussetzungen des Lemmas 1.3 ist f genau dann eine ganze Modulform bzw. eine ganze Spitzenform in der Klasse $\{\Gamma, -r, v\}$, wenn f dies auch in der Klasse $\{\Gamma', -r, v'\}$ ist, und dann trifft dieser Sachverhalt sogar zu in der Klasse $\{\tilde{\Gamma}, -r, \tilde{v}\}$, wo

$$\tilde{\Gamma} := \langle \Gamma, \Gamma' \rangle, \qquad \tilde{v} \in [\tilde{\Gamma}, -r]^1, \qquad \tilde{v}\big|_\Gamma = v, \tilde{v}\big|_{\Gamma'} = v'.$$

Wir bezeichnen mit $\{\Gamma, -r, v\}^0$ bzw. $\{\Gamma, -r, v\}^+$ die lineare Schar der ganzen Modulformen bzw. der ganzen Spitzenformen in $\{\Gamma, -r, v\}$; es gilt natürlich $\{\Gamma, -r, v\}^+ \subset \{\Gamma, -r, v\}^0$. Wir sagen, $f \in \{\Gamma, -r, v\}$ verschwinde in der Spitze ζ, wenn $f \equiv 0$ oder $f \not\equiv 0$ und dann $\mathrm{ord}_{\Gamma, \zeta} f > 0$. Ein $f \not\equiv 0$ in $\{\Gamma, -r, v\}^0$ ist genau dann eine ganze Spitzenform, wenn f in allen Spitzen verschwindet.

Die einfachst zugänglichen ganzen Modulformen sind die Eisensteinschen Reihen der vollen Modulgruppe, Funktionen aus $\{{}_1\Gamma, -r, 1\}^0$ mit der Darstellung

$$\text{(1.32)} \qquad G_{-r}(\tau) := \sum_{m_1, m_2 = -\infty}^{+\infty}{}' (m_1 \tau + m_2)^{-r} \qquad (r \equiv 0 \bmod 2, r \geqq 4),$$

in der der Akzent $m_1 = m_2 = 0$ ausschließt. Sie gestatten die Fourier-Entwicklungen (vgl. Anhang F)

$$\text{(1.33)} \qquad G_{-r}(\tau) = 2\,\zeta(r) + \frac{2\,(2\,\pi)^r}{(r-1)!} (-1)^{\frac{1}{2}r} \sum_{n=1}^{\infty} \sigma_{r-1}(n)\, e^{2\pi i n \tau}$$

mit Riemannschem ζ und

$$\sigma_\alpha(n) := \sum_{d > 0,\, d\mid n} d^\alpha \qquad (\alpha \in \mathbb{C}).$$

Der Darstellung der Diskriminante der Weierstraßschen Theorie in der Gestalt $g_2^3 - 27\, g_3^2$ entspricht hier (vgl. Anhänge D, E)

$$\text{(1.34)} \qquad G_{-4}^3(\tau) - \frac{49}{20}\, G_{-6}^2(\tau) = \frac{(2\,\pi)^{12}}{60^3}\, \eta^{24}(\tau),$$

wo $\eta(\tau)$ die Dedekindsche Modulform bezeichnet (vgl. [13], II, 1., § 7; II, 2., § 10):

$$\text{(1.35)} \qquad \eta(\tau) = \left(\exp \pi i \frac{\tau}{12} \right) \prod_{m=1}^{\infty} (1 - e^{2\pi i m \tau}).$$

Zum Aufbau einer *Divisorentheorie* müssen den Modulformen $f \not\equiv 0$ der Klasse $\{\Gamma, -r, v\}$ *invariante Ordnungen* in den Punkten $\tau = z \in \mathfrak{H}$ beigelegt werden. Im Hinblick auf die Γ entsprechende Riemannsche Fläche und die hyperbolische Geometrie in $\mathfrak{H}$ wird die Ordnung von f im Punkte $\tau = z$ in der Variablen $\left(\dfrac{\tau - z}{\tau - \bar{z}}\right)^{l}$ gemessen, wo $l = 1$, wenn z nicht Fixpunkt ist, und sonst l die Fixpunktordnung von z in Γ angibt.

Wir definieren $(\tau - \bar{z})^{r}$ durch $0 < \arg(\tau - \bar{z}) < \pi$ und erhalten

$$(1.36) \qquad \arg(S\,\tau - S\,\bar{z}) = \arg(\tau - \bar{z}) - \arg(c\,\tau + d) - \arg(c\,\bar{z} + d),$$

wenn $S \in \mathrm{SL}(2, \mathbb{R})$, da ein zusätzliches additives Vielfaches von 2π aufgrund von (1.13) verschwindet, wie für $\tau = z$ evident wird. Mit geeignetem $m_0 \in \mathbb{Z}$ besteht in einer Umgebung von $\tau = z$ eine Entwicklung

$$(1.37) \qquad f(\tau) = (\tau - \bar{z})^{-r} \sum_{m=m_0}^{\infty} b_m(z,f) \left(\frac{\tau - z}{\tau - \bar{z}}\right)^{m},$$

deren von τ unabhängige Koeffizienten $b_m(z,f)$ als Funktionen von z ein automorphes Verhalten zeigen: Entwickelt man nach vorangehender Transformation durch $L \in \Gamma$, so erhält man nach (1.36)

$$f(\tau) = v^{-1}(L)\,(\gamma\,\tau + \delta)^{-r} f(L\,\tau)$$

$$= v^{-1}(L)\,(\gamma\,\bar{z} + \delta)^{r}\,(\tau - \bar{z})^{-r} \sum_{m=m_0}^{\infty} b_m(L\,z,f) \left(\frac{\gamma\,\bar{z} + \delta}{\gamma\,z + \delta}\right)^{m} \left(\frac{\tau - z}{\tau - \bar{z}}\right)^{m},$$

also

$$(1.38) \qquad b_m(L\,z,f) = v(L)\,(\gamma\,\bar{z} + \delta)^{-r} \left(\frac{\gamma\,z + \delta}{\gamma\,\bar{z} + \delta}\right)^{m} b_m(z,f) \qquad (L \in \Gamma),$$

woraus insbesondere hervorgeht, daß $b_m(z,f)$ und $b_m(L\,z,f)$ für $m \geqq m_0$ nur zugleich verschwinden können.

Es sei jetzt z ein elliptischer Fixpunkt der Ordnung l von Γ und E seine Grundmatrix. Wir schreiben $\underline{E} = \{e_1, e_2\}$, $\underline{E}^{j} \doteq \{e_1^{(j)}, e_2^{(j)}\}$ $(j \in \mathbb{Z})$ und erhalten im Hinblick auf $z = E^{k} z$ $(k \in \mathbb{Z})$ nach den Rechenregeln: $|e_1^{(k)} z + e_2^{(k)}| = 1$, sowie durch Transformation (s. (1.18)):

$$\lambda_j := v(E^{j})\,(e_1^{(j)} z + e_2^{(j)})^{r} = \lambda_{j+k}\,\lambda_k^{-1},$$

also $\lambda_j = \lambda_1^{j}$ und insbesondere $\lambda_1^{l} = 1$. Damit gilt

$$\lambda_1 = \xi_l^{2a} \qquad (a \in \mathbb{Z}, \ \ 0 \leqq a \leqq l - 1, \ \ \text{vgl. (1.10)}).$$

Andererseits liefert die Definition von E

$$\frac{E\,\tau - z}{E\,\tau - \bar{z}} = \frac{e_1\,\bar{z} + e_2}{e_1\,z + e_2}\,\frac{\tau - z}{\tau - \bar{z}} = \xi_l^{2}\,\frac{\tau - z}{\tau - \bar{z}},$$

also wegen $e_1 < 0$

$$(e_1 z + e_2)^{2} = \xi_l^{-2}, \qquad e_1 z + e_2 = \xi_l^{-1}, \qquad (e_1 z + e_2)^{-r} = \exp \pi i\,\frac{r}{l}.$$

Das ergibt als erstes Resultat

$$(1.39) \qquad v(E) = \left(\exp \pi i\,\frac{r}{l}\right) \xi_l^{2a} \qquad (a \in \mathbb{Z}, 0 \leqq a \leqq l - 1).$$

Da nun $(e_1\bar{z} + e_2)^{-r} = \exp \pi i \dfrac{-r}{l}$ (vgl. (1.13)), so kommt nach (1.38) $(L = E)$

$$b_m(z,f) = \xi_l^{2(a-m)}\, b_m(z,f) \qquad (m \geqq m_0),$$

so daß in der Entwicklung (1.37) alle Koeffizienten $b_m(z,f)$ mit $m \not\equiv a \bmod l$ verschwinden. Die *Ordnung von f im Punkte* $\tau = z$ wird im vorliegenden Fixpunktfalle $(l > 1)$, wenn, was angenommen werden darf, $b_{m_0}(z,f) \neq 0$ ist, erklärt durch

$$(1.40) \qquad \mathrm{ord}_{\Gamma,z} f := l^{-1} m_0 = l^{-1} a + k_0 \qquad (k_0 \in \mathbb{Z},\ b_{m_0}(z,f) \neq 0).$$

Ist z nicht Fixpunkt von Γ, so soll $l = 1$ als Fixpunktordnung von z in Γ und $\mathrm{ord}_{\Gamma,z} f$ mit $l = 1$ ebenfalls durch (1.40) erklärt werden, wobei a nach Definition verschwindet. In jedem Falle wird $l^{-1} a$ als *Drehrest von* $\{\Gamma, -r, v\}$ oder *von f im Punkte* $\tau = z$ bezeichnet (bei dieser Bezeichnung müssen Γ und r fest bleiben, da sich sonst a verändern kann). Ebenso wie l und $\mathrm{ord}_{\Gamma,z} f$ ist auch der Drehrest gegenüber Transformationen $z \to L z$ $(L \in \Gamma)$ invariant. Im Fixpunktfall $l > 1$ ist der folgende Sachverhalt von Bedeutung:

Ist f in $\tau = z$ holomorph und von Null verschieden, so gilt

$$a \doteq 0, \quad \text{also} \quad v(E) = \exp \pi i \frac{r}{l}. \quad -$$

Aus der genannten Invarianz lassen sich zwei globale Invarianten der Theorie ableiten. Die erste, eine Invariante (das *Verzweigungsmaß*) der Gruppe Γ, hat die Gestalt

$$(1.41) \qquad q_\Gamma := \sum_{z \in \mathfrak{F}} \left(1 - \frac{1}{l_z}\right) = \sigma_\Gamma + \frac{2}{3}\, e_{3,\Gamma} + \frac{1}{2}\, e_{2,\Gamma},$$

wo $\mathfrak{F} = \mathfrak{F}_\Gamma$ eine Fundamentalmenge von Γ (Vertretersystem der Bahnen mod Γ) in $\mathfrak{H}'$ und l_z die Fixpunktordnung von z in Γ angibt; im Falle einer Spitze $z = \zeta$ wird $l_\zeta = \infty$, $\dfrac{1}{l_\zeta} = 0$ gesetzt. Nach (1.12) und der zweiten Darstellung gilt

$$(1.42) \qquad \frac{1}{12}\, \mu_\Gamma = p_\Gamma - 1 + \frac{1}{2}\, q_\Gamma. \quad -$$

Die zweite Invariante wird im Zusammenhang mit den Divisoren der Modulformen eingeführt (s. w. u. (1.51)).

Ein formales Potenzprodukt von endlich vielen verschiedenen Punkten einer Fundamentalmenge $\mathfrak{F} = \mathfrak{F}_\Gamma$ in $\mathfrak{H}'$ wird ein *Divisor* (*auf* $\mathfrak{F}$) genannt, wenn die Exponenten folgender Bedingung genügen: Der Exponent eines Nichtfixpunktes ist eine ganze Zahl, der eines elliptischen Fixpunktes der Ordnung l ist eine rationale Zahl mit dem Nenner l, der einer Spitze ist eine reelle Zahl. Divisoren werden wie die Elemente einer freien Abelschen Gruppe, die von den Punkten von $\mathfrak{F}$ erzeugt wird, multiplikativ verknüpft; insbesondere können jedem Divisor beliebig viele Punkte von $\mathfrak{F}$ mit dem Exponenten Null angefügt werden. Das Einselement der so erklärten *Divisorengruppe von* Γ wird mit $\langle 1 \rangle$ bezeichnet; die Exponentensumme des Divisors $\mathfrak{d}$ auf $\mathfrak{F}$ wird als *Grad von* $\mathfrak{d}$ und mit $|\mathfrak{d}|$ bezeichnet. $\mathfrak{d}$ ist der *Divisor einer Modulform* $f \in \{\Gamma, -r, v\}$, in

Zeichen $\mathfrak{d} = \langle f \rangle$, wenn $f \not\equiv 0$ und der Exponent von $\mathfrak{d}$ in jedem Punkte z von $\mathfrak{F}$ mit $\mathrm{ord}_{\Gamma, z} f$ übereinstimmt; dabei gilt Null als Exponent eines in $\mathfrak{d}$ nicht auftretenden Punktes; zur Schreibweise s. w. u. (1.50).

Nach (1.39) erfüllen im Falle der Differentialklasse $\{\Gamma, -2, 1\}$ alle z in $\mathfrak{H}$ die Relation $a = l - 1$, und die Drehreste in den Spitzen verschwinden. Wir definieren, wenn $f \in \{\Gamma, -2, 1\}$, als *invariante Residuen bezüglich* Γ von f die Werte (vgl. (1.25, 37); hier ist $m_0 \leqq 0$ bzw. $m_0 \leqq -1$ zu wählen)

$$(1.43) \quad \mathrm{res}_{\Gamma, \zeta} f := \frac{1}{2 \pi i} N b_0 (A, f), \quad \mathrm{res}_{\Gamma, z} f := \frac{1}{l(z - \bar{z})} b_{-1}(z, f) \quad (z \in \mathfrak{H});$$

die Invarianz dieser Residuen betrifft die Abbildungen $\zeta \to L\,\zeta$, $z \to L\,z$ ($L \in \Gamma$). Man beweist nach bekanntem Verfahren

Satz 1.7. *Es sei $f \in \{\Gamma, -2, 1\}$. Dann verschwindet die Summe der bezüglich* Γ *invarianten Residuen von f in den Punkten einer Fundamentalmenge $\mathfrak{F}$ von* Γ, *in Zeichen:* $\displaystyle\sum_{z \in \mathfrak{F}} \mathrm{res}_{\Gamma, z} f = 0.$ $-$

Dieser Satz wird später nur auf ganze Modulformen angewendet, bei denen also Residuen nur in den Spitzen auftreten. Er gestattet eine Anwendung allgemeiner Art auf die multiplikativen Funktionen von Γ, d. s. die Modulformen $\{\Gamma, 0, \chi\}$, wo $\chi \in [\Gamma, 0]^1$, also χ einen geraden (abelschen) Charakter auf Γ bedeutet. $-$ Man bemerke, daß ein $F \in \{\Gamma, 0, \chi\}$ nur dann mit einer von Null verschiedenen Konstanten übereinstimmen kann, wenn $\chi \equiv 1$. Wenn F nicht konstant ist, stellt $g := F^{-1} F'$ eine nicht identisch verschwindende Modulform der Klasse $\{\Gamma, -2, 1\}$ dar, und es gilt

$$\mathrm{res}_{\Gamma, z} g = \mathrm{ord}_{\Gamma, z} F \quad (z \in \mathfrak{H}').$$

Nach Satz 1.7 folgt daraus

Satz 1.8. *Es sei $F(\tau) \in \{\Gamma, 0, \chi\}$, dabei $\chi \in [\Gamma, 0]^1$ und $F \not\equiv 0$. Dann verschwindet der Divisorengrad von F, in Zeichen* $|\langle F \rangle| = 0.$ $-$

Nach (1.35) erhält man durch Logarithmieren, wenn die Faktoren des Produktes über m in

$$e_r(\tau) := \left(\exp 2 \pi i\, \frac{r\,\tau}{12} \right) \prod_{m=1}^{\infty} (1 - e^{2\pi i m \tau})^{2r} \quad (\tau \in \mathfrak{H},\, r \in \mathbb{R})$$

gemäß $\left| \arg (1 - e^{2\pi i m \tau}) \right| < \dfrac{\pi}{2}$ interpretiert werden, in der Gestalt

$$\eta^{2r}(\tau) := e_r(\tau) \in \{{}_1\Gamma, -r, v^{(r)}\} \quad (v^{(r)} \in [{}_1\Gamma, -r]^1)$$

eine in $\mathfrak{H}$ holomorphe und dort nicht verschwindende Modulform. Da in der Standard-Bezeichnung (1.25) offenbar $\mathrm{ord}_{\Gamma, \zeta}\, \eta^{2r} = \dfrac{r}{12} N$ gilt, so folgt nach (1.8), daß der Divisor von η^{2r} auf $\mathfrak{F}_\Gamma$ den Grad $\dfrac{r}{12} \mu_\Gamma$ hat. Es sei $f \in \{\Gamma, -r, v\}$, $f \not\equiv 0$. Dann gilt $f \eta^{-2r} \in \{\Gamma, 0, \chi\}$, $\chi := v/v^{(r)} \in [\Gamma, 0]^1$, und nun liefert Satz 1.8 den grundlegenden (vgl. (1.3))

Satz 1.9. *(Valenztheorem) Der Divisor einer Modulform $f \not\equiv 0$ der Klasse $\{\Gamma, -r, v\}$ hat den Grad $\dfrac{r}{12}\mu_\Gamma$, in Zeichen:* $|\langle f \rangle| = \dfrac{r}{12}\mu_\Gamma$. —

Diese Zahl wird gelegentlich die *Valenz von f bezüglich* Γ genannt, und Satz 1.9 heißt demgemäß das *Valenztheorem*. (Hinsichtlich der Voraussetzungen über Γ, r, v s. Text nach den Beispielen zu Satz 1.5.) Es hat zahlreiche Konsequenzen, darunter das folgende

Korollar 1.9. *Für eine ganze Modulform $f \not\equiv 0$ der Klasse $\{\Gamma, -r, v\}$ gilt stets $r \geqq 0$ und $r = 0$ nur, wenn f konstant ist. Für eine ganze Spitzenform $f \not\equiv 0$ dieser Klasse gilt stets $r > 0$.* —

Eine wichtige Ergänzung bildet das folgende Eindeutigkeitstheorem:

Satz 1.10. *Es seien $f \in \{\Gamma, -r, v\}$, $g \in \{\Gamma, -s, u\}$; $r, s \in \mathbb{R}$, $v \in [\Gamma, -r]^1$, $u \in [\Gamma, -s]^1$ und es sei $f \not\equiv 0 \not\equiv g$. Wenn f und g auf $\mathfrak{F}$ den gleichen Divisor haben, so gilt $g = C f$ mit konstantem C.* —

Der Beweis beruht darauf, daß eine nicht-konstante multiplikative Funktion $F \in \{\Gamma, 0, \chi\}$ ($\chi \in [\Gamma, 0]^1$) mit dem Divisor $\langle 1 \rangle$ auf ein Integral erster Gattung mit rein-imaginären Perioden führt. Er liefert zugleich die Aussage, daß eine ganze multiplikative Funktion konstant ist.

Besteht für zwei in $\mathfrak{H}$ meromorphe Funktionen $f(\tau)$, $g(\tau)$ die Relation $g(\tau) = C f(\tau)$ mit konstantem $C \neq 0$, so drücken wir dies auch durch $g \approx f$ aus; die Relation wird als *starke Äquivalenz* bezeichnet.

Über die Größenordnungen der Fourier-Koeffizienten der in den Anwendungen auftretenden ganzen Modulformen sollen hier nur einige orientierende Hinweise gegeben werden, da die Asymptotik nicht im eigentlichen Sinne zum Thema dieser Darstellung gehört. Es genügt, die Fourier-Entwicklungen der $f \in \{\Gamma, -r, v\}^0$ zur Spitze ∞ zu untersuchen, da für jedes $A \in {}_1\Gamma$ gilt

$$F_A(\tau) \in \{A\,\Gamma\,A^{-1}, -r, v'_S\}^0 \quad \text{mit} \quad S = A^{-1} \qquad \text{(s. Satz 1.5).}$$

Wir nehmen also $A = I$ in (1.25) und schreiben abkürzend

$$(1.44) \qquad \mathsf{K} := \{\Gamma, -r, v\}, \quad \mathsf{K}^0 := \{\Gamma, -r, v\}^0, \quad \mathsf{K}^+ := \{\Gamma, -r, v\}^+,$$

$$(1.45) \qquad b_{n+\varkappa}(f) := b_{n+\varkappa}(I, f) \qquad (f = f_I \in \mathsf{K}, n \in \mathbb{Z}),$$

wo $\varkappa$ den Drehrest von K in $\zeta = \infty$ bedeutet. K^0 hat, wie aufgrund von Satz 1.9 leicht zu beweisen, endlichen Rang. Die folgenden O-Aussagen sind im üblichen Sinne für $n \in \mathbb{N}$, $n \to \infty$ zu verstehen.

Das asymptotische Verhalten der $b_{n+\varkappa}(f)$ ($f \in \mathsf{K}^0$) wird hier im Zusammenhang mit der Zerlegung

$$(1.46) \qquad f(\tau) = E(\tau) + \varphi(\tau) \qquad (E \in \mathsf{K}^\perp, \varphi \in \mathsf{K}^+)$$

betrachtet, wo $\mathsf{K}^\perp$ diejenige lineare Teilschar von K^0 bezeichnet, welche im Sinne der von den inneren Produkten definierten Metrik zu K^+ orthogonal ist (s. [24], § 1). $\mathsf{K}^\perp$ wird von den Eisenstein-Reihen der Klasse K aufgespannt, soweit diese absolut konvergieren oder durch Anwendung eines Summationsverfahrens konstruiert werden können (s. Anhang G).

Über die Größenordnung der $b_{n+\varkappa}(\varphi)$ ($\varphi \in \mathsf{K}^+$) ergibt sich, wenn $r \in \mathbb{R}$, $r > 0$, nach einer vielfach angewendeten Schlußweise von Hecke [11] (Abh. Nr. 33, S. 613; Beweis von Satz 4)

$$(1.47) \qquad b_{n+\varkappa}(\varphi) = O\,(n^{\frac{1}{2}\,r}) \qquad (\varphi \in \mathsf{K}^+, n \to \infty).$$

Diese Abschätzung gestattet, zum mindesten in arithmetisch interessanten Fällen, sehr erhebliche Verschärfungen (A. Weil [40], P. de Ligne). Andererseits führt die Untersuchung der Asymptotik der $b_{n+\varkappa}(E)$, wenn $r \leqq 2$, meistens auf sehr unübersichtliche Verhältnisse, unter denen es sehr schwierig sein kann, Aussagen zu formulieren, die nachprüfbaren Voraussetzungen unterliegen. Für $r > 2$ konvergieren die Poincaréschen Reihen absolut, und man kann $b_{n+\varkappa}(E)$ durch ein lineares Kompositum endlich vieler der $a_{n+\varkappa}(\mathsf{K}, A, 0)$ ausdrücken (Terminologie und Darstellung s. [24], S. 66), was unmittelbar

$$(1.48) \qquad b_{n+\varkappa}(E) = O\,(n^{r-1}) \qquad (E \in \mathsf{K}^\perp, n \to \infty)$$

zur Folge hat. Dies ergibt, zusammen mit (1.46, 47), eine genaue Asymptotik von $b_{n+\varkappa}(f)$ ($f \in \mathsf{K}^0$) nur dann, wenn in dem betreffenden Fall auch

$$b_{n+\varkappa}(E) \geqq \mu\,n^{r-1} \qquad (n \in \mathbb{N})$$

mit einem positiven von n unabhängigen μ zutrifft, was gelegentlich nachgewiesen werden kann (vgl. die Resultate von § 14, § 20). In anderen Fällen gelingt dgln. wenigstens für die n gewisser Restklassen. Mit dieser Einschränkung lassen sich auch im Falle $r = 2$ genaue asymptotische Formeln gewinnen, wobei

$$(1.49) \qquad b_{n+\varkappa}(\varphi) = O\,(n^{\frac{1}{2}+\varepsilon}) \qquad (\varphi \in \mathsf{K}^+,\ r = 2,\ n \to \infty,\ \varepsilon > 0)$$

der Problemlage entsprechend anzuwenden ist (Shimura [42]).

Im Bereich aller Anwendungen der Theorie − nicht nur der w. u. betrachteten − ist ein Kriterium dafür, daß eine in $\mathfrak{H}$ holomorphe Funktion, die der Bedingung (MF II) genügt, unter gewissen leicht zu bestätigenden Voraussetzungen eine ganze Modulform darstelle, höchst nützlich. Es handelt sich darum, die schwerzugänglichen Bedingungen (MF III) durch leichter zugängliche zu ersetzen. Hier gilt

Satz 1.11. *Voraussetzungen: Es sei Γ eine kanonische Untergruppe der Modulgruppe, $r \in \mathbb{R}$, $v \in [\Gamma, -r]^1$, $f(\tau)$ in $\mathfrak{H}$ holomorph und $f(\tau)\,|\,L = v\,(L)\,f(\tau)$ für alle $L \in \Gamma, \tau \in \mathfrak{H}$. Die Fourier-Entwicklung von f bezüglich der Spitze ∞ ($A = I$) enthalte keine Glieder mit negativen Exponenten, und es gelte in der Bezeichnung (1.25, 45), wenn $\varkappa$ den Drehrest zu $A = I$ angibt:*

$$|b_{n+\varkappa}(f)| \leqq C\,(n + \varkappa)^\alpha \qquad (n \in \mathbb{N})$$

mit irgendwelchen von n unabhängigen $C > 0$, $\alpha > 0$.

Behauptung 1. $f(\tau)$ ist eine ganze Modulform $\{\Gamma, -r, v\}$; insbesondere ist $r \geqq 0$ und, wenn f nicht konstant ist, $r > 0$.

Zusätzliche Voraussetzung: $r > 1$ und $\alpha < r - 1$.

Behauptung 2. $f(\tau)$ ist eine ganze Spitzenform $\{\Gamma, -r, v\}$.   −

Beweis in Anhang F nach [30], § 1 (Satz 1); aus (1.47, 48) geht hervor, daß die Bedingungen des Satzes auch notwendig sind, falls $r > 2$.

Es sei wie oben $\mathfrak{F} = \mathfrak{F}_\Gamma$ eine Fundamentalmenge von Γ in $\mathfrak{H}'$; $\mathsf{K} := \{\Gamma, -r, v\}$ erfülle (MF I, II, III). $\mathfrak{F}$ enthalte die Spitzen

$$\zeta_j = A_j^{-1}\infty \quad (A_j \in {}_1\Gamma \text{ für } 1 \leq j \leq \sigma; \ \sigma := \sigma_\Gamma \geq 1)$$

und die elliptischen Fixpunkte ω_k der Ordnung l_k $(1 \leq k \leq \bar{e})$ in der Anzahl $\bar{e} = \bar{e}_\Gamma := e_{3,\Gamma} + e_{2,\Gamma} \geq 0$ (s. (1.12)); $\varkappa_j$ $(1 \leq j \leq \sigma)$ bzw. $a_k\,l_k^{-1}$ sei der Drehrest von K in ζ_j bzw. ω_k (vgl. (1.25, 40)). Der Divisor einer Modulform $f \not\equiv 0$ aus K kann in der Gestalt

$$(1.50) \qquad \mathfrak{d} = \prod_{j=1}^{\sigma} (\zeta_j)^{\alpha_j + \varkappa_j} \prod_{k=1}^{\bar{e}} (\omega_k)^{\beta_k + a_k\,l_k^{-1}} \prod_{v=1}^{v_0} (\tau_v)^{\lambda_v}$$

geschrieben werden, wo die τ_v paarweise verschiedene Nichtfixpunkte in $\mathfrak{F}$ und die α_j, β_k, λ_v ganze Zahlen bedeuten. Daß dies für $f \not\equiv 0$ in K zutreffe, wird durch

$$(1.51) \qquad \mathfrak{d} = \langle f \rangle \quad \text{oder} \quad f \sim \mathfrak{d}$$

ausgedrückt. Die Summe

$$(1.52) \qquad \beta(\mathsf{K}) := \sum_{j=1}^{\sigma} \varkappa_j + \sum_{k=1}^{\bar{e}} a_k\,l_k^{-1}$$

ist nach (1.40) als Summe aller Drehreste, erstreckt über die sämtlichen Punkte von $\mathfrak{F}$, aufzufassen. Nach (1.50) gilt

$$(1.53) \qquad |\langle f \rangle| \equiv \beta(\mathsf{K}) \bmod 1.$$

Ein (formaler) Divisor $\mathfrak{d}$ auf $\mathfrak{F}$ heißt *ganz*, wenn seine Exponenten sämtlich ≥ 0 sind. Es sei $\mathfrak{d}$ ein beliebiger formaler Divisor auf $\mathfrak{F}$; die Modulform $f \in \mathsf{K}$ wird ein *Multiplum von* $\mathfrak{d}$ oder *durch* $\mathfrak{d}$ *teilbar* genannt, wenn entweder $f \equiv 0$ oder sonst $\mathfrak{d}^{-1}\langle f \rangle$ ein ganzer Divisor ist. Dies soll auch durch $f \equiv 0 \bmod \mathfrak{d}$ ausgedrückt werden; die Menge dieser f wird mit $\mathsf{K}\,[\mathfrak{d}]$ bezeichnet. Ersichtlich ist $\mathsf{K}\,[\mathfrak{d}]$ eine lineare Schar. Sie besteht nach Satz 1.9 aus der Null allein, wenn $|\mathfrak{d}| > \dfrac{r}{12}\mu_\Gamma$ ist. Für $|\mathfrak{d}| \leq \dfrac{r}{12}\mu_\Gamma$ läßt sich leicht beweisen, daß $\mathsf{K}\,[\mathfrak{d}]$ endlichen Rang hat. Das trifft, wie oben bemerkt, auf $\mathsf{K}^0 = \mathsf{K}\,[\langle 1 \rangle]$ zu; ein Analogon zu dieser Darstellung ist

$$(1.54) \qquad \mathsf{K}^+ = \mathsf{K}\,[\mathfrak{a}] \quad \text{mit} \quad \mathfrak{a} = \mathfrak{a}_\mathsf{K} := \prod_{\substack{j=1 \\ \varkappa_j=0}}^{\sigma} (\zeta_j).$$

$\mathfrak{a}$ wird der *Ergänzungsdivisor der Klasse* K genannt. Wir schreiben

$$(1.55) \qquad v_0(\mathsf{K}, \mathfrak{d}) := \dim_{\mathbb{C}} \mathsf{K}\,[\mathfrak{d}].$$

Der *Riemann-Rochsche Satz* bringt die Formenklassen

$$(1.56) \qquad \mathsf{K} := \{\Gamma, -r, v\} \quad \text{und} \quad \mathsf{K}' := \{\Gamma, r-2, v^{-1}\}$$

miteinander in Verbindung. Man hat zunächst nach (1.39, 41)

$$(1.57) \qquad \mathfrak{a}_\mathsf{K} = \mathfrak{a}_{\mathsf{K}'}, \ \beta(\mathsf{K}) + \beta(\mathsf{K}') + |\mathfrak{a}_\mathsf{K}| = q_\Gamma.$$

Der Riemann-Rochsche Satz für Modulformen reeller Dimension besagt in den Bezeichnungen (1.54, 55, 56) (vgl. [22], Satz 9 und (64))

Satz 1.12. *Es sei* Γ *eine kanonische Untergruppe der Modulgruppe,* $r \in \mathbb{R}$, $v \in [\Gamma, -r]^1$, $\mathfrak{F}_\Gamma$ *eine Fundamentalmenge von* Γ *in* $\mathfrak{H}'$, $\mathfrak{d}$ *ein Divisor mit ganzzahligen Exponenten auf* $\mathfrak{F}_\Gamma$. *Dann gilt (vgl. 1.55, 56))*

$$v_0(\mathsf{K}, \mathfrak{d}) = -|\mathfrak{d}| + \frac{r}{12}\mu_\Gamma - \beta(\mathsf{K}) - p_\Gamma + 1 + v_0(\mathsf{K}', \mathfrak{a}\,\mathfrak{d}^{-1}). \quad -$$

Nach (1.57) ist diese Formel involutorisch. Als unmittelbare Anwendung ergeben sich aus dem Korollar 1.9 die folgenden Formeln:

Korollar 1.12. *Es gilt für* $r \in \mathbb{R}$, $r \geqq 2$

$$\dim_\mathbb{C} \mathsf{K}^0 = \frac{r}{12}\mu_\Gamma - \beta(\mathsf{K}) - p_\Gamma + 1,$$

$$\dim_\mathbb{C} \mathsf{K}^+ = -|\mathfrak{a}_\mathsf{K}| + \frac{r}{12}\mu_\Gamma - \beta(\mathsf{K}) - p_\Gamma + 1 + \varepsilon_\mathsf{K},$$

wo $\varepsilon_\mathsf{K} = 1$ *für* $r = 2$, $v \equiv 1$; $\varepsilon_\mathsf{K} = 0$ *sonst.* $\quad -$

Eine besondere Rolle in bezug auf den Riemann-Rochschen Satz spielt, wie nach (1.56) zu erwarten, der Fall $r = 1$. Hier gewinnt man, soweit es sich um ganze Modulformen handelt, nur Aussagen über gewisse, „relative" Rangzahlen; diese stellen sich als Differenzen

$$(1.58) \qquad u(v, \mathfrak{d}) := \dim_\mathbb{C} \mathsf{K}[\mathfrak{d}] - \dim_\mathbb{C} \mathsf{K}[\mathfrak{a}] \qquad (r = 1)$$

dar; dabei ist $\mathfrak{d}$ ein Teiler von $\mathfrak{a}$, d. h. ein Divisor der Gestalt

$$(1.59) \qquad \mathfrak{d} := \prod_{j=1}^{\sigma}(\zeta_j)^{\delta_j}, \quad \text{wo} \quad \delta_j = 0 \text{ oder } 1; \quad \delta_j = 0, \quad \text{wenn} \quad \varkappa_j > 0.$$

Ersichtlich ist $u(v, \mathfrak{d})$ der Rang der Schar der Funktionen von $\mathsf{K}^\perp$, die in den ζ_j mit $\delta_j = 1$ verschwinden. Wir schreiben $\mathfrak{a}_1 := \mathfrak{d}$, $\mathfrak{a}_2 := \mathfrak{a}\,\mathfrak{d}^{-1}$, so daß $\mathfrak{a}_1\,\mathfrak{a}_2 = \mathfrak{a}$. Man erhält in diesen Bezeichnungen (s. insb. (1.58))

Satz 1.13. *Es sei* $\mathfrak{a}_1$ *ein beliebiger Teiler von* $\mathfrak{a}$ *und* $\mathfrak{a} = \mathfrak{a}_1\,\mathfrak{a}_2$; *dann gilt*

$$u(v, \mathfrak{a}_1) - u(v, \mathfrak{a}_2) + u(v^{-1}, \mathfrak{a}_1) - u(v^{-1}, \mathfrak{a}_2) = |\mathfrak{a}_2| - |\mathfrak{a}_1|,$$

also für $\mathfrak{a}_2 = \mathfrak{a}$, $\mathfrak{a}_1 = \langle 1 \rangle$:

$$\dim_\mathbb{C} \mathsf{K}^\perp + \dim_\mathbb{C} \mathsf{K}'^\perp = |\mathfrak{a}|. \quad -$$

Wir betrachten weiter den Fall $r = 1$, $v^2 \equiv 1$, d. h. $\mathsf{K} = \mathsf{K}'$. Er kann nur eintreten, wenn $e_{2,\Gamma}$ verschwindet, jeder elliptische Fixpunkt der Ordnung 3 von Γ den Drehrest $1/3$ und jede Spitze den Drehrest 0 oder $1/2$ hat. Überdies muß nach der zweiten Formel von Satz 1.13 die Anzahl $\sigma_0 = \sigma_{0,\Gamma}$ der Spitzen von $\mathfrak{F}$, in denen v unverzweigt ist (also $|\mathfrak{a}|$), gerade sein. Unter diesen Bedingungen gibt es, wie eine eingehendere Untersuchung zeigt, genau $2^{2p+\sigma-1}$ $(p = p_\Gamma, \sigma = \sigma_\Gamma)$ verschiedene $v \in [\Gamma, -1]^1$ mit $v^2 = 1$. Es sei zusätzlich bemerkt, daß jedes solche v eine Möglichkeit realisiert, ein Vorzeichensystem $v\,(L)$ für die $L \in \Gamma$ so zu bestimmen, daß die verschiedenen Matrizen $v\,(L)\,L$ eine Gruppe bilden, die zur Gruppe $\bar{\Gamma}$ der Substitutionen $\tau \to L\,\tau\,(L \in \Gamma)$ isomorph ist. Hiervon gilt auch die Umkehrung.

Um das Resultat von Satz 1.13 im Falle $v^2 \equiv 1$ zu formulieren, können wir ohne Einschränkung $|\mathfrak{a}_1| \leqq |\mathfrak{a}_2|$ voraussetzen. Das ergibt

Korollar 1.13. *Es sei* $r = 1$, $v^2 \equiv 1$, $\sigma_0 := |\mathfrak{a}|$ *und* $|\mathfrak{a}_1| \leqq |\mathfrak{a}_2|$. *Dann ist* σ_0 *gerade und es gilt*

$$|\mathfrak{a}_1| = \tfrac{1}{2}\sigma_0 - t, \qquad |\mathfrak{a}_2| = \tfrac{1}{2}\sigma_0 + t \qquad (t \in \mathbb{Z},\ 0 \leqq t \leqq \tfrac{1}{2}\sigma_0),$$

$$u\,(v, \mathfrak{a}_1) - u\,(v, \mathfrak{a}_2) = t, \qquad \dim_{\mathbb{C}} \mathsf{K}^{\perp} = \tfrac{1}{2}\sigma_0. \quad -$$

Es bezeichne $N_j\ (1 \leqq j \leqq \sigma)$ die Breite der Spitze $\zeta_j = A_j^{-1}\infty\ (A_j \in {}_1\Gamma)$ in Γ. Man definiere, falls $\varkappa_j = 0$:

$$\varrho_j\,(f) = \sqrt{N_j}\,b_0\,(A_j, f) \qquad (1 \leqq j \leqq \sigma,\ \varkappa_j = 0,\ f \in \mathsf{K}^{\perp})$$

und bilde aus diesen $\varrho_j\,(f)$ in irgendeiner festen Anordnung die Spalte $\mathfrak{r}\,(f)$. Diese $\mathfrak{r}\,(f)$ erfüllen einen linearen Teilraum $\mathfrak{R}$ von $\mathbb{C}^{(\sigma_0)}$, und $\mathfrak{R}$ ist nach dem Residuensatz (Satz 1.7) *isotrop*, d.h., das algebraische Skalarprodukt irgendzweier Vektoren von $\mathfrak{R}$ verschwindet. Damit ergeben sich u.U. Verschärfungen des Korollars. So gilt

$$(1.60) \qquad\qquad u\,(v, (\zeta_j)) = \tfrac{1}{2}\sigma_0 - 1 \qquad (1 \leqq j \leqq \sigma,\ \varkappa_j = 0).$$

§ 2. Einfache und binäre Thetareihen. Ansatz, Quadratsummen

(Inhaltsübersicht: Jacobische Theta-Nullwerte ϑ_3, ϑ_0, ϑ_2; einfache Thetareihen mit Kongruenzbedingungen nach Anhang A, einfache Thetareihen der Thetagruppe Γ_ϑ nach van Lint, binäre Thetareihen nach Hecke. Nullstellen in Spezialfällen. Grundlagen einer Theorie der Gruppen $\Gamma^0\,[q]$ für Primzahlstufen q. Beschreibung des allgemeinen Problems anhand mehrfacher Thetareihen zu positiven ganzzahligen quadratischen Formen. Ganze Spitzenformen beim Problem der Quadratsummen.)

Von *einfachen Thetareihen* werden zunächst die drei klassischen Theta-Nullwerte verwendet, deren Bezeichnung sich an die von Hurwitz ([13] II, 2, § 5, 6) anlehnt

$$(2.1) \qquad \vartheta_3\,(\tau) := \sum_m e^{\pi i m^2 \tau}, \qquad \vartheta_0\,(\tau) := \vartheta_3\,(\tau + 1) = \sum_m (-1)^m e^{\pi i m^2 \tau}$$

$$\vartheta_2\,(\tau) := \sum_{m \equiv 1\,(2)} \exp \pi i m^2 \frac{\tau}{4};$$

dabei wurde und es wird gelegentlich im folgenden $\displaystyle\sum_m := \sum_{m=-\infty}^{+\infty}$ geschrieben.

Mit $r = \frac{1}{2}$ gilt (vgl. (1.5, 6, 10, 20); s. [13] II, 7, § 2 und (A. 8))

$$(2.2) \qquad \begin{aligned} &\vartheta_3 \,|\, T = \xi_4^{-1}\, \vartheta_3, \quad \vartheta_0 \,|\, T = \xi_4^{-1}\, \vartheta_2, \quad \vartheta_2 \,|\, T = \xi_4^{-1}\, \vartheta_0 \\ &\vartheta_3 \,|\, U = \vartheta_0, \qquad\;\; \vartheta_0 \,|\, U = \vartheta_3, \qquad\;\; \vartheta_2 \,|\, U = \xi_4\, \vartheta_2. \end{aligned}$$

Zum Beweise dieser Relationen sei bemerkt, daß die zweite Zeile von (2.2) trivial ist. Die erste kann man aus der entsprechenden Transformation der elliptischen Thetafunktion

$$\vartheta_3(v, \tau) := \sum_m e^{\pi i m^2 \tau + 2\pi i m v} \qquad (\tau \in \mathfrak{H}, v \in \mathbb{C})$$

ableiten. Diese besagt

$$\vartheta_3\left(\frac{v}{\tau}, \frac{-1}{\tau}\right) = \xi_4^{-1}\, \sqrt{\tau}\left(\exp \pi i\, \frac{v^2}{\tau}\right)\vartheta_3(v, \tau)$$

und ergibt sich aufgrund der Fourier-Entwicklung einer periodischen holomorphen Funktion nach dem Poissonschen Summationsprinzip. Die Formeln der ersten Zeile von (2.2) entstehen daraus für $v = 0, \frac{1}{2}, \frac{1}{2}\tau$.

(2.2) liefert in den zitierten Bezeichnungen

Satz 2.1. *Mit gewissen Multiplikatorsystemen*

$$\text{\textit{gilt}} \qquad \begin{aligned} &v_3 \in [\Gamma_\vartheta, -\tfrac{1}{2}]^1, \quad v_0 \in [\Gamma^0[2], -\tfrac{1}{2}]^1, \quad v_2 \in [\Gamma_0[2], -\tfrac{1}{2}]^1 \\ &\vartheta_3 \in \{\Gamma_\vartheta, -\tfrac{1}{2}, v_3\}^0, \quad \vartheta_0 \in \{\Gamma^0[2], -\tfrac{1}{2}, v_0\}^0, \quad \vartheta_2 \in \{\Gamma_0[2], -\tfrac{1}{2}, v_2\}^0. \quad - \end{aligned}$$

Beweis. Die durch (1.6) definierte Gruppe Γ_ϑ wird nach einer wohlbekannten Schlußweise von U^2 und T erzeugt. Daraus folgt $\vartheta_3 \in \{\Gamma_\vartheta, -\frac{1}{2}, v_3\}^0$ bei geeignetem $v_3 \in [\Gamma_\vartheta, -\frac{1}{2}]^1$. Die anderen Inklusionen ergeben sich hieraus durch Transformation nach Satz 1.5. $-$

Man beweist leicht, daß die disjunkte Zerlegung

$$_1\Gamma = \Gamma^0[2] \cup \Gamma^0[2]\, U \cup \Gamma^0[2]\, T$$

zutrifft; aus ihr erhält man durch Transformation mit U aufgrund der Relation $(UT)^3 = -I$ die disjunkte Zerlegung

$$(2.3) \qquad\qquad _1\Gamma = \Gamma_\vartheta \cup \Gamma_\vartheta\, U \cup \Gamma_\vartheta\, UT$$

und damit, daß (vgl. (1.9))

$$(2.4) \qquad\qquad \mathfrak{F}_\vartheta := \mathfrak{E} \cup U\mathfrak{E} \cup UT\mathfrak{E} \setminus \{\xi_3 + 1\}$$

eine Fundamentalmenge von Γ_ϑ in $\mathfrak{H}'$ darstellt. Mit $\Gamma := \Gamma_\vartheta$ gilt hier

$$(2.5) \qquad \mu_\Gamma = 3, \quad p_\Gamma = 0, \quad \sigma_\Gamma = 2, \quad e_{3,\Gamma} = 0, \quad e_{2,\Gamma} = 1;$$

die Vertreter der Spitzenbahnen in $\mathfrak{F}_\vartheta$ sind ∞ (Breite 2, Grundmatrix U^2) und 1 (Breite 1, Grundmatrix $-TU^{-2}$). ϑ_3 hat auf $\mathfrak{F}_\vartheta$ nach Satz 1.9 die Valenz $1/8$, woraus hervorgeht, daß

$$(2.6) \qquad \vartheta_3(\tau) \neq 0 \;\; (\tau \in \mathfrak{H}), \quad \mathrm{ord}_{\Gamma,\infty}\, \vartheta_3 = 0, \quad \mathrm{ord}_{\Gamma,1}\, \vartheta_3 = 1/8 \qquad (\Gamma = \Gamma_\vartheta).$$

Hierzu sei bemerkt, daß aus der ersten Relation (2.2) folgt $v\,(-T) = \xi_4$, d.h. $a = 0$ für $\omega = i, l = 2, \Gamma = \Gamma_{\vartheta}$ (vgl. (1.39)); umgekehrt muß, da $\vartheta_3\,(i) > 0$, notwendig $v_3\,(T) = \xi_4^{-1}$ gelten. Aufgrund des Satzes 1.5 ergibt sich aus (2.6)

$$(2.7) \quad \begin{aligned} &\vartheta_0\,(\tau) \neq 0 \quad (\tau \in \mathfrak{H}), \quad \operatorname{ord}_{\Gamma,\infty} \vartheta_0 = 0, \quad \operatorname{ord}_{\Gamma,0} \vartheta_0 = 1/8 \quad (\Gamma = \Gamma^0\,[2]) \\ &\vartheta_2\,(\tau) \neq 0 \quad (\tau \in \mathfrak{H}), \quad \operatorname{ord}_{\Gamma,\infty} \vartheta_2 = 1/8, \quad \operatorname{ord}_{\Gamma,0} \vartheta_2 = 0 \quad (\Gamma = \Gamma_0\,[2]). \end{aligned}$$

Zur expliziten Bestimmung von v_3 auf Γ_{ϑ} sind *zwei* verschiedene *Erweiterungen des Legendre-Jacobischen Restsymbols* $\left(\dfrac{j}{n}\right)$ $(j \in \mathbb{Z}, n \in \mathbb{N}, n \equiv 1\,(2))$ auf negative Nenner zu definieren. Wir setzen, wenn $j \in \mathbb{Z}, n \in \mathbb{Z}, n \equiv 1\,(2)$:

$$(2.8) \quad \left(\frac{j}{n}\right)^{*} := \left(\frac{j}{|n|}\right), \quad \left(\frac{j}{n}\right)_{*} := \left(\frac{j}{n}\right)^{*} \sigma_{j,n}\,,$$

wo

$$\sigma_{j,n} := \begin{cases} -1, & \text{wenn} \quad j < 0, n < 0 \\ +1, & \text{sonst} \end{cases}.$$

Diese Symbole haben folgende Eigenschaften: $\left(\dfrac{j}{n}\right)^{*}$ stellt als Funktion von j einen Restcharakter mod $|n|$ dar; $\left(\dfrac{j}{n}\right)_{*}$ stellt als Funktion von n, wenn $j \neq 0$, und unter der Einschränkung $n \equiv 1 \bmod 2$ einen Restcharakter mod $4\,|j|$ dar. Wenn $j \equiv n \equiv 1 \bmod 2$, so besteht das quadratische Reziprozitätsgesetz in der Gestalt

$$(2.9) \quad \left(\frac{j}{n}\right)^{*} \left(\frac{n}{j}\right)_{*} = \left(\frac{j}{n}\right)_{*} \left(\frac{n}{j}\right)^{*} = \xi_4^{(j-1)(n-1)}$$

Zwischen $\left(\dfrac{-1}{n}\right)^{*}$ und $\left(\dfrac{-1}{n}\right)_{*}$ ist zu unterscheiden; $\left(\dfrac{j}{n}\right)^{*}$ wird, wenn $j > 0$, ohne $*$ geschrieben; unter $\left(\dfrac{-1}{n}\right), \left(\dfrac{-4}{n}\right)$ ist $\left(\dfrac{-1}{n}\right)_{*}$ bzw. $\left(\dfrac{-4}{n}\right)_{*}$ zu verstehen.

In dieser Terminologie erhält man, am sinngemäßesten wohl über Gaußsche Summen (vgl. Anhang E) die Werte von v_3: Für $L \in \Gamma_{\vartheta}$ gilt

$$(2.10) \quad v_3(L) = \left(\frac{\gamma}{\delta}\right)_{*} \xi_4^{\delta-1} \ (L \equiv I \bmod 2), \quad v_3(L) = \left(\frac{\delta}{\gamma}\right)^{*} \xi_4^{-\gamma} \ (L \equiv T \bmod 2).$$

Weniger befriedigend ist die Ableitung dieser Formeln aus den Werten $v_3\,(U^2), v_3\,(T)$ durch Bestätigung der Kompositionsregel (1.22).

Durch ihre offensichtliche Analogie zu den Dirichletschen L-Funktionen erscheinen die *folgenden einfachen Thetareihen* bemerkenswert: Es sei $q \in \mathbb{N}$, χ ein Restcharakter mod q, $\lambda = 0$ oder 1 und

$$(2.11) \quad \Xi_{\lambda}\,(\tau, q, \chi) := \sum_{m} m^{\lambda}\,\chi\,(m)\,\exp \pi i\,m^2\,\frac{\tau}{q}\,.$$

Da diese Reihe identisch verschwindet, wenn nicht λ und χ zugleich gerade oder ungerade sind, soll zusätzlich angenommen werden, daß χ für $\lambda = 0$ gerade und für $\lambda = 1$ ungerade ist. Wir zeigen zunächst, daß jede Funktion (2.11) Ξ_λ eine ganze Modulform $\{\Gamma, -\frac{1}{2} - \lambda, v_{q,\chi,\lambda}\}$ darstellt, wo Γ eine gewisse Kongruenzgruppe bezeichnet und als Multiplikatorsystem $v_{q,\chi,\lambda}$ im wesentlichen ein Restsymbol erscheint. Der Beweis wird auf das Verhalten der Funktionen

$$(2.12) \qquad \vartheta_{3,\lambda}(\tau, h, N) := \sum_{m \equiv h\,(N)} m^\lambda \exp \pi i\, m^2\, \frac{\tau}{N} \qquad (\lambda = 0, 1;\ N \in \mathbb{N}, h \in \mathbb{Z})$$

zurückgeführt, die nach einem Verfahren von Hecke [11] (Abh. Nr. 23) in Anhang A untersucht werden. Dabei ergibt sich ein sehr einfacher Formalismus für die Transformation durch die $L \in \Gamma_0[2\,N]$ bei geradem N und durch die $L \in \Gamma_0[N] \cap \Gamma_\vartheta$ bei ungeradem N. Als Konsequenz dieses Formalismus wird lediglich folgendes benutzt: Es gilt

$$(2.13) \qquad \vartheta_{3,\lambda}(\tau, h, N) \in \{\Gamma[2N], -\tfrac{1}{2} - \lambda, v_{3,N}^{(\lambda)}\} \qquad (N \in \mathbb{N}, h \in \mathbb{Z})$$

mit

$$v_{3,N}^{(\lambda)}(L) := \left(\frac{\gamma N}{\delta}\right)_* \zeta_4^{\delta - 1} \quad \text{für} \quad L \equiv I \bmod 2\,N$$

$$(2.14)$$

$$v_{3,N}^{(\lambda)}(L) := e^{-\pi i r}\, \sigma(-I, -L)\, v_{3,N}^{(\lambda)}(-L) \quad \text{für} \quad L \equiv -I \bmod 2\,N;$$

die rechte Seite der zweiten Relation (2.14) ist $e^{-\pi i r \operatorname{sgn} \gamma} v_{3,N}^{(\lambda)}(-L)$, falls $\gamma \neq 0$; hier ist überall $r = \frac{1}{2} + \lambda$. Nach Satz 1.11, dessen Voraussetzungen sich mit $\Gamma := \Gamma[2N]$ unmittelbar bestätigen, stellt jedes $\vartheta_{3,0}(\tau, h, N)$ eine ganze Modulform $\{\Gamma[2N], -\frac{1}{2}, v_{3,N}^{(0)}\}$ dar. Daß $\vartheta_{3,1}(\tau, h, N)$ sogar eine ganze Spitzenform ist, folgt aus dem zitierten Satz nicht unmittelbar. Bildet man aber

$$\vartheta_{3,1}^2(\tau, h, N) = \sum_{m_1 \equiv m_2 \equiv h\,(N)} m_1 m_2 \exp \pi i\,(m_1^2 + m_2^2)\, \frac{\tau}{N}$$

$$= \sum_{n=1}^{\infty} c_n \exp \pi i\, n\, \frac{\tau}{N},$$

so genügen die Fourier-Koeffizienten c_n den Abschätzungen

$$c_n = O(n^{1+\varepsilon}) \quad (n \to \infty) \quad \text{für jedes} \quad \varepsilon > 0,$$

während das Gewicht dieser Modulform $= 3$ ist. Daher verschwindet $\vartheta_{3,1}^2(\tau, h, N)$, also auch $\vartheta_{3,1}(\tau, h, N)$ in allen Spitzen; d. h.

$$(2.15) \qquad \vartheta_{3,1}(\tau, h, N) \in \{\Gamma[2N], -\tfrac{3}{2}, v_{3,N}^{(1)}\}^+.$$

Nun erhält man die obige Behauptung aus

$$\Xi_\lambda(\tau, q, \chi) = \sum_{h \bmod q} \chi(h)\, \vartheta_{3,\lambda}(\tau, h, q)$$

in der Gestalt

Satz 2.2. *Für* $q \in \mathbb{N}$, $\lambda = 0, 1$ *und jeden Restcharakter* χ *mod* q, *der für* $\lambda = 0$ *gerade, für* $\lambda = 1$ *ungerade ist, gilt*

$$\Xi_0(\tau, q, \chi) \in \{\Gamma[2q], -\tfrac{1}{2}, v_{3,q}^{(0)}\}^0, \qquad \Xi_1(\tau, q, \chi) \in \{\Gamma[2q], -\tfrac{3}{2}, v_{3,q}^{(1)}\}^+. \quad -$$

Im Falle, daß χ ein eigentlicher Restcharakter mod q ist, kann man aus den Formeln (A. 8) des erwähnten Anhangs sehr einfache Relationen für die Thetareihen Ξ_λ ableiten, die ihr Verhalten bei der Transformation mit T betreffen. Man findet

$$\Xi_\lambda(\tau, q, \chi)\,|\,T = (-1)^\lambda\, \xi_4^{-1}\, q^{-\frac{1}{2}}\, \omega_q(\chi)\, \Xi_\lambda(\tau, q, \bar\chi)$$

wo

$$r := \tfrac{1}{2} + \lambda, \qquad \omega_q(\chi) := \sum_{k \bmod q} \chi(k)\, \xi_q^{2k}$$

und bekanntlich $q^{-\frac{1}{2}}\,|\,\omega_q(\chi)\,| = 1$.

Wenn q in 24 aufgeht, sind alle eigentlichen Restcharaktere χ mod q reell, und es gilt $\omega_q(\chi) = \sqrt{q}$ bei geraden χ, $\omega_q(\chi) = i\sqrt{q}$ ($\sqrt{q} > 0$) bei ungeradem χ. Man hat dann

(2.16)
$$\Xi_\lambda(\tau, q, \chi)\,|\,U^2 = \xi_q^2\, \Xi_\lambda(\tau, q, \chi),$$
$$\Xi_\lambda(\tau, q, \chi)\,|\,T = \xi_4^{-1-2\lambda}\, \Xi_\lambda(\tau, q, \chi);$$

da Γ_ϑ von U^2 und T erzeugt wird, erhält man, jeweils mit geeigneten Multiplikatorsystemen $u_{q,0} \in [\Gamma_\vartheta, -\tfrac{1}{2}]^1$, $u_{q,1} \in [\Gamma_\vartheta, -\tfrac{3}{2}]^1$:

(2.17) $\qquad \Xi_0(\tau, q, \chi) \in \{\Gamma_\vartheta, -\tfrac{1}{2}, u_{q,0}\}^0, \qquad \Xi_1(\tau, q, \chi) \in \{\Gamma_\vartheta, -\tfrac{3}{2}, u_{q,1}\}^+,$

falls $q\,|\,24$ und χ ein eigentlicher Restcharakter mod q ist. Die damit entstehenden Thetareihen $\Xi_\lambda(\tau, q, \chi)$ sind in Satz 2.3 und Satz 2.4 zusammengestellt (vgl. [30], § 3)

Satz 2.3 ($\lambda = 0,\, q\,|\,24,\, \chi$ *eigentlich und gerade*)

$q = 1, \qquad \chi \equiv 1; \qquad \Xi_0(\tau, 1, \chi) = \vartheta_3(\tau).$

$q = 8, \qquad \chi(m) := \left(\dfrac{2}{m}\right); \qquad \Xi_0(\tau, 8, \chi) = \vartheta_4(\tau) := \sum_m \left(\dfrac{2}{m}\right) \exp \pi i\, m^2\, \dfrac{\tau}{8}.$

$q = 12, \qquad \chi(m) := \left(\dfrac{-4}{m}\right)_* \left(\dfrac{m}{3}\right);$

$$\Xi_0(\tau, 12, \chi) = 2\,\vartheta_5(\tau) := 2 \sum_{m \equiv 1\,(6)} \left(\dfrac{-1}{m}\right)_* \exp \pi i\, m^2\, \dfrac{\tau}{12}.$$

$q = 24, \qquad \chi(m) := \left(\dfrac{-2}{m}\right)_* \left(\dfrac{m}{3}\right);$

$$\Xi_0(\tau, 24, \chi) = 2\,\vartheta_6(\tau) := 2 \sum_{m \equiv 1\,(6)} \left(\dfrac{-2}{m}\right)_* \exp \pi i\, m^2\, \dfrac{\tau}{24}. \quad -$$

Von diesen Modulformen stimmt $\vartheta_5(\tau)$ aufgrund einer wohlbekannten Eulerschen Identität mit der Dedekindschen Modulform (1.35) $\eta(\tau)$ überein. Ferner gilt (vgl. (1.10))

(2.18) $\qquad \vartheta_4(\tau) = \xi_8\, \vartheta_2\left(\dfrac{\tau-1}{2}\right), \qquad \vartheta_6(\tau) = \xi_{24}\, \vartheta_5\left(\dfrac{\tau-1}{2}\right).$

Wir schreiben anstelle von (2.12)

$$(2.19) \qquad \vartheta_k(\tau) \in \{\Gamma_\vartheta, -\tfrac{1}{2}, v_k\}^0 \qquad (k = 3, 4, 5, 6)$$

mit $v_k \in [\Gamma_\vartheta, -\tfrac{1}{2}]^1$; im übrigen ist sogar $\vartheta_5 = \eta \in \{_1\Gamma, -\tfrac{1}{2}, v_5\}^+$ (vgl. Anhang D). Neben (2.5) v_3 ist v_5 explizit bekannt; v_0 und v_2 werden in § 4 und Anhang E berechnet.

Satz 2.4 ($\lambda = 1$, $q\,|\,24$, χ *eigentlich und ungerade*)

$$q = 3, \qquad \chi(m) := \left(\frac{m}{3}\right);$$

$$\Xi_1(\tau, 3, \chi) = 2\,\vartheta_3^{(1)}(\tau) := 2 \sum_{m \equiv 1\,(3)} m \exp \pi i m^2 \frac{\tau}{3}.$$

$$q = 4, \qquad \chi(m) := \left(\frac{-4}{m}\right)_*;$$

$$\Xi_1(\tau, 4, \chi) = 2\,\vartheta_1^{(1)}(\tau) := 2 \sum_{m \equiv 1\,(4)} m \exp \pi i m^2 \frac{\tau}{4}.$$

$$q = 8, \qquad \chi(m) := \left(\frac{-2}{m}\right)_*;$$

$$\Xi_1(\tau, 8, \chi) = 2\,\vartheta_4^{(1)}(\tau) := 2 \sum_{m \equiv 1\,(4)} m \left(\frac{2}{m}\right) \exp \pi i m^2 \frac{\tau}{8}.$$

$$q = 24, \qquad \chi(m) := \left(\frac{m}{3}\right)\left(\frac{2}{m}\right);$$

$$\Xi_1(\tau, 24, \chi) = 2\,\vartheta_6^{(1)}(\tau) := 2 \sum_{m \equiv 1\,(6)} m \left(\frac{2}{m}\right) \exp \pi i m^2 \frac{\tau}{24}. \quad -$$

Hier gilt, wie zuerst von Jacobi bewiesen und nach (2.2, 6, 7) zu bestätigen

$$(2.20) \qquad \vartheta_1^{(1)}(\tau) = \eta^3(\tau) = \vartheta_5^3(\tau) = \tfrac{1}{2}\,\vartheta_0(\tau)\,\vartheta_2(\tau)\,\vartheta_3(\tau).$$

Wir schreiben abweichend von (2.12)

$$(2.21) \qquad \vartheta_k^{(1)}(\tau) \in \{\Gamma_\vartheta, -\tfrac{3}{2}, v_k^{(1)}\}^+ \qquad (k = 1, 3, 4, 6).$$

Nach (2.6) hat die Divisoren-Darstellung von ϑ_3 auf (2.4) $\mathfrak{F}_\vartheta$ die Gestalt $\vartheta_3 \sim (1)^{1/8}$; die von ϑ_4 erweist sich nach den gleichen Schlüssen als $\vartheta_4 \sim (\infty)^{1/8}$. Für reelle s sollen $\vartheta_3^s(\tau)$, $\vartheta_4^s(\tau)$ so bestimmt werden, daß beide für $x = 0$ bei hinreichend großem y positiv ausfallen. Dann erhält man nach Satz 2.3 zunächst

$$\vartheta_5 = 2^{-2/3}\,\vartheta_3^{1/3}\,\vartheta_4^{2/3}, \qquad \vartheta_6 = 2^{-1/3}\,\vartheta_3^{2/3}\,\vartheta_4^{1/3},$$

$$(2.22)$$

$$\vartheta_3 = \vartheta_5^{-1}\,\vartheta_6^2, \qquad \vartheta_4 = 2\,\vartheta_6^{-1}\,\vartheta_5^2, \qquad \vartheta_3\,\vartheta_4 = 2\,\vartheta_5\,\vartheta_6$$

ferner gilt nach (2.2, 7)

$$(2.23) \qquad \vartheta_4^2 = 2\,\vartheta_0\,\vartheta_2.$$

Die vier einfachen Thetareihen $\vartheta_k^{(1)}(\tau)$ ($k = 1, 3, 4, 6$) haben nach Satz 1.9 sämtlich die Valenz $3/8 < 1/2$ und sind deshalb in $\mathfrak{H}$ von Null verschieden (vgl. auch (2.16)). Man erhält ähnlich wie oben

$$(2.24) \qquad \begin{aligned} \vartheta_3^{(1)} &= 2^{-8/3}\,\vartheta_3^{1/3}\,\vartheta_4^{8/3}, & \vartheta_1^{(1)} &= 2^{-2}\,\vartheta_3\,\vartheta_4^2, \\ \vartheta_4^{(1)} &= 2^{-1}\,\vartheta_3^2\,\vartheta_4, & \vartheta_6^{(1)} &= 2^{-1/3}\,\vartheta_3^{8/3}\,\vartheta_4^{1/3}. \end{aligned}$$

Aus (2.22, 24) ergeben sich die folgenden weiteren Relationen zwischen den acht einfachen Thetareihen ϑ_k $(k = 3, 4, 5, 6)$, $\vartheta_k^{(1)}$ $(k = 1, 3, 4, 6)$ (vgl. Anhang E, wo diese und analoge Relationen allgemein untersucht werden):

$$(2.25) \qquad \begin{aligned} \vartheta_4^{(1)} &= \vartheta_6^3, & 4\,\vartheta_3^{(1)} &= \vartheta_4^2\,\vartheta_5, & \vartheta_3\,\vartheta_3^{(1)} &= \vartheta_5^4, & \vartheta_4\,\vartheta_6^{(1)} &= 2\,\vartheta_6^4, \\ & & \vartheta_5^5 &= \vartheta_6^2\,\vartheta_3^{(1)}, & \vartheta_6^5 &= \vartheta_5^2\,\vartheta_6^{(1)}. \end{aligned}$$

Von den Multiplikatorsystemen v_k, $v_k^{(1)}$ ist nach (2.16) folgendes festzustellen: Alle Werte von v_3, v_4, $v_4^{(1)}$, $v_1^{(1)}$ auf Γ_ϑ sind achte Einheitswurzeln, alle Werte von v_5, v_6, $v_3^{(1)}$, $v_6^{(1)}$ auf Γ_ϑ sind 24ste Einheitswurzeln. Insbesondere gilt

$$(2.26) \qquad \vartheta_3^8,\ \vartheta_4^8 \in \{\Gamma_\vartheta, -4, 1\}^0, \qquad \vartheta_3^8 \sim (1)^1, \qquad \vartheta_4^8 \sim (\infty)^1;$$

die Divisorengleichungen beziehen sich auf $\mathfrak{F}_\vartheta$. Weitere Informationen über diese Gegenstände sind in [30], § 3, und in Anhang E zu finden.

Neben diesen einfachen werden w. u. gewisse *binäre Thetareihen* benutzt; sie entstehen, wie in Anhang B ausgeführt, aus einer bekannten Heckeschen Konstruktion ([11], Abh. Nr. 23) durch Spezialisierung. In der Darstellung durch quadratische Formen können sie wie folgt definiert werden: Es sei

$$(2.27) \qquad a, b, c \in \mathbb{Z}, \quad a > 0 > -q := b^2 - 4\,a\,c;$$

wir bezeichnen mit $\langle a, b, c \rangle$ die quadratische Form $a\,x_1^2 + b\,x_1\,x_2 + c\,x_2^2$ und mit $-q$ ihre Diskriminante und setzen einschränkend voraus, daß $-q$ zugleich die Diskriminante eines imaginär-quadratischen Zahlkörpers $\mathfrak{K}$ sei; dann wird mit der Abkürzung F für $\langle a, b, c \rangle$ definiert

$$(2.28) \qquad \Theta\,(\tau, F) = \Theta_{-q}\,(\tau, F) := \sum_{m_1, m_2 = -\infty}^{\infty} e^{2\pi i\,(a\,m_1^2 + b\,m_1 m_2 + c\,m_2^2)\,\tau}.$$

Diese Funktionen entstehen aus den Heckeschen $\vartheta\,(\tau; \varrho, \mathfrak{a}, Q\,\sqrt{-q})$ durch die Spezialisierung $\varrho = 0$, $Q = 1$, gestatten also in der Heckeschen Terminologie die Darstellung

$$\sum_{v \equiv 0 \bmod \mathfrak{a}} \exp 2\,\pi\,i\,\frac{v\,v'}{\mathbf{N}\,\mathfrak{a}}\,\tau;$$

$\mathfrak{a}$ bestimmt diejenige Idealklasse in $\mathfrak{K}$, der die Formenklasse von F entspricht. Nach [11], Abh. Nr. 23, Satz 7 und (B.19) gilt

$$\Theta_{-q}\,(\tau, F) \in \{\Gamma_0\,[q], -1, V_q\}^0,$$

wo V_q durch $V_q(L) = \left(\dfrac{-q}{\delta}\right)_*$ für $L \in \Gamma_0\,[q]$ mit der ergänzenden Vorschrift erklärt ist, daß rechts die Kroneckersche Erweiterung des Jacobischen Rest-symbols einzusetzen ist. Sie ergibt $\left(\dfrac{-q}{\delta}\right) = \left(\dfrac{\delta}{q}\right)$ für $q \equiv 3 \bmod 4$; auch bei geradem q kann nach den Definitionen des § 2 direkt bewiesen werden, daß, wie es sein muß, $V_q(-L) = -V_q(L)$ zutrifft.

Sowohl eigentlich als auch uneigentlich äquivalente quadratische Formen liefern die gleiche Thetareihe vom Typ (2.28). Stets sind $\langle a, b, c \rangle$ und $\langle c, -b, a \rangle$ eigentlich $-$, $\langle a, b, c \rangle$ und $\langle a, -b, c \rangle$ oder $\langle c, b, a \rangle$ uneigentlich äquivalent. Für $q \equiv 3 \bmod 4$ ist $\langle \frac{1}{4}(q+1), 1, 1 \rangle$ zu $\langle 1, 1, \frac{1}{4}(q+1) \rangle$, also auch zu $\langle \frac{1}{4}(q+1), -1, 1 \rangle$ eigentlich äquivalent. Die Thetareihen (2.28) dieser letzteren quadratischen Form F_0 lassen sich, wie auch analog für $q \equiv 0 \bmod 4$, wenn $\mathfrak{o}$ die Hauptordnung von $\mathfrak{K}$ bezeichnet, durch

$$\Theta_{-q}(\tau, F_0) = \sum_{\mu \in \mathfrak{o}} e^{2\pi i \mu \bar{\mu} \tau}$$

darstellen; das liefert nach (2.1)

$$
\begin{aligned}
(2.29) \qquad & \Theta_{-q}(\tau, F_0) = \vartheta_3(2\tau)\,\vartheta_3(2q'\tau) \qquad (q = 4q' \equiv 0 \bmod 4) \\
& \Theta_{-q}(\tau, F_0) = \vartheta_3(2\tau)\,\vartheta_3(2q\tau) + \vartheta_2(2\tau)\,\vartheta_2(2q\tau) \qquad (q \equiv 3 \bmod 4).
\end{aligned}
$$

An diesen Ausdrücken kann man die Transformationsformel (B.13) nach (2.2) direkt bestätigen. Die Bestätigung ergibt sich für $q \equiv 0 \bmod 4$ sofort, für $q \equiv 3 \bmod 4$ aus

$$\Theta_{-q}(\tau, F_0)\,|\,T = \frac{-i}{2\sqrt{q}}\left(\vartheta_3\left(\frac{\tau}{2}\right)\vartheta_3\left(\frac{\tau}{2q}\right) + \vartheta_0\left(\frac{\tau}{2}\right)\vartheta_0\left(\frac{\tau}{2q}\right)\right),$$

$$\vartheta_0\left(\frac{\tau}{2}\right)\vartheta_0\left(\frac{\tau}{2q}\right) = \sum_{m_1, m_2}(-1)^{m_1+m_2}\exp \pi i\,(q\,m_1^2 + m_2^2)\frac{\tau}{2q};$$

das Resultat hat die Gestalt

$$\Theta_{-q}(\tau, F_0)\,|\,T = \frac{-i}{\sqrt{q}}\,\Theta_{-q}\left(\frac{\tau}{q}, F_0\right).$$

Im folgenden soll noch die Frage nach den Nullstellen der $\Theta_{-q}(\tau, F)$ kurz gestreift werden. In gewissen Fällen, so für $F = F_0$ und $q \equiv 0 \bmod 4$, bietet diese nach (2.6, 29) keine Schwierigkeiten. Für $q \equiv 3 \bmod 4$ entsteht bereits im Primzahlfalle ein kompliziertes Problem. Der erste Schritt zu einer Lösung im Falle einer Primzahl $q \equiv 3 \bmod 4$ besteht in dem Nachweis, daß die Gruppe $\Gamma_0[q]$ für $q = 3$ und für $q \equiv 1 \bmod 3$ elliptische Fixpunkte der Ordnung 3 besitzt. Dies folgt bereits aus der topologischen Grundformel (1.12), wenn man weiß, daß $[{}_1\Gamma : \Gamma_0[q]] = q + 1$ ist; dann ergibt sich mit $\Gamma = \Gamma_0[q]$

$$(2.30) \qquad e_{3,\Gamma} \equiv 1 \bmod 3 \;\; (q = 3), \qquad e_{3,\Gamma} \equiv 2 \bmod 3 \qquad (q \equiv 1 \bmod 3),$$

wo q irgendeine Primzahl bezeichnet, die $= 3$ oder $\equiv 1 \bmod 3$ ist.

Es sei nun q eine Primzahl, und zwar $q = 3$ oder $q \equiv 7 \bmod 12$ und ω ein elliptischer Fixpunkt der Ordnung 3 von $\Gamma_0[q]$. Nach (1.39) und (B.19) gilt in den bei (1.39) verwendeten Bezeichnungen

$$V_q(E) = \pm 1 = \exp\left(\frac{\pi i}{3} + 2\pi i\,\frac{a}{3}\right) \qquad (a = 0, 1, 2),$$

woraus $a = 1$ und $V_q(E) = -1$ folgt. Dies besagt, daß jede ganze Modulform $f(\tau) \in \{\Gamma_0[q], -1, V_q\}$ ($f \not\equiv 0$) im Punkte ω eine positive (invariante) Ordnung bezüglich $\Gamma^0[q]$ besitzt: Es gilt

$$\operatorname{ord}_{\Gamma,\,\omega} f = \tfrac{1}{3} + k \qquad (\Gamma := \Gamma^0[q],\ k \in \mathbb{N}\,);$$

d.h. die im klassischen Sinne zu verstehende Ordnung von f in ω ist eine natürliche Zahl $\equiv 1 \bmod 3$.

Genaueres über diese Fixpunkte ergibt sich aus den *Grundlagen einer Theorie der Gruppen* $\Gamma_0[q]$ und $\Gamma^0[q] = T^{-1}\Gamma_0[q]\,T$ für eine beliebige Primzahl $q \geqq 2$. Diese Grundlagen sollen hier kurz entwickelt werden. Dabei wird nur die geometrisch einfachere Gruppe $\Gamma^0[q]$ diskutiert; der Übergang zu ihren Konjugierten ist einfach.

Für $S \in {}_1\Gamma$ folgt $ST^{-1} \in \Gamma^0[q]$ aus $a \equiv 0 \bmod q$; ist $(a, q) = 1$, so folgt $SU^{-j} \in \Gamma^0[q]$ aus $b \equiv aj \bmod q$, was mit $0 \leqq j \leqq q - 1$ erreicht werden kann. Da stets $TU^{-k} \notin \Gamma^0[q]$, so erhält man die disjunkte Zerlegung

$$(2.31) \qquad {}_1\Gamma = \bigcup_{j=0}^{q-1} \Gamma^0[q]\,U^j \cup \Gamma^0[q]\,T.$$

Sie zeigt sowohl $[{}_1\Gamma : \Gamma^0[q]] = q + 1$ als auch, daß alle Spitzen mod $\Gamma^0[q]$ zu ∞ oder 0 kongruent sind. Daß es tatsächlich genau zwei Spitzenbahnen mod $\Gamma^0[q]$ gibt, kann durch direkte Widerlegung von

$$\infty = L\,0 = L\,T\,\infty \qquad (L \in \Gamma^0[q])$$

oder dadurch bewiesen werden, daß ∞ in $\Gamma^0[q]$ die Grundmatrix U^q und die Breite q hat, während Grundmatrix und Breite von 0 in $\Gamma^0[q]$ gleich $\dot{U}^{-1} = T^{-1}UT$ bzw. $= 1$ sind. Die Trennung der Spitzenbahnen entspricht dem Unterschied zwischen den $\zeta \in \mathbb{Q}$, deren reduzierter Zähler zu q teilerfremd ($\zeta \equiv \infty$) bzw. durch q teilbar ist ($\zeta \equiv 0 \bmod \Gamma^0[q]$).

Nach (2.31) stellt (vgl. (1.9))

$$(2.32) \qquad \mathfrak{F}^0[q] := \bigcup_{j=0}^{q-1} U^j\,\mathfrak{E} \cup T\,\mathfrak{E}$$

einen Fundamentalkomplex von $\Gamma^0[q]$ in $\mathfrak{H}'$ dar. Aus ihm erhält man eine Fundamentalmenge von $\Gamma^0[q]$ in $\mathfrak{H}'$ durch die in § 1 erwähnte Tilgung von höchstens endlich vielen überflüssigen Punkten.

Die Ränderzuordnung von $\mathfrak{F}^0[q]$ bedarf nur für diejenigen Außenkanten einer Untersuchung, welche einschließlich ihrer Endpunkte in $\mathfrak{H}$ liegen. Sie wird dann durch die Matrizen

$$(2.33) \qquad M_{gh} = M_{g,h} = U^g T\,U^{-h} = \begin{pmatrix} g & -g\,h - 1 \\ 1 & -h \end{pmatrix} \qquad (g, h \in \mathbb{Z})$$

vollzogen. Die elliptischen Fixpunktbahnen der Ordnung 2 von $\Gamma^0[q]$ werden durch die Randpunkte $g + i$ von $\mathfrak{F}^0[q]$ vertreten, wo $g \in \mathbb{Z}$, $1 \leqq g \leqq q - 1$ und $g^2 \equiv -1 \bmod q$. Dies besagt $g = 1$ für $q = 2$; $g = 2, 3$ für $q = 5$ und die Existenz genau zweier Zahlen g, g', die den obigen Bedingungen genügen, mit

$$4 \leqq g \leqq \tfrac{1}{2}(q - 3) < \tfrac{1}{2}(q + 3) \leqq g' \leqq q - 4$$

für $q \equiv 1 \bmod 4$, $q \geqq 13$. Demnach ergibt sich mit $\Gamma = \Gamma^0[q]$:

$$e_{2,\Gamma} = 1 \ (q = 2), \qquad e_{2,\Gamma} = 2 \ (q \equiv 1 \bmod 4), \qquad e_{2,\Gamma} = 0 \ (q \equiv 3 \bmod 4).$$

Die elliptischen Fixpunktbahnen der Ordnung 3 von $\Gamma^0[q]$ werden durch die Randpunkte $g + \xi_3$ von $\mathfrak{F}^0[q]$ vertreten, wo $g \in \mathbb{Z}$, $1 \leqq g \leqq q - 2$ und $g^2 + g + 1 \equiv 0 \bmod q$; für $q > 2$ ist die Kongruenz gleichbedeutend mit $(2g+1)^2 \equiv -3 \bmod q$. Die Bedingungen besagen, falls $q > 2$, daß $g = 1$ für $q = 3$; $g = 2, 4$ für $q = 7$ und die Existenz genau zweier Zahlen g, g', die den Kongruenzen genügen, mit

$$(2.34) \qquad\qquad 3 \leqq g \leqq \tfrac{1}{2}(q-5) < \tfrac{1}{2}(q+3) \leqq g' \leqq q - 4$$

für $q \equiv 1 \bmod 3$, $q \geqq 13$. Danach ergibt sich mit $\Gamma = \Gamma^0[q]$

$$e_{3,\Gamma} = 1 \ (q = 3), \qquad e_{3,\Gamma} = 2 \ (q \equiv 1 \bmod 3), \qquad e_{3,\Gamma} = 0 \ (q \equiv 2 \bmod 3).$$

Diese Resultate gestatten aufgrund von (1.12), das Geschlecht $p^0[q]$ von $\Gamma^0[q]$ (im Falle einer Primzahl q) zu berechnen. Man findet

$$p^0[2] = p^0[3] = p^0[5] = p^0[7] = 0, \qquad p^0[11] = 1$$

und für $q = 12\,k + j$ $(k, j \in \mathbb{N})$

$$p^0[q] = k - 1, k, k, k + 1, \quad \text{wenn bzw.} \quad j = 1, 5, 7, 11.$$

Zu dem folgenden Satz s. a. Satz 1.9 und (B.13, 19); aus (B.13) ergibt sich das Nichtverschwinden der betreffenden Theta-Funktionen in der Spitze 0.

Satz 2.5. *Es sei q eine Primzahl $\equiv 3 \bmod 4$. Die Formenklasse $\{\Gamma_0[q], -1, V_q\}$ hat in den beiden Spitzenbahnen von $\Gamma_0[q]$ (Vertreter ∞ und 0 mit den Breiten 1 bzw. q) den Drehrest 0, und alle Funktionen (2.28) $\Theta_{-q}(\tau, F)$ haben in sämtlichen Spitzen die Ordnung Null. Im Falle $q = 3, 7$ sind die sämtlichen Nullstellen von*

$$\Theta_{-3}(\tau) := \sum_{m_1, m_2} e^{2\pi i (m_1^2 + m_1 m_2 + m_2^2)\,\tau}, \qquad \Theta_{-7}(\tau) := \sum_{m_1, m_2} e^{2\pi i (m_1^2 + m_1 m_2 + 2\,m_2^2)\,\tau}$$

in $\mathfrak{H}$ gegeben durch $T L (1 + \xi_3)$ $(L \in \Gamma^0[q])$ für $q = 3$; $T L (2 + \xi_3)$ und $T L (4 + \xi_3)$ $(L \in \Gamma^0[7])$ für $q = 7$. Sie sind im klassischen Sinne alle von erster Ordnung. Für $q \equiv 7 \bmod 12$, $q \geqq 19$ verschwinden sämtliche Funktionen $\Theta_{-q}(\tau, F)$ in den Punkten $T L (g + \xi_3)$, $T L (g' + \xi_3)$ $(g, g'$ nach (2.34), $L \in \Gamma^0[q])$ und ihre im klassischen Sinne zu verstehenden Ordnungen in diesen Punkten sind $\equiv 1 \bmod 3$. $-$

Weitere Nullstellen der $\Theta_{-q}(\tau, F)$ $(q$ Primzahl $\equiv 3 \bmod 4)$ erhält man, wie hier nicht ausgeführt werden kann, durch Betrachtung dieser Funktionen als automorphe Formen der Frickeschen Gruppe $\Phi_0[q]$ (vgl. Anhang B.)

Der *allgemeine Ansatz zur Untersuchung der Darstellungsanzahlen natürlicher Zahlen durch positive ganzzahlige quadratische Formen* kann wie folgt formuliert werden: Ist zunächst M irgendeine Matrix, so sei $\dot{M} = M^{\boldsymbol{\cdot}}$ ihre Transponierte. Es bezeichne

$$\mathsf{A} = \mathsf{A}^{(s,s)} = (a_{jk}) \qquad (j = \text{Zeilenindex}, s \in \mathbb{N})$$

eine Matrix über $\mathbb{Q}$ mit s Zeilen und Spalten und folgenden drei Eigenschaften:

(a) $\qquad\qquad \mathsf{A} = \dot{\mathsf{A}}, \quad$ d. h. $\quad a_{jk} = a_{kj} \quad (1 \leqq {}^{j}_{k} \leqq s)$;

(b) $\qquad\qquad \mathsf{A}$ ist halbganz, $\quad$ d. h. $\quad a_{jj}, 2\, a_{jk} \in \mathbb{Z} \quad (1 \leqq {}^{j}_{k} \leqq s)$;

(c) $\qquad\qquad \mathsf{A}$ ist positiv, $\quad$ d. h. für $\quad \mathfrak{x} := \begin{pmatrix} x_1 \\ x_2 \\ \vdots \\ x_s \end{pmatrix} \in \mathbb{R}^s \quad$ gilt

$$\dot{\mathfrak{x}} \, \mathsf{A} \, \mathfrak{x} = \sum_{j,\,k=1}^{s} a_{jk} \, x_j \, x_k > 0, \quad \text{wenn} \quad \mathfrak{x} \neq \mathfrak{o} \quad (\mathfrak{o} := \text{Nullvektor}).$$

$\dot{\mathfrak{x}} \mathsf{A} \, \mathfrak{x}$ wird die der Matrix A zugeordnete quadratische Form oder auch die quadratische Form zur Matrix A genannt; (c) bedeutet, daß sie positiv-definit ist.

Im Hinblick darauf, daß $\dot{\mathfrak{x}} \mathsf{A} \, \mathfrak{x}$ für $\mathfrak{x} \in \mathbb{Z}^s$ stets ganzzahlig ist, sagt man, es sei $n \in \mathbb{N}_0$ durch die quadratische Form zur Matrix A (ganzzahlig) darstellbar, wenn $n = \dot{\mathfrak{x}} \mathsf{A} \, \mathfrak{x}$ mit einem $\mathfrak{x} \in \mathbb{Z}^s$ zutrifft. Die Frage, welche natürlichen Zahlen n durch die quadratische Form zur gegebenen Matrix A darstellbar sind, kann man das qualitative Darstellungsproblem bezüglich der Matrix A nennen. Als quantitatives Darstellungsproblem bezüglich der Matrix A hätte man die Bestimmung der Anzahl $a\,(n, \mathsf{A})$ der verschiedenen $\mathfrak{x} \in \mathbb{Z}^s$ mit $n = \dot{\mathfrak{x}} \mathsf{A} \, \mathfrak{x}$ $(n \in \mathbb{N})$ zu bezeichnen. Wir drücken diese Anzahl in einer w. u. häufiger auftretenden Symbolik durch

$$(2.35) \qquad a\,(n, \mathsf{A}) := \sum_{\mathfrak{x}} 1 \quad \text{udB} \quad \dot{\mathfrak{x}} \mathsf{A} \, \mathfrak{x} = n,\ \mathfrak{x} \in \mathbb{Z}^s \ (n \in \mathbb{N}_0)$$

aus; udB heißt *„unter der Bedingung"* und faßt die Summationsbedingungen zusammen, wenn diese einen gewissen Umfang überschreiten. Diese Schreibweise wird im folgenden sehr oft angewendet; dabei wird die Ganzzahligkeit der Summationsbuchstaben (d. h. hier der Komponenten von $\mathfrak{x}$) später nicht besonders angegeben, sondern als selbstverständliche Summationsbedingung aufgefaßt.

In den folgenden Ausführungen wird es sich ausschließlich um quantitative Darstellungsprobleme handeln, die mit den einschlägigen Methoden aus der Theorie der elliptischen Modulfunktionen untersucht werden, was zugleich eine notwendige Interpretation der quantitativen Problemstellung beinhaltet. Daß diese Methoden hier stets angewendet werden können, beruht auf dem im Anhang B als Satz B. 1 formulierten Sachverhalt, wonach

$$(2.36) \quad \Theta\,(\tau, \mathsf{A}, N) := \sum_{\mathfrak{m} \in \mathbb{Z}^s} \exp \pi\, i\, (\dot{\mathfrak{m}}\, \mathsf{A}\, \mathfrak{m})\, \frac{\tau}{N} = \sum_{n=0}^{\infty} a\,(n, \mathsf{A}) \exp \pi\, i\, n\, \frac{\tau}{N}$$

für jedes rationale $N > 0$ eine ganze Modulform $\{\Gamma, -\frac{1}{2} s, v\}$ darstellt; hier bedeutet Γ eine gewisse Kongruenzuntergruppe der Modulgruppe und v ein gewisses aus Restsymbolen zusammengesetztes Multiplikatorsystem aus $[\Gamma, -\frac{1}{2} s]^1$. Liegt (2.36) vor, so wird $\Theta\,(\tau, \mathsf{A}, N)$ als erzeugende Fourier-Reihe der arithmetischen Funktion $a\,(n, \mathsf{A})$ $(n \in \mathbb{N}_0)$ bezeichnet $(s \in \mathbb{N})$.

Die eigentliche Analyse des Problems basiert auf einem von Hecke ([11] Abh. Nr. 24) mit Nachdruck herausgestellten Verfahren. Es besteht in der additiven Reduktion der ganzen Modulformen auf ganze Spitzenformen durch lineare Komposita der Eisensteinschen Reihen. Unter Verwendung einer später entwickelten invarianten Metrik im Bereich der ganzen automorphen Formen läßt sich dieser Zusammenhang durch den kurzen Text bei (1.46) beschreiben. Während man für die Orthogonalfunktionen, wenigstens bei geradem s, auch in den Fällen, die nach der Heckeschen Theorie praktisch kaum angreifbar sind, übersichtliche Fourier-Entwicklungen erhält, ist die Systematik auf dem Gebiet der ganzen Spitzenformen noch sehr wenig befriedigend. Immerhin ergeben sich hier durch konsequente Anwendung der einfachen Thetareihen ϑ_k, $\vartheta_k^{(1)}$ ($k = 3, 4, 5, 6$ bzw. $1, 3, 4, 6$) und der binären Thetareihen (2.28) $\Theta_{-q}(\tau, F)$ neue Resultate in größerer Anzahl.

Zunächst soll an einem Standardproblem die Methodik des Teilproblems der ganzen Spitzenformen kurz demonstriert werden. Wir betrachten die Frage nach der Anzahl $a_s(n)$ der Darstellungen von $n \in \mathbb{N}_0$ als Summe von s Quadraten ganzer Zahlen ($s \in \mathbb{N}$). Die Frage wird dahin präzisiert, daß (2.35) mit der s-reihigen Einheitsmatrix $I = I^{(s)}$ zu bilden ist; d.h. es ist $a_s(n) = a(n, I^{(s)})$ ($n \in \mathbb{N}_0$), und eine erzeugende Fourier-Reihe ist nach (2.36)

$$\Theta(\tau, I^{(s)}, 1) = \sum_{\mathfrak{m} \in \mathbf{Z}^s} e^{\pi i (\mathfrak{m} \mathfrak{m}) \tau} = \vartheta_3^s(\tau) \in \{\Gamma_\vartheta, -\tfrac{1}{2} s, v_3^s\}^0.$$

Die Eisensteinschen Reihen dieser Klasse $\mathsf{K}_s := \{\Gamma_\vartheta, -\tfrac{1}{2} s, v_3^s\}$ werden erst später, bei der Behandlung von Problemen, die in gewisser Weise die Primzahl 2 involvieren, konstruiert. Hier soll für jedes $s \in \mathbb{N}$ eine *Basis der Schar* K_s^+ *der ganzen Spitzenformen von* K_s aufgestellt werden. Wir bestimmen zunächst den Rang von K_s^+.

Auf (2.4) $\mathfrak{F}_\vartheta$ hat ϑ_3^s die Divisoren-Darstellung $\vartheta_3^s \sim (1)^{s/8}$. Die Drehreste von K_s in den Spitzen $\infty, 1$ von $\mathfrak{F}_\vartheta$ sind also $\varkappa_\infty = 0$ bzw. $\varkappa_1 = \dfrac{s}{8} - \left[\dfrac{s}{8}\right]$; im elliptischen Fixpunkt i von $\mathfrak{F}_\vartheta$ hat K_s den Drehrest 0. Die Valenz von ϑ_3^s bezüglich Γ_ϑ beträgt $s/8$. Da eine ganze Spitzenform aus K_s, wenn sie nicht identisch verschwindet, für $1 \leq s \leq 7$ eine Valenz > 1, für $s = 8$ eine Valenz ≥ 2 hat, ergibt sich zunächst $\dim_{\mathbb{C}} \mathsf{K}_s^+ = 0$ für $1 \leq s \leq 8$. Für $s \geq 9$ werde $s = 8k + \varrho$ mit $k, \varrho \in \mathbb{N}$ und $1 \leq \varrho \leq 8$ gesetzt. Weil $|\mathfrak{a}| = 1$ bzw. 2 für $1 \leq \varrho \leq 7$ bzw. $\varrho = 8$, kommt nach Satz 1.12 für $s \geq 9$:

$$\dim_{\mathbb{C}} \mathsf{K}_s^+ = -\left\{\begin{matrix}1\\2\end{matrix}\right\} + \frac{s}{8} - \varkappa_1 + 1, \quad \text{wenn bzw.} \quad \left\{\begin{matrix}1 \leq \varrho \leq 7\\ \varrho = 8\end{matrix}\right\},$$

also $\dim_{\mathbb{C}} \mathsf{K}_s^+ = k$, und diese Formel gilt auch für $1 \leq s \leq 8$.

Die folgenden Basiskonstruktionen beruhen wesentlich darauf, daß ϑ_3^8 und ϑ_4^8 auf Γ_ϑ das gleiche Multiplikatorsystem haben, nämlich 1. Damit ergibt sich

Satz 2.6. *Es sei* $s \in \mathbb{N}, \mathsf{K}_s := \left\{\Gamma_\vartheta, -\dfrac{s}{2}, v_3^s\right\}$. *Wir schreiben* $s = 8k + \varrho$ *mit* $k \in \mathbb{N}_0$, $\varrho \in \mathbb{Z}$, $1 \leq \varrho \leq 8$. *Dann gilt* $\dim_{\mathbb{C}} \mathsf{K}_s^+ = k$, *und die Modulformen* $\vartheta_3^{\varrho + 8(k-j)} \vartheta_4^{8j}$ $(1 \leq j \leq k)$ *bilden eine Basis von* K_s^+. —

Für $9 \leqq s \leqq 16$ erhält man je eine Basisfunktion, u. z. $\vartheta_3^\varrho \vartheta_4^8$; für $17 \leqq s \leqq 24$ deren je zwei, u. z. $\vartheta_3^{\varrho+8} \vartheta_4^8$, $\vartheta_3^\varrho \vartheta_4^{16}$; . . . .

Es ist hervorzuheben, daß Basiskonstruktionen für die Schar K_s^+ existieren, die von der obigen formal unabhängig sind. So gilt $\vartheta_3^{(1)3} = 2^{-8} \vartheta_3 \vartheta_4^8$, weshalb $\vartheta_3^{(1)3} \vartheta_3^{\varrho-1}$ $(1 \leqq \varrho \leqq 8)$ als (einzige) Basisfunktion von $\mathsf{K}_{8+\varrho}^+$ fungiert und $\vartheta_3^{(1)6} \vartheta_3^{\varrho-2}$, $\vartheta_3^{(1)3} \vartheta_3^{\varrho+7}$ $(2 \leqq \varrho \leqq 8)$ eine Basis von $\mathsf{K}_{16+\varrho}^+$ bilden. Allgemein gilt

Satz 2.7. *Für $s \geqq 9$ erhält man eine Basis von K_s^+ in der Gestalt $\vartheta_3^j \vartheta_4^{8j'} \vartheta_3^{(1)3j''}$ unter folgenden Bedingungen:*

$$j, j', j'' \in \mathbb{N}_0; \quad j + 8j' + 9j'' = s; \quad j + j'' > 0; \quad j' + j'' > 0;$$

$j' + j''$ nimmt jeden Wert v mit $1 \leqq v \leqq k$ genau einmal an. $-$

Nach Satz 2.6 und (2.22) bildet ferner ϑ_5^{12} eine Basis von K_{12}^+, und es bilden ϑ_5^{24}, ϑ_6^{24} eine Basis von K_{24}^+; es ist $\vartheta_5 := \eta$.

§ 3. Kongruenzgruppen. Eisensteinsche Reihen

(Inhaltsübersicht: Durchschnitt zweier Spitzenbahnen bezüglich zweier Kongruenzgruppen mit teilerfremden Stufen. Eisenstein-Reihen nach (3.1) als Poincaré-Reihen der allgemeinen Formenklassen $\{\Gamma, -r, v\}$ ($r \in \mathbb{R}$, $r > 2$); Verhalten in den Spitzen, Reduktionstheorem. Modifizierte Eisenstein-Reihen $E_{-r}(s; \tau, \chi)$ der Gestalt (3.7) zu Kongruenzklassen $\mathsf{K} = \{\Gamma, -r, v\}$ ($r \in \mathbb{N}$). Durchführung des Heckeschen Summationsverfahrens. Verallgemeinerte Strichoperatoren. Zur Klasse K assoziierte Charaktere; Hauptsatz 3.2; zur Klasse K assoziierte Kongruenzcharaktere mod H. *Verhalten der mit diesen χ gebildeten Eisenstein-Reihen $E_{-r}(0; \tau, \chi)$ in den Spitzen. Verhalten der Glieder niedrigster Ordnung in der Fourier-Entwicklung der $E_{-r}(s; \tau, \chi)$ als Funktionen von s. Definition der Identitäten Jacobischer Art, insbesondere solcher im engeren Sinne. Valenzgrenze, Identitätssatz, numerische Bestätigung. Empirische Konstruktion der $E_{-r}(s; \tau, \chi)$ zu gegebener Kongruenzklasse K und Spitze ζ. Definition des selektiven Verhaltens eines Systems Eisensteinscher Reihen in gegebenen Spitzen oder Spitzenbahnen.)*

Die im folgenden auftretenden *Kongruenzgruppen* (s. § 1) entstehen durch Durchschnittsbildung aus kanonischen Untergruppen der Modulgruppe $_1\Gamma$, die ihrerseits Kongruenzgruppen und deren Stufen zueinander teilerfremd sind. Es seien Γ_1, Γ_2 Kongruenzgruppen der Stufen n_1 bzw. n_2 und es sei $(n_1, n_2) = 1$. Da $\Delta := \Gamma_1 \cap \Gamma_2$ die Hauptkongruenzgruppe $\Gamma[n_1 n_2]$ enthält, ist auch Δ eine Kongruenzgruppe. Gesucht wird zunächst eine Beziehung zwischen den Spitzenbahnen mod Δ und den (geordneten) Paaren der Spitzenbahnen mod Γ_1, Γ_2.

Ein wesentliches Hilfsmittel zu den Beweisen ist der

Hilfssatz. Es seien n_1, $n_2 \in \mathbb{N}$, S_1, $S_2 \in {}_1\Gamma$ und es sei $(n_1, n_2) = 1$. Dann gibt es eine Modulmatrix S mit $S \equiv S_1 \bmod n_1$, $S \equiv S_2 \bmod n_2$. $-$

Der Beweis soll hier nicht reproduziert werden (vgl. jedoch Anhang F, (c)).
Der Hilfssatz wird bei der Untersuchung der obigen Spitzenbahnen angewendet. Zusätzlich gilt hierüber: Sind ζ_1, ζ_2 Spitzen der $_1\Gamma$ und bezeichnet N_j die
Breite von ζ_j in Γ_j ($j = 1, 2$), so ist, weil N_j in n_j aufgeht: $(N_1, N_2) = 1$.

Man sieht unmittelbar, daß folgende Relation zutrifft:

$$\Delta\zeta \subset \Gamma_1\,\zeta \cap \Gamma_2\,\zeta \quad (\zeta = A^{-1}\infty, A \in {}_1\Gamma).$$

Seien umgekehrt $\zeta_j = A_j^{-1}\infty$ ($A_j \in {}_1\Gamma$, $j = 1, 2$) gegeben. Dann existiert eine
Spitze $\zeta = A^{-1}\infty$ ($A \in {}_1\Gamma$) derart, daß gilt

$$(3.1) \qquad\qquad \Delta\zeta \subset \Gamma_1\,\zeta_1 \cap \Gamma_2\,\zeta_2 \quad (\Gamma_j\,\zeta_j = \Gamma_j\,\zeta, j = 1, 2).$$

Beweis: Man bestimme (s. o.) ein $A \in {}_1\Gamma$ mit $A \equiv A_1 \bmod n_1$ $A \equiv A_2 \bmod n_2$.
Daraus folgt $A_j^{-1} A =: L_j \in \Gamma_j$, also mit

$$\zeta := A^{-1}\infty = L_j^{-1} A_j^{-1}\infty \equiv \zeta_j \bmod \Gamma_j \quad (j = 1, 2)$$

die Behauptung. −

Der wesentliche Sachverhalt über (3.1) hinaus besagt, daß in (3.1) das
Gleichheitszeichen gilt, d. h.: Sei $\zeta' \in \Gamma_1\,\zeta_1 \cap \Gamma_2\,\zeta_2$. Dann ist $\zeta' \equiv \zeta \bmod \Delta$.

Beweis. Man hat $\zeta' \equiv \zeta \bmod \Gamma_j$, also mit $\zeta' = A'^{-1}\infty$ ($A' \in {}_1\Gamma$):

$$A'^{-1}\infty = L_j^{*\,-1} A^{-1}\infty \quad (L_j^* \in \Gamma_j), \qquad A' = \varepsilon_j\, U^{k_j} A L_j^*,$$

wo $k_j \in \mathbb{Z}$, $\varepsilon_j^2 = 1$. Setzt man hier $L_j' = \varepsilon_j\, L_j^*$, so wird

$$L_2' = A^{-1} U^{-k_2+k_1} A L_1'.$$

Weil die Breiten N_j von ζ_j (oder ζ) in Γ_j ($j = 1, 2$) teilerfremd sind, kann man
$k_1 - k_2$ in der Gestalt $g_1 N_1 - g_2 N_2$ mit $g_1, g_2 \in \mathbb{Z}$ darstellen. Das ergibt

$$L_2' = A^{-1} U^{-g_2 N_2} A\, A^{-1} U^{g_1 N_1} A L_1' = P_2^{-g_2} P_1^{g_1} L_1',$$

wo P_1, P_2 die Grundmatrizen von ζ in Γ_1 bzw. Γ_2 bezeichnen, und enthält im
wesentlichen bereits die Behauptung, da

$$M := P_2^{g_2} L_2' = P_1^{g_1} L_1' \in \Delta \quad \text{und} \quad A' = U^{k_2-g_2 N_2} A M,$$

so daß $\zeta' = A'^{-1}\infty = M^{-1}\zeta \equiv \zeta \bmod \Delta$, q.e.d.

Damit ist bewiesen

Satz 3.1. *Für $j = 1, 2$ sei Γ_j eine Kongruenzgruppe in $_1\Gamma$ der Stufe n_j, und es sei
$(n_1, n_2) = 1$. Sind dann ζ_1, ζ_2 irgend zwei Spitzen, so ist der Durchschnitt der
Spitzenbahnen $\Gamma_1\,\zeta_1$ und $\Gamma_2\,\zeta_2$ niemals leer, sondern stimmt mit einer gewissen
Spitzenbahn $\Delta\zeta \bmod \Delta$ überein, wo $\Delta := \Gamma_1 \cap \Gamma_2$; Δ ist offenbar eine Kongruenz-
gruppe der Stufe $n_1 n_2$. Demnach sind die Spitzenbahnen $\Delta\zeta$ auf die geordneten
Paare $\{\Gamma_1\,\zeta_1, \Gamma_2\,\zeta_2\}$ der Spitzenbahnen $\Gamma_j\,\zeta_j$ ($j = 1, 2$) bijektiv bezogen. Hat ζ_j in
Γ_j die Breite N_j, so ist N_j ein Teiler von n_j, und ζ hat in Δ die Breite $N_1 N_2$. In
den Bezeichnungen zu (1.8, 12) gilt*

$$\sigma_\Delta = \sigma_{\Gamma_1}\, \sigma_{\Gamma_2}, \qquad \mu_\Delta = \mu_{\Gamma_1}\, \mu_{\Gamma_2}. \quad −$$

Zur Konstruktion von *Eisensteinschen Reihen* eines gewissen Typus in einer Klasse $\{\Gamma, -r, v\}$ $(r > 2, v \in [\Gamma, -r]^1)$ benötigt man bei gegebener kanonischer Untergruppe Γ von $_1\Gamma$ und zu einer gegebenen Modulmatrix A das System

$$(3.2) \qquad \mathfrak{Z}(A\,\Gamma) := \big\{\{m_1, m_2\} \in \mathbb{Z} \times \mathbb{Z} \mid \exists\, M \in A\,\Gamma,\ \underline{M} = \{m_1, m_2\}\big\},$$

über das in der Reihe summiert wird. Unter den Voraussetzungen von Satz 3.1 gilt

$$\mathfrak{Z}(A\,\Delta) \subset \mathfrak{Z}(A\,\Gamma_1) \cap \mathfrak{Z}(A\,\Gamma_2).$$

Daß auch hier das Gleichheitszeichen steht, läßt sich ähnlich wie oben so beweisen:

Sei $\qquad\qquad \{m_1, m_2\} \in \mathfrak{Z}(A\,\Gamma_1) \cap \mathfrak{Z}(A\,\Gamma_2).$

Es gibt also Matrizen

$$M_j = A\,L_j \in A\,\Gamma_j \quad (j = 1, 2) \quad \text{mit} \quad \underline{M_2} = \underline{M_1} = \{m_1, m_2\},$$

für die also $M_2 = U^k\,M_1$ $(k \in \mathbb{Z})$. Man setze $k = g_1\,N_1 - g_2\,N_2$ $(g_1, g_2 \in \mathbb{Z}; N_j$ sei die Breite von $A^{-1}\infty$ in Γ_j $(j = 1, 2))$. Dann folgt mit $P_j := A^{-1}\,U^{N_j}A$:

$$U^{g_2 N_2}\,M_2 = U^{g_1 N_1}\,M_1, \qquad U^{g_j N_j}\,M_j = A\,P_j^{g_j}\,L_j \in A\,\Gamma_j,$$

also $M := U^{g_j N_j}\,M_j \in A\,\Delta$, q.e.d.; dies besagt

Korollar 3.1. Unter den Vorausetzungen von Satz 1.3 gilt

$$(3.3) \qquad\qquad \mathfrak{Z}(A\,\Delta) = \mathfrak{Z}(A\,\Gamma_1) \cap \mathfrak{Z}(A\,|_2).$$

Es sei Γ eine kanonische Untergruppe der Modulgruppe, $r \in \mathbb{R}$, $r > 2$, $v \in [\Gamma, -r]^1$, $\mathsf{K} := \{\Gamma, -r, v\}$. *Die (allgemeinen) Eisenstein-Reihen* der Klasse K sind als Poincarésche Reihen vom parabolischen Typus definiert durch

$$(3.4) \qquad G(\tau, \mathsf{K}, A) := \sum_{M \in \mathfrak{S}(A\,\Gamma)} v^{-1}(M)\,(m_1\tau + m_2)^{-r} \qquad (A \in {}_1\Gamma).$$

Hier durchläuft M ein volles System von Matrizen aus $A\,\Gamma$ mit verschiedenen zweiten Zeilen $\underline{M} = \{m_1, m_2\}$, und $v\,(M)$ ist durch (vgl. (1.19))

$$v(M) = v(A)\,\sigma(A, L)\,v(L)\ (M = A\,L \in A\,\Gamma, \quad \sigma := \sigma^{(r)}, r \in \mathbb{R})$$

erklärt mit einem, falls $A \notin \Gamma$, willkürlichen $v\,(A)$ des Betrages 1. Die Invarianz der Konstruktion (3.4) erfordert, daß der Drehrest $\varkappa$, der in § 1 bei (MF III) in Verbindung mit der Grundmatrix P der Spitze $A^{-1}\infty$ in Γ definiert wurde, verschwindet, was besagt, daß $v\,(P) = 1$ oder, wie auch in § 1 definiert, v (bzw. K) in ζ unverzweigt ist (vgl. [24], § 1, und S. 66; ferner Anhang G).

Die Bedeutung dieser Funktionen (3.4) liegt darin, daß sie (wie man leicht zeigt) ganze Modulformen der Klasse K darstellen, die nicht in allen Spitzen verschwinden: Die konstanten Glieder von $G(\tau, \mathsf{K}, A)$ in den Spitzen von $\Gamma\,\zeta$ sind wohldefiniert und sämtlich $\neq 0$; insbesondere ist

$$b_0(A, G(*, \mathsf{K}, A)) = 2\,v^{-1}(A).$$

Dagegen verschwindet $G(\tau, \mathsf{K}, A)$ *in allen anderen Spitzen.* Bildet man nun das lineare Kompositum

$$\Lambda(\tau) := \sum_{j=1}^{\sigma'} c_j\, G(\tau, \mathsf{K}, A_j),$$

wo $\zeta_j = A_j^{-1}\infty$ $(A_j \in {}_1\Gamma,\ 1 \leq j \leq \sigma' = \sigma'_\Gamma)$ ein volles Vertretersystem der Spitzenbahnen mod Γ durchläuft, in denen K unverzweigt ist, so erhält man eine Modulform von K^0, die in ζ_j das konstante Glied

$$b_0(A_j, \Lambda) = 2\,c_j\, v^{-1}(A_j) \qquad (1 \leq j \leq \sigma'_\Gamma)$$

aufweist. Bei geeigneter Wahl der c_j gelangt man also für gegebenes $f(\tau) \in \mathsf{K}^0$ zu einer Relation

$$(3.5) \qquad\qquad f(\tau) = \Lambda(\tau) + \varphi(\tau) \quad \text{mit} \quad \varphi(\tau) \in \mathsf{K}^+;$$

Λ und φ sind durch f eindeutig bestimmt.

Dies ist das in § 1 (bei (1.47)) und § 2 erwähnte *Reduktionstheorem,* das in der in § 2 beschriebenen Weise auf Thetareihen angewendet wird und über Fourier-Koeffizienten zur Bestimmung der Darstellungsanzahlen natürlicher Zahlen durch eine gegebene positive ganzzahlige quadratische Form führt; diese Anzahlen können durch Kongruenzbedingungen an die Variablen der Form und durch Gewichte an den Darstellungen weitgehend verallgemeinert werden (vgl. Anhang B). Das Ziel besteht in der Ableitung von *Identitäten nach dem Vorbild der berühmten Identität von* C. G. J. Jacobi *aus dem Jahre* 1832 *für die Anzahl a* $(n, I^{(4)})$ der Darstellungen einer natürlichen Zahl n als Summe von vier Quadraten ganzer Zahlen. Dabei wird für unabdingbar gehalten, daß in diesen Identitäten nur finite Ausdrücke, und zwar solche einer gewissen übersichtlichen Bauart auftreten; dies betrifft die Fourier-Koeffizienten sowohl der Funktionen $\Lambda(\tau)$ als auch der Basisfunktionen der linearen Schar K^+, aus denen sich $\varphi(\tau)$ linear mit konstanten Koeffizienten zusammensetzt.

Es sollen jetzt zunächst die Fourier-Koeffizienten von $\Lambda(\tau)$ untersucht werden. Ihre direkte Bestimmung durch die der Eisenstein-Reihen (3.4) führt auf unendliche Reihen nicht ganz einfacher Struktur, deren Summation in finiter Gestalt, obwohl prinzipiell vielleicht ausführbar, so doch — abgesehen von günstigen Spezialfällen — sehr mühsam sein dürfte. Dieses Verfahren ist, wie es bis heute scheint, im Falle einer ungeraden Variablenzahl s der gegebenen quadratischen Form unvermeidlich. Unter den zahlreichen Beispielen der vorliegenden Darstellung finden sich neun mit ungeradem s $(s = 5, 7:$ § 20, 21$)$. Obwohl das Summationsverfahren extrem glatt verläuft, ist hier die resultierende, „geschlossene" Gestalt der Endformeln ziemlich kompliziert (vgl. auch H. Maaß [18, 19]).

Bei geradem $s = 2r$ besteht unter gewissen Voraussetzungen die Möglichkeit, das genannte Summationsproblem durch Einführung einer neuen Basis der von den Eisenstein-Reihen (3.4) aufgespannten Funktionenschar in K^0 zu umgehen. Die Funktionen der neuen Basis entsprechen im Falle der Klasse $\mathsf{K} := \{\Gamma[H], -r, v_1^{(H)}\}$ mit

$$(3.6) \qquad r = \tfrac{1}{2}s \in \mathbb{N}, \qquad v_1^{(H)}(L) = \varepsilon^r \quad \text{für} \quad L \in {}_1\Gamma, \qquad L \equiv \varepsilon\, I \bmod H \qquad (\varepsilon^2 = 1)$$

den von Hecke eingeführten Funktionen $G_{-r}(s; \tau, k_1, k_2, H)$, die w.u. in (3.28) und in geänderter Bezeichnung in Anhang G reproduziert werden (zu $\Gamma[H]$ s. (1.4)). Die erwähnten Voraussetzungen besagen, daß K eine sog. Kongruenzklasse sei. – Wir definieren:

$K = \{\Gamma, -r, v\}$ heißt eine *Kongruenzklasse*, ausführlicher: *Kongruenz-Formenklasse der Modulgruppe*, wenn Γ eine Kongruenzgruppe in $_1\Gamma$, $r \in \mathbb{N}$ und v ein sog. Kongruenzcharakter auf Γ ist. Das Letztere bedeutet, daß eine Stufe H von Γ derart existiert, daß v auf $\Gamma[H]$ mit $v_1^{(H)}$ zusammenfällt (vgl. (3.6)). Unter dieser Bedingung heißt H eine Stufe der Klasse K; H ist dann auch stets eine Stufe von Γ.

Die neuen Basisfunktionen ergeben sich aus den Reihen (3.4) durch eine *Modifikation folgender Art:* Die in (3.4) implizit auftretende Bedingung $(m_1, m_2) = 1$ wird überwiegend aufgehoben; was von ihr erhalten bleibt, betrifft nur die gemeinsamen Teiler von m_1, m_2 und H. Der konstante Faktor $v^{-1}(M)$ im Reihenglied von (3.4) muß durch eine im erweiterten Summationsbereich erklärte periodische Funktion $\chi(m_1, m_2)$ der neuen Parameter m_1, m_2 ersetzt werden, die der modifizierten Reihe die Invarianzeigenschaft einer Modulform verleiht. Schließlich ist der ganze Ansatz, da zahlreiche Anwendungen auf die Fälle $r = 1, 2$ führen, mit dem *analytischen Apparat des Heckeschen Summationsverfahrens* zu kombinieren.

Dieses Programm soll in drei Schritten durchgeführt werden; der *erste Schritt* dient nur zur Aufstellung der Fourier-Entwicklung. Wir betrachten die Reihen

$$(3.7) \qquad E_{-r}(s; \tau, \chi) := \sum_{m_1, m_2 = -\infty}^{+\infty}{}' \chi(m_1, m_2)\,(m_1\tau + m_2)^{-r}\,|m_1\tau + m_2|^{-s},$$

wo $\tau \in \mathfrak{H}$, $r \in \mathbb{N}$, $s \in \mathbb{C}$, $r + \operatorname{Re} s > 2$ und der Akzent das Glied mit $m_1 = m_2 = 0$ ausschließt. Von χ wird verlangt:

$$(3.8) \qquad \begin{aligned} &\chi(m_1, m_2) \text{ ist auf } \mathbb{Z}^2 := \mathbb{Z} \times \mathbb{Z} \text{ erklärt, komplexwertig und beschränkt;} \\ &\chi(-m_1, -m_2) = (-1)^r\,\chi(m_1, m_2), \quad \text{wenn} \quad \{m_1, m_2\} \neq \{0, 0\}; \end{aligned}$$

es existiert ein festes $N_2 \in \mathbb{N}$ derart, daß gilt

$$(3.9) \qquad \begin{cases} \chi(m_1, m_2 + N_2) = \chi(m_1, m_2) & (m_1, m_2 \in \mathbb{Z}), \\ \text{wenn} \quad m_1 = 0, m_2 > 0 \quad \text{und wenn} \quad m_1 > 0, m_2 \in \mathbb{Z}. \end{cases}$$

Zur Fourier-Entwicklung von $E_{-r}(s; \tau, \chi)$ betrachten wir die Hilfsfunktion

$$(3.10) \qquad f(s_1, s_2; \tau, \psi) := \sum_m \psi(m)\,(\tau + m)^{-s_1}\,(\bar{\tau} + m)^{-s_2},$$

wo

$$\tau \in \mathfrak{H}; \quad s_1, s_2 \in \mathbb{C}, \quad \operatorname{Re}(s_1 + s_2) > 1, \quad -\pi < \arg(\bar{\tau} + m) < 0 < \arg(\tau + m) < +\pi$$

und $\psi(m)$ für $m \in \mathbb{Z}$ erklärt, komplexwertig und periodisch mit der Periode $N \in \mathbb{N}$ ist. Die Fourier-Entwicklung von $f(s_1, s_2; \tau, \psi)$ kann in bekannter Weise nach der Poissonschen Summationsformel vollzogen werden. Es ergibt sich

$$(3.11) \qquad f(s_1, s_2; \tau, \psi) = \frac{1}{N} \sum_n \omega(n, \psi)\left(\exp 2\pi i n\,\frac{x}{N}\right) y^{1 - s_1 - s_2}\,B\left(s_1, s_2; n\,\frac{y}{N}\right),$$

wobei (vgl. (1.10))

$$\omega\,(n,\psi) := \sum_{k \bmod N} \psi\,(k)\,\xi_N^{2kn},$$

$$(3.12) \qquad B\,(s_1, s_2; \lambda) := \int_{-\infty}^{+\infty} (u + i)^{-s_1}\,(u - i)^{-s_2}\,e^{-2\pi i \lambda u}\,d\,u \qquad (\lambda \in \mathbb{R}).$$

Über diese Integrale erhält man durch Umbiegen des Integrationsweges wesentliche Informationen: Nach erfolgter Umbiegung ist $B\,(s_1, s_2; \lambda)$, falls $\lambda \neq 0$, für beliebige komplexe s_1, s_2 absolut konvergent, und diese Konvergenz ist für beschränkte s_1, s_2 gleichmäßig. Für $\lambda \neq 0$ und jedes positive $\varepsilon < 1$ gilt, wenn $|\lambda| \geqq \alpha$ mit festem $\alpha > 0$ und $|s_j| \leqq C^{(1)}$ $(j = 1, 2)$ mit festem $C^{(1)} > 0$ zutrifft:

$$(3.13) \qquad |B\,(s_1, s_2; \lambda)| \leqq C^{(2)}\,e^{-2\pi|\lambda|\,(1-\varepsilon)} \qquad (\lambda \neq 0),$$

wo $C^{(2)} > 0$ höchstens von ε, α und $C^{(1)}$ abhängt. Im Spezialfall $s_2 = 0$, $s_1 = r$ gilt, ebenfalls für $\lambda \neq 0$:

$$(3.14) \qquad \begin{aligned} B\,(r, 0; \lambda) &= \frac{(-2\pi i)^r}{\Gamma\,(r)}\,\lambda^{r-1}\,e^{-2\pi\lambda} \qquad (\lambda > 0), \\[2ex] B\,(r, 0; \lambda) &= 0 \qquad\qquad\qquad\qquad (\lambda < 0). \end{aligned}$$

Für $\lambda = 0$ läßt sich (3.12) auf die Eulersche **B**-Funktion zurückführen mit dem Resultat

$$(3.15) \qquad B\,(s_1, s_2; 0) = (-i)^{s_1 - s_2}\,2^{2 - s_1 - s_2}\,\pi\frac{\Gamma\,(s_1 + s_2 - 1)}{\Gamma\,(s_1)\,\Gamma\,(s_2)},$$

woraus insbesondere $B\,(s, 0; 0) = 0$ für $\operatorname{Re} s > 1$ folgt. Im Verein mit (3.14) ergibt dies eine vielseitig anwendbare, zu wenig bekannte Formel aus dem Jahre 1859 von Lipschitz, aus der man die Fourier-Entwicklung der Funktionen (3.7) mit $r > 2$, $s = 0$ ableiten kann (s. Anhang F (d)).

In der Theorie der Eisenstein-Reihen der Kongruenzklassen wird dieser Formalismus mit den Parameterwerten $s_1 = r + \frac{1}{2}s$, $s_2 = \frac{1}{2}s$ angewendet. Man erhält aus (3.15) mit Hilfe der Legendreschen Γ-Formel:

$$B\left(r + \frac{s}{2}, \frac{s}{2}; 0\right) = (-i)^r\,2^{1-r}\,\sqrt{\pi}\ \frac{\Gamma\,(r - 1 + s)\,\Gamma\left(\dfrac{s+1}{2}\right)}{\Gamma\left(r + \dfrac{s}{2}\right)\Gamma\,(s)}$$

also speziell für $r = 1, 2$

$$B\left(1 + \frac{s}{2}, \frac{s}{2}; 0\right) = -i\,\sqrt{\pi}\ \frac{\Gamma\left(\dfrac{s+1}{2}\right)}{\Gamma\left(1 + \dfrac{s}{2}\right)},$$

$$(3.16)$$

$$B\left(2 + \frac{s}{2}, \frac{s}{2}; 0\right) = -\frac{\sqrt{\pi}}{2}\ \frac{\Gamma\left(\dfrac{s+1}{2}\right)}{\Gamma\left(2 + \dfrac{s}{2}\right)}\,s\,.$$

Die Fourier-Entwicklung der Funktion (3.7) geht aus von der Zerlegung

$$E_{-r}(s; \tau, \chi) = 2 \sum_{m=1}^{\infty} \chi(0, m)\, m^{-r-s} + 2\, E_{-r}^{+}(s; \tau, \chi),$$

wo $E_{-r}^{+}(s; \tau, \chi)$ die Summe der Glieder in (3.7) unter der zusätzlichen Bedingung $m_1 > 0$ bedeutet und liefert nach (3.9, 10)

$$E_{-r}^{+}(s; \tau, \chi) = \sum_{m_1=1}^{\infty} f\left(r + \frac{s}{2}, \frac{s}{2}; m_1 \tau, \chi(m_1, *)\right)$$

$$(3.17) \qquad = \frac{1}{N_2} \sum_{m_1=1}^{\infty} \sum_{n=-\infty}^{\infty} \omega^*(m_1, n; \chi) \left(\exp 2\pi i n\, \frac{m_1 x}{N_2}\right) (m_1 y)^{1-r-s}$$

$$\times B\left(r + \frac{s}{2}, \frac{s}{2}; n\, \frac{m_1 y}{N_2}\right).$$

mit den entsprechenden *Gaußschen Summen*

$$(3.18) \qquad \omega^*(m, n; \chi) := \sum_{k \bmod N_2} \chi(m, k) \exp 2\pi i\, \frac{k n}{N_2} \qquad (m \in \mathbb{N}).$$

Bildet man die Summen der Reihenglieder mit $n \neq 0$ von (3.17):

$$E_{-r}^{\#}(s; \tau, \chi) := \frac{1}{N_2} \sum_{m_1=1}^{\infty} \sum_{\substack{n=-\infty \\ n \neq 0}}^{+\infty},$$

so konvergiert diese Summe nach (3.13) gleichmäßig absolut sogar für beschränkte $s, r \in \mathbb{C}$ und die τ mit $y \geqq \beta$ bei festem $\beta > 0$. Sie hat nach (3.14) den Nullwert

$$(3.19) \qquad E_{-r}^{\#}(0; \tau, \chi) = \frac{(-2\pi i)^r}{N_2^r\, \Gamma(r)} \sum_{m,\,n=1}^{\infty} \omega^*(m, n; \chi)\, n^{r-1} \exp 2\pi i\, m\, n\, \frac{\tau}{N_2}.$$

Die Gliedersumme in der zweiten Reihendarstellung (3.17) mit $n = 0$ ergibt allgemein

$$N_2^{-1}\, B\left(r + \frac{s}{2}, \frac{s}{2}; 0\right) y^{1-r-s} \sum_{m=1}^{\infty} \omega^*(m, 0; \chi)\, m^{1-r-s},$$

also für $r = 1, 2$ nach (3.16)

$$(3.20)$$

$$\frac{-i\sqrt{\pi}}{N_2}\, \frac{\Gamma\left(\dfrac{s+1}{2}\right)}{\Gamma\left(1 + \dfrac{s}{2}\right)}\, y^{-s} \sum_{m=1}^{\infty} \omega^*(m, 0; \chi)\, m^{-s} \qquad (r = 1)$$

$$\frac{-\sqrt{\pi}}{2\,N_2}\, \frac{\Gamma\left(\dfrac{s+1}{2}\right)}{\Gamma\left(2 + \dfrac{s}{2}\right)}\, y^{-1-s}\, s \sum_{m=1}^{\infty} \omega^*(m, 0; \chi)\, m^{-1-s} \qquad (r = 2).$$

Wir kommen zum *zweiten Schritt* des oben angedeuteten Programms. Umformungen an Reihen vom Typ (3.7) vereinfachen sich erheblich durch den Gebrauch eines *verallgemeinerten Strich-Operators*, der wie folgt definiert ist: Mit $r \in \mathbb{R}$, $s \in \mathbb{C}$, $S \in \mathrm{SL}\,(2, \mathbb{R})$ sei, wenn $f(s, \tau)$ für $\tau \in \mathfrak{H}$, $s \in \mathfrak{G} \subset \mathbb{C}$ erklärt ist ($\mathfrak{G}$ ein Gebiet), unter diesen Bedingungen (vgl. (1.20, 21))

$$(3.21) \qquad f(s,\tau)\,|_{(r,s)}\,S = f\,|_{(r,s)}\,S := f(s,\,S\,\tau)\,(c\,\tau + d)^{-r}\,|\,c\,\tau + d\,|^{-s}.$$

Hier gilt mit $S_1, S_2 \in \mathrm{SL}\,(2, \mathbb{R})$ die Kompositionsregel

$$(f\,|_{(r,s)}\,S_1)\,|_{(r,s)}\,S_2 = \sigma^{-1}\,(S_1, S_2)\,f\,|_{(r,s)}\,S_1\,S_2,$$

wo $\sigma = \sigma^{(r)}$; der Vorfaktor rechts ist stets $= 1$, wenn $r \in \mathbb{Z}$.

Im folgenden sei wieder Γ eine kanonische Untergruppe von ${}_1\Gamma$, $r \in \mathbb{N}$, $v \in [\Gamma, -r]^1$, $\mathsf{K} := \{\Gamma, -r, v\}$. Wir nennen χ einen *zur Klasse* K *assoziierten Charakter*, wenn χ die *folgenden drei Definitionseigenschaften* aufweist:

(X 1) $\chi = \chi\,(m_1, m_2)$ ist auf $\mathbb{Z}^2 := \mathbb{Z} \times \mathbb{Z}$ erklärt, komplexwertig und beschränkt.

(X 2) χ ist periodisch in m_2 gemäß (3.9) mit der von m_1 unabhängigen festen natürlichen Zahl N_2 als Periode.

(X 3) Für $L \in \Gamma$, $\{0, 0\} \neq \{m_1, m_2\} \in \mathbb{Z}^2$ und $\{m_1', m_2'\} := \{m_1, m_2\}\,L$ gilt $\chi\,(m_1', m_2') = v^{-1}\,(L)\,\chi\,(m_1, m_2)$.

Zu diesen Bedingungen sei bemerkt: (3.8) folgt aus (X 3). $-$ Für $m_1 > 0$ gilt, wenn N_0 die Breite der Spitze ∞ in Γ und $\varkappa_0$ den Drehrest von K in dieser Spitze angibt:

$$(3.22) \qquad \chi\,(m_1,\,m_2 + k\,N_0\,m_1) = e^{-2\pi i k \varkappa_0}\,\chi\,(m_1, m_2) \qquad (k \in \mathbb{Z}).$$

Wenn χ nicht identisch verschwindet, so gibt es $m_1, m_2 \in \mathbb{Z}$ mit $m_1 > 0$, $\chi\,(m_1, m_2) \neq 0$. Bildet man (3.22) mit $k = N_2$, so folgt $N_2\,\varkappa_0 \in \mathbb{Z}$. Andererseits gilt, wenn K eine Kongruenzklasse der Stufe H ist (s. die Definition in diesem § 3) und für die Spitze ζ bezüglich Γ die Standard-Bezeichnungen $(N, P, \varkappa)$ angewendet werden:

$$H = N\,g\,, \qquad g = g_\zeta \in \mathbb{N}\,, \qquad P^g \equiv I \bmod H\,, \qquad g\,\varkappa \equiv 0 \bmod 1\,;$$

alle Drehreste in den Spitzen sind also rational und können mit den jeweiligen Nennern $g = g_\zeta$ geschrieben werden.

In der oben angenommenen allgemeinen Situation bildet das System der zur Klasse K assoziierten Charaktere einen Vektorraum über $\mathbb{C}$. Dies beruht im wesentlichen darauf, daß N_2 in (X 2) durch ein Vielfaches von N_2 ersetzt werden kann. Daß die obigen Reihenentwicklungen (3.17, 19, 20) *gegen diese Substitution invariant* sind, ist wie folgt zu sehen: Es sei $l \in \mathbb{N}$ und

$$\omega_1^*\,(m_1, n; \chi) = \sum_{j \bmod l\,N_2} \chi\,(m_1, j)\,\exp 2\,\pi\,i\,\frac{j\,n}{l\,N_2}\,;$$

dann findet man

$$\omega_1^*\,(m_1, n; \chi) = \begin{cases} 0, & \text{wenn} \quad n \not\equiv 0 \bmod l \\[2mm] l\,\omega^*\left(m_1, \dfrac{n}{l}; \chi\right), & \text{wenn} \quad n \equiv 0 \bmod l \end{cases}$$

Entsprechend bilden die Funktionen (3.5) $E_{-r}(s; \tau, \chi)$ einen Vektorraum über $\mathbb{C}$.

Unter den Voraussetzungen (X 1, 2, 3) erhält man sofort

$$E_{-r}(s; \tau, \chi)\,|_{(r,s)}\, L = v(L)\, E_{-r}(s; \tau, \chi) \qquad (L \in \Gamma),$$

wenn $r + \mathrm{Re}\, s > 2$. Für $r > 2$ liefert dies bereits die Aussage des folgenden Satzes. Für $r = 1, 2$ hat man jetzt die Bedingungen aufzustellen, unter denen die Reihen (3.7) $E_{-r}(s; \tau, \chi)$ als Funktionen von s in eine volle Umgebung von $s = 0$ holomorph fortsetzbar sind, und, falls dies zutrifft, die Eigenschaften der dadurch definierten Nullwerte

$$(3.23) \qquad\qquad E_{-r}(\tau, \chi) := E_{-r}(0; \tau, \chi)$$

zu bestimmen. Wir formulieren das Ergebnis als

Satz 3.2. *Voraussetzungen und Bezeichnungen: Es sei Γ eine kanonische Untergruppe der Modulgruppe, $r \in \mathbb{N}$, $v \in [\Gamma, -r]'$, $\mathsf{K} := \{\Gamma, -r, v\}$; χ genüge den Bedingungen (X 1, 2, 3) bezüglich der Klasse K, und es seien die dem zur Klasse K assoziierten Charakter χ zugeordneten Gaußschen Summen $\omega^*(m, n; \chi)$ durch (3.18) definiert.*

Ferner sei

$$D(s, \chi) := \sum_{m=1}^{\infty} \chi(0, m)\, m^{-s}, \qquad D^*(s, \chi) := \sum_{m=1}^{\infty}{}' \omega^*(m, 0; \chi)\, m^{-s}$$

für $\mathrm{Re}\, s > 1$. — Die Aussagen des Satzes betreffen die Eisensteinschen Reihen (3.7) $E_{-r}(s; \tau, \chi)$ und ihre Nullwerte (3.23).

I $(r = 1)$. Es seien die Dirichletschen Reihen $D(1 + s, \chi)$ und $D^*(s, \chi)$ in eine Umgebung des Punktes $s = 0$ simultan holomorph fortsetzbar. Dann ist $E_{-1}(s; \tau, \chi)$ in gleicher Weise in diese Umgebung holomorph fortsetzbar, es gilt

$$E_{-1}(\tau, \chi) = 2 D(1, \chi) - \frac{2\pi i}{N_2} D^*(0, \chi) - \frac{4\pi i}{N_2} \sum_{m,n=1}^{\infty} \omega^*(m, n; \chi) \exp 2\pi i m n \frac{\tau}{N_2}$$

und $E_{-1}(\tau, \chi)$ stellt eine ganze Modulform der Klasse $\{\Gamma, -1, v\}$ dar, die von der Art der genannten analytischen Fortsetzung nicht abhängt.

II $(r = 2)$. Es sei $s\, D^*(1 + s, \chi)$ in eine Umgebung von $s = 0$ holomorph fortsetzbar, und es bezeichne $\varrho^*(\chi)$ den Wert dieser analytischen Funktion von s für $s = 0$. Dann ist $E_{-2}(s; \tau, \chi)$ in gleicher Weise in diese Umgebung von $s = 0$ holomorph fortsetzbar und es gilt

$$E_{-2}(\tau, \chi) = 2 D(2, \chi) - \frac{\pi \varrho^*(\chi)}{N_2 y} - \frac{8\pi^2}{N_2^2} \sum_{m,n=1}^{\infty} \omega^*(m, n; \chi)\, n \exp 2\pi i m n \frac{\tau}{N_2};$$

$E_{-2}(\tau, \chi)$ hängt von der Art der genannten analytischen Fortsetzung nicht ab. Es seien h zur Klasse K assoziierte Charaktere χ_j $(1 \leqq j \leqq h)$ gegeben; für $\chi = \chi_j$ gelte (X 2) mit $N_{j,2}$ anstelle von N_2. Wenn jedes $\varrho^*(\chi_j)$ durch eine Vorschrift der obigen Beschaffenheit definiert werden kann und wenn dann

$$\sum_{j=1}^{h} \lambda_j \varrho^*(\chi_j)\, N_{j,2}^{-\frac{1}{2}} = 0$$

mit gewissen konstanten $\lambda_j \in \mathbb{C}$ zutrifft, so stellt $\sum\limits_{j=1}^{h} \lambda_j E_{-2}(\tau, \chi_j)$ eine ganze Modulform der Klasse $\{\Gamma, -2, v\}$ dar.

III $(r > 2)$. $E_{-r}(s; \tau, \chi)$ *verhält sich als Funktion von s holomorph für* $\mathrm{Re}\, s > 2 - r$; $E_{-r}(\tau, \chi)$ *ist nach* (3.7, 23) *unmittelbar definiert, gestattet die Fourier-Entwicklung*

$$E_{-r}(\tau, \chi) = 2D(r, \chi) + \frac{2(-2\pi i)^r}{(r-1)!\, N_2^r} \sum_{m,n=1}^{\infty} \omega^*(m, n; \chi)\, n^{r-1} \exp 2\pi i\, m\, n\, \frac{\tau}{N_2}$$

und stellt eine ganze Modulform der Klasse K *dar.* —

Die Aussagen über die Eindeutigkeit der $E_{-r}(\tau, \chi)$ für $r = 1, 2$ beruhen darauf, daß weder eine von Null verschiedene Konstante (für $r = 1$) noch eine Funktion der Gestalt const $+ y^{-1}$ (für $r = 2$) die Transformationen (1.24) gestattet. Der Beweis liegt im Falle $r = 1$ auf der Hand. Im Falle $r = 2$ sei lediglich erwähnt, daß man aus

$$f(\tau) := C + y^{-1}\ (C = \text{const}) \quad \text{und} \quad f(\tau)\,|\,L = v(L)\,f(\tau) \quad (L \in \Gamma)$$

mit Hilfe des Grenzüberganges $y \to \infty$ zunächst schließen kann, daß C verschwindet. Die zu widerlegende Relation reduziert sich dann auf

$$|\gamma\,\tau + \delta|^2 = v(L)\,(\gamma\,\tau + \delta)^2 \quad (L \in \Gamma).$$

Satz 3.2 wird im folgenden mit einer Ausnahme (§ 8) ausschließlich auf Kongruenzklassen angewendet, wobei χ überdies gewisse Bedingungen erfüllt, die (X 1, 2, 3) wesentlich verschärfen. Diese sollen für allgemeinere als Kongruenzklassen jetzt formuliert werden; damit beginnt der *dritte Schritt* des obigen Programms. Es wird sich zeigen, daß eine mit einem χ der verschärften Bedingungen gebildete Reihe $E_{-r}(s; \tau, \chi)$ den Relationen

$$E_{-r}(s; \tau, \chi)\,|_{(r,s)}\,L = v(L)\,E_{-r}(s; \tau, \chi) \quad (L \in \Gamma)$$

genügt, wo K $:= \{\Gamma, -r, v\}$ eine Kongruenzklasse ist.

Definition: *Es sei Γ eine kanonische Untergruppe von* ${}_1\Gamma$, $r \in \mathbb{N}$, $v \in [\Gamma, -r]^1$, K $:= \{\Gamma, -r, v\}$; χ *sei auf* $\mathbb{Z} \times \mathbb{Z}$ *erklärt und habe folgende Eigenschaften:*

(X* 1) $\chi(m_1, m_2) \in \mathbb{C}$ *für* $m_1, m_2 \in \mathbb{Z}$.
(X* 2) *Mit einem festen* $H \in \mathbb{N}\ (H > 2$ *für* $r \equiv 1 \bmod 2)$ *gilt*
      $\chi(m_1, m_2 + H) = \chi(m_1 + H, m_2) = \chi(m_1, m_2) \quad (m_1, m_2 \in \mathbb{Z})$,
      $\chi(m_1, m_2) = 0$, *wenn* $(m_1, m_2, H) > 1 \quad (m_1, m_2 \in \mathbb{Z})$.
(X* 3) *Für* $m_1, m_2 \in \mathbb{Z}$, $L \in \Gamma$, $\{m_1', m_2'\} := \{m_1, m_2\}\,L \neq \{0, 0\}$ *gilt*
      $\chi(m_1', m_2') = v^{-1}(L)\,\chi(m_1, m_2)$. —

Ersichtlich stellt χ einen zu K assoziierten Charakter mit H anstelle von N_2 dar. Wir nennen einen zu K assoziierten Charakter χ mit den Eigenschaften (X* 1, 2, 3) einen Kongruenzcharakter mod H (der zur Klasse K assoziiert ist).

Es habe χ diese Eigenschaften. Wir schreiben gelegentlich

$$(3.24) \qquad \chi(\mathfrak{m}) := \chi(m_1, m_2), \quad \text{wenn} \quad \mathfrak{m} := \{m_1, m_2\} \in \mathbb{Z} \times \mathbb{Z}.$$

Man bestätigt ohne Schwierigkeit, daß bei gegebenem $S \in {}_1\Gamma$ durch

$$(3.25) \qquad \chi_S'(\mathfrak{m}) := \chi(\mathfrak{m}\, S^{-1}) \qquad (\mathfrak{m} \in \mathbb{Z} \times \mathbb{Z})$$

ein zur Klasse $\mathsf{K}_S' := \{S^{-1}\,\Gamma\,S, -r, v_S'\}$ assoziierter Kongruenz-Charakter mod H definiert ist. Er erscheint in der Transformationsgleichung

$$(3.26) \qquad E_{-r}(s;\tau,\chi)\,|_{(r,s)}\,S = E_{-r}(s;\tau,\chi_S');$$

im übrigen gilt $\chi_S'(\mathfrak{m}) = v(S)\,\chi(\mathfrak{m})$, wenn $S \in \Gamma$ (vgl. (3.22)).

Aus (X* 2) erhält man unmittelbar die *Zerlegung*

$$(3.27) \qquad E_{-r}(s;\tau,\chi) = \sum_{k_1,\,k_2 \bmod H} \chi(k_1,k_2)\,G_{-r}(s;\tau,k_1,k_2,H),$$

in der G_{-r} einem der von Hecke [11] (Abh. Nr. 24) untersuchten Systeme Eisensteinscher Reihen angehört: Für $r + \operatorname{Re} s > 2$ ist danach zu definieren

$$(3.28) \qquad G_{-r}(s;\tau,k_1,k_2,H) := \sideset{}{'}\sum_{\substack{m_1 \equiv k_1 \\ m_2 \equiv k_2\,(H)}} (m_1\tau + m_2)^{-r}\,|m_1\tau + m_2|^{-s},$$

wenn $k_1, k_2 \in \mathbb{Z}$, und man hat

$$G_{-r}(s;\tau,k_1,k_2,H)\,|_{(r,s)}\,L = \varepsilon^r\,G_{-r}(s;\tau,k_1,k_2,H),$$

wenn $L \in {}_1\Gamma$, $L \equiv \varepsilon I \bmod H$, $\varepsilon^2 = 1$. Aus (3.27) folgt, daß für diese L auch

$$E_{-r}(s;\tau,\chi)\,|_{(r,s)}\,L = \varepsilon^r\,E_{-r}(s;\tau,\chi)$$

zutrifft; infolgedessen gilt nach § 1

$$E_{-r}(s;\tau,\chi)\,|_{(r,s)}\,L = \tilde{v}(L)\,E_{-r}(s;\tau,\chi)$$

sogar für die L des Kompositums $\Gamma \times \Gamma\,[H]$ von Γ und $\Gamma\,[H]$ mit einem gewissen $\tilde{v} \in [\Gamma \times \Gamma\,[H], -r]^1$; dieses Kompositum ist eine Kongruenzgruppe der Stufe H, und $\{\Gamma \times \Gamma\,[H], -r, \tilde{v}\}$ ist eine Kongruenzklasse der Stufe H (d.h. es gilt $\tilde{v}(L) = 1$ für $L \in {}_1\Gamma$, $L \equiv I \bmod H$). In dem Falle, daß $\{\Gamma, -r, v\}$ von vornherein als Kongruenzklasse der Stufe H gegeben ist, gilt $\Gamma \times \Gamma\,[H] = \Gamma$, $\tilde{v} = v$.

Man kann, wenn χ die Eigenschaften (X* 1, 2, 3) aufweist, (3.26) benutzen, um etwas über das *Verhalten der Modulformen* $E_{-r}(\tau,\chi)$ *in den Spitzen* zu erfahren. Dabei darf nach (3.27) und [11] (Abh. Nr. 24) angenommen werden, daß die in Satz 3.2 genannten Bedingungen dafür erfüllt sind, daß die betreffende Reihe (3.5) $E_{-r}(s;\tau,\chi)$ in eine Umgebung von $s = 0$ holomorph fortsetzbar ist. Darüber hinaus ist sinngemäß anzunehmen, daß $E_{-2}(\tau,\chi)$ eine analytische Modulform darstellt.

Wir beschränken uns auf die Fälle $r \geqq 2$. Für die Spitze $\zeta = A^{-1}\infty$ erhält man nach (3.26) (vgl. (1.25))

$$E_{-r,A}(\tau,\chi) = E_{-r}(\tau,\chi)\,|_r\,A^{-1} \qquad (A \in {}_1\Gamma)$$

als Nullwert von $E_{-r}(s;\tau,\chi_{A^{-1}}')$. Nach (3.25) hat die in Satz 3.2 III $(r > 2)$ auftretende zugehörige Fourier-Reihe den konstanten Term

$$2\sum_{m=1}^{\infty} \chi(a_1 m, a_2 m)\,m^{-r} \qquad (r \geqq 3).$$

Das entsprechende Resultat gilt für $r = 2$. Denn nach Voraussetzung stellt $E_{-2}(\tau, \chi)$, also auch $E_{-2}(\tau, \chi)\,|_2\,A^{-1}$ eine in $\mathfrak{H}$ holomorphe Funktion von τ dar, woraus folgt, daß $\varrho^*(\chi'_{A^{-1}})$ verschwindet. Die Einordnung dieses Resultats in die Systematik der Entwicklungen (1.25) ergibt

Satz 3.3. *Es sei* $\mathsf{K} = \{\Gamma, -r, v\}$ *eine Kongruenzklasse der Stufe H (s. Definition in dsem § 3),* $r \geqq 2$, $H \geqq 2$ *und* χ *ein zu* K *assoziierter Kongruenz-Charakter mod H. Für* $r = 2$ *sei* $D^*(s, \chi)$ *in eine Umgebung von* $s = 1$ *holomorph fortsetzbar (also* $\varrho^*(\chi) = 0$*); für* $r \in \mathbb{Z}, r \geqq 2$ *und* $A \in {}_1\Gamma$ *werde gesetzt*

$$c_r(\chi, A) := 2 \sum_{m=1}^{\infty} \chi(a_1 m, a_2 m)\, m^{-r} \qquad (\underline{A} = \{a_1, a_2\}).$$

Dann gilt: Wenn $c_r(\chi, A)$ *verschwindet, so verschwindet* $E_{-r}(\tau, \chi)$ *in der Spitze* $\zeta = A^{-1}\infty$, *d. h. es ist dort entweder der Drehrest* $\varkappa$ *von* K *positiv, oder aber* $\varkappa$ *und* $b_0(A, E_{-r}(*, \chi))$ *verschwinden zugleich. Wenn* $c_r(\chi, A)$ *nicht verschwindet, so gilt*

$$\varkappa = 0, \qquad b_0(A, E_{-r}(*, \chi)) = c_r(\chi, A);$$

Die letzte Gleichung gilt also im Fall $\varkappa = 0$ *stets.* $\quad -$

Im Text von Satz 3.2 finden sich für $r = 1, 2$ gewisse hinreichende Bedingungen dafür, daß der Nullwert $E_{-r}(\tau, \chi)$ existiert und eine ganze Modulform darstellt. Es handelt sich dabei um das Verhalten der in Satz 3.2 auftretenden Dirichlet-Reihen

$$D(s, \chi) := \sum_{m=1}^{\infty} \chi(0, m)\, m^{-s}, \qquad D^*(s, \chi) := \sum_{m=1}^{\infty} \omega^*(m, 0; \chi)\, m^{-s}$$

(Re $s > 1$) als Funktionen von s bei analytischer Fortsetzung. Diese Funktionen sollen jetzt unter der Voraussetzung, daß K eine Kongruenzklasse einer Stufe $H > 1$ und χ ein zu K assoziierter Kongruenzcharakter mod H ist, etwas näher betrachtet werden. Es werden einfache Kriterien für jene Bedingungen abgeleitet.

Es sei $H, j \in \mathbb{Z}, 1 \leqq j \leqq H$ und

$$(3.29) \qquad \zeta(s; j, H) := \sum_{\substack{n=1 \\ n \equiv j(H)}}^{\infty} n^{-s} = \sum_{v=0}^{\infty} (j + vH)^{-s},$$

so daß insbesondere $\zeta(s; H, H) = H^{-s}\zeta(s)$ mit Riemannschem $\zeta(s)$.

Nun ist

$$(j + vH)^{-s} - (H + vH)^{-s} = s \int_{j+vH}^{H+vH} u^{-s-1}\, du$$

bei beschränktem s mit $\sigma := \mathrm{Re}\, s \geqq \alpha\ (\alpha > 0)$ durch $O((j + vH)^{-1-\alpha})$ abzuschätzen, was

$$(3.30) \qquad \zeta(s; j, H) = H^{-s}\zeta(s) + \eta_j(s) \qquad (1 \leqq j \leqq H, \sigma > 0)$$

ergibt, wo jede der neuen Funktionen

$$\eta_j(s) := s \sum_{v=0}^{\infty} \int_{j+vH}^{H+vH} u^{-s-1}\, du \qquad (1 \leqq j \leqq H)$$

sich in der Halbebene $\sigma > 0$ holomorph verhält. Analog findet man

$$\eta_j(s) - (H - j) H^{-s-1} s \zeta(s+1) = s(s+1) \sum_{v=0}^{\infty} \int_{j+vH}^{H+vH} du \int_{u}^{H+vH} v^{-s-2} dv;$$

das Doppelintegral auf der rechten Seite kann für beschränkte s mit $\sigma \geq -1 + \alpha$ $(\alpha > 0)$ durch $O((j + vH)^{-2-\alpha})$ abgeschätzt werden, woraus die Holomorphie von $\eta_j(s)$ $(1 \leq j \leq H - 1)$ in der Halbebene $\sigma > -1$ folgt.

Damit ergibt sich eine erste Reduktion der Reihen $D(s, \chi)$ in der Gestalt

$$D(s, \chi) = \sum_{j=1}^{H} \chi(0, j) \zeta(s; j, H) = \sum_{j=1}^{H} \chi(0, j) \eta_j(s) \qquad (r = 1),$$

da $\sum_{j=1}^{H} \chi(0, j)$, wie aus $\chi(0, -m) = -\chi(0, m)$ hervorgeht, verschwindet. In ähnlicher Weise erhält man

$$D^*(s, \chi) = H^{-s} K(\chi) \zeta(s) + \sum_{j,k=1}^{H} \chi(j, k) \eta_j(s),$$

wo

$$K(\chi) := \sum_{j,k=1}^{H} \chi(j, k).$$

Nach der Definition von χ hängt $\chi(j, k)$ nur von den Restklassen von $j, k \bmod H$ ab und verschwindet, wenn $(j, k, H) > 1$. Die geordneten Restklassenpaare $\{j, k\} \bmod H$ mit $(j, k, H) = 1$ werden bei Transformation mit einem $L \in \Gamma$ gemäß $\{j', k'\} = \{j, k\} L$ unter sich permutiert, so daß gilt

$$K(\chi) = \sum_{j,k \bmod H} \chi(j', k') = K(\chi) v^{-1}(L).$$

Damit ist bewiesen

Satz 3.4. *Es sei* $\mathsf{K} = \{\Gamma, -r, v\}$ *eine Kongruenzklasse der Stufe* $H > 1$ *und* χ *ein zu* K *assoziierter Kongruenzcharakter* mod H. *Dann gilt*

I $(r = 1)$ $D(s, \chi)$ *und* $D^*(s, \chi)$ (s. (3.29)) *sind beide in die Halbebene* $\sigma > -1$ *holomorph fortsetzbar.*

II $(r = 2)$ $(s - 1) D^*(s, \chi)$ *ist in die Halbebene* $\sigma > -1$ *holomorph fortsetzbar und hat im Punkte* $s = 1$ *den Wert*

$$\varrho^*(\chi) = H^{-1} K(\chi) \quad mit \quad K(\chi) = \sum_{j,k \bmod H} \chi(j, k)$$

Wenn nicht $v \equiv 1$ *auf* Γ *gilt, so ist* $\varrho^*(\chi) = 0$. —

Zu dem Text dieses Satzes ist zu bemerken, daß hier $\varrho^*(\chi)$ mit H anstelle von N_2 definiert und bestimmt wurde. Nach der ursprünglichen Definition von $\varrho^*(\chi)$ erhält man, wenn, was ohne Einschränkung angenommen werden darf, N_2 in H aufgeht:

$$(3.31) \qquad \varrho^*(\chi) = N_2 H^{-2} K(\chi), \qquad -\frac{\pi \varrho^*(\chi)}{N_2 y} = -\frac{\pi K(\chi)}{H^2 y}.$$

Wir nehmen weiter wie oben an, daß $\mathsf{K} = \{\Gamma, -r, v\}$ eine Kongruenzklasse der Stufe $H > 1$ und χ ein zu K assoziierter Kongruenzcharakter mod H sei;

mit Ausnahme weniger Spezialfälle, in denen $r = \frac{5}{2}, \frac{7}{2}$, liegt diese Situation allen Anwendungen zugrunde. Die gesuchten Identitäten Jacobischer Art entstehen aus (3.5) durch Bildung der Fourier-Koeffizienten zur Spitze ∞ $(A = I)$. Bezeichnet $\varkappa$ den Drehrest von K in der Spitze ∞, so erhält man als Äquivalent von (3.5) (vgl. (1.45, 46))

$$(3.32) \qquad b_{n+\varkappa}(f) = b_{n+\varkappa}(\Lambda) + b_{n+\varkappa}(\varphi) \qquad (n \in \mathbb{N}_0).$$

Wenn hier $b_{n+\varkappa}(f)$ eine reine Anzahlfunktion ohne Nebenbedingungen ist, wie $a(n, \mathsf{A})$ (s. (2.35)), so verschwindet $\varkappa$. Wird aber die Anzahlfunktion, z. B. durch Kongruenzbedingungen für die Variablen der quadratischen Form mit der Matrix A modifiziert, so kann $\varkappa$ $(\in \mathbb{Q})$ einen Nenner $g > 1$ aufweisen, und $b_{n+\varkappa}(f)$ ist dann der Wert der modifizierten Anzahlfunktion mit dem Argument $n^* := g(n + \varkappa)$ anstelle von n; für mit dieser Modifikation dargestellte Zahlen n^* ist dann $n^* \equiv g\varkappa \bmod g$ eine — oft unmittelbar ersichtliche — notwendige Bedingung.

Die explizite Gestalt der Fourier-Koeffizienten $b_{n+\varkappa}(\Lambda)$ bestimmt sich dadurch, daß $\Lambda(\tau)$ als lineares Kompositum gewisser $E_{-r}(\tau, \chi)$ mit geeigneten χ dargestellt wird. Die in Satz 3.2 angegebenen Fourier-Entwicklungen liefern die gesuchten Koeffizienten, meistens nach einer Zwischenrechnung, in der Gestalt

$$b_{n+\varkappa}(\Lambda) = \sum_{d,\,d' > 0,\, d\,d' = n^*} \eta(d, d')\, d^{r-1} \qquad (n^* = g(n + \varkappa) \in \mathbb{N})$$

mit beschränkten, oft (realiter oder scheinbar) oszillierenden $\eta(d, d') \in \mathbb{C}$; gelegentlich lassen sich diese Oszillationen durch geeignete Umformungen aufheben.

Bezüglich des zweiten Teilproblems, der *expliziten Aufstellung einer Basis der Funktionenschar* K^+ *mit finiten Fourier-Koeffizienten,* kann im folgenden zwar eine größere Anzahl neuer Resultate vorgelegt werden; diese bilden jedoch im Rahmen aller in Betracht kommenden Funktionenscharen K^+ noch immer eine winzige Minorität. Ihrer Struktur nach muß man diese Basisfunktionen als in gewisser Weise modifizierte Thetareihen betrachten von der Art, wie sie wohl zum erstenmal bei Glaisher [4, 5, 6] aufgetreten sind. Auf andere Basiskonstruktionen mit finiten Fourier-Koeffizienten wurde, da diese in der Gestalt unübersichtlicher Partitionenfunktionen auftreten, verzichtet. Ein davon abweichender Typus einer Basiskonstruktion mit finiten Fourier-Koeffizienten bei speziellen Darstellungsproblemen durch Quadratsummen wurde kürzlich von K.-B. Gundlach angegeben ([8]).

Identitäten von der Gestalt (3.32) mit finiten Ausdrücken der angedeuteten Struktur für $b_{n+\varkappa}(\Lambda)$ und $b_{n+\varkappa}(\varphi)$ $(f, \Lambda \in \mathsf{K}^0,\ \varphi \in \mathsf{K}^+)$ werden als *Identitäten Jacobischer Art* oder kürzer als *Jacobische Identitäten* (im weiteren Sinne) bezeichnet. Eine *Jacobische Identität im engeren Sinne* liegt vor, wenn $\varphi(\tau)$ identisch verschwindet. Es kommt auch vor, daß $\varphi(\tau)$ zwar nicht identisch, wohl aber $b_{n+\varkappa}(\varphi)$ für die $n \in \mathbb{N}_0$ einer gewissen unendlichen Folge, etwa für die n einer arithmetischen Progression, verschwindet. Dann besteht für diese n eine Jacobische Identität im engeren Sinne.

In einigen, wahrscheinlich in vielen Fällen existieren mehrere formal verschiedene Basen der betreffenden Schar K^+, die den obigen Bedingungen genügen. Die demgemäß bestehenden linearen Äquivalenzen übertragen sich auf entsprechende Relationen zwischen den Fourier-Koeffizienten der Basisformen. Den Versuch, diese ihrer Natur nach elementaren Relationen mit elementaren Mitteln zu beweisen, dürften — mindestens teilweise — erhebliche Schwierigkeiten entgegenstehen. Dies und das Fehlen einer vernünftigen Systematik bei der Konstruktion von Basen der Scharen K^+ mit finiten Fourier-Koeffizienten lassen die kritischen Äußerungen von H. Brandt ([2], S. 17) über die Theorie der quadratischen Formen, auch unter Einbeziehung der Methoden der Modulfunktionen, heute unverändert zutreffend und aktuell erscheinen.

In den w. u. entwickelten Anwendungsbeispielen ist von Asymptotik wenig die Rede. Eine asymptotische Trennung von $b_{n+\varkappa}(f)$ in Haupt- und Fehlerglied, die durch

$$b_{n+\varkappa}(f) = b_{n+\varkappa}(G) + b_{n+\varkappa}(\psi) \qquad (G \in \mathsf{K}^0, \ \psi \in \mathsf{K}^+, \ n \in \mathbb{N})$$

und eine Abschätzung des Fehlergliedes gemäß (vgl. (1.47, 48, 49))

$$b_{n+\varkappa}(\psi) = O\left(n^{\frac{r}{2} - \frac{1}{4} + \varepsilon}\right) \qquad (\varepsilon > 0, \ n \to +\infty; \ r \geqq 2)$$

realisiert wird, besagt offenbar nichts über die Zerlegung $f = G + \psi$. Nur die — von der Asymptotik unabhängige — Orthogonalität von G zu K^+ fixiert $G = \Lambda$, $\psi = \varphi$. Alle Anwendungen betreffen diese Zerlegung (3.5). Die dabei benutzte Orthogonalität der $E_{-,}(\tau, \chi)$ zu K^+ folgt nach bekannten Sätzen ([24], § 2) aus (3.27). Man tut daher gut daran, die *Orthogonalität von Λ zu K^+ den Definitionseigenschaften einer Identität Jacobischer Art zuzurechnen.*

Vermutlich ist eine solche Identität bezüglich einer gegebenen quadratischen Form und möglicher Kongruenzbedingungen bereits die erreichbare Lösung des zugehörigen quantitativen Darstellungsproblems. Von hier aus gelangt man i. a. keineswegs unmittelbar zur Lösung des qualitativen Darstellungsproblems. Häufig erhält man nur eine Teillösung in Gestalt einer asymptotischen Aussage

$$b_{n+\varkappa}(\Lambda) \neq 0, \qquad b_{n+\varkappa}(\varphi) = o\left(b_{n+\varkappa}(\Lambda)\right),$$

die etwa für die n einer arithmetischen Progression gilt.

Angesichts der transzendenten Methodik und der Komplikation der analytischen Schlußketten, die ab ovo zu einer Jacobischen Identität führen, und auch im Hinblick auf zahlreiche numerische Werte, die dabei verwendet werden, wird man eine *numerische Bestätigung* der bewiesenen Formel für erwünscht oder sogar für notwendig halten. Hierzu soll der folgende Satz formuliert werden, den man aus Satz 1.9 und der Beziehung der Drehreste zu den Ordnungen der Modulformen in den Fixpunkten leicht erschließt; vgl. auch Satz und Korollar 1.12. $\beta(\mathsf{K})$ bedeutet wie in (1.52) die Summe aller Drehreste von K in den Fixpunktbahnen; der Satz gilt allgemein, nicht nur für Kongruenzklassen K:

Satz 3.5. *Es sei Γ eine kanonische Untergruppe der Modulgruppe, $r \in \mathbb{R}$, $r > 0$, $v \in [\Gamma, -r]^1$, $\mathsf{K} := \{\Gamma, -r, v\}$, $\varkappa$ der Drehrest von K in der Spitze ∞; K^0 bestehe nicht aus der Null allein. Es werde definiert*

$$\alpha(\mathsf{K}) := \frac{1}{12} \mu_\Gamma \, r - \beta(\mathsf{K}).$$

Dann gilt: α (K) *ist eine ganze Zahl* $\geqq 0$. *Wenn* $f(\tau)$, $g(\tau) \in$ K^0 *und*

$$b_{n+\varkappa}(f) = b_{n+\varkappa}(g) \quad \text{für} \quad 0 \leqq n \leqq \alpha \text{ (K)},$$

so ist $f(\tau) \equiv g(\tau)$. $\quad -$

Diese Zahl α (K) wird gelegentlich als Valenzgrenze von K bezeichnet. Der Satz beinhaltet eine Isomorphie zwischen K^0 und einem Vektorraum $\mathfrak{V}^0$ einer Dimension $\leqq \alpha$ (K) $+ 1$ über $\mathbb{C}$. Der Modulform $f \in$ K^0 entspricht dabei die Spalte mit den Komponenten $b_{n+\varkappa}(f)$, $0 \leqq n \leqq \alpha$ (K).

Alle im folgenden abgeleiteten Identitäten wurden über die dreifache Valenzgrenze hinaus numerisch bestätigt. Diese Bestätigung erweist sich, wenn die Übereinstimmung im Laufe der numerischen Rechnung für immer weitere Darstellungsanzahlen herauskommt, als ein höchst eindrucksvoller Prozeß, der eine prästabilierte Harmonie enthüllt. Man tut gut daran, die genannte numerische Bestätigung als das *eigentliche Ziel und den Abschluß der vorangehenden mathematischen Analyse* aufzufassen.

Die konkrete Konstruktion eines zur Kongruenzklasse K assoziierten Kongruenzcharakters χ — und damit der Eisenstein-Reihe $E_{-r}(s; \tau, \chi)$ — erfolgt in engem Zusammenhang mit den Relationen, die zwischen K und einer vorgegebenen Spitze $\zeta = A^{-1}\infty$ ($A \in {}_1\Gamma$), in welcher K unverzweigt ist, bestehen. Zunächst bestimmt man die Bedingungen für m_1, m_2, welche besagen, daß die Zeile $\{m_1, m_2\}$ gemäß (3.2) in $\mathfrak{Z}$ $(A\,\Gamma)$ enthalten ist; $v(P) = 1$ impliziert dann, daß sich $v(L)$ durch die zweite Zeile $\{m_1, m_2\}$ von $M = A\,L \in A\,\Gamma$ allein ausdrücken läßt. Hieraus kann bereits ein zu K assoziierter Kongruenzcharakter χ mod H abgeleitet werden. Man gewinnt $\chi(m_1, m_2)$ im wesentlichen, wie bereits angedeutet, in Gestalt des formalen Ausdrucks von $v^{-1}(L)$ durch die oben genannten m_1, m_2 ohne Rücksicht darauf, daß diese in ihrer ursprünglichen Bedeutung teilerfremd sind; diese Bedingung wird also in der Summation über m_1, m_2 aufgehoben.

Im folgenden werden fast stets assoziierte Kongruenz-Charaktere χ nach (X* 1, 2, 3) benutzt, was den Vorteil bietet, die Sätze 3.3, 4 anwenden zu können; Satz 3.2 wird mit H anstelle von N_2 angewendet. Das angedeutete für konkrete Fälle entwickelte Verfahren hat danach zwar durchaus empirischen Charakter; es existiert jedoch eine allgemeine Theorie der Orthogonalschar K$^\perp$ in einer Kongruenzklasse K, welche zeigt, daß das Verfahren stets zum Ziel führen muß.

Es kann vorkommen, daß jeder Spitzenbahn $\Gamma \zeta$ mod Γ, in der K unverzweigt ist, eine Eisenstein-Reihe $E_{-r}(\tau, \chi) \in$ K$^\perp$ derart entspricht, daß sie in den Spitzen von $\Gamma \zeta$ nicht verschwindet, in allen anderen Spitzen dagegen verschwindet (im Spezialfall K $= \{\Gamma, -2, 1\}$ muß dieser Sachverhalt in naheliegender Weise modifiziert werden). Dieses Phänomen, das in der Folge gelegentlich als *Selektivität* bezeichnet wird, tritt nicht allgemein ein, insbesondere nicht in der Heckeschen Theorie der Eisenstein-Reihen zu Hauptkongruenzgruppen höherer Stufe. In den Spezialfällen der folgenden Untersuchungen liegt sehr oft Selektivität vor, wodurch beträchtliche Vereinfachungen gegenüber der allgemeinen Situation entstehen.

§ 4. Theta-Multiplikatoren

(Inhaltsübersicht: Diskussion der Multiplikatorsysteme der Jacobischen Theta-Nullwerte ϑ_3, ϑ_0, ϑ_2, sowie der binären Thetareihen $\vartheta_v(\tau)\,\vartheta_v(q\,\tau)$; hier entspricht $v = 3, 4, 5, 6$ der Systematik der van Lintschen Thetareihen vom Grade $-\frac{1}{2}$ nach § 2 und q bezeichnet eine ungerade natürliche Zahl, die gelegentlich gewissen zusätzlichen Bedingungen unterliegt.)

Die *Multiplikatorsysteme* v_k der *Modulformen* $\vartheta_k(\tau)$ $(k = 0, 2, 3, 4, 5, 6)$ hängen eng miteinander zusammen. Im Anhang E wird gezeigt, wie man z. B. v_0, v_2, v_3 aus dem Multiplikatorsystem $v_5 = v$ von $\vartheta_5 = \eta$ gewinnen kann. Abweichend hiervon sollen im folgenden v_0 und v_2 aus den Werten (2.10) von v_3 abgeleitet werden, da die so entstehenden Werte von v_2 der Konstruktion der Eisensteinschen Reihen halbzahligen Grades besser angepaßt sind als die aus v_5 entstehenden Werte.

Nach (2.2) hat man (vgl. insbesondere (1.10))

$$\vartheta_0(\tau) = \vartheta_3(\tau)\,|\,U, \qquad \vartheta_2(\tau) = \xi_4\,\vartheta_3(\tau)\,|\,UT,$$

also gemäß Lemma 1.2

$$(4.1) \qquad v_0 = v_3'{}_U \in [\Gamma^0[2], -\tfrac{1}{2}]^1, \qquad v_2 = v_3'{}_{UT} \in [\Gamma_0[2], -\tfrac{1}{2}]^1$$

und insbesondere für $L \in \Gamma^0[2]$

$$v_0(L) = v_3(ULU^{-1}), \qquad ULU^{-1} = \begin{pmatrix} * & * \\ \gamma & \delta - \gamma \end{pmatrix} \in \Gamma_\vartheta.$$

Im Falle $\gamma \equiv 1 \bmod 2$ ergibt dies (vgl. 2.8, 10))

$$v_0(L) = \left(\frac{\delta}{\gamma}\right)^* \xi_4^{-\gamma} \qquad (L \in \Gamma^0[2]).$$

Im Falle $\gamma \equiv 0 \bmod 2$ entsteht

$$(4.2) \qquad v_0(L) = \left(\frac{\gamma}{\delta - \gamma}\right)_* \xi_4^{\delta - 1 - \gamma} \qquad (L \in \Gamma^0[2],\ \gamma \equiv 0\ (2));$$

Dieser letztere Ausdruck soll vereinfacht werden.

Sei also $\gamma \equiv 0 \bmod 2$ und zunächst $\gamma \neq 0$; wir setzen $\gamma = 2^v \gamma'$ $(v \in \mathbb{N}, \gamma' \in \mathbb{Z}, \gamma' \equiv 1 \bmod 2)$. Nach (2.9) findet man

$$\left(\frac{\gamma}{\delta - \gamma}\right)_* = \left(\frac{2^v}{\delta - \gamma}\right)\left(\frac{\gamma'}{\delta - \gamma}\right)_* = \left(\frac{2^v}{\delta - \gamma}\right)\left(\frac{2^v}{\delta}\right)\left(\frac{\gamma}{\delta}\right)_* \xi_4^{-\gamma(\gamma' - 1)}.$$

Für $v \geqq 2$ ergibt sich auf der rechten Seite $\left(\dfrac{\gamma}{\delta}\right)_*$. Es sei $v = 1$. Dann wird

$$\left(\frac{\gamma}{\delta - \gamma}\right)_* = \left(\frac{2}{1 - \gamma\delta}\right) i^{\gamma' - 1}\left(\frac{\gamma}{\delta}\right)_* = \xi_8^{4\gamma'^2\delta^2 - 4\gamma'\delta}\, i^{\gamma' - 1}\left(\frac{\gamma}{\delta}\right)_*$$

$$= i^{1 - \gamma'\delta + \gamma' - 1}\left(\frac{\gamma}{\delta}\right)_* = \xi_4^{\gamma - \gamma\delta}\left(\frac{\gamma}{\delta}\right)_*,$$

also nach (4.2) für $v \geqq 1$

$$v_0\,(L) = \left(\frac{\gamma}{\delta}\right)_* \xi_4^{\delta-1-\gamma\delta} \qquad (L \in \Gamma^0\,[2],\ \gamma \equiv 0\ (2),\ \gamma \neq 0),$$

und nach (2.9) erhält man den gleichen Ausdruck für $\gamma \equiv 1 \bmod 2$. Im Falle

$$\gamma = 0 \quad \text{ist} \quad L = \varepsilon\,U^{2k}\ (\varepsilon^2 = 1,\ k \in \mathbb{Z}) \quad \text{und} \quad v_0\,(L) = 1 \quad \text{für} \quad \varepsilon = 1,$$

$$v_0\,(L) = -i \quad \text{für} \quad \varepsilon = -1;$$

also gilt die obige Formel auch für $\gamma = 0$. Insgesamt erhält man

Satz 4.1. $\qquad\qquad v_0\,(L) = \left(\frac{\gamma}{\delta}\right)_* \xi_4^{\delta-1-\gamma\delta} \qquad (L \in \Gamma^0\,[2]). \quad -$

Zur Konstruktion von v_2 benutzen wir (4.1) und wenden Lemma 1.2 mit $A^{-1} := U T$ anstelle von S und $r = \frac{1}{2}$ an; so entsteht

$$\sigma\,(T, L)\,v_2\,(L) = \sigma\,(T L T^{-1}\,U^{-1},\,U T)\,v_3\,(A^{-1}LA)$$

(4.3)
$$= \sigma^{-1}\,(T L,\,T^{-1})\,v_3\,(A^{-1}LA) \qquad (L \in \Gamma_0\,[2]),$$

wobei wieder (1.17) benutzt wurde. Wir betrachten den ersten Faktor auf der rechten Seite von (4.3) für $L \in \mathrm{SL}\,(2,\,\mathbb{R})$ unter der (wegen $\alpha \equiv 1\ (2)$) hier erfüllten Voraussetzung $\alpha \neq 0$. Man hat

$$T L = \begin{pmatrix} -\gamma & -\delta \\ \alpha & \beta \end{pmatrix}, \qquad T L T^{-1} = \begin{pmatrix} \delta & -\gamma \\ -\beta & \alpha \end{pmatrix} = \dot{L}^{-1};$$

für $\beta \neq 0$ liefert Satz F.2 unmittelbar

$$w\,(T L,\,T^{-1}) = -\tfrac{1}{4}\,(1 - \mathrm{sgn}\,\alpha)\,(1 - \mathrm{sgn}\,\beta) \qquad (\alpha \neq 0 \neq \beta),$$

während für $\beta = 0$ nach dem Korollar F.2 gilt

$$w\,(T L,\,T^{-1}) = -\tfrac{1}{2}\,(1 - \mathrm{sgn}\,\alpha) \qquad (\alpha \neq 0,\,\beta = 0);$$

damit folgt für $r = \frac{1}{2}$

(4.4)
$$\sigma\,(T L, T^{-1}) = \begin{cases} \sigma_{\alpha,\,\beta}, & \text{wenn} \quad \alpha \neq 0 \neq \beta \\ \mathrm{sgn}\,\alpha, & \text{wenn} \quad \alpha \neq 0,\,\beta = 0 \end{cases}.$$

In (4.3) ist $A^{-1}LA = \begin{pmatrix} * & * \\ -\beta & \alpha + \beta \end{pmatrix}$ einzutragen. Nach (2.10, 9) ergibt sich zunächst für $\beta \equiv 1 \bmod 2$

$$v_3\,(A^{-1}LA) = \left(\frac{\alpha}{\beta}\right)^* \xi_4^\beta = \left(\frac{\beta}{\alpha}\right)_* \xi_4^{1-\alpha+\alpha\beta} \qquad (L \in \Gamma_0\,[2]).$$

Für $\beta \equiv 0 \bmod 2$ ($\beta \neq 0$) kann man die oben zum Beweis von Satz 4.1 benutzte Umformung anwenden, wobei γ in $-\beta$, δ in α überzuführen ist. Damit findet man

$$v_3\,(A^{-1}LA) = \left(\frac{-\beta}{\alpha + \beta}\right)_* \xi_4^{\alpha+\beta-1} = \left(\frac{-\beta}{\alpha}\right)_* \xi_4^{\alpha-1+\alpha\beta}$$

und insgesamt für $\beta \neq 0$

$$v_3 (A^{-1} L A) = \left(\frac{\beta}{\alpha}\right)_* \xi_4^{1-\alpha+\alpha\beta} \qquad (L \in \Gamma_0 [2], \beta \neq 0).$$

Daraus folgt nach (4.3, 4) und (2.8) mit $r = \frac{1}{2}$

$$(4.5) \qquad \sigma (T, L) \, v_2 (L) = \left(\frac{\beta}{\alpha}\right)^* \xi_4^{1-\alpha+\alpha\beta} \qquad (L \in \Gamma_0 [2], \beta \neq 0).$$

Im Falle $\beta = 0$ hat man

$$L = \varepsilon \, \dot{U}^{-2k} = \varepsilon \begin{pmatrix} 1 & 0 \\ -2k & 1 \end{pmatrix} = \varepsilon \, T^{-1} \, U^{2k} \, T \qquad (\varepsilon^2 = 1, k \in \mathbb{Z}),$$

also $A^{-1} L A = \varepsilon \, U^{2k}$, also nach (4.3, 4)

$$\sigma (T, L) \, v_2 (L) = (\mathrm{sgn}\, \varepsilon) \, v_3 (\varepsilon \, U^{2k}) = \begin{cases} 1 & \text{für} \quad \varepsilon = +1 \\ i & \text{für} \quad \varepsilon = -1 \end{cases},$$

in Übereinstimmung mit der Formel (4.5), die deshalb allgemein gilt. Die letzte Gleichung besagt für $\varepsilon = +1$ nach (1.17), daß v_2 in der Spitze 0 unverzweigt ist (vgl. (2.2)). − Damit ergibt sich

Satz 4.2. $\quad \sigma (T, L) \, v_2 (L) = \left(\dfrac{\beta}{\alpha}\right)^* \xi_4^{1-\alpha+\alpha\beta} \qquad (L \in \Gamma_0 [2], r = \frac{1}{2}). \quad -$

Der links auftretende Faktor $\sigma (T, L)$ ist für die Eisensteinschen Reihen der Klasse $\mathsf{K}_0^s [2] := \{\Gamma_0 [2], -\frac{s}{2}, v_2^s\}$ von Bedeutung, wenn $s \equiv 1 \bmod 2$, $s \geq 5$; für $s = 3$ muß das Heckesche Summationsverfahren (Maaß [19]) benutzt werden). In (3.4) $G (\tau, \mathsf{K}_0^s [2], T)$ erscheinen die Koeffizienten

$$v_2^{-s} (M) = v_2^{-s} (TL) = (\sigma (T, L) \, v_2 (L))^{-s} \qquad (M = TL, v_2 (T) := 1),$$

und man erhält für $5 \leq s \leq 8$

$$\vartheta_2^s (\tau) = c_2^{(s)} \, G (\tau, \mathsf{K}_0^s [2], T)$$

mit gewissen Konstanten $c_2^{(s)}$.

Die *Berechnung von* v_4 ergibt kompliziertere Werte als v_0 und v_2. Man hat nach (2.18)

$$\vartheta_4 (\tau) = \xi_8 \, \vartheta_2 (\tfrac{1}{2} (\tau - 1)) = \xi_8 \, 2^{1/4} \, \vartheta_2 (\tau) \, | \, D^{-1} | \, U^{-1},$$

wo $D := D_{\sqrt{2}}$; ferner nach Satz 2.1 und Lemma 1.2

$$\vartheta_2 | D^{-1} \in \{\Gamma^0 [2], -\tfrac{1}{2}, v_{2D^{-1}}'\}^0$$

mit

$$v_{2D^{-1}}' (L) = v_2 \left(\begin{pmatrix} \alpha & \frac{1}{2}\beta \\ 2\gamma & \delta \end{pmatrix} \right) \qquad (L \in \Gamma^0 [2])$$

und daher

$$v_4 (L) = v_{2D^{-1}U^{-1}}' (L) = v_{2D^{-1}}' (U^{-1} L U),$$

$$(4.6) \qquad v_4 (L) = v_2 \left(\begin{pmatrix} \alpha - \gamma & \frac{1}{2} (\alpha + \beta - \gamma - \delta) \\ 2\gamma & \delta + \gamma \end{pmatrix} \right) \qquad (L \in \Gamma_\vartheta).$$

Wir werden später die Darstellung

$$(4.7) \qquad v'_{4U} = v'_{2D^{-1}} = v'_{0\,TD^{-1}} = v'_{0\,DT}$$

benutzen. Sie impliziert die folgende Darstellung (vgl. wieder (1.17))

$$v'_{4U}(L) = \sigma(DTLT^{-1}D^{-1}, DT)\,\sigma^{-1}(DT, L)\,v_0(DTLT^{-1}D^{-1}),$$

$$(4.8) \qquad \sigma(T, L)\,v'_{4U}(L) = \sigma^{-1}(TL, T^{-1})\,v_0(L_2^*) \qquad (L \in \Gamma^0[2]),$$

in der $L_2^* := \begin{pmatrix} \delta & -2\gamma \\ -\frac{1}{2}\beta & \alpha \end{pmatrix}$.

In den späteren Entwicklungen treten mehrere Modulformen der Gestalt $\vartheta_k(\tau)\,\vartheta_k(q\,\tau)$ auf, wo $k = 3, 4, 5, 6$ und q eine vorgegebene ganze Zahl > 1 bezeichnet (s. a. Satz 2.3). Im folgenden sollen die *Multiplikatorsysteme dieser Modulformen* verglichen werden, wobei das *Transformationsprinzip* von Satz 1.5 angewendet wird. Dabei werden Γ, S, Γ' wie folgt bestimmt:

$$\Gamma := \Gamma_\vartheta, \qquad S = \Delta := D_{\sqrt{q}}, \qquad \Gamma' = \Gamma_{\vartheta,0}[q] := \Gamma_\vartheta \cap \Delta^{-1}\Gamma_\vartheta\Delta.$$

Hier gilt

$$(4.9) \qquad \begin{aligned} \Gamma_{\vartheta,0}[q] &= \Gamma_\vartheta \cap \Gamma_0[q], \quad \text{wenn} \quad q \equiv 1 \bmod 2, \\ \Gamma_{\vartheta,0}[q] &= \Gamma^0[2] \cap \Gamma_0[2\,q], \quad \text{wenn} \quad q \equiv 0 \bmod 2. \end{aligned}$$

Ist $f(\tau) \in \{\Gamma_\vartheta, -r, v\}^0$ gegeben ($r \in \mathbb{R}$, $v \in [\Gamma_\vartheta, -r]^1$), so folgt

$$(4.10) \qquad f(q\,\tau) \approx f(\tau)\,|\,\Delta \in \{\Gamma_{\vartheta,0}[q], -r, v'_\Delta\}^0.$$

(zu $\approx$ vgl. § 1 nach Satz 1.10), wo

$$v'_\Delta(L) = v(\Delta L\Delta^{-1}) = v\left(\begin{pmatrix} \alpha & q\beta \\ q^{-1}\gamma & \delta \end{pmatrix}\right) \qquad (L \in \Gamma_{\vartheta,0}[q]).$$

Insbesondere erhält man

$$\vartheta_3(\tau)\,\vartheta_3(q\,\tau) \in \{\Gamma_{\vartheta,0}[q], -1, v_{3,q}\}^0 \qquad (v_{3,q} := v_3\,v'_{3\Delta}).$$

Im folgenden nehmen wir bis auf weiteres an, daß $q \equiv 1 \bmod 2$. Dann gilt nach (2.10)

$$(4.11) \qquad \begin{aligned} v_{3,q}(L) &= \left(\frac{q}{\delta}\right) i^{\delta-1} = \left(\frac{\delta}{q}\right) \xi_4^{(q+1)(\delta-1)} \qquad (L \in \Gamma_0[q], L \equiv I\,(2)) \\ v_{3,q}(L) &= \left(\frac{\delta}{q}\right) \xi_4^{-(q+1)\gamma} \qquad (L \in \Gamma_0[q], L \equiv T\,(2)) \end{aligned}$$

Daraus folgt durch Transformation mit U

$$(\vartheta_3(\tau)\,\vartheta_3(q\,\tau))\,|\,U = \vartheta_0(\tau)\,\vartheta_0(q\,\tau) \in \{\Gamma^0[2] \cap \Gamma_0[q], -1, v_{3*q}\}^0,$$

und hier erhält man nach Satz 4.1

$$(4.12) \qquad v_{3*q}(L) = \left(\frac{\delta}{q}\right) \xi_4^{(q+1)(\delta-1-\gamma\delta)} \qquad (L \in \Gamma^0[2] \cap \Gamma_0[q]).$$

Der *entsprechende Formalismus* für ϑ_4 anstelle von ϑ_3 gestaltet sich wie folgt: Zunächst gilt mit den Werten v'_{4U} von (4.7, 8)

$$\vartheta_4(\tau) \mid U \in \{\Gamma^0[2], -\tfrac{1}{2}, v'_{4U}\}^0$$

und nach (2.18)

$$\vartheta_4(q\,\tau) \mid U = \vartheta_4(q\,\tau + q) = \xi_8^{q-1}\,\vartheta_4(q\,\tau + 1) = \xi_8^{q-1}\,q^{-\frac{1}{4}}\,\vartheta_4(\tau) \mid U\Delta.$$

Das liefert nach Satz 1.5

$$\vartheta_4(q\,\tau) \mid U \in \{\Gamma^0[2] \cap \Gamma_0[q], -\tfrac{1}{2}, v'_{4U\Delta}\}^0;$$

hier erhält man für $L \in \Gamma^0[2] \cap \Gamma_0[q]$

$$v'_{4U\Delta}(L) = v'_{4U}(\Delta L \Delta^{-1}) = v'_{4U}\left(\begin{pmatrix} \alpha & q\,\beta \\ \dfrac{1}{q}\,\gamma & \delta \end{pmatrix}\right),$$

also nach (4.8)

$$\sigma(T, \Delta L \Delta^{-1})\, v'_{4U\Delta}(L) = \sigma^{-1}(T\Delta L \Delta^{-1}, T^{-1})\, v_0\left(\begin{pmatrix} \delta & -\dfrac{2}{q}\,\gamma \\ -\dfrac{q}{2}\,\beta & \alpha \end{pmatrix}\right).$$

Die hier auftretenden σ-Faktoren lassen sich leicht auf die Werte aus (4.8) zurückführen. Man erhält für $L \in \mathrm{SL}(2, \mathbb{R})$ nach (1.17) und wegen $T\Delta = \Delta^{-1} T$:

$$w(T, \Delta L \Delta^{-1}) = w(T\Delta, L) = w(\Delta^{-1} T, L) = w(T, L),$$

$$w(T\Delta L \Delta^{-1}, T^{-1}) = w(\Delta^{-1} TL, \Delta^{-1} T^{-1}) = w(TL, T^{-1}\Delta)$$

$$= w(TL, T^{-1}).$$

Dies führt auf die gesuchte Formel: Es gilt

$$(\vartheta_4(\tau)\,\vartheta_4(q\,\tau)) \mid U \in \{\Gamma^0[2] \cap \Gamma_0[q], -1, v_{4*q}\}^0$$

mit

$$v_{4*q}(L) := v'_{4U}(L)\, v'_{4U\Delta}(L) = v_0\left(\begin{pmatrix} \delta & -2\,\gamma \\ -\dfrac{1}{2}\,\beta & \alpha \end{pmatrix}\right) v_0\left(\begin{pmatrix} \delta & -\dfrac{2}{q}\,\gamma \\ -\dfrac{1}{2}\,q\,\beta & \alpha \end{pmatrix}\right),$$

oder nach Satz 4.1, falls $q \equiv 1 \bmod 2$

$$(4.13) \qquad v_{4*q}(L) = \left(\frac{\alpha}{q}\right) \xi_4^{(q+1)(\alpha - 1 + \frac{1}{2}\alpha\beta)} \qquad (L \in \Gamma^0[2] \cap \Gamma_0[q]).$$

Damit läßt sich die Frage entscheiden, wann die Modulformen $\vartheta_3(\tau)\,\vartheta_3(q\,\tau)$ und $\vartheta_4(\tau)\,\vartheta_4(q\,\tau)$ auf der Gruppe $\Gamma_{\vartheta,0}[q]$ übereinstimmende Multiplikatoren haben. Offenbar trifft dies genau dann zu, wenn v_{3*q} und v_{4*q} auf der Gruppe $\Gamma^0[2] \cap \Gamma_0[q]$ übereinstimmen, d.h. nach (4.12, 13), wenn für alle $L \in \Gamma^0[2] \cap \Gamma_0[q]$:

$$\xi_4^{(q+1)(\alpha - 1 + \frac{1}{2}\alpha\beta)} = \xi_4^{(q+1)(\delta - 1 - \gamma\delta)}$$

gilt. Diese Relation besteht, wenn $q \equiv -1 \bmod 8$, nicht aber sonst, wie bereits das Beispiel $L = U^2$ zeigt. Wir erhalten also

Satz 4.3. *Es sei $q > 1$ ungerade. Dann und nur dann stimmen die Multiplikator-systeme $v_{3,q}$ von $\vartheta_3(\tau)\,\vartheta_3(q\,\tau)$ und $v_{4,q}$ von $\vartheta_4(\tau)\,\vartheta_4(q\,\tau)$ miteinander überein, wenn $q \equiv -1 \bmod 8$ ist. Das Multiplikatorsystem $v_{3,q}$ von $\vartheta_3(\tau)\,\vartheta_3(q\,\tau)$ auf $\Gamma_{\vartheta,0}[q]$ ist für beliebige ungerade $q \in \mathbb{N}$ durch (4.11) gegeben.*   –

Entsprechende Relationen zwischen den Multiplikatorsystemen $v_{k,q}$ der Modulformen $\vartheta_k(\tau)\,\vartheta_k(q\,\tau)$ $(k = 3, 5, 6)$ basieren auf den in Anhang D, E be-wiesenen Formeln für das *Multiplikatorsystem $v_5 = v$ von $\vartheta_5 = \eta$*. Diese besagen

$$v_5(L) = \left(\frac{\gamma}{\delta}\right)_* \zeta_4^{\delta-1-\gamma\delta}\,\zeta_{12}^{e(L)} \quad \text{für} \quad L \in {}_1\Gamma, \quad \delta \equiv 1 \bmod 2,$$

(4.14)

$$v_5(L) = \left(\frac{\delta}{\gamma}\right)^* \zeta_4^{-\gamma}\,\zeta_{12}^{e(L)} \quad\quad \text{für} \quad L \in {}_1\Gamma, \quad \gamma \equiv 1 \bmod 2$$

mit $e(L) := (\alpha + \delta)\,\gamma - \beta\,\delta\,(\gamma^2 - 1)$; im Falle $\gamma \equiv \delta \equiv 1 \bmod 2$ bestehen beide Formeln (4.14) zugleich.

Nach Satz 1.5 gilt für beliebiges $q \in \mathbb{N}$

(4.15)
$$\eta(q\,\tau) \approx \eta(\tau)\,|\,\Delta \in \{\Gamma_0[q], -\tfrac{1}{2}, v'_{5\Delta}\}^+$$

mit

$$v'_{5\Delta}(L) = v_5(L'_q), \quad \text{wo} \quad L'_q := \begin{pmatrix} \alpha & q\,\beta \\ q^{-1}\,\gamma & \delta \end{pmatrix} \quad (L \in \Gamma_0[q])$$

und daher

$$\eta(\tau)\,\eta(q\,\tau) \in \{\Gamma_0[q], -1, v_{5,q}\}^+ \quad (v_{5,q} := v_5\,v'_{5\Delta}).$$

In diesem § 4 soll, obwohl später auch andere Werte von q auftreten, nur der Fall $(q, 6) = 1$ diskutiert werden; das bedeutet, daß $q^2 \equiv 1 \bmod 24$ zutrifft und liefert

$$e(L'_q) \equiv q\,e(L) \bmod 24 \quad\quad (L \in \Gamma_0[q]).$$

So ergeben sich die Formeln

$$v_{5,q}(L) = \left(\frac{\delta}{q}\right) \zeta_4^{(q+1)\,(\delta-1-\gamma\delta)}\,\zeta_{12}^{(q+1)\,e(L)} \quad\quad (\delta \equiv 1 \bmod 2),$$

$$v_{5,q}(L) = \left(\frac{\delta}{q}\right) \zeta_4^{-(q+1)\,\gamma}\,\zeta_{12}^{(q+1)\,e(L)} \quad\quad\quad (\delta \equiv 0 \bmod 2),$$

wenn $L \in \Gamma_0[q]$. Aus (4.11) und daraus, daß $e(L)$ für $L \in \Gamma_\vartheta$ gerade ist, folgt nun

Satz 4.4. *Für die Multiplikatorsysteme $v_{3,q}$ und $v_{5,q}$ von $\vartheta_3(\tau)\,\vartheta_3(q\,\tau)$ bzw. $\vartheta_5(\tau)\,\vartheta_5(q\,\tau)$ auf $\Gamma_{\vartheta,0}[q]$ gilt*

$$v_{3,q}(L) = v_{5,q}(L) = \left(\frac{\delta}{q}\right)(-1)^{\frac{1}{4}(q+1)\,\gamma} \quad (L \in \Gamma_{\vartheta,0}[q],\ q \equiv -1\ (12))$$

$$v_{3,q}^2(L) = v_{5,q}^2(L) = (-1)^{\frac{1}{2}(q+1)\,\gamma} \quad\quad (L \in \Gamma_{\vartheta,0}[q],\ q \equiv -1\ (6)). \quad –$$

Um ähnliche Formeln für ϑ_6 anstelle von ϑ_5 zu beweisen, benutzen wir die leicht erhältlichen Relationen (vgl. (2.18))

$$(4.16) \qquad \vartheta_6\,(\tau+1) = \xi_{24}\,\vartheta_{52}\,(\tau) \qquad \left(\vartheta_{52}\,(\tau) := \vartheta_5\left(\frac{\tau}{2}\right) = \eta\left(\frac{\tau}{2}\right)\right).$$

Sie ergeben

$$\vartheta_6\,|\,U \in \{\Gamma^0\,[2], -\tfrac{1}{2}, v'_{6\,U}\}^+, \qquad v'_{6\,U} = v'_{5\,D'} \qquad (D' := D_{\sqrt{2}}^{-1}),$$

also zunächst

$$v'_{6\,U}(L) = v_5\left(\begin{pmatrix} \alpha & \tfrac{1}{2}\,\beta \\ 2\,\gamma & \delta \end{pmatrix}\right) \qquad (L \in \Gamma^0\,[2]).$$

Ferner findet man ähnlich wie oben bei der Untersuchung von ϑ_4:

$$\vartheta_6\,(q\,\tau)\,|\,U = \vartheta_6\,(q\,\tau + q) = \xi_{24}^{q-1}\,\vartheta_6\,(q\,\tau + 1) = \xi_{24}^{q}\,\vartheta_{52}\,(q\,\tau)$$

$$= q^{-1/4}\,\xi_{24}^{q}\,\vartheta_{52}\,(\tau)\,|\,\Delta \in \{\Gamma^0\,[2] \cap \Gamma_0\,[q], -\tfrac{1}{2}, v'_{5\,D'\Delta}\}^+,$$

wo

$$v'_{5\,D'\Delta}(L) = v_5\left(\begin{pmatrix} \alpha & \dfrac{1}{2}\,q\,\beta \\ \dfrac{2}{q}\,\gamma & \delta \end{pmatrix}\right) \qquad (L \in \Gamma^0\,[2] \cap \Gamma_0\,[q]);$$

dabei wurde $q \in \mathbb{N}$, $q \equiv 1 \bmod 2$ vorausgesetzt. Dies liefert

$$(\vartheta_6\,(\tau)\,\vartheta_6\,(q\,\tau))\,|\,U \in \{\Gamma^0\,[2] \cap \Gamma_0\,[q], -1, v_{6*q}\}^+,$$

$$(4.17) \qquad v_{6*q}(L) = v_5\left(\begin{pmatrix} \alpha & \dfrac{1}{2}\,\beta \\ 2\,\gamma & \delta \end{pmatrix}\right)\,v_5\left(\begin{pmatrix} \alpha & \dfrac{1}{2}\,q\,\beta \\ \dfrac{2}{q}\,\gamma & \delta \end{pmatrix}\right),$$

wenn $L \in \Gamma^0\,[2] \cap \Gamma_0\,[q]$, und mithin nach (4.14), falls $(q, 6) = 1$:

$$v_{6*q}(L) = \left(\frac{\delta}{q}\right)\,\xi_4^{(q+1)\,(\delta-1-2\,\gamma\,\delta)}\,\xi_{12}^{(q+1)\,e'(L)},$$

wo

$$e'(L) := (\alpha + \delta)\,2\,\gamma - \tfrac{1}{2}\,\beta\,\delta\,(4\,\gamma^2 - 1) \qquad (L \in \Gamma^0\,[2] \cap \Gamma_0\,[q]).$$

Man gelangt so zu der Schlußformel für $q \equiv -1 \bmod 12$:

Satz 4.5. *Für* $q \equiv -1 \bmod 12$ *und* $L \in \Gamma^0\,[2] \cap \Gamma_0\,[q] =: \Gamma$ *gilt*

$$v_{3*q}(L) = \left(\frac{\delta}{q}\right)(-1)^{\frac{1}{4}\,(q+1)\,\gamma}, \qquad v_{6*q}(L) = \left(\frac{\delta}{q}\right)(-1)^{\frac{1}{8}\,(q+1)\,\beta}.$$

Für $q \equiv -1 \bmod 24$ *haben* $\vartheta_3\,(\tau)\,\vartheta_3\,(q\,\tau)$ *und* $\vartheta_6\,(\tau)\,\vartheta_6\,(q\,\tau)$ *auf* $\Gamma_{\vartheta,0}\,[q]$ *das gleiche Multiplikatorsystem* v^*, *gegeben durch* $v^*\,(L) = \left(\dfrac{\delta}{q}\right)$ $(L \in \Gamma)$. *Dagegen gilt nicht stets* $v_{3*q}(L) = v_{6*q}(L)$ *für* $L \in \Gamma$, *wenn* $q \equiv 11 \bmod 24$. —

Die letzte Aussage des Satzes folgt daraus, daß zu gegebenen $\lambda, \mu \in \mathbb{Z}$ eine Modulmatrix $\begin{pmatrix} \alpha & 2\lambda \\ q\mu & \delta \end{pmatrix}$ bestimmt werden kann.

Die oben eingeführten Modulformen treten auch bei der Bestimmung von Darstellungsanzahlen auf, die unter der Bedingung gebildet werden, daß die die Darstellung vermittelnden ganzzahligen Variablen ungerade sind. Hier handelt es sich zunächst um die einfache Thetareihe (vgl. (2.1))

$$(4.18) \qquad \vartheta_{22}(\tau) := \vartheta_2\left(\frac{\tau}{2}\right) = \sum_{m \equiv 1\,(2)} \exp \hbar\, i\, m^2\, \frac{\tau}{8} \in \left\{ \Gamma^0[2], -\frac{1}{2}, v'_{4U} \right\}^0,$$

die nach (2.18) mit $\vartheta_4(\tau)$ durch $\vartheta_{22}(\tau) = \xi_8^{-1}\, \vartheta_4(\tau)\,|\,U$ zusammenhängt; ferner aufgrund eines analogen Zusammenhanges, der auf (4.16) beruht, um die binären Thetareihen

$$(4.19) \qquad \vartheta_{22}(\tau)\,\vartheta_{22}(q\,\tau), \qquad \vartheta_0(\tau)\,\vartheta_0(q\,\tau), \qquad \vartheta_5(\tau)\,\vartheta_5(q\,\tau), \qquad \vartheta_{52}(\tau)\,\vartheta_{52}(q\,\tau),$$

wo $q \in \mathbb{N}$, $q \equiv 1 \bmod 2$. Alle diese Funktionen sind ganze Modulformen der Gruppe $\Gamma^0[2] \cap \Gamma_0[q]$; im einzelnen hat man

$$\vartheta_{22}(\tau)\,\vartheta_{22}(q\,\tau) = \xi_8^{-(q+1)}\,(\vartheta_4(\tau)\,\vartheta_4(q\,\tau))\,|\,U,$$

$$\vartheta_0(\tau)\,\vartheta_0(q\,\tau) = (\vartheta_3(\tau)\,\vartheta_3(q\,\tau))\,|\,U,$$

und nach (4.16) auch

$$\vartheta_{52}(\tau)\,\vartheta_{52}(q\,\tau) = \xi_{24}^{-(q+1)}\,(\vartheta_6(\tau)\,\vartheta_6(q\,\tau))\,|\,U.$$

Daraus folgt, daß die Multiplikatorsysteme der Modulformen (4.19) in der dort angegebenen Reihenfolge mit $v_{4*q}, v_{3*q}, v_{5,q}, v_{6*q}$ übereinstimmen. Sie sind, wie aus dem obigen Text hervorgeht, sämtlich auf $\Gamma^0[2] \cap \Gamma_0[q]$ erklärt. Die *folgende Zusammenstellung* gibt ihre im Text bereits bestimmten Werte für die $L \in \Gamma^0[2] \cap \Gamma_0[q]$ unter gewissen vereinfachenden Voraussetzungen über q:

$$v_{3*q}(L) = \left(\frac{\delta}{q}\right)(-1)^{\frac{1}{4}(q+1)\gamma}, \qquad v_{4*q}(L) = \left(\frac{\delta}{q}\right)(-1)^{\frac{1}{8}(q+1)\beta} \qquad (q \equiv -1\,(4)),$$

$$(4.20)$$

$$v_{5,q}(L) = \left(\frac{\delta}{q}\right)(-1)^{\frac{1}{4}(q+1)\gamma}, \qquad v_{6*q}(L) = \left(\frac{\delta}{q}\right)(-1)^{\frac{1}{8}(q+1)\beta} \qquad (q \equiv -1\,(12)).$$

Aus der Formel (4.13) für v_{4*q} und der entsprechenden Formel für $v_{6*q}\,((q,6)=1)$ folgt, wenn $L \in \Gamma^0[2] \cap \Gamma_0[q]$:

$$(4.21) \qquad v_{4*q}^2(L) = v_{6*q}^2(L) = (-1)^{\frac{1}{4}(q+1)\beta} \qquad (q \equiv -1 \bmod 6).$$

Kapitel II. Binäre quadratische Formen

In den drei Paragraphen dieses Kapitels werden Probleme betrachtet, welche auf Modulformen des Grades -1 führen. In diesem Falle liefert der Riemann-Rochsche Satz *nichts* über ganze Spitzenformen der betreffenden Formenklasse K, sondern lediglich die Aussagen von Satz und Korollar 1.13 über den Rang der Schar $K^\perp$ und die Ränge gewisser linearer Teilscharen von $K^\perp$. Dadurch wird mehr als bei anderen Problemen die z. T. empirische Natur der befolgten Methodik hervorgehoben. Trotzdem führt diese zu einigen Theta-Relationen, die sich durch Identitäten Jacobischer Art für Darstellungsanzahlen durch binäre quadratische Formen ausdrücken.

§ 5. Binäre Thetareihen zur Gruppe $\Gamma_0\,[q]$

(Inhaltsübersicht: Darstellungsanzahlen durch binäre quadratische Formen

$$F := \langle a, b, c \rangle,\ d.\,h.\ F\,(x, y) = a\,x^2 + b\,x\,y + c\,y^2 \ \textit{mit } a, b, c \in \mathbb{Z},$$

$$a > 0 > b^2 - 4\,a\,c = -\,q;$$

neben den F, die Normenvorräten der Hauptordnungen einklassiger imaginär-quadratischer Zahlkörper entsprechen, werden weitere acht Darstellungsanzahlen mit $q = 23,\,15,\,35,\,51$ untersucht. Unter den acht resultierenden Identitäten Jacobischer Art sind sechs solche im engeren Sinne.)

Im folgenden sei $q \in \mathbb{N}$, $q \equiv 3 \bmod 4$ und q quadratfrei. Wir definieren zwei zur Klasse

$$K_q := \{\Gamma_0\,[q],\,-1,\,V_q\} \qquad \left(V_q\,(L) := \left(\frac{\delta}{q}\right) \quad \text{für} \quad L \in \Gamma_0\,[q]\right)$$

assoziierte Kongruenzcharaktere χ und χ' mod q; χ existiert stets, χ' nur unter einschränkenden Voraussetzungen. Über die Spitzenbahnen mod $\Gamma_0\,[q]$ besagt $\Gamma_0\,[q] = T^{-1}\,\Gamma^0\,[q]\,T$ nach (2.32), daß es deren mindestens zwei gibt und daß diese von ∞ und 0 vertreten werden. Man sieht, daß ∞ in $\Gamma_0\,[q]$ die Grundmatrix U und also die Breite 1, 0 in $\Gamma_0\,[q]$ die Grundmatrix $\dot{U}^{-q}$ und also die Breite q hat; V_q ist daher in diesen beiden Spitzen unverzweigt.

Der Charakter χ wird in folgender Weise der Spitze ∞ zugeordnet: Es gibt genau dann eine Modulmatrix in $\Gamma_0\,[q]$ mit der zweiten Zeile $\{m_1, m_2\}$, wenn

$m_1 \equiv 0 \bmod q$, $(m_1, m_2) = 1$. Wir *definieren* $\chi(m_1, m_2)$ für beliebige $m_1, m_2 \in \mathbb{Z}$ durch die folgende Vorschrift:

$$\chi(m_1, m_2) = 0, \quad \text{wenn nicht zugleich} \quad m_1 \equiv 0 \bmod q, \ (m_2, q) = 1;$$

gilt jedoch $m_1 \equiv 0 \bmod q$ und $(m_2, q) = 1$, so sei $\chi(m_1, m_2) = \left(\dfrac{m_2}{q}\right)$.

Man erkennt durch einfachste Überlegungen, daß $(X^* 1, 2, 3)$ mit $H = q$ zutreffen, so daß auch $N_2 = q$ gewählt werden kann. Die zugehörigen *Gaußschen Summen* $\omega^*(m, n; \chi)$ $(m \in \mathbb{N}, n \in \mathbb{Z})$ verschwinden für $m \not\equiv 0 \bmod q$ und haben sonst, unabhängig von m, die Gestalt

$$\omega^*(m, n; \chi) = G_q(n) := \sum_{k \bmod q} \left(\frac{k}{q}\right) \zeta_q^{2nk}.$$

$G_q(n)$ ist durch diese Formel für beliebige ungerade $q \in \mathbb{N}$ definiert, und es gilt bekanntlich für quadratfreie $q \equiv 3 \bmod 4$

$$G_q(n) = \left(\frac{n}{q}\right) i \sqrt{q} \qquad (\sqrt{q} > 0).$$

(Zum Beweis sei daran erinnert, daß $G_q(n)$ für $(n, q) > 1$ verschwindet, weil $\left(\dfrac{*}{q}\right)$ einen eigentlichen Restcharakter mod q darstellt; daß sich ferner $\zeta_4^{q-1} G_q(1)$ für ungerade $q \in \mathbb{N}$ distributiv verhält und für eine Primzahl $q > 2$ den Wert $\left(\dfrac{2}{q}\right) \sqrt{q}$ annimmt.)

Danach verschwindet $D^*(s, \chi)$ identisch, während gilt

$$D(1, \chi) = L\left(1, \left(\frac{*}{q}\right)\right) = \frac{2\pi}{w_q \sqrt{q}} h_q,$$

wo $w = w_q := 6$ für $q = 3$ und $= 2$ für $q > 3$; $h = h_q$ bezeichnet die Klassenzahl des quadratischen Zahlkörpers $\mathbb{Q}(\sqrt{-q})$. Dies ergibt nach Satz 3.2 (vgl. auch (1.44), (3.23))

$$(5.1) \qquad \frac{w\sqrt{q}}{4\pi h} E_{-1}(\tau, \chi) = 1 + \frac{w}{h} \sum_{n=1}^{\infty} \sigma_0(n, q) \, e^{2\pi i n \tau} \in \mathsf{K}_q^0$$

mit

$$(5.2) \qquad \sigma_0(n, k) := \sum_{d > 0, \, d \mid n} \left(\frac{d}{k}\right) \qquad (k \in \mathbb{N}, k \equiv 1 \bmod 2).$$

Zu dieser Teilersumme sei bemerkt, daß man von ihr für $(n, k) = 1$ den Faktor $1 + \left(\dfrac{n}{k}\right)$ abspalten kann, wie man etwa sieht, indem man (5.2) beiderseits mit $\left(\dfrac{n}{k}\right)$ multipliziert. Man erhält so

$$(5.3) \qquad \sigma_0(n, k) = \left(1 + \left(\frac{n}{k}\right)\right) \frac{1}{2} \sigma_0(n, k) \qquad ((n, k) = 1).$$

Über die Bedeutung dieser Relation s. w. u. in diesem § 5.

Im folgenden betrachten wir, wie im zweiten Teil von § 2, die binären quadratischen Formen

$$(5.4) \qquad F := \langle a, b, c \rangle \quad (a, b, c \in \mathbb{Z}, a > 0, b^2 - 4\,a\,c = -\,q);$$

für sie gilt nach [11] (Abh. Nr. 23; s.a. hier, Anhang B) $\Theta_{-q}\,(\tau, F) \in \mathsf{K}_q^0$. Bezeichnet $E^*\,(\tau)$ die Funktion (5.1), so verschwindet $\Theta_{-q}\,(\tau, F) - E^*\,(\tau)$ im Unendlichen, und das Quadrat dieser Differenz stellt eine ganze Modulform der Differentialklasse $\{\Gamma_0\,[q], -\,2, 1\}$ dar, genügt also dem Residuensatz (Satz 1.7). Im Falle einer Primzahl q ($\equiv 3 \bmod 4$) besagt dies, daß die genannte Differenz auch in der Spitze 0 verschwindet, also in K_q^+ liegt. Damit gelangt man zu

Satz 5.1. *Es sei q eine Primzahl $\equiv 3 \bmod 4$, F eine binäre quadratische Form nach (5.4). In den Bezeichnungen zu (5.1, 2) gilt*

$$\Theta_{-q}\,(\tau, F) = 1 + \frac{w}{h} \sum_{n=1}^{\infty} \sigma_0\,(n, q)\, e^{2\pi i n \tau} + \varphi\,(\tau, F),$$

wo $\varphi\,(\tau, F)$ eine ganze Spitzenform der Klasse K_q darstellt. $\varphi\,(\tau, F)$ verschwindet genau dann identisch, wenn der quadratische Zahlkörper $\mathbb{Q}\,(\sqrt{-\,q})$ die Klassenzahl $h = 1$ hat. —

Nach der eingehenden Darlegung bei C. Meyer [20] gibt es *genau 7 Fälle ungerader Diskriminanten $-\,q$ mit $h_q = 1$* ($q = 3, 7, 11, 19, 43, 67, 163$). Daß dann $\varphi\,(\tau, F)$ identisch verschwindet, folgt in wohlbekannter Weise (unabhängig von dem numerischen Resultat) aus der Theorie der imaginär-quadratischen Zahlkörper durch Anwendung der Dedekindschen Zetafunktion, wobei sich direkt ergibt (falls $h = 1$):

$$a\left(n, \begin{pmatrix} a & \tfrac{1}{2}\,b \\ \tfrac{1}{2}\,b & c \end{pmatrix}\right) = w_q\,\sigma_0\,(n, q) \qquad (n \in \mathbb{N}).$$

Diese Formel hat zwei Analoga im Bereich gerader Körper-Diskriminanten, und zwar

$$a\left(n, \begin{pmatrix} 1 & 0 \\ 0 & v \end{pmatrix}\right) = \frac{4}{v} \sum_{d > 0,\, d \mid n} \left(\frac{-\,4\,v}{d}\right) \qquad (n \in \mathbb{N}, v = 1, 2).$$

Für Primzahlen $\equiv 3 \bmod 4$ mit $h_q > 1$ ist nach (5.2) und der Formel des Satzes 5.1 die Anzahl der Darstellungen von 1 durch eines der betreffenden F gleich $\frac{w}{h} + b_1\,(\varphi\,(*, F))$. Wenn auch nur $b_1\,(\varphi\,(*, F))$ verschwindet, so ist die genannte Anzahl $= \frac{w}{h}$, und bereits dies ist für $h > 1$ unmöglich, weil stets $h \equiv 1 \bmod 2$ gilt.

Die *Bestätigung* der obigen Aussage *im Falle $h = 1$* läßt sich, wenn man benutzt, daß dieser Fall nur für die genannten q eintritt, natürlich auch durch Anwendung der Modulfunktionen allein erbringen, bedarf jedoch für $q = 67$, 163 einer zusätzlichen, wenn auch unbeträchtlichen numerischen Rechnung. Zunächst bemerke man, daß der Divisorengrad einer ganzen Spitzenform der Klasse K_q einerseits $= \frac{1}{12}\,(q + 1)$, andererseits $\geqq 2$ ist, was die Fälle $q \leqq 19$ erledigt. In den restlichen Fällen hat man zu berücksichtigen, daß $\Gamma_0\,[q]$, wie bewiesen, genau zwei elliptische Fixpunktbahnen hat; beide sind von der Ordnung 3; K_q hat in beiden den Drehrest $\frac{1}{3}$ (s. § 2 bei (2.30)). Für $q = 43$ ist der Divisorengrad einer ganzen Spitzenform $= \frac{11}{3}$, und es kann $F = \langle 11, 1, 1 \rangle$ gewählt werden; man weist durch eine höchst einfache Rechnung nach, daß $b_n (\varphi (*, \langle 11, 1, 1 \rangle))$ für $n = 1, 2, 3$ verschwindet, was $\varphi (\tau, \langle 11, 1, 1 \rangle)$, wenn dies $\not\equiv 0$ wäre, einen Divisorengrad $\geqq 17/3$ verleihen würde. Der Fall $q = 67$ ($F = \langle 17, 1, 1 \rangle$ ist nicht viel schwieriger. Im Falle $q = 163$ ($F = \langle 41, 1, 1 \rangle$) muß man die Fourier-Koeffizienten bis zur Ordnung $n = 12$ berechnen.

Die Möglichkeiten der direkten Konstruktion ganzer Spitzenformen $\varphi \not\equiv 0$ in K_q für eine Primzahl $q \equiv 3 \bmod 4$ mit $h > 1$ sind bescheiden. Es sei $q \equiv -1 \bmod 24$. Dann stimmt das Multiplikatorsystem $v_{5,q}$ von $\eta (\tau) \eta (q \tau)$ auf $\Gamma_0 [q]$ nach (4.20) mit V_q überein, man hat also

$$\eta (\tau) \eta (q \tau) \in K_q^+ \quad \text{für} \quad q \equiv -1 \bmod 24$$

und es gilt

$$\eta (\tau) \eta (q \tau) = \sum_{n=1}^{\infty} \beta_q (n) \, e^{2 \pi i n \tau}$$

mit

$$(5.5) \quad \beta_q (n) = \sum_{m_1, m_2} \left(\frac{-1}{m_1 m_2} \right)_* \quad \text{udB} \quad m_1^2 + q \, m_2^2 = 24 \, n, \quad m_1 \equiv m_2 \equiv 1 \bmod 6;$$

zur Abkürzung udB s. bei (2.35).

Im Falle $q = 23$ ist $h = 3$, und die quadratischen Formen

$$F_0 := \langle 1, -1, 6 \rangle, \quad F_\varepsilon := \langle 2, \varepsilon, 3 \rangle \quad (\varepsilon = \pm 1)$$

bilden, wie die − hier sehr einfache − Reduktionstheorie zeigt, ein Vertretersystem der Klassen quadratischer Formen F nach (5.4) mit $q = 23$. Von diesen sind F_{+1} und F_{-1} uneigentlich äquivalent, liefern also die gleichen Darstellungsanzahlen. − Wir schreiben allgemein, wenn F durch (5.4) definiert ist

$$(5.6) \qquad a^* (n, F) := a (n, A) \quad \text{mit} \quad A = \begin{pmatrix} a & \frac{1}{2} b \\ \frac{1}{2} b & c \end{pmatrix} \quad \text{für} \quad n \in \mathbb{N}_0$$

und erhalten in den Bezeichnungen (5.2, 5, 6)

Satz 5.2. *Für $q = 23$ und $n \in \mathbb{N}$ gilt*

$$a^* (n, \langle 6, 1, 1 \rangle) = \tfrac{2}{3} \sigma_0 (n, q) + \tfrac{4}{3} \beta_q (n)$$
$$a^* (n, \langle 3, \varepsilon, 2 \rangle) = \tfrac{2}{3} \sigma_0 (n, q) - \tfrac{2}{3} \beta_q (n) \quad (\varepsilon^2 = 1). \quad -$$

Aus jeder dieser Formeln folgt

$$\beta_q (p) \equiv 1 + \left(\frac{p}{q} \right) \bmod 3 \quad \text{für} \quad q = 23 \quad \text{und jede Primzahl} \quad p \geqq 2.$$

Ferner ergibt sich als Anzahl der Darstellungen von $n \in \mathbb{N}$ durch das Geschlecht von F_0 der Wert $2 \sigma_0 (n, 23)$. − Ein zu Satz 5.2 analoger Sachverhalt mit einer Primzahl $q \equiv -1 \bmod 24$ ($q \geqq 47$) besteht nicht, da für

$$\varphi_q^* (\tau) := \eta (\tau) \eta (q \tau) \quad (q \equiv -1 \bmod 24, \, q \geqq 47)$$

gilt $b_1 (\varphi_q^*) = 0$.

Zur Untersuchung von Problemen, die auf *Gruppen* $\Gamma_0[q]$ *mit zusammengesetzten* q führen, setzen wir wie eingangs $q \in \mathbb{N}$, $q \equiv 3 \bmod 4$ und quadratfrei voraus; q sei keine Primzahl. Dann existiert eine Zerlegung

$$q = q_1 q_3 \quad (q_1, q_3 \in \mathbb{N}; \; q_1 \equiv 1, q_3 \equiv 3 \bmod 4; \; q_1 > 1).$$

Für $j = 1, 3$ erhält man

$$q_j^{-1} = A_j^{-1} \infty \quad \text{mit} \quad A_j = \dot{U}^{-q_j} = \begin{pmatrix} 1 & 0 \\ -q_j & 1 \end{pmatrix} = T^{-1} U^{q_j} T.$$

Die allgemeine Formel

$$(5.7) \qquad S^{-1} U^k S = \begin{pmatrix} 1 + c\,d\,k & d^2 k \\ -c^2 k & 1 - c\,d\,k \end{pmatrix} \quad \left(S = \begin{pmatrix} * & * \\ c & d \end{pmatrix} \in {}_1\Gamma, k \in \mathbb{Z} \right)$$

zeigt, daß genau dann

$$A_j^{-1} U^k A_j = \begin{pmatrix} 1 - q_j k & k \\ -q_j^2 k & 1 + q_j k \end{pmatrix} \in \Gamma_0[q] \qquad (k \in \mathbb{Z}, j = 1, 3)$$

gilt, wenn $k \equiv 0 \bmod q_{j+2}$; dabei ist $q_5 := q_1$ zu interpretieren. Die Spitze q_j^{-1} hat also in $\Gamma_0[q]$ die Breite q_{j+2}, und V_q ist in q_j^{-1} unverzweigt.

Wir *definieren* jetzt einen der Spitze q_j^{-1} zugeordneten zur Klasse K_q assoziierten Kongruenzcharakter χ'. Zunächst gibt es zu gegebenen $m_1, m_2 \in \mathbb{Z}$ genau dann eine Matrix $M \in A_j \Gamma_0[q]$ mit $\underline{M} = \{m_1, m_2\}$, wenn $(m_1, q) = q_j$, $(m_1, m_2) = 1$ zutrifft. Dies ist offenbar notwendig. Sind umgekehrt die Bedingungen erfüllt, so bestimme man ein $M = \begin{pmatrix} m_0 & m_3 \\ m_1 & m_2 \end{pmatrix} \in {}_1\Gamma$ und bilde

$L := A_j^{-1} U^k M \; (k \in \mathbb{Z})$. Dann ist $\gamma = m_1 q_j k + m_0 q_j + m_1$ ersichtlich durch q_j teilbar, und es gilt $(m_1 q_j, q_{j+2}) = 1$; also kann durch Wahl von k erreicht werden, daß $L \in \Gamma_0[q]$, was die obigen Bedingungen als hinreichend erweist. Indem wir in neuer Bedeutung $M = A_j L \in A_j \Gamma_0[q]$ schreiben, erhalten wir

$$\{m_1, m_2\} = \{-\alpha q_j + \gamma, -\beta q_j + \delta\}, \left(\frac{\delta}{q} \right) = \left(\frac{\delta}{q_j} \right) \left(\frac{\alpha}{q_{j+2}} \right) = \left(\frac{m_2}{q_j} \right) \left(\frac{-q_j m_1}{q_{j+2}} \right).$$

Dies legt folgende *Definition von* χ' nahe: Es sei

$$\chi'(m_1, m_2) = 0, \quad \text{wenn nicht zugleich} \quad (m_1, q) = q_j, (m_2, q_j) = 1 \text{ ist;}$$

gilt dagegen $(m_1, q) = q_j$, $(m_2, q_j) = 1$, so sei

$$\chi'(m_1, m_2) := \left(\frac{m_1}{q_{j+2}} \right) \left(\frac{m_2}{q_j} \right).$$

Eine eingehende, aber völlig elementare Diskussion zeigt, daß χ' die Bedingungen (X* 1, 2, 3) mit $H = q$ erfüllt; (X 1, 2, 3) gilt mit $N_2 = q_j$.

Die Berechnung der *Gaußschen Summen* $\omega^*(m, n; \chi')$ des Charakters χ' für $(m, q) = q_j$, $m \in \mathbb{N}$, $n \in \mathbb{Z}$ läßt sich in den Formeln

$$\omega^*(m, n; \chi') = \left(\frac{m}{q_{j+2}} \right) \sum_{k \bmod q_j} \left(\frac{k}{q_j} \right) \exp 2\pi i \, \frac{k\,n}{q_j}, \quad \text{wenn} \quad (m, q) = q_j,$$

$$\omega^*(m, n; \chi') = 0 \quad \text{sonst}$$

zusammenfassen. Im ersten Fall ergibt das oben angedeutete Verfahren

$$\omega^*\,(m,\,n;\,\chi') = \left(\frac{m}{q_{j+2}}\right)\left(\frac{n}{q_j}\right)\, i^{\frac{1}{2}(j-1)}\,\sqrt{q_j}$$

und liefert damit, nachdem bereits unmittelbar aus der obigen Definition $D\,(s,\chi') \equiv 0$ folgt, auch $D^*\,(s,\chi') \equiv 0$. Ferner erhält man die Fourier-Entwicklung von $E_{-1}\,(\tau,\chi')$, zunächst für $j = 3$, in der Gestalt

$$(5.8) \qquad E_{-1}\,(\tau,\chi') = \frac{4\,\pi}{\sqrt{q_3}}\left(\frac{q_3}{q_1}\right)\sum_{n=1}^{\infty}\sigma_0\,(n;\,q_1,\,q_3)\,e^{2\pi i n \tau},$$

wo

$$(5.9) \qquad \sigma_0\,(n;\,k,\,k') := \sum_{d,d'>0,\,dd'=n}\left(\frac{d}{k}\right)\left(\frac{d'}{k'}\right) = \sigma_0\,(n;\,k',\,k),$$

wenn $k,\,k' \in \mathbb{N}$, $k \equiv k' \equiv 1 \bmod 2$. Es gilt

$$(5.10) \qquad \sigma_0\,(n;\,k,\,k') = \left(\frac{n}{k}\right)\sigma_0\,(n,\,k\,k'), \quad \text{wenn} \quad (n,\,k) = 1.$$

Die *Fourier-Entwicklung von* $E_{-1}\,(\tau,\chi')$ im Falle $j = 1$ entsteht aus (5.7) durch Multiplikation der rechten Seite von (5.8) mit $-i\,\sqrt{q_3\,q_1^{-1}}$. Ersichtlich sind $E_{-1}\,(\tau,\chi)$ und $E_{-1}\,(\tau,\chi')$ linear unabhängig.

Wir setzen jetzt voraus, daß q_1 und q_3 Primzahlen seien; die Zerlegung $q = q_1\,q_3$ ist dann eindeutig. Nach Satz 3.1 hat $\Gamma_0\,[q]$ genau vier Spitzenbahnen, die von $\infty,\,0,\,q_1^{-1},\,q_3^{-1}$ vertreten werden. Dies folgt nach § 2 aus

$$\infty \equiv q_j^{-1} \bmod \Gamma_0\,[q_j], \qquad 0 \equiv q_{j+2}^{-1} \bmod \Gamma_0\,[q_j] \qquad (j = 1,\,3),$$

und V_q ist in allen vier Spitzen unverzweigt. In Verbindung mit dem Riemann-Rochschen Satz (Korollar 1.13) ergibt sich damit

Satz 5.3. *Es seien* $q_j\,(j = 1,\,3)$ *zwei Primzahlen* $\equiv j \bmod 4$, *und es sei* $q = q_1\,q_3$, K_q *wie eingangs definiert. Die Gruppe* $\Gamma_0\,[q]$ *hat genau vier Spitzen-bahnen, die von* $\infty,\,0,\,q_1^{-1},\,q_3^{-1}$ *vertreten werden, und* V_q *ist in allen Spitzen unver-zweigt. Die lineare Schar* $\mathsf{K}_q^{\perp}$ *der zu* K_q^{+} *orthogonalen Modulformen in* K_q^{0} *wird von den Eisenstein-Reihen* $E_{-1}\,(\tau,\chi)$, $E_{-1}\,(\tau,\chi')$ $(\chi'\ zu\ j = 3)$ *aufgespannt. Jede Modulform* $f\,(\tau) \in \mathsf{K}_q^{0}$ *läßt sich also eindeutig in der Gestalt*

$$(5.11) \qquad f\,(\tau) = \lambda\,E_{-1}\,(\tau,\chi) + \lambda'\,E_{-1}\,(\tau,\chi') + \varphi\,(\tau)$$

mit konstanten $\lambda,\,\lambda'$ *und* $\varphi \in \mathsf{K}_q^{+}$ *darstellen.* $-$

In dieser Darstellung kann man $\lambda\,E_{-1}\,(\tau,\chi)$ durch $\lambda^*\,E^*\,(\tau)$ ersetzen, wo λ^* konstant ist und $E^*\,(\tau)$ die rechte Seite von (5.1) bezeichnet. Für λ^* ergibt sich der Wert $\lambda^* = b_0\,(f)$.

Unter den obigen $q = q_1\,q_3$ gibt es nur endlich viele, für die die Klassenzahl h von $\mathbb{Q}\,(\sqrt{-q})$ den kleinstmöglichen Wert $h = 2$ hat. Nach [9] sind dies für $q < 12\,500$:

$$q = 15,\,35,\,51,\,91,\,115,\,123,\,187,\,235,\,267,\,403,\,427.$$

Da hier in jedem Formengeschlecht genau eine Formenklasse enthalten ist, darf man nach einem der Siegelschen Hauptresultate [38] erwarten, daß in der entsprechenden Darstellung (5.11) von $f(\tau) = \Theta_{-q}(\tau, F)$, wenn F durch (5.4) mit einem der obigen q gegeben ist, die zusätzliche Modulform $\varphi \in \mathsf{K}_q^+$ identisch verschwindet. Dies wurde für $q = 15,\ 35,\ 51$ bestätigt. Man erhält für diese Werte von q je zwei Klassenvertreter der Gestalt

$$q = 15: \qquad F_0 := \langle 1, -1, 4 \rangle, \quad F_1 := \langle 2, -1, 2 \rangle;$$

$$q = 35: \qquad F_0 := \langle 1, -1, 9 \rangle, \quad F_1 := \langle 3, -1, 3 \rangle;$$

$$q = 51: \qquad F_0 := \langle 1, -1, 13 \rangle, \quad F_1 := \langle 3, -3, 5 \rangle.$$

und hierüber durch Koeffizientenvergleich in den Bezeichnungen (5.2, 6, 9)

Satz 5.4. *Für $n \in \mathbb{N}$ gilt*

$$\begin{aligned}
a^*(n, \langle 4, 1, 1 \rangle) &= \sigma_0(n, 15) + \sigma_0(n; 5, 3),\\
a^*(n, \langle 2, 1, 2 \rangle) &= \sigma_0(n, 15) - \sigma_0(n; 5, 3),\\
a^*(n, \langle 9, 1, 1 \rangle) &= \sigma_0(n, 35) + \sigma_0(n; 5, 7),\\
a^*(n, \langle 3, 1, 3 \rangle) &= \sigma_0(n, 35) - \sigma_0(n; 5, 7),\\
a^*(n, \langle 13, 1, 1 \rangle) &= \sigma_0(n, 51) + \sigma_0(n; 3, 17),\\
a^*(n, \langle 5, 3, 3 \rangle) &= \sigma_0(n, 51) - \sigma_0(n; 3, 17). \ -
\end{aligned}$$

Unter der Voraussetzung $(n, q) = 1$ $(q = 15,\ 35,\ 51)$ lassen sich diese Resultate auf eine Gestalt bringen, die eine *wesentliche Eigenschaft* der arithmetischen Funktionen $a^*(n, F)$ in Evidenz setzt. Diese besagt bei quadratfreiem $q \equiv 3 \bmod 4$ $(q \in \mathbb{N})$ und einem F nach (5.4), daß jede zu q teilerfremde durch F darstellbare ganze Zahl n dem Restsymbol $\left(\dfrac{n}{p}\right)$, wo p irgendein Primteiler von q, einen festen (von n unabhängigen) Wert verleiht. — Nach (5.10) erhält man aus den ersten beiden Formeln von Satz 5.4 im Falle $(n, 5) = 1$

$$\left.\begin{array}{l} a^*(n, \langle 4, 1, 1 \rangle) \\ a^*(n, \langle 2, 1, 2 \rangle) \end{array}\right\} = \left(1 \pm \left(\frac{n}{5}\right)\right) \sigma_0(n, 15)$$

und damit nach (5.3) das folgende Formelsystem, in dem überall (in jeder Zeile) die oberen oder die unteren Notierungen zu wählen sind:

Korollar 5.4. *Für $n \in \mathbb{N},\ (n, q) = 1$ (q bzw. $= 15,\ 35,\ 51$) gilt*

$$\left.\begin{array}{l} a^*(n, \langle 4, 1, 1 \rangle) \\ a^*(n, \langle 2, 1, 2 \rangle) \end{array}\right\} = \left(1 \pm \left(\frac{n}{3}\right)\right)\left(1 \pm \left(\frac{n}{5}\right)\right)\frac{1}{2}\sigma_0(n, 15),$$

$$\left.\begin{array}{l} a^*(n, \langle 9, 1, 1 \rangle) \\ a^*(n, \langle 3, 1, 3 \rangle) \end{array}\right\} = \left(1 \pm \left(\frac{n}{5}\right)\right)\left(1 \pm \left(\frac{n}{7}\right)\right)\frac{1}{2}\sigma_0(n, 35),$$

$$\left.\begin{array}{l} a^*(n, \langle 13, 1, 1 \rangle) \\ a^*(n, \langle 5, 3, 3 \rangle) \end{array}\right\} = \left(1 \pm \left(\frac{n}{3}\right)\right)\left(1 \pm \left(\frac{n}{17}\right)\right)\frac{1}{2}\sigma_0(n, 51). \ -$$

Zur *direkten Konstruktion ganzer Spitzenformen* der Klasse K_q (q wie in Satz 5.3) sei bemerkt, daß man u. U. deren zwei explizit aufstellen kann, welche linear unabhängig sind. Wenn $q = q_1 q_3 \equiv -1 \bmod 24$, so gilt $q_1 + q_3 \equiv 0 \bmod 24$, und man rechnet anhand von (4.14) leicht nach, daß $\eta(q_1 \tau)\,\eta(q_3 \tau)$ das gleiche Multiplikatorsystem $v_{5,q} = V_q$ hat, wie $\eta(\tau)\,\eta(q \tau)$ (Beispiele: $q = 95, 119, 143, 215, 287, 335, 407$; es gibt unendlich viele). Es sind also $\eta(q_1 \tau)\,\eta(q_3 \tau)$ und $\eta(\tau)\,\eta(q_1 q_3 \tau)$ linear unabhängige Funktionen aus K_q^+.

§ 6. Binäre Diagonalformen

(Inhaltsübersicht: Anzahlen der Darstellungen der $n \in \mathbb{N}$ in der Gestalt $n = m_1^2 + q\,m_2^2$ ($m_1, m_2 \in \mathbb{Z}$), wo q als Primzahl > 2 vorgegeben. Die Problematik führt auf Modulformen der Gruppe

$$\Gamma_{\vartheta,0}[q] := \Gamma_\vartheta \cap \Gamma_0[q].$$

Konkrete Resultate (Identitäten Jacobischer Art) entstehen für $q = 3, 5, 7, 11, 13, 23, 37$; nur die für $q = 11, 23$ sind Identitäten Jacobischer Art nicht im engeren Sinne. In einem Anhang werden die Transformationsgleichungen der $f \mid A$ für $f(\tau) = \vartheta_\nu(\tau)$, $\vartheta_\nu(q\tau)$ ($\nu = 3, 4, 5, 6$) aufgestellt, wo $A \in {}_1\Gamma$ und $\zeta = A^{-1}\infty$ die Vertreter der vier Spitzenbahnen $\bmod\,\Gamma_{\vartheta,0}[q]$ durchläuft ($\zeta = \infty, 0, q^{-1}, 1$); daraus ergibt sich eine Tabelle der Zahlen $\mathrm{ord}_{\Gamma,\zeta} f$ mit $\Gamma = \Gamma_{\vartheta,0}[q]$.)

Es handelt sich um die Darstellungsanzahlen $a(n, A)$ mit $A = \begin{pmatrix} 1 & 0 \\ 0 & q \end{pmatrix}$ (vgl. (2.35)), d. h. um die Anzahlen der Darstellungen von $n \in \mathbb{N}_0$ in der Gestalt

$$n = m_1^2 + m_2^2 q \qquad (m_1, m_2 \in \mathbb{Z}),$$

d. h. um die Fourier-Koeffizienten $a(n, A)$ von (vgl. Satz 4.3)

$$\vartheta_3(\tau)\,\vartheta_3(q\tau) = \sum_{n=0}^\infty a(n, A)\,e^{\pi i n \tau} \in \{\Gamma_{\vartheta,0}[q], -1, v_{3,q}\}.$$

Wir nehmen $q \equiv 1 \bmod 2$ ($q \in \mathbb{N}$), so daß gilt

$$(4.11) \qquad v_{3,q}(L) = \left(\frac{\delta}{q}\right)\xi_4^{(q+1)(\delta-1)} \quad \text{bzw.} \quad v_{3,q}(L) = \left(\frac{\delta}{q}\right)\xi_4^{-(q+1)\gamma}$$

für $L \in \Gamma_{\vartheta,0}[q]$, $L \equiv I$ bzw. $T \bmod 2$. Es wird im wesentlichen nur der Fall einer Primzahl $q > 2$ diskutiert.

Hinsichtlich der Resultate im vorliegenden binären Fall (also der Sätze in § 5, 6, 7) sei bemerkt, daß sie, soweit die betreffenden Formeln keine ganzen Spitzenformen involvieren, auch mit elementaren Methoden erreichbar sein dürften. Falls jedoch ganze Spitzenformen auftreten, ist ein Erfolg dieser Methoden mindestens zweifelhaft. Immerhin aber kann man über die Darstellungsanzahlen $a\left(n, \begin{pmatrix} 1 & 0 \\ 0 & q \end{pmatrix}\right)$ für $n = \text{Primzahl } p$, falls $q \in \mathbb{N}$, $q > 1$ quadratfrei,

$p \nmid q$ zutrifft, mit elementaren Methoden

$$a\left(p, \begin{pmatrix} 1 & 0 \\ 0 & q \end{pmatrix}\right) = 0 \text{ oder } 4$$

beweisen, was besagt, daß $p = a^2 + b^2 q$ unter den genannten Voraussetzungen höchstens eine Lösung in ganzzahligen $a, b \geq 0$ hat. −

Für die Klassen $\{\Gamma_{\vartheta,0}[q], -1, v_{3,q}\}$ (q Primzahl > 2) sollen jetzt *Vertreter* $\zeta = A^{-1}\infty$ ($A \in {}_1\Gamma$) der nach Satz 3.1 *vier Spitzenbahnen* zusammen mit den zugehörigen Spitzenbreiten N, Grundmatrizen P und Drehresten $\varkappa$ bestimmt werden. Mit $\cdot$ als Zeichen der Transposition gilt

$$(6.1) \qquad \dot{U}^k = (U^k)^{\cdot} = \begin{pmatrix} 1 & 0 \\ k & 1 \end{pmatrix} = T^{-1} U^{-k} T \qquad (k \in \mathbb{Z}; \text{ vgl. } (1.2));$$

wir definieren

$$\langle x \rangle := x - [x], \quad [x] := \max \{m \in \mathbb{Z} \mid m \leq x\} \qquad (x \in \mathbb{R})$$

und erhalten die folgende Tabelle

$$\zeta = \infty, \quad N = 2, \quad A = I, \qquad P = U^2, \qquad\qquad \varkappa = 0;$$

$$\zeta = 0, \quad N = 2q, \quad A = \pm T, \qquad P = \dot{U}^{-2q}, \qquad\qquad \varkappa = 0;$$

$$\zeta = 1/q, \quad N = 1, \quad A = \dot{U}^{-q}, \qquad P = \begin{pmatrix} 1-q & 1 \\ -q^2 & 1+q \end{pmatrix}, \quad \varkappa = \left\langle \frac{q+1}{8} \right\rangle;$$

$$\zeta = 1, \quad N = q, \quad A = (UT)^{-1}, \qquad P = \begin{pmatrix} 1-q & q \\ -q & 1+q \end{pmatrix}, \quad \varkappa = \left\langle \frac{q+1}{8} \right\rangle.$$

Die Werte von $\varkappa$ werden durch die Ordnungen von $\vartheta_3(\tau)\,\vartheta_3(q\,\tau)$ in den obigen Spitzen ζ bestätigt; vgl. die Zusammenstellung am Ende des § 6.

Wir konstruieren wieder eine Eisenstein-Reihe von der in Satz 3.2 genannten Art, die durch die in § 3 angedeutete Verknüpfung der Spitze $\zeta = \infty$ zugeordnet ist. − Zunächst existiert zu gegebenen $m_1, m_2 \in \mathbb{Z}$ genau dann eine Matrix $M \in \Gamma_{\vartheta,0}[q]$ mit $\underline{M} = \{m_1, m_2\}$, wenn gilt

$$m_1 \equiv 0 \bmod q, \quad (m_1, m_2) = 1, \quad m_1 + m_2 \equiv 1 \bmod 2.$$

Diese Bedingungen sind ersichtlich notwendig. Sind sie umgekehrt erfüllt, so bilde man ein $M^* = \begin{pmatrix} m_0^* & m_3^* \\ m_1 & m_2 \end{pmatrix} \in {}_1\Gamma$ und setze $M := U^k M^* = \begin{pmatrix} m_0 & m_3 \\ m_1 & m_2 \end{pmatrix}$ ($k = 0, 1$); $M \in \Gamma_{\vartheta,0}[q]$ besagt soviel wie $m_0 + m_3 \equiv 1 \bmod 2$ und kann durch Wahl von k erreicht werden.

Im Hinblick auf (4.11) *definieren* wir einen *zur Klasse*

$$(6.1) \qquad\qquad \mathsf{K}_{\vartheta,0} := \{\Gamma_{\vartheta,0}[q], -1, v_{3,q}\}.$$

assoziierten Kongruenzcharakter $\chi(m_1, m_2)$ auf $\mathbb{Z} \times \mathbb{Z}$ wie folgt:
Es sei $\chi(m_1, m_2) = 0$, wenn nicht zugleich

$$m_1 \equiv 0 \bmod q, \quad (m_2, q) = 1, \quad m_1 + m_2 \equiv 1 \bmod 2$$

zutrifft. Sind diese Bedingungen jedoch erfüllt, so sei

$$(6.2) \qquad \chi(m_1, m_2) = \left(\frac{m_2}{q}\right) \zeta_4^{-(q+1)(m_2-1)}, \quad \text{bzw.} \quad \chi(m_1, m_2) = \left(\frac{m_2}{q}\right) \zeta_4^{(q+1)m_1},$$

wenn $m_1 \equiv 0$, $m_2 \equiv 1$ bzw. $m_1 \equiv 1$, $m_2 \equiv 0 \bmod 2$.

Der Nachweis dafür, daß χ die Eigenschaften (X* 1, 2, 3) hat (einschließlich einer Bestimmung von H und N_2) ist angesichts der erforderlichen Fallunterscheidungen etwas umständlich, aber völlig elementar. Dies gilt insbesondere für die wichtigste Relation

$$\chi(m_1', m_2') = v^{-1}(L)\, \chi(m_1, m_2) \qquad (L \in \Gamma_{\vartheta,0}[q]),$$

wenn $m_1' = m_1\,\alpha + m_2\,\gamma$, $m_2' = m_1\,\beta + m_2\,\delta$. Hier hat man zu benutzen, daß $(m_1', q) = (m_1, q)$ und, falls $m_1 \equiv 0 \bmod q$: $(m_2', q) = (m_2, q)$; ferner, da $\alpha + \beta \equiv \gamma + \delta \equiv 1 \bmod 2$: $m_1' + m_2' \equiv m_1 + m_2 \bmod 2$. Bei der Untersuchung der Werte (6.2) von χ werden außer den Rechenregeln für quadratische Restsymbole nur noch Kongruenzen vom Typus

$$a\,b \equiv a + b - 1 \bmod 4, \quad \text{wenn} \quad a \equiv b \equiv 1 \bmod 2$$

verwendet. Als möglicher Wert von H und N_2 ergibt sich übereinstimmend $4\,q$.

Damit können zunächst die *Dirichlet-Reihen D (s, χ) und D^* (s, χ)* angegeben werden. Für $m \equiv 0 \bmod 2\,q$, $k \equiv 1 \bmod 2$ gilt nach (6.2)

$$\chi(m, k) = \left(\frac{-q}{k}\right)_*, \quad \text{sowohl wenn} \quad q \equiv 3 \quad \text{als auch wenn} \quad q \equiv 1 \bmod 4.$$

Damit ergibt sich in beiden Fällen $\omega^*(m, 0; \chi) = 0$, und man erhält demgemäß

$$(6.3) \qquad L_0(s, q) := \sum_{\substack{k=1 \\ k \equiv 1\,(2)}}^{\infty} \chi(0, k)\, k^{-s} = \sum_{k=1}^{\infty} \left(\frac{-4\,q}{k}\right) k^{-s}.$$

anstelle von $D(s, \chi)$ und $\equiv 0$ anstelle von $D^*(s, \chi)$.

Um nun die *Gaußschen Summen* $\omega^*(m, n; \chi)$ $(m \in \mathbb{N})$ auszuschreiben, trennen wir nach den Fällen $q \equiv 3$ und $q \equiv 1 \bmod 4$. Für $q \equiv 3 \bmod 4$ findet man

$$\omega^*(m, n; \chi) = \sum_{\substack{k \bmod 4q \\ k \equiv 1\,(2)}} \left(\frac{k}{q}\right) \zeta_{2q}^{nk}, \quad \text{wenn} \quad m \equiv 0 \bmod 2\,q,$$

$$\omega^*(m, n; \chi) = \left(\frac{2}{q}\right) \sum_{\substack{k \bmod 4q \\ k \equiv 0\,(2)}} \left(\frac{k}{q}\right) \zeta_{2q}^{nk}, \quad \text{wenn} \quad m \equiv q \bmod 2\,q.$$

Nach dem bekannten Verfahren der Zerlegung Gaußscher Summen zu teilerfremden Moduln und mit deren Werten für Primzahlmoduln ergibt sich

$$\omega^*(m, n; \chi) = \begin{cases} 0 & \text{für} \quad n \equiv 1\,(2) \\[2mm] 2\,i\,\sqrt{q}\,\left(\dfrac{n}{q}\right)(-1)^{\frac{1}{2}n} & \text{für} \quad n \equiv 0\,(2) \end{cases}, \quad \text{wenn} \quad m \equiv 0\,(2\,q);$$

$$\omega^* (m, n; \chi) = \begin{cases} 0 & \text{für} \quad n \equiv 1 \, (2) \\ 2\, i \sqrt{q} \left(\dfrac{2\, n}{q} \right) & \text{für} \quad n \equiv 0 \, (2) \end{cases}, \quad \text{wenn} \quad m \equiv q \, (2\, q);$$

und dies führt gemäß Satz 3.2.I zu der Formel

$$E_{-1}(0, \tau; \chi) = 2\, L_0(1, q) + \frac{2\, \pi}{\sqrt{q}} \sum_{\substack{m, n = 1 \\ m \equiv 0 \, (2)}}^{\infty} (-1)^n \left(\frac{2\, n}{q} \right) e^{\pi i m n \tau}$$

$$+ \frac{2\, \pi}{\sqrt{q}} \sum_{\substack{m, n = 1 \\ m \equiv 1 \, (2)}}^{\infty} \left(\frac{n}{q} \right) e^{\pi i m n \tau}$$

$$= 2\, L_0(1, q) + \frac{2\, \pi}{\sqrt{q}} \sum_{m, n = 1}^{\infty} (-1)^{(n + \frac{1}{4}(q+1))(m-1)} \left(\frac{n}{q} \right) e^{\pi i m n \tau}$$

$$(6.4) \qquad = 2\, L_0(1, q) + \frac{2\, \pi}{\sqrt{q}} \sum_{n = 1}^{\infty} \sigma_{0,3}(n, q)\, e^{\pi i n \tau} \qquad (q \equiv 3 \, (4))$$

mit

$$(6.5) \qquad \sigma_{0,3}(n, q) := \sum_{d, d' > 0, \, d\, d' = n} (-1)^{(d - \varepsilon)(d' - 1)} \left(\frac{d}{q} \right), \quad \varepsilon = \begin{cases} 1 & \text{für} \quad q \equiv 3 \, (8) \\ 0 & \text{für} \quad q \equiv 7 \, (8) \end{cases}.$$

Es sei nun zweitens $q \equiv 1 \bmod 4$. Die gleichen Methoden wie oben liefern hier zunächst

$$\omega^* (m, n; \chi) = 2\, i \sqrt{q} \left(\frac{-4\, q}{n} \right) \qquad (m \equiv 0 \bmod 2\, q);$$

im Falle $m \equiv q \bmod 2\, q$ benutzt man außerdem mit Vorteil die Relation

$$\zeta_4^{(q+1)\, m} = \left(\frac{2}{q} \right) i^m = \left(\frac{2}{q} \right) \left(\frac{-1}{m} \right) i \qquad (m \equiv 1 \, (2), \, m \in \mathbb{N}).$$

Damit entsteht für $m \equiv q \bmod 2\, q$

$$\omega^* (m, n; \chi) = 2\, i \sqrt{q} \left(\frac{-1}{m} \right) \left(\frac{2\, n}{q} \right) \begin{cases} 1, & \text{wenn} \quad n \equiv 0 \, (2) \\ 0, & \text{wenn} \quad n \equiv 1 \, (2) \end{cases},$$

und jetzt ergibt Satz 3.2.I:

$$E_{-1}(0, \tau; \chi) = 2\, L_0(1, q) + \frac{2\, \pi}{\sqrt{q}} \sum_{m, n = 1}^{\infty} \left(\frac{-4\, q}{n} \right) e^{\pi i m n \tau}$$

$$+ \frac{2\, \pi}{\sqrt{q}} \sum_{\substack{m, n = 1 \\ m \equiv 1 \, (2)}}^{\infty} \left(\frac{-1}{m} \right) \left(\frac{n}{q} \right) e^{\pi i m n \tau}$$

$$= 2\, L_0(1, q) + \frac{2\, \pi}{\sqrt{q}} \sum_{\substack{m, n = 1 \\ n \equiv 1 \, (2)}}^{\infty} \left(\frac{-1}{n} \right) \left(\left(\frac{m}{q} \right) + \left(\frac{n}{q} \right) \right) e^{\pi i m n \tau}$$

$$(6.6) \qquad = 2\, L_0(1, q) + \frac{2\, \pi}{\sqrt{q}} \sum_{n = 1}^{\infty} \sigma_{0,4}(n, q)\, e^{\pi i n \tau} \qquad (q \equiv 1 \, (4))$$

mit

$$(6.7) \qquad \sigma_{0,4}(n,q) := \sum_{d,d'>0,\ dd'=n} \left(\frac{-4}{d}\right)\left(\left(\frac{d}{q}\right)+\left(\frac{d'}{q}\right)\right) \qquad (n \in \mathbb{N}).$$

Von den *Teilersummen* (6.5, 7) läßt sich ähnlich wie von denen des § 5 (5.2, 9) im Falle $(n,q)=1$ ein *Faktor* $1+\left(\dfrac{n}{q}\right)$ *abspalten*, was der Tatsache entspricht, daß n, wenn in der Gestalt $m_1^2 + q\,m_2^2$ $(m_1, m_2 \in \mathbb{Z})$ darstellbar, quadratischer Rest mod q ist. Für $q \equiv 3 \bmod 8$ ergibt sich unmittelbar

$$\sigma_{0,3}(n,q) = \left(1+\left(\frac{n}{q}\right)\right)\frac{1}{2}\,\sigma_{0,3}(n,q) \qquad (n \in \mathbb{N},\ (n,q)=1).$$

Im Falle $q \equiv 7 \bmod 8$ muß man $\sigma_{0,3}(n,q)$ auf ungerade Werte von n reduzieren. Man hat mit $\sigma_0(n,q)$ nach (5.2)

$$\sigma_{0,3}(n,q) = \sigma_0(n,q) \quad \text{für} \quad n \in \mathbb{N},\ n \equiv 1 \bmod 2,$$

während für $n = 2^\nu n_0$ $(\nu, n_0 \in \mathbb{N},\ n_0 \equiv 1 \bmod 2)$ gilt

$$\sigma_{0,3}(n,q) = (\nu - 1)\,\sigma_0(n_0, q);$$

dies ergibt wie oben

$$\sigma_{0,3}(n,q) = \left(1+\left(\frac{n}{q}\right)\right)\frac{1}{2}\,\sigma_{0,3}(n,q), \quad \text{wenn} \quad q \equiv 7 \bmod 8,\ (n,q)=1.$$

Im übrigen gilt im Falle $q \equiv 3 \bmod 8$, wenn $n \in \mathbb{N}$ wieder gemäß $n = 2^\nu n_0$ $(\nu \in \mathbb{N}_0,\ n_0 \in \mathbb{N},\ n_0 \equiv 1 \bmod 2)$ zerlegt wird:

$$\sigma_{0,3}(n,q) = c_\nu\,\sigma_0(n_0, q),$$

wo $c_0 = 1$ und für $\nu > 0$

$$c_\nu = \begin{cases} 0, & \text{wenn} \quad \nu \equiv 1 \bmod 2 \\ 3, & \text{wenn} \quad \nu \equiv 0 \bmod 2 \end{cases}.$$

Schließlich erhält man für die Teilersumme (6.7) unmittelbar

$$\sigma_{0,4}(n,q) = \left(1+\left(\frac{n}{q}\right)\right)\frac{1}{2}\,\sigma_{0,4}(n,q), \quad \text{wenn} \quad n \in \mathbb{N},\ (n,q)=1.$$

Die *Berechnung der Werte* $L_0(1,q)$ wird in den vorliegenden numerischen Spezialfällen am einfachsten durch Reduktion auf die Klassenzahl $h = h_q$ von $\mathbb{Q}\left(\sqrt{-q}\right)$ vollzogen. Man hat zu beachten, daß in (6.3) für $q \equiv 3 \bmod 4$ gegenüber der mit dem Kroneckerschen Restsymbol gebildeten Reihe die Glieder mit geradem k fehlen. Demgemäß ergibt sich

$$L_0(1,q) = \frac{2\,\pi}{w_q\sqrt{q}}\,e_{1,q}\,h_q, \quad \text{wo} \quad e_{1,q} = \begin{cases} \frac{3}{2} & \text{für} \quad q \equiv 3 \bmod 8 \\ \frac{1}{2} & \text{sonst} \end{cases},$$

und w_q wie üblich die Anzahl der Einheitswurzeln in $\mathbb{Q}\left(\sqrt{-q}\right)$ angibt; also

$$L_0(1,q) = \frac{\pi}{2\sqrt{q}}\ (q = 3, 7), \qquad L_0(1,q) = \frac{3\,\pi}{2\sqrt{q}}\ (q = 11, 19, 23)$$

$$(6.8)$$

$$L_0(1,q) = \frac{\pi}{\sqrt{q}}\ (q = 5, 13, 37).$$

Mit diesen Werten läßt sich der in § 3 angedeutete Koeffizientenvergleich für $q = 3, 5, 7, 11, 13, 23, 37$ realisieren. Nach Satz 4.4, 5 stehen als ganze Spitzenformen $\{\Gamma_{9,0}[q], -1, v_{3,q}\}$ zur Verfügung:

$$\vartheta_5(\tau)\,\vartheta_5(q\,\tau)\ (q \equiv -1 \bmod 12) \quad \text{und} \quad \vartheta_6(\tau)\,\vartheta_6(q\,\tau)\ (q \equiv -1 \bmod 24);$$

man hat nach Satz 2.2 in gemeinsamer Bezeichnung für $q \equiv -1 \bmod 12\,v$ $(v = 1, 2)$:

$$\vartheta_{4+v}(\tau)\,\vartheta_{4+v}(q\,\tau) = \sum_{n=1}^{\infty} \beta_{4+v}(n, q)\, e^{\pi i n \tau},$$

(6.9)

$$\beta_{4+v}(n, q) := \sum_{m_1, m_2} \left(\frac{-v}{m_1\, m_2}\right) \quad \text{u.d.B.} \quad \left\{\begin{matrix} m_1 \equiv m_2 \equiv 1 \bmod 6 \\ m_1^2 + q\, m_2^2 = 12\, v\, n \end{matrix}\right\}.$$

Für $q \equiv -1 \bmod 24$ verschwindet $\beta_5(n, q)$ bei ungeradem n und es gilt mit $\beta_q(n)$ nach (5.5):

$$\beta_5(2\,n, q) = \beta_q(n) \qquad (n \in \mathbb{N}).$$

Das Resultat besagt mit $A_q := \operatorname{diag}(1, q)$ und $\sigma_{0,3}, \sigma_{0,4}, \beta_5, \beta_6$ nach (6.5, 7, 9):

Satz 6.1. *Für $q = 5, 13, 37$ gilt in diesen Bezeichnungen*

$$a(n, A_q) = \sigma_{0,4}(n, q) \qquad (n \in \mathbb{N}). \quad -$$

Satz 6.2. *Für $q = 3, 7, 11, 23$ gilt in diesen Bezeichnungen, wenn $n \in \mathbb{N}$:*

$$a(n, A_3) = 2\,\sigma_{0,3}(n, 3),$$
$$a(n, A_7) = 2\,\sigma_{0,3}(n, 7),$$
$$a(n, A_{11}) = \tfrac{2}{3}\,\sigma_{0,3}(n, 11) + \tfrac{4}{3}\,\beta_5(n, 11)$$
$$a(n, A_{23}) = \tfrac{2}{3}\,\sigma_{0,3}(n, 23) - \tfrac{4}{3}\,\beta_5(n, 23) + \tfrac{4}{3}\,\beta_6(n, 23). \quad -$$

Zu der dritten Formel ist zu bemerken, daß $\beta_5(n, 11)$ für gerade n verschwindet. Für diese also liefert die dritte Formel eine *Jacobische Identität im engeren Sinne*. Überdies gilt für alle $n \in \mathbb{N}$:

$$\beta_5(n, 11) \equiv \sigma_{0,3}(n, 11) \bmod 3,$$

also insbesondere für jede Primzahl $p > 2$:

$$\beta_5(p, 11) \equiv 1 + \left(\frac{p}{11}\right) \bmod 3.$$

Für jede Primzahl $p \equiv 1, 3, 4, 5, 9 \bmod 11$ ist mithin $\beta_5(p, 11)$, da $\equiv 2 \bmod 3$, von 0 verschieden. Im übrigen verschwindet $\beta_5(n, 11)$, wenn nicht n kongruent einem Quadrat mod 11; es verschwinden $\beta_5(2\,n, 23)$ und $\beta_6(n, 23)$, wenn nicht n kongruent einem Quadrat mod 23 ist.

[*Anhang*]. Für konkrete Rechnungen ist es oft von Nutzen, die Entwicklungen der hier in Betracht kommenden 8 Modulformen $\vartheta_k(\tau)$, $\vartheta_k(q\,\tau)$ $(3 \leq k \leq 6)$ in den vier Spitzenvertretern der Gruppe $\Gamma_{9,0}[q]$ zu kennen (q Primzahl > 2). Hierzu folgendes: Nach (1.13, 17) gilt in den betreffenden Bezeichnungen

$$f_A(\tau) = f(\tau)\,|\,A^{-1}, \quad \text{wenn} \quad A \in {}_1\Gamma,\ A^{-1}\infty \neq \infty.$$

Um solche Transformationen, etwa für $A = \dot{U}^{-g}$ ($g \in \mathbb{Z}$), also mit $A^{-1} = \dot{U}^{g} = T^{-1} U^{-g} T$, schrittweise ausführen zu können, betrachte man die allgemeinere Transformation mit

$$A^{-1} = B^{-1} U^{\lambda} B \qquad (B \in {}_{1}\Gamma,\ B^{-1}\infty \neq \infty,\ \lambda \in \mathbb{Z}).$$

Hier wird behauptet, daß gilt

$$(6.10) \qquad f(\tau)\,|\,A^{-1} = f(\tau)\,|\,B^{-1} U^{\lambda} B = f(\tau)\,|\,B^{-1}\,|\,U^{\lambda}\,|\,B.$$

Zum Beweise genügt es nach (1.16, 21) offenbar, zu zeigen, daß $w\,(B^{-1}, U^{\lambda} B)$ verschwindet. Das folgt nach (1.17, 21) aus

$$0 = w\,(B, B^{-1} U^{\lambda} B) = -\,w\,(B^{-1}, U^{\lambda} B).$$

Als Beispiel für die gesuchten Formeln betrachten wir die Modulform $f(\tau) := \vartheta_6\,(q\,\tau)$ und die Spitze $\zeta = A^{-1}\infty$ *mit* $A := \dot{U}^{-q}$. Man findet nach § 1, 2, insbesondere (2.16, 18) und (6.10) für alle ungeraden $q > 1$

$$\vartheta_6\,(q\,\tau)\,|\,A^{-1} = \vartheta_6\,(q\,\tau)\,|\,T^{-1}\,|\,U^{-q}\,|\,T = i\,\vartheta_6\,(q\,\tau)\,|\,T\,|\,U^{-q}\,|\,T$$

$$= \xi_4\,q^{-\frac{1}{2}}\,\vartheta_6\left(\frac{\tau}{q}\right)\,|\,U^{-q}\,|\,T = \xi_4\,q^{-\frac{1}{2}}\,\vartheta_6\left(\frac{\tau}{q} - 1\right)\,|\,T$$

$$= \xi_4\,q^{-\frac{1}{2}}\,\xi_{24}^{-1}\,\vartheta_5\left(\frac{\tau}{2\,q}\right)\,|\,T = q^{-\frac{1}{2}}\,\xi_{24}^{-1}\,\sqrt{2\,q}\,\vartheta_5\,(2\,q\,\tau).$$

In dem so entstehenden Formelsystem ist stets $k = 3, 4, 5, 6$. Man erhält

$$A = T: \qquad \vartheta_k\,(\tau)\,|\,A^{-1} = \xi_4\,\vartheta_k\,(\tau), \qquad \vartheta_k\,(q\,\tau)\,|\,A^{-1} = \xi_4\,q^{-\frac{1}{2}}\,\vartheta_k\left(\frac{\tau}{q}\right).$$

$$A = T^{-1} U^{q} T: \vartheta_3\,(\tau)\,|\,A^{-1} = \vartheta_2\,(\tau), \qquad \vartheta_4\,(\tau)\,|\,A^{-1} = \xi_8^{-q}\,\sqrt{2}\,\vartheta_0\,(2\,\tau),$$

$$\vartheta_5\,(\tau)\,|\,A^{-1} = \xi_{12}^{-q}\,\vartheta_5\,(\tau), \qquad \vartheta_6\,(\tau)\,|\,A^{-1} = \xi_{24}^{-q}\,\sqrt{2}\,\vartheta_5\,(2\,\tau);$$

$$\vartheta_3\,(q\,\tau)\,|\,A^{-1} = \vartheta_2\,(q\,\tau), \qquad \vartheta_4\,(q\,\tau)\,|\,A^{-1} = \xi_8^{-1}\,\sqrt{2}\,\vartheta_0\,(2\,q\,\tau),$$

$$\vartheta_5\,(q\,\tau)\,|\,A^{-1} = \xi_{12}^{-1}\,\vartheta_5\,(q\,\tau), \qquad \vartheta_6\,(q\,\tau)\,|\,A^{-1} = \xi_{24}^{-1}\,\sqrt{2}\,\vartheta_5\,(2\,q\,\tau).$$

$$A = (UT)^{-1}: \vartheta_3\,(\tau)\,|\,A^{-1} = \xi_4^{-1}\,\vartheta_2\,(\tau), \qquad \vartheta_4\,(\tau)\,|\,A^{-1} = \xi_8^{-1}\,\sqrt{2}\,\vartheta_0\,(2\,\tau),$$

$$\vartheta_5\,(\tau)\,|\,A^{-1} = \xi_6^{-1}\,\vartheta_5\,(\tau), \qquad \vartheta_6\,(\tau)\,|\,A^{-1} = \xi_{24}^{-5}\,\sqrt{2}\,\vartheta_5\,(2\,\tau);$$

$$\vartheta_3\,(q\,\tau)\,|\,A^{-1} = \xi_4^{-1}\,q^{-\frac{1}{2}}\,\vartheta_2\left(\frac{\tau}{q}\right), \qquad \vartheta_4\,(q\,\tau)\,|\,A^{-1} = \xi_8^{q-2}\,\sqrt{\frac{2}{q}}\,\vartheta_0\left(\frac{2\,\tau}{q}\right),$$

$$\vartheta_5\,(q\,\tau)\,|\,A^{-1} = \xi_{12}^{q-3}\,q^{-\frac{1}{2}}\,\vartheta_5\left(\frac{\tau}{q}\right), \qquad \vartheta_6\,(q\,\tau)\,|\,A^{-1} = \xi_{24}^{q-6}\,\sqrt{\frac{2}{q}}\,\vartheta_5\left(\frac{2\,\tau}{q}\right).$$

Damit lassen sich die *Ordnungen* (bezüglich $\Gamma_{\vartheta,0}\,[q]$) *der* genannten *Modulformen in den vier Spitzenvertretern* tabulieren. Man erhält für 24 $\mathrm{ord}_{\Gamma,\zeta}\,f(\tau)$ ($\Gamma := \Gamma_{\vartheta,0}\,[q]$, ζ (mit zugehöriger Breite) wie eingangs dieses § 6 und $f(\tau) = \vartheta_k\,(\tau), \vartheta_k\,(q\,\tau)$) die folgende Tabelle:

	$\vartheta_3(\tau)$	$\vartheta_4(\tau)$	$\vartheta_5(\tau)$	$\vartheta_6(\tau)$	$\vartheta_3(q\tau)$	$\vartheta_4(q\tau)$	$\vartheta_5(q\tau)$	$\vartheta_6(q\tau)$
∞ (2)	0	3	2	1	0	$3q$	$2q$	q
0 ($2q$)	0	$3q$	$2q$	q	0	3	2	1
$1/q$ (1)	3	0	1	2	$3q$	0	q	$2q$
1 (q)	$3q$	0	q	$2q$	3	0	1	2

Zum Schluß notieren wir die konstanten Glieder von $\vartheta_3(\tau)$, $\vartheta_3(q\tau)$ in der Spitze 0. Es gilt

$$b_0(T, \vartheta_3) = \xi_4, \qquad b_0(T, \vartheta_3(q*)) = \xi_4 q^{-\frac{1}{2}}.$$

§ 7. Darstellungen durch binäre Diagonalformen mit ungeraden Werten der Variablen

(Inhaltsübersicht: Problemstellung wie in § 6, jedoch unter der zusätzlichen Bedingung $m_1 \equiv m_2 \equiv 1 \bmod 2$ (demgemäß $n \equiv q + 1 \bmod 8$). Untersucht werden Modulformen der Gruppe $\Gamma[q\backslash 2] := \Gamma_0[q] \cap \Gamma^0[2]$. Konkrete Resultate analog zu denen von § 6.)

Gefragt wird nach der Anzahl $a_{q,2}^{(1;1)}(n)$ der Darstellungen von n in der Gestalt

$$n = m_1^2 + q\, m_2^2 \qquad (m_1 \equiv m_2 \equiv 1 \bmod 2),$$

wo q eine fest vorgegebene natürliche Zahl bezeichnet; wir betrachten in § 7 nur den Fall einer Primzahl $q > 2$. Mit (vgl. (4.18)) $\vartheta_{22}(\tau) := \vartheta_2\left(\dfrac{\tau}{2}\right)$ gilt

$$(7.1) \qquad f_{22,q}(\tau) := \vartheta_{22}(\tau)\,\vartheta_{22}(q\tau) = \sum_{n=1}^{\infty} a_{q,2}^{(1;1)}(n) \exp \pi i n \frac{\tau}{8}$$

und (vgl. § 4)

$$f_{22,q}(\tau) = \xi_8^{-q-1}(\vartheta_4(\tau)\,\vartheta_4(q\tau)) \mid U \in \{\Gamma[q\backslash 2], -1, v_{4*q}\}^0,$$

wo $\Gamma[q\backslash 2] := \Gamma_0[q] \cap \Gamma^0[2]$ und (vgl. (4.13))

$$(7.2) \qquad v_{4*q}(L) = \left(\frac{\alpha}{q}\right) \xi_4^{(q+1)(\alpha-1+\frac{1}{2}\alpha\beta)} \qquad (L \in \Gamma[q\backslash 2]).$$

Vermöge der Transformation mit U (vgl. § 1) entsprechen den Vertretern $\infty, 0, 1/q, 1$ (zugehörige Breiten bzw. $= 2, 2q, 1, q$) der Spitzenbahnen von $\Gamma_{\vartheta,0}[q]$ (s. § 6) die folgenden *Vertreter der Spitzenbahnen* von

$$\Gamma[q\backslash 2] = U^{-1}\,\Gamma_{\vartheta,0}[q]\,U$$

(zu jedem ist seine Breite angegeben):

$$\infty\ (2),\ \ 1\ (2\,q),\ \ q^{-1}-1\ (1),\ 0\ (q);$$

dabei wurde -1 durch $1 = U^2\,(-1)$ ersetzt. Nach dem, was in § 1 über die Ordnungen einer Modulform bei Transformation $f \to f\,|\,S$ $(S \in {}_1\Gamma)$ gesagt wurde und nach der Tabelle im Anhang von § 6 ergibt sich für $f_{22,q}$ in der Bezeichnung $\Gamma' := \Gamma\,[q\backslash 2]$.

$$(7.3) \qquad \begin{aligned} &\mathrm{ord}_{\Gamma',\,0}\,f_{22,q} = \mathrm{ord}_{\Gamma',\,1/q-1}\,f_{22,q} = 0 \\ &\mathrm{ord}_{\Gamma',\,\infty}\,f_{22,q} = \mathrm{ord}_{\Gamma',\,1}\,f_{22,q} = \tfrac{1}{8}\,(q+1); \end{aligned}$$

die dritte Relation entspricht (7.1) vermöge des Sachverhalts, daß $q+1$ stets die kleinste ganze Zahl ist, die sich in der obigen Art darstellen läßt; es gilt $a_{q,2}^{(1,1)}\,(q+1) = 4$. Aus $a_{q,2}^{(1,1)}\,(n) > 0$ folgt $n \equiv q+1 \bmod 8,\ n > 0$.

Zur Darstellung der Spitzen $\zeta = 0,\ q^{-1}-1$ in der Gestalt $\zeta = A^{-1}\infty$ $(A \in {}_1\Gamma)$ wähle man $A = T^{-1}$ bzw. $A = \dot{U}^{-q}\,U$. Dann lassen sich die nach (7.3) wohlbestimmten konstanten Glieder $b_0\,(A, f_{22,q})$ wie folgt berechnen: Man hat nach § 2

$$f_{22,q}\,(\tau)\,|\,T = \left(\vartheta_2\!\left(\frac{\tau}{2}\right)\vartheta_2\!\left(\frac{q\,\tau}{2}\right)\right)\Big|\,T = -\frac{2\,i}{\sqrt{q}}\,\vartheta_0\,(2\,\tau)\,\vartheta_0\!\left(\frac{2\,\tau}{q}\right);$$

ferner nach den Formeln im Anhang von § 6

$$f_{22,q}\,(\tau)\,|\,U^{-1}\,\dot{U}^{q} = \xi_8^{-q-1}\,(\vartheta_4\,(\tau)\,\vartheta_4\,(q\,\tau))\,|\,\dot{U}^{q} = \xi_4^{-q-1}\,2\,\vartheta_0\,(2\,\tau)\,\vartheta_0\,(2\,q\,\tau);$$

so daß sich ergibt

$$(7.4) \qquad b_0\,(T, f_{22,q}) = \frac{2\,i}{\sqrt{q}}, \qquad b_0\,(\dot{U}^{-q}\,U, f_{22,q}) = 2\,\xi_4^{-q-1}.$$

Hierzu sei bemerkt: Nach (7.2) gilt

$$v_{4*q}^2\,(L) = 1 \qquad (L \in \Gamma\,[q\backslash 2]), \quad \text{wenn} \quad q \equiv 3 \bmod 4;$$

$f_{22,q}^2$ stellt dann ein abelsches Differential zur Gruppe $\Gamma\,[q\backslash 2]$ dar, das ersichtlich nur in den Spitzen, die $\equiv 0$ oder $q^{-1}-1 \bmod \Gamma\,[q\backslash 2]$ sind, von Null verschiedene Residuen aufweist. Nach (7.4) und (1.43) stimmen diese Residuen in 0 bzw. $q^{-1}-1$ mit

$$\frac{q}{2\,\pi\,i}\left(\frac{2\,i}{\sqrt{q}}\right)^2 = \frac{-4}{2\,\pi\,i} \quad \text{bzw.} \quad \frac{1}{2\,\pi\,i}\,(2\,\xi_4^{-q-1})^2 = \frac{4}{2\,\pi\,i};$$

überein; daher verschwindet die Residuensumme, wie es sein soll.

Nach dem Korollar 1.13 und der in § 3 angedeuteten Theorie der Eisensteinschen Reihen ist zu vermuten, daß *die eine der Spitze* 0 *formal entsprechende Eisenstein-Reihe* bereits *ausreicht*, um $f_{22,q}$ linear auf eine ganze Spitzenform zu reduzieren. Diese Eisenstein-Reihe soll zunächst aufgestellt werden.

Man erhält die zweiten Zeilen der $M = T\,L \in T\,\Gamma\,[q\backslash 2]$ als Menge der

$$(7.5) \qquad \{m_1, m_2\} \in \mathbb{Z} \times \mathbb{Z} \text{ mit } (m_1, m_2) = (m_1, 2\,q) = 1,\ m_2 \equiv 0 \bmod 2;$$

man beweist, wenn $\{m_1, m_2\}$ demgemäß gegeben ist, daß ein $M = \begin{pmatrix} m_0 & m_3 \\ m_1 & m_2 \end{pmatrix} \in {}_1\Gamma$

mit $m_0 \equiv 0 \bmod q$ existiert. Im Hinblick auf (7.2) wird $\chi(\mathfrak{m}) = \chi(m_1, m_2)$ für $\mathfrak{m} = \{m_1, m_2\} \in \mathbb{Z} \times \mathbb{Z}$ wie folgt *definiert:*

$$\chi(m_1, m_2) = 0, \quad \text{wenn} \quad (m_1, 2\,q) > 1 \quad \text{und wenn} \quad m_2 \equiv 1 \bmod 2;$$

$$\chi(m_1, m_2) = \left(\frac{m_1}{q}\right) \zeta_4^{(q+1)(1 - m_1 - \frac{1}{2} m_1 m_2)} \quad \text{sonst}.$$

Hier lassen sich zunächst X* 1, 2 mit $H = 8\,q$ bestätigen. Zum Beweise von (X* 3) sei $L \in \Gamma\,[q\backslash 2]$, $\{m_1', m_2'\} := \{m_1, m_2\}\,L$. Dann gilt $m_2' \equiv m_2 \bmod 2$; wenn $m_2 \equiv 0 \bmod 2$, so gilt $m_1' \equiv \alpha\,m_1 \bmod 2\,q$. Daher kommt es nur darauf an, wie sich unter den Voraussetzungen $(m_1, 2\,q) = 1$, $m_2 \equiv 0 \bmod 2$:

$$(7.6) \qquad m_1' - 1 + \tfrac{1}{2}\,m_1'\,m_2' = m_1\,\alpha - 1 + m_2\,\gamma + \tfrac{1}{2}\,(m_1\,\alpha + m_2\,\gamma)\,(m_1\,\beta + m_2\,\delta)$$

mod 4 verhält. Wegen $\tfrac{1}{2}\,m_1\,m_2\,2\,\beta\,\gamma \equiv 0 \bmod 4$ wird die rechte Seite von (7.6)

$$\equiv m_1 - 1 + \alpha - 1 + m_2\,\gamma + \tfrac{1}{2}\,\alpha\,\beta + \tfrac{1}{2}\,m_1\,m_2 + \tfrac{1}{2}\,m_2^2\,\gamma\,\delta$$

$$\equiv m_1 - 1 + \tfrac{1}{2}\,m_1\,m_2 + \alpha - 1 + \tfrac{1}{2}\,\alpha\,\beta + m_2\,\gamma\,(1 + \tfrac{1}{2}\,m_2\,\delta) \bmod 4,$$

und der letzte Term rechts ist ersichtlich durch 4 teilbar. Das ergibt (X* 3). Im übrigen gelten (X 1, 2, 3) mit $N_2 = 8$.

Wir wenden Satz 3.2 an. Von den beiden zu Beginn genannten Dirichlet-Reihen verschwindet die erste identisch in s. Bezüglich der zweiten ist zu bemerken, daß für $m \in \mathbb{N}$, $m \equiv 1 \bmod 2$:

$$\sum_{\substack{k \bmod 8 \\ k \equiv 0\,(2)}} \chi(m, k) = \left(\frac{m}{q}\right) \zeta_4^{(q+1)(1 - m)} \sum_{k \bmod 4} \zeta_4^{-(q+1)\,m\,k}$$

verschwindet, wenn $q \not\equiv -1 \bmod 8$, während dies, wenn $q \equiv -1 \bmod 8$, den Wert $4\left(\dfrac{m}{q}\right)$ annimmt. Die zweite Dirichlet-Reihe ist also $\equiv 0$, falls $q \not\equiv -1 \bmod 8$, und

$$= 4 \sum_{\substack{m=1 \\ m \equiv 1\,(2)}}^{\infty} \left(\frac{m}{q}\right) m^{-s} = 4 \sum_{\substack{m=1 \\ m \equiv 1\,(2)}}^{\infty} \left(\frac{-q}{m}\right) m^{-s} = 4\,L_0(s, q)$$

(vgl. (6.3)), falls $q \equiv -1 \bmod 8$. Nun hat man für $q \equiv 3 \bmod 4$

$$L\left(s, \left(\frac{-q}{*}\right)\right) := \sum_{m=1}^{\infty} \left(\frac{-q}{m}\right) m^{-s} = L_0(s, q)\left(1 - \left(\frac{2}{q}\right) 2^{-s}\right)^{-1}.$$

Sowohl die linke Seite als auch $L_0(s, q)$ stellt eine ganze Funktion von s dar, und daher verschwindet $L_0(0, q)$ für $q \equiv -1 \bmod 8$. Also haben die beiden in Satz 3.2 I genannten Dirichlet-Reihen stets den Nullwert Null.

Die *abschließende Bestimmung* von $\omega^*(m, n; \chi)$ ergibt für $m \equiv 1\,(2)$

$$\omega^*(m, n; \chi) = \left(\frac{m}{q}\right) \zeta_4^{(q+1)(m-1)} \sum_{k \bmod 4} \exp \frac{\pi\,i}{2}\left(n - \frac{q+1}{2}\,m\right) k,$$

also

$$\omega^*(m, n; \chi) = 4\left(\frac{m}{q}\right) \zeta_4^{(q+1)(m-1)} \quad \text{für} \quad n \equiv \frac{q+1}{2}\, m \bmod 4$$

und $= 0$ sonst. Damit folgt

$$E_{-1}(\tau, \chi) = -2\pi i \sum_{\substack{m,n=1 \\ m \equiv 1 \bmod 2 \\ mn \equiv \frac{1}{2}(q+1)\bmod 4}}^{\infty} \left(\frac{m}{q}\right) \zeta_4^{(q+1)(m-1)} \exp \pi i\, m\, n\, \frac{\tau}{4}$$

(7.7)

$$= -2\pi i \sum_{\substack{n=1 \\ n \equiv q+1\,(8)}}^{\infty} \sigma_{05}(n, q) \exp \pi i\, n\, \frac{\tau}{8},$$

wo (vgl. (5.2))

$$(7.8) \qquad \sigma_{05}(n, q) := \sum_{d>0, d\mid n} \left(\frac{-4q}{d}\right) \qquad (n \in \mathbb{N}).$$

Die *lineare Reduktion* von $f_{22,q}(\tau)$ auf eine ganze Spitzenform der gleichen Klasse $\{\Gamma[q\backslash 2], -1, v_{4*q}\} =: \mathsf{K}'$ durch $E_{-1}(\tau, \chi)$ bedeutet nach § 3, daß eine Beziehung

$$f_{22,q}(\tau) = c_q E_{-1}(\tau, \chi) + \varphi(\tau) \qquad (\varphi \in \mathsf{K}'^+)$$

mit konstantem c_q stattfindet. Unter dieser Voraussetzung läßt sich c_q aus den konstanten Gliedern von $f_{22,q}(\tau)$ und $E_{-1}(\tau, \chi)$ in der Spitze 0 bestimmen. Wir bestimmen $b_0(T, E_{-1}(*, \chi))$, indem wir nach (3.37)

$$E_{-1}(s; \tau, \chi)\,|_{(1,s)} T = E_{-1}(s; \tau, \chi_T')$$

bilden mit

$\chi_T'(m_1', m_2') = \chi(m_1, m_2)$ für $\{m_1', m_2'\} = \{m_1, m_2\}\, T = \{m_2, -m_1\}$. Das besagt, daß $\chi_T'(m_1', m_2')$ verschwindet, wenn $m_1' \equiv 1 \bmod 2$ und wenn $(m_2', 2q) > 1$, daß aber für $m_1' \equiv 0$, $m_2' \equiv 1 \bmod 2$, $(m_2', q) = 1$ gilt

$$\chi_T'(m_1', m_2') = \left(\frac{-m_2'}{q}\right) \zeta_4^{(q+1)(1 + m_2' + \frac{1}{2} m_1' m_2')}.$$

Daraus folgt

$$\chi_T'(0, m) = \left(\frac{-m}{q}\right) \zeta_4^{(q+1)(m+1)} = -\left(\frac{m}{q}\right) \zeta_4^{(q+1)(m-1)},$$

wenn $m \equiv 1\,(2)$, also nach Satz 3.2 und (6.3) für den ersten Bestandteil des konstanten Gliedes von $E_{-1}(\tau, \chi')$ der Wert $-2L_0(1, q)$, während der zweite Bestandteil verschwindet, da

$$\sum_{\substack{k \bmod 4q \\ k \equiv 1\,(2)}} \left(\frac{k}{q}\right) \zeta_4^{(q+1)\,nk} = 0 \qquad (n \in \mathbb{Z}).$$

So erhält man (vgl. (6.3, 8) (7.4, 7))

$$b_0\,(T,\,E_{-1}\,(*,\,\chi)) = 2\,L_0\,(1,\,q),\; c_q = \frac{i}{\sqrt{q}}\,L_0^{-1}\,(1,\,q)$$

$$c_q\,E_{-1}\,(\tau,\,\chi) = \frac{w_q}{e_{1,q}\,h_q}\;\sum_{\substack{n=1 \\ n\equiv q+1\,(8)}}^{\infty}\;\sigma_{05}\,(n,\,q)\,\exp\,\pi\,i\,n\,\frac{\tau}{8}\,,$$

und das empirische Verfahren von § 3 liefert zunächst

Satz 7.1. *Für die Primzahlen $q = 3,\,5,\,7,\,13,\,37$ bestehen folgende Formeln für* $a_{q,2}^{(1;1)}\,(n)$, *sobald* $n \in \mathbb{N}$, $n \equiv q + 1 \bmod 8$ (vgl. (7.8)):

$$a_{3,2}^{(1;1)}\,(n) = 4\,\sigma_{05}\,(n,\,3),\qquad a_{5,2}^{(1;1)}\,(n) = 2\,\sigma_{05}\,(n,\,5),$$

$$a_{7,2}^{(1;1)}\,(n) = 4\,\sigma_{05}\,(n,\,7),\qquad a_{13,2}^{(1;1)}\,(n) = 2\,\sigma_{05}\,(n,\,13),$$

$$a_{37,2}^{(1;1)}\,(n) = 2\,\sigma_{05}\,(n,\,37).\quad -$$

Für $q = 11,\,23$ treten *ganze Spitzenformen* auf. Eine solche vom Grad -1 zur Gruppe $\Gamma\,[q\backslash 2]$ ist $\vartheta_{52}\,(\tau)\,\vartheta_{52}\,(q\,\tau)$ (vgl. Ende des § 4). Danach gilt

$$\vartheta_{52}\,(\tau)\,\vartheta_{52}\,(q\,\tau) \in \{\Gamma\,[q\backslash 2],\,-1,\,v_{6\ast q}\}^{+}\;\left(\vartheta_{52}\,(\tau) = \vartheta_5\left(\frac{\tau}{2}\right)\right),$$

und Satz 4.5 ergibt zusammen mit (4.19) überdies, daß $v_{6\ast q} = v_{4\ast q}$ auf $\Gamma\,[q\backslash 2]$ für $q \equiv -1 \bmod 12$ zutrifft. Dagegen erfüllt das Multiplikatorsystem $v_{5,q}$ von $\vartheta_5\,(\tau)\,\vartheta_5\,(q\,\tau)$ nach (4.20) die Relation $v_{5,q} = v_{1\ast q}$ auf $\Gamma\,[q\backslash 2]$ ersichtlich nur für $q \equiv -1 \bmod 24$. Zu den Fourier-Koeffizienten von $\vartheta_{52}\,(\tau)\,\vartheta_{52}\,(q\,\tau)$, $\vartheta_5\,(\tau)\,\vartheta_5\,(q\,\tau)$ s. (5.5), (6.9). − Man erhält

Satz 7.2. *Für $q = 11,\,23$ gilt, wenn $n \in \mathbb{N}$, $n \equiv q + 1 \bmod 8$:*

$$a_{11,2}^{(1;1)}\,(n) = \tfrac{4}{3}\,\sigma_{05}\,(n,\,11) - \tfrac{4}{3}\,\beta_5\,(\tfrac{1}{4}\,n,\,11),$$

$$a_{23,2}^{(1;1)}\,(n) = \tfrac{4}{3}\,\sigma_{05}\,(n,\,23) - \tfrac{4}{3}\,\beta_5\,(\tfrac{1}{4}\,n,\,23) - \tfrac{8}{3}\,\beta_5\,(\tfrac{1}{8}\,n,\,23).\quad -$$

Kapitel III. Direkte Summen binärer Formen. Quaternäre Diagonalformen

§ 8. Direkte Summen zweier Binärformen mit quadratfreien ungeraden Diskriminanten

(Inhaltsübersicht: Anzahlen der Darstellungen der $n \in \mathbb{N}$ in der Gestalt

$$n = F_1\,(m_1, m_2) + k\,F_3\,(m_3, m_4) \qquad (m_1, \ldots, m_4 \in \mathbb{Z}).$$

Dabei sind F_1, F_3 binäre quadratische Formen der gleichen negativen Diskriminante $-\,q$, wo $q = 3, 7, 11; 23, 15, 35$, und es ist zugleich $k = 1$; oder aber es treten zwei nicht notwendig verschiedene solche Diskriminanten auf, und es ist $k = 5$; im zweiten Fall ist darauf zu achten, daß die Stufe 15 oder 35 beträgt. Insgesamt entstehen 18 konkrete Identitäten Jacobischer Art; 6 von ihnen sind solche im engeren Sinne.)

Sind F und G symmetrische halbganze positive Matrizen, so hat ihre *direkte Summe*

$$\mathsf{A} = F \oplus G := \begin{pmatrix} F & O \\ O & G \end{pmatrix} \qquad \text{(mit Nullmatrizen } O\text{)}$$

die gleichen genannten Eigenschaften. Die entsprechende Bezeichnung wird angewendet, wenn A eine Zerlegung in mehr als zwei „Kästchen" gestattet. Im Falle $G = F$ schreiben wir auch $\mathsf{A} = F^{\oplus 2}$, bzw., wenn $v > 2$ übereinstimmende Faktoren F auftreten, $\mathsf{A} = F^{\oplus v}$.

Die Matrizen der ganzzahligen binären quadratischen Formen der Diskriminante $-\,q < 0$ ($F = \langle a, b, c \rangle$ nach (5.4)) werden mit Q_{-q}, Q^*_{-q}, ... bezeichnet. Ist $-\,q$ die Diskriminante eines quadratischen Zahlkörpers, $q > 0$ und ungerade, so gilt nach [11], Abh. Nr. 23, wie in Anhang B berichtet:

$$(8.1) \qquad \Theta\,(\tau, Q_{-q}) := \sum_{n=0}^{\infty} a\,(n, Q_{-q})\, e^{2\pi i n \tau} \in \{\Gamma_0\,[q], -1, V_q\}^0$$

mit $V_q(L) := \left(\dfrac{\delta}{q}\right)$ ($L \in \Gamma_0\,[q]$). Die Wirkung der Transformation $\tau \to k\,\tau$ ($k \in \mathbb{N}$) wird mit $D := D_{\sqrt{k}}$ durch

$$\Theta\,(k\,\tau, Q_{-q}) \approx \Theta\,(\tau, Q_{-q})\,|\,D \in \{\Gamma_{q,k}, -1, V'_{qD}\}^0$$

beschrieben (zu $\approx$ s. § 1 bei Satz 1.10), wo

$$\Gamma_{q,k} := \Gamma_0\,[q] \cap D^{-1}\,\Gamma_0\,[q]\,D, \qquad V'_{qD}(L) = V_q(D\,L\,D^{-1}),$$

was besagt, daß gilt

$$\Gamma_{q,k} = \Gamma_0\,[k\,q], \qquad V''_{qD}\,(L) = V_q\,(L) = \left(\frac{\delta}{q}\right) \qquad (L \in \Gamma_0\,[k\,q])\,.$$

Wir untersuchen in diesem § 8 die *quaternären Thetareihen* zu gewissen symmetrischen halbganzen positiven Matrizen **A** *in der Normierung*

$$\Theta\,(\tau,\mathbf{A}) = \sum_{n=0}^{\infty} a\,(n,\mathbf{A})\,e^{2\pi i n \tau} \in \mathbf{K}^0 \qquad (\text{vgl. }(8.1))$$

mit geeignetem **K**. Es werden Identitäten Jacobischer Art für die $a\,(n,\mathbf{A})$ zu den folgenden 18 Matrizen **A** aufgestellt; für jedes **A** wird alsbald eine $\Theta\,(\tau,\mathbf{A})$ enthaltende Formenklasse **K** angegeben:

$$\mathbf{A} = Q_{-q}^{\oplus 2}\,(q = 3, 7, 11), \qquad \mathbf{A} = Q_{-q} \oplus Q_{-q}^*\,(q = 23, 15, 35),$$

$$\mathbf{K} = \mathbf{K}_0\,[q] := \{\Gamma_0\,[q], -2, 1\}\,.$$

Die letztere Bezeichnung wird für beliebige $q \in \mathbb{N}$ benutzt; im Hinblick darauf, daß für $q = 23, 15, 35$ je zwei binäre Formenklassen mit verschiedenen Darstellungsanzahlen existieren, erhält man auf diese Weise zwölf quaternäre Formen.

In vier der restlichen 6 Fälle tritt der gerade Charakter V_{q_1} auf, der durch

$$V_{q_1}(L) - \left(\frac{\delta}{q_1}\right) \quad (L \in \Gamma_0\,[q];\ q_1 \,|\, q,\ q_1 \in \mathbb{N},\ q_1 \equiv 1 \bmod 4)$$

definiert ist. In den Anwendungen ist meistens

$$(8.2) \qquad q = q_1\,q_3,\quad q_1, q_3 \in \mathbb{N};\qquad q_1 \equiv 1,\quad q_3 \equiv 3 \bmod 4,\quad q_1 > 1,\quad q \text{ quadratfrei;}$$

wir schreiben dann (nicht völlig kennzeichnend):

$$\mathbf{K}_0'\,[q] := \{\Gamma_0\,[q], -2, V_{q_1}\}\,.$$

Die betreffenden 4 Fälle sind

$$\mathbf{A} = Q_{-3} \oplus Q_{-15},\quad \mathbf{A} = 5\,Q_{-3} \oplus Q_{-15};\quad \mathbf{K} = \mathbf{K}_0'\,[15];$$

hinzu kommen (abschließend)

$$\mathbf{A} = Q_{-3} \oplus 5\,Q_{-3}\,(\mathbf{K} = \mathbf{K}_0\,[15]),\quad \mathbf{A} = Q_{-7} \oplus 5\,Q_{-7}\,(\mathbf{K} = \mathbf{K}_0\,[35])\,.$$

Die Eisenstein-Reihen der Klasse $\mathbf{K}_0\,[k]$ $(k \in \mathbb{N})$, die im folgenden konstruiert und angewendet werden, sind nach Satz 3.2 mit Hilfe eines dieser Klasse assoziierten Charakters $\chi = \chi_k$ gebildet, wo k eine beliebige natürliche Zahl bezeichnet; χ_k ist jedoch für kein $k > 1$ assoziierter Kongruenzcharakter nach irgendeinem Modul. Wir setzen

$$(8.3) \qquad \chi_k\,(m_1, m_2) = \begin{cases} 1, & \text{wenn}\quad m_1 \equiv 0 \bmod k \\ 0, & \text{wenn}\quad m_1 \not\equiv 0 \bmod k \end{cases};$$

der zweite Fall tritt für $k = 1$ nicht ein. Daß die Bedingungen (X 1, 2, 3) mit $N_2 = 1$ erfüllt sind, ist evident. Man erhält ebenso

$$D\,(s, \chi_k) = \zeta\,(s); \quad \omega^*\,(m, n;\chi_k) = \chi_k\,(m, 0) \qquad (m \in \mathbb{N}, n \in \mathbb{Z}),$$

$$D^*\,(s, \chi_k) = k^{-s}\,\zeta\,(s), \quad \varrho^*\,(\chi_k) = k^{-1},$$

und es gilt

$$E_{-2}(\tau, \chi_k) \,|_2\, L = E_{-2}(\tau, \chi_k) \qquad (L \in \Gamma_0[k])$$

$$E_{-2}(\tau, \chi_k) = \frac{\pi^2}{3} - \frac{\pi}{k\,y} - 8\,\pi^2 \sum_{m,n=1}^{\infty} n\, e^{2\pi i m n k \tau},$$

also

$$E_{-2}(\tau, \chi_k) = E_{-2}(k\,\tau, \chi_1) \qquad (k \in \mathbb{N}).$$

Die hier erscheinenden $E_{-2}(\tau, \chi_k)$ hängen eng mit (1.35) $\eta(\tau)$ zusammen; man findet

$$E_{-2}(\tau, \chi_1) = -\frac{\pi}{y} - 4\,\pi\, i\, \frac{\eta'}{\eta}(\tau).$$

Diese Formeln führen zur Bildung einer analytischen Eisenstein-Reihe des Grades -2 mit dem Charakter

$$\psi_k(m_1, m_2) := k\, \chi_k(m_1, m_2) - \chi_1(m_1, m_2) \qquad (m_1, m_2 \in \mathbb{Z}),$$

der ebenfalls zur Klasse $\mathsf{K}_0[k]$ assoziiert ist. Danach stellt

$$E_{-2}(\tau, \psi_k) = k\, E_{-2}(\tau, \chi_k) - E_{-2}(\tau, \chi_1)$$

$$= \frac{k-1}{3}\, \pi^2 + 8\,\pi^2 \sum_{n=1}^{\infty} \sigma_1(n, k)\, e^{2\pi i n \tau}$$

mit

$$(8.4) \qquad \sigma_1(n, k) := \sum_{\substack{d>0,\, d|n \\ d \not\equiv 0\,(k)}} d$$

eine analytische ganze Modulform u. z. eine *ganze Orthogonalfunktion* (s. hierzu w. u.) der Klasse $\mathsf{K}_0[k]$ dar, die für $k > 1$ ersichtlich nicht identisch verschwindet. Eine Beziehung dieser $E_{-2}(\tau, \psi_k)$ zu $\eta(\tau)$ drückt sich dadurch aus, daß mit $g_k(\tau) := \eta^{-1}(\tau)\,\eta(k\,\tau)$ gilt

$$E_{-2}(\tau, \psi_k) = -4\,\pi\, i\, \frac{g_k'}{g_k}(\tau).$$

Wir schreiben

$$E_{-2}^*(\tau, \psi_k) = \frac{3}{k-1}\, \pi^{-2}\, E_{-2}(\tau, \psi_k) \qquad (k > 1),$$

d. h.

$$(8.5) \qquad E_{-2}^*(\tau, \psi_k) = 1 + \frac{24}{k-1} \sum_{n=1}^{\infty} \sigma_1(n, k)\, e^{2\pi i n \tau} \qquad (k > 1).$$

Über *die Orthogonalität der Eisenstein-Reihen* zu den ganzen Spitzenformen sei bemerkt, daß diese ursprünglich nur für die „primitiven" Eisenstein-Reihen bewiesen wurde; dies sind die Nullwerte der Reihen (3.28) im Falle $(k_1, k_2, H) = 1$. Die Orthogonalität im impritiven Fall folgt für $r \geqq 2$ aus der im primitiven Fall nach den Heckeschen Hauptsätzen in [11], Abh. Nr. 23. Daraus ergibt sich die obige Behauptung, die hier besagt, daß die Eisenstein-Reihe $E_{-2}(\tau, \psi_k)$ eine Orthogonalfunktion zu den ganzen Spitzenformen in $\mathsf{K}_0[k]$ darstellt.

Ist k eine Primzahl $\geqq 2$, so besitzt $\Gamma_0[k]$ nach § 2 genau zwei Spitzenbahnen; nach dem Riemann-Rochschen Satz (Satz 1.12) hat die lineare Schar der

Orthogonalfunktionen in $K_0[k]^0$ den Rang 1, wird also von $E_{-2}^*(\tau, \psi_k)$ aufgespannt. Dies ergibt den (nicht neuen)

Satz 8.1. *Es sei p eine Primzahl $\geqq 2$. Jede ganze Modulform $f(\tau)$ der Klasse $K_0[p]$ läßt sich auf genau eine Weise in der Gestalt*

$$f(\tau) = c_0\, E_{-2}^*(\tau, \psi_p) + \varphi(\tau)$$

darstellen, wo $c_0 = b_0(f)$ konstant ist und $\varphi(\tau)$ eine ganze Spitzenform der Klasse $K_0[p]$ bezeichnet. —

Es seien p, p' verschiedene Primzahlen und $k := p\,p'$. Nach dem aus § 2 zitierten Sachverhalt und nach Satz 3.1 besitzt $\Gamma_0[k]$ genau vier Spitzenbahnen; der Riemann-Rochsche Satz ergibt 3 als Rang der Schar der Orthogonalfunktionen in $K_0[k]^0$. Wie oben dargelegt, sind $E_{-2}^*(\tau, \psi_\nu)$ ($\nu = p, p', k$) solche Orthogonalfunktionen; ein Beweis dafür, daß sie *linear unabhängig* sind, soll kurz angedeutet werden:

Es sei

$$\lambda\, E_{-2}^*(\tau, \psi_p) + \lambda'\, E_{-2}^*(\tau, \psi_{p'}) + \mu\, E_{-2}^*(\tau, \psi_k) \equiv 0$$

mit konstanten $\lambda, \lambda', \mu \in \mathbb{C}$. Schreibt man die Fourier-Koeffizienten zu den Exponenten $p, p', p\,p'$ und 1 aus und subtrahiert in geeigneter Weise, so erhält man

$$\frac{\lambda}{p-1} + \frac{\mu}{p\,p'-1} = \frac{\lambda'}{p'-1} + \frac{\mu}{p\,p'-1} = 0,$$

und

$$\frac{\lambda}{p-1} + \frac{\lambda'}{p'-1} + \frac{\mu}{p\,p'-1} = 0.$$

Daraus folgt die Behauptung und

Satz 8.2. *Es seien p, p' verschiedene Primzahlen und es sei $k := p\,p'$. Die drei Eisenstein-Reihen $E_{-2}^*(\tau, \psi_j)$ ($j = p, p', k$) sind linear unabhängig und spannen die Orthogonalschar $K_0[k]^\perp$ auf. Jede ganze Modulform $f(\tau)$ der Klasse $K_0[k]$ gestattet also genau eine Darstellung*

$$f(\tau) = \lambda\, E_{-2}^*(\tau, \psi_p) + \lambda'\, E_{-2}^*(\tau, \psi_{p'}) + \mu\, E_{-2}^*(\tau, \psi_k) + \varphi(\tau)$$

mit konstanten λ, λ', μ und einer ganzen Spitzenform $\varphi(\tau)$ in $K_0[k]$. —

Satz 8.1 wird auf die Primzahlen $p = q = 3, 7, 11, 23$ und die genannten quaternären Thetareihen $\Theta(\tau, A)$ angewendet. Man erhält ganze Spitzenformen in $K_0[k]$ durch Benutzung von

$$\eta(\tau)\,\eta(k\,\tau) \in \{\Gamma_0[k], -1, v_{5,k}\}^+ \qquad (k \in \mathbb{N}).$$

Nach (4.14) gilt hier, wenn $(k, 3) = 1$, $k \equiv 3 \bmod 4$ (vgl. § 4):

$$v_{5,k}(L) = \left(\frac{\delta}{k}\right) \xi_4^{-(k+1)\gamma}\, \xi_{12}^{(k+1)\,e(L)} \qquad (L \in \Gamma_0[k]);$$

dies ergibt die sehr einfachen Darstellungen

$$v_{5,k}^2 (L) = 1 \quad (L \in \Gamma_0 [k], \ k \equiv -1 \bmod 12),$$

(8.6)
$$v_{5,k} (L) = \left(\frac{\delta}{k} \right) \quad (L \in \Gamma_0 [k], \ k \equiv -1 \bmod 24)$$

und daher

$$\eta^2 (\tau) \, \eta^2 (k \, \tau) \in K_0 [k]^+, \quad \text{falls} \quad k \equiv -1 \bmod 12,$$

ferner

$$\eta (\tau) \, \eta (q \, \tau) \, \Theta_{-q} (\tau) \in K_0 [q]^+, \quad \text{falls} \quad q \equiv -1 \bmod 24,$$

q quadratfrei und $\Theta_{-q} (\tau) := \Theta (\tau, Q_{-q})$ nach (8.1). Wir schreiben

$$\eta^2 (\tau) \, \eta^2 (k \, \tau) = \sum_{n=1}^{\infty} \beta^{(2)} (n, k) \, e^{2\pi i n \tau} \quad (k \equiv -1 \bmod 12),$$

(8.7)
$$\beta^{(2)}(n, k) = \sum_{m_1, m_2, m_3, m_4} \left(\frac{-1}{m_1 \, m_2 \, m_3 \, m_4} \right) \text{ u.d.B. } \left\{ \begin{array}{l} m_1 \equiv m_2 \equiv m_3 \equiv m_4 \equiv 1 \ (6) \\ m_1^2 + m_2^2 + k \, (m_3^2 + m_4^2) = 24 \, n \end{array} \right\},$$

$$\eta (\tau) \, \eta (q \, \tau) \, \Theta_{-q} (\tau) = \sum_{n=1}^{\infty} \beta^{(1, *)} (n, q) \, e^{2\pi i n \tau} \quad (q \equiv -1 \bmod 24),$$

(8.8)
$$\beta^{(1, *)} (n, q) = \sum_{m_1, m_2, m_3, m_4} \left(\frac{-1}{m_1 \, m_2} \right)$$

u.d.B.

$$\left\{ \begin{array}{l} m_1 \equiv m_2 \equiv 1 \bmod 6 \\ m_1^2 + q \, m_2^2 + 6 \, (q + 1) \, m_3^2 + 24 \, m_3 \, m_4 + 24 \, m_4^2 = 24 \, n \end{array} \right\}.$$

Für $q = 23$ liefern $\eta (\tau) \, \eta (q \, \tau) \, \Theta_{-q} (\tau)$ und $\eta^2 (\tau) \, \eta^2 (q \, \tau)$ eine Basis von $\Gamma_0 [q]^+$ (u.d.B. s. bei (2.35)).

Die *nahe Analogie* der folgenden 6 Identitäten zu der Jacobischen Identität von 1828 tritt hervor, wenn diese wie folgt formuliert wird (vgl. (8.4)):

$$a (n, I^{(4)}) = a (n, Q_{-4} \oplus Q_{-4}) = 8 \, \sigma_1 (n, 4) \quad (n \in \mathbb{N}).$$

Satz 8.3. *Es gilt für* $n \in \mathbb{N}$

$$a (n, Q_{-3} \oplus Q_{-3}) = 12 \, \sigma_1 (n, 3), \qquad a (n, Q_{-7} \oplus Q_{-7}) = 4 \, \sigma_1 (n, 7),$$

$$a (n, Q_{-11} \oplus Q_{-11}) = \tfrac{12}{5} \, \sigma_1 (n, 11) + \tfrac{8}{5} \, \beta^{(2)} (n, 11)$$

ferner mit $Q_{-23} := \begin{pmatrix} 6 & \frac{1}{2} \\ \frac{1}{2} & 1 \end{pmatrix}$, $Q^*_{-23} := \begin{pmatrix} 3 & \frac{1}{2} \\ \frac{1}{2} & 2 \end{pmatrix}$:

$$a (n, Q_{-23} \oplus Q_{-23}) = \tfrac{12}{11} \, \sigma_1 (n, 23) + \tfrac{32}{11} \, \beta^{(1, *)} (n, 23) - \tfrac{24}{11} \, \beta^{(2)} (n, 23),$$

$$a (n, Q_{-23} \oplus Q^*_{-23}) = \tfrac{12}{11} \, \sigma_1 (n, 23) + \tfrac{10}{11} \, \beta^{(1, *)} (n, 23) - \tfrac{24}{11} \, \beta^{(2)} (n, 23),$$

$$a (n, Q^*_{-23} \oplus Q^*_{-23}) = \tfrac{12}{11} \, \sigma_1 (n, 23) - \tfrac{12}{11} \, \beta^{(1, *)} (n, 23) + \tfrac{20}{11} \, \beta^{(2)} (n, 23). \quad -$$

Zwischen den drei Anzahlfunktionen mit $q = 23$ besteht die *lineare Relation*

$$a (n, Q_{-23} \oplus Q_{-23}) + 4 \, a (n, Q_{-23} \oplus Q^*_{-23}) + 6 \, a (n, Q^*_{-23} \oplus Q^*_{-23}) = 12 \, \sigma_1 (n, 23).$$

Ferner bestehen die *Kongruenzen*

$$\beta^{(2)}\,(n, 11) \equiv \sigma_1\,(n, 11) \bmod 5$$

$$\beta^{(1,*)}\,(n, 23) + 2\,\beta^{(2)}\,(n, 23) \equiv \sigma_1\,(n, 23) \bmod 11.$$

Von den eingangs genannten vierreihigen Matrizen $\mathbf{A}$ führen vier auf Thetareihen der Klasse $\mathsf{K}_0\,[15]$; es sind dies

$$Q_{-15}^{\oplus 2}, \quad Q_{-15} \oplus Q_{-15}^{*}, \quad Q_{-15}^{*\,\oplus 2}, \quad Q_{-3} \oplus 5\,Q_{-3};$$

zur genauen Bezeichnung vgl. Satz 8.4. Nach den Ausführungen in § 2 über $\Gamma_0\,[q]$ im Primzahlfalle und Satz 3.1 gilt $\sigma_\Gamma = 4$, $e_{3,\Gamma} = e_{2,\Gamma} = 0$ für $\Gamma = \Gamma_0\,[15]$. Die Polyederformel (1.12) ergibt daher $p_\Gamma = 1$. Um eine ganze Spitzenform in $\mathsf{K}_0[15]$ zu konstruieren, die nicht identisch verschwindet, können wir den allgemeineren Fall der Klasse $\mathsf{K}_0\,[q]$ zugrunde legen, wo $q = q_1\,q_3$ mit Primzahlen $q_j \equiv j \bmod 4$ $(j = 1, 3)$, für die gilt $(q_1 + 1)\,(q_3 + 1) \equiv 0 \bmod 3$. Man beweist dann nach (4.14) leicht, daß die folgenden Relationen bestehen:

$$\eta\,(\tau)\,\eta\,(q_1\,\tau)\,\eta\,(q_3\,\tau)\,\eta\,(q\,\tau) = \sum_{n=1}^{\infty} \beta\,(n, q)\,e^{2\pi i n \tau} \in \mathsf{K}_0\,[q]^{+},$$

(8.9)

$$\beta\,(n, q) = \sum_{m_1, m_2, m_3, m_4} \left(\frac{-1}{m_1\,m_2\,m_3\,m_4}\right) \text{ u.d.B. } \left\{\begin{array}{l} m_1 \equiv m_2 \equiv m_3 \equiv m_4 \equiv 1\ (6) \\ m_1^2 + q_1\,m_2^2 + q_3\,m_3^2 + q\,m_4^2 = 24\,n \end{array}\right\}.$$

Damit ergibt sich

Satz 8.4. *Es sei* $Q_{-3} := \begin{pmatrix} 1 & \frac{1}{2} \\ \frac{1}{2} & 1 \end{pmatrix}$, $\quad Q_{-15} := \begin{pmatrix} 4 & \frac{1}{2} \\ \frac{1}{2} & 1 \end{pmatrix}$, $\quad Q_{-15}^{*} := \begin{pmatrix} 2 & \frac{1}{2} \\ \frac{1}{2} & 2 \end{pmatrix}$.

Für $n \in \mathbb{N}$ *gilt*

$$a\,(n, Q_{-15} \oplus Q_{-15}) = 2\,(\sigma_1\,(n, 15) - \sigma_1\,(n, 5) + \sigma_1\,(n, 3)) + 2\,\beta\,(n, 15),$$

$$a\,(n, Q_{-15}^{*} \oplus Q_{-15}^{*}) = 2\,(\sigma_1\,(n, 15) - \sigma_1\,(n, 5) + \sigma_1\,(n, 3)) - 2\,\beta\,(n, 15),$$

$$a\,(n, Q_{-15} \oplus Q_{-15}^{*}) = \tfrac{3}{2}\,(\sigma_1\,(n, 15) + \sigma_1\,(n, 5) - \sigma_1\,(n, 3)) + \tfrac{1}{2}\,\beta\,(n, 15),$$

$$a\,(n, Q_{-3} \oplus 5\,Q_{-3}) = \tfrac{3}{2}\,(\sigma_1\,(n, 15) + \sigma_1\,(n, 5) - \sigma_1\,(n, 3)) + \tfrac{9}{2}\,\beta\,(n, 15). \quad -$$

Ersichtlich existieren hier mehrere Möglichkeiten, Linear-Komposita der links stehenden $a\,(n, \mathbf{A})$ zu bestimmen, die sich durch Jacobische Identitäten im engeren Sinne ausdrücken. Für eine Primzahl $p \geqq 7$ gilt $\beta\,(p, 15) \equiv 0 \bmod 2$.

Wir betrachten nun die restlichen eingangs genannten vier quaternären quadratischen Formen, die auf Thetareihen der Klasse $\mathsf{K}_0[35]$ führen. Die zugehörigen vierreihigen Matrizen $\mathbf{A}$ haben die Gestalt

$$\mathbf{A} = Q_{-35}^{\oplus 2}, \quad Q_{-35} \oplus Q_{-35}^{*}, \quad Q_{-35}^{*\,\oplus 2}, \quad Q_{-7} \oplus 5\,Q_{-7};$$

zur genauen Bezeichnung vgl. Satz 8.5. Für q nach (8.2) mit Primzahlen q_1, q_3 derart, daß $(q_1 + 1)\,(q_3 + 1) \equiv 0 \bmod 3$ und für $\Gamma := \Gamma_0\,[q]$ gilt wieder $e_{3,\Gamma} = e_{2,\Gamma} = 0$, $\sigma_\Gamma = 4$, also nach (1.12)

$$(q_1 + 1)\,(q_3 + 1) = 12\,(p_\Gamma + 1).$$

Eine naheliegende *Basiskonstruktion für die Schar* $\mathsf{K}_0^+[35]$ entsteht aufgrund der Eigenschaften von $\eta = \vartheta_5$ in Gestalt der drei Funktionen

$$\varphi_1(\tau) := \eta^2(5\,\tau)\,\eta^2(7\,\tau), \qquad \varphi_2(\tau) := \eta(\tau)\,\eta(5\,\tau)\,\eta(7\,\tau)\,\eta(35\,\tau),$$

$$\varphi_3(\tau) := \eta^2(\tau)\,\eta^2(35\,\tau):$$

In der Tat ist leicht zu sehen, daß diese φ_j ($j = 1, 2, 3$) Modulformen vom Grad -2 der Gruppe $\Gamma_0[35]$ sind; und eine kurze Diskussion nach (4.14) erweist ihre Multiplikatorsysteme als $\equiv 1$. Wegen $\mathrm{ord}_{\Gamma,\infty}\,\varphi_j = j$ sind sie linear unabhängig ($\Gamma = \Gamma_0[35]$). − Wir schreiben

$$\varphi_j(\tau) = \sum_{n=1}^{\infty} \beta_5^{(j)}(n, 35)\, e^{2\pi i n \tau} \qquad (j = 1, 2, 3)$$

und erhalten

$$(8.10) \qquad \beta_5^{(j)}(n, 35) = \sum_{m_1, m_2, m_3, m_4} \left(\frac{-1}{m_1\, m_2\, m_3\, m_4} \right),$$

wo unter folgenden Bedingungen zu summieren ist:

$$m_1 \equiv m_2 \equiv m_3 \equiv m_4 \equiv 1 \bmod 6 \quad \text{für} \quad j = 1, 2, 3$$

und zusätzlich

$$(8.11) \qquad \begin{cases} 5\,(m_1^2 + m_2^2) + 7\,(m_3^2 + m_4^2) = 24\,n & \text{für} \quad j = 1, \\[4pt] m_1^2 + 5\,m_2^2 + 7\,m_3^2 + 35\,m_4^2 = 24\,n & \text{für} \quad j = 2, \\[4pt] m_1^2 + m_2^2 + 35\,(m_3^2 + m_4^2) = 24\,n & \text{für} \quad j = 3. \quad - \end{cases}$$

Man findet in den Bezeichnungen (8.4, 10, 11)

Satz 8.5. *Es sei* $Q_{-35} := \begin{pmatrix} 9 & \frac{1}{2} \\ \frac{1}{2} & 1 \end{pmatrix},\quad Q^*_{-35} := \begin{pmatrix} 3 & \frac{1}{2} \\ \frac{1}{2} & 3 \end{pmatrix},\quad Q_{-7} := \begin{pmatrix} 2 & \frac{1}{2} \\ \frac{1}{2} & 1 \end{pmatrix}.$

Für $n \in \mathbb{N}$ *gelten in den Abkürzungen*

$$\sigma_q(n) := \sigma_1(n, q), \qquad \beta_j(n) := \beta_5^{(j)}(n, 35) \qquad (j = 1, 2, 3)$$

die folgenden Identitäten Jacobischer Art:

$$a(n, Q_{-35} \oplus Q_{-35})$$
$$= -\tfrac{2}{3}\,\sigma_5(n) + \tfrac{2}{3}\,\sigma_7(n) + \tfrac{2}{3}\,\sigma_{35}(n) + \tfrac{10}{3}\,\beta_1(n) + 2\,\beta_2(n) - \tfrac{2}{3}\,\beta_3(n),$$
$$a(n, Q^*_{-35} \oplus Q^*_{-35})$$
$$= -\tfrac{2}{3}\,\sigma_5(n) + \tfrac{2}{3}\,\sigma_7(n) + \tfrac{2}{3}\,\sigma_{35}(n) - \tfrac{2}{3}\,\beta_1(n) - 2\,\beta_2(n) + \tfrac{10}{3}\,\beta_3(n),$$
$$a(n, Q_{-35} \oplus Q^*_{-35})$$
$$= \tfrac{3}{4}\,\sigma_5(n) - \tfrac{3}{4}\,\sigma_7(n) + \tfrac{3}{4}\,\sigma_{35}(n) + \tfrac{5}{4}\,\beta_1(n) - \tfrac{9}{4}\,\beta_2(n) - \tfrac{5}{4}\,\beta_3(n),$$
$$a(n, Q_{-7} \oplus 5\,Q_{-7})$$
$$= \tfrac{3}{4}\,\sigma_5(n) - \tfrac{3}{4}\,\sigma_7(n) + \tfrac{3}{4}\,\sigma_{35}(n) + \tfrac{5}{4}\,\beta_1(n) + \tfrac{7}{4}\,\beta_2(n) - \tfrac{5}{4}\,\beta_3(n). \quad -$$

Aus diesen Identitäten ergeben sich folgende *Relationen:*

$$a\,(n, Q_{-35} \oplus Q_{-35}) - a\,(n, Q^*_{-35} \oplus Q^*_{-35}) = 4\,(\beta_1\,(n) + \beta_2\,(n) - \beta_3\,(n)),$$

$$a\,(n, Q_{-35} \oplus Q^*_{-35}) - a\,(n, Q_{-7} \oplus 5\,Q_{-7}) = -4\,\beta_2\,(n).$$

Ein lineares Kompositum der obigen vier arithmetischen Funktionen $a\,(n, \mathbf{A})$, das keines der Koeffizientensysteme $\beta_j\,(n)$ $(j = 1, 2, 3)$ enthält, ist bis auf einen skalaren Faktor eindeutig bestimmt. Es gilt

$$-\frac{5}{4}\,a\,(n, Q_{-35} \oplus Q_{-35}) + \frac{1}{2}\,a\,(n, Q_{-35} \oplus Q^*_{-35}) + \frac{5}{4}\,a\,(n, Q^*_{-35} \oplus Q^*_{-35})$$

$$+\frac{7}{2}\,a\,(n, Q_{-7} \oplus 5\,Q_{-7}) = 3\,(\sigma_5\,(n) - \sigma_7\,(n) + \sigma_{35}\,(n)).$$

Wir betrachten abschließend die vier eingangs genannten Anzahlfunktionen, die auf *Modulformen der Klasse* $\mathsf{K}'_0\,[15]$ führen. Für $\Gamma = \Gamma_0\,[15]$ gilt, wie bemerkt, $\sigma_\Gamma = 4$, $e_{3,\Gamma} = e_{2,\Gamma} = 0$ und $p_\Gamma = 1$. Der Rang der Schar $\mathsf{K}'_0\,[15]^+$ kann nach Satz 1.12 leicht bestimmt werden, wenn die vier Drehreste dieser Klasse in den vier Spitzenbahnen bekannt sind. Diese erweisen sich, wie w. u. unter allgemeineren Bedingungen dargelegt wird, sämtlich als Null, woraus $\dim \mathsf{K}'_0\,[15]^+ = 0$ folgt. Für die in Rede stehenden Anzahlfunktionen ergeben sich demgemäß Jacobische Identitäten im engeren Sinne.

In Verallgemeinerung der für $q = 15$ vorliegenden Situation setzen wir $q \in \mathbb{N}$ lediglich als > 1 und quadratfrei voraus; ν sei die Anzahl der Primteiler von q. Im Falle $\nu = 1$ gehört eine Spitze ζ zur Bahn von ∞ oder $0 \bmod \Gamma_0\,[q]$, je nachdem, ob der reduzierte Nenner von ζ durch q teilbar ist oder nicht. Im allgemeinen Fall erhält man (vgl. Anhang C) aufgrund einer naheliegenden Verallgemeinerung von Satz 3.1 eine bijektive Beziehung der Spitzenbahnen $\bmod \Gamma_0\,[q]$ zu den 2^ν positiven Teilern von q, die als reduzierte Nenner der Spitzen $L\,\infty$, $L\,0$, $L\,k^{-1}$ $(k\,|\,q, 1 < k < q)$ für $L \in \Gamma_0\,[q]$ auftreten. Daraus folgt $\sigma_\Gamma = 2^\nu$ für $\Gamma = \Gamma_0\,[q]$ und man gewinnt ein Vertretersystem der Spitzenbahnen $\bmod \Gamma_0\,[q]$ mit den folgenden $A \in {}_1\Gamma$ in der Gestalt $\zeta = A^{-1}\infty$:

$$(8.12) \quad A = I\,(\zeta = \infty), \quad A = T\,(\zeta = 0), \quad A = \dot{U}^{-k}\,(\zeta = k^{-1}, k\,|\,q, 1 < k < q).$$

Dies liefert mit $k\,k' = q$ die folgenden Grundmatrizen und Breiten N:

$$P = U, N = 1\,(\zeta = \infty); \quad P = \dot{U}^{-q}, N = q\,(\zeta = 0); \quad P = \begin{pmatrix} 1 - q & k' \\ -k\,q & 1 + q \end{pmatrix}, \quad N = k'\,(\zeta = k^{-1}).$$

Der für $q = q_1\,q_3$ $(q_j \equiv j \bmod 4, q_j > 1; j = 1, 3)$ auf $\Gamma_0\,[q]$ definierte gerade Charakter

$$(8.13) \qquad\qquad v'\,(L) := V_{q_1}\,(L) = \left(\frac{\delta}{q_1}\right) \qquad (L \in \Gamma_0\,[q])$$

ist also in allen Spitzen *unverzweigt,* was für $q = 15$ das zitierte Resultat ergibt.

Die Bedingungen dafür, daß $m_1, m_2 \in \mathbb{Z}$ die Relationen

$$\{m_1, m_2\} = \underline{M}, \quad M \in A\,\Gamma_0\,[q] \qquad (A \text{ nach } (8.12))$$

erfüllen, besagen außer $(m_1, m_2) = 1$:

$$A = I\colon m_1 \equiv 0\,(q); \quad A = T\colon (m_1, q) = 1; \quad A = \dot{U}^{-k}\colon (m_1, q) = k\,(k\,|\,q, 1 < k < q)$$

(zur letzteren Aussage vgl. § 5). Setzt man $M = A\,L \in A\,\Gamma_0\,[q]$ und $v'\,(M) := v'\,(L)$, so findet man, wenn jetzt wieder $q = q_1 q_3$ $(q_j > 1, q_j \equiv j \bmod 4; j = 1, 3)$:

$$v'(M) = \left(\frac{m_2}{q_1}\right) (A = I), \quad v'(M) = \left(\frac{m_1}{q_1}\right) (A = T);$$

und weiter für $A = \dot{U}^{-k}$:

$$v'(M) = \left(\frac{m_2}{q_1}\right), \quad \text{wenn} \quad k \equiv 0 \ (q_1); \quad v'(M) = \left(\frac{-k}{q_1}\right)\left(\frac{m_1}{q_1}\right), \quad \text{wenn} \quad (k, q_1) = 1.$$

In der folgenden Diskussion wollen wir uns, um gewissen Komplikationen zu entgehen, auf den Fall beschränken, *in dem q_1 und q_3 Primzahlen* sind. Wir wählen dann $k = q_j$ $(j = 1, 3; q_5 := q_1)$ und definieren nun, den vier Spitzenbahnen von $\infty, 0, q_1^{-1}, q_3^{-1}$ entsprechend, vier Eisenstein-Reihen nach § 3 mit Hilfe der folgenden *vier der Klasse $\mathsf{K}_0'[q]$ assoziierten Kongruenzcharaktere* mod q; diese Charaktere werden im Sinne dieser Zuordnung mit χ', χ_0', χ_1', χ_3' bezeichnet.

Wir *definieren*

(a) $\chi'(m_1, m_2) = 0$, wenn nicht zugleich $m_1 \equiv 0 \bmod q$, $(m_2, q) = 1$; gilt aber

sowohl $m_1 \equiv 0 \bmod q$ als auch $(m_2, q) = 1$, so sei $\chi'(m_1, m_2) := \left(\dfrac{m_2}{q_1}\right)$.

(b) $\chi_0'(m_1, m_2) = 0$, wenn nicht $(m_1, q) = 1$; gilt $(m_1, q) = 1$, so sei

$\chi_0'(m_1, m_2) = \left(\dfrac{m_1}{q_1}\right)$.

(c) $\chi_1'(m_1, m_2) = 0$, wenn nicht zugleich $(m_1, q) = q_1$, $(m_2, q_1) = 1$; gilt jedoch

sowohl $(m_1, q) = q_1$, $(m_2, q_1) = 1$, so sei $\chi_1'(m_1, m_2) = \left(\dfrac{m_2}{q_1}\right)$.

(d) $\chi_3'(m_1, m_2) = 0$, wenn nicht zugleich $(m_1, q) = q_3$, $(m_2, q_3) = 1$; gilt jedoch

sowohl $(m_1, q) = q_3$ als auch $(m_2, q_3) = 1$, so sei $\chi_3'(m_1, m_2) := \left(\dfrac{m_1}{q_1}\right)$.

Es soll gezeigt werden, daß diese Funktionen der $\{m_1, m_2\} \in \mathbb{Z}^2$ sämtlich zur Klasse $\mathsf{K}_0'[q]$ assoziierte Kongruenzcharaktere mod q darstellen. Abgesehen von der trivialen Bedingung (X* 1) hat man zunächst die Periodizität mit der Periode q in beiden Variablen als erfüllt nachzuweisen (was nicht schwierig ist). Die andere Bedingung von (X* 2) läßt sich vorteilhaft durch die (gleichfalls nicht schwierig zu treffende) Feststellung erhärten, daß $(m_1, m_2, q) = 1$, wenn $\chi \ne 0$ ist $(\chi = \chi', \chi_0', \chi_1', \chi_3')$. Schließlich erhält man (X* 3), indem man berücksichtigt, daß die in den Definitionen auftretenden ggT sich meistens von m_1, m_2 auf m_1', m_2' übertragen. Für N_2 können in der obigen Reihenfolge die Werte $q, 1, q_1, q_3$ gewählt werden.

Weiter ergibt sich $D(s, \chi) \equiv 0$ für $\chi = \chi_0', \chi_1', \chi_3'$, aber

$$D(s, \chi') = \sum_{\substack{m=1 \\ (m,q)=1}}^{\infty} \left(\frac{m}{q_1}\right) m^{-s} = \left(1 - \left(\frac{q_3}{q_1}\right) q_3^{-s}\right) L\left(s, \left(\frac{*}{q_1}\right)\right) \quad (\operatorname{Re} s > 1),$$

wo in üblicher Bezeichnung $L\,(s,\chi) := \sum\limits_{m=1}^{\infty} \chi\,(m)\,m^{-s}$, wenn χ einen Restcharakter bezeichnet. — Nach Satz 3.4 sind alle Werte $\varrho^*\,(\chi)$ für $\chi = \chi'$, χ_0', χ_1', χ_3' gleich Null. — Zur Bestimmung der diesen assoziierten Charakteren χ entsprechenden *Gaußschen Summen* $\omega^*\,(m,n;\chi)$ $(m \in \mathbb{N}, n \in \mathbb{Z})$:

Für $\chi = \chi'$ und $m \equiv 0 \bmod q$ findet man unabhängig von m

$$\omega^*\,(m,n;\chi') = \sum_{\substack{k \bmod q \\ (k,q)=1}} \left(\frac{k}{q_1}\right) \zeta_q^{2kn} = \left(\frac{q_3}{q_1}\right) \sum_{k_1 \bmod q_1} \left(\frac{k_1}{q_1}\right) \zeta_{q_1}^{2k_1 n} \sum_{\substack{k_3 \bmod q_3 \\ (k_3,q_3)=1}} \zeta_{q_3}^{2k_3 n}$$

$$= \begin{cases} \left(\dfrac{q_3\,n}{q_1}\right) \sqrt{q_1}\,(-1), & \text{wenn } m \equiv 0 \bmod q, \ \ n \not\equiv 0 \bmod q_3, \\[2mm] \left(\dfrac{q_3\,n}{q_1}\right) \sqrt{q_1}\,(q_3-1), & \text{wenn } m \equiv 0 \bmod q, \ \ n \equiv 0 \bmod q_3, \\[2mm] 0, & \text{wenn } m \not\equiv 0 \bmod q. \end{cases} \quad (N_2 = q).$$

Ferner gilt

$$\omega^*\,(m,n;\chi_0') = \begin{cases} \left(\dfrac{m}{q_1}\right), & \text{wenn } (m,q)=1 \\[2mm] 0 & \text{sonst} \end{cases} \quad (N_2 = 1),$$

$$\omega^*\,(m,n;\chi_1') = \begin{cases} \left(\dfrac{n}{q_1}\right) \sqrt{q_1}, & \text{wenn } (m,q)=q_1 \\[2mm] 0 & \text{sonst} \end{cases} \quad (N_2 = q_1),$$

$$\omega^*\,(m,n;\chi_3') = \begin{cases} \left(\dfrac{m}{q_1}\right)(-1), & \text{wenn } (m,q)=q_3, \ \ n \not\equiv 0 \bmod q_3 \\[2mm] \left(\dfrac{m}{q_1}\right)(q_3-1), & \text{wenn } (m,q)=q_3, \ \ n \equiv 0 \bmod q_3 \\[2mm] 0, & \text{wenn } (m,q) \neq q_3 \end{cases} \quad (N_2 = q_3).$$

Mit diesen Werten lassen sich die *Fourier-Entwicklungen der vier Eisenstein-Reihen* $E_{-2}\,(\tau,\chi)$ $(\chi = \chi'$, χ_0', χ_1', $\chi_3')$ nach Satz 3.2 aufstellen. Man gewinnt nach Einführung der Teilersummen

$$\sigma_{1,1}\,(n,q_1) := \sum_{d>0,\,d\mid n} \left(\frac{d}{q_1}\right) d, \qquad \sigma_{1,1}'\,(n,q_1) := \sum_{d,d'>0,\,dd'=n} \left(\frac{d'}{q_1}\right) d,$$

$$\sigma_{1,2}\,(n,q_1,q_3) := \sum_{\substack{d,d'>0,\,dd'=n \\ (d',q_3)=1}} \left(\frac{d}{q_1}\right) d, \qquad \sigma_{1,2}'\,(n,q_1,q_3) := \sum_{\substack{d,d'>0,\,dd'=n \\ (d',q_3)=1}} \left(\frac{d'}{q_1}\right) d$$

die Darstellungen

$$E_{-2}(\tau, \chi') = 2\left(1 - \left(\frac{q_3}{q_1}\right) q_3^{-2}\right) L\left(2, \left(\frac{*}{q_1}\right)\right) + \left(\frac{q_3}{q_1}\right) \frac{8\,\pi^2}{q^2} \sqrt{q_1}$$

$$\times \sum_{n=1}^{\infty} \left\{ \sigma_{1,1}(n, q_1) - \left(\frac{q_3}{q_1}\right) q_3^2 \, \sigma_{1,1}\left(\frac{n}{q_3}, q_1\right) \right\} e^{2\pi i n \tau}$$

$$E_{-2}(\tau, \chi_0') = -8\,\pi^2 \sum_{n=1}^{\infty} \sigma_{1,2}'(n, q_1, q_3)\, e^{2\pi i n \tau}$$

$$E_{-2}(\tau, \chi_1') = -\frac{8\,\pi^2}{q_1^{3/2}} \sum_{n=1}^{\infty} \sigma_{1,2}(n, q_1, q_3)\, e^{2\pi i n \tau}$$

$$E_{-2}(\tau, \chi_3') = \left(\frac{q_3}{q_1}\right) \frac{8\,\pi^2}{q_3^2} \sum_{n=1}^{\infty} \left\{ \sigma_{1,1}'(n, q_1) - q_3^2 \, \sigma_{1,1}'\left(\frac{n}{q_3}, q_1\right) \right\} e^{2\pi i n \tau}.$$

Hier und im folgenden sind Teilersummen mit einem nicht-ganzen Argument n' automatisch als Null zu interpretieren, da die Summationsbedingung $d > 0$, $d \mid n'$ verlangt, daß sowohl d als auch n'/d ganz ist. — Diese Formeln lassen sich durch die folgenden elementaren Relationen dahin vereinheitlichen, daß in den Fourier-Koeffizienten nur noch die Teilersummen $\sigma_{1,1}$, $\sigma_{1,1}'$ auftreten:

$$\sigma_{1,2}(n, q_1, q_3) = \sigma_{1,1}(n, q_1) - \sigma_{1,1}\left(\frac{n}{q_3}, q_1\right),$$

$$\sigma_{1,2}'(n, q_1, q_3) = \sigma_{1,1}'(n, q_1) - \left(\frac{q_3}{q_1}\right) \sigma_{1,1}'\left(\frac{n}{q_3}, q_1\right).$$

Zur *Bestimmung von* $L\left(2, \left(\frac{*}{q_1}\right)\right)$ kann Gl. (36) in [25] benutzt werden. Danach gilt für quadratfreies $q_1 \equiv 1 \bmod 4$ ($q_1 \in \mathbb{Z}$, $q_1 > 1$)

$$(8.14) \qquad L\left(2, \left(\frac{*}{q_1}\right)\right) = -\pi^2\, q_1^{-5/2} \sum_{j=1}^{q_1-1} \left(\frac{j}{q_1}\right) j\,(q_1 - j).$$

Dies gestattet die volle Auswertung des obigen Formalismus für $q_1 = 5$, $q_3 = 3$ und ergibt

Satz 8.6. *Zur Abkürzung werde gesetzt*

$$\tilde{\sigma}_1(n) := \sigma_{1,1}(n, 5) = \sum_{d > 0,\, d \mid n} \left(\frac{d}{5}\right) d, \qquad \tilde{\sigma}_1'(n) := \sigma_{1,1}'(n, 5) = \sum_{d, d' > 0,\, dd' = n} \left(\frac{d'}{5}\right) d.$$

Damit gilt in den Bezeichnungen von Satz 8.2

$$a(n, Q_{-3} \oplus Q_{-15}) = -2\,\tilde{\sigma}_1(n) + 10\,\tilde{\sigma}_1'(n) - 3\,\tilde{\sigma}_1\left(\frac{n}{3}\right) - 15\,\tilde{\sigma}_1'\left(\frac{n}{3}\right),$$

$$a(n, Q_{-3} \oplus Q_{-15}^*) = \tilde{\sigma}_1(n) + 5\,\tilde{\sigma}_1'(n) - 6\,\tilde{\sigma}_1\left(\frac{n}{3}\right) + 30\,\tilde{\sigma}_1'\left(\frac{n}{3}\right),$$

$$a\,(n,\, 5\,Q_{-3} \oplus Q_{-15}) = \tilde{\sigma}_1\,(n) + \tilde{\sigma}'_1\,(n) - 6\,\tilde{\sigma}_1\left(\frac{n}{3}\right) + 6\,\tilde{\sigma}'_1\left(\frac{n}{3}\right),$$

$$a\,(n,\, 5\,Q_{-3} \oplus Q^{*}_{-15}) = -2\,\tilde{\sigma}_1\,(n) + 2\,\tilde{\sigma}'_1\,(n) - 3\,\tilde{\sigma}_1\left(\frac{n}{3}\right) - 3\,\tilde{\sigma}'_1\left(\frac{n}{3}\right). \quad -$$

§ 9. Spezielle quadratische Formen in $2\,r$ Variablen ($r \geqq 3$)

(Inhaltsübersicht: Anzahlen der Darstellungen der $n \in \mathbb{N}$ durch spezielle quadratische Formen in der Gestalt

$$n = \sum_{\nu=1}^{r} F_\nu\,(m_\nu,\, m'_\nu) \qquad (m_\nu,\, m'_\nu \in \mathbb{Z})\,;$$

hier sind alle F_ν binäre quadratische Formen der gleichen negativen Diskriminante $-q$ (q Primzahl $\equiv 3 \bmod 4$). Konkrete Identitäten Jacobischer Art werden aufgewiesen für $q = 3$, $r = 3, 4, 5, 6$ und für $q = 7$, $r = 3$; diejenigen für $q = 3$, $r = 3, 4, 5$ sind solche im engeren Sinne. Eine Basiskonstruktion zeigt, daß analoge Resultate bei $q = 3$ für alle $r \geqq 3$ und bei $q = 7$ für $3 \leqq r \leqq 14$ zu erhalten sind ($r \in \mathbb{Z}$).)

Es handelt sich zunächst um die in Satz 3.2. III auftretenden Eisensteinschen Reihen der Klassen $\{\Gamma_0\,[q],\, -r,\, V_q^r\}$, wo q eine Primzahl $\equiv 3 \bmod 4$, $r \in \mathbb{Z}$, $r \geqq 3$, $V_q(L) = \left(\dfrac{\delta}{q}\right)$. Für jede dieser Klassen verschwinden, wie unmittelbar ersichtlich, die Drehreste in den Vertretern $\infty, 0$ der beiden Spitzenbahnen; man hat also zwei linear-unabhängige Funktionen $E_{-r}\,(\tau, \chi)$ zu konstruieren. Zur Definition der zu den obigen Klassen assoziierten Kongruenzcharaktere χ_∞, χ_0 sei bemerkt, daß die *Bedingungen für die zweiten Zeilen* $\{m_1, m_2\}$ der $M \in A\,\Gamma$ ($A = I$ oder T, $\Gamma = \Gamma_0\,[q]$) durch

$$(m_1,\, m_2) = 1 \quad \text{und} \quad \left\{ \begin{array}{ll} m_1 \equiv 0 \bmod q & (A = I) \\ (m_1,\, q) = 1 & (A = T) \end{array} \right\}$$

gegeben sind. Dementsprechend wird *definiert*

$$\chi_\infty\,(m_1, m_2) = 0, \quad \text{wenn} \quad m_1 \not\equiv 0 \bmod q \quad \text{und wenn} \quad m_1 \equiv 0\,(q),\, (m_2, q) > 1\,;$$

$$(9.1) \qquad \chi_\infty\,(m_1, m_2) = \left(\frac{m_2}{q}\right)^{\!r}, \quad \text{wenn} \quad m_1 \equiv 0\,(q),\, (m_2, q) = 1$$

$$(9.2) \qquad \chi_0\,(m_1, m_2) = \left(\frac{m_1}{q}\right)^{\!r}.$$

Mit diesen Werten und $N_2 = q$ für $\chi = \chi_\infty$, $N_2 = 1$ für $\chi = \chi_0$ sowie $H = q$ für beide lassen sich die Relationen (X, X* 1, 2, 3) unmittelbar bestätigen.

Die *Berechnung der Gaußschen Summen* $\omega^*\,(m, n;\, \chi)$ ($m \in \mathbb{N}$) ergibt

$$\omega^*\,(m, n;\, \chi_\infty) = 0 \quad \text{für} \quad m \not\equiv 0 \bmod q$$

und

$$\omega^* (m, n; \chi_\infty) = \begin{cases} q\, \delta_1 \left(\dfrac{n}{q}, 0 \right) - 1, & \text{wenn} \quad r \equiv 0 \bmod 2 \\[2ex] i \sqrt{q} \left(\dfrac{n}{q} \right), & \text{wenn} \quad r \equiv 1 \bmod 2 \end{cases}$$

für $m \equiv 0 \bmod q$. Hier wurde gesetzt

$$(9.3) \qquad \delta_1 (x, 0) := \begin{cases} 1, & \text{wenn} \quad x \equiv 0 \bmod 1 \\ 0 & \text{sonst} \end{cases}.$$

Setzt man ferner $\sigma_{r-1} (n) := \displaystyle\sum_{d > 0,\, d \mid n} d^{r-1}$ für $n \in \mathbb{N}$ und

$$(9.4) \qquad \sigma^*_{r-1} (n, q) := \begin{cases} \sigma_{r-1} (n) - q^r \sigma_{r-1} \left(\dfrac{n}{q} \right) & (r \equiv 0 \bmod 2) \\[3ex] \displaystyle\sum_{d > 0,\, d \mid n} \left(\dfrac{d}{q} \right) d^{r-1} & (r \equiv 1 \bmod 2) \end{cases},$$

so erhält man die *Fourier-Entwicklungen von* $E_{-r} (\tau, \chi_\infty)$ in der Gestalt

$$(9.5) \qquad E_{-r} (\tau, \chi_\infty) = 2 (1 - q^{-r})\, \zeta (r) + \frac{2 (2\pi)^r}{(r-1)!\, q^r} (-1)^{\frac{1}{2} r - 1} \sum_{n=1}^\infty \sigma^*_{r-1} (n, q)\, e^{2\pi i n \tau}$$

mit Riemannschem $\zeta (s)$, wenn $r \equiv 0 \bmod 2$;

$$(9.6) \qquad E_{-r} (\tau, \chi_\infty) = 2 L \left(r, \left(\frac{*}{q} \right) \right) + \frac{2 (2\pi)^r}{(r-1)!\, q^{r - \frac{1}{2}}} (-1)^{\frac{1}{2}(r-1)} \sum_{n=1}^\infty \sigma^*_{r-1} (n, q)\, e^{2\pi i n \tau},$$

mit dem wie in § 8 üblich bezeichneten $L (s, \psi)$, wenn $r \equiv 1 \bmod 2$.

In der zu (9.4) analogen Bezeichnung

$$(9.7) \qquad \sigma_{r-1, *} (n, q) := \sum_{d, d' > 0,\, d d' = n} \left(\frac{d'}{q} \right)^r d^{r-1}$$

findet man für $\chi = \chi_0$:

$$(9.8) \qquad E_{-r} (\tau, \chi_0) = \frac{2 (2\pi)^r}{(r-1)!}\, i^{-r} \sum_{n=1}^\infty \sigma_{r-1, *} (n, q)\, e^{2\pi i n \tau}.$$

Nach (9.1) und Satz 3.3 ist leicht zu bestätigen, daß $b_0 (T, E_{-r} (*, \chi_\infty))$ verschwindet. (9.2) und Satz 3.3 liefern ebenso

$$(9.9) \qquad b_0 (T, E_{-r} (*, \chi_0)) = 2 L \left(r, \left(\frac{*}{q} \right)^r \right).$$

Die *Bestimmung der konstanten Glieder* $b_0 (T, \Theta_{-q} (*, F))$, wo $F = \langle a, b, c \rangle$ eine positive ganzzahlige quadratische Form der Diskriminante $- q$ bezeichnet (vgl. bei (2.28)), wird durch (B.13) bewirkt. Wenn q eine Primzahl > 2 ist, läßt sich diese Bestimmung auf die bei (2.29) angegebene Formel

$$b_0 (T, \Theta_{-q} (*, F_0)) = \frac{i}{\sqrt{q}} \qquad (F_0 := \langle 1, 1, \tfrac{1}{4} (q + 1) \rangle)$$

wie folgt zurückführen: Bildet man die Modulformen

$$f_1(\tau) := \Theta^2_{-q}(\tau, F_0), \quad f_2(\tau) := \Theta_{-q}(\tau, F_0)\,\Theta_{-q}(\tau, F),$$

die beide zu $\{\Gamma_0[q], -2, 1\}^0$ gehören, so erhält man im Hinblick auf $b_0(\Theta_{-q}(*, F)) = 1$, (2.29) und den Residuensatz (Satz 1.7)

$$(9.10) \quad b_0(T, f_1) = b_0(T, f_2) = \frac{-1}{q}, \quad \text{also} \quad b_0(T, \Theta_{-q}(*, F)) = \frac{i}{\sqrt{q}}$$

für jede ganzzahlige positive quadratische Form F der Diskriminante $-q$.

Dies liefert, wenn irgendwelche solche quadratischen Formen $F_1, F_2, \ldots, F_r$ der Diskriminante $-q$ vorgegeben sind, als konstante Glieder $b_0(A, \Xi)$ der *vielfachen Thetareihe*

$$(9.11) \qquad \Xi(\tau) := \prod_{v=1}^{r} \Theta_{-q}(\tau, F_v) \in \{\Gamma_0[q], -r, V_q^r\}^0$$

für $A = I$, T die Werte 1 bzw. $i^r q^{-\frac{1}{2}r}$. Damit lassen sich nach (9.5, 6, 8, 9, 10) die Konstanten $c_\infty(q, r)$ und $c_0(q, r)$ bestimmen, für die zutrifft:

Satz 9.1. *Die Funktion* $\Xi(\tau) - 1$ *unterscheidet sich von*

$$G(\tau) = c_\infty(q, r) \sum_{n=1}^{\infty} \sigma_{r-1}^*(n, q)\, e^{2\pi i n\tau} + c_0(q, r) \sum_{n=1}^{\infty} \sigma_{r-1,*}(n, q)\, e^{2\pi i n\tau}$$

um eine ganze Spitzenform $\{\Gamma_0[q], -r, V_q^r\}$; *es gilt*

$$\Xi(\tau) = 1 + G(\tau) + \varphi(\tau) \qquad (\varphi \in \{\Gamma_0[q], -r, V_q^r\}^+),$$

und hier ist

$$\left. \begin{array}{l} c_\infty(q, r) = (-1)^{\frac{1}{2}r-1}\, c(q, r) \\ c_0(q, r) = q^{\frac{1}{2}r}\, c(q, r) \end{array} \right\}, \quad c(q, r) := \frac{1}{(r-1)!}\,\frac{(2\pi)^r}{\zeta(r)}\,\frac{1}{q^r-1}$$

für $r \equiv 0 \bmod 2$, *und*

$$c_\infty(q, r) = (-1)^{\frac{1}{2}(r-1)}\, q^{-\frac{1}{2}(r-1)}\, c_0(q, r),$$

$$c_0(q, r) = \frac{1}{(r-1)!}\,\frac{(2\pi)^r}{L\!\left(r, \left(\frac{*}{q}\right)\right)}\, q^{-\frac{r}{2}}$$

für $r \equiv 1 \bmod 2$. $-$

Die *konkrete Berechnung* kann in den vier Fällen $q = 3$, $r = 3, 4, 5, 6$ sowie für $q = 7$, $r = 3$ leicht ausgeführt werden. Wir schreiben $\mathsf{K}_{q,r} := \{\Gamma_0[q], -r, V_q^r\}$.

Für $q = 3$ hat $\mathsf{K}_{q,r}$ die Valenz $\dfrac{r}{3}$, so daß $\mathsf{K}_{3,r}^+$ für $r = 3, 4, 5$ aus 0 allein besteht.

Weil $\mathsf{K}_{3,1}$ (vgl. Satz 2.5) in der elliptischen Fixpunktbahn von $\Gamma_0[3]$ den Drehrest $\frac{1}{3}$ hat, liefert Satz 1.12

$$(9.12) \qquad \dim \mathsf{K}_{3,r}^+ = \left[\frac{r}{3}\right] - 1 \qquad (r \in \mathbb{Z}, r \geqq 3).$$

Für $q = 3$, $r = 6$ hat man daher eine nicht identisch verschwindende ganze Spitzenform zu konstruieren. Eine solche ist $\eta^6(\tau)\,\eta^6(3\,\tau)$. Denn dies ist eine ganze Spitzenform der Gruppe $\Gamma_0[3]$ vom Grad -6, die in den Spitzen ∞ und 0 die Ordnung 1 hat. Ihr Charakter ist der Hauptcharakter, weil er für die elliptischen und parabolischen Grundmatrizen den Wert 1 hat und diese die Gruppe $\Gamma_0[3]$ erzeugen. Daher und nach der Jacobischen Relation (2.20) erhält man

$$\eta^6(\tau)\,\eta^6(3\,\tau) = \sum_{n=1}^{\infty} \beta_{3,6}(n)\, e^{2\pi i n \tau} \in \mathsf{K}_{3,6}^{+},$$

(9.13)

$$\beta_{3,6}(n) = \sum_{m_1, m_2, m_3, m_4} m_1\, m_2\, m_3\, m_4 \quad \text{u.d.B.} \quad \left\{ \begin{array}{l} m_1 \equiv m_2 \equiv m_3 \equiv m_4 \equiv 1 \ (4) \\ m_1^2 + m_2^2 + 3\,(m_3^2 + m_4^2) = 8\,n \end{array} \right\}.$$

Eine ähnliche Situation liegt im Fall $q = 7$, $r = 3$ vor. Der Riemann-Rochsche Satz 1.12 liefert nach Satz 2.5

$$(9.14) \qquad \dim \mathsf{K}_{7,r}^{+} = 2 \left[\frac{r}{3} \right] - 1 \qquad (r \in \mathbb{Z}, r \geq 3)$$

und man erhält eine nicht verschwindende ganze Spitzenform der Klasse $\mathsf{K}_{7,3}$ in der Gestalt $\eta^3(\tau)\,\eta^3(7\,\tau)$. Diese Modulform hat in den beiden Spitzen ∞ und 0 die Ordnung 1 und in den elliptischen Fixpunkten den Drehrest 0. Da $\Gamma_0[7]$ von den elliptischen und parabolischen Grundmatrizen erzeugt wird, stimmt ihr Charakter mit V_7 überein. Man erhält daher

$$\eta^3(\tau)\,\eta^3(7\,\tau) = \sum_{n=1}^{\infty} \beta_{7,3}(n)\, e^{2\pi i n \tau} \in \mathsf{K}_{7,3}^{+},$$

(9.15)

$$\beta_{7,3}(n) = \sum_{m_1, m_2} m_1\, m_2 \quad \text{u.d.B.} \quad m_1 \equiv m_2 \equiv 1 \ (4), \qquad m_1^2 + 7\,m_2^2 = 8\,n.$$

Um den Formalismus von Satz 9.1 zur Aufstellung der gesuchten Identitäten anwenden zu können, bedarf man neben Koeffizientenvergleichen noch dreier Werte Dirichletscher L-Reihen. Sie können nach [25] ((36), S. 372) ermittelt werden. Die Berechnung, die hier nicht reproduziert werden soll, liefert

$$L\left(3, \left(\frac{*}{3}\right)\right) = \frac{4\,\pi^3}{3^4 \cdot \sqrt{3}}, \qquad L\left(5, \left(\frac{*}{3}\right)\right) = \frac{4\,\pi^5}{3^6 \cdot \sqrt{3}}, \qquad L\left(3, \left(\frac{*}{7}\right)\right) = \frac{32\,\pi^3}{7^3 \cdot \sqrt{7}}$$

und damit die Identitäten gemäß

Satz 9.2. *Für* $\mathsf{A} = Q_{-3}^{\oplus r}$ $(r = 3, 4, 5, 6)$ *und* $\mathsf{A} = Q_{-7}^{\oplus 3}$ *gilt, wenn* $n \in \mathbb{N}$:

$$a(n, Q_{-3}^{\oplus 3}) = 27\,\sigma_{2,*}(n, 3) - 9\,\sigma_2^{*}(n, 3),$$

$$a(n, Q_{-3}^{\oplus 4}) = 27\,\sigma_{3,*}(n, 3) - 3\,\sigma_3(n) + 243\,\sigma_3\left(\frac{n}{3}\right),$$

$$a(n, Q_{-3}^{\oplus 5}) = 27\,\sigma_{4,*}(n, 3) + 3\,\sigma_4^{*}(n, 3),$$

$$a(n, Q_{-3}^{\oplus 6}) = \frac{9}{13}\left\{ 27\,\sigma_{5,*}(n, 3) + \sigma_5(n) - 729\,\sigma_5\left(\frac{n}{3}\right) + 24\,\beta_{3,6}(n) \right\},$$

$$a(n, Q_{-7}^{\oplus 3}) = \frac{7}{8}\left\{ 7\,\sigma_{2,*}(n, 7) - \sigma_2^{*}(n, 7) \right\} + \frac{3}{4}\,\beta_{7,3}(n). \quad -$$

Von diesen Identitäten lassen sich zahllose − mehr oder minder elegante − Verallgemeinerungen beweisen. Jede von ihnen betrifft die Darstellungsanzahlen $a\,(n, \mathsf{A})$, die als Koeffizienten der Entwicklung

$$\varXi\,(\tau) = 1 + \sum_{n=1}^{\infty} a\,(n, \mathsf{A})\,e^{2\pi i n \tau} \in \mathsf{K}_{q,r}^{0} \qquad \text{(vgl. (9.11))}$$

auftreten und setzt voraus, daß eine *Basiskonstruktion der Schar* $\mathsf{K}_{q,r}^{+}\,(r \geq 3)$ mit den früher genannten Eigenschaften vorliegt. Um eine solche auszuführen, betrachten wir die Funktionen

$$\eta_q^{(a,b)}\,(\tau) := \eta^a\,(q\,\tau)\,\eta^b\,(\tau) \qquad (a, b \in \mathbb{Z},\, a + b = 2\,r),$$

wo zunächst q eine beliebige natürliche Zahl angibt. Es gilt

$$\eta_q^{(a,b)}\,(\tau) \mid T = i^{-r}\,(\sqrt{q}\,)^{-a}\,\eta_q^{(b,a)}\left(\frac{\tau}{q}\right);$$

wenn $\eta_q^{(a,b)}$ in sämtlichen Spitzen positive Ordnungen hat, stellt $\eta_q^{(a,b)}$ eine ganze Spitzenform der Gruppe $\Gamma_0\,[q]$ vom Grade $-r$ dar.

Es sei nun, wie vorher, q eine Primzahl $\equiv 3 \bmod 4$. Dann hat $\eta_q^{(a,b)}$ in ∞ bzw. 0 bezüglich $\Gamma_0\,[q]$ die Ordnungen $\frac{1}{24}\,(a\,q + b)$ bzw. $\frac{1}{24}\,(b\,q + a)$, und es besteht der folgende

Satz 9.3. *Für* $q > 3$ *gilt* $\eta_q^{(a,b)} \in \mathsf{K}_{q,r}^{+}$, *wenn* $r \in \mathbb{Z},\, r \geq 3$ *und*

$$0 \leq a \leq 2\,r, \qquad a + b = 2\,r, \qquad a \equiv r \bmod 2, \qquad a\,q + b \equiv 0 \bmod 24.$$

Ferner gilt (für $q = 3,\, r = 3\,k \equiv 0 \bmod 3$) $\eta_3^{(3a,3b)} \in \mathsf{K}_{3,3k}^{+}$, *wenn*

$$0 \leq a \leq 2\,k, \qquad a + b = 2\,k, \qquad a \equiv k \bmod 2, \qquad 3\,a + b \equiv 0 \bmod 8.$$

($a \equiv r \bmod 2$ *folgt aus* $a\,q + b \equiv 0 \bmod 8$). −

Zum Beweise dieses Satzes hat man nach Lemma 1.2 und Gl. (4.14) für $q > 3$ zu zeigen, daß das Multiplikatorsystem von $\eta_q^{(a,b)}$ mit V_q^r übereinstimmt, d. h., daß

$$v_5^a\,(L_q^*)\,v_5^b\,(L) = \left(\frac{\delta}{q}\right)^r \qquad \left(L_q^* := \begin{pmatrix} \alpha & q\,\beta \\ q^{-1}\,\gamma & \delta \end{pmatrix}\right)$$

zutrifft; für $q = 3$ ist die Situation analog. Man erhält beides mit elementarer Rechnung aufgrund der Kongruenzen

$$e\,(L_q^*) \equiv q\,e\,(L) \bmod 24\ (q > 3), \qquad e\,(L_3^*) \equiv 3\,e\,(L) \bmod 8,$$

die nahezu evident sind.

Im Falle $q = 3$, $r = 3\,k \equiv 0 \bmod 3$ liefert dieser Formalismus $k - 1$ linear-unabhängige Funktionen $\eta_3^{(3a,3b)} \in \mathsf{K}_{3,3k}^{+}$ für $k = 2, 3, 4$, und diese liefern durch Multiplikation mit $1, \Theta_{-3}, \Theta_{-3}^2$ eine *Basiskonstruktion der Schar* $\mathsf{K}_{3,r}^{+}$ *für die Werte* $r \in \mathbb{Z}$ *mit* $6 \leq r \leq 14$ ($r = 3\,k + v \equiv v \bmod 3$, $v = 0, 1, 2$; vgl. (9.12)). Eine analoge Situation liegt für $q = 7$ vor; man erhält hier $2\,k - 1$ linear-unabhängige Funktionen $\eta_7^{(a,b)} \in \mathsf{K}_{7,3k}^{+}$ für $k = 1, 2, 3, 4$, woraus sich ebenso eine Basiskonstruktion für die $r \in \mathbb{Z}$ mit $3 \leq r \leq 14$ ergibt (vgl. (9.14)).

Eine *Basiskonstruktion für sämtliche Scharen* $\mathsf{K}_{3,r}^{+}$ $(r \geqq 6)$ gewinnt man wie folgt: Man setze wie oben $r = 3\,k + v \equiv v \bmod 3$ $(v = 0, 1, 2,\ k \geqq 2)$ und betrachte für $j \in \mathbb{Z}, j \geqq 2$ die Funktion

$$h_j := \eta_3^{(3j,\,3j)} \ (j \equiv 0 \bmod 2), \qquad h_j := \eta_3^{(3j-6,\,3j+6)} \ (j \equiv 1 \bmod 2).$$

Nach Satz 9.3 gilt in beiden Fällen $h_j \in \mathsf{K}_{3,3j}^{+}$ und man erhält

Satz 9.4. *Für ganzes $r \geqq 6$ sei $r = 3\,k + v \equiv v \bmod 3$, $v = 0, 1, 2$. Die Funktionen*

$$h_j\,\Theta_{-3}^{3(k-j)+v} \qquad (2 \leqq j \leqq k)$$

bilden eine Basis von $\mathsf{K}_{3,r}^{+}$. —

Es sei bemerkt, daß $\eta_q^{(q,\,-1)}$ und $\eta_q^{(-1,\,q)}$ Potenzen der Primformen zu den Spitzen ∞, 0 der Gruppe $\Gamma_0\,[q]$ sind (q Primzahl $\equiv 3 \bmod 4$). Der gemeinsame Exponent ist $\frac{1}{24}\,(q^2 - 1)$.

§ 10. Quaternäre Diagonalformen. Binäre Diagonalformen in Verbindung mit Normenvorräten

(Inhaltsübersicht: In den folgenden §§ 10, 11, 12 werden Darstellungsanzahlen der $n \in \mathbb{N}$ durch quadratische Formen in der Gestalt

$$n = \sum_{v=1}^{j} m_v^2 + q \sum_{v=1}^{j'} m_v'^2 + 2 \sum_{v=1}^{j''} F_v(k_v, k_v') \qquad (m_v, m_v', k_v, k_v' \in \mathbb{Z})$$

untersucht, wo q eine Primzahl > 2 bezeichnet und alle F_v ganzzahlige binäre quadratische Formen der Diskriminante $- q$ bedeuten; für $q \equiv 1 \bmod 4$ wird $j'' = 0$ vorgeschrieben. Diese Probleme werden hier nur unter der Voraussetzung diskutiert, daß die Variablenzahl der obigen quadratischen Form, $2\,r := j + j' + 2\,j''$, mit 4 zusammenfällt; überdies darf und soll angenommen werden, daß mindestens zwei der drei Zahlen j, j', j'' positiv sind. So entstehen 3 bzw. 6 Einzelprobleme für jedes $q \equiv 1$ bzw. 3 mod 4. — In § 10 werden die Eisenstein-Reihen dieser Problemgruppen aufgestellt, und es wird gezeigt, daß sie die Reduktion der erzeugenden Fourier-Reihen auf ganze Spitzenformen bewirken.)

In den §§ 10 − 12 werden diejenigen quaternären Formen untersucht, auf welche man als *nächstliegende Verallgemeinerungen der Quadratsummen* geführt wird. Die Matrix einer solchen Form ist eine h-reihige Diagonalmatrix A, deren Diagonale mit den Zahlen 1 (j-mal) und $q \in \mathbb{Z}, q > 1$ (j'-mal) besetzt ist; mit diesen Vielfachheiten j, j' schreiben wir (hinsichtlich u.d.B. s. bei (2.35))

$$\mathsf{A} = \mathrm{diag}\,(1,\ldots,1, q,\ldots, q) \qquad (j + j' = h)$$

$$(10.1) \qquad a_q^{(j,\,j')}(n) = a\,(n, \mathsf{A}) = \sum_{m_1,\ldots,\,m_h} 1$$

$$\text{u.d.B.} \quad m_1^2 + \ldots + m_j^2 + q\,(m_{j+1}^2 + \ldots + m_{j+j'}^2) = n\,.$$

Ohne wesentliche Einschränkung darf $1 \leq j \leq h - 1$ vorausgesetzt werden. Im folgenden sei $h = 4$. Wesentlich ist die Einschränkung, daß q eine – zunächst ungerade – Primzahl sei.

Neben diesen quaternären Diagonalformen werden, wenn $q \equiv 3 \bmod 4$, quadratische Formen zu vierreihigen Matrizen der Gestalt

$$(10.2) \qquad \mathsf{A} = D \oplus 2\, Q_{-q}, \quad \text{wo} \quad D = I^{(2)}, \operatorname{diag}(1, q), \; q\, I^{(2)} \qquad (\text{vgl. § 2, § 8})$$

betrachtet, wo Q_{-q} die Matrix einer binären quadratischen Form $F = \langle a, b, c \rangle$ der Diskriminante $- q$ bezeichnet (vgl. (5.4)). In § 12 werden überdies Darstellungsanzahlen durch die obigen vierreihigen Diagonalformen unter der Nebenbedingung untersucht, daß die ganzzahligen Variablen, die die Darstellung vermitteln, ungerade sind.

Die *erzeugenden Funktionen* der Darstellungsanzahlen $a\,(n, \mathsf{A})$ (A nach (10.1) mit $h = 4$ und nach (10.2)) sind

$$(10.3) \qquad \begin{aligned} \vartheta_3^j(\tau)\, \vartheta_3^{j'}(q\,\tau) &= \sum_{n=0}^{\infty} a_q^{(j,j')}(n)\, e^{\pi i n \tau} \qquad (j + j' = 4, j = 3, 2, 1) \\[2mm] \vartheta_3^j(\tau)\, \vartheta_3^{j'}(q\,\tau)\, \Theta_{-q}(\tau) &= \sum_{n=0}^{\infty} a_q^{(j,j',1)}(n)\, e^{\pi i n \tau} \qquad (j + j' = 2, j = 2, 1, 0) \end{aligned}$$

oder zusammenfassend

$$(10.4) \qquad \vartheta_3^j(\tau)\, \vartheta_3^{j'}(q\,\tau)\, \Theta_{-q}^{j''}(\tau) = \sum_{n=0}^{\infty} a_q^{(j,j',j'')}(n)\, e^{\pi i n \tau},$$

wo nun $j, j', j'' \in \mathbb{N}_0$, $j'' \leq 1$, $j + j' + 2 j'' = 4$. Als wesentliche Bedingungen gilt, daß j'' für $q \equiv 1 \bmod 4$ verschwindet und daß von den drei Exponenten j, j', j'' mindestens zwei positiv sind.

Alle Funktionen (10.4) sind ganze Modulformen der Gruppe

$$\Gamma_{\vartheta, 0}[q] := \Gamma_{\vartheta} \cap \Gamma_0[q] \qquad (\text{vgl. § 6})$$

vom Grade $- 2$. Die genannte Gruppe hat in $_1\Gamma$ den Index $3\,(q + 1)$; die Anzahl ihrer Spitzenbahnen beträgt 4. Von diesen enthält § 6 ein Verzeichnis ihrer Vertreter ζ, der zugehörigen Spitzenbreiten, der Matrizen $A \in {}_1\Gamma$ mit $A\,\zeta = \infty$ und der Grundmatrizen der ζ in $\Gamma_{\vartheta, 0}[q]$. Diese Gruppe hat nie elliptische Fixpunkte der Ordnung 3 und solche der Ordnung 2 genau dann, wenn $q \equiv 1 \bmod 4$; wie man an einem Fundamentalbereich der Gruppe $\Gamma_{\vartheta} \cap \Gamma^0[q]$ sieht, gibt es dann genau zwei Bahnen elliptischer Fixpunkte der Ordnung 2. Nach (1.12) erhält man daraus den Wert p_Γ ($\Gamma = \Gamma_{\vartheta, 0}[q]$) gemäß

$$(10.5) \qquad p_\Gamma = \tfrac{1}{4}\,(q - 5)\;(q \equiv 1 \bmod 4), \qquad p_\Gamma = \tfrac{1}{4}\,(q - 3)\;(q \equiv 3 \bmod 4).$$

Es bezeichne $v_{3,q}^{(j,j',j'')}$ den Charakter (= Multiplikatorsystem, s. w. u. (10.11)) der Modulform (10.4) $\vartheta_3^j(\tau)\, \vartheta_3^{j'}(q\,\tau)\, \Theta_{-q}^{j''}(\tau)$ zur Gruppe $\Gamma_{\vartheta, 0}[q]$. Nach (2.11) läßt sich $v_{3,q}^{(j,j',j'')}$ *explizit bestimmen*. Die entstehende Formel erfordert die Unterscheidung nur zweier Fälle, wenn die Abkürzung

$$(10.6) \qquad j^* := j' + j''$$

benützt wird; es ergibt sich (für $L \in \Gamma_{\vartheta,0}[q]$)

$$v_{3,q}^{(j,j',j'')}(L) = \left(\frac{q}{\delta}\right)^{j^*} (\delta \equiv 1\ (2)), \qquad v_{3,q}^{(j,j',j'')}(L) = \left(\frac{\delta}{q}\right)^{j^*} \xi_4^{-(j+qj')\gamma} (\delta \equiv 0\ (2)).$$
(10.7)

Hierzu: Aus der Tabelle im Anhang von § 6 und (B.13) sieht man, daß gilt

$$\mathrm{ord}_{\Gamma,\infty} f = \mathrm{ord}_{\Gamma,0} f = 0,$$
(10.8)
$$\mathrm{ord}_{\Gamma,1/q} f = \tfrac{1}{8}(j+qj'), \qquad \mathrm{ord}_{\Gamma,1} f = \tfrac{1}{8}(jq+j')$$

mit $\Gamma := \Gamma_{\vartheta,0}[q]$, $f(\tau) := \vartheta_3^j(\tau)\, \vartheta_3^{j'}(q\,\tau)\, \Theta_{-q}^{j''}(\tau)$; ebenso gilt nach (B.13) und der letzten Formel von § 6:

$$(10.9) \qquad\qquad b_0(T,f) = \xi_4^{j+j'+2j''}\, q^{-\frac{1}{2}j^*} = -q^{-\frac{1}{2}j^*}.$$

Aus (10.7) ist zu sehen, daß $v_{3,q}^{(j,j',j'')} \equiv 1$ genau dann vorliegt, wenn entweder

(10.10) $j = j' = 2$ und $q \equiv 3 \bmod 4$;   oder $j = j' = j'' = 1$ und $q \equiv 7 \bmod 8$

zutrifft. Im übrigen ist $j^* \equiv 0 \bmod 2$ mit $j = j'$ gleichbedeutend.

Die Drehreste von $v_{3,q}^{(j,j',j'')}$ in den Spitzen sind (10.8) unmittelbar zu entnehmen; in den beiden elliptischen Fixpunktbahnen sind sie $= 0$, da diese nur für $q \equiv 1 \bmod 4$ auftreten und dann f in $\mathfrak{H}$ nicht verschwindet. Damit erhält man $v^+ := \dim K_{3,q}^{(j,j',j'')+}$, wo

$$(10.11) \qquad\qquad K_{3,q}^{(j,j',j'')} := \{\Gamma_{\vartheta,0}[q], -2, v_{3,q}^{(j,j',j'')}\},$$

aus dem Riemann-Rochschen Satz 1.12. Wir notieren die Resultate in der folgenden *Tabelle*, in der wir mit $\varkappa_1$, $\varkappa_1'$ die Drehreste von $v_{3,q}^{(j,j',j'')}$ in den Spitzen 1 bzw. $1/q$ bezeichnen; da v^+ für $q \equiv 3 \bmod 4$ stets den Wert $\frac{1}{4}(q-3)$ hat, wird v^+ in diesem Falle nicht notiert.

Tabelle

j j' j''	$q \equiv 1 \bmod 8$			$q \equiv 5 \bmod 8$			$q \equiv 3\ (8)$		$q \equiv 7\ (8)$	
	$4\varkappa_1$	$4\varkappa_1'$	$4v^+$	$4\varkappa_1$	$4\varkappa_1'$	$4v^+$	$4\varkappa_1$	$4\varkappa_1'$	$4\varkappa_1$	$4\varkappa_1'$
3 1 0	2	2	$q-1$	0	0	$q-5$	1	3	3	1
2 2 0	2	2	$q-1$	2	2	$q-1$	0	0	0	0
1 3 0	2	2	$q-1$	0	0	$q-5$	3	1	1	3
2 0 1							3	1	3	1
1 1 1							2	2	0	0
0 2 1							1	3	1	3

Um *Eisensteinsche Reihen* von der in Satz 3.2 beschriebenen Art aufstellen zu können, bedarf man zunächst der genauen *Bedingungen für die zweiten Zei-*

len $\{m_1, m_2\}$ der Matrizen $M \in A\,\Gamma$, wo $\Gamma = \Gamma_{\vartheta,\,0}\,[q]$ und $A = I$ oder T. Im Falle $A = I$ besagen sie nach dem Korollar zu Satz 3.1:

$$(m_1, m_2) = 1, \qquad m_1 \equiv 0 \bmod q, \qquad m_1 \not\equiv m_2 \bmod 2 \,.$$

Im Falle $A = T$ gilt $M = AL = \begin{pmatrix} -\gamma & -\delta \\ \alpha & \beta \end{pmatrix}$; wir zeigen, daß diese Bedingungen besagen

$$(m_1, m_2) = 1, \qquad (m_1, q) = 1, \qquad m_1 \not\equiv m_2 \bmod 2$$

und stellen zunächst fest, daß sie notwendig sind. — Für ganze m_1, m_2 mit diesen Eigenschaften sei $M' := \begin{pmatrix} m_0' & m_3' \\ m_1 & m_2 \end{pmatrix} \in {}_1\Gamma$ und

$$M := U^\nu M' = \begin{pmatrix} m_0' + \nu\,m_1 & m_3' + \nu\,m_2 \\ m_1 & m_2 \end{pmatrix} = \begin{pmatrix} m_0 & m_3 \\ m_1 & m_2 \end{pmatrix} \qquad (\nu \in \mathbb{Z})\,.$$

ν kann so bestimmt werden, daß $m_0 \equiv 0 \bmod q$. Bei ungeradem m_1 kann sogar $m_0 \equiv 0 \bmod 2\,q$ erreicht werden, was $m_3 \equiv 1 \bmod 2$ und damit $L \in \Gamma_{\vartheta,\,0}\,[q]$ impliziert. Ist m_1 gerade, so sind m_0 und m_2 ungerade und m_3 wird durch geeignete Wahl von ν gerade, was wieder $L \in \Gamma_{\vartheta,\,0}\,[q]$ liefert. Daß $\nu_{3,q}^{(j,j',j'')}\,(L)$ durch m_1, m_2 allein ausgedrückt werden kann, folgt für $\delta \equiv 1 \bmod 2$ aus $\alpha\,\delta \equiv 1 \bmod 4\,q$, was $\left(\dfrac{q}{\delta}\right) - \left(\dfrac{q}{\alpha}\right) - \left(\dfrac{q}{m_1}\right)$ ergibt. Im Falle $\delta \equiv 0 \bmod 2$ gilt $-\beta\,\gamma \equiv 1 \bmod 4$, also $\xi_4^{-\,(j+qj')\,\gamma} = \xi_4^{(j+qj')\,m_2}$.

　　　Damit können nach (10.7) die folgenden zur Klasse $\mathrm{K}_{3,\,q}^{(j,j',j'')}$ *assoziierten Kongruenzcharaktere* χ_∞, χ_0 (Koeffizienten der Eisenstein-Reihen entsprechend $A = I, T$) aufgestellt werden. Es werde definiert

$$\chi_\infty\,(m_1, m_2) = 0, \text{ wenn } m_1 \not\equiv 0\ (q); \text{ und wenn } m_1 \equiv 0\ (q), \text{ aber } (m_2, q) > 1;$$

und wenn $m_1 \equiv 0\ (q)$, $(m_2, q) = 1$, $m_1 \equiv m_2 \bmod 2$. Dagegen sei, wenn $m_1 \equiv 0\ (q)$, $(m_2, q) = 1$ und $m_1 \not\equiv m_2 \bmod 2$ zutreffen:

$$(10.12) \qquad \chi_\infty\,(m_1, m_2) = \left(\frac{q}{m_2}\right)^{j^*} (m_2 \equiv 1\ (2));$$

$$\chi_\infty\,(m_1, m_2) = \left(\frac{m_2}{q}\right)^{j^*} \xi_4^{(j+qj')\,m_1} (m_1 \equiv 1\ (2))\,.$$

Es werde *gesetzt*: $\chi_0\,(m_1, m_2) = 0$, wenn $(m_1, q) > 1$ und wenn $(m_1, q) = 1$, aber $m_1 \equiv m_2 \bmod 2$. Dagegen sei, wenn $(m_1, q) = 1$ und $m_1 \not\equiv m_2 \bmod 2$ zutreffen:

$$(10.13) \qquad \chi_0\,(m_1, m_2) = \left(\frac{q}{m_1}\right)^{j^*} (m_1 \equiv 1\ (2));$$

$$\chi_0\,(m_1, m_2) = \left(\frac{m_1}{q}\right)^{j^*} \xi_4^{-\,(j+qj')\,m_2} (m_2 \equiv 1\ (2))\,.$$

Die damit definierten arithmetischen Funktionen χ_∞, χ_0 erfüllen mit $H = 4\,q$ die Forderungen (X* 1, 2) aus § 3, während $N_2 = 4\,q$ für $\chi = \chi_\infty$, $N_2 = 4$ für

$\chi = \chi_0$ gewählt werden kann. Um (X* 3) *zu beweisen*, setze man wie früher für $L \in \Gamma_{\vartheta,0}[q]$:

$$\{m_1', m_2'\} = \{m_1, m_2\}\, L = \{m_1\,\alpha + m_2\,\gamma,\; m_1\,\beta + m_2\,\delta\}.$$

Dann gilt $(m_1', q) = (m_1, q)$ und

$$m_1' + m_2' \equiv m_1\,(\alpha + \beta) + m_2\,(\gamma + \delta) \equiv m_1 + m_2 \bmod 2,$$

ferner, falls $m_1 \equiv 0 \bmod q$, auch $(m_2', q) = (m_2, q)$.

Die volle Bestätigung von (X* 3) für beide Funktionen χ_∞, χ_0 läßt sich, wie es scheint, nur durch Unterteilung in mehrere − insgesamt 8 − Fälle erbringen. Einer von diesen soll für χ_∞ kurz diskutiert werden:

Es sei $L \in \Gamma_0[q]$, $L \equiv T \bmod 2$; $m_1 \equiv 0 \bmod q$, $(m_2, q) = 1$; $m_1 \equiv 1$, $m_2 \equiv 0$ (d. h. $m_1' \equiv 0$, $m_2' \equiv 1$) mod 2. Nach (10.12) gilt

$$\chi_\infty\,(m_1', m_2') = \left(\frac{q}{m_2'}\right)^{j^*} = \left(\frac{m_2'}{q}\right)^{j^*} \xi_4^{j^*\,(q-1)\,(m_2'-1)}$$

und wegen $m_2' = m_1\,\beta + m_2\,\delta \equiv m_1\,\beta \equiv m_1 - \beta + 1 \bmod 4$:

$$\chi_\infty\,(m_1', m_2') = \left(\frac{m_2\,\delta}{q}\right)^{j^*} \xi_4^{j^*\,(q-1)\,(m_1-\beta)}.$$

Hier liefert die Kongruenz

$$j^*\,(q-1) \pm (j + q\,j') \equiv 0 \bmod 4$$

die Relation

$$\chi_\infty\,(m_1', m_2') = \chi_\infty\,(m_1, m_2) \left(\frac{\delta}{q}\right)^{j^*} \xi_4^{-(j+q\,j')\,\beta}$$

und mit ihr wegen $-\beta \equiv \gamma \bmod 4$ die Behauptung (vgl. (10.7)).

In den übrigen sieben Fällen kann ähnlich verfahren werden. Die Funktionalgleichung (X* 3) darf damit für $\chi = \chi_\infty, \chi_0$ als bewiesen gelten.

Die *Berechnung der Gaußschen Summen* $\omega^*\,(m, n; \chi)$ ($m \in \mathbb{N}$, $n \in \mathbb{Z}$, $\chi = \chi_\infty, \chi_0$) erfordert noch mehr Fallunterscheidungen als die Bestätigung von (X* 3) für $\chi = \chi_\infty, \chi_0$ und ist daher etwas mühsam, läßt sich aber durch die gleichen Umformungen ausführen, wie sie an entsprechenden Stellen der vorangehenden Paragraphen benutzt wurden. Dabei wird folgende Bezeichnung verwendet: Es sei

$$\delta_k\,(x) := \begin{cases} 1, & \text{wenn } \; x \equiv 0 \bmod k \\ 0 & \text{sonst} \end{cases} \qquad (k \neq 0).$$

Man findet, wenn

$q \equiv 1\,(4), j' = 2, m \equiv 0\,(2\,q)$: $\qquad \omega^*\,(m, n; \chi_\infty) = 2\,i^n\,\delta_2\,(n)\,(q\,\delta_q\,(n) - 1)$;

$q \equiv 1\,(4), j' = 2, m \equiv q\,(2\,q)$: $\qquad \omega^*\,(m, n; \chi_\infty) = -\,2\,\delta_2\,(n)\,(q\,\delta_q\,(n) - 1)$;

$q \equiv 1\,(4), j' \equiv 1\,(2), m \equiv 0\,(2\,q)$: $\;\; \omega^*\,(m, n; \chi_\infty) = 2\,i^n\,\delta_2\,(n)\,\left(\dfrac{n}{q}\right)\sqrt{q}$;

$$q \equiv 1 \ (4), j' \equiv 1 \ (2), m \equiv q \ (2 \, q): \quad \omega^* \, (m, n; \chi_\infty) = - \, 2 \, \delta_2 \, (n) \left(\frac{2 \, n}{q}\right) \sqrt{q} \, ;$$

$$q \equiv 3 \ (4), j^* \equiv 0 \ (2), m \equiv 0 \ (2 \, q): \quad \omega^* \, (m, n; \chi_\infty) = 2 \, i^n \, \delta_2 \, (n) \, (q \, \delta_q \, (n) - 1);$$

$$q \equiv 3 \ (4), j^* \equiv 0 \ (2), m \equiv q \ (2 \, q): \quad \omega^* \, (m, n; \chi_\infty) = \left(\frac{2}{q}\right)^{j'} 2 \, \delta_2 \, (n) \, (q \, \delta_q \, (n) - 1);$$

$$q \equiv 3 \ (4), j^* \equiv 1 \ (2), m \equiv 0 \ (2 \, q): \quad \omega^* \, (m, n; \chi_\infty) = 2 \left(\frac{-4}{n}\right) \left(\frac{n}{q}\right) \sqrt{q} \, ;$$

$$q \equiv 3 \ (4), j^* \equiv 1 \ (2), m \equiv q \ (2 \, q): \quad \omega^* \, (m, n; \chi_\infty) = 2 \, \xi' \left(\frac{2}{q}\right)^{j} \delta_2 \, (n) \left(\frac{-1}{m}\right) \left(\frac{n}{q}\right) \sqrt{q},$$

wo ξ' abkürzend für $\xi_4^{j - j' + 2}$ steht. — Im Falle $\chi = \chi_0$ gilt stets, wenn

$$(m, 2 \, q) = 1: \quad \omega^* \, (m, n; \chi_0) = 2 \, \delta_2 \, (n) \left(\frac{q}{m}\right)^{j^*}.$$

In den drei folgenden Gleichungen sei $(m, q) = 1$, $m \equiv 0 \bmod 2$. Man findet, wenn

$$q \equiv 1 \ (4): \qquad \omega^* \, (m, n; \chi_0) = - \, 2 \, i^n \, \delta_2 \, (n) \left(\frac{2 \, m}{q}\right)^{j'};$$

$$q \equiv 3 \ (4), j^* \equiv 0 \ (2): \quad \omega^* \, (m, n; \chi_0) = 2 \, i^n \, \delta_2 \, (n) \left(\frac{2}{q}\right)^{j'};$$

$$q \equiv 3 \ (4), j^* \equiv 1 \ (2): \quad \omega^* \, (m, n; \chi_0) = - \, 2 \, \xi' \left(\frac{2}{q}\right)^{j'} \left(\frac{-4}{n}\right) \left(\frac{m}{q}\right);$$

im letzten Unterfall gilt $- \, \xi' = \left(\dfrac{-1}{j^*}\right) = \dfrac{1}{2} \, (j - j')$.

Im Gegensatz zu diesen Formeln lassen sich die *konstanten Glieder* der Eisenstein-Reihen $E_{-2} \, (\tau, \chi) \ (\chi = \chi_\infty, \chi_0)$ *in den Spitzen* sehr übersichtlich darstellen. Man erhält zunächst die Fourier-Entwicklungen dieser $E_{-2} \, (\tau, \chi)$ nach den lokalen Parametern $\exp 2 \, \pi \, i \dfrac{A \, \tau}{N}$ der vier Spitzen $\zeta = \infty \ (A = I)$, $\zeta = 0 \ (A = T)$, $\zeta = 1 \ (A = (U \, T)^{-1})$, $\zeta = \dfrac{1}{q} \ (A = \dot{U}^{-q})$ (vgl. § 6) als Fourier-Entwicklungen der Nullwerte von

$$E_{-2} \, (s; \tau, \chi) \, | \, S = E_{-2} \, (s; \tau, \chi's) \qquad (\chi = \chi_\infty, \chi_0, S = A^{-1})$$

und daraus, wie in Satz 3.3, deren konstante Glieder in der Gestalt

$$2 \sum_{m=1}^{\infty} \chi \, (a_1 \, m, a_2 \, m) \, m^{-2} := c \, (q, \chi, A) \qquad (\underline{A} = \{a_1, a_2\}).$$

Hier wurde von der de facto überflüssigen Voraussetzung $\varrho^*(\chi) = 0$ abgesehen; sie hat in Satz 3.3 nur terminologische Bedeutung. Somit ergibt sich nach (10.12, 13)

$$(10.14) \quad \begin{cases} c\,(q, \chi, A) = 0 \quad \text{für} \quad \chi = \chi_\infty, \chi_0 \quad \text{und} \quad A = \dot{U}^{-q}, (U\,T)^{-1}, \\ c\,(q, \chi_\infty, T) = c\,(q, \chi_0, I) = 0, \\ c\,(q, \chi_\infty, I) = c\,(q, \chi_0, T) = 2\,D\,(2, \chi_\infty) = 2 \sum_{m=1}^{\infty} \left(\frac{4\,q}{m}\right)^{j^*} m^{-2}. \end{cases}$$

Im einzelnen erhält man nach [25] Gl. (36) die folgenden Werte:

$$D\,(2, \chi_\infty) = \sum_{\substack{m=1 \\ (m,2q)=1}}^{\infty} m^{-2} = \frac{q^2 - 1}{8\,q^2}\,\pi^2, \quad \text{wenn} \quad j^* \equiv 0\ (2);$$

$$D\,(2, \chi_\infty) = \left(1 - \left(\frac{2}{q}\right)\frac{1}{4}\right)\frac{-2\,\pi^2}{q^3}\,\sqrt{q}\ u_2\,(q), \quad \text{wenn} \quad j^* \equiv 1\ (2), q \equiv 1\ (4),$$

wo

$$u_2\,(q) := \sum_{1 \leq k \leq \frac{1}{2}(q-1)} \left(\frac{k}{q}\right) k\,(q - k) \quad (q \equiv 1\ (4));$$

$$D\,(2, \chi_\infty) = \frac{-\pi^2}{16\,q^3}\,\sqrt{q}\ u_2\,(4\,q), \quad \text{wenn} \quad j^* \equiv 1\ (2), q \equiv 3\ (4),$$

wo

$$u_2\,(4\,q) := \sum_{k=1}^{2q-1} \left(\frac{4\,q}{k}\right) k\,(4\,q - k) \quad (q \equiv 3\ (4)).$$

Die letzte Summe kann auch in der Gestalt

$$u_2\,(4\,q) = + \sum_{k=1}^{2q-1} \left(\frac{4\,q}{k}\right) k^2$$

geschrieben werden ($q \equiv 3\ (4)$). Hieraus folgt sogar

$$u_2\,(4\,q) = 2\,q \sum_{k=1}^{2q-1} \left(\frac{4\,q}{k}\right) k\,.$$

In der Frage der *Analytizität* der $E_{-2}\,(\tau, \chi)$ ($\chi = \chi_\infty, \chi_0$) ist nach (10.12, 13) leicht zu sehen, daß sowohl χ_∞ als auch χ_0 keine anderen Werte als 0 und $+1$ annimmt, wenn (vgl. (10.10))

$$v_{3,q}^{(j,j',j'')}\,(L) = 1 \quad \text{für alle} \quad L \in \Gamma_{\vartheta,0}\,[q]$$

zutrifft. Liegt dieser Fall vor, so findet man, wenn man für beide Charaktere χ_∞, χ_0 die Periode $N_2 = H = 4\,q$ benutzt (vgl. Satz 3.4):

$$K\,(\chi_\infty) = 8\,(q - 1), \quad K\,(\chi_0) = 8\,(q - 1)\,q.$$

Nach (3.31) verhalten sich also die nicht-analytischen Bestandteile in den Fourier-Entwicklungen der Funktionen $E_{-2}\,(\tau, \chi_\infty)$ und $E_{-2}\,(\tau, \chi_0)$ zueinander wie 1 zu q. Daher stellt $E_{-2}\,(\tau, \chi_\infty) - q^{-1}\,E_{-2}\,(\tau, \chi_0)$ eine analytische ganze Orthogonalfunktion der Klasse $\mathrm{K}_{3,q}^{(j,j',j'')}$ dar, deren Residuensumme nach (1.43) und

(10.14), wie es sein soll, verschwindet. In allen anderen Fällen sind $E_{-2}(\tau, \chi_\infty)$ und $E_{-2}(\tau, \chi_0)$ einzeln ganze Orthogonalfunktionen dieser Klasse.

Mit den oben angegebenen Werten der $\omega^*(m, n; \chi)$ $(\chi = \chi_\infty, \chi_0)$ und den Werten (10.14) lassen sich nun die *Fourier-Entwicklungen* der Eisenstein-Reihen $E_{-2}(\tau, \chi)$ nach Satz 3.2 aufstellen. Dabei kommt es u. a. darauf an, die beiden durch $m \equiv 0$ und $m \equiv 1 \bmod 2$ gekennzeichneten Teilreihen in halbwegs übersichtlicher Weise unter einem Summenzeichen zu vereinigen. Da sich zeigt, daß dies stets auf sehr einfache Weise ausgeführt werden kann, dürfen wir uns auf die Angabe der Resultate beschränken.

Man erhält zunächst im Falle $q \equiv 1 \bmod 4, j^* \equiv 0 \bmod 2, \chi = \chi_\infty$:

$$E_{-2}(\tau, \chi_\infty) = \frac{q^2 - 1}{4 q^2} \pi^2 - \frac{2 \pi^2}{q^2} \sum_{n=1}^{\infty} \left(\sigma_1'(n) - q^2 \sigma_1'\left(\frac{n}{q}\right) \right) e^{\pi i n \tau}$$

mit

(10.15) $$\sigma_1'(n) := \sum_{d, d' > 0, \, d d' = n} (-1)^{(d-1)(d'-1)} d = \sum_{\substack{d > 0, d \mid n \\ d \not\equiv 0 \, (4)}} d.$$

Im Falle $q \equiv 1 \bmod 4, j^* \equiv 1 \bmod 2$ (d. h. $j'' = 0, j' = 1$ oder 3) kommt

$$E_{-2}(\tau, \chi_\infty) = (5 - 2 \varepsilon_q) \frac{-\pi^2}{q^2 \sqrt{q}} u_2(q) + \frac{2 \pi^2}{q \sqrt{q}} \sum_{n=1}^{\infty} \sigma_{1,1}(n, q) \, e^{\pi i n \tau}$$

mit

$$\sigma_{1,1}(n, q) := \sum_{d, d' > 0, \, d d' = n} (-1)^{(d - \varepsilon_q)(d' - 1)} \left(\frac{d}{q}\right) d, \qquad \varepsilon_q := \frac{1}{2}\left(1 + \left(\frac{2}{q}\right)\right);$$

für $q \equiv 3 \bmod 8$ ist also $\sigma_{1,1}(n, q) = \sum_{d > 0, d \mid n}' (-1)^{n-d} \left(\frac{d}{q}\right) d$. — Es sei daran erinnert, daß $u_2(q)$ und $u_2(4 q)$ stets negativ sind.

Im Falle $q \equiv 3 \bmod 4, \, j^* \equiv 0 \bmod 2$ (d. h. $j = j'$) werde $\varepsilon_q = \varepsilon_{q, j'} = 0$ oder 1 gesetzt, je nachdem $\left(\frac{2}{q}\right)^{j'} = +1$ oder -1 ist, was $\varepsilon_q = \frac{1}{2}\left(1 - \left(\frac{2}{q}\right)^{j'}\right)$ bedeutet. Nach (10.10) besagt $\varepsilon_q = 0$ genau, daß $v_{3,q}^{(j,j',j'')}$ den Hauptcharakter auf $\Gamma_{9,0}[q]$ darstellt. Man findet

$$E_{-2}(\tau, \chi_\infty) = \frac{q^2 - 1}{4 q^2} \pi^2 - (1 - \varepsilon_q) \frac{q-1}{2 q^2} \frac{\pi}{y}$$

$$+ (-1)^{\varepsilon_q} \frac{2 \pi^2}{q^2} \sum_{n=1}^{\infty} \left(\sigma_1''(n, q) - q^2 \sigma_1''\left(\frac{n}{q}, q\right) \right) e^{\pi i n \tau}$$

mit

$$\sigma_1''(n, q) := \sum_{d, d' > 0, \, d d' = n} (-1)^{(d - \varepsilon_q)(d' - 1)} d.$$

Schließlich sei $q \equiv 3 \bmod 4, j^* \equiv 1 \bmod 2$. Wir definieren

$$\varepsilon_q' = \varepsilon_q'^{(j', j'')} := \left(\frac{2}{q}\right)^{j'+1} \left(\frac{-1}{j^*}\right),$$

$$\sigma_{1,2}(n; q, t) := \sum_{d, d' > 0, \, d d' = n} \left(\left(\frac{-4}{d}\right) + \left(\frac{-4}{d'}\right) t\right) \left(\frac{d}{q}\right) d \qquad (t \in \mathbb{C})$$

und erhalten

$$E_{-2}(\tau, \chi_\infty) = \frac{-\pi^2}{8\, q^2 \sqrt{q}}\, u_2(4\,q) - \frac{\pi^2}{q\sqrt{q}} \sum_{n=1}^{\infty} \sigma_{1,2}(n;\, q,\, 2\,\varepsilon_q')\, e^{\pi i n \tau}.$$

In den Fällen des Charakters $\chi = \chi_0$ kann man $N_2 = 4$ wählen und sich eine der obigen Fallunterscheidungen ersparen. Man findet zunächst, wenn $q \equiv 1 \bmod 4$:

$$E_{-2}(\tau, \chi_0) = -2\,\pi^2 \sum_{n=1}^{\infty} \sigma_{1,3}(n;\, q, j')\, e^{\pi i n \tau},$$

wo

$$\sigma_{1,3}(n;\, q, j') := \sum_{d,\, d' > 0,\, d\,d' = n} (-1)^{(d-\varepsilon_q)\,(d'-1)} \left(\frac{d'}{q}\right)^{j'} d;$$

in Verallgemeinerung der obigen Definition (für $q \equiv 1 \bmod 4$, $j' \equiv 1 \bmod 2$) ist hier $\varepsilon_q = \varepsilon_{q,j'} := \dfrac{1}{2}\left(1 + \left(\dfrac{2}{q}\right)^{j'}\right)$ zu setzen.

Sei jetzt $q \equiv 3 \bmod 4$, $j^* \equiv 0 \bmod 2$. Mit dem oben eingeführten $\varepsilon_q = \varepsilon_{q,j'} = \dfrac{1}{2}\left(1 - \left(\dfrac{2}{q}\right)^{j'}\right)$ findet man

$$E_{-2}(\tau, \chi_0) = -(1 - \varepsilon_q)\,\frac{q-1}{2\,q}\,\frac{\pi}{y} - 2\,\pi^2 \sum_{n=1}^{\infty} \sigma_1'''(n, q)\, e^{\pi i n \tau},$$

wo

$$\sigma_1'''(n, q) := \sum_{\substack{d,\, d' > 0,\, d\,d' = n \\ d' \equiv 0\,(q)}} (-1)^{(d-\varepsilon_q)\,(d'-1)}\, d.$$

Schließlich sei $q \equiv 3 \bmod 4$, $j^* \equiv 1 \bmod 2$. Mit dem oben eingeführten $\varepsilon_q' = \varepsilon_q'^{(j', j'')}$ findet man

$$E_{-2}(\tau, \chi_0) = -\pi^2 \sum_{n=1}^{\infty} \sigma_{1,2}'(n;\, q,\, \varepsilon_q')\, e^{\pi i n \tau},$$

wo

$$\sigma_{1,2}'(n;\, q,\, \varrho) := \sum_{d,\, d' > 0,\, d\,d' = n} \left(2\left(\frac{-4}{d'}\right) + \left(\frac{-4}{d}\right)\varrho\right)\left(\frac{d'}{q}\right) d. \quad -$$

Mit Hilfe dieser Darstellungen läßt sich ein allgemeiner, d. h. für alle Primzahlen $q > 2$ gültiger Satz über ganze Modulformen der Klassen (10.11) $\mathsf{K}_{3,q}^{(j,j',j'')}$ aufstellen. Zur Vereinfachung tilgen wir im folgenden die drei oberen Indizes j, j', j'' und bezeichnen mit $\mathsf{K}_{3,q}^1$ die lineare Schar der ganzen Modulformen aus $\mathsf{K}_{3,q}$, welche in den Spitzen 1 und $1/q$ verschwinden. $\mathsf{K}_{3,q}^1$ enthält natürlich $\mathsf{K}_{3,q}^+$; die Orthogonalschar zu letzterer in $\mathsf{K}_{3,q}^1$ heiße $\mathsf{K}_{3,q}^{1\perp}$. Anhand der obigen Tabelle der Drehreste $\varkappa_1$, $\varkappa_1'$ von $v_{3,q}$ in den Spitzen 1 bzw. $1/q$ hat man drei Fälle zu unterscheiden:

(α) Es gilt weder zugleich $q \equiv 5 \bmod 8$ und $j \equiv 1 \bmod 2$, noch $q \equiv 3 \bmod 4$ und $j = j' = 2$, noch $q \equiv 7 \bmod 8$ und $j = j'\, (= j'') = 1$. In diesem Falle ist $\mathsf{K}_{3,q}^1$ mit $\mathsf{K}_{3,q}^0$ identisch; also gilt $\dim_{\mathbb{C}} \mathsf{K}_{3,q}^{1\perp} = 2$.

(β) Es gilt zugleich $q \equiv 5 \bmod 8$ und $j \equiv 1 \bmod 2$. In diesem Falle ist

$$\dim_{\mathbb{C}} \mathsf{K}_{3,q}^1 = 4, \qquad \dim_{\mathbb{C}} \mathsf{K}_{3,q}^{1\perp} = 2.$$

(γ) Es gilt zugleich $q \equiv 3 \bmod 4$ und $j = j' = 2$ oder $q \equiv 7 \bmod 8$ und $j = j' = 1$. In diesem Falle ist $v_{3,q} \equiv 1$ und

$$\dim_{\mathbb{C}} \mathsf{K}_{3,q}^{\perp} = 3, \qquad \dim_{\mathbb{C}} \mathsf{K}_{3,q}^{1\perp} = 1.$$

Die Aussagen über die *Dimensionen der Orthogonalscharen* lassen sich leicht aus dem Riemann-Rochschen Satz und den metrischen Eigenschaften der Eisenstein-Reihen ableiten. Nimmt man die Formeln (10.14) hinzu, so gelangt man zu dem angekündigten Satz. Er besagt

Satz 10.1. *In den Fällen* (α), (β) *wird die Orthogonalschar* $\mathsf{K}_{3,q}^{1\perp}$ *von den Eisensteinschen Reihen* $E_{-2}(\tau, \chi_\infty)$, $E_{-2}(\tau, \chi_0)$ *aufgespannt, im Falle* (γ) *von der einen Funktion* $E_{-2}(\tau, \chi_\infty) - q^{-1} E_{-2}(\tau, \chi_0)$. *Für* $f(\tau) \in \mathsf{K}_{3,q}^{1}$ *gilt*

$$f(\tau) = \frac{1}{c(q, \chi_\infty, I)} \left\{ b_0(I, f)\, E_{-2}(\tau, \chi_\infty) + b_0(T, f)\, E_{-2}(\tau, \chi_0) \right\} + \varphi(\tau),$$

wo $\varphi(\tau) \in \mathsf{K}_{3,q}^{+}$. —

Zum Beweis dieses Satzes bedarf es nur im Falle (γ) eines *Kommentars*. Hier ergibt der Residuensatz $2\, b_0(I, f) + 2\, q\, b_0(T, f) = 0$, so daß in der geschweiften Klammer die analytische Modulform

$$b_0(I, f)\, \left(E_{-2}(\tau, \chi_\infty) - q^{-1} E_{-2}(\tau, \chi_0) \right)$$

erscheint. Wenn insbesondere f durch (10.4) definiert wird, gilt $b_0(I, f) = 1$ und nach (10.9): $b_0(T, f) = -q^{-1}$.

Für ein f nach (10.4) gewinnt die Relation von Satz 10.1 die Gestalt

$$f(\tau) = \Lambda_{3,q}^{(j,j',j'')}(\tau) + \varphi(\tau) \qquad (\varphi \in \mathsf{K}_{3,q}^{(j,j',j'')+}),$$

wo nach (10.9) gilt

$$(10.16) \qquad \Lambda_{3,q}^{(j,j',j'')}(\tau) = \frac{1}{c(q, \chi_\infty, I)} \left\{ E_{-2}(\tau, \chi_\infty) - q^{-\frac{1}{2}j^*} E_{-2}(\tau, \chi_0) \right\}.$$

Wir stellen jetzt die *Fourier-Entwicklungen dieser Funktionen* auf.

Im Falle $q \equiv 1 \bmod 4$, $j^* \equiv 0 \bmod 2$ (d.h. $j = j' = 2$) ergibt sich zunächst

$$\Lambda_{3,q}^{(j,j',j'')}(\tau) = 1 + \frac{8}{q^2 - 1} \sum_{n=1}^{\infty} \left(-\sigma_1'(n) + q^2 \sigma_1'\left(\frac{n}{q}\right) + q\, \sigma_{1,3}(n; q, 2) \right) e^{\pi i n \tau}.$$

Indem man die Teilersummen entsprechend der Zerlegung $n = q^\nu n^*$ ($\nu \in \mathbb{N}_0$, $n^* \in \mathbb{N}$, $(n^*, q) = 1$) aufspaltet, erhält man für den Koeffizienten von $e^{\pi i n \tau}$ nach einer kurzen Rechnung den Ausdruck $(q - 1)\left(\sigma_1'(n) + q\, \sigma_1'\left(\frac{n}{q}\right) \right)$. Dies besagt

$$(10.17) \qquad \Lambda_{3,q}^{(2,2,0)}(\tau) = 1 + \frac{8}{q+1} \sum_{n=1}^{\infty} \left(\sigma_1'(n) + q\, \sigma_1'\left(\frac{n}{q}\right) \right) e^{\pi i n \tau} \qquad (q \equiv 1 \bmod 4).$$

Es sei $q \equiv 1 \bmod 4$, $j^* \equiv 1 \bmod 2$ (d.h. $j' = 1$ oder 3). Die Zusammenstellung der Fourier-Reihen der $E_{-2}(\tau, \chi)$ ($\chi = \chi_\infty, \chi_0$) liefert

$$(10.18) \qquad \Lambda_{3,q}^{(j,j',0)}(\tau) = 1 + \frac{2q}{(5 - 2\varepsilon_q)|u_2(q)|} \sum_{n=1}^{\infty} \sigma_{1,1}^*(n; q, j)\, e^{\pi i n \tau}$$

mit

$$\varepsilon_q = \varepsilon_{q,\,j'} = \frac{1}{2}\left(1 + \left(\frac{2}{q}\right)^{j'}\right) \text{ und}$$

$$\sigma_{1,1}^{*}\,(n;\,q,j) := \sigma_{1,1}\,(n,\,q) + q^{\frac{1}{2}\,(j-1)}\,\sigma_{1,3}\,(n;\,q,\,1) =$$

$$(10.19) \qquad = \sum_{d,\,d'>0,\,dd'=n} (-1)^{(d-\varepsilon_q)\,(d'-1)}\left(\left(\frac{d}{q}\right) + \left(\frac{d'}{q}\right)q^{\frac{1}{2}\,(j-1)}\right)\,d.$$

Über die niedrigsten Werte von $|u_2(q)|$ und des Vorfaktors in (10.17) unterrichtet die folgende kleine *Tabelle*; zu ihr ist zu bemerken, daß $|u_2(q)|$ für eine Primzahl $q \equiv 1 \bmod 4,\ q > 5$, durch q teilbar ist.

q	5	13	17	29
$q^{-1}\,|u_2(q)|$	$\dfrac{2}{5}$	2	4	6
$\dfrac{2\,q}{(5 - 2\,\varepsilon_q)\,|u_2(q)|}$	1	$\dfrac{1}{5}$	$\dfrac{1}{6}$	$\dfrac{1}{15}$

Im Falle $q \equiv 3 \bmod 4,\ j^{*} \equiv 0 \bmod 2$ (d.h. $j = j' = 2$ oder $j = j' = 1$) und nur in diesem Falle können in den Fourier-Entwicklungen von $E_{-2}\,(\tau,\chi)$ ($\chi = \chi_\infty,\,\chi_0$) nicht-analytische Bestandteile auftreten. Wenn sie auftreten, heben sie sich in der Entwicklung von $\Lambda_{3,q}^{(j,j',j'')}$ heraus. Man erhält

$$\Lambda_{3,q}^{(j,j',j'')}\,(\tau) = 1 + \frac{8\,(-1)^{\varepsilon_q}}{q^2 - 1}\sum_{n=1}^{\infty}\sigma_{1,3}^{*}\,(n;\,q,j)\,e^{\pi i n \tau}$$

mit $\varepsilon_q := \dfrac{1}{2}\left(1 - \left(\dfrac{2}{q}\right)^{j}\right)$ und

$$\sigma_{1,3}^{*}\,(n;\,q,j) = \sigma_1''\,(n,\,q) - q^2\,\sigma_1''\left(\frac{n}{q},\,q\right) + (-1)^{\varepsilon_q}\,q\,\sigma_1'''\,(n,\,q).$$

Dies liefert zunächst im Falle $\varepsilon_q = 0$

$$(10.20) \qquad \Lambda_{3,q}^{(j,j',j'')}\,(\tau) = 1 + \frac{8}{q-1}\left\{\sum_{\substack{d>0,\,d\,|\,n \\ (d,q)=1}} (-1)^{n-d}\,d\right\}e^{\pi i n \tau} \qquad (q \equiv 3\ (4)).$$

Im Falle $\varepsilon_q = 1$ (d.h. $q \equiv 3 \bmod 8$ und $j = j' = 1$) dagegen wird man auf die gleiche Darstellung geführt, wie sie oben für $q \equiv 1 \bmod 4,\ j' = 2$ abgeleitet wurde. Es kommt für $\varepsilon_q = 1$

$$(10.21) \qquad \Lambda_{3,q}^{(1,1,1)}\,(\tau) = 1 + \frac{8}{q+1}\sum_{n=1}^{\infty}\left(\sigma_1'\,(n) + q\,\sigma_1'\left(\frac{n}{q}\right)\right)e^{\pi i n \tau} \qquad (q \equiv 3\ (8)).$$

Im letzten Fall $q \equiv 3 \bmod 4,\ j^{*} \equiv 1 \bmod 2$ kann man die Fourier-Koeffizienten von $\Lambda_{3,q}^{(j,j',j'')}\,(\tau)$ abermals durch eine einzige Teilersumme ausdrücken. Man erhält unmittelbar

$$(10.22) \qquad \Lambda_{3,q}^{(j,j',j'')}(\tau) = 1 + \frac{8\,q}{|u_2(4\,q)|} \sum_{n=1}^{\infty} \varrho\left(n,q;\, 2\,\varepsilon_q',\, q^{\frac{1}{2}(3-j^*)}\varepsilon_q'\right) e^{\pi i n \tau},$$

wo für $t_1, t_2 \in \mathbb{C}$

$$(10.23) \qquad \varrho(n,q;\,t_1,t_2) := \sum_{d,\,d'>0,\,dd'=n} \left(t_1\left(\frac{-4}{d'}\right) + \left(\frac{-4}{d}\right)\right)\left(t_2\left(\frac{d'}{q}\right) - \left(\frac{d}{q}\right)\right) d$$

und, wie oben, $\varepsilon_q' = \varepsilon_q'^{(j',j'')} := \left(\frac{2}{q}\right)^{j'+1}\left(\frac{-1}{j^*}\right)$. Zu der folgenden Tabelle ist zu bemerken, daß sich $u_2(4\,q)$, wie oben erwähnt, in der stark vereinfachten Gestalt

$$u_2(4\,q) = 2\,q \sum_{k=1}^{2q-1} \left(\frac{k}{q}\right)\left(\frac{-4}{k}\right) k \qquad (q \text{ Primzahl} \equiv 3\,(4))$$

schreiben läßt, die überdies $u_2(4\,q) \equiv 0 \bmod 8\,q$ in Evidenz setzt.

q	3	7	11	19	23	31
$(8\,q)^{-1}\,|u_2(4\,q)|$	1	4	7	19	20	40

Bemerkenswert ist die Formel $L\left(2,\left(\dfrac{76}{*}\right)\right) = \dfrac{\pi^2}{\sqrt{76}}$.

§ 11. Konkrete Formeln für einige Anzahlfunktionen $a_q^{(j,j',j'')}(n)$

(Inhaltsübersicht: Bedingungen für die Darstellbarkeit eines $n \in \mathbb{N}$ in der vor § 10 angegebenen Gestalt; Relationen zwischen Darstellungsanzahlen untereinander und, parallel dazu, den entsprechenden Teilersummen. Konstruktion ganzer Spitzenformen aufgrund der Multiplikator-Relationen von § 4. Konkrete Resultate in 20 Spezialfällen mit $q = 3, 5, 7, 11, 23$.)

Bevor dies ausgeführt wird, sollen *Eigenschaften allgemeiner Art* dieser $a_q^{(j,j',j'')}(n)$ betrachtet werden (vgl. (10.3, 4); q wurde dort und wird hier als ungerade Primzahl vorausgesetzt). Zunächst sei betont, daß für die Aufgabe, Identitäten Jacobischer Art für Anzahlfunktionen (2.35) $a(n,\mathbf{A})$ aufzustellen, keineswegs die Größe von $\det \mathbf{A}$ als Schwierigkeitsgrad anzusehen ist. Das ergibt sich bereits im quaternären Falle (10.3, 4), wo $\det \mathbf{A} = q^{j^*}$; die Untersuchung verläuft völlig analog für $j = 3$, $j' = 1$ und $j = 1$, $j' = 3$ ($j'' = 0$), und ebenso für $j = 2$, $j' = 0$ und $j = 0$, $j' = 2$ ($j'' = 1$), mit Determinanten q beim jeweils ersten, q^3 beim jeweils zweiten Problem. Eine Änderung, u. z. eine Erleichterung, tritt ein, wenn $\det \mathbf{A} = q^2$ ($j = j' = 2$ oder 1).

Zwischen verschiedenen der genannten Anzahlfunktionen können *Relationen* bestehen. Im Falle $j + j' = 4$ erhält man aus einer Jacobischen Identität für

$a_q^{(1,3)}(n)$ unmittelbar eine solche für $a_q^{(3,1)}(n)$, da offenbar gilt

$$(11.1) \qquad a_q^{(1,3)}(q\,n) = a_q^{(3,1)}(n) \qquad (n \in \mathbb{N}).$$

Die entsprechende Relation für die Fourier-Koeffizienten der $\Lambda_{3,q}^{(j,j',0)}$ besagt

$$\varrho(n\,q, q; -2, -1) = \varrho(n, q; 2, q), \quad \text{wenn} \quad q \equiv 3 \bmod 4$$

und kann unmittelbar aus der Definition (10.23) der ϱ (elementar) abgeleitet werden. Der Beweis benutzt wesentlich, daß q eine Primzahl ist und liefert die allgemeine Relation

$$(11.2) \qquad \varrho(n\,q, q; t_1, t_2) = \varrho(n, q; -t_1, -q\,t_2) \qquad (t_1, t_2 \in \mathbb{C});$$

er beruht auf einer Umformung von $\varrho(n, q; t_1, t_2)$, die aus der Zerlegung $n = q^\nu n^*$ ($\nu \in \mathbb{N}_0$, $n^* \in \mathbb{N}$, $(n^*, q) = 1$) hervorgeht.

Wenn $q \equiv 1 \bmod 4$, so handelt es sich anstelle der Teilersummen (10.23) um die Teilersummen (10.19) $\sigma_{1,1}^*(n; q, j)$; in dieser Definitionsformel darf $j \in \mathbb{R}$ angenommen werden. Die zu (11.2) analoge Relation besagt dann

$$(11.3) \qquad \sigma_{1,1}^*(n\,q; q, j) = \sigma_{1,1}^*(n; q, j+2) \qquad (q \equiv 1 \bmod 4, n \in \mathbb{N}).$$

Ein Analogon zu (11.1) besteht im Falle $q \equiv 3 \bmod 4$ in Gestalt der Relation

$$(11.4) \qquad a_q^{(2,2)}(q\,n) = a_q^{(2,2)}(n) \qquad (n \in \mathbb{N}),$$

die man leicht auf den Fall quadratfreier $q \in \mathbb{N}$ mit lauter Primfaktoren $\equiv 3 \bmod 4$ verallgemeinern kann. Für Primzahlen q ist die entsprechende Relation zwischen den Fourier-Koeffizienten von $\Lambda_{3,q}^{(2,2,0)}(\tau)$ trivial (vgl. (10.20)). (11.4) *widerlegt die Existenz einer Asymptotik von* $a_q^{(2,2)}(n)$ für $n \to \infty$ im Sinne der Ausführungen von § 1. — Der Beweis beruht darauf, daß eine Primzahl $q \equiv 3 \bmod 4$ in $m_1^2 + m_2^2$ ($m_1, m_2 \in \mathbb{Z}$) nur dann aufgehen kann, wenn sie in m_1 und m_2 aufgeht.

Für die *Darstellbarkeit von* n gemäß $a_q^{(j,j',j'')}(n) > 0$ bestehen bei geeigneten Werten j, j', j'' leicht zu erhaltende *Bedingungen*. Gilt $a_q^{(1,3)}(n) > 0$ für ein $n \in \mathbb{N}$ mit $(n, q) = 1$, so ist $\left(\dfrac{n}{q}\right) = +1$; für $\left(\dfrac{n}{q}\right) = -1$ muß also $a_q^{(1,3)}(n)$ verschwinden. Die dementsprechenden Formeln für die Fourier-Koeffizienten der $\Lambda_{3,q}^{(j,j',j'')}$ besagen

$$(11.5) \qquad \sigma_{1,1}^*(n; q, 1) = \left(1 + \left(\frac{n}{q}\right)\right) \sum_{d,d' > 0,\, d\,d' = n} (-1)^{(d - \varepsilon_q)(d' - 1)} \left(\frac{d}{q}\right) d,$$

wenn $n \in \mathbb{N}$, $(n, q) = 1$, $q \equiv 1 \bmod 4$; und

$$(11.6) \qquad \varrho(n, q; -2, -1) = \left(1 + \left(\frac{n}{q}\right)\right) \sum_{d,d' > 0,\, d\,d' = n} \left(2\left(\frac{-4}{d'}\right) - \left(\frac{-4}{d}\right)\right) \left(\frac{d}{q}\right) d,$$

wenn $n \in \mathbb{N}$, $(n, q) = 1$, $q \equiv 3 \bmod 4$.

Eine analoge *Bedingung für die Darstellbarkeit* besteht im Falle $j = 0$, $j' = 2$, $j'' = 1$, betrifft also die Darstellungen der Gestalt $n = q\,m_1^2 + q\,m_2^2 + 2\,F(m_3, m_4)$, wo $m_1, m_2, m_3, m_4 \in \mathbb{Z}$, $q \equiv 3 \bmod 4$ und

$$(11.7) \qquad F = \langle a, b, c \rangle \quad \text{mit} \quad a, b, c \in \mathbb{Z}, \quad a > 0 > b^2 - 4\,a\,c = -q.$$

Da q in $a\,c$ in höchstens erster Potenz aufgeht, darf (wegen $\langle a, b, c \rangle \sim \langle c, -b, a \rangle$) $(a, q) = 1$ angenommen werden. Aus $a_q^{(0,2,1)}(n) > 0$ folgt dann, weil $4\,a\,F(m_3, m_4)$ einem Quadrat mod q kongruent ist, daß dies auch auf $2\,a\,n$ zutrifft, also $\left(\dfrac{2\,a\,n}{q}\right) = +1$, falls $(n, q) = 1$. Mithin muß $a_q^{(0,2,1)}(n)$ verschwinden, wenn $\left(\dfrac{2\,a\,n}{q}\right) = -1$. Nun ist $\varepsilon_q' = \left(\dfrac{-2}{q}\right)$, und man erhält

$$(11.8) \qquad \varrho(n, q; 2\,\varepsilon_q', \varepsilon_q') = \left(1 + \left(\frac{2\,n}{q}\right)\right) \sum_{d, d' > 0,\, d\,d' = n} \left(2 \left(\frac{2}{q}\right) \left(\frac{-4}{d'}\right) - \left(\frac{-4}{d}\right)\right) \left(\frac{d}{q}\right) d.$$

Die Konsistenz dieser Formel mit der obigen Bedingung ergibt sich nach Satz 10.1 sofort, wenn $\left(\dfrac{a}{q}\right) = +1$.

Das Gegenteil $\left(\left(\dfrac{a}{q}\right) - -1\right)$ läßt sich sehr leicht elementar widerlegen; eine Widerlegung über Modulformen soll, da sie ganz lehrreich ist, kurz skizziert werden. Sei also $\left(\dfrac{a}{q}\right) = -1$; n durchlaufe die Folge der Primzahlen $> q$ mit $\left(\dfrac{2\,n}{q}\right) = 1$. Dann gilt einerseits $a_q^{(0,2,1)}(n) = 0$, anderseits nach (11.8) $\varrho(n, q; 2\,\varepsilon_q', \varepsilon_q') = 2\,n + 2$ oder $6\,n - 6$; nach Satz 10.1 führt dies auf einen Widerspruch zu wohlbekannten Abschätzungen der $b_n(\varphi)$ (vgl. z. B. [40]).

Die oben für $j = 1$, $j' = 3$ und $j = 0$, $j' = 2$ im Falle $(n, q) = 1$ angegebenen Umformungen der Teilersummen $\sigma_{1,1}^*$ und ϱ (vgl. (11.5, 6, 8)) können in diesem Falle natürlich auch bei anderen Parameterwerten j, j' ausgeführt werden; dadurch wird die Tabulierung dieser Teilersummen sehr erleichtert.

Zum Schluß dieser Betrachtungen soll noch ein *Phänomen* erwähnt werden, das vornehmlich *bei* quadratischen Formen *niederer Variablenzahl* auftritt. Wenn man ein $f \in \mathsf{K}_{3,q}^{(j,j',j'')\,0}$ nach Satz 10.1 in der Gestalt

$$f(\tau) = \lambda_\infty E_{-2}(\tau, \chi_\infty) + \lambda_0 E_{-2}(\tau, \chi_0) + \sum_{\nu=1}^{\nu_0} \lambda_\nu \varphi_\nu(\tau)$$

mit $\varphi_\nu \in \mathsf{K}_{3,q}^{(j,j',j'')\,+}$ und konstantem $\lambda_0, \lambda_1, \lambda_2, \ldots$ darstellen will, so bedeutet dies, daß man die linearen Relationen

$$b_n(f) = \lambda_\infty b_n(E_{-2}(*, \chi_\infty)) + \lambda_0 b_n(E_{-2}(*, \chi_0)) + \sum_{\nu=1}^{\nu_0} \lambda_\nu b_n(\varphi_\nu)$$

für alle $n \in \mathbb{N}_0$ zu erfüllen hat. Offenbar genügt es nun, diese linearen Relationen für die $n \leqq \beta_{3,q}(j, j', j'')$ zu erfüllen, wo dies die Valenzgrenze der Klasse $\mathsf{K}_{3,q}^{(j,j',j'')}$ bezeichnet (vgl. Satz 1.9, Satz 3.5). Im vorliegenden Falle ist $\beta_{3,q}(j, j', j'') \leqq \frac{1}{2}(q + 1)$; daraus folgt, daß für die genannten n und

$$f(\tau) = \vartheta_3^j(\tau)\, \vartheta_3^{j'}(q\,\tau) \qquad (j = j' = 2 \quad \text{und} \quad j = 1, j' = 3)$$

$b_n(f)$ von q nicht abhängt, und zwar *übereinstimmt mit der Anzahl der Darstellungen von n als Summe zweier Quadrate* bzw. *durch ein Quadrat*. – Ähnliche

Aussagen bestehen im Falle einer Primzahl q für quadratische Formen zu Diagonalmatrizen vom Grade ≤ 7, deren Diagonalen mit 1 und q besetzt sind.

Im folgenden werden zur Anwendung nach Satz 10.1 *ganze Spitzenformen einiger Klassen* $\mathsf{K}_{3,q}^{(j,j',j'')}$ in expliziter Fourier-Entwicklung aufgestellt. Ihre Einordnung in die jeweilige Klasse erfordert die Bestimmung ihrer Multiplikatorsysteme und wird durch die Sätze aus § 4 über die Multiplikatorsysteme der Funktionen $\vartheta_\nu(\tau)\,\vartheta_\nu(q\,\tau)$ ($\nu = 3,\ 4,\ 5,\ 6$) auf $\Gamma_{\vartheta,0}[q]$ geleistet. Wir bilden zunächst, wenn μ wie $\nu = 3, 4, 5, 6$, die Modulformen

$$(11.9) \qquad \vartheta_\mu(\tau)\,\vartheta_\mu(q\,\tau)\,\vartheta_\nu(\tau)\,\vartheta_\nu(q\,\tau) = \sum_{n=1}^{\infty} \beta_{\mu,\nu;q}(n)\,e^{\pi i n \tau},$$

wo (vgl. Satz 2.3)

$$(11.10) \qquad \beta_{\mu,\nu;q}(n) = \sum_{m_1,\,m_2,\,m_3,\,m_4} \alpha_{m_1,\,m_2,\,m_3,\,m_4} \quad \text{u.d.B.} \quad \mathfrak{B}_n = \mathfrak{B}_n(m_1,m_2,m_3,m_4)$$

und erhalten nun für q, die Multiplikatorwerte (in Abhängigkeit von $L \in \Gamma_{\vartheta,0}[q]$), die $\alpha = \alpha_{m_1,m_2,m_3,m_4}$ und die $\mathfrak{B}_n = \mathfrak{B}_n(m_1,m_2,m_3,m_4)$ folgende *Angaben:*

$\mu = \nu = 5,\ q \equiv -1 \bmod 6;\quad v(L) = v_{5,q}^2(L) = (-1)^{\frac{1}{2}(q+1)\gamma},$

$$\alpha = \left(\frac{-1}{m_1\,m_2\,m_3\,m_4}\right), \quad \mathfrak{B}_n: \quad \left\{ \begin{array}{l} m_1 \equiv m_2 \equiv m_3 \equiv m_4 \equiv 1 \bmod 6 \\ m_1^2 + m_2^2 + q\,(m_3^2 + m_4^2) = 12\,n \end{array} \right\};$$

$\mu = 3,\ \nu = 4,\ q \equiv -1 \bmod 8;\quad v(L) = v_{3,q}(L)\,v_{4,q}(L) = 1,$

$$\alpha = \left(\frac{2}{m_1\,m_2}\right), \qquad \mathfrak{B}_n: \quad \left\{ \begin{array}{l} m_1 \equiv m_2 \equiv 1 \bmod 2 \\ m_1^2 + q\,m_2^2 + 8\,(m_3^2 + q\,m_4^2) = 8\,n \end{array} \right\};$$

$\mu = 3,\ \nu = 5,\ q \equiv -1 \bmod 12;\quad v(L) = v_{3,q}(L)\,v_{5,q}(L) = 1,$

$$\alpha = \left(\frac{-1}{m_1\,m_2}\right), \qquad \mathfrak{B}_n: \quad \left\{ \begin{array}{l} m_1 \equiv m_2 \equiv 1 \bmod 6 \\ m_1^2 + q\,m_2^2 + 12\,(m_3^2 + q\,m_4^2) = 12\,n \end{array} \right\};$$

$\mu = 3,\ \nu = 6,\ q \equiv -1 \bmod 24;\quad v(L) = v_{3,q}(L)\,v_{6,q}(L) = 1,$

$$\alpha = \left(\frac{-2}{m_1\,m_2}\right), \qquad \mathfrak{B}_n: \quad \left\{ \begin{array}{l} m_1 \equiv m_2 \equiv 1 \bmod 6 \\ m_1^2 + q\,m_2^2 + 24\,(m_3^2 + q\,m_4^2) = 24\,n \end{array} \right\};$$

$\mu = 4,\ \nu = 5,\ q \equiv -1 \bmod 24;\quad v(L) = v_{4,q}(L)\,v_{5,q}(L) = 1,$

$$\alpha = \left(\frac{-1}{m_1\,m_2}\right)\left(\frac{2}{m_3\,m_4}\right), \quad \mathfrak{B}_n: \quad \left\{ \begin{array}{l} m_1 \equiv m_2 \equiv 1 \bmod 6,\ m_3 \equiv m_4 \equiv 1 \bmod 2 \\ 2\,(m_1^2 + q\,m_2^2) + 3\,(m_3^2 + q\,m_4^2) = 24\,n \end{array} \right\}.$$

Diese Funktionen (11.9) stellen unter den angegebenen Bedingungen für q ganze Spitzenformen aus $\mathsf{K}_{3,q}^{(2,2,0)}$ und, falls die Multiplikatorsysteme übereinstimmen, auch aus $\mathsf{K}_{3,q}^{(1,1,1)}$ dar. Zur Untersuchung der Fälle $j = 3,\ j' = 1$ und $j = 1, j' = 3$ bilden wir die neuen Funktionen

$$(11.11) \qquad \vartheta_3^2(q^{\frac{1}{2}(j'-1)}\tau)\,\vartheta_\nu(\tau)\,\vartheta_\nu(q\,\tau) = \sum_{n=0}^{\infty} \beta_{3,\nu;q}^{(j,j')}(n)\,e^{\pi i n \tau} \qquad (\nu = 4, 5, 6);$$

in einem Formalismus, der dem obigen analog ist, erhält man zu den $\beta_{3,v;q}^{(j,j')}(n)$ folgende Angaben (insbesondere über das Multiplikatorsystem $v_{3,v;q}^{(j)}$ der Modulform (11.11))

$$v = 4, q \equiv -1 \bmod 8; j = 3, j' = 1 \quad \text{oder} \quad j = 1, j' = 3; \; v_{3,4;q}^{(j)} = v_{3,q}^{(j,j',0)};$$

$$\alpha = \left(\frac{2}{m_1\,m_2}\right), \quad \mathfrak{B}_n': \left\{\begin{array}{l} m_1 \equiv m_2 \equiv 1 \bmod 2 \\ m_1^2 + q\,m_2^2 + 8\,q^{\frac{1}{2}(j'-1)}(m_3^2 + m_4^2) = 8\,n \end{array}\right\},$$

$$v = 5, q \equiv -1 \bmod 12; j = 3, j' = 1 \quad \text{oder} \quad j = 1, j' = 3; \; v_{3,5;q}^{(j)} = v_{3,q}^{(j,j',0)};$$

$$\alpha = \left(\frac{-1}{m_1\,m_2}\right), \quad \mathfrak{B}_n': \left\{\begin{array}{l} m_1 \equiv m_2 \equiv 1 \bmod 6 \\ m_1^2 + q\,m_2^2 + 12\,q^{\frac{1}{2}(j'-1)}(m_3^2 + m_4^2) = 12\,n \end{array}\right\}.$$

Alle Funktionen (11.11) stellen ganze Spitzenformen aus $K_{3,q}^{(j,j',0)}$ dar.

Schließlich sei $F = \langle a, b, c\rangle$ nach (11.7) erklärt, $Q := \begin{pmatrix} a & \frac{1}{2}b \\ \frac{1}{2}b & c \end{pmatrix}$ und $\Theta(\tau, Q)$ die zugehörige binäre Thetareihe (8.1). Wir schreiben

$$(11.12) \qquad \vartheta_5(\tau)\,\vartheta_5(q\,\tau)\,\Theta(\tau, Q) = \sum_{n=1}^{\infty} \beta_{5,F;q}(n)\,e^{\pi i n\tau}$$

und erhalten

$$\beta_{5,F;q}(n) = \sum_{m_1,m_2,m_3,m_4} \left(\frac{-1}{m_1\,m_2}\right) \text{ u.d.B. } \left\{\begin{array}{l} m_1 \equiv m_2 \equiv 1 \bmod 6 \\ m_1^2 + q\,m_2^2 + 24\,F(m_3, m_4) = 12\,n \end{array}\right\}.$$
$$(11.13)$$

Diese Modulform wird angewendet, wenn $q \equiv -1 \bmod 12$; ihre Multiplikatoren sind durch $v_{5,q}(L)\,V_q(L) = (-1)^{\frac{1}{4}(q+1)\gamma}$ gegeben, und sie gehört zu $K_{3,q}^{(1,1,1)+}$; $\beta_{5,F;q}(n)$ verschwindet, wenn $n \equiv \frac{1}{12}(q+1) \bmod 2$.

Die folgende *Zusammenstellung konkreter Resultate* basiert auf den Fourier-Entwicklungen einerseits der Funktionen $\Lambda_{3,q}^{(j,j',j'')}$ aus § 10, andererseits der Theta-Produkte dieses § 11. Bei der Angabe der Resultate werden die Bezeichnungen (10.3, 4) und Fallunterscheidungen gemäß $q \bmod 4$ und $j^* \bmod 2$ verwendet; zusätzlich wird der konkrete Wert $v^+ := \dim_{\mathbb{C}} K_{3,q}^{(j,j',j'')+}$ angegeben (vgl. die erste Tabelle von § 10). Die Zählung der Identitäten erfolgt ohne Rücksicht auf bestehende Relationen.

(a) $q \equiv 1 \bmod 4$, $j^* \equiv 0 \bmod 2$ (d.h. $j = j' = 2$); Bezeichnungen: (10.15, 17) und (11.9, 10) mit $\mu = v = 5$. Es wird nur eine Identität aufgestellt ($q = 5$).

Satz 11.1 $(q = 5, j = j' = 2; v^+ = 1)$. *Für $n \in \mathbb{N}$ gilt*

$$a_5^{(2,2)}(n) = \frac{4}{3}\left(\sigma_1'(n) + 5\,\sigma_1'\left(\frac{n}{5}\right)\right) + \frac{8}{3}\,\beta_{5,5;5}(n). \quad -$$

Im Falle $n \equiv 0 \bmod 2$ verschwindet $\beta_{5,5;q}(n)$, wenn $q \equiv 5 \bmod 12$; dann liegt eine Jacobische Identität *im engeren Sinne* vor. Für eine Primzahl $n = p > 5$ erhält man

$$\beta_{5,5;5}(p) \equiv \sigma_1'(p) \equiv p + 1 \bmod 3,$$

also $\beta_{5,5;5}(p) \equiv 2 \bmod 3$, also $\beta_{5,5;5}(p) \neq 0$, falls $p \equiv 1 \bmod 3$.

(b) $q \equiv 1 \bmod 4$, $j^* \equiv 1 \bmod 2$ (d. h. $j = 3$, $j' = 1$ oder $j = 1$, $j' = 3$). Es werden nur zwei Identitäten aufgestellt ($q = 5$, $v^+ = 0$).

Satz 11.2 ($q = 5; j = 3, j' = 1$ und $j = 1, j' = 3$). *Für $n \in \mathbb{N}$ gilt*

$$a_5^{(3,1)}(n) = \sum_{d,d' > 0, \, dd' = n} (-1)^{n-d} \left(\left(\frac{d}{5} \right) + 5 \left(\frac{d'}{5} \right) \right) d,$$

$$a_5^{(1,3)}(n) = \sum_{d,d' > 0, \, dd' = n} (-1)^{n-d} \left(\left(\frac{d}{5} \right) + \left(\frac{d'}{5} \right) \right) d.$$

Im Falle $(n, 5) = 1$ kann man zusammenfassend schreiben

$$a_5^{(j,j')}(n) = \left(1 + \left(\frac{n}{5} \right) 5^{\frac{1}{2}(j-1)} \right) \sum_{d > 0, \, d \mid n} (-1)^{n-d} \left(\frac{d}{5} \right) d. \quad -$$

(c) $q \equiv 3 \bmod 4$, $j^* \equiv 0 \bmod 2$ (d. h. $j = j' = 2$ oder $j = j' = j'' = 1$); Bezeichnungen (10.15, 20, 21) und (11.9, 10), diese für alle genannten Paare μ, ν; überdies (11.12, 13). Es werden 9 Identitäten aufgestellt.

Satz 11.3 ($q = 3$, $v^+ = 0$). *Für $n \in \mathbb{N}$ gilt*

$$a_3^{(2,2)}(n) = 4 \sum_{\substack{d > 0, \, d \mid n \\ d \not\equiv 0 \, (3)}} (-1)^{n-d} d, \qquad a_3^{(1,1,1)}(n) = 2 \left(\sigma_1'(n) + 3 \, \sigma_1' \left(\frac{n}{3} \right) \right). \quad -$$

Satz 11.4 ($q = 7$, $v^+ = 1$). *Für $n \in \mathbb{N}$ gilt*

$$a_7^{(2,2)}(n) = \frac{4}{3} \sum_{\substack{d > 0, \, d \mid n \\ d \not\equiv 0 \, (7)}} (-1)^{n-d} d + \frac{2}{3} \, \beta_{3,4;7}(n),$$

$$a_7^{(1,1,1)}(n) = \frac{4}{3} \sum_{\substack{d > 0, \, d \mid n \\ d \not\equiv 0 \, (7)}} (-1)^{n-d} d + \frac{1}{6} \, \beta_{3,4;7}(n). \quad -$$

Es besteht eine Jacobische Identität *im engeren Sinne* von der Gestalt

$$4 \, a_7^{(1,1,1)}(n) - a_7^{(2,2)}(n) = 4 \sum_{\substack{d > 0, \, d \mid n \\ d \not\equiv 0 \, (7)}} (-1)^{m-d} d$$

und wieder gilt für eine ungerade Primzahl $p \neq 7$

$$\beta_{3,4;7}(p) \equiv p + 1 \bmod 3.$$

Satz 11.5 ($q = 11$, $v^+ = 2$). *Für $n \in \mathbb{N}$ gilt*

$$a_{11}^{(2,2)}(n) = \frac{4}{5} \sum_{\substack{d > 0, \, d \mid n \\ d \not\equiv 0 \, (11)}} (-1)^{n-d} d + \frac{16}{5} \, (\beta_{3,5;11}(n) - \beta_{5,5;11}(n)),$$

$$a_{11}^{(1,1,1)}(n) = \frac{2}{3} \left(\sigma_1'(n) + 11 \, \sigma_1' \left(\frac{n}{11} \right) \right) + \frac{4}{3} \, \beta_{5,F;11}(n),$$

*letztere Formel mit $F = \langle 1, 1, 3 \rangle$. * $-$

Für gerade n verschwindet $\beta_{5,F;11}(n)$; hier besteht also eine Jacobische Identität *im engeren Sinne*. Für Primzahlen $n = p > 11$ gilt

$$\beta_{5,F;11}(p) \equiv p + 1 \bmod 3.$$

Ferner verschwindet $\beta_{5,5;q}(n)$ für ungerade n, falls $q \equiv -1 \bmod 12$. Für Primzahlen $n = p > 11$ ergibt sich aus der ersten Formel von Satz 11.5

$$\beta_{3,5;11}(p) \equiv p + 1 \bmod 5.$$

Satz 11.6 ($q = 23$, $v^+ = 5$). *Für $n \in \mathbb{N}$ gilt mit q als Abkürzung für 23:*

$$11\, a_q^{(2,2)}(n) = 4 \sum_{\substack{d>0,\, d\mid n \\ d \not\equiv 0\,(q)}} (-1)^{n-d}\, d + 26\,\beta_{3,4;q}(n) - 80\,\beta_{3,5;q}(n) + 40\,\beta_{3,6;q}(n) + 8\,\beta_{4,5;q}(n) - 80\,\beta_{5,5;q}(n),$$

$$11\, a_{q,1}^{(1,1,1)}(n) = 4 \sum_{\substack{d>0,\, d\mid n \\ d \not\equiv 0\,(q)}} (-1)^{n-d}\, d + \tfrac{41}{2}\,\beta_{3,4;q}(n) - 36\,\beta_{3,5;q}(n) + 18\,\beta_{3,6;q}(n) + 8\,\beta_{4,5;q}(n) - 80\,\beta_{5,5;q}(n),$$

$$11\, a_{q,2}^{(1,1,1)}(n) = 4 \sum_{\substack{d>0,\, d\mid n \\ d \not\equiv 0\,(q)}} (-1)^{n-d}\, d + \tfrac{41}{2}\,\beta_{3,4;q}(n) - 58\,\beta_{3,5;q}(n) + 18\,\beta_{3,6;q}(n) + 8\,\beta_{4,5;q}(n) - 80\,\beta_{5,5;q}(n).$$

In der zweiten und dritten Formel werden auf der linken Seite durch den zusätzlichen Index 1 bzw. 2 die verwendeten binären quadratischen Formen $F = F_1 := \langle 1, 1, 6\rangle$ bzw. $F = F_2 := \langle 2, 1, 3\rangle$ unterschieden. —

Als Konsequenzen dieser Identitäten seien angemerkt

$$a_q^{(2,2)}(n) - a_{q,1}^{(1,1,1)}(n) = \tfrac{1}{2}\,\beta_{3,4;q}(n) - 4\,\beta_{3,5;q}(n) + 2\,\beta_{3,6;q}(n),$$
$$a_{q,1}^{(1,1,1)}(n) - a_{q,2}^{(1,1,1)}(n) = 2\,\beta_{3,5;q}(n).$$

Die letzte Formel besagt, wie man an den Definitionen abliest, daß mit der obigen Bedeutung von q, F_1, F_2 in den Bezeichnungen von Satz 5.2 gilt

$$a^*(n, F_1) - a^*(n, F_2) = 2\,\beta_q(n);$$

dies ist eine unmittelbare Folge von Satz 5.2. (Ende der Identifizierung von q mit 23.) Es sei bemerkt, daß für alle $q \equiv -1 \bmod 8$ gilt $\beta_{3,4;q}(n) \equiv 0 \bmod 4$.

(d) $q \equiv 3 \bmod 4$, $j^* \equiv 1 \bmod 2$ (d. h. $j = 3$, $j' = 1$ oder $j = 1$, $j' = 3$ oder $j = 2$, $j' = 0$, $j'' = 1$ oder $j = 0$, $j' = 2$, $j'' = 1$). Für $q \equiv 7 \bmod 8$ gilt nach (10.7)

$$v_{3,q}^{(3,1,0)} = v_{3,q}^{(2,0,1)}, \qquad v_{3,q}^{(1,3,0)} = v_{3,q}^{(0,2,1)}.$$

Bezeichnungen: (10.23), (11.11), letztere mit anschließenden Definitionen von $\beta_{3,v;q}^{(j,j')}(n)$ ($v = 4, 5$). Es werden 10 Identitäten aufgestellt.

Satz 11.7 ($q = 3$, $v^+ = 0$). *Für $n \in \mathbb{N}$ gilt*

$$a_3^{(3,1)}(n) = \varrho(n, 3; 2, 3), \qquad a_3^{(1,3)}(n) = \varrho(n, 3; -2, -1),$$
$$a_3^{(2,0,1)}(n) = \varrho(n, 3; -2, -3), \qquad a_3^{(0,2,1)}(n) = \varrho(n, 3; 2, 1). \quad -$$

Satz 11.8 $(q = 7, v^+ = 1)$. *Für* $n \in \mathbb{N}$ *gilt*

$$
\begin{aligned}
a_7^{(3,1)}(n) &= \tfrac{1}{4}\,\varrho\,(n, 7; 2, 7) + \tfrac{3}{8}\,\beta_{3,4;7}^{(3,1)}(n),\\
a_7^{(1,3)}(n) &= \tfrac{1}{4}\,\varrho\,(n, 7; -2, -1) + \tfrac{3}{8}\,\beta_{3,4;7}^{(1,3)}(n),\\
a_7^{(2,0,1)}(n) &= \tfrac{1}{4}\,\varrho\,(n, 7; 2, 7) - \tfrac{1}{8}\,\beta_{3,4;7}^{(3,1)}(n),\\
a_7^{(0,2,1)}(n) &= \tfrac{1}{4}\,\varrho\,(n, 7; -2, -1) - \tfrac{1}{8}\,\beta_{3,4;7}^{(1,3)}(n). \quad -
\end{aligned}
$$

Hieraus folgen zwei Jacobische Identitäten *im engeren Sinne*, u. z.

$$
\begin{aligned}
a_7^{(3,1)}(n) + 3\,a_7^{(2,0,1)}(n) &= \varrho\,(n, 7; 2, 7),\\
a_7^{(1,3)}(n) + 3\,a_7^{(0,2,1)}(n) &= \varrho\,(n, 7; -2, -1).
\end{aligned}
$$

Satz 11.9 $(q = 11; j = 3, j' = 1$ oder $j = 1, j' = 3; v^+ = 2)$. *Für* $n \in \mathbb{N}$ *gilt*

$$
\begin{aligned}
a_{11}^{(3,1)}(n) &= \tfrac{1}{7}\,\varrho\,(n, 11; 2, 11) + \tfrac{12}{7}\,\beta_{3,5;11}^{(3,1)}(n),\\
a_{11}^{(1,3)}(n) &= \tfrac{1}{7}\,\varrho\,(n, 11; -2, -1) + \tfrac{12}{7}\,\beta_{3,5;11}^{(1,3)}(n). \quad -
\end{aligned}
$$

Für eine ungerade Primzahl $n = p \neq q$ wird

$$
\varrho\,(p, q; t_1, t_2) = \left(t_1 + \left(\frac{-1}{p}\right)\right)\left(t_2 - \left(\frac{p}{q}\right)\right)\left(p + \left(\frac{-1}{p}\right)\left(\frac{p}{q}\right)\right) \qquad (t_1, t_2 \in \mathbb{C}).
$$

Man erhält damit nach Satz 11.9

$$
\beta_{3,5;11}^{(3,1)}(p) \equiv p + 1,\ 4\,(p - 1),\ 5\,(p - 1),\ 6\,(p + 1) \bmod 7,
$$

wenn das geordnete Paar $\left\{\left(\dfrac{p}{11}\right), \left(\dfrac{-1}{p}\right)\right\}$ die Werte hat

$$
\text{bzw.} \quad = \{+1, +1\},\ \{-1, +1\},\ \{+1, -1\},\ \{-1, -1\}.
$$

$\varrho\,(p, q; -2, -1)$ verschwindet, falls $\left(\dfrac{p}{q}\right) = -1\ (q \equiv 3 \bmod 4)$. Ferner gilt

$$
\beta_{3,5;11}^{(1,3)}(p) \equiv \left(2 - \left(\frac{-1}{p}\right)\right)\left(p + \left(\frac{-1}{p}\right)\right) \bmod 7, \quad \text{wenn} \quad \left(\frac{p}{11}\right) = +1.
$$

An Satz 11.9 ist bemerkenswert, daß die Ableitung der beiden Identitäten Jacobischer Art gelingt, obwohl in jedem Falle nur eine von zwei linear-unabhängigen ganzen Spitzenformen zur Verfügung steht.

Gegenwärtig erscheint es wenig aussichtsreich, zu einem Verständnis des soeben formulierten Phänomens, das für $q = 11$ und $j, j' = 3, 1; 1, 3$ vorliegt, zu gelangen; auch der — erwiesene — Mißerfolg des hier angewendeten Verfahrens im Falle $q = 23$ und $j, j' = 3, 1; 1, 3$ ist vorerst nicht erklärlich. Daß man in diesen und ähnlichen Fällen Identitäten beweisen kann, die, obwohl nicht von Jacobischer Art, doch ein gewisses (wenn auch vermindertes) Interesse verdienen, soll am Fall $q = 23, j = 3, j' = 1$ kurz gezeigt werden.

Wir benutzen die Formel von Satz 6.2 für $q = 23$:

$$
a_q^{(1,1)}(n) = \tfrac{2}{3}\,\sigma_{0,3}(n, q) - \tfrac{4}{3}\,\beta_5(n, q) + \tfrac{4}{3}\,\beta_6(n, q) \qquad (n \in \mathbb{N});
$$

bis zum Schluß dieses § 11 ist q, wenn nichts anderes gesagt wird, als Abkürzung für 23 zu verstehen. Diese Formel gilt mit $\sigma_{03}(0, q) := \frac{3}{2}$ auch für $n = 0$. Wir schreiben

$$E_q(\tau) := \frac{2}{3} \sum_{n=0}^{\infty} \sigma_{03}(n, q)\,^{\pi i n \tau}$$

und erhalten einerseits

$$\vartheta_3^3(\tau)\,\vartheta_3(q\,\tau) = \vartheta_3^2(\tau)\,E_q(\tau) - \tfrac{4}{3}\,\vartheta_3^2(\tau)\,\vartheta_5(\tau)\,\vartheta_5(q\,\tau) + \tfrac{4}{3}\,\vartheta_3^2(\tau)\,\vartheta_6(\tau)\,\vartheta_6(q\,\tau);$$

andererseits, wenn $a^{(1,1)}(n) := a\left(n, \begin{pmatrix} 1 & 0 \\ 0 & 1 \end{pmatrix}\right)$ gesetzt wird:

$$(11.14) \qquad\qquad \vartheta_3^2(\tau)\,E_q(\tau) = \sum_{n=0}^{\infty} \mu_q(n)\,e^{\pi i n \tau}$$

mit

$$\mu_q(n) = a^{(1,1)}(n) + \frac{2}{3} \sum_{\substack{k \geq 0,\, l > 0 \\ k \mid l = n}} \left(\sum_{m_0 > 0,\, m_0 \mid l} (-1)^{l - m_0} \left(\frac{m_0}{q}\right) \right) \left(\sum_{\substack{m_1, m_2 \\ m_1^2 + m_2^2 = k}} 1 \right)$$

$$= a^{(1,1)}(n) + \frac{2}{3}(-1)^n \sum_{m,\, m_0,\, m_1,\, m_2} (-1)^{m_0 + m_1 + m_2} \left(\frac{m_0}{q}\right);$$

die letzte Summe unterliegt den Bedingungen

$$(11.15) \qquad\qquad m > 0, \quad m_0 > 0, \quad m\,m_0 + m_1^2 + m_2^2 = n.$$

Damit ergibt sich in den Bezeichnungen (11.11) die Schlußformel

$$(11.16) \qquad\qquad a_q^{(3,1)}(n) = \mu_q(n) - \tfrac{4}{3}\,\beta_{3,5;q}^{(3,1)}(n) + \tfrac{4}{3}\,\beta_{3,6;q}^{(3,1)}(n).$$

Daß dies als eine Jacobische Identität zu interpretieren sei, würde nach Satz 10.1 bedeuten, daß (11.5) $\vartheta_3^2 E_q$ mit $\Lambda_q^{(3,1,0)}$ zusammenfällt. Das aber ist unmöglich, denn es kann durch einen numerischen Vergleich sogar widerlegt werden, daß sich $\vartheta_3^2(\tau)\,E_q(\tau) - \Lambda_q^{(3,1,0)}(\tau)$ aus den drei der Schar $K_{3,q}^{(3,1,0)+}$ angehörenden Modulformen $\vartheta_3^2(\tau)\,\vartheta_\nu(\tau)\,\vartheta_\nu(q\,\tau)$ ($\nu = 4, 5, 6$) linear mit konstanten Koeffizienten kombinieren läßt. — An der Summationsbedingung (11.15) erscheint das Auftreten einer indefiniten ganzzahligen quaternären quadratischen Form bemerkenswert.

§ 12. Darstellungen durch quaternäre Diagonalformen mit ungeraden Werten der Variablen

(Inhaltsübersicht: Übertragung der wichtigsten Entwicklungen von § 10, 11 auf Darstellungen in der vor § 10 angegebenen Gestalt unter den zusätzlichen Bedingungen $j'' = 0$ und $m_\nu \equiv m'_\nu \equiv 1 \bmod 2$. Konkrete Resultate in 13 Spezialfällen mit $q = 3, 5, 7, 11, 23$.)

Zur Bezeichnung vgl. die ersten Ausführungen von § 10. Für $j, j',\ q \in \mathbb{N}$ nennen wir $a_{q,2}^{(j,j')}(n)$ die Anzahl der Darstellungen von $n \in \mathbb{N}_0$ in der Gestalt

$$(12.1) \qquad\qquad n = m_1^2 + \ldots + m_j^2 + q\,(m_{j+1}^2 + \ldots + m_{j+j'}^2)$$

mit ungeraden $m_1, \ldots, m_j, m_{j+1}, \ldots, m_{j+j'} \in \mathbb{Z}$; i. a. wird $q > 1$ vorausgesetzt: Darstellungen (12.1) existieren nur für $n \equiv j + q\,j' \bmod 8$, und $j + q\,j'$ ist die kleinste ganze Zahl n mit $a_{q,2}^{(j,j')}(n) > 0$. In diesem § 12 wird nur der Fall $j + j' = 4$, q Primzahl > 2, genauer diskutiert. Bildet man die Anzahl $a_{q,2}^{*\,(j,j')}(n)$ der Darstellungen von n in der Gestalt (12.1) mit ungeraden $m_\nu \in \mathbb{N}$ ($1 \leq \nu \leq j + j'$), so erhält man $a_{q,2}^{(j,j')}(n) = 2^{j+j'}\,a_{q,2}^{*\,(j,j')}(n)$ $(n \in \mathbb{N})$.

Wir setzen (vgl. (2.1), (4.18))

$$(12.2) \qquad \vartheta_{22}(\tau) = \vartheta_2\left(\frac{\tau}{2}\right) = \sum_{m \equiv 1\,(2)} \exp \pi i\, m^2\, \frac{\tau}{8} = \xi_8^{-1}\, \vartheta_4(\tau)\,\Big|\, U\left(r = \frac{1}{2}\right)$$

und erhalten, zunächst noch für beliebige $j, j', q \in \mathbb{N}$

$$(12.3) \qquad \begin{aligned} f_{22,q}^{(j,j')}(\tau) &:= \vartheta_{22}^{j}(\tau)\, \vartheta_{22}^{j'}(q\,\tau) = \sum_{n=j+qj'}^{\infty} a_{q,2}^{(j,j')}(n)\, \exp \pi i\, n\, \frac{\tau}{8} \\ &= \xi_8^{-j-qj'}\,(\vartheta_4^{j}(\tau)\, \vartheta_4^{j'}(q\,\tau))\,\big|\, U. \end{aligned}$$

Nach der Formel für $\vartheta_4(q\,\tau)\,\big|\, U$ in § 4 folgt daraus

$$f_{22,q}^{(j,j')} \in \{\Gamma_0[q] \cap \Gamma^0[2], -\tfrac{1}{2}(j+j'), v_{22,q}^{(j,j')}\}^0,$$

wo $v_{22,q}^{(j,j')}$ nach (4.7, 8) und der entsprechenden Darstellung von $v'_{4\,U\Delta}(L)$ in § 4 bei geradem $j + j'$ durch

$$v_{22,q}^{(j,j')}(L) = v'_{4U}{}^{j}(L)\, v'_{4\,U\Delta}{}^{j'}(L) = v_0^{j}\!\left(\!\begin{pmatrix} \delta & -2\,\gamma \\ -\tfrac{1}{2}\beta & \alpha \end{pmatrix}\!\right)\, v_0^{j'}\!\left(\!\begin{pmatrix} \delta & -\tfrac{1}{q}2\,\gamma \\ -q\tfrac{1}{2}\beta & \alpha \end{pmatrix}\!\right)$$

auszudrücken ist. Das führt bei geradem $j + j'$ auf die explizite Formel

$$(12.4) \qquad v_{22,q}^{(j,j')}(L) = \left(\frac{\alpha}{q}\right)^{j}\, \xi_4^{(j+qj')\,(\alpha-1+\tfrac{1}{2}\alpha\beta)} \qquad (L \in \Gamma_0[q] \cap \Gamma^0[2]);$$

wir schreiben in Zukunft für $g, h \in \mathbb{N}$

$$(12.5) \qquad \Gamma[g\backslash h] := \Gamma_0[g] \cap \Gamma^0[h].$$

Im folgenden sei $j, j' \in \mathbb{N}$, $j + j' = 4$ und q eine ungerade Primzahl. Man kann die *Vertreter der* (nach § 3) *vier Spitzenbahnen von* $\Gamma[q\backslash 2]$ am einfachsten aus der Tatsache gewinnen, daß

$$(12.6) \qquad \Gamma[q\backslash 2] = U\,\Gamma_{\vartheta,0}[q]\,U^{-1} = U^{-1}\,\Gamma_{\vartheta,0}[q]\,U$$

zutrifft. Damit ergeben sich nach § 6 als Vertreter $\zeta = A^{-1}\infty$ ($A \in {}_1\Gamma$, mit zugehörigen Breiten N):

$$(12.7) \qquad \begin{aligned} &\zeta = \infty\ (2),\ A = I;\quad \zeta = 1\ (2\,q),\ A = T\,U^{-1}; \\ &\zeta = 0\ (q),\ A = T;\quad \zeta = q^{-1} - 1\ (1),\ A = \dot{U}^{-q}\,U. \end{aligned}$$

Nach (12.3, 6) und der Tabelle in § 6 erhält man die Ordnungen von $f_{22,q}^{(j,j')}$ in diesen Spitzen; sie verschwinden nicht in $\zeta = 0$, $q^{-1} - 1$, jedoch in $\zeta = \infty, 1$. Das in § 6 dargelegte Verfahren liefert überdies

$$f_{22,q}^{(j,j')}(\tau)\,\big|\, T = -4\,q^{-\tfrac{1}{2}j'}\, \vartheta_0^{j}(2\,\tau)\, \vartheta_0^{j'}(2\,q^{-1}\,\tau),$$

$$f_{22,q}^{(j,j')}(\tau)\,\big|\, U^{-1}\,\dot{U}^{q} = 4\,(-1)^{\tfrac{1}{2}(q+1)}\, \vartheta_0^{j}(2\,\tau)\, \vartheta_0^{j'}(2\,q\,\tau),$$

so daß insbesondere

$$(12.8) \qquad b_0\,(T, f_{22,q}^{(j,j')}) = -\,4\,q^{-\frac{1}{2}j'}, \qquad b_0\,(\dot U^{-q}\,U, f_{22,q}^{(j,j')}) = 4\,(-1)^{\frac{1}{2}(q+1)}.$$

Die folgende *Tabelle* bezieht sich auf die Modulform $f := f_{22,q}^{(j,j')}$. In den beiden ersten Spalten sind ihre Ordnungen in den Spitzen $\infty, 1$ bezüglich der Gruppe $\Gamma\,[q\backslash 2]$ angegeben; $\varkappa_\infty, \varkappa_1$ bezeichnen die Drehreste der Formenklasse

$$\mathsf{K}_{22,q}^{(j,j')} := \{\Gamma\,[q\backslash 2], -\,2, v_{22,q}^{(j,j')}\}$$

von $f_{22,q}^{(j,j')}$ in diesen Spitzen, und es ist $v^+ := \dim \mathsf{K}_{22,q}^{(j,j')+}$. Man gewinnt die zur Bestimmung von v^+ erforderlichen Werte des Geschlechts p_Γ $(\Gamma = \Gamma\,[q\backslash 2])$ durch Übertragung nach (12.6); es gilt also wieder

$$p_\Gamma = \tfrac{1}{4}\,(q-5) \quad \text{für} \quad q \equiv 1 \bmod 4, \qquad p_\Gamma = \tfrac{1}{4}\,(q-3) \quad \text{für} \quad q \equiv 3 \bmod 4.$$

Da für $q \equiv 3 \bmod 4$ stets $4\,v^+ = q-3$ gilt, ist v^+ in diesem Teil der Tabelle nicht notiert. Genau dann, wenn zugleich $q \equiv 3 \bmod 4$ und $j = j' = 2$ ist, gilt $v_{22,q}^{(j,j')} \equiv 1$. – Elliptische Fixpunkte haben hier wie in § 11 keine Bedeutung.

			$q \equiv 1 \bmod 8$			$q \equiv 5 \bmod 8$			$q \equiv 3 \bmod 8$		$q \equiv 7 \bmod 8$	
j, j'	$8\,\mathrm{ord}_\infty f$	$8\,\mathrm{ord}_1 f$	$4\,\varkappa_\infty$	$4\,\varkappa_1$	$4\,v^+$	$4\,\varkappa_\infty$	$4\,\varkappa_1$	$4\,v^+$	$4\,\varkappa_\infty$	$4\,\varkappa_1$	$4\,\varkappa_\infty$	$4\,\varkappa_1$
$3,1$	$q+3$	$3\,q+1$	2	2	$q-1$	0	0	$q-5$	3	1	1	3
$2,2$	$2\,q+2$	$2\,q+2$	2	2	$q-1$	2	2	$q-1$	0	0	0	0
$1,3$	$3\,q+1$	$q+3$	2	2	$q-1$	0	0	$q-5$	1	3	3	1

Im folgenden werden nach dem Verfahren von § 3 *Eisensteinsche Reihen* vom Typus $E_{-2}\,(\tau, \chi)$ konstruiert, durch die in Analogie zu Satz 10.1 die Funktionen $f_{22,q}^{(j,j')}$ auf ganze Spitzenformen linear reduziert werden können. Diese $E_{-2}\,(\tau, \chi)$ sind den Spitzen $\zeta = 0, q^{-1}-1$ formal zugeordnet; es müssen also zunächst die *Bedingungen für die Zeilen* $\{m_1, m_2\} = \underline{M}$, $M \in A\,\Gamma\,[q\backslash 2]$ $(A = T, \dot U^{-q}\,U)$ angegeben werden. Sie besagen, wie in der üblichen Art zu beweisen:

$$(12.9) \quad \begin{aligned} A = T: & \;(m_1, m_2) = 1, \;\;(m_1, 2\,q) = 1, \;\; m_2 \equiv 0 \bmod 2, \\ A = \dot U^{-q}\,U: & \;(m_1, m_2) = 1, \;\; m_1 \equiv q \bmod 2\,q, \;\;(m_2, q) = 1, \;\; m_2 \equiv 0 \bmod 2. \end{aligned}$$

Um hieraus und aus (12.4) *assoziierte Kongruenz-Charaktere* χ mit den Eigenschaften (X* 1, 2, 3) zu gewinnen, muß man $v_{22,q}^{(j,j')}\,(L)$ durch m_1, m_2 ausdrücken, wenn $M = A\,L \in A\,\Gamma\,[q\backslash 2]$, $\{m_1, m_2\} = \underline{M}$. Das führt im Falle $A = T$ auf folgenden *Ansatz:* $\chi_0\,(m_1, m_2) = 0$, wenn eine der folgenden Bedingungen verletzt ist:

$$(12.10) \qquad\qquad (m_1, 2\,q) = 1, \qquad m_2 \equiv 0 \bmod 2;$$

sind sie jedoch erfüllt, so sei

$$(12.11) \qquad\qquad \chi_0\,(m_1, m_2) = \left(\frac{m_1}{q}\right)^j \zeta_4^{(j+q\,j')\,(1-m_1-\frac{1}{2}\,m_1 m_2)}$$

Im Falle $A = \dot{U}^{-q} U$ erhält man aus $M = \begin{pmatrix} m_0 & m_3 \\ m_1 & m_2 \end{pmatrix} \in A\,\Gamma\,[q\backslash 2]$ sofort $\left(\dfrac{\alpha}{q}\right) = \left(\dfrac{\delta}{q}\right) = \left(\dfrac{m_2}{q}\right)$ und hat nun $\zeta_4^{(j+qj')\,(\alpha-1+\frac{1}{2}\alpha\beta)}$ unter der Voraussetzung (12.9) *durch m_1, m_2 auszudrücken*, wobei benutzt werden darf, daß

$$j + qj' = 4 + (q-1)\,j' \equiv 0 \bmod 2$$

gilt. Aus

$$\alpha = -(q-1)\,m_0 - m_1, \qquad \beta = -(q-1)\,m_3 - m_2$$

erhält man wegen $m_0 m_2 + m_1 m_3 = 2\,m_0 m_2 - 1,\; m_3 \equiv 1 \bmod 2$:

$$\alpha\beta \equiv m_1 m_2 - (q-1) + (q-1)^2\, m_0 \bmod 8,$$

$$\alpha - 1 + \tfrac{1}{2}\,\alpha\beta \equiv -m_1 - 1 + \tfrac{1}{2}\,(q-1)\,\{-2\,m_0 - 1 + (q-1)\,m_0\} + \tfrac{1}{2}\,m_1 m_2$$

$$\equiv -m_1 - 1 + \tfrac{1}{2}\,m_1 m_2 - \tfrac{1}{2}\,(q-1) + \tfrac{1}{2}\,(q^2-1)\,m_0 \bmod 4,$$

was

$$\zeta_4^{(j+qj')\,(\alpha-1+\frac{1}{2}\alpha\beta)} = \lambda\;\zeta_4^{(j+qj')\,(-m_1+1+\frac{1}{2}m_1 m_2)}$$

mit $\lambda := \zeta_4^{-\frac{1}{2}(q-3)(j+qj')}$ liefert.

Damit und weil von einem konstanten Faktor abgesehen werden kann, ergibt sich folgender Ansatz: Es sei $\chi_3(m_1, m_2) = 0$, wenn eine der folgenden Bedingungen verletzt ist:

$$(12.12) \qquad m_1 \equiv q \bmod 2\,q, \quad (m_2, q) = 1, \quad m_2 \equiv 0 \bmod 2.$$

Sind sie jedoch erfüllt, so sei

$$(12.13) \qquad \chi_3(m_1, m_2) = \left(\frac{m_2}{q}\right)^{j} \zeta_4^{(j+qj')\,(m_1 - 1 - \frac{1}{2}m_1 m_2)}.$$

Wie nicht schwer zu beweisen, gelten $(X^*1,2)$ für $\chi = \chi_0, \chi_3$ und $K = K_{22,q}^{(j,j')}$; dabei kann $H = 8\,q$ und $N_2 = 8$ bzw. $8\,q$ gewählt werden. Die *Bestätigung von* (X^*3) soll für $\chi = \chi_0$ und $\chi = \chi_3$ gemeinsam ausgeführt werden; dabei darf man den Exponenten von ξ_4 in (12.11) durch den von ξ_4 in (12.13) ersetzen. Zu beweisen hat man für $k = 0, 3$:

$$\chi_k(m_1, m_2) = v_{22,q}^{(j,j')}(L)\,\chi_k(m_1', m_2'), \quad \text{wenn} \quad \{m_1', m_2'\} = \{m_1, m_2\}\,L,$$

$(L \in \Gamma\,[q\backslash 2])$. Zunächst zeigt sich, daß, abgesehen von Situationen, in denen sowohl $\chi_k(m_1, m_2)$ als auch $\chi_k(m_1', m_2')$ verschwindet, (12.10) $(k = 0)$ bzw. (12.12) $(k = 3)$ mit den entsprechenden Bedingungen für m_1', m_2' gleichbedeutend ist. Überdies gilt unter diesen Bedingungen

$$\left(\frac{m_1'}{q}\right) = \left(\frac{m_1}{q}\right)\left(\frac{\alpha}{q}\right)\ (k = 0), \qquad \left(\frac{m_2'}{q}\right) = \left(\frac{m_2}{q}\right)\left(\frac{\delta}{q}\right)\ (k = 3).$$

Man erhält dann die Behauptung aus

$$m_1' m_2' - 2\,(m_1' - 1) = m_1^2\,\alpha\beta + m_1 m_2\,(\alpha\delta + \beta\gamma) + m_2^2\,\gamma\delta - 2\,(m_1\alpha - 1 + m_2\gamma)$$

$$\equiv \alpha\beta + m_1 m_2 + m_2^2\,\gamma\delta - 2\,(m_1 - \alpha + m_2\gamma)$$

$$\equiv 2\,(\alpha - 1 + \tfrac{1}{2}\,\alpha\beta) - 2\,(m_1 - 1 - \tfrac{1}{2}\,m_1 m_2) \bmod 8,$$

da $m_2\gamma\,(m_2\delta - 2) \equiv 0 \bmod 8$.

Bei der Aufstellung der *Fourier-Entwicklungen* der Funktionen $E_{-2}(\tau, \chi)$ $(\chi = \chi_0, \chi_3)$ ergeben sich keine gegenüber § 10 neuen Gesichtspunkte. Diese Entwicklungen sollen daher jetzt angegeben werden. Im Vergleich zu § 10 tritt eine beträchtliche Vereinfachung dadurch ein, daß in den Fourier-Entwicklungen keine Aufspaltung nach den Resten von $m_1, m_2 \bmod 2$ stattfindet; zur Bezeichnung vgl. (9.3) und $\delta_k(x)$ bei den Werten von ω^* in § 10.

(A) $j = j' = 2, q \equiv 1 \bmod 4 \ (j + q j' \equiv 4 \bmod 8)$:

$$E_{-2}(\tau, \chi_0) = -\pi^2 \sum_{\substack{m,n=1 \\ (m,2q)=(n,2)=1}}^{\infty} n \exp \pi i m n \frac{\tau}{2},$$

$$E_{-2}(\tau, \chi_3) = -\frac{\pi^2}{q^2} \sum_{\substack{m,n=1 \\ mn \equiv 1 \,(2)}}^{\infty} (q\,\delta_q(n) - 1)\, n \exp \pi i m n \frac{\tau}{2};$$

(B) $j = j' = 2, q \equiv 3 \bmod 4 \ (j + q j' \equiv 0 \bmod 8)$:

$$E_{-2}(\tau, \chi_0) = -\frac{q-1}{4q}\frac{\pi}{y} - 2\,\pi^2 \sum_{\substack{m,n=1 \\ (m,2q)=1}}^{\infty} n\, e^{\pi i m n \tau},$$

$$E_{-2}(\tau, \chi_3) = -\frac{q-1}{4q^2}\frac{\pi}{y} - \frac{2\,\pi^2}{q^2} \sum_{\substack{m,n=1 \\ m \equiv 1 \,(2)}}^{\infty} (q\,\delta_q(n) - 1)\, n\, e^{\pi i m n \tau};$$

(C) $j, j' = 3,1; 1,3; q \equiv 3 \bmod 4 \ (j + q j' \equiv 2 \bmod 4)$:

$$E_{-2}(\tau, \chi_0) = -\frac{\pi^2}{4} \sum_{\substack{m,n=1 \\ mn \equiv j+qj' \,(8)}}^{\infty} \left(\frac{-4}{m}\right)\left(\frac{m}{q}\right) n \exp \pi i m n \frac{\tau}{8},$$

$$E_{-2}(\tau, \chi_3) = \frac{\pi^2 i}{4q\sqrt{q}} \sum_{\substack{m,n=1 \\ mn \equiv j+qj' \,(8)}}^{\infty} \left(\frac{-4}{m}\right)\left(\frac{n}{q}\right) n \exp \pi i m n \frac{\tau}{8};$$

(D) $j, j' = 3,1; 1,3; q \equiv 1 \bmod 4$:

$$E_{-2}(\tau, \chi_0) = -\pi^2 \sum_{\substack{m,n=1 \\ m \equiv 1 \,(2) \\ 4mn \equiv q-5 \,(8)}}^{\infty} \left(\frac{m}{q}\right) n \exp \pi i m n \frac{\tau}{2},$$

$$E_{-2}(\tau, \chi_3) = -\frac{\pi^2}{q\sqrt{q}} \sum_{\substack{m,n=1 \\ m \equiv 1 \,(2) \\ 4mn \equiv q-5 \,(8)}}^{\infty} \left(\frac{n}{q}\right) n \exp \pi i m n \frac{\tau}{2}.$$

Nach Satz 3.2 stellen die hier auftretenden $E_{-2}(\tau, \chi)$ $(\chi = \chi_0, \chi_3)$ mit Ausnahme der beiden Funktionen unter (B) ganze Modulformen der Klasse $K_{22,q}^{(j,j')}$ dar; im Falle (B) muß man, um dies zu erreichen, die nicht-analytischen Terme durch Linearkombination eliminieren. Die so insgesamt entstehenden Modulformen sind *ganze Orthogonalfunktionen* ihrer Klassen. — Wir beweisen das Analogon von Satz 10.1: Es bezeichne $K_{22,q}^{(j,j')1}$ die lineare Schar der

Modulformen von $K_{22,q}^{(j,j')\,0}$, welche in den Spitzen ∞ und 1 verschwinden. Offenbar gilt stets

$$K_{22,q}^{(j,j')\,+} \subset K_{22,q}^{(j,j')\,1} \subset K_{22,q}^{(j,j')\,0}$$

und in der ersten Inklusion dann das Gleichzeitszeichen, wenn $\varkappa_\infty$ und $\varkappa_1$ positiv sind, was stets gleichzeitig eintritt.

Um die Orthogonalfunktionen von $K_{22,q}^{(j,j')\,1}$ anzugeben, muß man die *konstanten Glieder* $c_2\,(\chi, A)$ (Satz 3.3; $\chi = \chi_0, \chi_3$ und A nach (12.7)) bestimmen (zur Bezeichnung vgl. (10.14), insbesondere im anschließenden Text die Definitionen von $u_2\,(q)$, $u_2\,(4\,q)$). Dies läßt sich durch den in § 10 zitierten Formalismus aufgrund der Definitionen (12.10 − 13) explizit durchführen und ergibt, daß alle acht Werte $c_2\,(\chi, A)$ (χ, A wie oben) mit genau zwei Ausnahmen verschwinden. Die Ausnahmen sind

$$b_0\,(T, E_{-2}\,(*, \chi_0)) = 2 \sum_{\substack{m=1 \\ m \equiv 1\,(2)}}^{\infty} \left(\frac{m}{q}\right)^j \zeta_4^{(j+qj')\,(m-1)}\, m^{-2},$$

$$b_0\,(\dot{U}^{-q}\,U, E_{-2}\,(*, \chi_3)) = \zeta_4^{-\frac{1}{2}\,(q+3)\,(j+qj')}\, b_0\,(T, E_{-2}\,(*, \chi_0));$$

im einzelnen findet man

in den Fällen (A) (B) $(j = j' = 2)$:

$$b_0\,(T, E_{-2}\,(*, \chi_0)) = b_0\,(\dot{U}^{-q}\,U, E_{-2}\,(*, \chi_3)) = \frac{q^2 - 1}{4\,q^2}\,\pi^2;$$

im Fall (C) mit $\alpha_{2,q} := (8\,q)^{-1}\,|\,u_2\,(4\,q)\,|$:

$$b_0\,(T, E_{-2}\,(*, \chi_0)) = \frac{\pi^2}{q\sqrt{q}}\,\alpha_{2,q},$$

$$b_0\,(\dot{U}^{-q}\,U, E_{-2}\,(*, \chi_3)) = i^j\,\frac{\pi^2}{q\sqrt{q}}\,\alpha_{2,q};$$

im Fall (D) mit $\alpha_{2,q} := (5 - 2\,\varepsilon_q)\,(2\,q)^{-1}\,|\,u_2\,(q)\,|$, $\varepsilon_q := \frac{1}{2}\left(1 + \left(\frac{2}{q}\right)\right)$:

$$b_0\,(T, E_{-2}\,(*, \chi_0)) = b_0\,(\dot{U}^{-q}\,U, E_{-2}\,(*, \chi_3)) = \frac{2\,\pi^2}{q\sqrt{q}}\,\alpha_{2,q}.$$

Mit diesen Formeln läßt sich nach (12.8) die *lineare Reduktion der Funktionen* $f_{22,q}^{(j,j')}$ *in die Schar* $K_{22,q}^{(j,j')\,+}$ vornehmen. Die reduzierende Eisenstein-Reihe ist durch

$$\Lambda_{22,q}^{(j,j')}(\tau) = \lambda_0\,E_{-2}\,(\tau, \chi_0) + \lambda_3\,E_{-3}\,(\tau, \chi_3)$$

mit

$$-4\,q^{-\frac{1}{2}\,j'} = \lambda_0\,b_0\,(T, E_{-2}\,(*, \chi_0)), \qquad 4\,(-1)^{\frac{1}{2}\,(q+1)} = \lambda_3\,b_0\,(A, E_{-2}\,(*, \chi_3))$$

($A = \dot{U}^{-q}\,U$) definiert. Die *endgültigen Fourier-Entwicklungen* dieser $\Lambda_{22,q}^{(j,j')}\,(\tau)$ ergeben sich aus den obigen entsprechenden Entwicklungen der $E_{-2}\,(\tau, \chi)$ ($\chi = \chi_0, \chi_3$) z. T. mit etwas Rechnung, in der folgenden Gestalt:

Fall (A) $(j = j' = 2, q \equiv 1 \bmod 4)$:

$$\Lambda_{22,q}^{(j,j')}(\tau) = \frac{16}{q+1} \sum_{\substack{n=1 \\ n \equiv 1\,(2)}}^{\infty} \left(\sigma_1(n) + q\,\sigma_1\left(\frac{n}{q}\right) \right) \exp \pi i n \frac{\tau}{2};$$

Fall (B) $(j = j' = 2, q \equiv 3 \bmod 4)$:

$$\Lambda_{22,q}^{(j,j')}(\tau) = \frac{32}{q-1} \sum_{n=1}^{\infty} \sigma_{1,1}(n,q)\, e^{\pi i n \tau}, \qquad \sigma_{1,1}(n,q) := \sum_{\substack{d,d'>0,\, dd'=n \\ (d,q)=(d',2)=1}} d;$$

Fall (C) $(j \equiv 1 \bmod 2, q \equiv 3 \bmod 4)$:

$$\Lambda_{22,q}^{(j,j')}(\tau) = \alpha_{2,q}^{-1} \sum_{\substack{n=1 \\ n \equiv j+qj'\,(8)}}^{\infty} \sigma_{1,2}^{(j)}(n,q; q^{\frac{1}{2}(j-1)}) \exp \pi i n \frac{\tau}{8}$$

mit

$$\sigma_{1,2}^{(j)}(n,q;t) := \sum_{d,d'>0,\, dd'=n} \left(\frac{-4}{d'} \right) \left(t\left(\frac{d'}{q}\right) + \left(\frac{-1}{j}\right)\left(\frac{d}{q}\right) \right) d;$$

Fall (D) $(j \equiv 1 \bmod 2, q \equiv 1 \bmod 4)$:

$$\Lambda_{22,q}^{(j,j')}(\tau) = 2\,\alpha_{2,q}^{-1} \sum_{\substack{n=1 \\ 4n \equiv q-5\,(8)}}^{\infty} \sigma_{1,3}'(n,q; q^{\frac{1}{2}(j-1)}) \exp \pi i n \frac{\tau}{2}$$

mit

$$\sigma_{1,3}'(n,q;t) := \sum_{\substack{d,d'>0,\, dd'=n \\ d' \equiv 1\,(2)}} \left(t\left(\frac{d'}{q}\right) + \left(\frac{d}{q}\right) \right) d.$$

Als Analogon zu Satz 10.1 gilt

Satz 12.1. *Der Rang der Schar der Orthogonalfunktionen in* $\mathsf{K}_{22,q}^{(j,j')\,1}$ *beträgt 1 oder 2, und zwar genau dann 1, wenn zugleich* $j = j' = 2$ *und* $q \equiv 3 \bmod 4$ *zutrifft (Fall (B), d. h.* $v_{22,q}^{(j,j')} \equiv 1$*). In diesem Fall wird die Orthogonalschar von* $\Lambda_{22,q}^{(j,j')}$ *aufgespannt, im anderen Fall ((A) oder (C) oder (D)) von* $E_{-2}(\tau, \chi_0)$ *und* $E_{-2}(\tau, \chi_3)$*. Es gilt stets*

$$f_{22,q}^{(j,j')} = \Lambda_{22,q}^{(j,j')} + \varphi^+ \qquad (\varphi^+ \in \mathsf{K}_{22,q}^{(j,j')+}). \quad -$$

Dieser Satz soll jetzt zur *Ableitung Jacobischer Identitäten* für Darstellungsanzahlen $a_{q,2}^{(j,j')}(n)$ benutzt werden. In Betracht kommen die Werte $q = 3, 5, 7, 11$ mit $j, j' = 3,1;\ 2,2;\ 1,3$, ferner $q = 23$ mit $j = j' = 2$. Mit Ausnahme der drei Fälle $q = 3$ und der beiden Fälle $q = 5$ mit $j, j' = 3,1;\ 1,3$ erfordert dies die Konstruktion ganzer Spitzenformen, die im wesentlichen auf Relationen zwischen Multiplikatorsystemen zurückgeführt wird. Hierüber findet sich alles Wesentliche im letzten Abschnitt von § 4, der auf die vorliegenden Darstellungsprobleme Bezug nimmt (s. insbes. (4.20, 21)); hinsichtlich der Vorfaktoren vgl. die beiden kurzen Tabellen über die $\alpha_{2,q}$ gegen Ende von § 10.

Bei der folgenden Formulierung der konkreten Beispiele werden die Kongruenzbedingungen für die Darstellbarkeit der $n \in \mathbb{N}$ in der Gestalt (12.1) hinzugefügt. Ein gelegentlich auftretender Nenner 16 entspricht dem Umstand, daß alle $a_{q,2}^{(j,j')}(n)$ durch $2^{j+j'}$ teilbar sind.

Im Falle (A) und wenn überdies $q \equiv -1 \bmod 6$ ist, gilt nach (4.21) (vgl. auch § 11, (11.10), Satz 11.1):

$$\eta^2\left(\frac{1}{2}\,\tau\right)\eta^2\left(\frac{1}{2}\,q\,\tau\right) = \sum_{n=1}^{\infty} \beta_{5,5;q}(n)\,\exp\pi\,i\,n\,\frac{\tau}{2} \in \mathsf{K}_{22,q}^{(2,2)+};$$

man erhält mit $\sigma_k(n) := \sum_{d>0,\,d\mid n} d^k\ (k \in \mathbb{R})$:

Satz 12.2 $(q = 5, j = j' = 2; n \equiv 4 \bmod 8)$. *Für* $n \in \mathbb{N}$, $n \equiv 1 \bmod 2$ *gilt*

$$\frac{1}{16}\,a_{5,2}^{(2,2)}(4\,n) = \frac{1}{6}\left\{\sigma_1(n) + 5\,\sigma_1\left(\frac{n}{5}\right) - \beta_{5,5;5}(n)\right\}. \quad -$$

Daß $\beta_{5,5;5}(n)$ für gerade n verschwindet, hat hier keine Bedeutung. Im Falle (B) erhält man zunächst

Satz 12.3 $(q = 3, j = j' = 2; n \equiv 0 \bmod 8)$. *Für* $n \in \mathbb{N}$ *gilt*

$$\tfrac{1}{16}\,a_{3,2}^{(2,2)}(8\,n) = \sigma_{1,1}(n,3). \quad -$$

Wenn $q \equiv -1 \bmod 8$ ist, gilt nach (4.20)

$$\vartheta_0(\tau)\,\vartheta_0(q\,\tau)\,\vartheta_{22}(\tau)\,\vartheta_{22}(q\,\tau) = \sum_{n=1}^{\infty} \beta_{0,2;q}(n)\,e^{\pi\,i\,n\,\tau} \in \mathsf{K}_{22,q}^{(2,2)+};$$

daß hier eine ganze Spitzenform vorliegt, kann aus der Relation

$$(\vartheta_0(\tau)\,\vartheta_0(q\,\tau)\,\vartheta_{22}(\tau)\,\vartheta_{22}(q\,\tau))\,|\,U = \xi\,\vartheta_3(\tau)\,\vartheta_3(q\,\tau)\,\vartheta_4(\tau)\,\vartheta_4(q\,\tau)$$

abgeleitet werden, in der ξ eine Einheitswurzel angibt. Man erhält

$$\beta_{0,2;q}(n) = \sum_{m_1,\,m_2,\,m_3,\,m_4} (-1)^{m_1+m_2} \quad \text{u.d.B.} \quad \left\{\begin{array}{l} m_3 \equiv m_4 \equiv 1 \bmod 2 \\ 8\,(m_1^2 + q\,m_2^2) + m_3^2 + q\,m_4^2 = 8\,n \end{array}\right\}$$

und damit

Satz 12.4 $(q = 7, j = j' = 2; n \equiv 0 \bmod 8)$. *Es gilt für* $n \in \mathbb{N}$

$$\tfrac{1}{16}\,a_{7,2}^{(2,2)}(8\,n) = \tfrac{1}{24}\,\sigma_{1,1}(8\,n,7) - \tfrac{1}{12}\,\beta_{0,2;7}(n). \quad -$$

Für $q \equiv -1 \bmod 12$ gewinnt man nach (4.20) zwei linear-unabhängige Funktionen von $\mathsf{K}_{22,q}^{(2,2)+}$ in der Gestalt

$$\vartheta_{22}(\tau)\,\vartheta_{22}(q\,\tau)\,\eta\left(\frac{1}{2}\,\tau\right)\eta\left(\frac{1}{2}\,q\,\tau\right) = \sum_{n=1}^{\infty} \beta_{2,6;q}^{*}(n)\,e^{\pi\,i\,n\,\tau},$$

wo

$$\beta_{2,6;q}^{*}(n) = \sum_{m_1,\,m_2,\,m_3,\,m_4}\left(\frac{-1}{m_3\,m_4}\right) \quad \text{u.d.B.} \quad \left\{\begin{array}{l} m_1 \equiv m_2 \equiv 1\ (2),\ m_3 \equiv m_4 \equiv 1\ (6) \\ 3\,(m_1^2 + q\,m_2^2) + m_3^2 + q\,m_4^2 = 24\,n \end{array}\right\}$$

und (vgl. (8.7))

$$\eta^2\left(\frac{1}{2}\,\tau\right)\eta^2\left(\frac{1}{2}\,q\,\tau\right) = \sum_{n=1}^{\infty} \beta^{(2)}(n,q)\,e^{\pi\,i\,n\,\tau};$$

für $q = 11$ bilden sie eine Basis von $\mathsf{K}_{22,q}^{(2,2)+}$. Man erhält daher

Satz 12.5 ($q = 11, j = j' = 2; n \equiv 0 \bmod 8$). *Für* $n \in \mathbb{N}$ *gilt*

$$\tfrac{5}{16}\, a^{(2,2)}_{11,2}\,(8\,n) = \sigma_{1,1}\,(n, 11) - \beta^*_{2,6;11}\,(n) - \beta^{(2)}\,(n, 11). \quad -$$

Für $q \equiv -1 \bmod 24$ stehen nach (4.19, 20) vier ganze Modulformen der klasse $\{\Gamma\,[q\backslash 2], -1, v^{(1,1)}_{22,q}\}$ zur Verfügung; dies sind

$$\vartheta_{22}\,(\tau)\,\vartheta_{22}\,(q\,\tau), \quad \vartheta_0\,(\tau)\,\vartheta_0\,(q\,\tau), \quad \eta\,(\tau)\,\eta\,(q\,\tau), \quad \eta\,(\tfrac{1}{2}\,\tau)\,\eta\,(\tfrac{1}{2}\,q\,\tau).$$

Aus ihnen lassen sich durch Multiplikation die folgenden fünf linear-unabhängigen Modulformen der Schar $\mathsf{K}^{(2,2)+}_{22,q}$ bilden, die wir mit ihren Fourier-Koeffizienten wie folgt notieren:

$$\vartheta^*_{0,6;q}\,(\tau) := \vartheta_0\,(\tau)\,\vartheta_0\,(q\,\tau)\,\eta\left(\frac{1}{2}\,\tau\right)\eta\left(\frac{1}{2}\,q\,\tau\right) = \sum_{n=1}^{\infty} \beta^*_{0,6;q}\,(n)\,e^{\pi i n \tau},$$

$$\beta^*_{0,6;q}\,(n) = \sum_{m_1, m_2, m_3, m_4} (-1)^{m_1+m_2}\left(\frac{-1}{m_3\,m_4}\right)\ \text{u.d.B.}\ \left\{\begin{array}{l} m_3 \equiv m_4 \equiv 1 \bmod 6 \\ 24\,(m_1^2 + q\,m_2^2) + m_3^2 + q\,m_4^2 - 24\,n \end{array}\right\};$$

$$\vartheta_{5,5;q}\,(\tau) := \eta^2\,(\tau)\,\eta^2\,(q\,\tau)\ (\text{s. (11.9)}); \quad \beta_{5,5;q}\,(n) = 0 \quad \text{für} \quad n \equiv 1 \bmod 2);$$

$$\vartheta^*_{6,q}\,(\tau) := \vartheta_{5,5;q}\left(\frac{1}{2}\,\tau\right), \ (\text{s. (11.9)}),$$

$$\vartheta^*_{5,6;q}\,(\tau) := \eta\left(\frac{1}{2}\,\tau\right)\eta\left(\frac{1}{2}\,q\,\tau\right)\eta\,(\tau)\,\eta\,(q\,\tau) = \sum_{n=1}^{\infty} \beta^*_{5,6;q}\,(n)\,e^{\pi i n \tau},$$

$$\beta^*_{5,6;q}\,(n) = \sum_{m_1, m_2, m_3, m_4} \left(\frac{-1}{m_1\,m_2\,m_3\,m_4}\right)\ \text{u.d.B.}\ \left\{\begin{array}{l} m_1 \equiv m_2 \equiv m_3 \equiv m_4 \equiv 1 \bmod 6 \\ m_1^2 + q\,m_2^2 + 2\,(m_3^2 + q\,m_4^2) = 24\,n \end{array}\right\};$$

$$\vartheta^*_{2,5;q}\,(\tau) := \vartheta_{22}\,(\tau)\,\vartheta_{22}\,(q\,\tau)\,\eta\,(\tau)\,\eta\,(q\,\tau) = \sum_{n=1}^{\infty} \beta^*_{2,5;q}\,(n)\,e^{\pi i n \tau},$$

$$\beta^*_{2,5;q}\,(n) = \sum_{m_1, m_2, m_3, m_4} \left(\frac{-1}{m_3\,m_4}\right)\ \text{u.d.B.}\ \left\{\begin{array}{l} m_1 \equiv m_2 \equiv 1\ (2),\ m_3 \equiv m_4 \equiv 1\ (6) \\ 3\,(m_1^2 + q\,m_2^2) + 2\,(m_3^2 + q\,m_4^2) = 24\,n \end{array}\right\}.$$

Die lineare Unabhängigkeit dieser Modulformen ergibt sich aus ihren Ordnungen bezüglich $\Gamma = \Gamma\,[q\backslash 2]$ im Unendlichen: Man hat

$$24\ \mathrm{ord}_{\Gamma,\infty}\,\vartheta^*_{0,6;q} = q + 1, \quad 24\ \mathrm{ord}_{\Gamma,\infty}\,\vartheta^*_{6,q} = 2\,(q + 1), \quad 24\ \mathrm{ord}_{\Gamma,\infty}\,\vartheta^*_{5,6;q} = 3\,(q + 1),$$

$$24\ \mathrm{ord}_{\Gamma,\infty}\,\vartheta_{5,5;q} = 4\,(q + 1), \quad 24\ \mathrm{ord}_{\Gamma,\infty}\,\vartheta^*_{2,5;q} = 5\,(q + 1).$$

Für $q = 23$ bilden diese fünf Modulformen mithin eine *Basis von* $\mathsf{K}^{(2,2)+}_{22,q}$, und man gelangt zu

Satz 12.6 ($q = 23, j = j' = 2, n \equiv 0 \bmod 8$). *Für* $n \in \mathbb{N}$ *gilt mit* q *als Abkürzung von 23:*

$$\tfrac{11}{16}\, a^{(2,2)}_{q,2}\,(8\,n) = \sigma_{1,1}\,(n, q) - \beta^*_{0,6;q}\,(n) - 5\,\beta_{5,5;q}\,(2\,n)$$

$$- 13\,\beta^*_{5,6;q}\,(n) - 20\,\beta_{5,5;q}\,(n) - 5\,\beta^*_{2,5;q}\,(n). \quad -$$

Im Fall (C) erhält man nach Satz 12.1 zunächst

Satz 12.7 ($q = 3, j \equiv 1 \bmod 2, n \equiv 2 \bmod 4$). *Für $n \in \mathbb{N}$ gilt*

$$a_{3,2}^{(3,1)}(n) = \sigma_{1,2}^{(3)}(n, 3; 3), \quad wenn \quad n \equiv 6 \bmod 8;$$

$$a_{3,2}^{(1,3)}(n) = \sigma_{1,2}^{(1)}(n, 3; 1), \quad wenn \quad n \equiv 2 \bmod 8. \quad -$$

Für $q \equiv -1 \bmod 8$ ergeben sich nach (4.20) ganze Spitzenformen der Klasse $\mathsf{K}_{22,q}^{(j,j')}$ in der Gestalt

$$\vartheta_{22}^2(\tau)\,\vartheta_0(\tau)\,\vartheta_0(q\,\tau) = \sum_{\substack{n=1 \\ n \equiv 2\,(8)}}^{\infty} \beta_{0,2;q}^{(3,1)}(n)\, \exp \pi i\, n\, \frac{\tau}{8} \in \mathsf{K}_{22,q}^{(3,1)+},$$

$$\vartheta_0(\tau)\,\vartheta_0(q\,\tau)\,\vartheta_{22}^2(q\,\tau) = \sum_{\substack{n=1 \\ n \equiv 6\,(8)}}^{\infty} \beta_{0,2;q}^{(1,3)}(n)\, \exp \pi i\, n\, \frac{\tau}{8} \in \mathsf{K}_{22,q}^{(1,3)+},$$

mit

$$\beta_{0,2;q}^{(3,1)}(n) = \sum_{m_1, m_2, m_3, m_4} (-1)^{m_1+m_2} \quad \text{u.d.B.} \quad \left\{ \begin{array}{l} m_3 \equiv m_4 \equiv 1 \bmod 2 \\ 8\,(m_1^2 + q\,m_2^2) + m_3^2 + m_4^2 = n \end{array} \right\},$$

$$\beta_{0,2;q}^{(1,3)}(n) = \sum_{m_1, m_2, m_3, m_4} (-1)^{m_1+m_2} \quad \text{u.d.B.} \quad \left\{ \begin{array}{l} m_3 \equiv m_4 \equiv 1 \bmod 2 \\ 8\,(m_1^2 + q\,m_2^2) + q\,(m_3^2 + m_4^2) = n \end{array} \right\}.$$

Damit findet man nach Satz 12.1

Satz 12.8 ($q = 7, j \equiv 1 \bmod 2, n \equiv 2 \bmod 4$). *Für $n \in \mathbb{N}$ gilt*

$$a_{7,2}^{(3,1)}(n) = \tfrac{1}{4}\,\sigma_{1,2}^{(3)}(n, 7; 7) - \tfrac{3}{4}\,\beta_{0,2;7}^{(3,1)}(n) \quad (n \equiv 2 \bmod 8)$$

$$a_{7,2}^{(1,3)}(n) = \tfrac{1}{4}\,\sigma_{1,2}^{(1)}(n, 7; 1) - \tfrac{3}{4}\,\beta_{0,2;7}^{(1,3)}(n) \quad (n \equiv 6 \bmod 8). \quad -$$

Für $q \equiv -1 \bmod 12$ erhält man nach (4.20) ganze Modulformen aus $\mathsf{K}_{22,q}^{(3,1)+}$ bzw. $\mathsf{K}_{22,q}^{(1,3)+}$ in der Gestalt

$$\vartheta_{22}^2(\tau)\,\eta\!\left(\frac{1}{2}\,\tau\right)\eta\!\left(\frac{1}{2}\,q\,\tau\right) =: \vartheta_{2,6;q}^{(3,1)}(\tau) = \sum_{\substack{n=1 \\ 3n \equiv q+7\,(24)}}^{\infty} \beta_{2,6;q}^{(3,1)}(n)\, \exp \pi i\, n\, \frac{\tau}{8},$$

$$\eta\!\left(\frac{1}{2}\,\tau\right)\eta\!\left(\frac{1}{2}\,q\,\tau\right)\vartheta_{22}^2(q\,\tau) =: \vartheta_{2,6;q}^{(1,3)}(\tau) = \sum_{\substack{n=1 \\ 3n \equiv q-5\,(24)}}^{\infty} \beta_{2,6;q}^{(1,3)}(n)\, \exp \pi i\, n\, \frac{\tau}{8}$$

mit den Koeffizienten

$$\beta_{2,6;q}^{(3,1)}(n) = \sum_{m_1, m_2, m_3, m_4} \left(\frac{-1}{m_3\,m_4}\right) \quad \text{u.d.B.} \quad \left\{ \begin{array}{l} m_1 \equiv m_2 \equiv 1\,(2),\, m_3 \equiv m_4 \equiv 1\,(6) \\ 3\,(m_1^2 + m_2^2) + m_3^2 + q\,m_4^2 = 3\,n \end{array} \right\},$$

$$\beta_{2,6;q}^{(1,3)}(n) = \sum_{m_1, m_2, m_3, m_4} \left(\frac{-1}{m_3\,m_4}\right) \quad \text{u.d.B.} \quad \left\{ \begin{array}{l} m_1 \equiv m_2 \equiv 1\,(2),\, m_3 \equiv m_4 \equiv 1\,(6) \\ 3\,q\,(m_1^2 + m_2^2) + m_3^2 + q\,m_4^2 = 3\,n \end{array} \right\}.$$

Obwohl beide Scharen $\mathsf{K}_{22,q}^{(j,j')}$ für $q = 11$ ($j, j' = 3, 1; 1, 3$) den Rang 2 haben, gewinnt man die folgenden Darstellungsformeln:

Satz 12.9 ($q = 11, j \equiv 1 \bmod 2, n \equiv 2 \bmod 4$). *Für $n \in \mathbb{N}$ gilt*

$$a_{11,2}^{(3,1)}(n) = \tfrac{1}{7}\,\sigma_{1,2}^{(3)}(n, 11; 11) - \tfrac{12}{7}\,\beta_{2,6;11}^{(3,1)}(n), \quad \textit{wenn} \quad n \equiv 6 \bmod 8,$$

$$a_{11,2}^{(1,3)}(n) = \tfrac{1}{7}\,\sigma_{1,2}^{(1)}(n, 11; 1) - \tfrac{12}{7}\,\beta_{2,6;11}^{(1,3)}(n), \quad \textit{wenn} \quad n \equiv 2 \bmod 8. \quad -$$

Die einzigen konkreten Beispiele im Fall (D) sind diese:

Satz 12.10 ($q = 5, j \equiv 1 \bmod 2, n \equiv 0 \bmod 8$). *Für $n \in \mathbb{N}$ gilt*

$$a_{5,2}^{(3,1)}(n) = \tfrac{1}{2}\,\sigma_{1,3}'(n, 5; 5), \qquad a_{5,2}^{(1,3)}(n) = \tfrac{1}{2}\,\sigma_{1,3}'(n, 5; 1),$$

wenn $n \equiv 0 \bmod 8$. $\quad -$

Kapitel IV. Anzahlfunktionen unter Auszeichnung der Primzahlen 2, 3 und 5

§ 13. Diagonalformen mit Kongruenzbedingungen: Aufstellung der Eisensteinschen Reihen

(Inhaltsübersicht: In § 13 und § 14 werden folgende Typen von Darstellungsanzahlen natürlicher Zahlen n betrachtet:

(a) $n = m_1^2 + m_2^2 + m_3^2 + m_4^2$ unter der Nebenbedingung, daß die ersten j Summanden rechts gerade, die übrigen ungerade sind $(0 \leq j \leq 3)$.

(b) $n = m_1^2 + m_2^2 + 2(m_3^2 + m_4^2)$ unter der Nebenbedingung, daß die ersten $j (= 0, 1, 2)$ der m_1, m_2 und die ersten $l (= 0, 1, 2)$ der m_3, m_4 gerade, die jeweils übrigen ungerade sind; der Fall $j = l = 2$ kann ausgeschlossen werden. Damit entstehen acht Anzahlfunktionen.

$$
\text{(c)} \qquad n = \sum_{i=1}^{j} m_i^2 + \sum_{i=1}^{j'} m_i'^2 + 2 \sum_{i=1}^{l} n_i^2 + 2 \sum_{i=1}^{l'} n_i'^2 \qquad (j, j', l, l' \in \mathbb{N}_0)
$$

unter den Nebenbedingungen $m_i \equiv 0$, $m_i' \equiv 1$, $n_i \equiv 0$, $n_i' \equiv 1 \bmod 2$, wo überdies $j + j'$, $l + l'$, $j' + l'$ sämtlich > 0 und $2r := j + j' + l + l' \in \mathbb{Z}$ gerade und ≥ 4 ist. Von diesen Darstellungen sind die bereits unter (b) genannten auszunehmen; die Anzahl der für $r = 2$ übrigen und der für $r = 3$ beträgt zusammen 79.

Die Untersuchung führt auf Modulformen der Gruppe $\Gamma_0[4] \cap \Gamma^0[2]$. Zu gegenüber (c) weiter verallgemeinerten Anzahlfunktionen, die auf Modulformen der Gruppe $\Gamma_0[16] \cap \Gamma^0[2]$ führen, werden neben einfachen Relationen zwischen Jacobischen Theta-Nullwerten zwei Tabellen über das Verhalten der beteiligten einfachen Theta-Reihen in den Vertretern der acht Spitzenbahnen dieser Gruppe mitgeteilt. In § 13 wird der analytische Apparat der Eisenstein-Reihen zu den unter (c) genannten Problemen vollständig (für $r \in \mathbb{Z}$, $r \geq 2$) explizit entwickelt.)

Die zu Beginn von § 10 definierten Anzahlfunktionen $a_q^{(j,j')}(n)$ führen im Falle $q = 2$, $j + j' = 4$ auf vergleichsweise harmlose Probleme, an deren Lösungen dementsprechend keine ganzen Spitzenformen beteiligt sind; der Spezialfall $j = 3$, $j' = 1$ ($A = \text{diag}\,(1, 1, 1, 2)$) tritt mehrfach in der Literatur auf (s. a. [39]). Anzahlfunktionen dieser Art mit höheren Werten von $j + j'$ werden in § 15 kurz diskutiert. In §§ 13, 14 handelt es sich um Anzahlfunktionen allgemeinerer Art, die aus den $a_2^{(j,j')}(n)$ durch Kongruenzbedingungen für die Variablen der quadratischen Form entstehen. Alle diese Anzahlfunktionen lassen sich aus einer *übergeordneten Konstruktion* ableiten, die w. u. formuliert wird. Zunächst sei nur bemerkt, daß sie die simultane Diskussion der Funktionen

$\vartheta_3 (2^\nu \tau)$ $(\nu = 0, 1, 2, 3)$ und $\vartheta_2 (2^\nu \tau)$ $(\nu = 2, 3)$ erfordert und damit auf Kongruenzgruppen mit 6 und 8 Spitzenbahnen führt.

Für die Diskussion der genannten Funktionen sind gewisse einfache und leicht beweisbare *Funktional-Relationen* von Bedeutung, durch die man im Formalismus der Theta-Transformation u. U. beträchtliche Vereinfachungen erzielen kann; vgl. die Tabellen 1, 2 dieses § 13. Man findet nach dem Zerlegungsschema $\vartheta_3 (\tau) = \vartheta_3 (4\,\tau) + \vartheta_2 (4\,\tau)$:

$$\vartheta_3 (\tau) + \vartheta_2 (\tau) = \vartheta_3 \left(\frac{\tau}{4}\right), \qquad \vartheta_3 (\tau) - \vartheta_2 (\tau) = \vartheta_0 \left(\frac{\tau}{4}\right),$$

(13.1)

$$\vartheta_3 (\tau) + i\,\vartheta_2 (\tau) = \vartheta_3 \left(\frac{\tau+2}{4}\right), \qquad \vartheta_3 (\tau) - i\,\vartheta_2 (\tau) = \vartheta_3 \left(\frac{\tau-2}{4}\right);$$

$$\vartheta_3 (\tau) + i\,\vartheta_0 (\tau) = \xi_4 \sqrt{2}\; \vartheta_3 \left(\tau - \frac{1}{2}\right), \qquad \vartheta_3 (\tau) - i\,\vartheta_0 (\tau) = \xi_4^{-1} \sqrt{2}\; \vartheta_3 \left(\tau + \frac{1}{2}\right);$$
(13.2)

$$\vartheta_0 (\tau) + \xi_4\,\vartheta_2 (\tau) = \vartheta_3 \left(\frac{\tau+1}{4}\right), \qquad \vartheta_0 (\tau) - \xi_4\,\vartheta_2 (\tau) = \vartheta_0 \left(\frac{\tau+1}{4}\right),$$

(13.3)

$$\vartheta_0 (\tau) + \xi_4^{-1}\,\vartheta_2 (\tau) = \vartheta_3 \left(\frac{\tau-1}{4}\right), \qquad \vartheta_0 (\tau) - \xi_4^{-1}\,\vartheta_2 (\tau) = \vartheta_0 \left(\frac{\tau-1}{4}\right);$$

$$\vartheta_3 (\tau) - i\,\vartheta_0 (\tau) + \xi_8^{-1} \sqrt{2}\; \vartheta_4 (2\,\tau) = \xi_4^{-1} \sqrt{2}\; \vartheta_3 \left(\frac{2\,\tau+1}{8}\right),$$

(13.4)

$$\vartheta_3 (\tau) - i\,\vartheta_0 (\tau) - \xi_8^{-1} \sqrt{2}\; \vartheta_4 (2\,\tau) = \xi_4^{-1} \sqrt{2}\; \vartheta_0 \left(\frac{2\,\tau+1}{8}\right).$$

Weitere Relationen ähnlicher Art lassen sich aus diesen ableiten oder nach dem gleichen Schema beweisen.

Die erwähnte übergeordnete Anzahlfunktion ist wie folgt erklärt: Es sei

$$j, j', j''; \; l, l', l'' \in \mathbb{N}_0, \; g := j + j' + j'', \; k := l + l' + l'', \; g + k > 0;$$

und für $n \in \mathbb{N}_0$:

(13.5)
$$a (n; j, j', j''; l, l', l'') := \sum_{\substack{m_1, m_2, \dots m_g \\ n_1, n_2, \dots n_k}} 1$$

unter den Bedingungen

(13.6)
$$n = \sum_{i=1}^{j} m_i^2 + \sum_{i=j+1}^{j+j'} m_i^2 + \sum_{i=j+j'+1}^{g} m_i^2 + 2 \sum_{i=1}^{l} n_i^2 + 2 \sum_{i=l+1}^{l+l'} n_i^2 + 2 \sum_{i=l+l'+1}^{k} n_i^2$$

$$m_i \equiv 0 \; (1 \le i \le j), \quad m_{j+i} \equiv 1 \; (1 \le i \le j') \bmod 2$$

$$n_i \equiv 0 \; (1 \le i \le l), \quad n_{l+i} \equiv 1 \; (1 \le i \le l') \bmod 2;$$

hier wie überall gilt die Bedingung

$$m_i \in \mathbb{Z} \; (j + j' + 1 \le i \le g), \quad n_i \in \mathbb{Z} \; (l + l' + 1 \le i \le k)$$

als dadurch ausgedrückt, daß diese m_i, n_i unter einem Summenzeichen auftreten. Als erzeugende Fourier-Reihe der Anzahlfunktion (13.5) dient

$$(13.7) \quad \sum_{n=1}^{\infty} a\,(n; j, j', j''; l, l', l'')\, e^{\pi i n \tau} =: f_{j,j',j''; l, l', l''}\,(\tau)$$
$$= \vartheta_3^j\,(4\,\tau)\, \vartheta_2^{j'}\,(4\,\tau)\, \vartheta_3^{j''}\,(\tau)\, \vartheta_3^l(8\,\tau)\, \vartheta_2^{l'}\,(8\,\tau)\, \vartheta_3^{l''}\,(2\,\tau).$$

Auf der rechten Seite erscheint im allgemeinen Fall eine ganze Modulform der Klasse $\{\Gamma\,[16\backslash 2], -r, v\}$ $(r = \frac{1}{2}\,(g + k))$, deren Multiplikatoren v nach § 4 und Anhang E explizit bestimmt werden können; $\Gamma\,[16\backslash 2]$ ist in SL$\,(2, \mathbb{R})$ zur $\Gamma^0\,[32]$ konjugiert. Wir werden im folgenden dieses Problem, auch für $r = 2, 3$, nur unter gewissen Einschränkungen untersuchen, geben aber in Tabelle 2 eine Vorbereitung für die Untersuchung des allgemeinen Falles. Die Tabelle enthält für $f\,(\tau) = \vartheta_3\,(2^v\,\tau)$ $(v = 0, 1, 2, 3)$ und $f\,(\tau) = \vartheta_2\,(2^v\,\tau)$ $(v = 2, 3)$ die explizite Darstellung der Modulformen $f_A\,(\tau)$, wo $A \in {}_1\Gamma$ und $\zeta := A^{-1}\infty$ ein Vertretersystem der 8 Spitzenbahnen mod $\Gamma\,[16\backslash 2]$ durchläuft.

Genauer diskutiert werden in den § 13, 14 *nur Anzahlfunktionen* (13.5, 6) $a\,(n; j, j', j''; l, l', l'')$ *mit* $j'' = l'' = 0$ (d. h. $r = \frac{1}{2}\,(j + j' + l + l')$). Sie führen nach (13.7) und vermöge der Substitution $\tau \to \frac{1}{4}\,\tau$ auf Modulformen der Gruppe $\Gamma\,[4\backslash 2]$, einer Konjugierten der $\Gamma_0\,[8]$ in SL$\,(2, \mathbb{R})$. Im einzelnen wird wie folgt *spezialisiert:*

(1) $j'' = k = 0, j + j' = 4$: Darstellungen als Summe von vier Quadraten, von denen die j ersten gerade, die j' übrigen ungerade sind $(1 \leqq j' \leqq 4)$.

(2) $j'' = l'' = 0$, $j + j' = l + l' = 2$; der Fall $j' = l' = 0$ bleibt zunächst außer Betracht. Es ergeben sich 8 Fälle von Identitäten Jacobischer Art; unter diesen sind 6 solche im engeren Sinne. Die anderen beiden werden, zusammen mit dem Sonderfall $j = 3, j' = 1$ von (1), w. u. als Ausnahmefälle bezeichnet.

(3) $j'' = l'' = 0$ und entweder $r = 2$, dabei $j + j' = 1$ oder 3 und $j' + l' > 0$; oder $r = 3$, dabei $j + j'$, $l + l'$, $j' + l'$ sämtlich > 0; die damit ausgeschlossenen Anzahlfunktionen lassen sich auf solche einfacherer Art zurückführen (s. w. u. zu § 15). Für die Mehrzahl der anderen 79 Anzahlfunktionen werden lediglich die Fourier-Entwicklungen der beteiligten Eisenstein-Reihen und, falls solche auftreten, der ganzen Spitzenformen explizit aufgestellt. Zur expliziten Aufstellung von Identitäten Jacobischer Art für diese Anzahlfunktionen bedarf es in jedem konkreten Falle nur noch der numerischen Bestimmung einiger weniger Konstanten. Sie ergeben sich für die Eisenstein-Reihen aus einer Tabelle der oben beschriebenen Art (im vereinfachten Fall) für die vier Funktionen $\vartheta_3\,(\tau)$, $\vartheta_3\,(2\,\tau)$, $\vartheta_2\,(\tau)$, $\vartheta_2\,(2\,\tau)$ sowie aus dem Verhalten der Eisenstein-Reihen in den Spitzen. Von diesem liegt eine Eigenschaft vor, die in § 3 als *Selektivität* bezeichnet wurde: Jede Eisenstein-Reihe verschwindet in den Spitzen genau derjenigen Bahn nicht, zu der sie konstruiert wurde; die betreffenden konstanten Glieder sind nach Satz 3.3 zu berechnen. Acht dieser Identitäten Jacobischer Art werden explizit aufgestellt; zwei der betreffenden Anzahlfunktionen für $r = 3$ erweisen sich als proportional. Dieses Phänomen tritt häufig auf; es beruht auf einer elementar beweisbaren Theta-Relation und hat zur Folge, daß von den 65 Funktionen $f_{j,j'; l, l'}$ (vgl. w. u. (13.8)) mit $r = 3$ der Tabelle 3, § 14, nur 40 übrigbleiben, welche verschiedene Divisoren aufweisen.

Die *Reduktion der* $f_{j,j';l,l'}$ *auf ganze Spitzenformen* erfolgt in Satz 13.1 für beliebige ganze $r \geq 2$. Sie ist insofern explizit, als lediglich die (wohlbekannte) numerische Wertebestimmung Dirichletscher L-Reihen (zu den beiden eigentlichen Restcharakteren mod 8) für ganzzahlige Argumente $r \geq 5$ unterbleibt. Die für $r = 2, 3$ auftretenden ganzen Spitzenformen werden explizit als *Produkte einfacher Thetareihen* konstruiert; bei allen bis auf eine ist $r = 3$; diese, 10 an der Zahl, enthalten sämtlich den Faktor $\eta^3 (\frac{1}{2}\tau)$, und keinen Faktor ϑ_0 (∗). In jedem Einzelfall treten höchstens zwei, meistens weniger von diesen ganzen Spitzenformen auf.

Eine allgemeinere Basiskonstruktion für die ganzen Spitzenformen in der Klasse von $f_{j,j';l,l'}$, die für beliebige $j, j', l, l' \in \mathbb{N}_0$, also beliebig große und auch halbzahlige r besteht, ergibt sich, wenn nur $r \geq 2$ ist, aus der Darstellung der *Primformen der Gruppe* Γ [4\2] *zu den Spitzen* durch Theta-Nullwerte. Die Basisfunktionen sind abermals Produkte einfacher Thetareihen (d. h. Potenzprodukte mit nicht-negativen ganzen Exponenten). Zur Aufstellung einer Identität Jacobischer Art für eine konkrete Anzahlfunktion der Gestalt $a\,(n;j,j';l,l')$ (s. (13.8)) mit irgendeinem ganzzahligen $r \geq 4$ bedarf es, abgesehen von der genannten Wertebestimmung Dirichletscher L-Reihen im Punkte $s = r$, lediglich noch der Auflösung eines linearen Gleichungssystems mit numerischen Koeffizienten, dessen eindeutige Lösbarkeit von vornherein feststeht.

In § 15 handelt es sich um die Anzahlfunktionen (vgl. (13.8))

$$a_2^{(j,\,l)}\,(n) := a\,(n;j,0;l,0) \quad (j + l = 2\,r \equiv 0 \bmod 2; j, l \in \mathbb{N}, r \geq 2);$$

für die insgesamt 15 von ihnen mit $r = 2, 3, 4$ werden Identitäten Jacobischer Art *explizit* aufgestellt. Zusätzlich werden die entsprechenden Formalismen der (einfacheren) Theorie der Einheitsform untersucht. Dies betrifft die Anzahlen der Darstellungen durch *reine Quadratsummen* beliebiger und ungerader ganzer Zahlen.

Im vorliegenden § 13 wird die Systematik der Formenklassen der Funktionen $f_{j,j',0;l,l',0}$ entwickelt, was in die explizite Konstruktion der zugehörigen Eisenstein-Reihen einmündet; dabei wird $r \in \mathbb{Z}$, $r \geq 2$ unterstellt ($r := \frac{1}{2}\,(j + j' + l + l')$ mit zunächst beliebigen $j, j', l, l' \in \mathbb{N}_0$). Wir schreiben

$$a\,(n;j,j';l,l') := a\,(n;j,j',0;l,l',0), \qquad f_{j,j';l,l'}\,(\tau) = f_{j,j',0;l,l',0}\,(\tfrac{1}{4}\,\tau);$$

$$(13.8) \qquad f_{j,j';l,l'}\,(\tau) = \vartheta_3^j\,(\tau)\,\vartheta_2^{j'}\,(\tau)\,\vartheta_3^l\,(2\,\tau)\,\vartheta_2^{l'}\,(2\,\tau) = \sum_{n=0}^{\infty} a\,(n;j,j';l,l')\,\exp\pi i n\,\frac{\tau}{4}$$

kann als *erzeugende Fourier-Reihe von* $a\,(n;j,j';l,l')$ *in der Variablen* $\exp\pi i\,\dfrac{\tau}{4}$ aufgefaßt werden. Die Koeffizienten verschwinden, wenn nicht

$$n \equiv j' + 2\,l' \bmod 4$$

zutrifft; für $j = 0$ besagt die entsprechende Bedingung $n \equiv j' + 2\,l' \bmod 8$. Die Funktion (13.8) $f_{j,j';l,l'}$ stellt eine ganze Modulform der Gruppe Γ [4\2] dar; es gilt

$$(13.9) \qquad f_{j,j';l,l'} \in K_{j,j';l,l'} := \{\Gamma\,[4\backslash 2], -\,r, v^*\} \qquad (r := \tfrac{1}{2}\,(j + j' + l + l')),$$

wo $v^* = v^*_{j,j';\,l,l'} \in [\Gamma\,[4\backslash 2], -r]^1$ in den Bezeichnungen von § 4 für $L \in \Gamma\,[4\backslash 2]$ durch

$$v^*_{j,j';\,l,l'}(L) = v^j_3(L)\,v^{j'}_2(L)\,v^l_3\!\left(\!\begin{pmatrix} \alpha & 2\,\beta \\ \tfrac{1}{2}\,\gamma & \delta \end{pmatrix}\!\right) v^{l'}_2\!\left(\!\begin{pmatrix} \alpha & 2\,\beta \\ \tfrac{1}{2}\,\gamma & \delta \end{pmatrix}\!\right)$$

ausdrückbar und nach Satz 4 und Satz E. 2 explizit zu bestimmen ist. Man erhält danach

$$(13.10)\qquad v^*_{j,j';\,l,l'}(L) = \left(\frac{2}{\delta}\right)^{l+l'}\left(\frac{-1}{\delta}\right)^{r}\zeta_4^{(j'+2\,l')\,\beta\delta}\qquad (L \in \Gamma\,[4\backslash 2])$$

falls $j + j' + l + l' = 2\,r$ gerade ist, was im gegenwärtigen Kapitel, von erklärten Ausnahmen abgesehen, unterstellt wird. Der Exponent von ζ_4 in (13.10) kann durch $j'\,\beta\,\delta + 2\,l'\,\beta$ ersetzt werden.

Die hier auftretende Gruppe $\Gamma\,[4\backslash 2]$ bedeutet eine beträchtliche Vereinfachung gegenüber der Gruppe $\Gamma\,[16\backslash 2]$, auf die die Anzahlfunktion (13.5, 6) führt, wenn $j'' + l'' > 0$. Von den Untergruppen $\Gamma\,[2^\nu\backslash 2]$, der $_l\Gamma$, die auch sämtlich Untergruppen der $\Gamma\,[2\backslash 2] = \Gamma\,[2]$ sind, gilt zunächst

$$(13.11)\qquad D^{\nu}_{\sqrt{2}}\,\Gamma\,[2^\nu\backslash 2]\,D^{-\nu}_{\sqrt{2}} = \Gamma^0\,[2^{\nu+1}]\qquad (\nu \in \mathbb{N})$$

und daher nach den Resultaten von Anhang C, die weiter benutzt werden:

$$\sigma_\Gamma = 2^{\frac{1}{2}\nu+1}\quad \text{bzw.}\quad = 3 \cdot 2^{\frac{1}{2}(\nu-1)}\quad \text{für}\quad \nu \equiv 0\quad \text{bzw.}\quad 1 \bmod 2,$$

wo $\Gamma := \Gamma\,[2^\nu\backslash 2]$, also $\sigma_\Gamma = 3, 4, 6, 8, 12, 16, 24, 32$ für bzw. $\nu = 1, 2, 3, 4, 5, 6, 7, 8$. Da keine elliptischen Fixpunkte existieren, erhält man bei der obigen Alternative

$$p_\Gamma = 1 + 2^{\nu-2} - 2^{\frac{1}{2}\nu}\quad \text{bzw.}\quad p_\Gamma = 1 + 2^{\nu-2} - 3 \cdot 2^{\frac{1}{2}(\nu-3)},$$

also insbesondere $p_\Gamma = 0, 0, 0, 1, 3, 9$ für $\nu = 1, 2, 3, 4, 5, 6$.

Ein *Vertretersystem der Spitzenbahnen* mod $\Gamma^0\,[2^{\nu+1}]$ läßt sich wie folgt auswählen (jeder Spitze ist ihre Breite in $\Gamma^\mathrm{B}\,[2^{\nu+1}]$ hinzugefügt):

$\nu = 1:$ $\qquad\qquad \zeta = \infty\ (4),\ 0\ (1),\ 2\ (1);$

$\nu = 2:$ $\qquad\qquad \zeta = \infty\ (8),\ 0\ (1),\ 2\ (2),\ 4\ (1);$

$\nu = 3:$ $\qquad\qquad \zeta = \infty\ (16),\ 0\ (1),\ 2\ (4),\ 4\ \varepsilon\ (1),\ 8\ (1);$

$\nu = 4:$ $\qquad\qquad \zeta = \infty\ (32),\ 0\ (1),\ 2\ (8),\ 4\ \varepsilon\ (2),\ 8\ \varepsilon\ (1),\ 16\ (1);$

für ε sind hier beide Werte ± 1 einzusetzen. Man gewinnt daraus durch die Transformation (13.11) ein Vertretersystem der Spitzenbahnen mod $\Gamma\,[2^\nu\backslash 2]$, wobei sich zeigt, daß die Vertreter, abgesehen von ∞ und 0, die Gestalt $1/k$ ($k \in \mathbb{Z}$, $k \neq 0$) annehmen; $\zeta = 1/k$ wird durch $A_k := \dot{U}^{-k}$ in ∞ übergeführt. Die zugehörige Breite entsteht gemäß

$$A_k^{-1}\,U^\xi A_k = \begin{pmatrix} 1 - k\,\xi & \xi \\ -k^2\,\xi & 1 + k\,\xi \end{pmatrix} \in \Gamma\,[2^\nu\backslash 2]$$

als kleinstes $\xi \in \mathbb{N}$ mit $k^2 \xi \equiv 0 \bmod 2^\nu$, $\xi \equiv 0 \bmod 2$. Damit ergibt sich ein Vertretersystem der Spitzenbahnen mod $\Gamma = \Gamma\,[2^\nu\backslash 2]$ in der Gestalt

$$\nu = 1: \quad \zeta = \infty \ (2),\ 1\ (2),\ 0\ (2),$$

$$\nu = 2: \quad \zeta = \infty \ (2),\ \frac{1}{2}\ (2),\ 1\ (4),\ 0\ (4),$$

(13.12)

$$\nu = 3: \quad \zeta = \infty \ (2),\ \frac{1}{4}\ (2),\ \frac{\varepsilon}{2}\ (2),\ 1\ (8),\ 0\ (8),$$

$$\nu = 4: \quad \zeta = \infty \ (2),\ \frac{1}{8}\ (2),\ \frac{\varepsilon}{4}\ (2),\ \frac{\varepsilon}{2}\ (4),\ 1\ (16),\ 0\ (16).$$

Insbesondere erhält man für $\nu = 2$ die folgenden Angaben zur Spitzensystematik (in der Terminologie von § 1: $\zeta = A^{-1}\infty$, $A \in {}_1\Gamma$; Breite N, Grundmatrix P, Wert von $v^*\,(P)$):

$$\zeta = \infty,\ A = I, \quad N = 2, \quad P - U^2, \qquad v^*\,(P) = i^{j'+2l'},$$

$$\zeta = \frac{1}{2},\ A = \dot{U}^{-2},\ N = 2, \quad P = \begin{pmatrix} -3 & 2 \\ -8 & 5 \end{pmatrix},\ v^*\,(P) = i^{j'+2l},$$

$$\zeta = 1,\quad A - \dot{U}^{-1},\ N = 4, \quad P = \begin{pmatrix} -3 & 4 \\ -1 & 5 \end{pmatrix},\ v^*\,(P) = (-1)^{j},$$

$$\zeta = 0,\quad A = T,\quad N = 4, \quad P = \dot{U}^{-4}, \qquad v^*\,(P) = 1.$$

$\Gamma\,[4\backslash 2]$ hat wie $\Gamma^0\,[8]$ das Geschlecht Null und keine elliptischen Fixpunkte. Jedes Multiplikatorsystem $v \in [\Gamma\,[4\backslash 2],\, -r]^1$ ($r \in \mathbb{R}$) ist also durch seine Drehreste in den Spitzen eindeutig bestimmt.

Die folgenden *Tabellen* beschreiben das Verhalten der Funktionen $\vartheta_{3,\nu}\,(\tau) := \vartheta_3\,(2^\nu\,\tau)$, $\vartheta_{2,\nu}\,(\tau) := \vartheta_2\,(2^\nu\,\tau)$ ($\nu = 0, 1, 2, 3$) in den Spitzen, deren Vertreter mod $\Gamma\,[4\backslash 2]$ und mod $\Gamma\,[16\backslash 2]$ in den ersten Spalten der Tabellen erscheinen. Eine Verwechslung der neuen Funktion $\vartheta_{22}\,(\tau)$ mit der in § 4 so bezeichneten Funktion ist nicht zu befürchten. Die genannten (neuen) Funktionen erscheinen in den Zeilen von ∞ beider Tabellen. In der ersten Tabelle bedeuten ord_ζ, b_0 soviel wie $\mathrm{ord}_{\Gamma,\zeta}$, $b_0\,(A, f)$ mit $\Gamma = \Gamma\,[4\backslash 2]$ und der Funktion f aus der Zeile von ∞. Die Angaben der beiden Tabellen entstehen durch Anwendung der Theta-Transformation und der Relationen (13.1 − 4).

Aus den Werten der Tabelle 1 kann man die *Divisoren-Darstellung* der Modulformen (13.9) $f_{j,j';l,l'}$ und anderer Modulformen der Formenklasse $K_{j,j';l,l'}$, insbesondere ganzer Spitzenformen ableiten. Da in deren Divisoren nur Spitzen auftreten, kann anstelle der etwas umständlichen Divisoren-Schreibweise die folgende einfachere Bezeichnung angewendet werden: Für eine Modulform $F \in \{\Gamma\,[4\backslash 2],\, -r, v\}$ ($r \in \mathbb{R}$, $v \in [\Gamma\,[4\backslash 2],\, -r]^1$) bedeute

(13.13) $\quad F\,(\tau)$ (oder F) $\sim [a_1, a_2, a_3, a_4]$ $\quad$ ($a_k \in \mathbb{R}$ für $k = 1, 2, 3, 4$),

daß $F\,(\tau)$ in $\mathfrak{H}$ holomorph ist und dort nicht verschwindet und daß F den Relationen

(13.14) $\quad \mathrm{ord}_{\Gamma,\zeta_k} F = a_k$ ($k = 1, 2, 3, 4$) $\quad$ mit $\quad \zeta_1 = \infty$, $\zeta_2 = \frac{1}{2}$, $\zeta_3 = 1$, $\zeta_4 = 0$

Tabelle 1

ζ	A	N	$\vartheta_{3,A}$	ord_ζ	b_0	$\vartheta_{2,A}$	ord_ζ	b_0	$\vartheta_{3,1,A}$	ord_ζ	b_0	$\vartheta_{2,1,A}$	ord_ζ	b_0
∞	I	2	$\vartheta_3(\tau)$	0	1	$\vartheta_2(\tau)$	$\frac{1}{4}$	$*$	$\vartheta_3(2\tau)$	0	1	$\vartheta_2(2\tau)$	$\frac{1}{2}$	$*$
$\frac{1}{2}$	$\dot{U}^{-2}$	2	$\vartheta_3(\tau)$	0	1	$\vartheta_2(\tau)$	$\frac{1}{4}$	$*$	$\vartheta_2(2\tau)$	$\frac{1}{2}$	$*$	$\vartheta_3(2\tau)$	0	1
1	$\dot{U}^{-1}$	4	$\vartheta_2(\tau)$	$\frac{1}{2}$	$*$	$\vartheta_3(\tau)$	0	1	$\xi_4^{-1}\dfrac{1}{\sqrt{2}}\vartheta_3\!\left(\dfrac{\tau+1}{2}\right)$	0	$\xi_4^{-1}\dfrac{1}{\sqrt{2}}$	$\xi_4\dfrac{1}{\sqrt{2}}\vartheta_3\!\left(\dfrac{\tau-1}{2}\right)$	0	$\xi_4\dfrac{1}{\sqrt{2}}$
0	T	4	$\xi_4\,\vartheta_3(\tau)$	0	ξ_4	$\xi_4\,\vartheta_0(\tau)$	0	ξ_4	$\xi_4\dfrac{1}{\sqrt{2}}\vartheta_3\!\left(\dfrac{\tau}{2}\right)$	0	$\xi_4\dfrac{1}{\sqrt{2}}$	$\xi_4\dfrac{1}{\sqrt{2}}\vartheta_0\!\left(\dfrac{\tau}{2}\right)$	0	$\xi_4\dfrac{1}{\sqrt{2}}$

Tabelle 2

ζ	A	N	$\vartheta_{3,A}$	$\vartheta_{3,1,A}$	$\vartheta_{3,2,A}$	$\vartheta_{2,2,A}$	$\vartheta_{3,3,A}$	$\vartheta_{2,3,A}$
∞	I	2	$\vartheta_3(\tau)$	$\vartheta_3(2\tau)$	$\vartheta_3(4\tau)$	$\vartheta_2(4\tau)$	$\vartheta_3(8\tau)$	$\vartheta_2(8\tau)$
$\dfrac{1}{8}$	$\dot{U}^{-8}$	2	$\vartheta_3(\tau)$	$\vartheta_3(2\tau)$	$\vartheta_3(4\tau)$	$\vartheta_2(4\tau)$	$\vartheta_2(8\tau)$	$\vartheta_3(8\tau)$
$\dfrac{1}{4}$	$\dot{U}^{-4}$	2	$\vartheta_3(\tau)$	$\vartheta_3(2\tau)$	$\vartheta_2(4\tau)$	$\vartheta_3(4\tau)$	$\dfrac{1}{\sqrt{2}}\xi_4^{-1}\vartheta_3\left(2\tau+\dfrac{1}{2}\right)$	$\dfrac{1}{\sqrt{2}}\xi_4\vartheta_3\left(2\tau-\dfrac{1}{2}\right)$
$-\dfrac{1}{4}$	$\dot{U}^{4}$	2	$\vartheta_3(\tau)$	$\vartheta_3(2\tau)$	$\vartheta_2(4\tau)$	$\vartheta_3(4\tau)$	$\dfrac{1}{\sqrt{2}}\xi_4\vartheta_3\left(2\tau-\dfrac{1}{2}\right)$	$\dfrac{1}{\sqrt{2}}\xi_4^{-1}\vartheta_3\left(2\tau+\dfrac{1}{2}\right)$
$\dfrac{1}{2}$	$\dot{U}^{-2}$	4	$\vartheta_3(\tau)$	$\vartheta_2(2\tau)$	$\dfrac{1}{\sqrt{2}}\xi_4^{-1}\vartheta_3\left(\tau+\dfrac{1}{2}\right)$	$\dfrac{1}{\sqrt{2}}\xi_4\vartheta_3\left(\tau-\dfrac{1}{2}\right)$	$\dfrac{1}{2}\xi_4^{-1}\vartheta_3\left(\dfrac{2\tau+1}{4}\right)$	$-\dfrac{1}{2}\xi_4^{-1}\vartheta_0\left(\dfrac{2\tau+1}{4}\right)$
$-\dfrac{1}{2}$	$\dot{U}^{2}$	4	$\vartheta_3(\tau)$	$\vartheta_2(2\tau)$	$\dfrac{1}{\sqrt{2}}\xi_4\vartheta_3\left(\tau-\dfrac{1}{2}\right)$	$\dfrac{1}{\sqrt{2}}\xi_4^{-1}\vartheta_3\left(\tau+\dfrac{1}{2}\right)$	$\dfrac{1}{2}\xi_4\vartheta_3\left(\dfrac{2\tau-1}{4}\right)$	$-\dfrac{1}{2}\xi_4\vartheta_0\left(\dfrac{2\tau-1}{4}\right)$
1	$\dot{U}^{-1}$	16	$\vartheta_2(\tau)$	$\dfrac{1}{\sqrt{2}}\xi_4^{-1}\vartheta_3\left(\dfrac{\tau+1}{2}\right)$	$\dfrac{1}{2}\xi_4^{-1}\vartheta_3\left(\dfrac{\tau+1}{4}\right)$	$-\dfrac{1}{2}\xi_4^{-1}\vartheta_0\left(\dfrac{\tau+1}{4}\right)$	$\dfrac{1}{\sqrt{8}}\xi_4^{-1}\vartheta_3\left(\dfrac{\tau+1}{8}\right)$	$\dfrac{1}{\sqrt{8}}\xi_4^{-1}\vartheta_0\left(\dfrac{\tau+1}{8}\right)$
0	T	16	$\xi_4\vartheta_3(\tau)$	$\dfrac{1}{\sqrt{2}}\xi_4\vartheta_3\left(\dfrac{\tau}{2}\right)$	$\dfrac{1}{2}\xi_4\vartheta_3\left(\dfrac{\tau}{4}\right)$	$\dfrac{1}{2}\xi_4\vartheta_0\left(\dfrac{\tau}{4}\right)$	$\dfrac{1}{\sqrt{8}}\xi_4\vartheta_3\left(\dfrac{\tau}{8}\right)$	$\dfrac{1}{\sqrt{8}}\xi_4\vartheta_0\left(\dfrac{\tau}{8}\right)$

und $\Gamma = \Gamma\,[4\backslash 2]$ genügt. Demgemäß gilt für $j, j', l, l' \in \mathbb{Z}$

$$(13.15) \qquad f_{j,j';\,l,l'}\,(\tau) := \vartheta_3^j\,(\tau)\,\vartheta_2^{j'}\,(\tau)\,\vartheta_3^l\,(2\,\tau)\,\vartheta_2^{l'}\,(2\,\tau) \sim [\tfrac{1}{4}\,j' + \tfrac{1}{2}\,l',\,\tfrac{1}{4}\,j' + \tfrac{1}{2}\,l,\,\tfrac{1}{2}\,j,\,0].$$

Da in § 13, 14 die Probleme mit $j' = l' = 0$ nicht behandelt werden, besteht einige Aussicht darauf, daß es genügen wird, nur diejenigen Eisenstein-Reihen zu diskutieren, welche den Spitzenbahnen von ζ_2, ζ_3 und ζ_4 entsprechen. (Diese genügen in der Tat.) Wir beginnen mit der *Konstruktion* und notieren nochmals die Voraussetzungen; dies sind

$$j, j', l, l' \in \mathbb{N}_0; \qquad j + j' + l + l' = 2\,r\ (r \in \mathbb{Z}, r \geqq 2), \qquad j' + l' > 0.$$

Ferner folgt aus (13.10), daß $v^*_{j,j';\,l,l'}$ genau dann $\equiv 1$ ist, wenn r gerade ist und überdies $j' \equiv 0, \tfrac{1}{2}\,j' \equiv l \equiv l' \bmod 2$ zutrifft.

Wir betrachten zunächst die Spitzenbahn von $\zeta_4 = 0$ $(A = T,\ N = 4)$. Wie man leicht beweist, gilt

$$\{m_1, m_2\} = \underline{M}, \qquad M = T\,L \in T\,\Gamma\,[4\backslash 2]$$

genau dann, wenn $(m_1, m_2) = 1$, $m_2 \equiv 0 \bmod 2$. $-$ Sei weiter $A = \dot{U}^{-2}$. Hier entsteht $(m_1, m_2) = 1$, $m_1 \equiv 2 \bmod 4$ als notwendige Bedingung dafür, daß

$$\{m_1, m_2\} = \underline{M}, \qquad M = \dot{U}^{-2}\,L \in \dot{U}^{-2}\,\Gamma\,[4\backslash 2].$$

Ist sie erfüllt, so bestimme man ein $M = \begin{pmatrix} m_0 & m_3 \\ m_1 & m_2 \end{pmatrix} \in {}_1\Gamma$ mit $m_1 \equiv 2 \bmod 4$. Das ergibt

$$\dot{U}^2\,U^g\,M = \begin{pmatrix} * & m_3 + g\,m_2 \\ 2\,m_0 + (2\,g + 1)\,m_1 & * \end{pmatrix} \qquad (g \in \mathbb{Z}).$$

Diese Matrix liegt, wenn $g \equiv m_3 \bmod 2$, in $\Gamma\,[4\backslash 2]$, weil $m_0 + \tfrac{1}{2}\,m_1$ gerade ist. $-$ Schließlich sei $A = \dot{U}^{-1}$; als notwendige Bedingung für

$$\{m_1, m_2\} = \underline{M}, \qquad M = \dot{U}^{-1}\,L \in \dot{U}^{-1}\,\Gamma\,[4\backslash 2]$$

erhält man $\{m_1, m_2\} = 1$, $m_1 \equiv m_2 \equiv 1 \bmod 2$. Gilt umgekehrt dies für eine Modulmatrix $M = \begin{pmatrix} m_0 & m_3 \\ m_1 & m_2 \end{pmatrix}$, so wird mit $g \in \mathbb{Z}$ in

$$\dot{U}\,U^{-m_3 + 2g}\,M = \begin{pmatrix} * & m_3 - m_3\,m_2 + 2\,g\,m_2 \\ m_0 - m_1\,m_3 + 2\,g\,m_1 + m_1 & * \end{pmatrix} =: L$$

das Element $\beta \equiv 0 \bmod 2$ und bei geeignetem $g = 0, 1$ das Element

$$\gamma = 1 - m_0\,(m_2 - 1) + m_1 + 2\,g\,m_1 \equiv 0 \bmod 4,\ \text{q.e.d.}$$

Als nächstes hat man zu *beweisen*, daß sich, wenn $M = A\,L \in A\,\Gamma\,[4\backslash 2]$ vorliegt

$$v^*\,(L) = v^*_{j,j';\,l,l'}\,(L) \quad (L \in \Gamma\,[4\backslash 2], A = \dot{U}^{-2}, \dot{U}^{-1}, T)$$

unter der Voraussetzung, daß der betreffende Drehrest verschwindet, durch die *Elemente* m_1, m_2 der zweiten Zeile von M *ausdrücken läßt*. Die genannte Voraussetzung besagt $j' + 2\,l \equiv 0 \bmod 4$ für $A = \dot{U}^{-2}$, $j \equiv 0 \bmod 2$ für $A = \dot{U}^{-1}$

und nichts für $A = T$. In diesem letzten Fall ist der Beweis leicht, da

$$M = \begin{pmatrix} -\gamma & -\delta \\ \alpha & \beta \end{pmatrix} \quad \text{und } \alpha \equiv \delta \bmod 8, \text{ also nach (13.10)}$$

$$(13.16) \qquad v^*(L) = \left(\frac{2}{\alpha}\right)^{l+l'} \left(\frac{-1}{\alpha}\right)^r_* \xi_4^{(j'+2l')\,\alpha\beta} = \left(\frac{2}{m_1}\right)^{l+l'} \left(\frac{-1}{m_1}\right)^r_* \xi_4^{(j'+2l')\,m_1 m_2}.$$

Im Falle $\zeta = \zeta_2 = \frac{1}{2}$ hat man $A = \dot{U}^{-2}$ und $j' \equiv 0$, $\frac{1}{2} j' \equiv l \bmod 2$; für m_1, m_2 gilt

$$m_1 = -2\alpha + \gamma \equiv 2 \bmod 4, \qquad m_2 = -2\beta + \delta \equiv 1 \bmod 2.$$

Daraus folgt nach (13.10)

$$v^*(L) = \left(\frac{2}{\delta}\right)^{j+j'} \left(\frac{-1}{\delta}\right)^r_* (-1)^{(l+l')\frac{1}{2}\beta} \qquad (L \in \Gamma[4\backslash 2]).$$

Hier erhält man

$$\left(\frac{2}{\delta}\right)(-1)^{\frac{1}{2}\beta} = \xi_8^{\delta^2 - 1 - 4\beta\delta} = \left(\frac{2}{m_2}\right)$$

und damit

$$(13.17) \qquad v^*(L) = \left(\frac{2}{m_2}\right)^{l+l'} \left(\frac{-1}{m_2}\right)^r_* \qquad (M = \dot{U}^{-2} L,\ L \in \Gamma[4\backslash 2]).$$

Im Falle $\zeta = \zeta_3 = 1$ ist j als gerade vorauszusetzen, was bewirkt, daß $l + l' \equiv j' \bmod 2$; wie oben bemerkt, gilt

$$v^*(L) = \left(\frac{2}{\delta}\right)^{j'} \left(\frac{-1}{\delta}\right)^r_* \xi_4^{j'\beta\delta + 2l'\beta} \qquad (L \in \Gamma[4\backslash 2]);$$

überdies ist $m_1 = -\alpha + \gamma \equiv 1$, $m_2 = -\beta + \delta \equiv 1 \bmod 2$. Zunächst berechnet man

$$\left(\frac{2}{\delta}\right) \xi_4^{\beta\delta} = \left(\frac{2}{m_2}\right) \xi_8^{\beta^2}, \qquad \left(\frac{-1}{\delta}\right)_* = \left(\frac{-1}{m_2}\right)_* i^\beta,$$

so daß

$$v^*(L) = \left(\frac{2}{m_2}\right)^{j'} \left(\frac{-1}{m_2}\right)^r_* \xi_8^{j'\beta^2} i^{(r-l')\beta}.$$

Eine zweite Umformung ergibt sich aus $m_1 m_2 \equiv \beta - 1 \bmod 4$, also

$$\beta^2 \equiv (m_1 m_2 + 1)^2 \bmod 16 \quad \text{und aus} \quad m_1 + m_2 \equiv \beta \bmod 4;$$

sie liefert, wenn $\dot{U} M = L \in \Gamma[4\backslash 2]$:

$$(13.18) \qquad v^*(L) = (-1)^{r-l'} i^{j'} \left(\frac{2}{m_1}\right)^{j'} \left(\frac{-1}{m_1}\right)^{r-l'}_* \left(\frac{-1}{m_2}\right)^{l'}_* \xi_4^{j'(m_1 m_2 - 1)}.$$

Auf dieser Grundlage können nun die der Formenklasse $K_{j,j';\,l,l'}$ assoziierten Kongruenzcharaktere χ, soweit im folgenden erforderlich, *definiert* werden. Sie sind (vgl. (13.14)) den Spitzenbahnen von ζ_2, ζ_3, ζ_4 zugeordnet und werden mit χ_2, χ_3, χ_4 bezeichnet. Zu $\zeta_4 = 0$ gehört also $\chi_4(m_1, m_2)$; dies verschwinde, wenn nicht $m_1 - 1 \equiv m_2 \equiv 0 \bmod 2$ $(m_1, m_2 \in \mathbb{Z})$. Wenn aber $m_1 - 1 \equiv m_2 \equiv 0 \bmod 2$ zutrifft, so sei (vgl. (13.16))

$$(13.19) \qquad \chi_4 (m_1, m_2) := \left(\frac{-1}{m_1} \right)_*^r \left(\frac{2}{m_1} \right)^{l+l'} \xi_4^{-(j'+2l')\, m_1 m_2}.$$

Weiter sei $j' + 2\, l \equiv 0 \bmod 4$. Wir setzen $\chi_2 (m_1, m_2) = 0$, wenn $m_1, m_2 \in \mathbb{Z}$ und nicht zugleich $m_1 \equiv 2 \bmod 4$, $m_2 \equiv 1 \bmod 2$ gilt. Wenn aber sowohl $m_1 \equiv 2 \bmod 4$ als auch $m_2 \equiv 1 \bmod 2$, so sei (vgl. (13.17))

$$(13.20) \qquad \chi_2 (m_1, m_2) = \left(\frac{-1}{m_2} \right)_*^r \left(\frac{2}{m_2} \right)^{l+l'}.$$

Schließlich sei $j \equiv 0 \bmod 2$. Wir setzen $\chi_3 (m_1, m_2) = 0$, wenn $m_1, m_2 \in \mathbb{Z}$ und nicht $m_1 \equiv m_2 \equiv 1 \bmod 2$. Wenn aber $m_1 \equiv m_2 \equiv 1 \bmod 2$, so sei (vgl. (13.18))

$$(13.21) \qquad \chi_3 (m_1, m_2) := \left(\frac{-1}{m_1} \right)_*^r \left(\frac{2}{m_1} \right)^{j'} \xi_4^{-(j'+2l')\, m_1 m_2}.$$

In allen drei Fällen kann $N_2 = H = 8$ gewählt werden, und $(X^* 1, 2)$ ergeben sich unmittelbar. Die *Bestätigung von* $(X^* 3)$ soll im Falle $\chi = \chi_3$ kurz ausgeführt werden. Für $L \in \Gamma [4 \backslash 2]$ werde also $m_1' = m_1 \alpha + m_2 \gamma$, $m_2' = m_1 \beta + m_2 \delta$ gesetzt. Man sieht zunächst, daß $m_1' \equiv m_2' \equiv 1 \bmod 2$ mit $m_1 \equiv m_2 \equiv 1 \bmod 2$ gleichbedeutend ist. Dies werde unterstellt. Dann gilt $m_1' \equiv m_1 \alpha + \gamma \bmod 8$, also

$$\left(\frac{2}{m_1'} \right) = \left(\frac{2}{m_1 \alpha} \right) \xi_4^\gamma, \qquad \left(\frac{-1}{m_1'} \right)_* = \left(\frac{-1}{m_1 \alpha} \right)_*$$

und

$$m_1' m_2' = m_1 m_2 (\alpha \delta + \beta \gamma) + m_1^2 \alpha \beta + m_2^2 \gamma \delta \equiv m_1 m_2 + \alpha \beta + \gamma \bmod 8.$$

Daraus läßt sich die Behauptung zusammensetzen. Sie besagt mit $v^*_{j,j';\, l, l'}$ nach (13.10):

$$\chi_3 (m_1, m_2) = v^*_{j,j';\, l, l'} (L) \, \chi_3 (m_1', m_2'),$$

wobei $j' \equiv l + l' \bmod 2$.

Die *Berechnung der Gaußschen Summen* $\omega^* (m, n; \chi)$ $(\chi = \chi_2, \chi_3, \chi_4)$ $(m \in \mathbb{N})$ bietet keine prinzipiellen Schwierigkeiten, da jede von ihnen aus nur vier Gliedern besteht. Jedoch empfiehlt sich in einigen der zu unterscheidenden Fälle der folgende Kunstgriff: Man schreibe $\omega^* (m, n; \chi_\nu)$ zweimal auf, das zweitemal mit um 4 verschobenem Summationsbuchstaben, und addiere beides.

1. $\chi = \chi_4$, $m \equiv 1 \bmod 2$:

$$\omega^* (m, n; \chi_4) = \begin{cases} 4 \left(\dfrac{-1}{m} \right)^r \left(\dfrac{2}{m} \right)^{l+l'}, & \text{wenn } m\, n \equiv j' + 2\, l' \bmod 4 \\[2mm] 0 \ \ \text{sonst} \end{cases}$$

2. $\chi = \chi_2, j' + 2\,l \equiv 0, m \equiv 2 \bmod 4,$

(a) $\quad r \equiv l + l' \equiv 0 \bmod 2: \quad \omega^*(m, n; \chi_2) = \left\{ \begin{array}{l} 4\,(-1)^{\frac{1}{4}n}, \text{ wenn } n \equiv 0 \bmod 4 \\ \quad 0 \quad \text{sonst} \end{array} \right\}$

(b) $\quad r \equiv l + l' - 1 \equiv 0 \bmod 2: \omega^*(m, n; \chi_2) = \left(\dfrac{2}{n} \right) \sqrt{8}$

(c) $\quad r \equiv l + l' + 1 \equiv 1 \bmod 2: \omega^*(m, n; \chi_2) = \left\{ \begin{array}{l} 4\,i^{\frac{1}{2}n}, \text{ wenn } n \equiv 2 \bmod 4, \\ \quad 0 \quad \text{sonst.} \end{array} \right\}$

(d) $\quad r \equiv l + l' \equiv 1 \bmod 2: \quad \omega^*(m, n; \chi_2) = \left(\dfrac{-2}{n} \right) i\,\sqrt{8}.$

3. $\chi = \chi_3, j \equiv 0 \bmod 2, m \equiv 1 \bmod 2:$

$$\omega^*(m, n; \chi_3) = \left\{ \begin{array}{l} 4 \left(\dfrac{-1}{m} \right)^{r}_{*} \left(\dfrac{2}{m} \right)^{j'} (-1)^{\frac{1}{4}(mn - j' - 2\,l')}, \\ \qquad\qquad \text{wenn } \ m\,n \equiv j' + 2\,l' \bmod 4; \\ 0 \qquad\qquad \text{sonst.} \end{array} \right\}$$

Damit können die *Fourier-Entwicklungen* der Eisenstein-Reihen $E_{-r}(\tau, \chi)$ $(\chi = \chi_2, \chi_3, \chi_4)$ explizit aufgestellt werden. Zu diesem Zweck werde in der Bezeichnung von Satz 3.2 gesetzt:

$$(13.22) \quad \nabla_r(\tau, \chi) = - \frac{\pi\,\varrho^*(\chi)}{N_2\,y}, \quad \text{wenn} \quad r = 2; \quad \nabla_r(\tau, \chi) = 0, \quad \text{wenn} \quad r > 2.$$

Damit ergibt sich für $r \in \mathbb{Z}, r \geqq 2$:

$$E_{-r}(\tau, \chi_4) = \nabla_r(\tau, \chi_4) + \frac{\pi^r\,i^{-r}}{(r-1)!\,2^{2r-3}} \sum_{\substack{m,n=1 \\ mn \equiv j'+2\,l'\,(4)}}^{\infty} \left(\frac{-4}{m} \right)^{r} \left(\frac{2}{m} \right)^{l+l'} n^{r-1}\,e^{\pi i\,mn\,\frac{1}{4}\tau};$$

ferner, wenn $r \equiv l + l' \equiv 0 \bmod 2$:

$$E_{-r}(\tau, \chi_2) = \nabla_r(\tau, \chi_2) + \frac{2\,\pi^r}{(r-1)!} (-1)^{\frac{1}{2}r} \sum_{\substack{m,n=1 \\ m \equiv 1\,(2)}}^{\infty} (-1)^n\,n^{r-1}\,e^{2\pi i\,mn\,\tau};$$

wenn $r \equiv 0, l + l' \equiv 1 \bmod 2$:

$$E_{-r}(\tau, \chi_2) = \nabla_r(\tau, \chi_2) + \frac{\sqrt{2}\,\pi^r}{(r-1)!\,2^{2r-2}} (-1)^{\frac{1}{2}r} \sum_{\substack{m,n=1 \\ m \equiv 1\,(2)}}^{\infty} \left(\frac{2}{n} \right) n^{r-1}\,e^{\pi i\,mn\,\frac{1}{2}\tau};$$

wenn $r \equiv 1, l + l' \equiv 0 \bmod 2$:

$$E_{-r}(\tau, \chi_2) = \frac{4\,\pi^r}{(r-1)!\,2^r} \left(\frac{-1}{r} \right) \sum_{\substack{m,n=1 \\ mn \equiv 1\,(2)}}^{\infty} \left(\frac{-1}{n} \right) n^{r-1}\,e^{\pi i\,mn\,\tau};$$

wenn $r \equiv l + l' \equiv 1 \bmod 2$:

$$E_{-r}(\tau, \chi_2) = \frac{\sqrt{2}\,\pi^r}{(r-1)!\,2^{2r-2}} \left(\frac{-1}{r}\right) \sum_{\substack{m,n=1 \\ mn \equiv 1\,(2)}}^{\infty} \left(\frac{-2}{n}\right) n^{r-1} e^{\pi i m n \frac{1}{2}\tau};$$

schließlich

$$E_{-r}(\tau, \chi_3) = \nabla_r(\tau, \chi_3) +$$

$$+ \frac{\pi^r i^{-r}}{(r-1)!\,2^{2r-3}} \sum_{\substack{m,n=1 \\ mn \equiv j'+2l'\,(4)}}^{\infty} \left(\frac{-4}{m}\right)^r \left(\frac{2}{m}\right)^{j'} (-1)^{\frac{1}{4}(mn-j'-2l')} n^{r-1} e^{\pi i m n \frac{1}{4}\tau}.$$

Zur *Berechnung der Residuen* $\varrho^*(\chi_v)$ $(v = 2, 3, 4)$ sind die Werte der $\omega^*(m, 0; \chi_v)$ nach den obigen Formeln zu verwenden, wobei $r = 2$, $m \in \mathbb{N}$ und insbesondere $v^*_{j,j';\,l,l'} \equiv 1$ vorauszusetzen ist (vgl. Satz 3.4); das Letztere bedeutet, daß $j' \equiv 0$, $\frac{1}{2}j' \equiv l \equiv l' \bmod 2$ zutrifft, und impliziert $j \equiv 0 \bmod 2$. Man erhält

$$\omega^*(m, 0; \chi_4) = \begin{cases} 4, & \text{wenn } m \equiv 1 \bmod 2, \\ 0 & \text{sonst} \end{cases},$$

$$\omega^*(m, 0; \chi_2) = \begin{cases} 4, & \text{wenn } m \equiv 2 \bmod 4, \\ 0 & \text{sonst} \end{cases},$$

$$\omega^*(m, 0; \chi_3) = \begin{cases} 4\,(-1)^{\frac{1}{4}(j'+2l')}, & \text{wenn } m \equiv 1 \bmod 2, \\ 0 & \text{sonst} \end{cases}$$

und daraus

$$(13.23) \qquad \varrho^*(\chi_4) = 2, \quad \varrho^*(\chi_2) = 1, \quad \varrho^*(\chi_3) = (-1)^{\frac{1}{4}(j'+2l')} \cdot 2.$$

Über das *Verschwinden* der obigen Eisenstein-Reihen $E_{-r}(\tau, \chi_v)$ und über *die Werte ihrer konstanten Glieder in den Spitzen*

$$\zeta = A^{-1}\infty = \zeta_g \left(g = 1, 2, 3, 4; \quad A = \begin{pmatrix} * & * \\ a_1 & a_2 \end{pmatrix} \in {}_1\Gamma \right)$$

entscheiden gemäß Satz 3.3 die Reihen

$$c_r(\chi_v, A) = 2 \sum_{m=1}^{\infty} \chi_v(a_1 m, a_2 m)\, m^{-r}.$$

Hier gilt zunächst, daß alle $E_{-r}(\tau, \chi_v)$ im Unendlichen verschwinden. Ferner ergibt sich für alle ganzen $r \geqq 2$

$$c_r(\chi_4, \dot{U}^{-2}) = c_r(\chi_4, \dot{U}^{-1}) = c_r(\chi_2, \dot{U}^{-1}) = c_r(\chi_2, T) = c_r(\chi_3, \dot{U}^{-2})$$
$$= c_r(\chi_3, T) = 0.$$

Dagegen findet man, wenn

$$(13.24) \qquad c^*(r, k) := 2 \sum_{m=1}^{\infty} \left(\frac{-4}{m}\right)^r \left(\frac{2}{m}\right)^k m^{-r} \qquad (k \in \mathbb{N}_0)$$

gesetzt wird:

$$c_r(\chi_4, T) = c_r(\chi_2, \dot{U}^{-2}) = c^*(r, l + l'),$$

$$c_r(\chi_3, \dot{U}^{-1}) = \xi_4^{4r+j'+2l'}\, c^*(r, l + l'),$$

wo stets $c^*(r, k) \neq 0$. Diese Werte dokumentieren das Verhalten der drei Eisenstein-Reihen $E_{-r}(\tau, \chi_\nu)$ $(\nu = 2, 3, 4)$ in den Spitzen, welches am Schluß von § 3 als *selektiv* bezeichnet wurde.

Es ist vielleicht nicht überflüssig, darauf hinzuweisen, daß diese Aussagen über das Verhalten der Eisenstein-Reihen $E_{-r}(\tau, \chi_\nu)$ in den Spitzen ζ_g $(g = 1, 2, 3, 4; \nu = 2, 3, 4)$ auch dann zutreffen, wenn $r = 2$ und $v^*_{j,j';l,l'} \equiv 1$ ist, was bedeutet, daß in den Fourier-Entwicklungen der $E_{-r}(\tau, \chi_\nu)$ nicht-analytische Zusatzterme auftreten. Was dann hier wie in der allgemeinen Situation von Satz 3.3 (d.h. für $v \equiv 1$) immer gilt, ist die einfache Modifikation der obigen Aussage bzw. der von Satz 3.3, die man aus dieser dadurch erhält, daß man die nicht-analytischen Zusatzterme ignoriert. Dieser Modifikation entspricht das Transformationsverhalten der $\nabla_2(\tau, \chi)$, allgemein folgender Sachverhalt: Es sei

$$N > 0, \quad \varrho^* \in \mathbb{C}, \quad \nabla_2(\tau) := -\frac{\pi \varrho^*}{N y}, \quad S = \begin{pmatrix} a & b \\ c & d \end{pmatrix} \in \mathrm{SL}(2, \mathbb{R}),$$

dann ergibt eine einfache Rechnung

$$\nabla_2(\tau) \big|_2 S = \nabla_2(\tau) + \frac{2\pi i}{N} \varrho^* \frac{c}{c\tau + d}.$$

Das analytische Zusatzglied auf der rechten Seite liefert den expliziten Beweis dafür, daß $E_{-2}(\tau, \chi) - \nabla_2(\tau, \chi)$ zwar in $\mathfrak{H}$ holomorph, aber keine ganze Modulform $\{1, -2, 1\}$ ist, falls $\varrho^* \neq 0$.

Indem man die konstanten Glieder von (13.8) $f_{j,j';l,l'}$ in den Spitzen nach Tabelle 1 berechnet, gewinnt man aufgrund des selektiven Verhaltens der Eisenstein-Reihen $E_{-r}(\tau, \chi_\nu)$ in den Spitzen eine explizite Formel für die Reduktion von $f_{j,j';l,l'}$ auf die ganzen Spitzenformen der Klasse (13.9) $\mathsf{K}_{j,j';l,l'}$. Man findet für $f := f_{j,j';l,l'}$ nach Tabelle 1:

$$b_0(T, f) = i^r 2^{-\frac{1}{2}(l+l')} \text{ (stets)}, \quad b_0(\dot{U}^{-2}, f) = 1 \text{ (wenn } j' = l = 0)$$

$$b_0(\dot{U}^{-1}, f) = \xi_4^{l'-l} 2^{-\frac{1}{2}(l+l')} \text{ (wenn } j = 0)$$

und daraus in den Bezeichnungen (13.8, 9, 19, 20, 21, 22, 24):

Satz 13.1. *Es sei* $j, j'; l, l' \in \mathbb{N}_0$, $r := \frac{1}{2}(j + j' + l + l') \in \mathbb{N}$, $r \geqq 2$ *und* $j' + l' > 0$. *Für gewisse* $k \in \mathbb{Z}$, *insbesondere für* $k = 0$, *sei* $F_k(\tau)$ $(\tau \in \mathfrak{H})$ *definiert; dann wird* $\delta_{k,0} F_k(\tau) = F_0(\tau)$ *gesetzt, falls* $k = 0$; *dagegen sei* $\delta_{k,0} F_k(\tau) \equiv 0$, *falls* $k > 0$ *(auch wenn* $F_k(\tau)$ *nicht definiert ist). Nun gilt*

$$f_{j,j';l,l'}(\tau) = \delta_{j'+l,0} c_r^{*-1} E_{-r}(\tau, \chi_2) + \delta_{j,0} i^r 2^{-\frac{1}{2}(l+l')} c_r^{*-1} E_{-r}(\tau, \chi_3)$$

$$+ i^r 2^{-\frac{1}{2}(l+l')} c_r^{*-1} E_{-r}(\tau, \chi_4) + \varphi(\tau),$$

wo $\varphi(\tau)$ *eine ganze Spitzenform der Klasse* $\mathsf{K}_{j,j';l,l'}$ *bezeichnet. Dabei steht* c_r^* *für* (13.24) $c^*(r, l + l')$. —

Der Beweis dieses Satzes bedarf einer *Ergänzung*, wenn $\mathsf{K}_{j,j';l,l'}$ die abelsche Differentialklasse der Gruppe $\Gamma[4 \backslash 2]$, d.h. wenn $r = 2$ und $v^*_{j,j';l,l'} \equiv 1$ ist. In diesem Fall muß bewiesen werden, daß die nicht-analytischen Bestandteile in den Eisenstein-Reihen der obigen Formel sich in dieser aufheben. Das geschieht unter folgenden Voraussetzungen:

$$j + j' + l + l' = 2\,r = 4, \quad j' + l' > 0, \quad j' \equiv 0, \quad \tfrac{1}{2} j' \equiv l \equiv l' \bmod 2 \ (j \equiv 0 \bmod 2);$$

die eingeklammerte Kongruenz folgt aus den vorangehenden Voraussetzungen.

Der — völlig elementare — *Beweis* beruht auf der Unterscheidung der vier Fälle, die sich aus $j' + l > 0$ oder $j' + l = 0$ und $j > 0$ oder $j = 0$ ergeben. Im ersten Fall sei $j' + l > 0$ und $j > 0$. Für j' kommen die Werte $j' = 4, 2, 0$ in Betracht. Es stellt sich heraus, daß dieser Fall nie eintritt. Wir diskutieren den zweiten Fall $j' + l > 0, j = 0$. Die zu beweisende Relation besagt dann

$$\varrho^* (\chi_3) + \varrho^* (\chi_4) = 0 \quad \text{oder} \quad j' + 2\,l' \equiv 4 \bmod 8;$$

wenn sich bei der Diskussion ein Unterfall als nicht realisierbar herausstellt, wird dies durch $(-)$ ausgedrückt.

Man hat $j' + l + l' = 4$ und $j' + 2\,l \equiv 0 \bmod 4$, also $l' \equiv l \bmod 4$. (a) $l = 4$ gibt $j' + l' = 0$ $(-)$; (b) $l = 3$ gibt $l' = 3$ $(-)$; (c) $l = 2$ gibt $l' = 2, j' = 0$, also die Behauptung; (d) $l = 1$ gibt $l' = 1, j' = 2$, also die Behauptung; (e) $l = 0, l' = 4$ gibt $j' + l = 0$ $(-)$; (f) $l = l' = 0$ gibt $j' = 4$, also die Behauptung.

Der dritte Fall $(j' + l = 0, j > 0)$ ist ähnlich zu diskutieren. Im vierten Fall $(j' = l = j = 0)$ treten alle drei $E_{-2}(\tau, \chi_\nu)$ auf, und die Behauptung erweist sich nach (13.23) wieder als richtig.

Für die expliziten Resultate von § 14 seien die folgenden Formeln angemerkt:

$$r = 2: \sum_{\substack{m=1 \\ m \equiv 1\,(2)}}^{\infty} m^{-2} = \frac{\pi^2}{8}, \qquad \sum_{m=1}^{\infty} \left(\frac{2}{m}\right) m^{-2} = \frac{\pi^2}{8\sqrt{2}}$$

$$(13.25)$$

$$r = 3: \sum_{m=1}^{\infty} \left(\frac{-4}{m}\right) m^{-3} = \frac{\pi^3}{32}, \qquad \sum_{m=1}^{\infty} \left(\frac{-2}{m}\right) m^{-3} = \frac{3\,\pi^3}{64\sqrt{2}}.$$

In § 15 wird überdies benutzt

$$(13.26) \qquad \sum_{\substack{m=1 \\ m \equiv 1\,(2)}}^{\infty} m^{-4} = \frac{\pi^4}{96}, \qquad \sum_{m=1}^{\infty} \left(\frac{2}{m}\right) m^{-4} = \frac{11\,\pi^4}{3 \cdot 256 \sqrt{2}}.$$

§ 14. Ganze Spitzenformen.
Explizite Resultatformeln für $r = 2, 3$

(Inhaltsübersicht [vgl. die von § 13]: Zunächst werden 12 Identitäten Jacobischer Art für die nach (a), (b) gebildeten Anzahlfunktionen explizit aufgestellt; bis auf zwei nach (b) gebildete sind diese sämtlich solche im engeren Sinne. Das Letztere trifft auch auf die 14 Anzahlfunktionen zu, die mit $r = 2$ nach (c) gebildet sind. Für diese werden in einer tabellarischen Übersicht die nach § 13 in das Verfahren eingehenden Eisenstein-Reihen zusammengestellt. Im Falle $r = 3$ bedarf man neben einer analogen Tabelle, in der jedoch auch die beteiligten ganzen Spitzenformen genannt sind, einer weiteren Tabelle, in der sich diese Spitzenformen ex-

plizit ausgedrückt vorfinden. Ein Basissatz für die Scharen dieser ganzen Spitzenformen zum Problemkreis (c) mit $r \geqq 3$ zeigt, daß für alle diese Probleme explizite Lösungen nach dem gewählten Verfahren gefunden werden können.)

Die in § 13 unter (1), (2) genannten *Anzahlfunktionen* $a\,(n; j, j'; l, l')$ $(j + j' = 4,\, l + l' = 0$ und $j + j' = l + l' = 2)$ lassen sich nach Satz 13.1 leicht *auswerten*. Der Riemann-Rochsche Satz gibt in allen 12 Fällen mit genau 3 Ausnahmen den Wert $v^+ = 0$, wenn abkürzend

$$(14.1) \qquad v^+ = v^+\,(j, j'; l, l') = \dim_{\mathbb{C}} \mathsf{K}^+_{j, j'; l, l'} \qquad (j, j'; l, l' \in \mathbb{N}_0)$$

gesetzt wird. Wir betrachten zunächst die vier Fälle $j + j' = 4,\, j' > 0,\, l + l' = 0$. Die Divisoren-Darstellung nach (13.13, 14) zeigt

$$f_{j, j'; 0, 0} \sim [\tfrac{1}{4} j', \ \tfrac{1}{4} j', \ \tfrac{1}{2} j, \ 0] \qquad (1 \leqq j' \leqq 4),$$

und man erhält $v^+ = 0$ für $j \neq 3$, $v^+ = 1$ für $j = 3$. Eine nicht-identisch verschwindende ganze Spitzenform in $\mathsf{K}_{3, 1; 0, 0}$ ist $\varphi\,(\tau) := \eta^2\!\left(\dfrac{\tau}{2}\right) \eta^2\,(\tau)$; sie tritt aber in der Darstellung von $a\,(n; 3, 1; 0, 0)$ nicht auf. Man kann dies einerseits durch einen numerischen Koeffizientenvergleich, andererseits dadurch bestätigen, daß man die erzeugende Fourier-Reihe $\vartheta_3^3\,(\tau)\,\vartheta_2\,(\tau)$ als Modulform der Gruppe $\Gamma\,[2]$ interpretiert. Als solche hat sie in den Vertretern $\infty, 0, 1$ der drei Spitzenbahnen mod $\Gamma\,[2]$ die Ordnungen bzw. $\tfrac{1}{4}, 0, \tfrac{3}{4}$; eine ganze Spitzenform der gleichen Klasse müßte die gleichen Drehreste und den gleichen Divisorengrad haben, was auf einen Widerspruch führt.

Zur *Formulierung der Ergebnisse* schreiben wir

$$a^{(j, j')}\,(n) := a\,(n; j, j'; 0, 0), \qquad \sigma_k\,(n) := \sum_{d > 0,\, d \mid n} d^k \qquad (k \in \mathbb{R})$$

und erhalten

Satz 14.1. *Es gilt*

$$(j = 3, j' = 1) \qquad \vartheta_3^3\,(4\,\tau)\,\vartheta_2\,(4\,\tau) = 2 \sum_{\substack{m, n = 1 \\ m\,n \equiv 1\,(4)}}^{\infty} n\, e^{\pi i m n \tau},$$

$$a^{(3, 1)}\,(n) = 2\,\sigma_1\,(n), \quad wenn \quad n \equiv 1 \bmod 4 \qquad (n \in \mathbb{N});$$

$$(j = 1, j' = 3) \qquad \vartheta_3\,(4\,\tau)\,\vartheta_2^3\,(4\,\tau) = 2 \sum_{\substack{m, n = 1 \\ m\,n \equiv 3\,(4)}}^{\infty} n\, e^{\pi i m n \tau},$$

$$a^{(1, 3)}\,(n) = 2\,\sigma_1\,(n), \quad wenn \quad n \equiv 3 \bmod 4 \qquad (n \in \mathbb{N});$$

$$(j = j' = 2) \qquad \vartheta_3^2\,(4\,\tau)\,\vartheta_2^2\,(4\,\tau) = 4 \sum_{\substack{m, n = 1 \\ m\,n \equiv 1\,(2)}}^{\infty} n\, e^{2\pi i m n \tau},$$

$$a^{(2, 2)}\,(n) = 4\,\sigma_1\,(\tfrac{1}{2}\,n), \quad wenn \quad n \equiv 2 \bmod 4 \qquad (n \in \mathbb{N});$$

$$(j = 0, j' = 4) \qquad \vartheta_2^4\,(4\,\tau) = 16 \sum_{\substack{m, n = 1 \\ m\,n \equiv 1\,(2)}}^{\infty} n\, e^{4\pi i m n \tau},$$

$$a^{(0, 4)}\,(n) = 16\,\sigma_1\,(\tfrac{1}{4}\,n), \quad wenn \quad n \equiv 4 \bmod 8 \qquad (n \in \mathbb{N}).$$

Die hier für n angegebenen Kongruenzen sind notwendige Bedingungen der Darstellbarkeit von n in der betrachteten Gestalt. Der Vergleich mit $a\,(n, I^{(4)})$, der Anzahl der Darstellungen von n als Summe von vier Quadraten beliebiger ganzer Zahlen zeigt, daß gilt

$$\text{für}\quad n \equiv 1 \bmod 4: \quad a^{(3,1)}\,(n) = \tfrac{1}{4}\,a\,(n, I^{(4)});$$

$$\text{für}\quad n \equiv 3 \bmod 4: \quad a^{(1,3)}\,(n) = \tfrac{1}{4}\,a\,(n, I^{(4)});$$

$$\text{für}\quad n \equiv 2 \bmod 4: \quad a^{(2,2)}\,(n) = \tfrac{1}{6}\,a\,(n, I^{(4)});$$

$$\text{für}\quad n \equiv 4 \bmod 8: \quad a^{(0,4)}\,(n) = \tfrac{2}{3}\,a\,(n, I^{(4)}).$$

Die oben (§ 13) genannten 3 Ausnahmefälle von den unter (1) (2) insgesamt definierten 12 Anzahlfunktionen sind durch $a\,(n; j, j'; l, l')$ mit

$$\{j, j'; l, l'\} \doteq \{3, 1; 0, 0\}, \quad \{1, 1; 0, 2\}, \quad \{1, 1; 2, 0\} \qquad (r = 2)$$

gegeben und führen auf die Divisoren-Darstellungen

$$f_{j, j'; l, l'} \sim [\tfrac{1}{4}, \tfrac{1}{4}, \tfrac{3}{2}, 0], \ [\tfrac{5}{4}, \tfrac{1}{4}, \tfrac{1}{2}, 0], \ [\tfrac{1}{4}, \tfrac{5}{4}, \tfrac{1}{2}, 0].$$

Da das Geschlecht von $\Gamma\,[4\backslash 2]$ verschwindet, definieren zwei Divisoren der Gestalt (13.13) $[a_1, a_2, a_3, a_4]$ Modulformen der *gleichen Klasse,* wenn die Komponentensummen genau und die einzelnen Komponenten mod 1 übereinstimmen. Daher fallen die drei obigen Klassen zusammen. Nach dem Riemann-Rochschen Satz gilt $v^+ = 1$; man erhält die Divisoren-Darstellung einer ganzen Spitzenform der betrachteten Klasse sowie diese selbst in der Gestalt (s. w. o.)

$$(14.2) \qquad \varphi \sim [\tfrac{1}{4}, \tfrac{1}{4}, \tfrac{1}{2}, 1], \qquad \varphi\,(\tau) = \eta^2\!\left(\frac{\tau}{2}\right) \eta^2\,(\tau).$$

Die letzte Relation muß aufgrund eines naheliegenden Kriteriums (Übereinstimmung der Gruppen und der Drehreste im Unendlichen) zunächst als Hypothese konzipiert und dann anhand der Formeln (4.14) für v_5 bestätigt werden. Wir entwickeln w. u. ein systematisches Verfahren zur Konstruktion ganzer Spitzenformen, das eine Empirie der angedeuteten Art weitgehend entbehrlich macht.

Nach einer bekannten Eulerschen Identität $(\vartheta_5 = \eta)$ erhält man die folgende Fourier-Entwicklung:

$$\varphi\,(\tau) = \sum_{\substack{n=1 \\ n \equiv 1\,(4)}}^{\infty} \beta_2\,(n)\, e^{\pi i n \frac{\tau}{4}},$$

$$\beta_2\,(n) := \sum_{m_1, m_2, m_3, m_4} \left(\frac{-1}{m_1\, m_2\, m_3\, m_4}\right)_* \quad \text{u.d.B.} \quad \left\{\begin{array}{l} m_1 \equiv m_2 \equiv m_3 \equiv m_4 \equiv 1 \bmod 6 \\ m_1^2 + m_2^2 + 2\, m_3^2 + 2\, m_4^2 = 6\, n \end{array}\right\}.$$

Andere, z. T. zweifellos *einfachere Darstellungen* der Fourier-Koeffizienten $\beta_2\,(n)$ erhält man durch Umformung der Produkt-Darstellung (14.2) vermöge der überaus nutzbringenden Formeln (vgl. Anhang E)

$$\frac{\eta^2\left(\frac{\tau}{2}\right)}{\eta(\tau)} = \vartheta_0(\tau), \qquad \frac{\eta^2(2\tau)}{\eta(\tau)} = \frac{1}{2}\vartheta_2(\tau), \qquad \frac{\eta^5(\tau)}{\eta^2\left(\frac{\tau}{2}\right)\eta^2(2\tau)} = \vartheta_3(\tau),$$

(14.3)

$$\vartheta_0(\tau)\,\vartheta_3(\tau) = \vartheta_0^2(2\tau), \qquad \vartheta_3(\tau)\frac{1}{2}\vartheta_2(\tau) = \left(\frac{1}{2}\vartheta_2\left(\frac{\tau}{2}\right)\right)^2$$

die u. U. noch mit der Jacobischen Identität $\eta^3 = \vartheta_1^{(1)}$ (vgl. § 2) kombiniert werden können. So gelangt man zu den Darstellungen

$$(14.3^*) \qquad \varphi(\tau) := \eta^2\left(\frac{\tau}{2}\right)\eta^2(\tau) = \vartheta_0(\tau)\,\eta^3(\tau) = \eta^3\left(\frac{\tau}{2}\right)\frac{1}{2}\vartheta_2\left(\frac{\tau}{2}\right);$$

die letzte liefert die gegen die oben ausgeschriebene bemerkenswert vereinfachte Resultatformel

$$\beta_2(n) = \sum_{m_1, m_2} m_1 \quad \text{u.d.B.} \quad \left\{\begin{array}{l} m_1 \equiv m_2 \equiv 1 \bmod 4 \\ m_1^2 + m_2^2 = 2n \end{array}\right\}.$$

$\beta_2(n)$ verschwindet, wenn $n \not\equiv 1 \bmod 4$. Für $n \equiv 1 \bmod 4$ gibt es Darstellungen der Gestalt $2n = m_1^2 + m_2^2$ ($m_1, m_2 \in \mathbb{Z}$) nur mit ungeraden m_1, m_2, und genau zwei in der Art von (14.3^*), wenn n eine Primzahl ist; dann gilt $\beta_2(n) \neq 0$. Damit ergeben sich die folgenden Identitäten für die 8 Anzahlfunktionen von § 13 (2):

Satz 14.2 *(Darstellungen der* $\vartheta_3^j(\tau)\,\vartheta_2^{j'}(\tau)\,\vartheta_3^l(2\tau)\,\vartheta_2^{l'}(2\tau)$ *und ihrer Fourier-Koeffizienten* $a(n; j, j'; l, l')$ *für* $j + j' = l + l' = 2, j' + l' > 0, n \in \mathbb{N}$*). Es gilt*

(a)
$$\vartheta_2^2(\tau)\,\vartheta_2^2(2\tau) = 4\sum_{\substack{m,n=1 \\ mn \equiv 3(4)}}^{\infty} n\, e^{\pi i m n \frac{1}{2}\tau},$$

$$a(n; 0, 2; 0, 2) = 0, \quad \text{wenn} \quad n \not\equiv 6 \bmod 8,$$

$$a(2n; 0, 2; 0, 2) = 4\sigma_1(n), \quad \text{wenn} \quad n \equiv 3 \bmod 4.$$

(b)
$$\vartheta_3(\tau)\,\vartheta_2(\tau)\,\vartheta_2^2(2\tau) = \sum_{\substack{m,n=1 \\ mn \equiv 1(4)}}^{\infty} n\, e^{\pi i m n \frac{1}{4}\tau} - \eta^2\left(\frac{1}{2}\tau\right)\eta^2(\tau),$$

$$a(n; 1, 1; 0, 2) = \left\{\begin{array}{cc} \sigma_1(n) - \beta_2(n), & \text{wenn} \quad n \equiv 1 \bmod 4, \\ 0 & \text{sonst} \end{array}\right\}.$$

(c)
$$\vartheta_3^2(\tau)\,\vartheta_2^2(2\tau) = 4\sum_{\substack{m,n=1 \\ mn \equiv 1(2)}}^{\infty} n\, e^{\pi i m n \tau} + 16\sum_{\substack{m,n=1 \\ mn \equiv 1(2)}}^{\infty} n\, e^{2\pi i m n \tau},$$

$$a(n; 2, 0; 0, 2) = \left\{\begin{array}{ll} 0, & \text{wenn} \quad n \not\equiv 0 \bmod 4, \\ 4\sigma_1(n/4), & \text{wenn} \quad n \equiv 4 \bmod 8, \\ 16\sigma_1(n/8), & \text{wenn} \quad n \equiv 8 \bmod 16, \\ 0, & \text{wenn} \quad n \equiv 0 \bmod 16 \end{array}\right\}.$$

(d) $\vartheta_2^2(\tau)\,\vartheta_3(2\,\tau)\,\vartheta_2(2\,\tau) = 8 \sum_{\substack{m,n=1\\ mn\equiv 1\,(2)}}^{\infty} n\,e^{\pi i m n \tau}$,

$$a\,(n;0,2;1,1) = 0, \quad wenn \quad n \not\equiv 4 \bmod 8,$$

$$a\,(4\,k;0,2;1,1) = 8\,\sigma_1(k), \quad wenn \quad k \equiv 1 \bmod 2.$$

(e) $\vartheta_3(\tau)\,\vartheta_2(\tau)\,\vartheta_3(2\,\tau)\,\vartheta_2(2\,\tau) = \sum_{\substack{m,n=1\\ mn\equiv 3\,(4)}}^{\infty} n\,e^{\pi i m n \frac{1}{4}\tau}$,

$$a\,(n;1,1;1,1) = \left\{\begin{array}{ll} \sigma_1(n), & wenn \quad n \equiv 3 \bmod 4, \\ 0 & sonst \end{array}\right\}.$$

(f) $\vartheta_3^2(\tau)\,\vartheta_3(2\,\tau)\,\vartheta_2(2\,\tau) = 2 \sum_{\substack{m,n=1\\ mn\equiv 1\,(2)}}^{\infty} n\,e^{\pi i m n \frac{1}{2}\tau}$,

$$a\,(n;2,0;1,1) = 0, \quad wenn \quad n \not\equiv 2 \bmod 4,$$

$$a\,(2\,k;2,0;1,1) = 2\,\sigma_1(k), \quad wenn \quad k \equiv 1 \bmod 2.$$

(g) $\vartheta_2^2(\tau)\,\vartheta_3^2(2\,\tau) = 4 \sum_{\substack{m,n=1\\ mn\equiv 1\,(4)}}^{\infty} n\,e^{\pi i m n \frac{1}{2}\tau}$,

$$a\,(n;0,2;2,0) = 0, \quad wenn \quad n \not\equiv 2 \bmod 8,$$

$$a\,(2\,k;0,2;2,0) = 4\,\sigma_1(k), \quad wenn \quad k \equiv 1 \bmod 4.$$

(h) $\vartheta_3(\tau)\,\vartheta_2(\tau)\,\vartheta_3^2(2\,\tau) = \sum_{\substack{m,n=1\\ mn\equiv 1\,(4)}}^{\infty} n\,e^{\pi i m n \frac{1}{4}\tau} + \eta^2\left(\frac{1}{2}\,\tau\right)\eta^2(\tau)$,

$$a\,(n;1,1;2,0) = \left\{\begin{array}{ll} \sigma_1(n)+\beta_2(n), & wenn \quad n \equiv 1 \bmod 4, \\ 0 & sonst \end{array}\right\}. \quad -$$

Aus den analytischen Identitäten gewinnt man durch Vergleich (z.B. (a) mit (e), (b) + (h) mit (g)) *Theta-Relationen,* die auf den ersten Blick neu erscheinen. Sie reduzieren sich jedoch auf Bekanntes. So ist

$$\vartheta_2^2(\tau)\,\vartheta_2(2\,\tau) = 4\,\vartheta_3(2\,\tau)\,\vartheta_3(4\,\tau)\,\vartheta_2(4\,\tau)$$

leicht aus (14.3) abzuleiten. Eine zweite Relation besagt

(14.4) $\vartheta_2^2(\tau)\,\vartheta_3(2\,\tau) = 2\,\vartheta_2(2\,\tau)\,(\vartheta_3^2(4\,\tau) + \vartheta_2^2(4\,\tau))$.

Die Quadratsumme auf der rechten Seite läßt sich nach (13.1) und (14.3) in

$$\vartheta_3^2(4\,\tau) + \vartheta_2^2(4\,\tau) = \vartheta_3(\tau+\tfrac{1}{2})\,\vartheta_0(\tau+\tfrac{1}{2}) = \frac{\eta^4(\tau+\frac{1}{2})}{\eta^2(2\,\tau+1)}$$

überführen, wodurch (14.4) auf die Anwendung zweier Relationen (14.3) reduziert wird.

Für die 14 Anzahlfunktionen $a\,(n;j,j';l,l')$ mit $j+j'+l+l' = 4$, $j+j'$ oder $l+l' = 1$ und $j'+l' > 0$ ergeben sich, da bei ihnen allen v^+ verschwindet, lauter

Jacobische Identitäten im engeren Sinne. Aufgrund der *Fourier-Entwicklungen der Eisenstein-Reihen* können sie nach Satz 13.1 unmittelbar explizit aufgestellt werden; diese Fourier-Entwicklungen nehmen hier eine gegenüber den vorher behandelten Fällen etwas geänderte Gestalt an; insbesondere ist wegen $l + l' \equiv 1 \bmod 2$ niemals $v^* \equiv 1$. − Man setze

$$\sigma_{r-1}^* (n, k) := \sum_{d, d' > 0, d\, d' = n} \left(\frac{-4}{d'} \right)^r \left(\frac{2}{d'} \right)^k d^{r-1} \quad (n, r \in \mathbb{N}, k \in \mathbb{N}_0)$$

(14.5)

$$\sigma_{1,2} (n) := \sum_{d > 0, d \mid n} \left(\frac{2}{d} \right) d.$$

Dann ergibt sich $\left(\text{im Hinblick auf } c_2^* = c^* (2,1) = \dfrac{\pi^2}{4 \sqrt{2}} \right)$

$$E_{-2} (\tau, \chi_4) = - \frac{\pi^2}{2} \sum_{\substack{n=1 \\ n \equiv j' + 2\, l' \,(4)}}^{\infty} \sigma_1^* (n, 1)\, e^{\pi i n \frac{1}{4} \tau},$$

$$E_{-2} (\tau, \chi_2) = - \frac{\pi^2}{2 \sqrt{2}} \sum_{\substack{n=1 \\ n \equiv 1 \,(2)}}^{\infty} \sigma_{1,2} (n)\, e^{\pi i n \frac{1}{2} \tau},$$

$$E_{-2} (\tau, \chi_3) = - \frac{\pi^2}{2} \sum_{\substack{n=1 \\ n \equiv j' + 2\, l' \,(4)}}^{\infty} (-1)^{\frac{1}{4} (n - j' - 2\, l')} \sigma_1^* (n, 1)\, e^{\pi i n \frac{1}{4} \tau}.$$

Die folgende *Tabelle 1* enthält in der ersten Zeile die genannten 14 Quadrupel j, j', l, l', in der zweiten die Zahlen $4\, a_1, 4\, a_2, 4\, a_3, 4\, a_4$, wo

$$f_{j, j'; \, l, l'} (\tau) \sim [a_1, a_2, a_3, a_4] \qquad (\text{s. } (13.13, 14));$$

in der dritten Zeile stehen die Zahlen $v = 2, 3, 4$ mit der Eigenschaft, daß die $E_{-2} (\tau, \chi_v)$ in der Darstellung von $f_{j, j'; \, l, l'}$ nach Satz 13.1 auftreten.

Tabelle 1

$j, j'; l, l'$	$0, 1; 3, 0$	$0, 1; 2, 1$	$0, 1; 1, 2$	$0, 1; 0, 3$	$1, 0; 2, 1$	$1, 0; 1, 2$	$1, 0; 0, 3$
$4\, a_1, 4\, a_2, 4\, a_3, 4\, a_4$	$1, 7, 0, 0$	$3, 5, 0, 0$	$5, 3, 0, 0$	$7, 1, 0, 0$	$2, 4, 2, 0$	$4, 2, 2, 0$	$6, 0, 2, 0$
$v \in \{2, 3, 4\}$	$3, 4$	$3, 4$	$3, 4$	$3, 4$	4	4	$2, 4$

$j, j'; l, l'$	$3, 0; 0, 1$	$2, 1; 0, 1$	$1, 2; 0, 1$	$0, 3; 0, 1$	$2, 1; 1, 0$	$1, 2; 1, 0$	$0, 3; 1, 0$
$4\, a_1, 4\, a_2, 4\, a_3, 4\, a_4$	$2, 0, 6, 0$	$3, 1, 4, 0$	$4, 2, 2, 0$	$5, 3, 0, 0$	$1, 3, 4, 0$	$2, 4, 2, 0$	$3, 5, 0, 0$
$v \in \{2, 3, 4\}$	$2, 4$	4	4	$3, 4$	4	4	$3, 4$

Die erwähnten *drei Jacobischen Identitäten im engeren Sinne*, die jetzt explizit aufgestellt werden, werden in der folgenden Anordnung ausgeschrieben:

Zuerst das Quadrupel j, j', l, l', sodann die diophantische Relation mit Kongruenzbedingungen, schließlich die Anzahl-Bestimmung

Satz 14.3. (a') $1, 0; 0, 3: \frac{1}{2} n = m_1^2 + m_2^2 + m_3^2 + 2\, m_4^2$;

$$m_1 \equiv m_2 \equiv m_3 \equiv 1 \bmod 2, \quad m_4 \in \mathbb{Z}; \quad \tfrac{1}{2} n \equiv 3 \text{ oder } 5 \bmod 8:$$

$$a\,(2\,n; 1, 0; 0, 3) = -4 \sum_{d>0,\, d\mid n} \left(\frac{2}{d}\right) d \quad (n \equiv 3 \text{ oder } 5\ (8))$$

(b') $3, 0; 0, 1: \frac{1}{2} n = m_1^2 + 2\,(m_2^2 + m_3^2 + m_4^2)$;

$$m_1 \equiv 1 \bmod 2; \quad m_2, m_3, m_4 \in \mathbb{Z}; \quad \tfrac{1}{2} n \equiv 1 \bmod 2:$$

$$a\,(2\,n; 3, 0; 0, 1) = 2 \left(2 \left(\frac{2}{n}\right) - 1\right) \sum_{d>0,\, d\mid n} \left(\frac{2}{d}\right) d \quad (n \equiv 1\ (2));$$

(c') $0, 1; 1, 2: n = m_1^2 + 2\,(m_2^2 + m_3^2) + 8\, m_4^2$;

$$m_1 \equiv m_2 \equiv m_3 \equiv 1 \bmod 2, \quad m_4 \in \mathbb{Z}; \quad n \equiv 5 \bmod 8$$

$$a\,(n; 0, 1; 1, 2) = -2 \sum_{d>0,\, d\mid n} \left(\frac{2}{d}\right) d \quad (n \equiv 5\ (8)). \quad -$$

Es sollen nun in der Gestalt $a\,(n; j, j'; l, l')$ *Darstellungsanzahlen durch senäre quadratische Formen* betrachtet werden, was $r = 3$ bedeutet; überdies seien $j' + l', j + j', l + l'$ sämtlich positiv. Damit ergeben sich 65 Anzahlfunktionen. Das Ziel der Untersuchung wird mit den expliziten Formeln für die beteiligten Eisenstein-Reihen und ganzen Spitzenformen sowie mit einer zu Tabelle 1 analogen Tabelle 3 erreicht.

Zur systematischen *Konstruktion ganzer Spitzenformen* benutzen wir die Bezeichnungen (13.13, 14), insbesondere für die Vertreter ζ_g ($g = 1, 2, 3, 4$) der Spitzenbahnen, und schreiben

$$\zeta_g = A_g^{-1} \infty \quad (A_1 := I,\ A_2 := \dot U^{-2},\ A_3 := \dot U^{-1},\ A_4 := T).$$

Ferner wird gesetzt

$$\eta_1\,(\tau) := \eta\left(\frac{\tau}{2}\right), \quad \eta_2\,(\tau) := \eta\,(\tau), \quad \eta_3\,(\tau) := \eta\,(2\,\tau), \quad \eta_4\,(\tau) := \eta\,(4\,\tau);$$

diese vier Funktionen sind ganze Spitzenformen vom Grade $-\frac{1}{2}$ der Gruppe $\Gamma\,[4\backslash 2]$. Es handelt sich jetzt zunächst um die *Berechnung der Werte*

$$\mathrm{ord}_{\Gamma,\,\zeta_g}\, \eta_k \quad (\Gamma := \Gamma\,[4\backslash 2];\ g, k = 1, 2, 3, 4).$$

Dies kann überwiegend aufgrund von $\eta\,(\tau) \in \{_1\Gamma, -\frac{1}{2}, v_5\}^+$ ohne Umwege ausgeführt werden; so erhält man (mit $r = \frac{1}{2}$)

$$\eta_3 | A_2^{-1} = \eta\,(2\,\tau)\, \bigg| \begin{pmatrix} 1 & 0 \\ 2 & 1 \end{pmatrix} = (2\,\tau + 1)^{-\frac{1}{2}}\, \eta\left(2\, \frac{\tau}{2\,\tau + 1}\right) = v_5\,(\dot U)\, \eta\,(2\,\tau),$$

also $\mathrm{ord}_{\Gamma,\,\zeta_2}\, \eta_3 = \frac{1}{6}$. In einigen Fällen muß man dagegen anders verfahren. Man hat z. B. $\eta\,(4\,\tau)$ gemäß

$$\eta_4 | A_3^{-1} = \eta\,(4\,\tau)\, \bigg| \begin{pmatrix} 1 & 0 \\ 1 & 1 \end{pmatrix} = (\tau + 1)^{-\frac{1}{2}}\, \eta\left(\frac{4\,\tau}{\tau + 1}\right)$$

umzuformen, was mit Hilfe von $\begin{pmatrix} 4 & 0 \\ 1 & 1 \end{pmatrix} = S \begin{pmatrix} 1 & 1 \\ 0 & 4 \end{pmatrix} \left(S := \begin{pmatrix} 4 & -1 \\ 1 & 0 \end{pmatrix} \in {}_1\Gamma \right)$ geschehen kann und

$$\eta_4 \,|\, \dot{U} = (\tau + 1)^{-\frac{1}{2}} \eta \left(S \left(\frac{\tau + 1}{4} \right) \right) = \frac{1}{2} v_5 (S) \, \eta \left(\frac{\tau + 1}{4} \right),$$

also $\mathrm{ord}_{\Gamma, \zeta_3} \eta_4 = \frac{1}{24}$ liefert. Damit ergibt sich nach entsprechender Rechnung für die Matrix

$$(14.6) \qquad R = (\varrho_{g, k}), \quad \varrho_{g, k} = 24 \, \mathrm{ord}_{\Gamma, \zeta_g} \eta_k \qquad (g = \text{Zeilen-}, \; k = \text{Spaltenindex})$$

die numerische Bestimmung

$$R = \begin{pmatrix} 1 & 2 & 4 & 8 \\ 1 & 2 & 4 & 2 \\ 2 & 4 & 2 & 1 \\ 8 & 4 & 2 & 1 \end{pmatrix} \quad (\det R = 432)$$

mit

$$V := \begin{pmatrix} 0 & 0 & -2 & 2 \\ 0 & -2 & 5 & -1 \\ -1 & 5 & -2 & 0 \\ 2 & -2 & 0 & 0 \end{pmatrix} = 12 \, R^{-1}.$$

Dies hat folgende Konsequenz: Bei gegebenen $c_k \in \mathbb{R}$ $(k = 1, 2, 3, 4)$ gilt

$$F(\tau) := \prod_{k=1}^{4} \eta_k^{c_k} (\tau) \in \{ \Gamma [4 \backslash 2], -r, v \} \quad \text{mit} \quad r := \frac{1}{2} (c_1 + c_2 + c_3 + c_4)$$

und einem gewissen $v \in [\Gamma [4 \backslash 2], -r]^1$; F ist in $\mathfrak{H}$ holomorph und dort überall von Null verschieden. Nach (14.6) erhält man

$$\mathrm{ord}_{\Gamma, \zeta_g} F = \frac{1}{24} \sum_{k=1}^{4} \varrho_{g, k} c_k \qquad (\Gamma = \Gamma [4 \backslash 2], \; g = 1, 2, 3, 4)$$

oder, wenn entsprechend (13.13, 14)

$$F \sim [a_1, a_2, a_3, a_4], \qquad \mathfrak{a} := \begin{pmatrix} a_1 \\ a_2 \\ a_3 \\ a_4 \end{pmatrix}, \qquad \mathfrak{c} := \begin{pmatrix} c_1 \\ c_2 \\ c_3 \\ c_4 \end{pmatrix}$$

gesetzt wird:

$$(14.7) \qquad \mathfrak{a} = \frac{1}{24} R \, \mathfrak{c} \quad \text{oder} \quad \mathfrak{c} = 24 \, R^{-1} \mathfrak{a} = 2 \, V \mathfrak{a}.$$

Dies besagt, daß man — in Umkehrung des obigen Zusammenhanges — eine in $\mathfrak{H}$ holomorphe und dort nicht verschwindende Modulform $F \in \{\Gamma, -r, v\}$ ($\Gamma := \Gamma [4 \backslash 2]$), die nach (13.13, 14) durch ihren Divisor $[a_1, a_2, a_3, a_4]$ definiert ist, *explizit als Potenzprodukt der* η_k $(k = 1, 2, 3, 4)$ *darstellen* kann. Insbesondere gilt dies, wenn $\mathfrak{a}$ mit einem der Einheitsvektoren e_k $(k = 1, 2, 3, 4)$ zusammenfällt; die entstehenden Funktionen $Z(\tau, \zeta_k)$ sind als *Primformen*, jeweils zur Spitze ζ_k, der Gruppe $\Gamma [4 \backslash 2]$ aufzufassen. Nach (14.3) darf man definieren:

$$Z(\tau, \infty) := \vartheta_2^2 (2\tau), \quad Z(\tau, \tfrac{1}{2}) := \vartheta_3^2 (2\tau), \quad Z(\tau, 1) := \vartheta_3^2 (\tau), \quad Z(\tau, 0) := \vartheta_0^2 (\tau).$$
$$(14.8)$$

Wie man diesen Formalismus auf die *Konstruktion ganzer Spitzenformen* anzuwenden hat, soll an einem Beispiel erläutert werden. Wir betrachten die Modulformen

$$f_1^* (\tau) := f_{1,1;4,0}(\tau), \quad f_2^* (\tau) := f_{1,1;2,2}(\tau), \quad f_3^* (\tau) := f_{1,1;0,4}(\tau);$$

ihre Divisoren-Darstellungen sind nach (13.15)

$$f_1^* \sim [\tfrac{1}{4}, \tfrac{9}{4}, \tfrac{1}{2}, 0], \quad f_2^* \sim [\tfrac{5}{4}, \tfrac{5}{4}, \tfrac{1}{2}, 0], \quad f_3^* \sim [\tfrac{9}{4}, \tfrac{1}{4}, \tfrac{1}{2}, 0].$$

Wie w. o. bemerkt, stimmen die zugehörigen Formenklassen $K_{1,1;l,l'}$ $(l + l' = 4, l \equiv 0 \bmod 2)$ miteinander überein. Der Riemann-Rochsche Satz gibt als Rang der Schar der ganzen Spitzenformen den Wert $v^+ = 2$, und man erhält zwei linear-unabhängige ganze Spitzenformen aus $K_{1,1;4,0}$ vermöge ihrer Divisoren in der Darstellung

$$\varphi_1 \sim [\tfrac{1}{4}, \tfrac{5}{4}, \tfrac{1}{2}, 1], \quad \varphi_2 \sim [\tfrac{1}{4}, \tfrac{1}{4}, \tfrac{1}{2}, 2].$$

Daraus folgt nach (14.7)

$$\varphi_1 (\tau) \approx \eta^2 \left(\frac{\tau}{2}\right) \eta^{-2} (\tau) \, \eta^{10} (2\,\tau) \, \eta^{-4} (4\,\tau), \quad \varphi_2 (\tau) \approx \eta^6 \left(\frac{\tau}{2}\right).$$

Die Fourier-Koeffizienten von $\varphi_2 (\tau)$ sind optimal unkompliziert (vgl. (14.3) $\beta_2 (n)$), die von $\varphi_1 (\tau)$ jedoch würden aufgrund der angegebenen Darstellung von $\varphi_1 (\tau)$ *überaus komplizierte* zahlentheoretische *Funktionen vom Partitionentypus* ergeben, für die — zum mindesten vorläufig — ein Interesse kaum zu erwarten ist. Man erzielt eine demgegenüber außerordentliche Vereinfachung durch Anwendung der Relationen (14.3); sie liefern

$$\varphi_1 (\tau) = \eta^2 \left(\frac{\tau}{2}\right) \eta^2 (\tau) \, \vartheta_3^2 (2\,\tau) = \eta^3 \left(\frac{\tau}{2}\right) \frac{1}{2} \, \vartheta_2 \left(\frac{\tau}{2}\right) \vartheta_3^2 (2\,\tau).$$

In den *Darstellungen der* oben (nach Satz 14.3) erwähnten *65 Anzahlfunktionen*

$$a (n; j, j'; l, l') \quad (j + j' + l + l' = 6, \ j' + l' > 0, \ j + j' > 0, \ l + l' > 0)$$

treten die Fourier-Koeffizienten von 8 *ganzen Spitzenformen* auf. 10 ganze Spitzenformen aus den betreffenden Klassen $K_{j,j';l,l'}$ werden in *Tabelle 2* näher beschrieben; die zwei zusätzlichen bilden eine alternative Basis in den Fällen mit $v^+ = 2$. Zur Legende der Tabelle 2 ist über den vorangehenden Text hinaus zu bemerken, daß die Darstellungen der $H_m (\tau)$ $(1 \leq m \leq 10)$ in Spalte 4 aus den betreffenden Potenzprodukten der η_k durch Anwendung der Formeln (14.3) gewonnen werden. Es gibt in jedem Falle mehrere formal verschiedene Darstellungen eines H_m als Potenzprodukte der Werte von η, ϑ_3, ϑ_0, ϑ_2 für gewisse der Argumente $\frac{\tau}{2}$, $\tau, 2\,\tau, 4\,\tau$ mit nicht-negativen ganzen Exponenten. Gewählt wurde jeweils eine Darstellung, in der nur Potenzen der Werte von η^3, ϑ_2, ϑ_3 auftreten. Von den Doppelsummen H_1 und H_4 abgesehen, handelt es sich um lauter vierfache Summen.

Tabelle 2

Bezeichnung	$4a_1, 4a_2, 4a_3, 4a_4$	c_1, c_2, c_3, c_4	Darstellung
$H_1(\tau)$	2, 2, 4, 4	0, 6, 0, 0	$\eta^6(\tau)$
$H_2(\tau)$	3, 3, 2, 4	2, 0, 4, 0	$\eta^3\left(\dfrac{\tau}{2}\right) \dfrac{1}{8} \vartheta_2\left(\dfrac{\tau}{2}\right) \vartheta_2^2(\tau)$
$H_3(\tau)$	1, 5, 2, 4	2, -2, 10, -4	$\eta^3\left(\dfrac{\tau}{2}\right) \dfrac{1}{2} \vartheta_2\left(\dfrac{\tau}{2}\right) \vartheta_3^2(2\tau)$
$H_4(\tau)$	1, 1, 2, 8	6, 0, 0, 0	$\eta^6\left(\dfrac{\tau}{2}\right)$
$H_5(\tau)$	2, 4, 2, 4	2, -1, 7, -2	$\eta^3\left(\dfrac{\tau}{2}\right) \dfrac{1}{4} \vartheta_2\left(\dfrac{\tau}{2}\right) \vartheta_2(\tau) \vartheta_3(2\tau)$
$H_6(\tau)$	4, 2, 2, 4	2, 1, 1, 2	$\eta^3\left(\dfrac{\tau}{2}\right) \dfrac{1}{8} \vartheta_2\left(\dfrac{\tau}{2}\right) \vartheta_2(\tau) \vartheta_2(2\tau)$
$H_7(\tau)$	1, 3, 4, 4	0, 5, 3, -2	$\eta^3\left(\dfrac{\tau}{2}\right) \dfrac{1}{2} \vartheta_2\left(\dfrac{\tau}{2}\right) \vartheta_3(\tau) \vartheta_3(2\tau)$
$H_8(\tau)$	3, 1, 4, 4	0, 7, -3, 2	$\eta^3\left(\dfrac{\tau}{2}\right) \dfrac{1}{4} \vartheta_2\left(\dfrac{\tau}{2}\right) \vartheta_3(\tau) \vartheta_2(2\tau)$
$H_9(\tau)$	1, 1, 6, 4	-2, 12, -4, 0	$\eta^3\left(\dfrac{\tau}{2}\right) \dfrac{1}{2} \vartheta_2\left(\dfrac{\tau}{2}\right) \vartheta_3^2(\tau)$
$H_{10}(\tau)$	5, 1, 2, 4	2, 2, -2, 4	$\eta^3\left(\dfrac{\tau}{2}\right) \dfrac{1}{8} \vartheta_2\left(\dfrac{\tau}{2}\right) \vartheta_2^2(2\tau)$

Zur abschließenden Information über die oben explizit definierten 65 Anzahlfunktionen $a(n; j, j'; l, l')$ stellen wir die *Fourier-Entwicklungen der Eisenstein-Reihen* $E_{-3}(\tau, \chi_\nu)$ $(\nu = 2, 3, 4)$, die hierfür benötigt werden, zusammen. Man hat nach § 13, wenn $j' + 2l \equiv 0 \bmod 4$:

$$E_{-3}(\tau, \chi_2) = -\frac{\pi^3}{4} \sum_{\substack{n=1 \\ n \equiv 1\,(2)}}^{\infty} \left(\sum_{d>0,\,d|n} \left(\frac{-1}{d}\right) d^2 \right) e^{\pi i n \tau} \qquad (l + l' \equiv 0\,(2)),$$

$$E_{-3}(\tau, \chi_2) = -\frac{\pi^3}{16\sqrt{2}} \sum_{\substack{n=1 \\ n \equiv 1\,(2)}}^{\infty} \left(\sum_{d>0,\,d|n} \left(\frac{-2}{d}\right) d^2 \right) e^{\pi i n \frac{1}{2} \tau} \quad (l + l' \equiv 1\,(2));$$

ferner, wenn $j \equiv 0 \bmod 2$ (vgl. (14.5))

$$E_{-3}(\tau, \chi_3) = \frac{\pi^3 i}{16} \sum_{\substack{n=1 \\ n \equiv j' + 2l'\,(4)}}^{\infty} \sigma_2^*(n, l + l') \,(-1)^{\frac{1}{4}(n - j' - 2l')} \, e^{\pi i n \frac{1}{4} \tau};$$

schließlich (ohne jede Bedingung)

$$E_{-3}(\tau, \chi_4) = \frac{\pi^3 i}{16} \sum_{\substack{n=1 \\ n \equiv j' + 2\,l'\,(4)}}^{\infty} \sigma_2^*(n, l + l')\, e^{\pi i n \frac{1}{4}\tau};$$

die erforderlichen Werte (13.24) $c^*(3, l + l')$ sind (13.25) zu entnehmen.

Zur Legende der abschließenden *Tabelle 3* ist lediglich folgendes zu bemerken: Die dritte Zeile enthält vor dem Semikolon die Werte $v \in \{2, 3, 4\}$ derart, daß $E_{-3}(\tau, \chi_v)$ in die Darstellung von $a(n; j, j'; l, l')$ nach Satz 13.1 eingeht; hinter dem Semikolon erscheint der Rang v_0^+ von $\mathsf{K}_{j,j';\,l,l'}^+$. In der vierten Zeile wird eine Basis von $\mathsf{K}_{j,j';\,l,l'}^+$ angegeben.

Tabelle 3

$j, j'; l, l'$	$1, 0; 4, 1$	$1, 0; 3, 2$	$1, 0; 2, 3$	$1, 0; 1, 4$	$1, 0; 0, 5$	$0, 1; 5, 0$
$4a_1, 4a_2, 4a_3, 4a_4$	$2, 8, 2, 0$	$4, 6, 2, 0$	$6, 4, 2, 0$	$8, 2, 2, 0$	$10, 0, 2, 0$	$1, 11, 0, 0$
$v \in \{2, 3, 4\}; v_0^+$	$4; 1$	$4; 1$	$4; 1$	$4; 1$	$2, 4; 1$	$3, 4; 1$
Basis	H_5	H_6	H_5	H_6	H_5	H_7

$j, j'; l, l'$	$0, 1; 4, 1$	$0, 1; 3, 2$	$0, 1; 2, 3$	$0, 1; 1, 4$	$0, 1; 0, 5$	$2, 0; 3, 1$
$4a_1, 4a_2, 4a_3, 4a_4$	$3, 9, 9, 0$	$5, 7, 0, 0$	$7, 5, 0, 0$	$9, 3, 0, 0$	$11, 1, 0, 0$	$2, 6, 4, 0$
$v \in \{2, 3, 4\}; v_0^+$	$3, 4; 1$	$3, 4; 1$	$3, 4; 1$	$3, 4; 1$	$3, 4; 1$	$4; 1$
Basis	H_8	H_7	H_8	H_7	H_8	H_1

$j, j'; l, l'$	$2, 0; 2, 2$	$2, 0; 1, 3$	$2, 0; 0, 4$	$1, 1; 4, 0$	$1, 1; 3, 1$	$1, 1; 2, 2$
$4a_1, 4a_2, 4a_3, 4a_4$	$4, 4, 4, 0$	$6, 2, 4, 0$	$8, 0, 4, 0$	$1, 9, 2, 0$	$3, 7, 2, 0$	$5, 5, 2, 0$
$v \in \{2, 3, 4\}; v_0^+$	$4; 0$	$4; 1$	$2, 4; 0$	$4; 2$	$4; 1$	$4; 2$
Basis	$*$	H_1	$*$	H_3, H_4	H_2	H_3, H_4

$j, j'; l, l'$	$1, 1; 1, 3$	$1, 1; 0, 4$	$0, 2; 4, 0$	$0, 2; 3, 1$	$0, 2; 2, 2$	$0, 2; 1, 3$
$4a_1, 4a_2, 4a_3, 4a_4$	$7, 3, 2, 0$	$9, 1, 2, 0$	$2, 10, 0, 0$	$4, 8, 0, 0$	$6, 6, 0, 0$	$8, 4, 0, 0$
$v \in \{2, 3, 4\}; v_0^+$	$4; 1$	$4; 2$	$3, 4; 1$	$3, 4; 0$	$3, 4; 1$	$3, 4; 0$
Basis	H_2	H_3, H_4	H_1	$*$	H_1	$*$

$j, j'; l, l'$	$0, 2; 0, 4$	$3, 0; 2, 1$	$3, 0; 1, 2$	$3, 0; 0, 3$	$2, 1; 3, 0$	$2, 1; 2, 1$
$4a_1, 4a_2, 4a_3, 4a_4$	$10, 2, 0, 0$	$2, 4, 6, 0$	$4, 2, 6, 0$	$6, 0, 6, 0$	$1, 7, 4, 0$	$3, 5, 4, 0$
$v \in \{2, 3, 4\}; v_0^+$	$3, 4; 1$	$4; 1$	$4; 1$	$2, 4; 1$	$4; 1$	$4; 1$
Basis	H_1	H_5	H_6	H_5	H_7	H_8

$j, j'; l, l'$	$2, 1; 1, 2$	$2, 1; 0, 3$	$1, 2; 3, 0$	$1, 2; 2, 1$	$1, 2; 1, 2$	$1, 2; 0, 3$
$4a_1, 4a_2, 4a_3, 4a_4$	$5, 3, 4, 0$	$7, 1, 4, 0$	$2, 8, 2, 0$	$4, 6, 2, 0$	$6, 4, 2, 0$	$8, 2, 2, 0$
$v \in \{2, 3, 4\}; v_0^+$	$4; 1$	$4; 1$	$4; 1$	$4; 1$	$4; 1$	$4; 1$
Basis	H_7	H_8	H_5	H_6	H_5	H_6

$j, j'; l, l'$	$0, 3; 3, 0$	$0, 3; 2, 1$	$0, 3; 1, 2$	$0, 3; 0, 3$	$4, 0; 1, 1$	$4, 0; 0, 2$
$4a_1, 4a_2, 4a_3, 4a_4$	$3, 9, 0, 0$	$5, 7, 0, 0$	$7, 5, 0, 0$	$9, 3, 0, 0$	$2, 2, 8, 0$	$4, 0, 8, 0$
$v \in \{2, 3, 4\}; v_0^+$	$3, 4; 1$	$3, 4; 1$	$3, 4; 1$	$3, 4; 1$	$4; 1$	$2, 4; 0$
Basis	H_8	H_7	H_8	H_7	H_1	$*$

$j, j'; l, l'$	$3, 1; 2, 0$	$3, 1; 1, 1$	$3, 1; 0, 2$	$2, 2; 2, 0$	$2, 2; 1, 1$	$2, 2; 0, 2$
$4a_1, 4a_2, 4a_3, 4a_4$	$1, 5, 6, 0$	$3, 3, 6, 0$	$5, 1, 6, 0$	$2, 6, 4, 0$	$4, 4, 4, 0$	$6, 2, 4, 0$
$v \in \{2, 3, 4\}; v_0^+$	$4; 2$	$4; 1$	$4; 2$	$4; 1$	$4; 0$	$4; 1$
Basis	H_3, H_4	H_2	H_3, H_4	H_1	$*$	H_1

$j, j'; l, l'$	$1, 3; 2, 0$	$1, 3; 1, 1$	$1, 3; 0, 2$	$0, 4; 2, 0$	$0, 4; 1, 1$	$0, 4; 0, 2$
$4a_1, 4a_2, 4a_3, 4a_4$	$3, 7, 2, 0$	$5, 5, 2, 0$	$7, 3, 2, 0$	$4, 8, 0, 0$	$6, 6, 0, 0$	$8, 4, 0, 0$
$v \in \{2, 3, 4\}; v_0^+$	$4; 1$	$4; 2$	$4; 1$	$3, 4; 0$	$3, 4; 1$	$3, 4; 0$
Basis	H_2	H_3, H_4	H_2	$*$	H_1	$*$

$j, j'; l, l'$	$4, 1; 1, 0$	$3, 2; 1, 0$	$2, 3; 1, 0$	$1, 4; 1, 0$	$0, 5; 1, 0$	$5, 0; 0, 1$
$4a_1, 4a_2, 4a_3, 4a_4$	$1, 3, 8, 0$	$2, 4, 6, 0$	$3, 5, 4, 0$	$4, 6, 2, 0$	$5, 7, 0, 0$	$2, 0, 10, 0$
$v \in \{2, 3, 4\}; v_0^+$	$4; 1$	$4; 1$	$4; 1$	$4; 1$	$3, 4; 1$	$2, 4; 1$
Basis	H_7	H_5	H_8	H_6	H_7	H_5

$j, j'; l, l'$	$4, 1; 0, 1$	$3, 2; 0, 1$	$2, 3; 0, 1$	$1, 4; 0, 1$	$0, 5; 0, 1$	
$4a_1, 4a_2, 4a_3, 4a_4$	$3, 1, 8, 0$	$4, 2, 6, 0$	$5, 3, 4, 0$	$6, 4, 2, 0$	$7, 5, 0, 0$	
$v \in \{2, 3, 4\}; v_0^+$	$4; 1$	$4; 1$	$4; 1$	$4; 1$	$3, 4; 1$	
Basis	H_8	H_6	H_7	H_5	H_8	

Die explizite Gestalt der Resultate soll durch *einige Beispiele* erläutert werden. Wir betrachten die drei Modulformen

$$f_1 := f_{3, 0; 1, 2}, \quad f_2 := f_{1, 2; 2, 1}, \quad f_3 := f_{1, 2; 0, 3}$$

und schreiben $a_k(n)$ für die betreffende Darstellungsanzahl $a(n; j, j'; l, l')$ $(k = 1, 2, 3)$, so daß also

$$a_k(n) = \sum_{m_1, m_2, \ldots, m_6} 1$$

u.d.B.

$$\tfrac{1}{2} n = m_1^2 + m_2^2 + 2(m_3^2 + m_4^2 + m_5^2) + 4 m_6^2, \quad m_1 \equiv m_2 \equiv 1 \ (2) \qquad (k = 1),$$

$$n = m_1^2 + m_2^2 + 2 m_3^2 + 4 m_4^2 + 8(m_5^2 + m_6^2), \quad m_1 \equiv m_2 \equiv m_3 \equiv 1 \ (2) \qquad (k = 2),$$

$$n = m_1^2 + m_2^2 + 2(m_3^2 + m_4^2 + m_5^2) + 4 m_6^2, \quad m_1 \equiv \ldots \equiv m_5 \equiv 1 \ (2) \qquad (k = 3).$$

In allen drei Fällen ist $n \equiv 0 \bmod 4$ eine notwendige Bedingung für die Darstellbarkeit von n durch die betreffende quadratische Form unter den genannten Kongruenzbedingungen. Alle drei Modulformen $f_k(\tau)$ gehören nach Tabelle 3 zur gleichen Formenklasse K; als Basisform von K^+ kann

$$H_6(\tau) = \sum_{\substack{n=4 \\ n \equiv 0 \, (4)}}^{\infty} \beta_6(n) \exp \pi i n \, \frac{\tau}{4}$$

gewählt werden, was

$$\beta_6(n) = \sum_{m_1, m_2, m_3, m_4} m_1 \quad \text{u.d.B.} \quad \left\{ \begin{array}{l} m_1 \equiv m_2 \equiv m_3 \equiv m_4 \equiv 1 \bmod 4 \\ m_1^2 + m_2^2 + 2 m_3^2 + 4 m_4^2 = 2 n \end{array} \right\}$$

und insbesondere $\beta_6(n) = 0$ für $n \not\equiv 0 \bmod 4$ ergibt. Damit erhält man

Satz 14.4. *Für $n \in \mathbb{N}$, $n \equiv 0 \bmod 4$ gilt in den obigen Bezeichnungen*

$$a_1(n) = \tfrac{1}{3} \sigma_2^*(n) - \tfrac{4}{3} \beta_6(n), \qquad a_2(n) = \tfrac{1}{3} \sigma_2^*(n) + \tfrac{8}{3} \beta_6(n),$$

$$a_3(n) = \tfrac{1}{3} \sigma_2^*(n) - \tfrac{16}{3} \beta_6(n),$$

wo $\sigma_2^*(n) := \displaystyle\sum_{d, d' > 0, \, d d' = n} \left(\frac{-2}{d'} \right) d^2. \quad -$

Für alle Primzahlen $p > 3$ gilt demnach

$$\beta_6(4p) \equiv \sigma_2^*(4p) = 16 \left(\left(\frac{-2}{p} \right) + p^2 \right) \equiv 1 + \left(\frac{-2}{p} \right) \bmod 3.$$

Ein weiteres Beispiel betrifft die Fälle $j, j'; l, l' = 2, 0; 2, 2$ bzw. $2, 2; 1, 1$; wir schreiben für die entsprechenden Funktionen $f_{j, j'; l, l'}$:

$$g_1(\tau) := f_{2,0;2,2}(\tau) = \sum_{n=0}^{\infty} b_1(n) \exp \pi i n \, \frac{\tau}{4},$$

$$g_2(\tau) := f_{2,2;1,1}(\tau) = \sum_{n=0}^{\infty} b_2(n) \exp \pi i n \, \frac{\tau}{4},$$

so daß für $k = 1, 2$ und $n \in \mathbb{N}$ gilt

$$b_k(n) = \sum_{m_1, m_2, \ldots, m_6} 1$$

u.d.B.

$$\tfrac{1}{2} n = m_1^2 + m_2^2 + 2(m_3^2 + m_4^2) + 4(m_5^2 + m_6^2), \quad m_1 \equiv m_2 \equiv 1 \ (2) \qquad (k = 1),$$

$$n = m_1^2 + m_2^2 + 2 m_3^2 + 4(m_4^2 + m_5^2) + 8 m_6^2, \quad m_1 \equiv m_2 \equiv m_3 \equiv 1 \ (2) \qquad (k = 2).$$

Nach der Tabelle 3 haben die erzeugenden Fourier-Reihen $g_1(\tau)$, $g_2(\tau)$ den gleichen Divisor (vgl. (13.13, 14)), stimmen also bis auf einen konstanten Faktor miteinander überein. Sowohl ein konkreter Vergleich an den Theta-Reihen nach (14.3) als auch die Formel von Satz 13.1 zeigt, daß gilt

$$g_2(\tau) = 2\,g_1(\tau).$$

Damit gelangt man zu

Satz 14.5. *In den obigen Bezeichnungen gilt für* $n \in \mathbb{N}$

$$b_2(n) = 2\,b_1(n),$$

$b_1(n) = 0$, *wenn* $n \not\equiv 0 \bmod 4$ *und*

$$b_1(2\,n) = \sum_{d,d' > 0,\, dd' = n} \left(\frac{-4}{d'}\right) d^2 \qquad (n \equiv 0 \bmod 2). \quad -$$

Das oben beschriebene Phänomen, nach dem zwei Modulformen $f_{j,j';\,l,l'}$ mit verschiedenen Indexsystemen j, j', l, l' *proportional* sind, tritt nach Tabelle 3 nicht selten ein, und zwar auch dann, wenn die zugehörige Rangzahl $v_0^+ > 0$ ist. Alle diese Relationen haben die gleiche Quelle, nämlich die Theta-Relation

$$(14.9) \qquad\qquad \vartheta_2^2(\tau) = 2\,\vartheta_3(2\,\tau)\,\vartheta_2(2\,\tau).$$

Sie bedeutet, daß für die $n \in \mathbb{N}$ mit $n \equiv 1 \bmod 4$ gilt: Die Anzahlen der Darstellungen von n und $2\,n$ als Summen zweier Quadrate ganzer Zahlen stimmen überein. Sie ist daher elementar beweisbar. Nach (14.9) hat man

$$f_{j,\,j'+2;\,l,\,l'}(\tau) = 2\,f_{j,\,j';\,l+1,\,l'+1}(\tau) \qquad (j, j', l, l' \in \mathbb{N}_0).$$

Die in § 13 angekündigte *Konstruktion einer Basis von* $\mathsf{K}_{j,j';\,l,l'}^+$, die aus lauter Produkten klassischer einfacher Theta-Reihen besteht, beruht auf den Darstellungen (14.8) der Primformen zu den Spitzen. Wie früher soll mit den Quadrupeln $[a_1, a_2, a_3, a_4]$ ($a_g \in \mathbb{R}$ für $g = 1, \ldots, 4$) vektoriell gerechnet werden. Wir geben $j, j', l, l' \in \mathbb{N}_0$ mit gerader Summe $2\,r = j + j' + l + l' \geqq 4$ vor; mit $\langle x \rangle := x - [x]$ ($x \in \mathbb{R}$, $[x] = \max\{m \in \mathbb{Z} \mid m \leqq x\}$) erhält man die *Drehreste* $\varkappa_g$ von $\mathsf{K}_{j,j';\,l,l'}$ in den Spitzen ζ_g ($g = 1, \ldots, 4$; vgl. (13.14)) in der Gestalt

$$\varkappa_1 = \langle \tfrac{1}{4}j' + \tfrac{1}{2}l' \rangle, \qquad \varkappa_2 = \langle \tfrac{1}{4}j' + \tfrac{1}{2}l \rangle, \qquad \varkappa_3 = \langle \tfrac{1}{2}j \rangle, \qquad \varkappa_4 = 0.$$

Dies impliziert

$$(14.9^*) \quad \varkappa_1 = \tfrac{1}{4}k_1, \quad \varkappa_2 = \tfrac{1}{4}k_2, \quad \varkappa_3 = \tfrac{1}{2}k_3 \quad (k_1, k_2, k_3 \in \mathbb{N}_0;\; k_1, k_2 \leqq 3,\, k_3 \leqq 1),$$

wobei überdies $k_1 \equiv k_2 \bmod 2$. – Wir behaupten folgenden

Hilfssatz. Es seien $k_1, k_2, k_3 \in \mathbb{N}_0$ mit $k_1, k_2 \leqq 3$, $k_3 \leqq 1$, $k_1 \equiv k_2 \bmod 2$ gegeben; $\varkappa_1, \varkappa_2, \varkappa_3$ seien durch (14.9*) definiert. Dann existieren $j_0, j_0', l_0, l_0' \in \mathbb{N}_0$ mit

$$\varkappa_1 = \tfrac{1}{4}j_0' + \tfrac{1}{2}l_0', \qquad \varkappa_2 = \tfrac{1}{4}j_0' + \tfrac{1}{2}l_0, \qquad \varkappa_3 = \tfrac{1}{2}j_0. \quad -$$

Der *Beweis* ist primitiv und soll nicht ausgeführt werden. Es sei lediglich bemerkt, daß die Existenz von j_0 trivial ist, daß hinsichtlich k_1, k_2 unter der Voraussetzung $k_1 \leqq k_2$ diskutiert werden kann und daß für $k_1 = k_2 = 2, 3$ je zwei Lösungen existieren, während die Lösung sonst eindeutig ist.

Aus dem Hilfssatz folgt die Divisoren-Darstellung (vgl. 13.13, 14))

$$(14.10) \qquad f_0(\tau) := \vartheta_3^{j_0}(\tau)\, \vartheta_2^{j_0'}(\tau)\, \vartheta_3^{l_0}(2\tau)\, \vartheta_2^{l_0'}(2\tau) \sim [\varkappa_1, \varkappa_2, \varkappa_3, 0]$$

mit nicht-negativen ganzen Exponenten j_0, j_0', l_0, l_0'.

Für das Folgende wird, wenn immer $\varkappa$ mit $0 \leqq \varkappa < 1$ gegeben ist, $\varkappa^+$ durch

$$\varkappa^+ = \begin{Bmatrix} \varkappa & \text{für} & \varkappa > 0 \\ 1 & \text{für} & \varkappa = 0 \end{Bmatrix}$$ definiert. Der *Riemann-Rochsche Satz* liefert den Rang v^+

der linearen Schar $\mathsf{K}^+_{j,\,j';\,l,\,l'}$ in der Gestalt

$$(14.11) \qquad v^+ = r - \sum_{g=1}^{4} \varkappa_g^+ + 1 + \varepsilon = r - \varkappa_1^+ - \varkappa_2^+ - \varkappa_3^+ + \varepsilon,$$

wo $\varepsilon = 1$, wenn $r - 2 = \varkappa_1 = \varkappa_2 = \varkappa_3 = 0$, $\varepsilon = 0$ sonst. (Es ist eine leichte aber nützliche Übungsaufgabe, aus (14.11) abzuleiten, daß v^+ stets $\geqq 0$ ist.) Im Falle $\varepsilon = 1$ ist nichts zu beweisen, so daß $\varepsilon = 0$ gesetzt werden kann; auch die anderen Fälle mit $v^+ = 0$ werden im folgenden ausgeschlossen.

Wir schreiben zur Vereinfachung der Bezeichnung

$$Z_g(\tau) := Z(\tau, \zeta_g) \qquad (g = 1, 2, 3, 4, \text{vgl.} (14.8))$$

$$\lambda_g := \varkappa_g^+ - \varkappa_g = \begin{Bmatrix} 0, & \text{wenn} & \varkappa_g > 0 \\ 1, & \text{wenn} & \varkappa_g = 0 \end{Bmatrix}$$

$$\lambda := \lambda_1 + \lambda_2 + \lambda_3, \qquad \beta := r - \varkappa_1 - \varkappa_2 - \varkappa_3 \in \mathbb{N}_0$$

und erhalten nach (14.11): $v^+ = \beta - \lambda$. Dem Quadrupel

$$(14.12) \qquad [\varkappa_1^+, \varkappa_2^+, \varkappa_3^+, \varkappa_4^+] = [\varkappa_1, \varkappa_2, \varkappa_3, 0] + [\lambda_1, \lambda_2, \lambda_3, 1]$$

entspricht die Modulform (vgl. (14.10))

$$(14.13) \qquad f_1(\tau) = f_0(\tau) \prod_{g=1}^{4} Z_g^{\lambda_g}(\tau);$$

sie hat den Grad $-r_1 = -(\varkappa_1 + \varkappa_2 + \varkappa_3) - \lambda - 1$. Mit dieser erhält man die gesuchte Basis-Darstellung in Gestalt von

Satz 14.6 *(Bezeichnungen im Text). Bei beliebig gewählten g, h in $\mathbb{Z}$ mit $1 \leqq g < h \leqq 4$ bilden die Modulformen (vgl. (14.12))*

$$\varphi_\mu(\tau) := f_1(\tau)\, Z_g^\mu(\tau)\, Z_h^\nu(\tau) \qquad (\mu, \nu \in \mathbb{N}_0, \mu + \nu = \beta - \lambda - 1)$$

eine Basis von $\mathsf{K}^+_{j,\,j';\,l,\,l'}$. —

Hierzu ist zu bemerken, daß jedes $\varphi_\mu(\tau)$ als Modulform der Gruppe $\Gamma[4\backslash 2]$ den Grad $-(r_1 + \beta - \lambda - 1) = -r$ hat, wie es sein soll; $\varphi_\mu(\tau)$ erscheint als Potenzprodukt klassischer einfacher Theta-Reihen mit nicht-negativen ganzen Exponenten. Daß $\varphi_\mu(\tau)$ eine ganze Spitzenform darstellt, folgt daraus, daß dies bereits für $f_1(\tau)$ zutrifft, wie das zugehörige Quadrupel (14.12) erkennen läßt. Um dieser Aussage eine analytische *Evidenz* zu verleihen, sei festgestellt, daß nach (14.3) gilt

$$\prod_{g=1}^{4} Z_g^{\frac{1}{2}}(\tau) = \vartheta_2(2\tau)\, \vartheta_3(2\tau)\, \vartheta_3(\tau)\, \vartheta_0(\tau) = 2\,\eta^2(\tau)\,\eta^2(2\tau).$$

Das Minimum der $\varkappa_g^+$ ($1 \leqq g \leqq 4$) hat einen Wert $\frac{1}{4} m$ ($m \in \mathbb{N}$). Daraus folgt, daß $f_1(\tau)$ und jedes $\varphi_\mu(\tau)$ in der Gestalt $\eta^m(\tau)\,\eta^m(2\,\tau)\,G(\tau)$ geschrieben werden kann, wo $G(\tau)$ eine ganze in $\mathfrak{H}$ nirgends verschwindende Modulform angibt. In gewissen Fällen läßt sich etwas mehr aussagen. So ist, wenn $\varkappa_1$, $\varkappa_2$ und $\varkappa_3$ verschwinden, $m = 4$, und es tritt, wenn $h \leqq 3$ gewählt wird, ϑ_0 in der Darstellung von G als ϑ-Produkt nicht auf.

§ 15. Diagonalformen ohne Kongruenzbedingungen. Quadratsummen

(Inhaltsübersicht: Explizite Bestimmung der Darstellungsanzahlen $a_2^{(j,j')}(n)$ der $n \in \mathbb{N}$ in der Gestalt

$$n = \sum_{\nu=1}^{j} m_\nu^2 + 2\sum_{\nu=1}^{j'} m_\nu'^2 \qquad (m_\nu, m_\nu' \in \mathbb{Z})$$

mit $j, j' \in \mathbb{N}$, $j + j' = 2\,r$, $r \in \mathbb{Z}$, $r \geqq 2$ für $r = 2, 3, 4$. Alle diese Probleme sind aufgrund der Basiskonstruktion von § 14 für die ganzen Spitzenformen explizit lösbar. Sodann werden Darstellungsanzahlen $a_{1,2}^{(2r)}(n)$ und $a_1^{(2r)}(n)$ der $n \in \mathbb{N}$ als Summen von $2\,r$ ungeraden bzw. beliebig ganzzahligen Quadratzahlen explizit bestimmt ($r \geqq 2$, $r \in \mathbb{Z}$).)

Für $j, l \in \mathbb{N}_0$ bilden wir die Anzahlfunktion

$$a_2^{(j,l)}(n) := a(n; j, 0; l, 0) \qquad (n \in \mathbb{N}_0, j + l \geqq 2)$$

mit der erzeugenden Fourier-Reihe

$$(15.1) \qquad \sum_{n=0}^{\infty} a_2^{(j,l)}(n)\, e^{\pi i n \tau} = \vartheta_3^j(\tau)\, \vartheta_3^l(2\,\tau) \in \{\Gamma[4\backslash 2], -r, v_{j,l}\}^0,$$

wo $r := \frac{1}{2}(j + l)$ und, falls $j + l \equiv 0 \bmod 2$:

$$(15.2) \qquad v_{j,l}(L) := \left(\frac{-1}{\delta}\right)_*^r \left(\frac{2}{\delta}\right)^l \qquad (L \in \Gamma[4\backslash 2]).$$

Wir schreiben (vgl. (13.9))

$$(15.3) \qquad f^{(j,l)}(\tau) := f_{j,0;l,0}(\tau) \in \mathsf{K}^{(j,l)} := \mathsf{K}_{j,0;l,0}$$

und erhalten im Sinne der Definitionen (13.13, 14)

$$(15.4) \qquad f^{(j,l)} \sim [0, \tfrac{1}{2}\,l, \tfrac{1}{2}\,j, 0].$$

Im folgenden wird, von erklärten Ausnahmen abgesehen, $j + l \equiv 0 \bmod 2$ und $j + l \geqq 4$ vorausgesetzt. Bei gegebenem r ($\in \mathbb{Z}$ und $\geqq 2$) existieren also $2\,r - 1$ Anzahlfunktionen $a_2^{(j,l)}(n)$ mit $j, l \in \mathbb{N}$, deren erzeugende Fourier-Reihen $f^{(j,l)}$ sich nach (15.2) auf zwei Formenklassen $\mathsf{K}^{(j,l)}$ verteilen. Genau dann gilt $v_{j,l}(L) \equiv 1$ ($L \in \Gamma[4\backslash 2]$), wenn $r \equiv l \equiv 0 \bmod 2$.

Im Hinblick auf den Divisor (15.4) von $f^{(j,\,l)}$ konstruieren wir die der *Spitzenbahn von* $\zeta_1 = \infty$ *zugeordnete Eisenstein-Reihe* der Klasse $\mathsf{K}^{(j,\,l)}$. Zunächst erhält man als notwendige und hinreichende Bedingung dafür, daß $\{m_1, m_2\}$ die zweite Zeile einer Matrix M von $\Gamma\,[4\backslash 2]$ sei:

$$m_1 \equiv 0 \bmod 4, \quad m_2 \equiv 1 \bmod 2, \quad (m_1, m_2) = 1.$$

Wir *definieren* demgemäß

$$\chi_1\,(m_1, m_2) = 0, \quad \text{wenn nicht zugleich} \quad m_1 \equiv 0 \bmod 4 \quad \text{und} \quad m_2 \equiv 1 \bmod 2;$$

$$\chi_1\,(m_1, m_2) = \left(\frac{-1}{m_2}\right)_*^{r}\left(\frac{2}{m_2}\right)^{l}, \quad \text{wenn} \quad m_1 \equiv 0 \bmod 4 \quad \text{und} \quad m_2 \equiv 1 \bmod 2.$$

Die Axiome (X* 1, 2, 3) der zur Klasse $\mathsf{K}^{(j,\,l)}$ assoziierten Kongruenzcharaktere sind mit $N_2 = H = 8$ unmittelbar zu bestätigen. Für die *Gaußschen Summen* $\omega^*\,(m, n; \chi_1)$ erhält man, wenn $m \in \mathbb{N}$, $m \equiv 0 \bmod 4$, $n \in \mathbb{Z}$ folgende Werte.

$$\omega^*\,(m, n; \chi_1) = \begin{cases} 4\,(-1)^{\frac{1}{4}n}, & \text{wenn} \quad n \equiv 0 \bmod 4 \\ 0 & \text{sonst} \end{cases}, \quad \text{falls} \quad r \equiv l \equiv 0 \bmod 2;$$

$$\omega^*\,(m, n; \chi_1) = \left(\frac{2}{n}\right)\sqrt{8}, \qquad\qquad\qquad \text{falls} \quad r \equiv 0,\, l \equiv 1 \bmod 2,$$

$$\omega^*\,(m, n; \chi_1) = \begin{cases} 4\,i\left(\dfrac{-1}{n/2}\right)_*, & \text{wenn} \quad n \equiv \pm\,2 \bmod 8 \\ 0 & \text{sonst} \end{cases}, \quad \text{falls} \quad r \equiv 1,\, l \equiv 0 \bmod 2,$$

$$\omega^*\,(m, n; \chi_1) = \left(\frac{-2}{n}\right)_*\,i\,\sqrt{8}, \qquad\qquad\qquad \text{falls} \quad r \equiv l \equiv 1 \bmod 2.$$

Indem man benutzt, daß (vgl. (13.22, 24))

$$2\,D\,(r, \chi_1) = c^*\,(r, l), \qquad D^*\,(s, \chi_1) = 4^{1-s}\,\zeta\,(s),$$

$$\varrho^*\,(\chi_1) = 1, \qquad \nabla_2\,(\tau, \chi_1) = -\frac{\pi}{8\,y},$$

erhält man die folgenden Darstellungen:

(a) $r \equiv l \equiv 0 \bmod 2$: $E_{-r}\,(\tau, \chi_1)$

$$= \nabla_r\,(\tau, \chi_1) + c^*\,(r, 0) + \frac{2\,\pi^r}{(r-1)!}\,(-1)^{\frac{1}{2}r}\sum_{m, n = 1}^{\infty}(-1)^n\,n^{r-1}\,e^{4\pi i m n \tau};$$

(b) $r \equiv 0,\, l \equiv 1 \bmod 2$: $E_{-r}\,(\tau, \chi_1)$

$$= c^*\,(r, 1) + \frac{\pi^r\sqrt{2}}{(r-1)!\,2^{2r-2}}\,(-1)^{\frac{1}{2}r}\sum_{m, n = 1}^{\infty}\left(\frac{2}{n}\right)n^{r-1}\,e^{\pi i m n \tau};$$

(c) $r \equiv 1,\, l \equiv 0 \bmod 2$: $E_{-r}\,(\tau, \chi_1)$

$$= c^*\,(r, 0) + \frac{\pi^r}{(r-1)!\,2^{r-2}}\left(\frac{-1}{r}\right)\sum_{m, n = 1}^{\infty}\left(\frac{-4}{n}\right)n^{r-1}\,e^{2\pi i m n \tau};$$

(d) $r \equiv l \equiv 1 \bmod 2$: $E_{-r}(\tau, \chi_1)$

$$= c^*(r, 1) + \frac{\pi^r \sqrt{2}}{(r-1)! \, 2^{2r-2}} \left(\frac{-1}{r}\right) \sum_{m,n=1}^{\infty} \left(\frac{-2}{n}\right) n^{r-1} e^{\pi i m n \tau}.$$

In keinem dieser Fälle verschwindet das konstante Glied von $E_{-r}(\tau, \chi_1)$ im Unendlichen; dagegen verschwindet $E_{-2}(\tau, \chi_1)$, wie aus Satz 3.3 unmittelbar hervorgeht, in den drei Spitzen $\zeta_2, \zeta_3, \zeta_4$. $E_{-r}(\tau, \chi_1)$ und $E_{-r}(\tau, \chi_4)$ verhalten sich also in den Spitzen *selektiv*, wobei überdies (vgl. (13.24))

$$c_r(\chi_1, I) = c_r(\chi_4, T) = c^*(r, l).$$

Man kann, indem man noch

$$b_0(I, f^{(j, l)}) = 1, \quad b_0(T, f^{(j, l)}) = i^r \, 2^{-\frac{1}{2}l}$$

berücksichtigt (vgl. § 13 vor Satz 13.1), den zu diesem analogen Reduktionssatz über die Modulformen $f^{(j, l)}$ wie folgt aussprechen:

Satz 15.1. *(Bezeichnungen* (13.9, 24), (15.1, 3)). *Für natürliche Zahlen j, l mit* $r := \frac{1}{2}(j + l) \in \mathbb{Z}$, $r \geq 2$ *gilt*

$$f^{(j, l)}(\tau) = c_r^{*-1} E_{-r}(\tau, \chi_1) + c_r^{*-1} i^r \, 2^{-\frac{1}{2}l} E_{-r}(\tau, \chi_4) + \varphi(\tau),$$

wo $c_r^* := c^*(r, l)$ *und* $\varphi \in \mathsf{K}^{(j, l)+}$. —

Nach (13.23) stellt die in der Gleichung von Satz 15.1 auftretende Linearkombination von $E_{-2}(\tau, \chi_1)$ und $E_{-2}(\tau, \chi_4)$ stets eine in $\mathfrak{H}$ holomorphe Funktion von τ dar (in Betracht kommt nur der Fall $l = 2$).

Die Konstruktion der *ganzen Spitzenformen* erfolgt nach dem Verfahren von § 14. Zunächst ergibt der Riemann-Rochsche Satz für den Rang v^+ der linearen Schar $\mathsf{K}^{(j, l)+}$ die Werte

$$(15.5) \qquad v^+ = 0, \text{ wenn } r = 2; \quad v^+ = \begin{cases} r - 3, & \text{wenn } r \geq 3, \, l \equiv 0 \bmod 2 \\ r - 2, & \text{wenn } r \geq 3, \, l \equiv 1 \bmod 2 \end{cases},$$

was $v^+ = \beta - \lambda$ in der Terminologie von Satz 14.6 besagt. Die *Divisoren der Basisformen* φ_μ von $\mathsf{K}^{(j, l)+}$ drücken sich danach aus durch

$$\varphi_\mu \sim [1, 1, 1, 1] + \mu \, e_g + (r - 4 - \mu) \, e_h \quad (r \geq 4, \, l \equiv 0 \bmod 2, \, 0 \leq \mu \leq r - 4),$$

$$\varphi_\mu \sim [1, \tfrac{1}{2}, \tfrac{1}{2}, 1] + \mu \, e_g + (r - 3 - \mu) \, e_h \quad (r \geq 3, \, l \equiv 1 \bmod 2, \, 0 \leq \mu \leq r - 3);$$

die e_k ($1 \leq k \leq 4$) bezeichnen die Einheitsvektoren und bestimmen (bis auf konstante Faktoren) die Primformen zu den Spitzen ζ_k (vgl. (14.8)). Folgende Basisformen treten für $r = 2, 3, 4$ auf:

$r = 3, l \equiv 1 \bmod 2$: $H_3^* \sim [1, \tfrac{1}{2}, \tfrac{1}{2}, 1]$ (also $H_3^* := H_6$, vgl. Tab. 2, § 14)

$$H_3^*(\tau) = \eta^3 \left(\frac{\tau}{2}\right) \frac{1}{8} \vartheta_2 \left(\frac{\tau}{2}\right) \vartheta_2(\tau) \vartheta_2(2\tau) = \sum_{n=1}^{\infty} \beta_6(4n) \, e^{\pi i n \tau};$$

$r = 4, l \equiv 0 \bmod 2$: $H_4^* \sim [1, 1, 1, 1]$,

$$H_4^*(\tau) := \eta^6(\tau) \frac{1}{4} \vartheta_2^2(\tau) = \sum_{n=1}^{\infty} \beta_4^*(n) \, e^{\pi i n \tau},$$

mit

$$\beta_4^*(n) = \sum_{m_1, m_2, m_3, m_4} m_1 m_2 \quad \text{u.d.B.} \quad \left\{ \begin{aligned} &m_1 \equiv m_2 \equiv m_3 \equiv m_4 \equiv 1 \bmod 4 \\ &m_1^2 + m_2^2 + m_3^2 + m_4^2 = 4\,n \end{aligned} \right\};$$

$$r = 4,\ l \equiv 1 \bmod 2:\ H_{4,1}^* \sim [1, \tfrac{1}{2}, \tfrac{1}{2}, 2],\ \ H_{4,2}^* \sim [2, \tfrac{1}{2}, \tfrac{1}{2}, 1],\ \ H_{4,3}^* \sim [1, \tfrac{1}{2}, \tfrac{3}{2}, 1],$$

$$H_{4,1}^*(\tau) := \eta^6\left(\frac{\tau}{2}\right) \frac{1}{4}\, \vartheta_2(\tau)\, \vartheta_2(2\,\tau) = \sum_{n=1}^{\infty} \beta_{4,1}^*(n)\, e^{\pi i n \tau},$$

$$H_{4,2}^*(\tau) := \vartheta_0(\tau)\, \vartheta_0(2\,\tau)\, \eta^6(4\,\tau) \quad = \sum_{n=1}^{\infty} \beta_{4,2}^*(n)\, e^{\pi i n \tau},$$

$$H_{4,3}^*(\tau) := \eta^6(\tau)\, \frac{1}{2}\, \vartheta_2(2\,\tau)\, \vartheta_3(\tau) \quad = \sum_{n=1}^{\infty} \beta_{4,3}^*(n)\, e^{\pi i n \tau}$$

mit

$$\beta_{4,1}^*(n) = \sum_{m_1, m_2, m_3, m_4} m_1 m_2 \quad \text{u.d.B.} \quad \left\{ \begin{aligned} &m_1 \equiv m_2 \equiv m_3 \equiv m_4 \equiv 1 \bmod 4 \\ &m_1^2 + m_2^2 + 2\,m_3^2 + 4\,m_4^2 = 8\,n \end{aligned} \right\},$$

$$\beta_{4,2}^*(n) = \sum_{m_1, m_2, m_3, m_4} (-1)^{m_1+m_2} m_3 m_4 \quad \text{u.d.B.} \quad \left\{ \begin{aligned} &m_3 \equiv m_4 \equiv 1 \bmod 4 \\ &m_1^2 + 2\,m_2^2 + m_3^2 + m_4^2 = n \end{aligned} \right\},$$

$$\beta_{4,3}^*(n) = \sum_{m_1, m_2, m_3, m_4} m_1 m_2 \quad \text{u.d.B.} \quad \left\{ \begin{aligned} &m_1 \equiv m_2 \equiv m_3 \equiv 1 \bmod 4 \\ &m_1^2 + m_2^2 + 2\,m_3^2 + 4\,m_4^2 = 4\,n \end{aligned} \right\}.$$

Je zwei der $H_{4,\nu}^*$ $(\nu = 1, 2, 3)$ bilden eine Basis von $\mathsf{K}^{(7,1)+}$. Es ist $\beta_4^*(n) = 0$, wenn $n \equiv 0 \bmod 2$. — Wir beginnen mit der Formulierung der Resultate; sie werden getrennt nach den Werten $\nu^+ = 0, 1, 2$ angegeben.

Satz 15.2. $(\nu^+ = 0)$. *Für* $n \in \mathbb{N}$ *gilt*

$$a_2^{(2,2)}(n) = 4 \sum_{\substack{d>0,\, d \mid n \\ n/d \equiv 1\,(2)}} d + 8 \sum_{d>0,\, 4d \mid n} (-1)^{d-1} d$$

oder

$$a_2^{(2,2)}(n) = \left\{ \begin{aligned} &4\,\sigma_1(n), && \text{wenn}\ \ n \equiv 1 \bmod 2 \\ &4 \sum_{\substack{d>0,\, d \mid n \\ d \equiv 0\,(2),\, d \not\equiv 0\,(8)}} d, && \text{wenn}\ \ n \equiv 0 \bmod 2 \end{aligned} \right\};$$

$$a_2^{(3,1)}(n) = 2 \sum_{d,d'>0,\, dd'=n} \left\{ 4\left(\frac{2}{d'}\right) - \left(\frac{2}{d}\right) \right\} d,$$

$$a_2^{(1,3)}(n) = 2 \sum_{d,d'>0,\, dd'=n} \left\{ 2\left(\frac{2}{d'}\right) - \left(\frac{2}{d}\right) \right\} d;$$

$$a_2^{(4,2)}(n) = 8 \sum_{d,d'>0,\, dd'=n} \left(\frac{-4}{d'}\right) d^2 - 4 \sum_{d>0,\, 2d \mid n} \left(\frac{-4}{d}\right) d^2,$$

$$a_2^{(2,4)}(n) = 4 \sum_{d,d'>0,\, dd'=n} \left(\frac{-4}{d'}\right) d^2 - 4 \sum_{d>0,\, 2d \mid n} \left(\frac{-4}{d}\right) d^2;$$

insbesondere gilt für ungerade $n \in \mathbb{N}$:

$$a_2^{(4,2)}(n) = 2\, a_2^{(2,4)}(n) = 8 \left(\frac{-1}{n}\right) \sum_{d>0,\,d\mid n} \left(\frac{-1}{d}\right) d^2. \quad -$$

Nach der obigen Formel für $a_2^{(2,2)}(n)$ im Falle $n \equiv 0 \bmod 2$ gilt

$$a_2^{(2,2)}(2\,n) = a\,(n, I^{(4)}) \qquad (n \in \mathbb{N});$$

dies ist leicht elementar zu beweisen.

Satz 15.3 $(v^+ = 1)$. *Für $n \in \mathbb{N}$ gilt*

$$a_2^{(j,l)}(n) = \frac{2}{3} \sum_{d,d'>0,\,dd'=n} \left\{ 2^{\frac{1}{2}(j+3)} \left(\frac{-2}{d'}\right) - \left(\frac{-2}{d}\right) \right\} d^2 + \lambda_3^{(j)}\, \beta_6\,(4\,n),$$

wenn $j + l = 6$ und $j = 5, 3, 1$; dabei ist $\lambda_3^{(5)} = \lambda_3^{(1)} = 0$, $\lambda_3^{(3)} = \frac{4}{3}$. Ferner gilt für $n \in \mathbb{N}$

$$a_2^{(j,l)}(n) = 2^{\frac{1}{2}j} \sum_{\substack{d>0,\,d\mid n \\ n/d \equiv 1\,(2)}} d^3 + 16 \sum_{d>0,\,4d\mid n} (-1)^d\, d^3 + \lambda_4^{(j)}\, \beta_4^*\,(n),$$

wenn $j + l = 8$ und $j = 6, 4, 2$; dabei ist $\lambda_4^{(6)} = \lambda_4^{(4)} = 4$, $\lambda_4^{(2)} = 2$. $\quad -$

Von diesen Identitäten Jacobischer Art ist auch die mit $j = l = 3$ für gerade n eine solche im engeren Sinne.

Satz 15.4 $(r = 4,\ v^+ = 2)$. *Für $n \in \mathbb{N}$ gilt*

$$a_2^{(j,l)}(n) = \frac{2}{11} \sum_{d,d'>0,\,dd'=n} \left\{ 2^{\frac{1}{2}(j+5)} \left(\frac{2}{d'}\right) + \left(\frac{2}{d}\right) \right\} d^3$$

$$+ \frac{4}{11} \left(\lambda_{4,1}^{(j)}\, \beta_{4,1}^*\,(n) + \lambda_{4,2}^{(j)}\, \beta_{4,2}^*\,(n) \right),$$

wenn $j + l = 8$ und $j = 7, 5, 3, 1$. Die Koeffizienten $\lambda_{4,k}^{(j)}$ $(k = 1, 2)$ finden sich in der folgenden Tabelle:

k ＼ j	7	5	3	1
1	6	11	8	1
2	16	64	44	12

$\quad . \quad -$

Die allgemeine Basiskonstruktion für die lineare Schar $K^{(j,l)+}$ ist ein Spezialfall der Konstruktion von § 14 (s. Satz 14.6).

Die nun folgenden Ergänzungen betreffen die *Darstellungsanzahlen* natürlicher Zahlen *durch Quadratsummen,* und zwar zunächst durch solche mit lauter ungeraden Summanden, dann solche mit beliebigen ganzzahligen Summanden. Die erste Problemstellung wird durch Satz 14.1 $(j = 0, j' = 4)$ angeschnitten, weshalb sie hier behandelt wird, obwohl sie etwas aus dem Rahmen fällt.

Wir schreiben $a_{1,2}^{(h)}(n)$ für die Anzahl der Darstellungen von n als Summe von h Quadraten ungerader Zahlen; es gilt also

$$(15.6) \qquad \vartheta_2^h(\tau) = \sum_{n=1}^{\infty} a_{1,2}^{(h)}(n)\, e^{\pi i n \frac{1}{4}\tau} \qquad (h \in \mathbb{N});$$

unter dem Summenzeichen kann die Bedingung $n \equiv h \bmod 8$ hinzugefügt werden. Im folgenden werden nur die Fälle mit geradem h untersucht, wobei man, wie leicht zu sehen ist, auf den Fall $h = 2$ verzichten kann; wir setzen $h = 2\,r$ ($r \in \mathbb{Z}, r \geqq 2$) und beginnen mit der Konstruktion der, wie sich zeigen wird, *einzigen Eisenstein-Reihe* des Problems.

Nach Satz 4.2 hat man für $r \in \mathbb{N}$

$$\vartheta_2^{2r}(\tau) \in \{\Gamma_0[2], -r, v_2^{2r}\}^0, \qquad v_2^{2r}(L) = i^{r(1-\alpha+\alpha\beta)} \qquad (L \in \Gamma_0[2]).$$

Die Darstellung $M = TL \in T\,\Gamma_0[2]$ liefert $m_1 \equiv 1 \bmod 2$, $m_2 \in \mathbb{Z}$, $(m_1, m_2) = 1$ als notwendige und hinreichende Bedingung für $\{m_1, m_2\} = \underline{M}$. Es wird ein einziger zur Klasse von ϑ_2^{2r} assoziierter Kongruenzcharakter χ *definiert* durch

$$\chi(m_1, m_2) = \begin{cases} i^{r(m_1-1-m_1 m_2)}, & \text{wenn} \quad m_1 \equiv 1 \bmod 2, m_2 \in \mathbb{Z}, \\ 0 & \text{sonst} \end{cases}.$$

Ersichtlich gelten (X* 1, 2) mit $H = N_2 = 4$. Um (X* 3) zu *beweisen*, bildet man in der Bezeichnung $\{m_1', m_2'\} = \{m_1, m_2\}\, L$ ($L \in \Gamma_0[2]$, $m_1 \equiv 1 \bmod 2$):

$$m_1' - 1 - m_1'\, m_2' = m_1\, \alpha - 1 + m_2\, \gamma - (m_1\, \alpha + m_2\, \gamma)\,(m_1\, \beta + m_2\, \delta)$$

$$\equiv m_1 - 1 - (\alpha - 1) + m_2\, \gamma - \alpha\, \beta - m_2^2\, \gamma\, \delta - m_1\, m_2$$

$$\equiv m_1 - 1 - m_1\, m_2 - (\alpha - 1 + \alpha\, \beta) \bmod 4,$$

was im wesentlichen bereits (X* 3) besagt. — Im folgenden sei $r \geqq 2$.

Die Berechnung der *Gaußschen Summen* $\omega^*(m, n; \chi)$ bietet keine Schwierigkeiten; man erhält für $m \in \mathbb{N}$, $m \equiv 1 \bmod 2$

$$\omega^*(m, n; \chi) = \begin{cases} 4\left(\dfrac{-1}{m}\right)^r, & \text{wenn} \quad n \equiv r\, m \bmod 4 \\ 0 & \text{sonst} \end{cases}.$$

Die für $r = 2$ erklärte Dirichlet-Reihe $D^*(s, \chi)$ verschwindet also identisch. Das konstante Glied von $E_{-r}(\tau, \chi)$ in der Spitze 0 ($A = T$) ist, da $v_2^2(\dot{U}^{-2}) = 1$, wohldefiniert und hat den Wert

$$b_0(T, E_{-r}(*, \chi)) = 2 \sum_{m=1}^{\infty} \chi(m, 0)\, m^{-r} = 2 \sum_{m=1}^{\infty} \left(\dfrac{-4}{m}\right)^r m^{-r},$$

während $b_0(T, \vartheta_2) = \xi_4$. Mit $2\,\mu_r := b_0(T, E_{-r}(*, \chi))$ folgt nun

$$\vartheta_2^{2r}(\tau) = \frac{i^r}{2\,\mu_r}\, E_{-r}(\tau, \chi) + \varphi^+(\tau) \qquad (\varphi^+ \in \{\Gamma_0[2], -r, v_2^{2r}\}^+),$$

$$2\,\mu_r = \frac{\pi^r}{r!}\,(2^r - 1)\,|B_r| \quad \text{für} \quad r \equiv 0 \bmod 2 \quad (r \geqq 2),$$

$$2\,\mu_r = \frac{\pi^r}{(r-1)!}\, 2^{-r}\,|E_{r-1}| \quad \text{für} \quad r \equiv 1 \bmod 2 \quad (r \geqq 3),$$

wo (vgl. [10], 23. Bernoulli and Euler polynomials, 803 − 819)

$$\frac{t}{e^t - 1} = \sum_{n=0}^{\infty} B_n \frac{t^n}{n!} \quad (|t| < 2\pi), \qquad \frac{1}{\cosh t} = \sum_{n=0}^{\infty} E_n \frac{t^n}{n!} \left(|t| < \frac{\pi}{2}\right)$$

und insbesondere

$$E_0 = 1, \quad E_2 = -1, \quad E_4 = 5, \quad E_6 = -61, \quad E_8 = 1385, \quad E_{10} = -50521.$$

Das führt zu folgenden Formeln:

Satz 15.5. *Für ganze $r \geqq 2$ gilt*

$$\vartheta_2^{2r}(\tau) = \frac{4r}{(2^r - 1)|B_r|} \sum_{\substack{m,n=1 \\ mn \equiv 1\,(2)}}^{\infty} n^{r-1} e^{\pi i mn\tau} + \varphi^+(\tau) \qquad (r \equiv 2 \bmod 4),$$

$$\vartheta_2^{2r}(\tau) = \frac{2^{r+1}r}{(2^r - 1)|B_r|} \sum_{\substack{m,n=1 \\ m \equiv 1\,(2)}}^{\infty} n^{r-1} e^{2\pi i mn\tau} + \varphi^+(\tau) \qquad (r \equiv 0 \bmod 4),$$

$$\vartheta_2^{2r}(\tau) = \frac{8}{|E_{r-1}|} \left(\frac{-1}{r}\right) \sum_{\substack{m,n=1 \\ mn \equiv 2r\,(8)}}^{\infty} \left(\frac{-4}{n}\right) n^{r-1} e^{\pi i mn\frac{\tau}{4}} + \varphi^+(\tau) \qquad (r \equiv 1 \bmod 2).$$

Dabei bezeichnet $\varphi^+(\tau)$ eine ganze Spitzenform der Klasse $\{\Gamma_0[2], -r, v_2^{2r}\}$. −

Wir konstruieren im folgenden eine *Basis der Schar dieser ganzen Spitzenformen*. Den ganzen Modulformen $\vartheta_3(\tau)$, $\vartheta_4(\tau)$ der Gruppe Γ_ϑ entsprechen bei Transformation mit U, UT die folgenden vier Modulformen:

$$\vartheta_3(\tau)\,|\,U = \vartheta_0(\tau), \qquad \vartheta_4(\tau)\,|\,U = \xi_8\,\vartheta_2\left(\frac{\tau}{2}\right) \qquad \text{(Modulformen zu } \Gamma^0[2])$$

$$\vartheta_3(\tau)\,|\,UT = \xi_4^{-1}\,\vartheta_2(\tau), \qquad \vartheta_4(\tau)\,|\,UT = \xi_8^{-1}\sqrt{2}\,\vartheta_0(2\tau) \qquad \text{(Modulformen zu } \Gamma_0[2])$$

$\vartheta_2(\tau)$ und $\vartheta_{01}(\tau) := \vartheta_0(2\tau)$ verschwinden in $\mathfrak{H}$ nicht und haben bezüglich $\Gamma_0[2]$ in ∞, 0 die Ordnungen $\frac{1}{8}$, 0 (ϑ_2) bzw. 0, $\frac{1}{8}$ (ϑ_{01}). Es sei v_{01} das Multiplikatorsystem von ϑ_{01} auf $\Gamma_0[2]$. Da $\Gamma_0[2]$ von U und $\dot{U}^{-2}$ erzeugt wird und wegen

$$v_2(U) = \xi_4, \quad v_2(\dot{U}^{-2}) = 1; \quad v_{01}(U) = 1, \quad v_{01}(\dot{U}^{-2}) = \xi_4$$

gilt $v_2^8 = v_{01}^8 \equiv 1$ auf $\Gamma_0[2]$; diese Behauptung kann für v_2 auch aus Satz 4.2 gefolgert werden.

Es sei $h \in \mathbb{Z}$, $h \geqq 1$. Eine ganze Spitzenform $\{\Gamma_0[2], -\frac{1}{2}h, v_2^h\}$ hat für $1 \leqq h \leqq 8$, falls $\not\equiv 0$, in den Spitzen eine Ordnungensumme $\geqq 1 + \dfrac{h}{8}$. Da dies der Valenzformel widerspricht, verschwindet sie identisch. Für $h \geqq 9$ setzen wir $h = 8k + \varrho$ ($k, \varrho \in \mathbb{N}$, $1 \leqq \varrho \leqq 8$). Die Anwendung des Riemann-Rochschen Satzes ergibt (nahezu unmittelbar) für den Rang der Schar $\{\Gamma_0[2], -\frac{1}{2}h, v_2^h\}^+$ den Wert k, und nun folgt

Satz 15.6. *Es sei $h \in \mathbb{N}$; man setze $h = 8k + \varrho$ ($k, \varrho \in \mathbb{Z}$, $k \geqq 0$, $1 \leqq \varrho \leqq 8$). Der Rang der Schar $\{\Gamma_0[2], -\frac{1}{2}h, v_2^h\}^+$ beträgt k, und die Modulformen*

$$\vartheta_2^{8\nu+\varrho}(\tau)\,\vartheta_0^{8(k-\nu)}(2\tau) \qquad (0 \leqq \nu \leqq k-1)$$

bilden für $k > 0$ eine Basis dieser Schar.

Das bestätigt für $r = 2$ die letzte Formel von Satz 14.1. Bezeichnet $a_{1,2}^{(h)}(n)$ wie oben die Anzahl der Darstellungen von $n \in \mathbb{N}$ als Summe von h Quadraten ungerader ganzer Zahlen, so erhält man nach den obigen Formeln

$$(15.7) \qquad a_{1,2}^{(6)}(n) \quad = -8 \sum_{d>0,\,d\mid n} \left(\frac{-4}{d} \right) d^2, \quad \text{wenn} \quad n \equiv 6 \bmod 8,$$

$$a_{1,2}^{(8)}(8\,n) = 2^8 \sum_{\substack{d>0,\,d\mid n \\ n/d \equiv 1\,(2)}} d^3, \qquad \text{wenn} \quad n \in \mathbb{N}.$$

Die letzte Formel verifiziert explizit, daß $a_{1,2}^{(8)}(n)$ für $n \equiv 0 \bmod 8$ durch 2^8 teilbar ist. Die Teilbarkeit der rechten Seite von (15.7) durch 2^6 für $n = 2\,k$, $k \in \mathbb{N}$, $k \equiv 3 \bmod 4$ kann auch aus

$$\sum_{d>0,\,d\mid n} \left(\frac{-4}{d} \right) d^2 = \sum_{d>0,\,d\mid k} \left(\frac{-1}{d} \right) d^2 \equiv \sum_{d>0,\,d\mid k} \left(\frac{-1}{d} \right) \bmod 8$$

erschlossen werden, da die letzte Summe verschwindet, weil k einen Primteiler $\equiv 3 \bmod 4$ in ungerader Potenz enthält. —

Die zweite Problemstellung, die wir hier ergänzend untersuchen, ist die der arithmetischen Funktion $a_1^{(h)}(n) := a(n, I^{(h)})$, der *Anzahl der Darstellungen von $n \in \mathbb{N}_0$ als Summe von h Quadraten beliebiger ganzer Zahlen* ($h \in \mathbb{Z}$, $h \geq 2$); die erzeugende Fourier-Reihe ist $\vartheta_3^h(\tau)$. Von der Konstruktion der ganzen Spitzenformen der Klasse von ϑ_3 war bereits in § 2 die Rede; es fehlte jedoch die Konstruktion der zugehörigen Eisenstein-Reihen, die nun für gerade $h \geq 4$ nachgetragen wird. Sie bestätigt die Auszeichnung der Primzahl 2 in dieser Problemstellung. Da ϑ_3 in der Spitze 1 verschwindet, werden nur Eisenstein-Reihen zu der Spitzenbahn von ∞ mod Γ_ϑ diskutiert.

Als notwendige und hinreichende Bedingung dafür, daß $\{m_1, m_2\}$ die zweite Zeile einer Matrix $M \in \Gamma_\vartheta$ sei, ergibt sich (außer $m_1, m_2 \in \mathbb{Z}$)

$$m_1 + m_2 \equiv 1 \bmod 2, \quad (m_1, m_2) = 1.$$

Man wird also im Hinblick auf (2.10) versuchen, einen zur Klasse

$$(15.8) \qquad\qquad \mathsf{K}_\vartheta^{(h)} := \{\Gamma_\vartheta, -\tfrac{1}{2}\,h, v_3^h\} \qquad (h \in \mathbb{N})$$

für $h = 2r \equiv 0 \bmod 2$ ($r \geq 2$) assoziierten Kongruenzcharakter χ durch

$$\chi(m_1, m_2) = \begin{cases} \left(\dfrac{-1}{m_2} \right)_*^r, & \text{wenn} \quad m_1 \equiv 0,\ m_2 \equiv 1 \bmod 2, \\[2.5ex] i^{r\,m_1} = i^r \left(\dfrac{-1}{m_1} \right)_*^r, & \text{wenn} \quad m_1 \equiv 1,\ m_2 \equiv 0 \bmod 2, \\[2.5ex] 0 & \text{sonst.} \end{cases}$$

zu *definieren.* Die Relationen (X* 1, 2) bestätigen sich mit $N_2 = H = 4$ unmittelbar. Die *Bestätigung von* (X* 3) soll für $L \equiv T \bmod 2$ kurz ausgeführt werden.

Man hat $m_1' = m_1\,\alpha + m_2\,\gamma \equiv m_2$, $m_2' = m_1\,\beta + m_2\,\delta \equiv m_1 \bmod 2$ und also genau dann $\chi(m_1', m_2') \neq 0$, wenn $\chi(m_1, m_2) \neq 0$. Es sei nun $m_1 \equiv 0$,

$m_2 \equiv 1 \bmod 2$. Dann gilt

$$\chi(m_1', m_2') = i^r \left(\frac{-1}{m_1'}\right)_*^r = i^r \left(\frac{-1}{m_2\,\gamma}\right)_*^r = v_3^{-2r}(L)\,\chi(m_1, m_2);$$

im Falle $m_1 \equiv 1$, $m_2 \equiv 0 \bmod 2$ ergibt sich wegen $\beta \equiv -\gamma \bmod 4$ das gleiche:

$$\chi(m_1', m_2') = \left(\frac{-1}{m_2'}\right)_*^r = i^{-r} \left(\frac{-1}{\beta}\right)_*^r i^r \left(\frac{-1}{m_1}\right)_*^r = v_3^{-2r}(L)\,\chi(m_1, m_2),$$

d. i. abermals die Behauptung.

Die *Berechnung der Gaußschen Summen* $\omega^*(m, n; \chi)$ $(m \in \mathbb{N}, n \in \mathbb{Z})$ liefert die Werte

$$\omega^*(m, n; \chi) = i^n\,(1 + (-1)^{r+n}), \quad \text{wenn} \quad m \equiv 0 \bmod 2,$$

$$\omega^*(m, n; \chi) = i^{rm}\,(1 + (-1)^n), \quad \text{wenn} \quad m \equiv 1 \bmod 2.$$

Nach Satz 3.4 stellt $E_{-r}(\tau, \chi)$ stets eine in $\mathfrak{H}$ holomorphe Funktion dar. Das konstante Glied im Unendlichen hat den oben eingeführten Wert $2\mu_r$, verschwindet also nie, während $E_{-r}(\tau, \chi)$ nach Satz 3.3 in der Spitze 1 stets verschwindet.

Die *Fourier-Entwicklung von* $E_{-r}(\tau, \chi)$ kann nach diesen Angaben bereits explizit aufgestellt werden. Gemäß der Fall-Unterscheidung $m \equiv 0$ oder $1 \bmod 2$ ergeben sich zunächst zwei Teilreihen, die sich jedoch unter Benutzung der zur Verfügung stehenden arithmetischen Formalismen zu einer einzigen Doppelreihe vereinigen lassen. Wir notieren das Resultat, indem wir $\vartheta_3^{2r}(\tau)$ in der Gestalt

$$\vartheta_3^{2r}(\tau) = \frac{1}{2\mu_r} E_{-r}(\tau, \chi) + \varphi(\tau) \qquad (\varphi \in K_\vartheta^{(2r)+}, \text{ s. } (15.8))$$

schreiben; das führt zu

Satz 15.7. *Es sei* $r \in \mathbb{Z}$, $r \geqq 2$ *und für* $n \in \mathbb{N}$

$$\sigma_{r-1}^{(0)}(n) := \sum_{d, d' > 0,\, d\,d' = n} (-1)^{(d - \frac{1}{2} r)(d' - 1)}\, d^{r-1} \qquad (r \equiv 0 \bmod 2),$$

$$\sigma_{r-1}^{(1)}(n) := \sum_{d, d' > 0,\, d\,d' = n} \left\{ 2^{r-1}\left(\frac{-4}{d'}\right) + \left(\frac{-4}{r\,d}\right) \right\} d^{r-1} \qquad (r \equiv 1 \bmod 2).$$

Dann gilt für $a_1^{(h)}(n) := a(n, I^{(h)})$ $(h, n \in \mathbb{N})$

$$a_1^{(2r)}(n) = \frac{2r}{2^r - 1}\,|B_r|^{-1}\,\sigma_{r-1}^{(0)}(n) + b_n(\varphi) \qquad (r \equiv 0 \bmod 2),$$

$$a_1^{(2r)}(n) = 4\,|E_{r-1}|^{-1}\,\sigma_{r-1}^{(1)}(n) + b_n(\varphi) \qquad (r \equiv 1 \bmod 2),$$

wo φ *eine ganze Spitzenform der Klasse* (15.8) $K_\vartheta^{(2r)}$ *bezeichnet.* —

In den Fällen $r = 2, 3, 4$ verschwinden diese Spitzenformen identisch. Im Falle $r = 2$ ergibt sich hieraus die *ursprüngliche Identität von Jacobi* für $a_1^{(4)}(n)$ (vgl. vor Satz 8.3) nicht unmittelbar, sondern erst nach einer kurzen Zwischenrechnung, die auf der Zerlegung $n = 2^\nu n^*$ $(n, n^* \in \mathbb{N}, \nu \in \mathbb{N}_0, (n^*, 2) = 1)$ beruht. Ferner ergibt sich

Satz 15.8. *Für $n \in \mathbb{N}$ gilt*

$$a_1^{(6)}(n) = 4 \sum_{d, d' > 0, d\,d' = n} \left\{ 4\left(\frac{-4}{d'}\right) - \left(\frac{-4}{d}\right) \right\} d^2,$$

$$a_1^{(8)}(n) = 16 \sum_{d > 0, d \mid n} (-1)^{n-d} d^3. \quad -$$

Für $5 \leq r \leq 8$ ist dim $K_9^{(2r)+} = 1$; es kommt hier darauf an, eine *Basisform* φ von $K_9^{(2r)+}$ explizit anzugeben. Nach Satz 2.6 kann

$$(15.9) \qquad \varphi(\tau) \approx \vartheta_4^8(\tau)\,\vartheta_3^{2r-8}(\tau) \qquad (r \in \mathbb{Z}, 5 \leq r \leq 8)$$

gewählt werden. Andere explizite Darstellungen dieser Basisformen erhält man wie folgt: Nach [30] ((4 E), S. 26) und Anhang B stellt

$$(15.10) \qquad {}_2\vartheta_{2k}^+(\tau) := \sum_{m_1, m_2} \mathrm{Re}\,(m_1 + i\,m_2)^{4k} \exp \pi i\,(m_1^2 + m_2^2)\,\tau$$

für jede natürliche Zahl k eine nicht identisch verschwindende ganze Spitzenform der Klasse $\{\Gamma_9, -4k-1, v_3^3\}$ dar; insbesondere gilt ${}_2\vartheta_4^+ \in K_9^{(10)+}$, ${}_2\vartheta_8^+ \in K_9^{(18)+}$. Ferner gilt (vgl. Satz 2.7) $\vartheta_3\,\vartheta_3^{(1)\,3} \in K_9^{(10)+}$. Man findet durch den Vergleich der Glieder niedrigster Ordnung der Fourier-Entwicklung:

$$\vartheta_3^2\,\vartheta_4^8 = 2^8\,\vartheta_3\,\vartheta_3^{(1)\,3}, \qquad {}_2\vartheta_4^+ = 4\,\vartheta_3\,\vartheta_3^{(1)\,3}, \qquad b_1(\vartheta_3\,\vartheta_3^{(1)\,3}) = 1.$$

Im Falle $r = 6$ steht neben den diesen entsprechenden Spitzenformen

$$\vartheta_3^4\,\vartheta_4^8, \qquad \vartheta_3^3\,\vartheta_3^{(1)\,3}, \qquad \vartheta_3^2\,{}_2\vartheta_4^+$$

noch η^{12} zur Verfügung, da $v_5^{12}(L) = v_3^{12}(L) = (-1)^\gamma$ für $L \in \Gamma_9$. Wir schreiben

$$\text{mit} \qquad {}_2\vartheta_4^+(\tau) = \sum_{n=1}^{\infty} \beta_{10}(n)\,e^{\pi i n \tau}, \qquad \eta^{12}(\tau) = \sum_{n=1}^{\infty} \beta_{12}(n)\,e^{\pi i n \tau}$$

$$\beta_{10}(n) = \sum_{\substack{m_1, m_2 \\ m_1^2 + m_2^2 = n}} (m_1^4 - 6\,m_1^2\,m_2^2 + m_2^4),$$

$$\beta_{12}(n) = \sum_{m_1, m_2, m_3, m_4} m_1\,m_2\,m_3\,m_4 \quad \text{u.d.B.} \quad \left\{ \begin{array}{l} m_1 \equiv m_2 \equiv m_3 \equiv m_4 \equiv 1 \bmod 4 \\ m_1^2 + m_2^2 + m_3^2 + m_4^2 = 4\,n \end{array} \right\}$$

und erhalten nach Satz 15.7

Satz 15.9. *Für $n \in \mathbb{N}$ gilt*

$$a_1^{(10)}(n) = \frac{4}{5} \sum_{d, d' > 0, d\,d' = n} \left\{ 16\left(\frac{-4}{d'}\right) + \left(\frac{-4}{d}\right) \right\} d^4 + \frac{8}{5}\,\beta_{10}(n),$$

$$a_1^{(12)}(n) = 8 \sum_{d, d' > 0, d\,d' = n} (-1)^{(d-1)\,(d'-1)} d^5 + 16\,\beta_{12}(n).$$

Die erste Formel ergibt eine Jacobische Identität im engeren Sinne, wenn n nicht als Summe zweier Quadrate darstellbar ist. Die zweite Formel ergibt eine Jacobische Identität im engeren Sinne, wenn n gerade ist. Für eine Primzahl $p \equiv 1 \bmod 4$ gilt $\beta_{10}(p) \equiv -(p^4+1) \bmod 5$; also gilt

$$\beta_{10}(p) \equiv -2 \bmod 5, \quad \textit{wenn} \quad p \textit{ Primzahl} \equiv 1 \bmod 4, p > 5. \quad -$$

Daß die Teilersumme $\sigma_4^{(1)}(n)$ in dieser Formel für $a_1^{(10)}(n)$ durch 5 teilbar ist, wenn n nicht als Summe zweier Quadrate dargestellt werden kann, läßt sich elementar wie folgt beweisen: Aus der Zerlegung $n = 5^\nu n^*$ $(n, n^* \in \mathbb{N}, \nu \in \mathbb{N}_0, (n^*, 5) = 1)$ ergibt sich $\sigma_4^{(1)}(n) \equiv \sigma_4^{(1)}(n^*) \bmod 5$. Für $(n, 5) = 1$ ergibt sich weiter

$$\sigma_4^{(1)}(n) \equiv \sum_{d,d'>0,\, dd'=n} \left\{ \left(\frac{-4}{d'}\right) + \left(\frac{-4}{d}\right) \right\} = \frac{1}{2}\, a_1^{(2)}(n) \bmod 5.$$

Zur Ableitung *entsprechender Resultate* über die Darstellungsanzahlen $a_1^{(h)}(n)$ $(h = 14, 18)$ bilden wir die folgenden Basisformen von $K_9^{(h)+}$:

$$\varphi_{14}(\tau) := \vartheta_3^4(\tau)\, {}_2\vartheta_4^+(\tau) = \sum_{n=1}^{\infty} \beta_{14}(n)\, e^{\pi i n \tau}$$

mit

$$\beta_{14}(n) = \sum_{m_1,\dots,m_6} (m_1^4 - 6\, m_1^2 m_2^2 + m_2^4) \quad \text{u.d.B.} \quad m_1^2 + \dots + m_6^2 = n;$$

$$\varphi_{18}(\tau) = {}_2\vartheta_8^+(\tau) = \sum_{n=0}^{\infty} \beta_{18}(n)\, e^{\pi i n \tau}$$

mit

$$\beta_{18}(n) = \sum_{\substack{m_1, m_2 \\ m_1^2 + m_2^2 = n}} (m_1^8 - 28\, m_1^6 m_2^2 + 70\, m_1^4 m_2^4 - 28\, m_1^2 m_2^6 + m_2^8);$$

$$\varphi_{18}^*(\tau) := \vartheta_3^8(\tau)\, {}_2\vartheta_4^+(\tau) = \sum_{n=1}^{\infty} \beta_{18}^*(n)\, e^{\pi i n \tau}$$

mit

$$\beta_{18}^*(n) = \sum_{m_1,\dots,m_{10}} (m_1^4 - 6\, m_1^2 m_2^2 + m_2^4) \quad \text{u.d.B.} \quad m_1^2 + m_2^2 + \dots + m_{10}^2 = n.$$

In diesen Bezeichnungen ergibt sich

Satz 15.10. *Für $n \in \mathbb{N}$ gilt*

$$a_1^{(14)}(n) = \frac{4}{61} \sum_{d,d'>0,\, dd'=n} \left\{ 64\left(\frac{-4}{d'}\right) - \left(\frac{-4}{d}\right) \right\} d^6 + \frac{364}{61}\, \beta_{14}(n),$$

$$a_1^{(18)}(n) = \frac{4}{1385} \sum_{d,d'>0,\, dd'=n} \left\{ 256\left(\frac{-4}{d'}\right) + \left(\frac{-4}{d}\right) \right\} d^8$$

$$+ \frac{32}{1385}\, \beta_{18}(n) + \frac{2448}{277}\, \beta_{18}^*(n).$$

(277 ist Primzahl; $2448 = 2^4 \cdot 3^2 \cdot 17$). Es sei p eine Primzahl > 2; dann gilt

$$\beta_{14}(p) \equiv \begin{cases} 4\,(p^6+1) \bmod 61, & \textit{wenn} \quad p \equiv 1 \bmod 4 \\ 8\,(p^6-1) \bmod 61, & \textit{wenn} \quad p \equiv 3 \bmod 4 \end{cases}.$$

Es sei p eine Primzahl $\equiv 3 \bmod 4$; *dann gilt* $\beta_{18}(p) = 0$ *und*

$$\beta_{18}^{*}(p) \equiv 23\,(p^8 - 1) \bmod 277. \quad -$$

§ 16. Primformen der Gruppen $\Gamma_{\vartheta,0}\,[q]$. Basis-Konstruktionen für $q = 3, 5$

(Inhaltsübersicht: Basis-Konstruktionen für die Scharen der ganzen Spitzenformen, die nach § 10, 11 zu den Darstellungsanzahlen der $n \in \mathbb{N}$ in der folgenden Gestalt gehören:

$$n = \sum_{v=1}^{j} m_v^2 + q \sum_{v=1}^{j'} m_v'^2 \qquad (m_v, m_v' \in \mathbb{Z}),$$

wo $j, j' \in \mathbb{N}, j + j' =: 2\,r \equiv 0 \bmod 2, r \geqq 2$. Die Konstruktionen erfolgen für $q = 3$ und $q = 5$, im Falle $q = 3$ in einer gewissen Verallgemeinerung.)

Die hier genannten Primformen sind die der vier Spitzenbahnen der Gruppe $\Gamma_{\vartheta,0}\,[q]$, wo q als Primzahl > 2 vorausgesetzt wird. Es wird das Verfahren von § 14 angewendet. Wie dort beruht die Basis-Konstruktion wesentlich darauf, daß das Geschlecht von $\Gamma_{\vartheta,0}\,[q]$ für $q = 3, 5$ verschwindet; der Erfolg des Verfahrens ist im Gegensatz zu § 14 begrenzt.

Die *Problemstellung* wurde für den Grad -2 der betreffenden Modulformen in § 10 angegeben; sie *soll* hier ohne diese Einschränkung *kurz formuliert werden*.

Für ungerades quadratfreies $q > 1$ sei

$$\mathfrak{Q}_{-q} := \left\{ Q = Q_{-q} = \begin{pmatrix} a & \frac{1}{2}\,b \\ \frac{1}{2}\,b & c \end{pmatrix} \mid a, b, c \in \mathbb{Z}, a > 0 > b^2 - 4\,a\,c = -\,q \right\},$$

$$\Theta(\tau, Q) := \sum_{m_1, m_2 \in \mathbb{Z}} e^{2\pi i\,(a\,m_1^2 + b\,m_1 m_2 + c\,m_2^2)\,\tau}$$

$$f^{(j,j',j'')}(\tau) := \vartheta_3^j(\tau)\,\vartheta_3^{j'}(q\,\tau) \prod_{v=1}^{j''} \Theta(\tau, Q_v) \in \mathsf{K}_{\vartheta,q}^{(j,j',j'')},$$

wo

$$Q_v \in \mathfrak{Q}_{-q}; \quad j, j', j'' \in \mathbb{N}_0; \quad \mathsf{K}_{\vartheta,q}^{(j,j',j'')} := \{\Gamma_{\vartheta,0}\,[q], -\,r, v_{3,q}^{(j,j',j'')}\},$$

$$2\,r = j + j' + 2\,j'' \equiv 0 \bmod 2, \quad r \geqq 2, \quad v_{3,q}^{(j,j',j'')} \in [\Gamma_{\vartheta,0}\,[q], -\,r]^1,$$

$$v_{3,q}^{(j,j',j'')}(L) = \left(\frac{q}{\delta}\right)^{j^*} \left(\frac{-1}{\delta}\right)^{r}, \quad \text{wenn} \quad \delta \equiv 1 \bmod 2,$$

$$v_{3,q}^{(j,j',j'')}(L) = \left(\frac{\delta}{q}\right)^{j^*} \xi_4^{-(j+qj')\,\gamma}, \quad \text{wenn} \quad \gamma \equiv 1 \bmod 2$$

und $L \in \Gamma_{\vartheta,0}\,[q] := \Gamma_0\,[q] \cap \Gamma_\vartheta$; hier ist $j^* := j' + j''$; es wird unterstellt, daß höchstens eine der drei Zahlen j, j', j'' verschwindet. Wenn $\mathfrak{Q}_{-q}$ leer ist, wird j'' formal $= 0$ gesetzt; wann immer j'' verschwindet, wird j'' als Index überall getilgt. Das gilt auch für die Anzahlfunktion mit der erzeugenden Fourier-Reihe

$$f_q^{(j,j',j'')}(\tau) = \sum_{n=0}^{\infty} a_q^{(j,j',j'')}(n)\, e^{\pi i n \tau},$$

die, ebenso wie $f_q^{(j,j',j'')}(\tau)$, nicht nur von den auftretenden vier Indizes, sondern, falls $j'' > 0$, auch von der Auswahl der verwendeten $Q_\nu \in \mathfrak{Q}_{-q}$ abhängt; $v_{3,q}^{(j,j',j'')}$ ist jedoch von dieser Auswahl unabhängig (vgl. Anhang B).

Im folgenden sei q eine Primzahl. Die *vier Spitzenbahnen* mod $\Gamma_{\vartheta,0}[q]$ werden von den folgenden Spitzen ζ_g ($g = 1, 2, 3, 4$) vertreten:

$$\zeta_1 := \infty \ (A = I, N = 2), \qquad \zeta_2 := 1/q \ (A = \dot{U}^{-q}, N = 1),$$

$$\zeta_3 := 1 \ \ (A = \dot{U}^{-1}, N = q), \quad \zeta_4 := 0 \ \ (A = T, N = 2q);$$

dabei bezeichnet jeweils A eine Modulmatrix mit $A\,\zeta_g = \infty$ (vgl. § 1) und N die betreffende Spitzenbreite.

Für Modulformen $F(\tau) \in \{\Gamma_{\vartheta,0}[q], -r, v\}$ ($r \in \mathbb{R}, v \in [\Gamma_{\vartheta,0}[q], -r]^l$), die in $\mathfrak{H}$ holomorph sind und dort nicht verschwinden, wird die zu (13.13, 14) analoge Divisoren-Schreibweise eingeführt:

(16.1) $F \sim [a_1, a_2, a_3, a_4]$ bedeute $\mathrm{ord}_{\Gamma,\zeta_g} F = a_g$ ($g = 1, 2, 3, 4$; $\Gamma := \Gamma_{\vartheta,0}[q]$).

Zu den Modulformen dieser Art gehören

(16.2) $\psi_1(\tau) := \vartheta_6(\tau), \quad \psi_2(\tau) := \eta(\tau), \quad \psi_3(\tau) := \vartheta_6(q\tau), \quad \psi_4(\tau) := \eta(q\tau);$

sie haben sämtlich den Grad $-r = -\frac{1}{2}$. Die *erste Aufgabe* besteht darin, das obige F in einer Gestalt (vgl. Text nach Satz 1.10)

$$(16.3) \qquad F(\tau) \approx \prod_{k=1}^{4} \psi_k^{c_k}(\tau) \qquad (c_k \in \mathbb{R})$$

darzustellen; (16.3) werde durch $F \approx \langle c_1, c_2, c_3, c_4 \rangle$ *symbolisiert*.

Nach der Tabelle im Anhang des § 6 läßt sich das System der 16 Zahlen $\varrho_{g,k} := 24\,\mathrm{ord}_{\Gamma,\zeta_g}\,\psi_k$ in der Matrix

$$R = R_q = (\varrho_{g,k}) = \begin{pmatrix} 1 & 2 & q & 2q \\ 2 & 1 & 2q & q \\ 2q & q & 2 & 1 \\ q & 2q & 1 & 2 \end{pmatrix} \quad \begin{pmatrix} g, k = 1, 2, 3, 4; \\ g \text{ ist Zeilenindex} \end{pmatrix}$$

zusammenfassen. Man berechnet $\det R = -9\,(q^2 - 1)^2$ und

$$(16.4) \qquad V = V_q = 3\,(q^2 - 1)\,R^{-1} = \begin{pmatrix} 1 & -2 & 2q & -q \\ -2 & 1 & -q & 2q \\ -q & 2q & -2 & 1 \\ 2q & -q & 1 & -2 \end{pmatrix}.$$

Nun ergibt sich (immer mit $\Gamma := \Gamma_{\vartheta,0}[q]$) bei gegebenen $c_k \in \mathbb{R}$:

$$a_g := \mathrm{ord}_{\Gamma,\zeta_g}\left(\prod_{k=1}^{4} \psi_k^{c_k}\right) = \sum_{k=1}^{4} c_k\,\frac{1}{24}\,\varrho_{g,k},$$

also, wenn $\mathfrak{a} := \begin{pmatrix} a_1 \\ a_2 \\ a_3 \\ a_4 \end{pmatrix}$, $\quad \mathfrak{c} := \begin{pmatrix} c_1 \\ c_2 \\ c_3 \\ c_4 \end{pmatrix}$ gesetzt wird:

$$\mathfrak{a} = \frac{1}{24}\, R\, \mathfrak{c}, \quad \mathfrak{c} = \alpha_q\, V \mathfrak{a} \quad ((q^2 - 1)\, \alpha_q = 8).$$

Eine Primform zur Spitze ζ_g bezüglich der Gruppe Γ erhält man aus

$$Z_g \sim [\delta_{g1}, \delta_{g2}, \delta_{g3}, \delta_{g4}] \quad (\delta_{gk} \text{ nach Kronecker});$$

d. h., das zugehörige $\mathfrak{a}$ ist der g-te Einheitsvektor und demnach das zugehörige $\mathfrak{c} = \alpha_q$ mal der g-ten Spalte von V. Das besagt

Satz 16.1. *Bezüglich der Gruppe $\Gamma = \Gamma_{9,0}\,[q]$ (q Primzahl > 2) erhält man ein System von Primformen $Z_g\,(\tau)$ zu den Spitzen ζ_g in der Gestalt*

$$Z_1\,(\tau) = \vartheta_6^{\alpha}\,(\tau)\, \eta^{-2\alpha}\,(\tau)\, \vartheta_6^{-q\alpha}\,(q\,\tau)\, \eta^{2q\alpha}\,(q\,\tau),$$

$$Z_2\,(\tau) = \vartheta_6^{-2\alpha}\,(\tau)\, \eta^{\alpha}\,(\tau)\, \vartheta_6^{2q\alpha}\,(q\,\tau)\, \eta^{-q\alpha}\,(q\,\tau),$$

$$Z_3\,(\tau) = \vartheta_6^{2q\alpha}\,(\tau)\, \eta^{-q\alpha}\,(\tau)\, \vartheta_6^{-2\alpha}\,(q\,\tau)\, \eta^{\alpha}\,(q\,\tau),$$

$$Z_4\,(\tau) = \vartheta_6^{-q\alpha}\,(\tau)\, \eta^{2q\alpha}\,(\tau)\, \vartheta_6^{\alpha}\,(q\,\tau)\, \eta^{-2\alpha}\,(q\,\tau),$$

wo $\alpha = \alpha_q := \dfrac{8}{q^2 - 1}$. $\quad -$

Die hier auftretenden Potenzen sind wie folgt zu bestimmen: Es sei

$$f(\tau) = c_0\, e^{\pi i \lambda \tau}(1 + c_1\, e^{\pi i \tau} + c_2\, e^{2\pi i \tau} + \ldots) \quad (c_0 > 0,\, \lambda \in \mathbb{R})$$

in $\mathfrak{H}$ holomorph und $\alpha \in \mathbb{R}$. Dann wird $f^{\alpha}(\tau)$ so definiert, daß für hinreichend großes y gilt

$$f^{\alpha}(\tau) = c_0^{\alpha}\, e^{\pi i \alpha \lambda \tau}(1 + c_1^{*}\, e^{\pi i \tau} + c_2^{*}\, e^{2\pi i \tau} + \ldots) \quad (c_0^{\alpha} > 0). \quad -$$

Dieses Resultat soll auf die Fälle $q = 3, 5$ angewendet werden, in denen $\Gamma_{9,0}\,[q]$ nach (10.5) das Geschlecht Null hat. Die Gruppe $\Gamma = \Gamma_{9,0}\,[q]$ wird dann von den Grundmatrizen der parabolischen und elliptischen Fixpunkte eines kanonischen Fundamentalbereichs erzeugt, so daß jedes Multiplikatorsystem $v \in [\Gamma, -r]^{1}$ ($r \in \mathbb{R}$) durch seine Drehreste in den parabolischen und elliptischen Fixpunkten irgendeiner Fundamentalmenge eindeutig bestimmt ist. Für $q \equiv 3 \bmod 4$ gibt es keine elliptischen Fixpunkte; für $q \equiv 1 \bmod 4$ gibt es genau zwei elliptische Fixpunktbahnen, und diese haben die Ordnung 2. Da die Drehreste in ihnen verschwinden, wenn eine in $\mathfrak{H}$ holomorphe und dort nicht verschwindende Modulform $\{\Gamma, -r, v\}$ existiert, ist v auch dann durch seine Drehreste in den Spitzen eindeutig bestimmt.

Bezeichnet $\varkappa_g$ den *Drehrest* von $v = v_{3,q}^{(j,j',j'')}$ in ζ_g ($g = 1, \ldots, 4$), so gilt — zunächst noch für eine beliebige Primzahl $q > 2$ —:

$$\varkappa_1 \equiv 0, \quad \varkappa_2 \equiv \tfrac{1}{8}\,(j + q\,j'), \quad \varkappa_3 \equiv \tfrac{1}{8}\,(j' + q\,j), \quad \varkappa_4 \equiv 0 \bmod 1.$$

Wir *definieren* im Hinblick auf $j + q\,j' \equiv j' + q\,j \equiv 0 \bmod 2$:

(16.5) $h \equiv \tfrac{1}{2}\,(j + q\,j'),\qquad h' \equiv \tfrac{1}{2}\,(j' + q\,j) \bmod 4,\qquad 0 \leq h \leq 3,\qquad 0 \leq h' \leq 3$

und erhalten, falls $q \equiv 3 \bmod 4$:

(16.6) $h + h' \equiv 0 \bmod 4$, also entweder $h = h' = 0$ oder $h + h' = 4\ (h > 0)$;

dagegen, falls $q \equiv 1 \bmod 4$:

(16.7) $h - h' \equiv 0 \bmod 4$, also $h = h' \equiv r + j'\,\tfrac{1}{2}\,(q - 1) \bmod 4\ (h \equiv r \bmod 2)$;

im übrigen gilt stets $\varkappa_2 = \tfrac{1}{4}\,h$, $\varkappa_3 = \tfrac{1}{4}\,h'$.

Wir schreiben abkürzend $v^+ = \dim_{\mathbb{C}} \mathsf{K}_{\vartheta;q}^{(j,j',j'')+}$ und gelangen für $r \geq 2$ und mit $p_{\mathsf{r}} = \tfrac{1}{4}\,(q - 3)$ bzw. $\tfrac{1}{4}\,(q - 5)$ für $q \equiv 3$ bzw. $1 \bmod 4$ vermöge des Riemann-Rochschen Satzes zu folgenden *Formeln*:

(a) $q \equiv 3 \bmod 4$: $v^+ = \begin{cases} r\,\tfrac{1}{4}\,(q + 1) - p_{\mathsf{r}} - 2, & \text{wenn}\quad h > 0 \\ r\,\tfrac{1}{4}\,(q + 1) - p_{\mathsf{r}} - 3, & \text{wenn}\quad h = 0 \end{cases}$ und $r \geq 3$;

die gleichen Formeln bestehen für $r = 2$ mit Ausnahme des Sonderfalles $v_{3,q}^{(j,j',j'')} \equiv 1$, indem, obwohl h verschwindet, die erste Formel gilt.

(b) $q \equiv 1 \bmod 4$: man setze $k = \tfrac{1}{4}\,h$ für $h = 1, 2, 3$; $k = 1$ für $h = 0$; damit folgt

$$v^+ - r\,\tfrac{1}{4}\,(q + 1) - 2k - p_{\mathsf{r}} - 1 \qquad (r \geq 2)\,.$$

Zu (b) ist zu bemerken, daß $r\,\tfrac{1}{4}\,(q + 1) - 2k$ ganzzahlig ist, da nach (16.7)

$$r\,\tfrac{1}{2}\,(q + 1) = r + r\,\tfrac{1}{2}\,(q - 1) \equiv r \equiv h \equiv 4k \bmod 2$$

zutrifft. Im folgenden werden diese Werte für $q = 3, 5$ verwendet, wobei auf den Sonderfall $r = 2$, da er bereits ausführlich behandelt wurde, verzichtet werden kann. Es ergibt sich

(16.8) $v^+ = \begin{cases} r - 2, & \text{wenn}\quad h > 0 \\ r - 3, & \text{wenn}\quad h = 0 \end{cases}$, falls $q = 3$, $r \geq 3$,

(16.9) $v^+ = \tfrac{3}{2}\,r - 2k - 1$,   falls $q = 5$, $r \geq 2$.

Wir *diskutieren den Fall $q = 3$ für $r \geq 3$*. Setzt man

(16.10) $k = \tfrac{1}{4}\,h$, $k' = \tfrac{1}{4}\,h'$, wenn $h > 0$; $k = k' = 1$, wenn $h = 0$,

so folgt aus (16.8): $v^+ = r - 1 - (k + k')$ und man gewinnt nun eine Basis von $\mathsf{K}_{\vartheta,3}^{(j,j',j'')+}$ in der Gestalt

$$\varphi_v \approx Z_1^{1 + v}\,Z_2^{k}\,Z_3^{k'}\,Z_4^{1 + v'} \qquad (v, v' \in \mathbb{N}_0,\ v + v' = r - 2 - (k + k'))\,.$$

In der bei (16.3) verabredeten vektoriellen Schreibweise gestattet φ_v nach (16.4) und Satz 16.1 eine Darstellung

$$\varphi_v \approx \langle \mu_{v1}, \mu_{v2}, \mu_{v3}, \mu_{v4} \rangle \qquad (0 \leq v \leq r - 2 - (k + k'))$$

mit folgenden Werten der Komponenten:

$$\mu_{\nu 1} = -2k + 6k' + 1 + \nu - 3(1 + \nu') = \begin{cases} 13 - 3r - 2h + 4\nu \\ 14 - 3r + 4\nu \end{cases},$$

$$\mu_{\nu 2} = k - 3k' - 2(1 + \nu) + 6(1 + \nu') = \begin{cases} -17 + 6r + h - 8\nu \\ -22 + 6r - 8\nu \end{cases},$$

$$\mu_{\nu 3} = 6k - 2k' - 3(1 + \nu) + 1 + \nu' = \begin{cases} -7 + r + 2h - 4\nu \\ -2 + r - 4\nu \end{cases},$$

$$\mu_{\nu 4} = -3k + k' + 6(1 + \nu) - 2(1 + \nu') = \begin{cases} 11 - 2r - h + 8\nu \\ 10 - 2r + 8\nu \end{cases};$$

in den geschweiften Klammern stehen oben die Werte für $h > 0$, unten die für $h = 0$. Die erste Darstellung zeigt, daß $\mu_{\nu 1}, \mu_{\nu 2}$ bei der simultanen Vertauschung von k mit k' und von ν mit ν' in bzw. $\mu_{\nu 3}, \mu_{\nu 4}$ übergehen. Wegen dieser Symmetrie genügt es, die folgende Überlegung nur für die *Exponenten* $\mu_{\nu 1}, \mu_{\nu 2}$ durchzuführen.

Man hat

$$l := 2\mu_{\nu 1} + \mu_{\nu 2} = 9 - 3h \geqq 0, \quad \text{wenn} \quad h > 0, \quad \text{bzw.} = 6, \quad \text{wenn} \quad h = 0,$$

und es bestehen die *analytischen Identitäten* (vgl. Anhang E)

$$(16.11) \qquad\qquad \eta^2 \vartheta_6^{-1} = \tfrac{1}{2} \vartheta_4, \qquad \vartheta_6^2 \eta^{-1} = \vartheta_3 .$$

Ist $\mu_{\nu 1} < 0$, so erhält man

$$\vartheta_6^{\mu_{\nu 1}} \eta^{\mu_{\nu 2}} = \vartheta_6^{\mu_{\nu 1}} \eta^{l - 2\mu_{\nu 1}} = \eta^l (\tfrac{1}{2} \vartheta_4)^{-\mu_{\nu 1}};$$

ist $\mu_{\nu 2} < 0$, so erhält man

$$\vartheta_6^{\mu_{\nu 1}} \eta^{\mu_{\nu 2}} = \vartheta_3^{-\mu_{\nu 2}} \vartheta_6^{2\mu_{\nu 2} + \mu_{\nu 1}} = \vartheta_3^{-\mu_{\nu 2}} \vartheta_6^{2l - 3\mu_{\nu 1}} ,$$

und $2l - 3\mu_{\nu 1} = 18 - 6h - 3\mu_{\nu 1}$ bzw. $12 - 3\mu_{\nu 1}$ hat das Minimum $15 - 3r$ bzw. $18 - 3r$. — Damit ist bewiesen

Satz 16.2. *Die lineare Funktionenschar* $\mathrm{K}_{\vartheta,3}^{(j,j',j'')}$ *besitzt, falls* $3 \leqq r \leqq 5$ *und auch, falls zugleich* $r = 6$ *und* $j + 3j' \equiv 0 \bmod 8$ *zutrifft, eine Basis, deren jede Funktion ein Potenzprodukt der einfachen Thetareihen* $\vartheta_\nu(\tau)$, $\vartheta_\nu(3\tau)$ ($\nu = 3, 4, 5, 6$) *mit nicht-negativen ganzzahligen Exponenten ist.* —

Unter der oben gestellten Bedingung, daß von den drei Zahlen j, j', j'' höchstens eine verschwinden darf, beträgt die Anzahl der (geordneten) Tripel $\{j, j', j''\}$ mit $r \geqq 3$, für die $r \leqq 5$ oder $r = 6$ zugleich mit $j + 3j' \equiv 0 \bmod 8$ gilt, 76. Darin sind die drei Tripel mit $\nu^+ = 0$ (die nur für $r = 3$, $h = 0$ existieren) nicht inbegriffen.

Im hier untersuchten Fall $q = 3$ kann eine *andere Lösung des Basisproblems* angegeben werden, die ohne Einschränkung für *alle* einleitend genannten *Parameterwerte* j, j', j'' *effektiv* ist. Der Unterschied zu der oben diskutierten

Basis besteht in der Verwendung der binären Thetareihe

$$\Theta_{-3}(\tau) := \sum_{m_1, m_2 \in \mathbb{Z}} e^{2\pi i (m_1^2 + m_1 m_2 + m_2^2)\,\tau} \in \{\Gamma_0\,[3], -1, V_3\}^0 ;$$

Θ_3 hat in allen Spitzen (bezüglich $\Gamma_0\,[3]$, also bezüglich $\Gamma_{\vartheta,0}\,[3]$) die Ordnung 0, jedoch im Punkte $\omega := T(\xi_3 + 1) = -\dfrac{1}{2} + \dfrac{i}{6}\,\sqrt{3}$ bezüglich $\Gamma_{\vartheta,0}\,[3]$ die Ordnung 1 (vgl. § 2). — Wir bilden die Modulformen (vgl. (16.10))

$$\psi_h^* = Z_2^k\,Z_3^{k'} = \psi_1^{-2k+6k'}\,\psi_2^{k-3k'}\,\psi_3^{6k-2k'}\,\psi_4^{-3k+k'} ,$$

also

$$\psi_h^* = \psi_1^{-2h+6}\,\psi_2^{h-3}\,\psi_3^{2h-2}\,\psi_4^{1-h} \quad (h > 0), \qquad \psi_0^* = \psi_1^4\,\psi_2^{-2}\,\psi_3^4\,\psi_4^{-2} ,$$

oder nach (16.11)

$$\psi_1^*(\tau) = \vartheta_3^2(\tau), \quad \psi_2^*(\tau) = \vartheta_3(\tau)\,\vartheta_3(3\tau), \quad \psi_3^*(\tau) = \vartheta_3^2(3\tau), \quad \psi_0^*(\tau) = \psi_2^{*2}(\tau).$$

Ferner werden definiert

$$f_2(\tau) := Z_1(\tau)\,Z_4(\tau) = \tfrac{1}{16}\,\vartheta_4^2(\tau)\,\vartheta_4^2(3\tau), \qquad f_3(\tau) := Z_1^2(\tau)\,Z_4(\tau) = \tfrac{1}{64}\,\vartheta_4(\tau)\,\vartheta_4^5(3\tau)$$

Alle diese Funktionen sind ganze Modulformen der Gruppe $\Gamma_{\vartheta,0}\,[3]$. Gibt man $v \in \mathbb{Z}, v \geqq 2$ vor und bestimmt $a \in \mathbb{N}_0, h = 0, 1$ so, daß $v = 2a + 3b$, so gilt

$$f_v(\tau) := f_2^a(\tau)\,f_3^b(\tau) \in \{\Gamma_{\vartheta,0}\,[3], -v, v_v^*\}^0$$

mit demjenigen eindeutig bestimmten Multiplikatorsystem $v_v^* \in [\Gamma_{\vartheta,0}\,[3], -v]^1$, welches in allen Spitzen unverzweigt ist. Damit erhält man

Satz 16.3. a. *Es sei $r \geqq 3$, $h > 0$. Die Funktionen*

$$\psi_h^*(\tau)\,f_v(\tau)\,\Theta_{-3}^{v'}(\tau) \qquad (1 + v + v' = r, \; v \in \mathbb{Z}, \; 2 \leqq v \leqq r - 1)$$

bilden eine Basis von $\mathsf{K}_{\vartheta,3}^{(j,j',j'')+}$. — b. *Es sei $r \geqq 4$, $h = 0$. Die Funktionen*

$$\psi_0^*(\tau)\,f_v(\tau)\,\Theta_{-3}^{v'}(\tau) \qquad (2 + v + v' = r, \; v \in \mathbb{Z}, \; 2 \leqq v \leqq r - 2)$$

bilden eine Basis von $\mathsf{K}_{\vartheta,3}^{(j,j',j'')+}$. —

Wir untersuchen abschließend *den Fall $q = 5$*; hier ist $p_\Gamma = 0$ ($\Gamma = \Gamma_{\vartheta,0}\,[5]$), $j'' = 0$, also $j + j' = 2r$, und nach (16.7) $h = h' \equiv r + 2j' \bmod 4$; s.a. (16.9). Indem man (16.4) V für $q = 5$ aufschreibt, erhält man

$$(Z_1^{1+v}\,Z_2^k\,Z_3^k\,Z_4^{1+v'})^3 \sim \langle 3\mu_{v1}, 3\mu_{v2}, 3\mu_{v3}, 3\mu_{v4} \rangle$$

mit

$$3\mu_{v1} = -4 + 8k + v - 5v', \qquad 3\mu_{v2} = 8 - 4k - 2v + 10v',$$

$$3\mu_{v3} = -4 + 8k - 5v + v', \qquad 3\mu_{v4} = 8 - 4k + 10v - 2v',$$

und die Funktionen $Z_1^{1+v}\,Z_2^k\,Z_3^k\,Z_4^{1+v'}$ mit $v, v' \in \mathbb{N}_0$, $v + v' = \frac{3}{2}\,r - 2k - 2$ bilden eine Basis von $\mathsf{K}_{\vartheta,5}^{(j,j')+}$. Wegen der Symmetrie der $\mu_{v\varrho}$ ($\varrho = 1, 3$; $\varrho = 2, 4$) bezüglich der Vertauschung von v und v' werden nur die Potenzprodukte $\vartheta_6^{\mu_{v1}}\,\eta^{\mu_{v2}}$ untersucht; es gilt

$$\mu_{v1} = 2 + 6k - \tfrac{5}{2}\,r + 2v, \qquad \mu_{v2} = -4 - 8k + 5r - 4v$$

und $2\mu_{v1} + \mu_{v2} = 4k$. Für $\mu_{v1} < 0$ bzw. $\mu_{v2} < 0$ ergibt sich nach (16.11)

$$\vartheta_6^{\mu_{v1}}\, \eta^{\mu_{v2}} = \eta^{4k}\left(\tfrac{1}{2}\,\vartheta_4\right)^{-\mu_{v1}} \quad \text{bzw.} \quad = \vartheta_3^{-\mu_{v2}}\,\vartheta_6^{8k-3\mu_{v1}}$$

(wie oben), und hier ist $\min\limits_{v}(8k - 3\mu_{v1}) = 2k - \tfrac{3}{2}r + 6$. Dies beschränkt die Möglichkeit einer Basiskonstruktion nach dem angewendeten Verfahren auf die Fälle $r \leqq 5$. Das abschließende Resultat ist völlig konkret und liefert die explizite Darstellung der Basisfunktionen von genau 5 linearen Scharen $K_{9,5}^{(j,j')+}$ aufgrund der Identitäten (16.11) in folgender Gestalt:

Satz 16.4. *Die Schar der ganzen Spitzenformen* $\{\Gamma_{9,0}[5], -r, v_{3,5}^{(j,j')}\}$ *hat in den folgenden 5 Fällen, in denen $r = 3, 4, 5$ ist und die sich auf 17 Anzahlfunktionen $a_5^{(j,j')}(n)$ beziehen, die folgende Basis:*

(1) $r = 4$, $h = 0$; $j, j' = 6, 2; 4, 4; 2, 6$ $(v^+ = 3)$:

$$\vartheta_4^2(\tau)\,\vartheta_5^4(\tau)\,\vartheta_6^2(5\tau), \quad \vartheta_5^4(\tau)\,\vartheta_5^4(5\tau), \quad \vartheta_6^2(\tau)\,\vartheta_4^2(5\tau)\,\vartheta_5^4(5\tau);$$

(2) $r = 4$, $h = 2$; $j, j' = 7, 1; 5, 3; 3, 5; 1, 7$ $(v^+ = 4)$:

$$\vartheta_4^5(\tau)\,\vartheta_5^2(\tau)\,\vartheta_6(5\tau), \quad \vartheta_4^3(\tau)\,\vartheta_5^2(\tau)\,\vartheta_4(5\tau)\,\vartheta_5^2(5\tau),$$

$$\vartheta_4(\tau)\,\vartheta_5^2(\tau)\,\vartheta_4^3(5\tau)\,\vartheta_5^2(5\tau), \quad \vartheta_6(\tau)\,\vartheta_4^5(5\tau)\,\vartheta_5^2(5\tau);$$

(3) $r = 3$, $h = 1$; $j, j' = 5, 1; 3, 3; 1, 5$ $(v^+ = 3)$:

$$\vartheta_4^4(\tau)\,\vartheta_5(\tau)\,\vartheta_5(5\tau), \quad \vartheta_4^2(\tau)\,\vartheta_5(\tau)\,\vartheta_4^2(5\tau)\,\vartheta_5(5\tau), \quad \vartheta_5(\tau)\,\vartheta_4^4(5\tau)\,\vartheta_5(5\tau);$$

(4) $r = 3$, $h = 3$; $j, j' = 4, 2; 2, 4$ $(v^+ = 2)$:

$$\vartheta_4(\tau)\,\vartheta_5^3(\tau)\,\vartheta_5(5\tau)\,\vartheta_6(5\tau), \quad \vartheta_5(\tau)\,\vartheta_6(\tau)\,\vartheta_4(5\tau)\,\vartheta_5^3(5\tau);$$

(5) $r = 5$, $h = 3$; $j, j' = 9, 1; 7, 3; 5, 5; 3, 7; 1, 9$ $(v^+ = 5)$:

$$\vartheta_4^6(\tau)\,\vartheta_5^3(\tau)\,\vartheta_3(5\tau), \quad \vartheta_4^4(\tau)\,\vartheta_5^3(\tau)\,\vartheta_5^3(5\tau), \quad \vartheta_4^2(\tau)\,\vartheta_5^3(\tau)\,\vartheta_4^2(5\tau)\,\vartheta_5^3(5\tau),$$

$$\vartheta_5^3(\tau)\,\vartheta_4^4(5\tau)\,\vartheta_5^3(5\tau), \quad \vartheta_3(\tau)\,\vartheta_4^6(5\tau)\,\vartheta_5^3(5\tau)\,.$$

Hier wurde, wie in § 4, ϑ_5 für η geschrieben. —

Potenzprodukte einfacher Thetareihen der hier auftretenden Art lassen sich in vielen Fällen durch die Relationen von Anhang E vereinfachen; wie etwa

$$\vartheta_1^{(1)} = \vartheta_5^3, \quad \vartheta_4^{(1)} = \vartheta_6^3, \quad \vartheta_6^{(1)} = \vartheta_3^2\,\vartheta_6, \quad \vartheta_3^{(1)} = \tfrac{1}{4}\,\vartheta_4^2\,\vartheta_5\,.$$

Die erste ist eine berühmte Relation von Jacobi. — Als Beispiel diene

$$\vartheta_5^3(\tau)\,\vartheta_4^4(5\tau)\,\vartheta_5^3(5\tau) = 16\,\vartheta_1^{(1)}(\tau)\,\vartheta_3^{(1)2}(5\tau)\,\vartheta_5(5\tau);$$

diese Formel reduziert eine zehnfache Summe auf eine vierfache.

§ 17. Quadratsummen mit Kongruenzbedingungen mod 2 und Vorzeichen-Faktoren

(Inhaltsübersicht: Zur Beschreibung der beiden hier zu behandelnden Problemgruppen s. den Text bis zum ersten Horizontalstrich. Beide Problemgruppen sind prinzipiell vollständig explizit lösbar, da die auftretenden Eisenstein-Reihen genau bekannt sind und für die ganzen Spitzenformen in jedem Fall eine explizite Basiskonstruktion in der Gestalt von Theta-Produkten vorliegt. In jedem Einzelfall genügt eine einzige Eisenstein-Reihe zur Reduktion auf ganze Spitzenformen. Beispiele der Darstellungen, die die Theorie für die $a_{0,3}^{(j,j')}(n)$ liefert, erfordern ungewöhnlich viele Fallunterscheidungen; die verschiedenen Fälle führen auf sehr gegensätzliche asymptotische Verhaltensweisen der betreffenden $a_{0,3}^{(j,j')}(n)$ für $n \to \infty$. Beide Problemgruppen sind als diejenigen Verfeinerungen des klassischen Problems der Quadratsummen aufzufassen, welche durch Modulformen der zweiten Stufe bewirkt werden.)

Von den beiden Problemgruppen, die hier betrachtet werden sollen, ist die erste mit starken Einschränkungen in § 13,14 (s. Satz 14.1) diskutiert worden. Allgemein handelt es sich um die Anzahl $a_{3,2}^{(j,j')}(n)$ der Darstellungen von $n \in \mathbb{N}$ in der Gestalt

$$n = m_1^2 + \ldots + m_j^2 + m_{j+1}^2 + \ldots + m_{j+j'}^2 \qquad (j,j' \in \mathbb{N})$$

unter den Bedingungen

$$m_1 \equiv \ldots \equiv m_j \equiv 0 \bmod 2, \qquad m_{j+1} \equiv \ldots \equiv m_{j+j'} \equiv 1 \bmod 2,$$

wo überdies nur gerade Werte von $2r := j + j' \geqq 4$ zugelassen werden. Die erzeugende Fourier-Reihe dieser Anzahlfunktionen in der Variablen $\exp \pi i \dfrac{\tau}{4}$ ist

$$(17.1) \qquad \vartheta_3^j(\tau)\, \vartheta_2^{j'}(\tau) = \sum_{n=j'}^{\infty} a_{3,2}^{(j,j')}(n) \exp \pi i n \frac{\tau}{4}.$$

In § 13,14 wurde dieses Problem lediglich im Spezialfall $j + j' = 4$ bearbeitet und zwar auf der Grundlage der Theorie der Gruppen $\Gamma[4\backslash2]$: Nach (13.8) gilt

$$f_{j,j';0,0}(\tau) = \vartheta_3^j(\tau)\, \vartheta_2^{j'}(\tau), \qquad a(n;j,j';0,0) = a_{3,2}^{(j,j')}(n).$$

Die Gruppe $\Gamma[4\backslash2]$ ist eine Untergruppe vom Index 2 der Hauptkongruenzgruppe $\Gamma[2]$, und alle klassischen Theta-Nullwerte $\vartheta_\nu(\tau)$ ($\nu = 3, 0, 2$) sind Modulformen der $\Gamma[2]$. Da diese der $\Gamma[4\backslash2]$ gegenüber erhebliche technische Vorteile bietet, und im Hinblick auf die Resultate von Satz 14.1 soll das allgemeine Problem mit den Mitteln der Theorie der $\Gamma[2]$ bearbeitet werden.

Eine zweite Problemgruppe, die mit diesen Mitteln bearbeitet werden kann, betrifft die Anzahlfunktionen $a_{0,3}^{(j,j')}(n)$, die durch

$$(17.2) \qquad \vartheta_0^j(\tau)\, \vartheta_3^{j'}(\tau) = \sum_{n=0}^{\infty} a_{0,3}^{(j,j')}(n)\, e^{\pi i n \tau} \qquad (j,j' \in \mathbb{N})$$

definiert sind. Es gilt (wieder mit $j + j' =: 2r$)

$$a_{0,3}^{(j,j')}(n) = \sum_{m_1, m_2, \ldots, m_{2r}} (-1)^{m_1 + \ldots + m_j}$$

unter der Bedingung

$$n = m_1^2 + \ldots + m_j^2 + m_{j+1}^2 + \ldots + m_{2r}^2 \,.$$

Die Bedeutung dieser Anzahlfunktionen liegt in Folgendem: Setzt man für $\sigma = 0, 1$

$$(17.3\,\text{a}) \qquad a_{0,3;\sigma}^{(j,j')}(n) = \sum_{m_1, m_2, \ldots, m_{2r}} 1 \qquad (n \in \mathbb{N})$$

unter den Bedingungen

$$(17.3\,\text{b}) \quad n = m_1^2 + \ldots + m_j^2 + m_{j+1}^2 + \ldots + m_{2r}^2, \qquad m_1 + \ldots + m_j \equiv \sigma \bmod 2 \,,$$

so erhält man zunächst

$$(17.4) \qquad a_{0,3}^{(j,j')}(n) = a_{0,3;0}^{(j,j')}(n) - a_{0,3;1}^{(j,j')}(n)\,;$$

hieraus und aus

$$(17.5) \qquad a_1^{(2r)}(n) := a(n, I^{(2r)}) = a_{0,3;0}^{(j,j')}(n) + a_{0,3;1}^{(j,j')}(n)$$

lassen sich beide Anzahlfunktionen $a_{0,3;\sigma}^{(j,j')}(n)$ linear kombinieren und, zumindest im Falle $r \in \mathbb{Z}$, $r \geq 2$, durch Identitäten Jacobischer Art darstellen. Zu erwähnen ist die Funktionalgleichung

$$(17.6) \qquad a_{0,3}^{(j,j')}(n) = (-1)^n \, a_{0,3}^{(j',j)}(n) \qquad (n \in \mathbb{N})\,;$$

sie gestattet, die Untersuchung von $a_{0,3}^{(j,j')}(n)$ auf den Fall $j \leq j'$ zu beschränken und liefert insbesondere

$$a_{0,3}^{(j,j')}(n) = 0 \quad \text{für} \quad n \in \mathbb{N}, \quad n \equiv 1 \bmod 2 \qquad (j' = j) \,.$$

(17.6) drückt die einfache Transformationsformel aus:

$$\vartheta_0^j(\tau)\, \vartheta_3^{j'}(\tau) = \vartheta_3^j(\tau + 1)\, \vartheta_0^{j'}(\tau + 1)\,.$$

Hinsichtlich weiterer Anzahlfunktionen, die auf Potenzprodukte der obigen $\vartheta_\nu(\tau)$ als erzeugende Fourier-Reihen führen, sei noch folgendes bemerkt: Die durch

$$\vartheta_0^j(\tau)\, \vartheta_2^{j'}(\tau) = \sum_{n=j'}^{\infty} a_{0,2}^{(j,j')}(n) \exp \pi i n \frac{\tau}{4} \qquad (j, j' \in \mathbb{N})$$

definierten Anzahlfunktionen $a_{0,2}^{(j,j')}(n)$ lassen sich wegen

$$\vartheta_0^j(\tau)\, \vartheta_2^{j'}(\tau) = \zeta_4^{-j'}\, \vartheta_3^j(\tau + 1)\, \vartheta_2^{j'}(\tau + 1)$$

auf $a_{3,2}^{(j,j')}(n)$ zurückführen: Man findet

$$a_{0,2}^{(j,j')}(n) = (-1)^{\frac{1}{4}(n-j')}\, a_{3,2}^{(j,j')}(n), \quad \text{wenn} \quad n \equiv j' \bmod 4,$$

während $a_{0,2}^{(j,j')}(n)$ sonst verschwindet. Daher werden die $a_{0,2}^{(j,j')}(n)$ nicht untersucht. — Für die Fourier-Koeffizienten eines Potenzprodukts $F := \vartheta_3^j\, \vartheta_0^{j'}\, \vartheta_2^{j''}$, dessen sämtliche Exponenten positive ganze Zahlen sind, läßt sich keine Identität Jacobischer Art aufstellen, da F eine ganze Spitzenform der Gruppe $\Gamma[2]$ darstellt. —

Bezüglich der Gruppe $\Gamma\,[2]$ gibt es keine elliptischen Fixpunkte und genau drei Spitzenbahnen; sie werden von $\infty, 1, 0$ vertreten und haben sämtlich die Breite 2. Wir schreiben für $g = 1, 2, 3$:

$$(17.7) \qquad \zeta = \zeta_g = \infty, 1, 0 = A_g^{-1} \infty \quad \text{mit} \quad A_1 = I, \quad A_2 = TU^{-1}, \quad A_3 = T$$

und erhalten

$$\vartheta_{3,T} = \vartheta_3 \,|\, T^{-1} = \xi_4\,\vartheta_3, \quad \vartheta_{3,A_2} = \vartheta_3 \,|\, UT^{-1} = \xi_4\,\vartheta_2,$$

$$\vartheta_{0,T} = \vartheta_0 \,|\, T^{-1} = \xi_4\,\vartheta_2, \quad \vartheta_{0,A_2} = \vartheta_0 \,|\, UT^{-1} = \xi_4\,\vartheta_3,$$

$$\vartheta_{2,T} = \vartheta_2 \,|\, T^{-1} = \xi_4\,\vartheta_0, \quad \vartheta_{2,A_2} = \vartheta_2 \,|\, UT^{-1} = \xi_4\,\vartheta_2 \,|\, T^{-1} = i\,\vartheta_0,$$

also mit $\Gamma = \Gamma\,[2]$:

$$\mathrm{ord}_{\Gamma,\infty}\,\vartheta_3 = \mathrm{ord}_{\Gamma,0}\,\vartheta_3 = 0, \quad \mathrm{ord}_{\Gamma,1}\,\vartheta_3 = \tfrac{1}{4}, \quad b_0(T, \vartheta_3) = \xi_4,$$

$$\mathrm{ord}_{\Gamma,\infty}\,\vartheta_0 = \mathrm{ord}_{\Gamma,1}\,\vartheta_0 = 0, \quad \mathrm{ord}_{\Gamma,0}\,\vartheta_0 = \tfrac{1}{4}, \quad b_0(A_2, \vartheta_0) = \xi_4,$$

$$\mathrm{ord}_{\Gamma,1}\,\vartheta_2 = \mathrm{ord}_{1,0}\,\vartheta_2 = 0, \quad \mathrm{ord}_{\Gamma,\infty}\,\vartheta_2 = \tfrac{1}{4},$$

$$b_0(A_2, \vartheta_2) = i, \quad b_0(T, \vartheta_2) = \xi_4.$$

Danach können die Modulformen $\vartheta_2^4, \vartheta_3^4, \vartheta_0^4$ als *Primformen* der $\Gamma\,[2]$ *zu den Spitzen* bzw. $\zeta_1, \zeta_2, \zeta_3$ aufgefaßt werden. Die Potenzprodukte $\vartheta_3^j\,\vartheta_2^{j'}$ bzw. $\vartheta_0^j\,\vartheta_3^{j'}$ $(j, j' \in \mathbb{N})$ verschwinden in genau den Spitzen der Bahnen von bzw. $0, \infty$ nicht. — Man kann dies am übersichtlichsten in der Terminologie von (13.13,14) symbolisieren. Hiermit erhält man gemäß (17.7) die Divisoren-Darstellungen

$$(17.8) \qquad \vartheta_2 \sim [\tfrac{1}{4}, 0, 0], \quad \vartheta_3 \sim [0, \tfrac{1}{4}, 0], \quad \vartheta_0 \sim [0, 0, \tfrac{1}{4}];$$

$$\vartheta_3^j\,\vartheta_2^{j'} \sim [\tfrac{1}{4}j', \tfrac{1}{4}j, 0], \quad \vartheta_0^j\,\vartheta_3^{j'} \sim [0, \tfrac{1}{4}j', \tfrac{1}{4}j].$$

Wir benutzen die Terminologie von § 2; in dieser gilt (vgl. auch Satz E.2)

$$\vartheta_3 \in \{\Gamma_\vartheta, -\tfrac{1}{2}, v_3\}, \quad \vartheta_0 \in \{\Gamma^0[2], -\tfrac{1}{2}, v_0\}, \quad \vartheta_2 \in \{\Gamma_0[2], -\tfrac{1}{2}, v_2\},$$

$$v_0(L) = \left(\frac{\gamma}{\delta}\right)_* \xi_4^{\delta-1-\gamma\delta} \ (L \in \Gamma^0[2]), \quad v_2(L) = \left(\frac{\gamma}{\delta}\right)_* \xi_4^{\delta-1+\beta\delta} \ (L \in \Gamma_0[2]),$$

also in Verbindung mit $v_3(L) = \left(\dfrac{\gamma}{\delta}\right)_* \xi_4^{\delta-1} \ (L \in \Gamma\,[2])$:

$$v_{3,2}^{(j,j')}(L) := v_3^j(L)\, v_2^{j'}(L) = \left(\frac{-1}{\delta}\right)_*^r \xi_4^{j'\beta\delta} \quad (L \in \Gamma\,[2]),$$

$$v_{0,3}^{(j,j')}(L) := v_0^j(L)\, v_3^{j'}(L) = \left(\frac{-1}{\delta}\right)_*^r \xi_4^{-j\gamma\delta} \quad (L \in \Gamma\,[2]).$$

Aus (17.8) geht hervor, daß weder $v_{3,2}^{(j,j')}$ noch $v_{0,3}^{(j,j')}$ für $j, j' \in \mathbb{N}$, $j + j' = 4$ mit dem Hauptcharakter der Gruppe $\Gamma\,[2]$ zusammenfällt. Die Formeln für $v_{3,2}^{(j,j')}$ und $v_{0,3}^{(j,j')}$ zeigen, daß beide Multiplikatorsysteme bei gegebenem $r \in \mathbb{N}$ von j nur mod 4 abhängen.

Als notwendige und hinreichende Bedingungen dafür, daß $\{m_1, m_2\} = \underline{M}$ mit $M \in T\Gamma[2]$ bzw. $M \in \Gamma[2]$ gelte, erhält man außer $(m_1, m_2) = 1$:

$$m_1 \equiv 1, \ m_2 \equiv 0 \bmod 2 \quad \text{bzw.} \quad m_1 \equiv 0, \ m_2 \equiv 1 \bmod 2 \ .$$

Wir *definieren* daher je einen den Spitzenbahnen von 0 bzw. ∞ zugeordneten *assoziierten Kongruenzcharakter* $\chi = \chi_3$ bzw. χ_1 *der Klassen*

$$(17.9) \qquad \mathsf{K}_{3,2}^{(j,j')} := \{\Gamma[2], -r, v_{3,2}^{(j,j')}\} \quad \text{bzw.} \quad \mathsf{K}_{0,3}^{(j,j')} := \{\Gamma[2], -r, v_{0,3}^{(j,j')}\}$$

wie folgt

(a) $\chi = \chi_3$: $\chi_3(m_1, m_2) = 0$, wenn nicht $m_1 - 1 \equiv m_2 \equiv 0 \bmod 2$ zutrifft.

   Wenn jedoch $m_1 \equiv 1, m_2 \equiv 0 \bmod 2$, so sei

$$\chi_3(m_1, m_2) = \left(\frac{-1}{m_1}\right)_*^r \, \zeta_4^{-j' m_1 m_2} \ .$$

(b) $\chi = \chi_1$: $\chi_1(m_1, m_2) = 0$, wenn nicht $m_1 \equiv m_2 - 1 \equiv 0 \bmod 2$ zutrifft.

   Wenn jedoch $m_1 \equiv 0, m_2 \equiv 1 \bmod 2$, so sei

$$\chi_1(m_1, m_2) = \left(\frac{-1}{m_2}\right)_*^r \, \zeta_4^{j m_1 m_2} \ .$$

Man sieht sofort, daß $(\text{X}^* 1, 2)$ mit $H = N_2 = 8$ erfüllt sind; für $\chi = \chi_1$ darf (und soll) $N_2 = 4$ gewählt werden; die Bestätigung von $(\text{X}^* 3)$ ist so einfach, daß auf eine Ausführung verzichtet werden kann (vgl. hierzu § 13). Für die *Gaußschen Summen* $\omega^*(m, n; \chi)$ $(\chi = \chi_3, \chi_1; m \in \mathbb{N})$ erhält man

$$\omega^*(m, n; \chi_3) = \left\{ \begin{array}{ll} \left(\dfrac{-1}{m}\right)^r \cdot 4, & \text{wenn } m \equiv 1 \bmod 2, \, mn \equiv j' \bmod 4 \\ 0 & \text{sonst} \end{array} \right\} ;$$

im Falle $\chi = \chi_1$ gilt für $r \equiv 0 \bmod 2$

$$\omega^*(2m, n; \chi_1) = \left\{ \begin{array}{ll} 2(-1)^{\frac{1}{2}(jm+n)}, & \text{wenn } jm + n \equiv 0 \bmod 2 \\ 0 & \text{sonst} \end{array} \right\} ,$$

dagegen für $r \equiv 1 \bmod 2$

$$\omega^*(2m, n; \chi_1) = 2i \left(\frac{-4}{jm + n}\right) \ .$$

Das *Verhalten der Eisensteinschen Reihen* $E_{-r}(\tau, \chi)$ $(\chi = \chi_3, \chi_1)$ *in den Spitzen* wird, soweit hier benötigt, nach Satz 3.3 durch die Reihen $c_r(\chi, A)$ beschrieben. Hierzu ergibt sich zunächst, da die betreffenden Reihen gliedweise verschwinden:

$$c_r(\chi_3, I) = c_r(\chi_3, TU^{-1}) = c_r(\chi_1, T) = c_r(\chi_1, TU^{-1}) = 0,$$

während in der Bezeichnung von § 15 gilt

$$c_r(\chi_3, T) = c_r(\chi_1, I) = 2\mu_r = 2 \sum_{m=1}^{\infty} \left(\frac{-4}{m}\right)^r m^{-r} \ .$$

Damit können die ersten Resultate formuliert werden.

Satz 17.1 *Für $j, j' \in \mathbb{N}, j + j' = 2r \equiv 0$ mod $2, r \geqq 2$ gilt*

$$\vartheta_3^j(\tau)\,\vartheta_2^{j'}(\tau) = \alpha_r \sum_{\substack{m,n=1 \\ mn \equiv j'(4)}}^{\infty} \left(\frac{-4}{m}\right)^r n^{r-1} \exp \pi\, i\, m\, n\, \frac{\tau}{4} + \varphi(\tau)\,,$$

wo $\varphi(\tau) \in K_{3,2}^{(j,j')+}$ (vgl. (17.9)) und

$$\alpha_r := \frac{r\,|B_r|^{-1}}{2^{2r-3}(2^r-1)} \quad (r \equiv 0 \text{ mod } 2), \qquad \alpha_r = \frac{|E_{r-1}|^{-1}}{2^{r-3}} \quad (r \equiv 1 \text{ mod } 2). \quad -$$

Satz 17.2 *(Bez.: j, j', r, α_r wie in Satz 17.1). Für $r \equiv j \equiv 0$ mod 2 gilt*

$$\vartheta_0^j(\tau)\,\vartheta_3^{j'}(\tau) = 1 + 2^{2r-2}\,\alpha_r(-1)^{\frac{1}{2}r} \sum_{m,n=1}^{\infty} (-1)^{\frac{1}{2}jm+n}\, n^{r-1}\, e^{2\pi i m n \tau} + \varphi(\tau)\,;$$

für $r \equiv 0, j \equiv 1$ mod 2 gilt

$$\vartheta_0^j(\tau)\,\vartheta_3^{j'}(\tau) = 1 + 2^{r-1}\,\alpha_r(-1)^{\frac{1}{2}r} \sum_{\substack{m,n=1 \\ m \equiv n(2)}}^{\infty} (-1)^{\frac{1}{2}(jm+n)}\, n^{r-1}\, e^{\pi i m n \tau} + \varphi(\tau)\,;$$

für $r \equiv 1$ mod 2 gilt

$$\vartheta_0^j(\tau)\,\vartheta_3^{j'}(\tau) = 1 + \frac{4}{|E_{r-1}|}\left(\frac{-1}{r}\right) \sum_{m,n=1}^{\infty} \left(\frac{-4}{jm+n}\right) n^{r-1}\, e^{\pi i m n \tau} + \varphi(\tau)\,.$$

$\varphi(\tau)$ bezeichnet in jedem Falle eine ganze Spitzenform der Klasse $K_{0,3}^{(j,j')}$. $\quad -$

Eine *Basiskonstruktion* für die *ganzen Spitzenformen* der Klassen $K_{3,2}^{(j,j')}$ und $K_{0,3}^{(j,j')}$ ist leicht zu gewinnen. Wir betrachten $K_{3,2}^{(j,j')}$ und *definieren*

(17.10) $k, k' \in \mathbb{Z}$ durch $j \equiv k, j' \equiv k'$ mod 4, $1 \leqq k \leqq 4$, $1 \leqq k' \leqq 4$.

Wenn die Drehreste von $K_{3,2}^{(j,j')}$ in den Spitzen (17.7) ζ_g mit $\varkappa_g$ ($g = 1, 2, 3$) bezeichnet werden und $\varkappa_g^+ := \begin{cases} \varkappa_g & \text{für} \quad \varkappa_g > 0 \\ 1 & \text{für} \quad \varkappa_g = 0 \end{cases}$ gesetzt wird, so kommt

$$\varkappa_1^+ = \tfrac{1}{4}\,k', \qquad \varkappa_2^+ = \tfrac{1}{4}\,k, \qquad \varkappa_3^+ = 1\,;$$

und der Riemann-Rochsche Satz besagt nun

(17.11) $$v^+ := \dim_{\mathbb{C}} K_{3,2}^{(j,j')} = \frac{r}{2} - \frac{k+k'}{4} = \frac{1}{4}\,(j - k + j' - k')\,.$$

Nach (17.8) erhält man den Divisor einer in $\mathfrak{H}$ nicht verschwindenden ganzen Spitzenform der Klasse $K_{3,2}^{(j,j')}$ in der Gestalt

$$[\varkappa_1^+ + v_1, \varkappa_2^+ + v_2, 1 + v_3] \quad \text{mit} \quad v_1, v_2, v_3 \in \mathbb{N}_0, \qquad v_1 + v_2 + v_3 = \frac{r}{2} - \varkappa_1^+ - \varkappa_2^+ - 1\,;$$

dies liefert den folgenden

Satz 17.3 *(vgl. Satz 17.1 und (17.11)). $v^+ = \dim_{\mathbb{C}} K_{3,2}^{(j,j')}$ verschwindet genau dann, wenn $j, j' = 3, 1;\ 2, 2;\ 1, 3;\ 4, 2;\ 3, 3;\ 2, 4;\ und\ 4, 4.\ In allen anderen Fällen ($j, j' \in \mathbb{N}, j + j' = 2r \equiv 0$ mod $2, j + j' \geqq 4$) gewinnt man eine Basis von $K_{3,2}^{(j,j')}$ in*

Gestalt der Modulformen

$$\varphi(\tau) = \vartheta_2^{k'+4v_1}(\tau)\, \vartheta_3^{k+4v_2}(\tau)\, \vartheta_0^{4+4v_3}(\tau)$$

mit ganzen $v_1, v_2, v_3 \geqq 0$, die wie folgt zu wählen sind: Eine dieser drei Zahlen läuft von 0 bis $v^+ - 1$; zu jedem dieser Werte sind die beiden anderen irgendwie so zu bestimmen, daß die Summe aller drei den Wert $v^+ - 1$ erhält. —

Es sei bemerkt, daß jedes der obigen $\varphi(\tau)$ durch $\eta^3(\tau)$ teilbar ist, was besage, daß sich $\varphi(\tau)$ in der Gestalt

$$\varphi(\tau) = \eta^{3m}(\tau)\, \vartheta_2^{n_1}(\tau)\, \vartheta_3^{n_2}(\tau)\, \vartheta_0^{n_3}(\tau)$$

mit ganzen $n_1, n_2, n_3 \geqq 0$ und einer natürlichen Zahl m darstellen läßt.

Für die linearen Scharen $K_{0,3}^{(j,j')}$ gilt ein *Basissatz*, der zu Satz 17.3 gemäß (17.8) genau analog ist und deshalb nicht formuliert werden soll. Es sei nur bemerkt, daß die Basisformen von $K_{0,3}^{(j,j')}$ vermöge dieser Analogie die Gestalt

$$(17.12) \qquad \varphi^*(\tau) = \vartheta_2^{4+4v_1}(\tau)\, \vartheta_3^{k'+4v_2}(\tau)\, \vartheta_0^{k+4v_3}(\tau)$$

erhalten, wo k, k' wieder durch (17.10) definiert sind.

Wir formulieren zunächst die sieben Jacobischen Identitäten im engeren Sinne, die sich nach Satz 17.3 für die $a_{3,2}^{(j,j')}(n)$ im Falle $v^+ = 0$ ergeben.

Satz 17.4. *Es sei $j, j' \in \mathbb{N}, j + j' = 4$. Dann besteht in allen drei Fällen die einheitliche Formel (vgl. Satz 14.1)*

$$a_{3,2}^{(j,j')}(n) = 2 \sum_{\substack{d,\, d' > 0,\, dd' = n \\ d' \equiv 1\,(2)}} d \qquad (n \in \mathbb{N},\, n \equiv j' \bmod 4)\,.$$

Es sei $j, j' = 4, 2; 3, 3; 2, 4$. Dann besteht in diesen drei Fällen die einheitliche Formel

$$a_{3,2}^{(j,j')}(n) = \sum_{d,d' > 0,\, dd' = n} \left(\frac{-4}{d'}\right) d^2 \qquad (n \in \mathbb{N},\, n \equiv j' \bmod 4)\,.$$

Schließlich gilt

$$a_{3,2}^{(4,4)}(4n) = 16 \sum_{\substack{d,d' > 0,\, dd' = n \\ d' \equiv 1\,(2)}} d^3 \qquad (n \in \mathbb{N})\,. —$$

In den restlichen beiden Fällen mit $r = 3$ ist $j, j' = 1, 5; 5, 1$. Hier gilt, wie aus (17.7) hervorgeht, $v^+ = 1$. Da überdies (wie bemerkt und auch wegen der Übereinstimmung der Drehreste) $v_{3,2}^{(1,5)} = v_{3,2}^{(5,1)}$, so bedarf man in beiden Fällen nur einer einzigen ganzen Spitzenform, die nicht identisch verschwindet. Nach Satz 17.3 ist $\vartheta_2 \vartheta_3 \vartheta_0^4$ eine solche; sie kann nach (14.3) in der Gestalt $2\eta^3(\tau)\, \vartheta_0^3(\tau) = 2\eta^6(\tfrac{1}{2}\tau)$ geschrieben werden und es gilt

$$\eta^6\left(\frac{\tau}{2}\right) = \sum_{m_1 \equiv m_2 \equiv 1\,(4)} m_1 m_2 \exp \pi i (m_1^2 + m_2^2)\, \frac{\tau}{8}$$

$$= \sum_{\substack{n=1 \\ n \equiv 1\,(4)}}^{\infty} \beta_1(2n) \exp \pi i n\, \frac{\tau}{4}$$

mit

$$\beta_1(2n) = \sum_{m_1, m_2} m_1 m_2 \quad \text{u.d.B.} \quad m_1 \equiv m_2 \equiv 1\,(4), \quad m_1^2 + m_2^2 = 2n \quad (n \equiv 1\,(4))$$

Das besagt

Satz 17.5. *Für* $n \in \mathbb{N}$, $n \equiv 1 \bmod 4$ *gilt*

$$a_{3,2}^{(5,1)}(n) = \sum_{d>0,\, d\mid n} \left(\frac{-1}{d}\right) d^2 + \beta_1(2n)$$

$$a_{3,2}^{(1,5)}(n) = \sum_{d>0,\, d\mid n} \left(\frac{-1}{d}\right) d^2 - \beta_1(2n). \quad -$$

Wir betrachten weiter die Fälle $j, j' = 7, 1;\ 3, 5;\ 5, 3;\ 1, 7;\ 6, 2;\ 2, 6;$ in allen diesen ist $v^+ = 1$; bezeichnet $\varphi_{j,j'}$ für jedes dieser Paare j, j' eine Basisfunktion von $K_{3,2}^{(j,j')+}$, so kann $\varphi_{j,j'}$ wie folgt gewählt werden:

$$\varphi_{7,1}(\tau) = \varphi_{3,5}(\tau) = \vartheta_3^2(\tau)\,\eta^6\!\left(\frac{\tau}{2}\right) = \sum_{\substack{n=2 \\ n \equiv 2\,(8)}}^{\infty} \beta_2(n)\,\exp \pi i n \frac{\tau}{8}$$

mit

$$\beta_2(n) = \sum_{m_1, m_2, m_3, m_4} m_1 m_2 \quad \text{u.d.B.} \quad \left\{\begin{array}{l} m_1 \equiv m_2 \equiv 1\,(4) \\ m_1^2 + m_2^2 + 8\,(m_3^2 + m_4^2) = n \end{array}\right\},$$

wo $n \in \mathbb{N}$, $n \equiv 2 \bmod 8$. $\quad -$

$$\varphi_{5,3}(\tau) = \varphi_{1,7}(\tau) = \frac{1}{4}\,\vartheta_2^2(\tau)\,\eta^6\!\left(\frac{\tau}{2}\right) = \sum_{\substack{n=6 \\ n \equiv 6\,(8)}}^{\infty} \beta_3(n)\,\exp \pi i n \frac{\tau}{8}$$

mit

$$\beta_3(n) = \sum_{m_1, m_2, m_3, m_4} m_1 m_2 \quad \text{u.d.B.} \quad \left\{\begin{array}{l} m_1 \equiv m_2 \equiv m_3 \equiv m_4 \equiv 1 \bmod 4 \\ m_1^2 + m_2^2 + 2\,(m_3^2 + m_4^2) = n \end{array}\right\},$$

wo $n \in \mathbb{N}$, $n \equiv 6 \bmod 8$. $\quad -$

$$\varphi_{6,2}(\tau) = \varphi_{2,6}(\tau) = \frac{1}{4}\,\vartheta_3^2(\tau)\,\vartheta_2^2(\tau)\,\vartheta_0^4(\tau) = \vartheta_0^2(\tau)\,\eta^6(\tau)$$

$$= \eta^4\!\left(\frac{\tau}{2}\right) \eta^4(\tau) = \frac{1}{4}\,\eta^6\!\left(\frac{\tau}{2}\right) \vartheta_2^2\!\left(\frac{\tau}{2}\right) = \sum_{\substack{n=2 \\ n \equiv 2\,(4)}}^{\infty} \beta_4(n)\,\exp \pi i n \frac{\tau}{4},$$

mit

$$\beta_4(n) = \sum_{m_1, m_2, m_3, m_4} m_1 m_2 (-1)^{m_3 + m_4} \quad \text{u.d.B.} \quad \left\{\begin{array}{l} m_1 \equiv m_2 \equiv 1 \bmod 4 \\ m_1^2 + m_2^2 + 4\,(m_3^2 + m_4^2) = n \end{array}\right\},$$

wo $n \in \mathbb{N}$, $n \equiv 2 \bmod 4$.

In der folgenden Formulierung der Ergebnisse wird das Symbol

$$\sigma_\alpha(n) := \sum_{d>0,\, d\mid n} d^\alpha$$

verwendet. Damit erhält man

Satz 17.6. *Für $j, j' = 7, 1; 3, 5; 5, 3; 1, 7; 6, 2; 2, 6$ gilt*

$$\left. \begin{aligned} a_{3,2}^{(7,1)}(n) &= \tfrac{1}{4}\,\sigma_3(n) + \tfrac{7}{4}\,\beta_2(2\,n) \\ a_{3,2}^{(3,5)}(n) &= \tfrac{1}{4}\,\sigma_3(n) - \tfrac{1}{4}\,\beta_2(2\,n) \end{aligned} \right\} \quad (n \in \mathbb{N},\, n \equiv 1\,(4))$$

$$\left. \begin{aligned} a_{3,2}^{(5,3)}(n) &= \tfrac{1}{4}\,\sigma_3(n) + \beta_3(2\,n) \\ a_{3,2}^{(1,7)}(n) &= \tfrac{1}{4}\,\sigma_3(n) - 7\beta_3(2\,n) \end{aligned} \right\} \quad (n \in \mathbb{N},\, n \equiv 3\,(4))$$

$$\left. \begin{aligned} a_{3,2}^{(6,2)}(2\,n) &= 2\,\sigma_3(n) + 2\,\beta_4(2\,n) \\ a_{3,2}^{(2,6)}(2\,n) &= 2\,\sigma_3(n) - 2\,\beta_4(2\,n) \end{aligned} \right\} \quad (n \in \mathbb{N},\, n \equiv 1\,(2)). \quad -$$

Als erste konkrete Resultate über die $a_{0,3}^{(j,j')}(n)$ sollen zunächst Jacobische Identitäten im engeren Sinne für die fünf Indexpaare j, j' mit $v^+ = 0$ und $j \leq j'$ aufgestellt werden (vgl. (17.6)); es sind dies $j, j' = 1, 3; 2, 2; 2, 4; 3, 3; 4, 4$. Gelegentlich wird w.u., wie bereits geschehen, von der kanonischen Zerfällung

$$n = 2^v\, n^* \in \mathbb{N} \quad (v \in \mathbb{N}_0,\, n^* \in \mathbb{N},\, n^* \equiv 1 \bmod 2)$$

Gebrauch gemacht.

Satz 17.7. *Für $n \in \mathbb{N}$ gilt*

$$a_{0,3}^{(1,3)}(n) = 4\left(\frac{-1}{n}\right)\sigma_1(n) \quad (n \equiv 1\,(2)); \qquad a_{0,3}^{(1,3)}(n) = 0 \qquad (n \equiv 2\,(4));$$

$$a_{0,3}^{(1,3)}(n) = -8\,\sigma_1(n^*) \quad (n \equiv 4\,(8)); \qquad a_{0,3}^{(1,3)}(n) = 24\,\sigma_1(n^*) \quad (n \equiv 0\,(8));$$

$$a_{0,3}^{(2,2)}(2\,n) = -8\,\sigma_1(n) \quad (n \equiv 1\,(2)); \qquad a_{0,3}^{(2,2)}(2\,n) = 8\,\sigma_1(n) \quad (n \equiv 2\,(4));$$

$$a_{0,3}^{(2,2)}(2\,n) = 24\,\sigma_1(n^*) \quad (n \equiv 0\,(4));$$

$$a_{0,3}^{(2,4)}(n) = 4(-1)^{n-1} \sum_{d>0,\,d\mid n} \left(\frac{-4}{d}\right) d^2;$$

$$a_{0,3}^{(3,3)}(2\,n) = -4 \sum_{d,\,d'>0,\,dd'=2n} \left(\frac{-4}{d+3\,d'}\right) d^2$$

$$= 4(-1)^{n-1} \sum_{\substack{d,\,d'>0,\,dd'=2n \\ d \equiv 1\,(2)}} \left(\frac{-1}{d}\right)(d^2 - d'^2);$$

$$a_{0,3}^{(4,4)}(2\,n) = 16 \sum_{d>0,\,d\mid n} (-1)^d\, d^3. \quad -$$

Im folgenden sollen noch in den *fünf Fällen $j, j' = 1, 5; 1, 7; 2, 6; 3, 5; 3, 7$* Identitäten Jacobischer Art für die $a_{0,3}^{(j,j')}(n)$ aufgestellt werden. In allen diesen Fällen ist $v^+ := \dim_{\mathbb{C}} \mathsf{K}_{0,3}^{(j,j')} = 1$, und man hat demgemäß für jedes genannte Indexpaar j, j' eine ganze Spitzenform $\varphi_{j,j'}^*(\tau)$ in $\mathsf{K}_{0,3}^{(j,j')}$ zu konstruieren, die nicht identisch verschwindet. Man erhält eine solche nach (17.12) stets in der Gestalt

$c\,\varphi^*(\tau)$ mit konstantem $c \neq 0$, die u.U. aufgrund der Relationen (14.3) umgeformt werden muß.

Für $j = 1$, $j' = 5$ findet man auf diese Weise zunächst

$$\varphi^*(\tau) = \vartheta_0(\tau)\,\vartheta_3(\tau)\,\vartheta_2^4(\tau) = 2\,\eta^3(\tau)\,\vartheta_2^3(\tau) = 16\,\eta^6(2\,\tau),$$

so daß gesetzt werden kann (vgl. Beweis von Satz 17.4):

$$\varphi_{1,5}^*(\tau) := \eta^6(2\,\tau) = \sum_{\substack{n=1 \\ n \equiv 1\,(4)}}^{\infty} \beta_1(2\,n)\,e^{\pi i n \tau}.$$

Daraus erhält man die anderen $\varphi_{j,j'}^*(\tau)$ in der Gestalt

$$\varphi_{1,7}^*(\tau) := \eta^6(2\,\tau)\,\vartheta_3^2(\tau), \qquad \varphi_{3,5}^*(\tau) := \eta^6(2\,\tau)\,\vartheta_0^2(\tau),$$

$$\varphi_{2,6}^*(\tau) := \eta^6(2\,\tau)\,\vartheta_0(\tau)\,\vartheta_3(\tau) = \eta^6(2\,\tau)\,\vartheta_0^2(2\,\tau),$$

$$\varphi_{3,7}^*(\tau) = \eta^6(2\,\tau)\,\vartheta_0^2(\tau)\,\vartheta_3^2(\tau) = \eta^8(\tau)\,\eta^2(2\,\tau) = \eta^9(\tau)\,\tfrac{1}{2}\,\vartheta_2(\tau).$$

und mit den Fourier-Entwicklungen

$$\varphi_{1,7}^*(\tau) = \sum_{n=1}^{\infty} \beta_2^*(n)\,e^{\pi i n \tau}, \qquad \varphi_{3,5}^*(\tau) = \sum_{n=1}^{\infty} \beta_3^*(n)\,e^{\pi i n \tau}$$

wo

$$\beta_2^*(n) = \sum_{m_1, m_2, m_3, m_4} m_1 m_2, \qquad \beta_3^*(n) = \sum_{m_1, m_2, m_3, m_4} m_1 m_2 (-1)^{m_3 + m_4}$$

unter den gleichen Bedingungen

$$m_1 \equiv m_2 \equiv 1 \bmod 4, \qquad m_1^2 + m_2^2 + 2(m_3^2 + m_4^2) = 2\,n,$$

so daß $\beta_3^*(n) = (-1)^{n-1}\,\beta_2^*(n)$; ferner

$$\varphi_{2,6}^*(\tau) = \sum_{n=1}^{\infty} \beta_4^*(n)\,e^{\pi i n \tau}, \qquad \varphi_{3,7}^*(\tau) = \sum_{n=1}^{\infty} \beta_5^*(n)\,e^{\pi i n \tau},$$

wo

$$\beta_4^*(n) = \sum_{m_1, \ldots, m_4} m_1 m_2 (-1)^{m_3 + m_4} \quad \text{u.d.B.} \quad \left\{ \begin{array}{l} m_1 \equiv m_2 \equiv 1 \bmod 4 \\ m_1^2 + m_2^2 + 4(m_3^2 + m_4^2) = 2\,n \end{array} \right\},$$

$$\beta_5^*(n) = \sum_{m_1, \ldots, m_4} m_1 m_2 m_3 \quad \text{u.d.B.} \quad \left\{ \begin{array}{l} m_1 \equiv m_2 \equiv m_3 \equiv m_4 \equiv 1 \bmod 4 \\ m_1^2 + m_2^2 + m_3^2 + m_4^2 = 4\,n \end{array} \right\}.$$

In dieser Terminologie lassen sich die gesuchten fünf Identitäten Jacobischer Art jetzt wie folgt formulieren, wobei n stets eine natürliche Zahl bezeichnet:

Satz 17.8. (a) $j = 1$, $j' = 5$: *Es gilt*

$$a_{0,3}^{(1;5)}(n) = 0 \quad (n \equiv 3 \bmod 4),$$

$$a_{0,3}^{(1;5)}(n) = 8\,\beta_1(2\,n) \quad (n \equiv 1 \bmod 4),$$

$$a_{0,3}^{(1,5)}(n) = -4 \sum_{d,d'>0,\,dd'=n} \left(\frac{-4}{d+d'}\right) d^2$$

$$= (-1)^{\frac{1}{2}n-1}\, 4 \sum_{d,d'>0,\,dd'=n} \left(\frac{-4}{d}\right) (d^2 + d'^2) \quad (n \equiv 0 \bmod 2).$$

(b) $j = 1$, $j' = 7$: *Es gilt*

$$a_{0,3}^{(1,7)}(n) = -\left(\frac{-1}{n}\right) 2\,\dot{\sigma}_3(n) + 14\,\beta_2^*(n) \quad (n \equiv 1\,(2)),$$

$$a_{0,3}^{(1,7)}(n) = 2 \sum_{\substack{d,d'>0,\,dd'=n \\ d \equiv d'\,(2)}} (-1)^{\frac{1}{2}(d+d')}\, d^3 + 14\,\beta_2^*(n) \quad (n \equiv 0\,(2));$$

für $n \equiv 0 \bmod 4$ *verschwindet* $\beta_2^*(n)$, *für* $n \equiv 2 \bmod 4$ *die Teilersumme.*

(c) $j = 3$, $j' = 5$: *Es gilt*

$$a_{0,3}^{(3,5)}(n) = \left(\frac{-1}{n}\right) 2\,\sigma_3(n) + 2\,\beta_3^*(n) \quad (n \equiv 1 \bmod 2),$$

$$a_{0,3}^{(3,5)}(n) = 2 \sum_{\substack{d,d'>0,\,dd'=n \\ d \equiv d'\,\bmod 2}} (-1)^{\frac{1}{2}(d-d')}\, d^3 + 2\,\beta_3^*(n) \quad (n \equiv 0\,(2));$$

für $n \equiv 0 \bmod 4$ *verschwindet* $\beta_3^*(n)$, *für* $n = 2 \bmod 4$ *die Teilersumme.*

(d) $j = 2$, $j' = 6$: *Es gilt*

$$a_{0,3}^{(2,6)}(n) = 8\,\beta_4^*(n) \quad (n \equiv 1 \bmod 2),$$

$$a_{0,3}^{(2,6)}(n) = 16 \sum_{d,d'>0,\,dd'=\frac{1}{2}n} (-1)^{d+d'}\, d^3 \quad (n \equiv 0 \bmod 2),$$

$$\beta_4^*(n) = 0, \quad wenn \quad n \equiv 0 \bmod 2.$$

(e) $j = 3$, $j' = 7$: *Es gilt*

$$a_{0,3}^{(3,7)}(n) = 8\,\beta_5^*(n) \quad (n \equiv 1 \bmod 2),$$

$$a_{0,3}^{(3,7)}(n) = \frac{4}{5} \sum_{d,d'>0,\,dd'=n} \left(\frac{-4}{d+3d'}\right) d^4$$

$$= (-1)^{\frac{1}{2}n}\, \frac{4}{5} \sum_{\substack{d,d'>0,\,dd'=n \\ d \equiv 1\,(2)}} \left(\frac{-1}{d}\right) (d^4 - d'^4) \quad (n \equiv 0 \bmod 2),$$

$$\beta_5^*(n) = 0, \quad wenn \quad n \equiv 0 \bmod 2. \quad -$$

Diesen beiden Sätzen 17.7, 8 sollen einige *Bemerkungen* angefügt werden:
Die Teilersummen in der Formel für $a_{0,3}^{(3,7)}(n)$ für $n \equiv 0 \bmod 2$ sind ersichtlich
durch 5 teilbar. Dies kann aus der zweiten Formel elementar-zahlentheoretisch
abgeleitet werden. – Nach Satz 17.7 $(j = 1, j' = 3)$ gibt es für $n \equiv 2 \bmod 4$

ebenso viele Darstellungen von n in der Gestalt

$$n = m_1^2 + m_2^2 + m_3^2 + m_4^2 \qquad (m_1, m_2, m_3, m_4 \in \mathbb{Z})$$

mit geraden wie mit ungeraden m_1; und was m_1 recht ist, ist m_i $(i = 2, 3, 4)$ billig. Das entsprechende Resultat besteht nach Satz 17.8 für $j = 1$, $j' = 5$, $n \equiv 3 \bmod 4$. − Andere Konsequenzen aus den Formeln für $j + j' = 4$ führen auf unmittelbar einsichtige Kongruenzbedingungen.

Als Beispiele von *Identitäten Jacobischer Art* für die oben eingeführten Anzahlfunktionen $a_{0,3;\sigma}^{(j,j')}(n)$ ($\sigma = 0, 1$) betrachten wir die $a_{0,3;\sigma}^{(2;6)}(n)$, die wir mit

$$a(n, I^{(8)}) = 16 \sum_{d > 0,\, d \mid n} (-1)^{n-d} d^3 \qquad (n \in \mathbb{N})$$

kombinieren. Man erhält zunächst bei ungeradem n

$$a_{0,3;0}^{(2;6)}(n) = 8\,\sigma_3(n) + 4\,\beta_4^*(n), \qquad a_{0,3;1}^{(2;6)}(n) = 8\,\sigma_3(n) - 4\,\beta_4^*(n);$$

weiter ergibt sich

$$a_{0,3;0}^{(2;6)}(2n) = 64\,\sigma_3(n), \qquad a_{0,3;1}^{(2;6)}(2n) = 48\,\sigma_3(n) \quad (n \equiv 1\,(2));$$

$$a_{0,3;0}^{(2;6)}(4n) = 496\,\sigma_3(n), \qquad a_{0,3;1}^{(2;6)}(4n) = 640\,\sigma_3(n) \quad (n \equiv 1\,(2));$$

$$a_{0,3;1}^{(2;6)}(n) = 10 \sum_{\substack{d,d' > 0,\, dd' = n \\ d' \equiv 1\,(2)}} d^3 \qquad (n \equiv 0 \bmod 8).$$

Die allgemeinen Formeln von Satz 17.2 liefern in Verbindung mit (17.4, 5) und Satz 15.7 starke *Aussagen zur Asymptotik der* $a_{0,3;\sigma}^{(j,j')}(n)$ ($\sigma = 0, 1$); einige von diesen sind leicht formulierbar und sollen im folgenden angegeben werden. Dabei wird die nachstehende Ungleichung benutzt:

Es sei $m \in \mathbb{Z}$, $m \geqq 2$, $r \in \mathbb{R}$, $r > 2$; dann gilt

$$\sum_{k=2}^{m} k^{1-r} \leqq 2^{1-r} + \int_2^m t^{1-r}\,dt < \frac{r}{r-2}\,2^{1-r} =: \varrho_r;$$

ϱ_r fällt als Funktion von r monoton und hat die Werte $\varrho_3 = \frac{3}{4}$, $\varrho_4 = \frac{1}{4}$, $\varrho_5 = \frac{5}{48}$, $\varrho_6 = \frac{3}{64}, \ldots$ − Wir definieren ein dem Landauschen O entsprechendes Symbol $O^{(1)}$ durch:

Für $F \in \mathbb{C}$, $K \geqq 0$ bedeutet $F = O^{(1)}(K)$, daß $|F| \leq K$.

Die im folgenden verwendeten Abschätzungen der Fourier-Koeffizienten ganzer Spitzenformen beruhen auf Ergebnissen von A. Weil [40]. Zu den Bezeichnungen vgl. auch Satz 15.7.

Es sei nun $r \equiv j \equiv 0 \bmod 2$, $r \geqq 4$. Dann gilt für $n \equiv 1 \bmod 2$ ($n \in \mathbb{N}$), jedes $\varepsilon > 0$ und $\sigma = 0, 1$ (vgl. Satz 15.7)

$$(17.13) \qquad a_{0,3;\sigma}^{(j,j')}(n) = 2^{2r-3}\,\alpha_r\,\sigma_{r-1}^{(0)}(n) + O(n^{\frac{1}{2}r - \frac{1}{4} + \varepsilon}).$$

Es sei $r \equiv 0$, $j \equiv 1 \bmod 2$, $r \geqq 4$, $n \equiv 2 \bmod 4$ ($n \in \mathbb{N}$), $\varepsilon > 0$ und $\sigma = 0, 1$. Dann besteht die formal gleiche Relation (17.13). Ein analoger Satz besteht im Falle $r \equiv 1 \bmod 2$, $r \geqq 3$, $j \equiv 0 \bmod 2$ nicht, da die nach Satz 17.2 in der

Formel für $a_{0,3}^{(j,j')}(n)$ auftretende Teilersumme

$$\sum_{d,d'>0,\,dd'=n} \left(\frac{-4}{d+jd'}\right) d^{r-1}$$

die gleiche Wachstumsordnung hat wie ihr dem Betrage nach größtes Glied (das mit $d = n^*$ gebildete). Dagegen gilt für $j, j' = 1, 5;\; 3, 7;\; n \equiv 1 \bmod 2$ ($n \in \mathbb{N}$), $\varepsilon > 0$ und $\sigma = 0, 1$

$$a_{0,3;\sigma}^{(j,j')}(n) = 2 \, |E_{r-1}|^{-1} \, \sigma_{r-1}^{(1)}(n) + O(n^{\frac{1}{2}r - \frac{1}{4} + \varepsilon}).$$

Für die Teilersummen $\sigma_{r-1}^{(0)}(n)$, $\sigma_{r-1}^{(1)}(n)$ ergibt sich für $r \in \mathbb{Z}$, $r \geqq 3$ in den oben verabredeten Bezeichnungen

$$\sigma_{r-1}^{(0)}(n) = n^{r-1}(1 + O^{(1)}(\varrho_r)) \qquad (r \equiv 0 \bmod 2,\; n \in \mathbb{N}),$$

$$\sigma_{r-1}^{(1)}(n) = \{2^{r-1} + 1\}\, n^{r-1}(1 + O^{(1)}(\varrho_r)) \qquad (rn \equiv 1 \bmod 4,\; n \in \mathbb{N}).$$

Ähnliche Abschätzungen bestehen, zum mindesten unter gewissen Bedingungen, denen n unterliegt, für viele der in dieser Darstellung auftretenden Teilersummen.

Die Formeln dieses § 17 hängen im Spezialfall $j' = j$ mit denen von § 15 durch die *Theta-Relationen* (s. a. (14.3))

$$(17.14) \qquad \vartheta_0^2(2\tau) = \vartheta_0(\tau)\,\vartheta_3(\tau), \qquad \frac{1}{2}\,\vartheta_2^2\left(\frac{\tau}{2}\right) = \vartheta_3(\tau)\,\vartheta_2(\tau)$$

zusammen. Die erste von diesen ergibt sich nach (17.8) leicht aus der Divisoren-Darstellung von $\vartheta_0(2\tau)$ bezüglich der Gruppe $\Gamma_0[2]$ (vgl. auch Anhang B), die zweite aus der ersten durch Transformation mit T. Die erste besagt in den Bezeichnungen von Satz 15.7 und Gleichung (17.2)

$$a_{0,3}^{(j,j)}(2n) = (-1)^n\, a_1^{(2j)}(n) \qquad (n \in \mathbb{N}).$$

Die entsprechenden Relationen zwischen den Fourier-Koeffizienten der beteiligten Eisenstein-Reihen lassen sich elementar bestätigen. Die zweite Relation (17.14) drückt sich in den Bezeichnungen (15.6), (17.1) durch

$$a_{3,2}^{(j,j)}(n) = \tfrac{1}{2}\, a_{1,2}^{(2j)}(2n) \qquad (n \in \mathbb{N},\; n \equiv j \bmod 4)$$

aus.

§ 18. Darstellungen unter Auszeichnung der Primzahl 3

(Inhaltsübersicht: Darstellungsanzahlen der $n \in \mathbb{N}$ in der Gestalt

$$n = m_1^2 + \ldots + m_j^2 + 3(n_1^2 + \ldots + n_{j'}^2) \qquad (1 \leqq j \leqq 2r)$$

mit

$$m_1, \ldots, m_j, n_1, \ldots, n_{j'} \in \mathbb{Z}, \qquad j + j' = 2r, \qquad r \in \mathbb{Z}, \qquad r \geqq 2$$

unter den Bedingungen $m_1 \equiv m_2 \equiv \ldots \equiv m_j \equiv 1 \bmod 3$. *Eine einzige Eisenstein-reihe reicht in jedem Einzelfall aus, um die Reduktion auf ganze Spitzenformen zu vollziehen. Der Rang der Schar der zum Einzelproblem gehörigen ganzen Spitzenformen läßt sich zwar durch den Riemann-Rochschen Satz bestimmen, enthält aber eine komplizierte Abhängigkeit von* $r \bmod 12$, *weshalb auch eine allgemeine Basiskonstruktion für die ganzen Spitzenformen nicht ausgeführt wird. Konkrete Lösungen ergeben sich für* $r = 2, 3, 4$ *in 18 Spezialfällen. Eine längere Diskussion bezieht sich auf die teilweise Übereinstimmung der hier und beim Problem der Quadratsummen auftretenden Teilersummen.)*

Als ein Analogon der Darstellungsanzahlen durch Summen ungerader Quadratzahlen kann man Darstellungsanzahlen durch Summen von nicht durch 3 teilbaren Quadratzahlen ansehen. Es genügt dann, Darstellungen

$$n = \sum_{\nu = 1}^{h} m_\nu^2 \quad \text{mit} \quad m_\nu \equiv 1 \bmod 3$$

zu untersuchen. Diese und von ihnen abgeleitete Probleme werden durch die einfache Thetareihe

$$\vartheta_{3,0}(\tau, 1, 3) = \sum_{m \equiv 1\,(3)} \exp\left(\pi i m^2 \frac{\tau}{3}\right) \quad \text{(vgl. (A.1))}$$

beherrscht, die sich als ganze Modulform der Gruppe $\Gamma_{\vartheta,0}[3]$ erweist. Zu einer erheblichen Erweiterung der Problemstellung gelangt man, indem man die Fourier-Koeffizienten der gleichfalls zur $\Gamma_{\vartheta,0}[3]$ gehörigen ganzen Modulform

$$\vartheta_{3,0}^{j}(\tau, 1, 3)\, \vartheta_3^{j'}(\tau)\, \vartheta_3^{j''}(3\tau)\, \Theta_{-3}^{j'''}(\tau) \quad (j, j', j'', j''' \in \mathbb{N}_0)$$

in der Variablen $\exp \pi i \dfrac{\tau}{3}$ betrachtet. Die Koeffizienten sind Darstellungs-anzahlen durch eine quadratische Form, die sich zusammensetzt aus j Quadraten ganzer Zahlen $\equiv 1 \bmod 3$, j' bzw. j'' Quadraten beliebiger ganzer Zahlen mit den Faktoren 3 bzw. 9 und j''' Werten der quadratischen Form $x^2 + xy + y^2$ für ganze x, y, je mit dem Faktor 6.

Um die formale Komplikation in Grenzen zu halten, werden wir uns auf die Anzahlen der *Darstellungen von* $n \in \mathbb{N}$ *in der Gestalt*

$$n = m_1^2 + \ldots + m_j^2 + 3(m_{j+1}^2 + \ldots + m_{j+j'}^2) \quad (j, j' \in \mathbb{N}_0,\ j > 0)$$

beschränken, wo $m_\nu \in \mathbb{Z}$ für $1 \leqq \nu \leqq j + j'$ und $m_\nu \equiv 1 \bmod 3$ für $1 \leqq \nu \leqq j$. Es wird weiter vorausgesetzt, daß $2r := j + j'$ gerade und $\geqq 4$ sei. Bezeichnet (für gegebene j, j' wie oben) $a_{33}^{(j,j')}(n)$ die Anzahl dieser Darstellungen, so gilt

$$(18.1) \qquad \vartheta_{33}^{(j,j')}(\tau) := \sum_{n=1}^{\infty} a_{33}^{(j,j')}(n)\, e^{\pi i n \frac{\tau}{3}} = \vartheta_{3,0}^{j}(\tau, 1, 3)\, \vartheta_3^{j'}(\tau). \quad -$$

Wir heben hervor, daß trotz dieser Beschränkungen eine drastische *Komplikation der Resultate* gegenüber analogen auf die Primzahl 2 bezüglichen Problemen eintritt (s.w.u., insbes. Tabelle 2 und Satz 18.2).

Wir untersuchen zunächst die Funktionen

$$\vartheta_{3,0}(\tau, h, 3) := \sum_{m \equiv h\,(3)} \exp \pi i m^2 \frac{\tau}{3} \quad (h \in \mathbb{Z},\ \text{vgl. (A.1))};$$

es sei bemerkt, daß die analoge einfache Thetareihe $\vartheta_{3,1}(\tau, 1, 3)$ (die im wesentlichen einzige der $\vartheta_{3,1}(\tau, h, 3)$) mit $\vartheta_3^{(1)}(\tau)$ (Satz 2.4) zusammenfällt. Nach Satz A.1 gilt mit $r = \frac{1}{2}$ für $L \in \Gamma_{\vartheta,0}[3]$ und $h \in \mathbb{Z}$

$$\vartheta_{3,0}(\tau, h, 3) \,|\, L = \left(\frac{3\gamma}{\delta}\right)_* \xi_4^{\delta-1}\, \xi_3^{\alpha\beta h^2}\, \vartheta_{3,0}(\tau, \alpha h, 3) \qquad (L \equiv I(2)),$$

$$\vartheta_{3,0}(\tau, h, 3) \,|\, L = \left(\frac{\delta}{3\gamma}\right)^* \xi_4^{-3\gamma}\, \xi_3^{\alpha\beta h^2}\, \vartheta_{3,0}(\tau, \alpha h, 3) \qquad (L \equiv T(2)).$$

Wegen $(\alpha, 3) = 1$ folgt nun

$$(18.2) \qquad \vartheta_{3,0}(\tau, 1, 3) \,|\, L = v_{33}(L)\, \vartheta_{3,0}(\tau, 1, 3) \qquad (L \in \Gamma_{\vartheta,0}[3])$$

mit den Multiplikatorwerten

$$(18.3) \quad \begin{aligned} v_{33}(L) &= \left(\frac{3\gamma}{\delta}\right)_* \xi_4^{\delta-1}\, \xi_3^{\beta\delta}, \quad \text{wenn} \quad L \in \Gamma_{\vartheta,0}[3], \quad L \equiv I(2), \\[2ex] v_{33}(L) &= \left(\frac{\delta}{3\gamma}\right)^* \xi_4^{-3\gamma}\, \xi_3^{\beta\delta}, \quad \text{wenn} \quad L \in \Gamma_{\vartheta,0}[3], \quad L \equiv T(2), \end{aligned}$$

und demgemäß nach Satz 1.11:

$$\vartheta_{3,0}(\tau, 1, 3) \in \{\Gamma_{\vartheta,0}[3], -\tfrac{1}{2}, v_{33}\}^0.$$

Daher stellen die Funktionen (18.1) *ganze Modulformen* dar, für die

$$(18.4) \qquad \vartheta_{33}^{(j,j')} \in \mathsf{K}_{33}^{(j,j')} := \{\Gamma_{\vartheta,0}[3], -r, v_{33}^{(j,j')}\} \qquad (j, j' \in \mathbb{N}_0)$$

mit $2r = j + j'$ und, falls $r \in \mathbb{N}$, mit

$$(18.5) \quad \begin{aligned} v_{33}^{(j,j')}(L) &= \left(\frac{\delta}{3}\right)^j \left(\frac{-1}{\delta}\right)_*^{r+j} \xi_3^{j\beta\delta}, \quad \text{wenn} \quad L \in \Gamma_{\vartheta,0}[3],\, L \equiv I(2), \\[2ex] v_{33}^{(j,j')}(L) &= \left(\frac{\delta}{3}\right)^j i^{-(r+j)\gamma}\, \xi_3^{j\beta\delta}, \qquad \text{wenn} \quad L \in \Gamma_{\vartheta,0}[3],\, L \equiv T(2) \end{aligned}$$

zutrifft.

Wir werden uns im folgenden hinsichtlich der Spitzen, Divisoren und Primformen der Terminologie und Methoden von § 14 bedienen. Man gewinnt die Divisoren der Funktionen (18.1) $\vartheta_{33}^{(j,j')}$ aus den Drehresten der Multiplikatorsysteme v_{33} und v_3 in den Spitzen. Die Grundmatrizen P_g der 4 Spitzen ζ_g ($g = 1, 2, 3, 4$), die die Spitzenbahnen mod $\Gamma_{\vartheta,0}[3]$ vertreten, sind (mit zugehörigen Breiten N_g) der

Tabelle 1

$\zeta_1 = \infty \;\; (N_1 = 2)$	$\zeta_2 = 1/3 \;\; (N_2 = 1)$	$\zeta_3 = 1 \;\; (N_3 = 3)$	$\zeta_4 = 0 \;\; (N_4 = 6)$
$P_1 = U^2$	$P_2 = \begin{pmatrix} -2 & 1 \\ -9 & 4 \end{pmatrix}$	$P_3 = \begin{pmatrix} -2 & 3 \\ -3 & 4 \end{pmatrix}$	$P_4 = \dot{U}^{-6}$

zu entnehmen, was nach (18.3) und (2.10) als Drehreste $\varkappa_g$ von v_{33} bzw. v_3 in ζ_g (bezüglich $\Gamma_{\vartheta,0}[3]$) ergibt

$$\varkappa_1 = \tfrac{1}{3} \text{ bzw. } 0, \quad \varkappa_2 = \tfrac{1}{24} \text{ bzw. } \tfrac{1}{8}, \quad \varkappa_3 = \tfrac{1}{8} \text{ bzw. } \tfrac{3}{8}, \quad \varkappa_4 = 0 .$$

In beiden Fällen beträgt die Summe der Drehreste $\tfrac{1}{2}$, stimmt also mit der Valenz der betreffenden Modulform $\vartheta_{3,0}(\tau, 1, 3)$ bzw. $\vartheta_3(\tau)$ bezüglich $\Gamma_{\vartheta,0}[3]$ überein; dies bedeutet, daß die *Ordnungen* dieser Modulformen *in den Spitzen* ζ_g *mit den* genannten *Drehresten zusammenfallen* und daß *beide in* $\mathfrak{H}$ *nicht verschwinden* (beides ist für ϑ_3 bereits bekannt). Sie gestatten also entsprechend (16.1) die Divisoren-Darstellungen

$$\vartheta_{3,0}(\tau, 1, 3) \sim \left[\frac{1}{3}, \frac{1}{24}, \frac{1}{8}, 0\right], \qquad \vartheta_3(\tau) \sim \left[0, \frac{1}{8}, \frac{3}{8}, 0\right];$$

daraus folgt

$$(18.6) \qquad \vartheta_{33}^{(j,j')} \sim \left[\frac{j}{3}, \frac{j+3j'}{24}, \frac{j+3j'}{8}, 0\right] \qquad (j, j' \in \mathbb{N}_0).$$

Da ein Multiplikatorsystem $v \in [\Gamma_{\vartheta,0}[3], -r]^1$ genau dann $\equiv 1$ ist, wenn r gerade ist und alle seine Drehreste verschwinden, tritt dieser Fall wegen $j + 3j' = 2(r \mid j')$ für $r = 2$ nicht ein. Die sämtlichen vier hier für $r = 2$ zu konstruierenden Eisenstein-Reihen stellen also nach Satz 3.4 in $\mathfrak{H}$ holomorphe Funktionen von τ dar. Nach (18.6) besteht Aussicht darauf, daß die der Spitzenbahn von $\zeta_4 = 0$ zugeordnete Eisenstein-Reihe der Klasse $\mathsf{K}_{33}^{(j,j')}$ ($r \in \mathbb{Z}$, $r \geq 2$) in den Spitzen der anderen Bahnen verschwindet. Das bestätigt sich und ergibt eine besonders einfache Anwendung des Reduktionstheorems.

Notwendig und hinreichend dafür, daß $\underline{M} = \{m_1, m_2\}$ mit $M \in T\Gamma_{\vartheta,0}[3]$ gelte, ist $(m_1, m_2) = 1$, $m_1 \not\equiv 0 \bmod 3$, $m_1 \not\equiv m_2 \bmod 2$. Daher und nach (18.5) definieren wir einen *der Klasse* $\mathsf{K}_{33}^{(j,j')}$ *assoziierten Kongruenzcharakter* χ wie folgt: Wir setzen

$$\chi(m_1, m_2) = 0; \text{ wenn nicht zugleich } m_1 \not\equiv 0 \bmod 3 \text{ und } m_1 \not\equiv m_2 \bmod 2$$

zutrifft; es sei $m_1 \not\equiv 0 \bmod 3$ und $m_1 \not\equiv m_2 \bmod 2$; dann gelte

$$\chi(m_1, m_2) = \left(\frac{m_1}{3}\right)^j \left(\frac{-1}{m_1}\right)_*^{r+j} \xi_3^{-jm_1m_2}, \quad \text{wenn} \quad m_1 - 1 \equiv m_2 \equiv 0 \bmod 2,$$

$$\chi(m_1, m_2) = \left(\frac{m_1}{3}\right)^j i^{-(r+j)m_2} \xi_3^{-jm_1m_2}, \quad \text{wenn} \quad m_1 \equiv m_2 - 1 \equiv 0 \bmod 2.$$

Man beweist zunächst leicht, daß die Forderungen (X∗1, 2) (§ 3) mit den Werten $H = N_2 = 12$ erfüllt sind. Wir bestätigen (X∗3) in dem folgenden einen von vier parallelen Fällen: Es sei $m_1 \equiv 1$, $m_2 \equiv 0$, $L \equiv T \bmod 2$, so daß $m_1' \equiv 0$, $m_2' \equiv 1 \bmod 2$. Man hat

$$\left(\frac{m_1'}{3}\right) = \left(\frac{m_1\alpha}{3}\right) \quad \text{und} \quad m_2' \equiv m_1\beta \equiv m_1 - 1 + \beta \bmod 4,$$

also

$$i^{-(r+j)\,m_2'} = \left(\frac{-1}{m_1}\right)_*^{r+j} i^{-(r+j)\,\beta},$$

schließlich $m_1' m_2' \equiv m_1 \alpha (m_1 \beta + m_2 \delta) \equiv \alpha\beta + m_1 m_2 \bmod 6$. Daraus läßt sich die Behauptung zusammensetzen.

Die Berechnung der *Gaußschen Summen* $\omega^*(m, n; \chi)$ ($m \in \mathbb{N}$, $m \not\equiv 0 \bmod 3$, $n \in \mathbb{Z}$) ist einfach und ergibt im Falle $m \equiv 1 \bmod 2$:

$$\omega^*(m, n; \chi) = \left(\frac{m}{3}\right)^j \left(\frac{-1}{m}\right)^{r+j} 6 \left\{ \begin{array}{ll} 1, & \text{wenn} \quad n \equiv 2jm \bmod 6 \\ 0 & \text{sonst} \end{array} \right\},$$

dagegen im Falle $m \equiv 0 \bmod 2$

$$\omega^*(m, n; \chi) = \left(\frac{m}{3}\right)^j (-1)^{\frac{1}{6}(n - 2jm - 3(r+j))} 6 \left\{ \begin{array}{ll} 1, & \text{wenn} \quad n \equiv 2jm + 3(r+j)\,(6) \\ 0 & \text{sonst} \end{array} \right\}.$$

Auf der rechten Seite kann der zweite Faktor durch $(-1)^{\frac{1}{2}(n+r+j)}$ ersetzt werden. Die Kongruenz mod 6 bedeutet, daß sowohl $mn \equiv 2j \bmod 3$ als auch $n \equiv r+j \bmod 2$ zutrifft.

Damit erhält man die *expliziten Fourier-Entwicklungen der* $E_{-r}(\tau, \chi)$. Wir setzen

$$\lambda_{r,j} = \frac{2\pi^r i^{-r}}{(r-1)!\,3^{r-1}} \quad \text{für} \quad r \equiv j\,(2); \qquad \lambda_{r,j} = \frac{2\pi^r i^{-r}}{(r-1)!\,6^{r-1}} \quad \text{für} \quad r \not\equiv j\,(2);$$

dann gilt, wenn (a) $r \equiv j \equiv 0 \bmod 2$:

$$E_{-r}(\tau, \chi) = \lambda_{r,j} \sum_{\substack{m,\,n=1 \\ mn \equiv j(3) \\ (m,3)=1}}^{\infty} (-1)^{(n+\frac{1}{2}(r+j))(m-1)}\, n^{r-1}\, e^{\pi imn\frac{\tau}{3}};$$

wenn (b) $r \equiv 0$, $j \equiv 1 \bmod 2$:

$$E_{-r}(\tau, \chi) = \lambda_{r,j} \sum_{\substack{m,\,n=1 \\ mn \equiv j(3)}}^{\infty} \left(\frac{m}{3}\right) \left\{ \left(\frac{-4}{m}\right) 2^{r-1} + (-1)^{\frac{1}{2}r}\left(\frac{-4}{jn}\right) \right\} n^{r-1}\, e^{\pi imn\frac{\tau}{3}};$$

wenn (c) $r \equiv 1$, $j \equiv 0 \bmod 2$:

$$E_{-r}(\tau, \chi) = \lambda_{r,j} \sum_{\substack{m,\,n=1 \\ mn \equiv j(3) \\ (m,3)=1}}^{\infty} \left\{ \left(\frac{-4}{m}\right) 2^{r-1} - (-1)^{\frac{1}{2}j}\left(\frac{-4}{rn}\right) \right\} n^{r-1}\, e^{\pi imn\frac{\tau}{3}};$$

wenn (d) $r \equiv j \equiv 1 \bmod 2$:

$$E_{-r}(\tau, \chi) = \lambda_{r,j} \sum_{\substack{m,\,n=1 \\ mn \equiv j(3)}}^{\infty} \left(\frac{m}{3}\right) (-1)^{(n+\frac{1}{2}(r+j))(m-1)}\, n^{r-1}\, e^{\pi imn\frac{\tau}{3}}.$$

Die hier unter den Summenzeichen für $j \equiv 0 \bmod 2$ auftretende Bedingung $(m, 3) = 1$ kann natürlich getilgt werden, wenn $(j, 3) = 1$ ist.

Über das *Verhalten dieser Funktionen in den Spitzen* entscheiden nach Satz 3.3 die Werte

$$c_r(\chi, A) = 2 \sum_{m=1}^{\infty} \chi(a_1 m, a_2 m)\, m^{-r} \qquad (A \in {}_1\Gamma),$$

wo $\underline{A} = \{a_1, a_2\}$ und $\zeta = A^{-1}\infty$ die betreffende Spitze angibt. Im vorliegenden Falle kommen die Matrizen $A = I$, $\dot{U}^{-3}$, $\dot{U}^{-1}$, T in Betracht (vgl. Tabelle 1). Für $A = I$, $\dot{U}^{-3}$, $\dot{U}^{-1}$ verschwindet die obige Reihe gliedweise, während gilt

$$(18.7) \qquad c_r(\chi, T) = 2 \sum_{m=1}^{\infty} \left(\frac{m}{3}\right)^j \left(\frac{-4}{m}\right)^{r+j} m^{-r} \neq 0.$$

Nach den entsprechenden Ausführungen in § 15 hat man mit Bernoullischen Zahlen B_r ($r \equiv 0\,(2)$) und Eulerschen Zahlen E_{r-1} ($r \equiv 1\,(2)$):

$$c_r(\chi, T) = \frac{\pi^r}{r!\, 3^r}\,(2^r - 1)\,(3^r - 1)\,|B_r|, \qquad \text{wenn} \quad r \equiv j \equiv 0 \bmod 2,$$

(18.8)

$$c_r(\chi, T) = \frac{\pi^r}{(r-1)!\, 6^r}\,(3^r + 1)\,|E_{r-1}|, \qquad \text{wenn} \quad r - 1 \equiv j \equiv 0 \bmod 2.$$

Dagegen müssen für $j \equiv 1 \bmod 2$ kompliziertere Formeln wie (36) in [25] angewendet werden (die hier auftretenden Gaußschen Fundamentalsummen $\omega\,(\psi)$ zu den Charakteren $\psi(m) = \left(\dfrac{m}{3}\right)$ bzw. $\left(\dfrac{m}{3}\right)\left(\dfrac{-4}{m}\right)$ haben die Werte $i\,\sqrt{3}$ bzw. $2\,\sqrt{3}$). Man erhält damit die Aufstellung

$$r = 2: \quad j \equiv 0\,(2): \quad c_2(\chi, T) = \frac{2\pi^2}{9}; \qquad j \equiv 1\,(2): \quad c_2(\chi, T) = \frac{\sqrt{3}\,\pi^2}{9};$$

$$r = 3: \quad j \equiv 0\,(2): \quad c_3(\chi, T) = \frac{7\pi^3}{108}; \qquad j \equiv 1\,(2): \quad c_3(\chi, T) = \frac{\sqrt{3}\,\pi^3}{27};$$

$$r = 4: \quad j \equiv 0\,(2): \quad c_4(\chi, T) = \frac{5\pi^4}{3^5}; \qquad j \equiv 1\,(2): \quad c_4(\chi, T) = \frac{23\sqrt{3}\,\pi^4}{2^3 \cdot 3^5}.$$

Nach (A.8) verschwindet $\vartheta_{3,0}\,(\tau, h, N)$ ($N \in \mathbb{N}$, $h \in \mathbb{Z}$) als Modulform der in Satz A.1 genannten Kongruenzgruppe in der Spitze $\zeta = 0$ nicht und hat dort das konstante Glied

$$b_0(T, \vartheta_{3,0}(*, h, N)) = \xi_4\, N^{-\frac{1}{2}}.$$

Daraus folgt

$$b_0(T, \vartheta_{33}^{(j,j')}) = i^r\, 3^{-\frac{1}{2}j}$$

und

Satz 18.1 (*Bezeichnungen* (18.1, 3, 7)). *Für* $j, j' \in \mathbb{N}_0$, $j > 0$, $j + j' = 2r$, $r \in \mathbb{Z}$, $r \geqq 2$ *gilt*

$$\vartheta_{33}^{(j,j')}(\tau) = i^r\, 3^{-\frac{1}{2}j}\,(c_r(\chi, T))^{-1}\, E_{-r}(\tau, \chi) + \varphi_{j,j'}(\tau),$$

wo $\varphi_{j,j'} \in \mathsf{K}_{33}^{(j,j')+}$. —

Man kann den ersten Summanden auf der rechten Seite dieser Darstellung in der Gestalt $\gamma_{r,j}(\chi) \sum\limits_{\substack{m,n=1 \\ mn\equiv j(3)}}^{\infty}$ schreiben, in der die Doppelsumme mit der betreffenden Doppelsumme in den Formeln (a)–(d) zusammenfällt. Dann gilt

$$\gamma_{r,j}(\chi) = 2r\,(3^{\frac{1}{2}j-1}(2^r-1)(3^r-1)\,|B_r|)^{-1}, \quad \text{wenn} \quad r\equiv j\equiv 0 \bmod 2,$$

$$\gamma_{r,j}(\chi) = 4\,(3^{\frac{1}{2}j-1}(3^r+1)\,|E_{r-1}|)^{-1}, \qquad\qquad \text{wenn} \quad r-1\equiv j\equiv 0 \bmod 2,$$

(18.9)

$$\gamma_{2,j}(\chi) = 3^{1-\frac{1}{2}j} \quad (j\equiv 0 \bmod 2), \quad \gamma_{2,j}(\chi) = 3^{-\frac{1}{2}(j-1)} \quad (j\equiv 1 \bmod 2),$$

$$\gamma_{3,j}(\chi) = 3^{1-\frac{1}{2}j}\cdot 7^{-1} \quad (j\equiv 0 \bmod 2), \quad \gamma_{3,j}(\chi) = 3^{-\frac{1}{2}(j-1)} \quad (j\equiv 1 \bmod 2),$$

$$\gamma_{4,j}(\chi) = 3^{1-\frac{1}{2}j}\cdot 5^{-1} \quad (j\equiv 0 \bmod 2),$$

$$\gamma_{4,j}(\chi) = 3^{-\frac{1}{2}(j-1)}\cdot 23^{-1} \quad (j\equiv 1 \bmod 2)\,.$$

Wir betrachten *ganze Spitzenformen*. Hierin *unterscheiden sich die vorliegenden Probleme* sehr erheblich von denen der Darstellung durch Summen ungerader Quadrate, wie zunächst die folgende *Tabelle 2* ausweist; sie enthält für $j=h$, $j'=0$ ($h\in\mathbb{Z}$, $h\geq 4$) die Ränge $v_h^+ := \dim \mathsf{K}_{33}^{(h,0)+}$. Für diese gilt, wenn wie in § 1: $\varkappa_g^+ = \left\{ \begin{matrix} \varkappa_g & \text{für} & \varkappa_g > 0 \\ 1 & \text{für} & \varkappa_g = 0 \end{matrix} \right\}$ gesetzt wird (vgl. Satz 1.12):

$$(18.10) \qquad v_h^+ = \tfrac{1}{2}h - \sum_{g=1}^{4} \varkappa_g^+ + 1 \qquad (h\in\mathbb{Z}, h\geq 4)\,.$$

Die $\varkappa_h^+$ hängen von h periodisch mod 24 ab, was nach (18.10)

$$v_h^+ = v_k^+ + 12m \quad \text{für} \quad h = k+24m \qquad (4\leq k\leq 27,\ m\in\mathbb{N}_0)$$

ergibt. Die ersten Werte der v_h liefert die

Tabelle 2

h	4	5	6	7	8	9	10	11	12	13	14	15	16	17	18	19	20	21	22
v_h^+	1	1	1	2	2	3	4	4	4	5	5	5	6	7	7	8	8	8	9

h	23	24	25	26	27	28	29	30	31	32	33	34	35	36	37	38	39	40
v_h^+	9	9	12	12	12	13	13	13	14	14	15	16	16	16	17	17	17	18

Wir werden im folgenden nur die Fälle der Parameterpaare j, j' mit $j+j' = 4, 6, 8$ (was 18 Anzahlfunktionen ergibt) ausführlicher diskutieren und betrachten zunächst die *drei Spezialfälle mit $j' = 0$*. Die Divisoren-Darstellungen von $\vartheta_{3,0}^4(\tau,1,3)$ und einer in $\mathfrak{H}$ nicht verschwindenden ganzen Spitzenform $\varphi_{4,0}(\tau)$ der gleichen Klasse sind

$$\vartheta_{3,0}^4(\tau,1,3) \sim [\tfrac{4}{3},\tfrac{1}{6},\tfrac{1}{2},0], \quad \varphi_{4,0}(\tau) \sim [\tfrac{1}{3},\tfrac{1}{6},\tfrac{1}{2},1] \qquad (\varphi_{4,0}\in\mathsf{K}_{33}^{(4,0)+})\,.$$

Das Verfahren von § 16 (Multiplikation der $\varphi_{4,0}$ entsprechenden Spalte mit (16.4) V_3 von links) gibt $\varphi_{4,0} \approx \eta^4$. Die (vgl. Anhang E) leicht beweisbare Relation $\eta^4(\tau) = \vartheta_3^{(1)}(\tau)\,\vartheta_3(\tau)$ liefert die folgenden Basisformen $\varphi_{4,0}$, $\varphi_{6,0}$; $\varphi_{8,0;\,1}$, $\varphi_{8,0;\,2}$ von bzw. $K_{33}^{(h,0)+}$ ($h = 4, 6; 8$):

$$\varphi_{4,0}(\tau) := \vartheta_3^{(1)}(\tau)\,\vartheta_3(\tau), \qquad \varphi_{6,0}(\tau) := \vartheta_{3,0}^2(\tau, 1, 3)\,\vartheta_3^{(1)}(\tau)\,\vartheta_3(\tau),$$

$$\varphi_{8,0;\,1}(\tau) := \vartheta_{3,0}^4(\tau, 1, 3)\,\vartheta_3^{(1)}(\tau)\,\vartheta_3(\tau), \qquad \varphi_{8,0;\,2}(\tau) = \vartheta_3^{(1)\,2}(\tau)\,\vartheta_3^2(\tau).$$

Diese Formeln ergeben sich unmittelbar aus der für $\varphi_{4,0}(\tau)$. Diese kann auch aus der Übereinstimmung der Multiplikatorsysteme erschlossen werden, indem man das von $\vartheta_3^{(1)}$ wie das von $\vartheta_{3,0}(\tau, 1, 3)$ aus Satz A.1 ableitet.

Die Fourier-Koeffizienten in den Entwicklungen

$$\varphi_{2r,0}(\tau) = \sum_{\substack{n=1 \\ n \equiv 2r\,(3)}}^{\infty} \beta^{(2r)}(n)\,\exp \pi i n\,\frac{\tau}{3} \qquad (r = 2, 3),$$

$$\varphi_{8,0;\,\nu}(\tau) = \sum_{\substack{n=2 \\ n \equiv 2\,(3)}}^{\infty} \beta_\nu^{(8)}(n)\,\exp \pi i n\,\frac{\tau}{3} \qquad (\nu = 1, 2)$$

haben die Werte

$$\beta^{(4)}(n) := \sum_{m_1,\,m_2} m_1 \qquad \text{u.d.B.} \quad m_1 \equiv 1 \bmod 3, \quad m_1^2 + 3m_2^2 = n$$

$$\beta^{(6)}(n) := \sum_{m_1,\,m_2,\,m_3,\,m_4} m_1 \qquad \text{u.d.B.} \quad \left\{ \begin{matrix} m_1 \equiv m_2 \equiv m_3 \equiv 1 \bmod 3 \\ m_1^2 + m_2^2 + m_3^2 + 3m_4^2 = n \end{matrix} \right\}$$

$$\beta_1^{(8)}(n) := \sum_{m_1,\,m_2,\,\ldots,\,m_6} m_1 \qquad \text{u.d.B.} \quad \left\{ \begin{matrix} m_1 \equiv m_2 \equiv \ldots \equiv m_5 \equiv 1 \bmod 3 \\ m_1^2 + m_2^2 + \ldots + m_5^2 + 3m_6^2 = n \end{matrix} \right\}$$

$$\beta_2^{(8)}(n) := \sum_{m_1,\,m_2,\,m_3,\,m_4} m_1 m_2 \quad \text{u.d.B.} \quad \left\{ \begin{matrix} m_1 \equiv m_2 \equiv 1 \bmod 3 \\ m_1^2 + m_2^2 + 3m_3^2 + 3m_4^2 = n \end{matrix} \right\}$$

Mit diesen arithmetischen Funktionen erhält man nach Satz 18.1 durch einen Koeffizientenvergleich

Satz 18.2. *Für* $n \in \mathbb{N}$ *gilt*

$$a_{33}^{(4,0)}(n) = \frac{1}{3} \sum_{\substack{d > 0,\, d \mid n \\ d \not\equiv 0\,(4)}} d - \frac{1}{3}\,\beta^{(4)}(n),$$

wenn $n \equiv 1 \bmod 3$;

$$a_{33}^{(6,0)}(n) = \frac{1}{63} \sum_{\substack{d,d' > 0,\, dd' = n \\ d' \not\equiv 0\,(3)}} \left\{ 4\left(\frac{-4}{d'}\right) - \left(\frac{-4}{d}\right) \right\} d^2 - \frac{5}{7}\,\beta^{(6)}(n),$$

wenn $n \equiv 0 \bmod 3$;

$$a_{33}^{(8,0)}(n) = \frac{1}{135} \sum_{d > 0,\, d \mid n} (-1)^{n-d}\,d^3 - \frac{14}{15}\,\beta_1^{(8)}(n) - \frac{7}{135}\,\beta_2^{(8)}(n),$$

wenn $n \equiv 2 \bmod 3$. $\quad -$

Die hier und analog nach Satz 18.1 auftretenden Teilersummen $\sigma'_{r-1}(n)$ stimmen, falls $r \not\equiv 0 \bmod 3$, mit den Teilersummen in den Formeln von Satz 15.7 überein, die die Darstellungsanzahlen $a(n, I^{(2r)})$ betreffen. Das heißt, es gilt, wenn nun

$$\sigma'_{r-1}(n) := \sum_{d,d'>0,\,dd'=n} (-1)^{(d-\frac{1}{2}r)(d'-1)}\, d^{r-1} \qquad (r \equiv 0 \bmod 2),$$

$$\sigma'_{r-1}(n) := \sum_{d,d'>0,\,dd'=n} \left\{ \left(\frac{-4}{d'}\right) 2^{r-1} + \left(\frac{-4}{rd}\right) \right\} d^{r-1} \qquad (r \equiv 1 \bmod 2)$$

gesetzt wird, für $r \in \mathbb{Z}$, $r \geq 2$ einerseits

$$(18.11) \qquad\qquad a(n, I^{(2r)}) = c^*_{2r}(n) + \beta^+_r(n) \qquad (n \in \mathbb{N}),$$

wo

$$c^*_{2r}(n) = \frac{2r}{2^r-1}\,|B_r|^{-1}\,\sigma'_{r-1}(n)\,(r\equiv 0\,(2)), \qquad c^*_{2r}(n) = 4\,|E_{r-1}|^{-1}\,\sigma'_{r-1}(n)\,(r\equiv 1\,(2)),$$

$$(18.12) \qquad\qquad \varphi^+_r(\tau) := \sum_{n=1}^{\infty} \beta^+_r(n)\, e^{\pi i n \tau} \in \{\Gamma_\vartheta;\, -r,\, v_3^{2r}\}^+;$$

andererseits unter der Voraussetzung $(r, 3) = 1$ $(r \geq 2)$

$$a_{33}^{(2r,0)}(n) = \mu'_r\, c^*_{2r}(n) + \beta_{r,3}(n) \qquad (n \in \mathbb{N},\, n \equiv 2r \bmod 3)$$

wo $\mu'_r\, 3^{r-1}(3^r - (-1)^r) = 1$ und (vgl. Satz 18.1)

$$(18.13) \qquad\qquad \varphi_{2r,0}(\tau) = \sum_{\substack{n=1 \\ n \equiv 2r(3)}}^{\infty} \beta_{r,3}(n)\, e^{\pi i n \frac{\tau}{3}} \in \mathsf{K}_{33}^{(2r,0)+}.$$

Die Koinzidenz der Teilersummen in den Formeln von Satz 18.1 und (18.11) drückt sich also wie folgt aus: Für $r \in \mathbb{Z}$, $r \geq 2$, $r \not\equiv 0\,(3)$ und $n \in \mathbb{N}$, $n \equiv 2r \bmod 3$ gilt

$$(18.14) \qquad\qquad a_{33}^{(2r,0)}(n) - \mu'_r\, a(n, I^{(2r)}) = \beta_{r,3}(n) - \mu'_r\, \beta^+_r(n).$$

Es sei bemerkt, daß über diese Zahlen $\beta_{r,3}(n) - \mu'_r\, \beta^+_r(n)$ *keineswegs bewiesen* wurde, *daß sie die (sämtlichen) Fourier-Koeffizienten* einer ganzen Spitzenform einer gewissen Kongruenzklasse K sind, d. h. daß

$$\sum_{\substack{n=1 \\ n \equiv 2r(3)}}^{\infty} (\beta_{r,3}(n) - \mu'_r\, \beta^+_r(n))\, \exp \pi i n\, \frac{\tau}{3} \in \mathsf{K}^+$$

zutrifft. Um dies nun für ein geeignetes K zu beweisen, gehen wir von (18.12) aus und notieren zunächst

$$v_3^{2r}(L) = \left(\frac{-1}{\delta}\right)_*^r \quad (\text{für } L \equiv I\,(2)), \qquad v_3^{2r}(L) = i^{-r\gamma} \quad (\text{für } L \equiv T\,(2))$$

$(L \in \Gamma_\vartheta)$. Daraus folgt, wenn zur Vereinfachung der Schreibweise $g := \sqrt{3} > 0$ gesetzt wird:

$$\varphi^+_r\left(\frac{\tau}{3}\right) \approx \varphi^+_r(\tau)\,|\,D_g^{-1} \in \{D_g\,\Gamma_\vartheta\,D_g^{-1},\, -r,\, v_{3*}^{2r}\}^+;$$

$$L' := D_g\, L\, D_g^{-1} \in D_g\,\Gamma_\vartheta\,D_g^{-1} \cap \Gamma_\vartheta$$

bedeutet

$$D_g^{-1} L' D_g = \begin{pmatrix} \alpha' & \frac{1}{3}\beta' \\ 3\gamma' & \delta' \end{pmatrix} \in \Gamma_\vartheta, \quad \text{d.h.} \quad L' \in \Gamma_\vartheta^0[3] := \Gamma_\vartheta \cap \Gamma^0[3],$$

und es gilt für $L' \in \Gamma_\vartheta^0[3]$:

$$v_{3*}^{2r}(L') = v_3^{2r}(L) = v_3^{2r}\left(\begin{pmatrix} \alpha' & \frac{1}{3}\beta' \\ 3\gamma' & \delta' \end{pmatrix}\right),$$

also für $L \in \Gamma_\vartheta^0[3]$

$$v_{3*}^{2r}(L) = \left(\frac{-1}{\delta}\right)_*^r \;(L \equiv I\,(2)), \quad v_{3*}^{2r}(L) = i^{r\gamma}\;(L \equiv T\,(2)).$$

Dies impliziert nach (18.3) bereits, daß $\varphi_{2r,0}(\tau)$ und $\varphi_r^+\left(\dfrac{\tau}{3}\right)$ ganze Spitzenformen vom Grade $-r$ der Gruppe $\Gamma_\vartheta \cap \Gamma[3]$ zum gleichen Multiplikatorsystem v_{3*}^{2r} sind.

Wir betrachten $\varphi_r^+\left(\dfrac{\tau}{3}\right)$ als Modulform aus $\{\Gamma[6], -r, u_r\}^+$, wo

$$u_r(L) = \left(\frac{-1}{\delta}\right)_*^r \quad \text{für} \quad L \in \Gamma[6],$$

und transformieren $\varphi_r^+\left(\dfrac{\tau}{3}\right)$ mit $S := U^{2j}$ $(j \in \mathbb{Z})$. Dadurch entsteht

$$\varphi_r^+\left(\frac{\tau+2j}{3}\right) = \sum_{n=1}^{\infty} \beta_r^+(n)\, \xi_3^{2jn} \exp \pi i\, n\, \frac{\tau}{3} \in \{\Gamma[6], -r, u_{rS}'\}^+,$$

und hier gilt wegen $L' := U^{-2j} L U^{2j} = \begin{pmatrix} * & * \\ \gamma & \delta + 2j\,\gamma \end{pmatrix}$:

$$u_{rS}'(L) = u_r(L)\;(L \in \Gamma[6]), \quad \text{also} \quad \varphi_r^+\left(\frac{\tau}{3}\right)\Big|\,U^{2j} \in \{\Gamma[6], -r, u_r\}^+.$$

Da andererseits

$$(18.15) \quad \psi_r^+(\tau) := \frac{1}{3} \sum_{j \bmod 3} \xi_3^{2rj}\, \varphi_r^+\left(\frac{\tau}{3}\right)\Big|\,U^{-2j} = \sum_{\substack{n=1 \\ n \equiv 2r(3)}}^{\infty} \beta_r^+(n)\, \exp \pi i\, n\, \frac{\tau}{3},$$

so folgt nun

Satz 18.3. *Es sei* $r \in \mathbb{Z}$, $r \geq 2$, $r \not\equiv 0 \bmod 3$. *Wenn* $n \in \mathbb{N}$, $n \equiv 2r\,(3)$, *so gilt* (18.14) *mit den Bedeutungen von* $\beta_{r,3}(n)$ *nach* (18.13) *und von* $\beta_r^+(n)$ *nach* (18.12). *Sowohl* $\varphi_{2r,0}(\tau)$ *als auch* (18.15) $\psi_r^+(\tau)$ *stellt eine ganze Spitzenform der Klasse* $\{\Gamma[6], -r, u_r\}$ *dar, wo* $u_r(L) = \left(\dfrac{-1}{\delta}\right)_*^r$ *für* $L \in \Gamma[6]$. —

Mit dieser Aussage ist der oben (nach (18.14)) angekündigte Beweis geführt.

Wir betrachten abschließend die *Anzahlfunktionen* $a_{33}^{(j,j')}(n)$ *mit* $j+j'$ $=4,6,8$ *und* $j'>0$. Im Falle $r=2$ wird nach (18.6) $\dim_{\mathbb{C}} \mathrm{K}_{33}^{(j,j')+}=0$, wenn $j=2,3$, aber $=1$, wenn $j=1$. Die numerische Rechnung zeigt, daß in den Identitäten Jacobischer Art für $a_{33}^{(1,3)}(n)$ keine ganze Spitzenform auftritt. Man erhält nach Satz 18.1 und (18.9)

Satz 18.4 (*Bezeichnungen* (18.1, 4)). *Es gilt für* $n \in \mathbb{N}$

$$a_{33}^{(2,2)}(n) = \sum_{d>0,\,d|n} (-1)^{n-d} d \qquad (n \equiv 2 \bmod 3),$$

$$a_{33}^{(1,3)}(n) = \sum_{d,d'>0,\,dd'=n} \left(\frac{d'}{3}\right) \left\{ \left(\frac{-4}{d'}\right) 2 - \left(\frac{-4}{d}\right) \right\} d \quad (n \equiv 1 \bmod 3),$$

$$a_{33}^{(3,1)}(3n) = \sum_{d,d'>0,\,dd'=n} \left(\frac{d'}{3}\right) \left\{ \left(\frac{-4}{d'}\right) 2 - \left(\frac{-4}{d}\right) \right\} d.$$

Für $n \equiv 1 \bmod 3$ *gilt also* $a_{33}^{(1,3)}(n) = a_{33}^{(3,1)}(3n)$.   –

In den 12 Fällen $r=3,4; j'>0$ sollen die Basisfunktionen der betreffenden Scharen $\mathrm{K}_{33}^{(j,j')+}$*explizit als Theta-Produkte* aufgestellt werden. Dazu bedienen wir uns abermals der Methode von § 14. Die Basisfunktionen werden, falls $\dim \mathrm{K}_{33}^{(j,j')+}=1$, mit $\varphi_{j,j'}$, sonst mit $\varphi_{j,j';\nu}$ $(\nu=1,2)$ bezeichnet, wovon jedoch der Fall $j=7$, $j'=1$ eine Ausnahme bildet (vgl. Satz 18.5). In jedem Falle sei $\nu^+ := \dim_{\mathbb{C}} \mathrm{K}_{33}^{(j,j')+}$.

(a) $r=3$, $5 \geqq j \geqq 1$.

$j=5, j'=1; \nu^+=1$: $\qquad \varphi_{5,1}(\tau) \;:= \vartheta_4^{(1)}(\tau)\, \eta^2(\tau)\, \tfrac{1}{2}\, \vartheta_4(3\tau);$

$j=4, j'=2; \nu^+=2$: $\qquad \varphi_{4,2;1}(\tau) := \vartheta_6^4(\tau)\, \eta^2(\tau) = \vartheta_6(\tau)\, \vartheta_4^{(1)}(\tau)\, \eta^2(\tau),$

$\qquad\qquad\qquad\qquad\qquad \varphi_{4,2;2}(\tau) := \tfrac{1}{2}\vartheta_4(\tau)\, \eta(\tau)\, \tfrac{1}{2}\vartheta_4(3\tau)\, \vartheta_1^{(1)}(3\tau);$

$j=j'=3; \nu^+=1$: $\qquad \varphi_{3,3}(\tau) \;:= \vartheta_1^{(1)}(\tau)\, \vartheta_1^{(1)}(3\tau);$

$j=2, j'=4; \nu^+=1$: $\qquad \varphi_{2,4}(\tau) \;:= \vartheta_6(\tau)\, \vartheta_1^{(1)}(\tau)\, \vartheta_6(3\tau)\, \eta(3\tau);$

$j=1, j'=5; \nu^+=1$: $\qquad \varphi_{1,5}(\tau) \;:= \vartheta_6^2(\tau)\, \vartheta_1^{(1)}(\tau)\, \vartheta_3(3\tau)\,.$

(b) $r=4$, $7 \geqq j \geqq 1$.

$j=7, j'=1; \nu^+=3$: $\qquad \varphi_{7,1;1}(\tau) := \vartheta_6^2(\tau)\, \vartheta_4^{(1)}(\tau)\, \tfrac{1}{8}\, \vartheta_4^3(3\tau)\,,$

$\qquad\qquad\qquad\qquad\qquad \varphi_{7,1;2}(\tau) := \vartheta_6^2(\tau)\, \vartheta_1^{(1)}(\tau)\, \vartheta_3^3(3\tau);$

eine dritte Basisform von $\mathrm{K}_{33}^{(7,1)+}$ dieser Gestalt (mit positiven ganzen Exponenten) ergab sich nicht; vgl. jedoch Satz 18.5.

$j=6, j'=2; \nu^+=2$: $\qquad \varphi_{6,2;1}(\tau) := \vartheta_4^{(1)2}(\tau)\, \tfrac{1}{4}\, \vartheta_4^2(3\tau),$

$\qquad\qquad\qquad\qquad\qquad \varphi_{6,2;2}(\tau) := \tfrac{1}{4}\vartheta_4^2(\tau)\, \vartheta_4^{(1)2}(3\tau);$

$$j = 5, j' = 3;\ v^+ = 2: \qquad \varphi_{5,3;1}(\tau) := \vartheta_6(\tau)\, \vartheta_4^{(1)2}(\tau)\, \tfrac{1}{2}\, \vartheta_4(3\tau),$$

$$\varphi_{5,3;2}(\tau) := \vartheta_6^2(\tau)\, \eta(\tau)\, \tfrac{1}{4}\, \vartheta_4^2(3\tau)\, \vartheta_1^{(1)}(3\tau);$$

$$j = j' = 4;\ v^+ = 2: \qquad \varphi_{4,4;1}(\tau) := \vartheta_4^{(1)}(\tau)\, \eta(\tau)\, \tfrac{1}{2}\, \vartheta_4(3\tau)\, \vartheta_1^{(1)}(3\tau),$$

$$\varphi_{4,4;2}(\tau) := \vartheta_1^{(1)}(\tau)\, \eta(\tau)\, \vartheta_3^4(3\tau);$$

$$j = 3, j' = 5;\ v^+ = 2: \qquad \varphi_{3,5;1}(\tau) := \vartheta_4^{(1)}(\tau)\, \vartheta_6(\tau)\, \eta(\tau)\, \vartheta_1^{(1)}(3\tau),$$

$$\varphi_{3,5;2}(\tau) := (\tfrac{1}{2}\, \vartheta_4(\tau))^5\, \vartheta_4^{(1)}(3\tau);$$

$$j = 2, j' = 6;\ v^+ = 2: \qquad \varphi_{2,6;1}(\tau) := \vartheta_4^{(1)}(\tau)\, \vartheta_6^2(\tau)\, \eta(\tau)\, \vartheta_6(3\tau)\, \eta(3\tau),$$

$$\varphi_{2,6;2}(\tau) := \eta^2(\tau)\, \vartheta_1^{(1)2}(3\tau);$$

$$j = 1, j' = 7;\ v^+ = 2: \qquad \varphi_{1,7;1}(\tau) := \vartheta_4^{(1)2}(\tau)\, \eta(\tau)\, \vartheta_3(3\tau),$$

$$\varphi_{1,7;2}(\tau) := \vartheta_6(\tau)\, \eta^2(\tau)\, \vartheta_6(3\tau)\, \eta(3\tau)\, \vartheta_1^{(1)}(3\tau).$$

Zum Fall $j = 7, j' = 1$ sei bemerkt: Man hat $\vartheta_{33}^{(7,1)} \sim [\tfrac{7}{3}, \tfrac{5}{12}, \tfrac{3}{4}, 0]$. Da

$$\Theta_{-3}(\tau) := \sum_{m_1, m_2} e^{2\pi i(m_1^2 + m_1 m_2 + m_2^2)\tau} \in \{\Gamma_0[3], -1, V_3\}^0$$

in sämtlichen Spitzen die Ordnung 0 hat, stimmen die Multiplikatorsysteme von $\Theta_{-3}^2\, \varphi_{7,1;1}^*$ und von $\Theta_{-3}\, \varphi_{7,1;2}^*$ mit $v_{33}^{(7,1)}$ überein, wenn $\varphi_{7,1;1}^*$, $\varphi_{7,1;2}^*$ in $\mathfrak{H}$ nicht verschwindende ganze Modulformen der Gruppe $\Gamma_{9,0}[3]$ angeben, welche die Divisoren-Darstellungen

$$\varphi_{7,1;1}^* \sim [\tfrac{1}{3}, \tfrac{5}{12}, \tfrac{1}{4}, 1], \qquad \varphi_{7,1;2}^* \sim [\tfrac{1}{3}, \tfrac{5}{12}, \tfrac{5}{4}, 1]$$

gestatten. Nach dem Verfahren von § 14 kann man definieren

$$\varphi_{7,1;1}^*(\tau) := \tfrac{1}{4}\, \vartheta_4^2(\tau)\, \eta(\tau)\, \vartheta_3(3\tau), \qquad \varphi_{7,1;2}^*(\tau) := \vartheta_6(\tau)\, \vartheta_4^{(1)}(\tau)\, \eta^2(\tau)$$

und erhält dann durch Anwendung von Satz 2.5 den folgenden

Satz 18.5. *Die Modulformen*

$$\varphi_{7,1;1}(\tau), \qquad \varphi_{7,1;2}^*(\tau)\, \Theta_{-3}(\tau), \qquad \varphi_{7,1;1}^*(\tau)\, \Theta_{-3}^2(\tau)$$

bilden eine Basis von $K_{33}^{(7,1)+}$. —

Die beiden Anzahlfunktionen $a_{33}^{(j,j')}(n)$ mit $j + j' = 2$ ($j = 2, j' = 0$ und $j = j' = 1$), die oben nicht betrachtet wurden, bedürfen keiner besonderen Untersuchung, da ihre Darstellungen durch Teilersummen für $n \equiv j \bmod 3$ aus bereits aufgestellten Formeln hervorgehen (vgl. § 5, 6). Für die unter (a), (b) zusammengestellten Fälle mit $r = 3, 4$ ergeben sich die betreffenden Identitäten Jacobischer Art aus Satz 18.1 und den Darstellungen (18.9) der konstanten Glieder durch die jeweils stets eindeutig mögliche Lösung eines linearen Gleichungssystems mit v^+ Unbekannten.

Kapitel V. Quadratische Formen in ungeraden Anzahlen von Variablen

§ 19. Problemstellung. Zwei einfache Thetareihen. Ansatz

(Inhaltsübersicht: Der Untersuchungsplan für die drei Paragraphen (19, 20, 21) von Kapitel V findet sich im Text bis zum ersten Horizontalstrich. Der erste folgende Teil von § 19 betrifft die beiden einfachen Theta-Reihen (19.1) $\vartheta_{\lambda,6}(\tau)$ ($\lambda = 0, 1$), von denen, wesentlich aufgrund der Resultate von Anhang A, nachgewiesen wird, daß sie ganze Modulformen der Klassen $\Gamma_0[6], -\frac{1}{2}, v_{0,6}\}$ ($\lambda = 0$) bzw. $\{\Gamma_0[2], -\frac{3}{2}, v_{1,6}\}$ ($\lambda = 1$) darstellen, die in $\mathfrak{H}$ nicht verschwinden. In den Anwendungen tritt nur $\vartheta_{0,6}$ auf. Nach der Methode von § 14 erfolgt die Bestimmung der Primformen der Gruppe $\Gamma_0[6]$ zu den Spitzen, und sodann die Darstellung von $\vartheta_{0,6}$ durch Potenzprodukte der $\eta(t\,\tau)$ ($t = 1, 2, 3, 6$). Die letztere liefert zugleich die Bestimmung von $v_{0,6}$ und damit von $v_{6,2}^{(j,j')} \in [\Gamma_0[6], -r]^1$, wo

$$\vartheta_{6,2}^{(j,j')}(\tau) = \sum_{n=h'}^{\infty} a_{6,2}^{(j,j')}(n) \exp \pi i n \frac{\tau}{12}$$

$$= \vartheta_{0,6}^{j}(\tau)\, \vartheta_2^{j'}(\tau) \in \mathsf{K}_{6,2}^{(j,j')} := \{\Gamma_0[6], -r, v_{6,2}^{(j,j')}\},$$

$$j \in \mathbb{N}, \quad j' \in \mathbb{N}_0, \quad h := j + j' = 2r \equiv 1 \bmod 2, \quad h' := h + 2j'.$$

Aus dem Riemann-Rochschen Satz ergeben sich die Rangzahlen von $\mathsf{K}_{6,2}^{(j,j')+}$ für $h = 5$ und $h = 7$. Danach erfolgt der Ansatz der in jedem Einzelfall einzigen „automorphen'' Eisensteinreihe von der Gestalt $G(\tau, \mathsf{K}_{6,2}^{(j,j')}, T)$ nach (3.4), wo j, j' wie oben, $h \geqq 5$.)

In den drei letzten Paragraphen dieser Schrift werden wieder Darstellungsanzahlen natürlicher Zahlen durch gewisse quadratische Diagonalformen mit Kongruenzbedingungen untersucht. Im Gegensatz zu den vorher betrachteten Problemtypen handelt es sich jedoch um *quadratische Formen einer ungeraden Anzahl h von Variablen;* es werden Identitäten Jacobischer Art für $h = 5$ und $h = 7$ explizit konstruiert.

Das *Ausgangsproblem* ist die Bestimmung der Darstellungsanzahlen natürlicher Zahlen als Summe von h Quadraten ganzer Zahlen $\equiv 1 \bmod 6$; es steht in naher Beziehung zu den folgenden beiden einfachen Thetareihen:

$$(19.1) \qquad \vartheta_{\lambda,6}(\tau) := \sum_{m \equiv 1\,(6)} m^{\lambda} \exp \pi i m^2 \frac{\tau}{12} \qquad (\lambda = 0, 1),$$

die hier diskutiert werden sollen; $\vartheta_{0,6}^h(\tau)$ ist die erzeugende Fourier-Reihe der genannten Anzahlfunktion. $\vartheta_{0,6}(\tau)$ wurde unter der Bezeichnung $\vartheta_0(\tau, 6)$ in [30], § 8 genauer betrachtet.

Von den beiden Thetareihen (19.1) entsteht $\vartheta_{0,6}(\tau)$ aus

$$\vartheta_5(\tau) = \eta(\tau) = \sum_{m \equiv 1\,(6)} \left(\frac{-1}{m}\right)_* \exp \pi i m^2 \frac{\tau}{12}$$

dadurch, daß der Vorzeichenfaktor $(-1/m)_*$ durch 1 ersetzt wird. Die in [30] § 8 dargestellte Theorie der Funktionen (19.1) zeigt, daß diese scheinbare Vereinfachung durch eine *drastische Einschränkung der Gruppe* erkauft wird, bezüglich deren die betr. Funktion als automorphe Form zu betrachten ist: An die Stelle der vollen Modulgruppe bei $\eta(\tau)$ tritt die Kongruenzgruppe $\Gamma_0\,[6]$ bei $\vartheta_{0,6}\,(\tau)$, die in der Modulgruppe den Index 12 hat.

Im folgenden soll ein Teil der Theorie der Funktionen (19.1), soweit sie angewendet wird, unter erheblicher Vereinfachung der Beweisführung reproduziert werden. Die damit über $\vartheta_{0,6}\,(\tau)$ gewonnenen Kenntnisse ermöglichen — wesentlich mit Benutzung der Fourier-Entwicklung Eisensteinscher Reihen halbzahligen Grades — eine Analyse der Anzahlfunktionen (s. w. u. (19.3)), die wie folgt definiert sind:

Es sei $j \in \mathbb{N}$, $j' \in \mathbb{N}_0$, $h := j + j' > 1$;

$$(19.2) \qquad \vartheta_{6,2}^{(j,j')}(\tau) := \vartheta_{0,6}^j(\tau)\, \vartheta_2^{j'}(\tau) = \sum_{n=h'}^{\infty} a_{6,2}^{(j,j')}(n)\, \exp \pi i n \frac{\tau}{12},$$

wo $h' := h + 2j'$ und

$$a_{6,2}^{(j,j')}(n) = \sum_{m_1,\ldots,m_h} 1 \quad \text{u.d.B.} \quad \left\{ \begin{array}{l} m_1 \equiv \ldots \equiv m_j \equiv 1\,(6),\, m_{j+1} \equiv \ldots \equiv m_h \equiv 1\,(2) \\ n = m_1^2 + \ldots + m_j^2 + 3\,(m_{j+1}^2 + \ldots + m_h^2) \end{array} \right\};$$

(19.3)

in (19.2) kann die Summationsbedingung $n \equiv h'$ mod 24 hinzugefügt werden.

Probleme dieser Art mit geraden h wurden in [30] § 8 behandelt ($j = 4$, $j' = 0$ und $j = 6$, $j' = 0$ in Satz 9); ähnliche Resultate sind für nicht zu hohe Werte von h ($h \geqq 4$, $h \equiv 0$ mod 2) bei beliebigen j, j' zu erwarten. In den §§ 19, 20, 21 der vorliegenden Schrift wollen wir uns jedoch auf *ungerade* $h \geqq 5$ beschränken, was bedeutet, daß Modulformen der halbzahligen Dimension $-\frac{1}{2}h$ auftreten. Als konkrete Ziele, die in § 21 erreicht werden, seien Identitäten Jacobischer Art in den folgenden neun Fällen der Parameter j, j' angekündigt:

$$5, 0; \quad 4, 1; \quad 3, 2; \quad 2, 3; \quad 1, 4; \quad 7, 0; \quad 4, 3; \quad 3, 4; \quad 1, 6.$$

Auf die Tatsache, daß die Analyse der Probleme etwa des Typus (19.2) *bei ungeradem h unvergleichlich komplizierter* verläuft als bei geraden h, ist oft hingewiesen worden. Sie wirkt sich vornehmlich in der Diskussion der Eisenstein-Reihen aus und besteht auch in den vorliegenden Fällen, obwohl diese in anderer Hinsicht auf eine besonders übersichtliche Situation führen: Die Fourier-Koeffizienten der Eisenstein-Reihen stellen sich als unendliche Reihen Dirichletscher Art dar und gestatten eine *Eulersche Produkt-Zerlegung.* —

Wir beginnen mit der Untersuchung der Funktionen (19.1). Nach (A.1) gilt

$$\vartheta_{\lambda,6}(\tau) = \vartheta_{3,\lambda}(\tau, 1, 12) + \vartheta_{3,\lambda}(\tau, 7, 12) \qquad (\lambda = 0, 1)\,.$$

Satz A.1 liefert also mit $N = 12$, $r = \frac{1}{2} + \lambda$, $L \in \Gamma_0 [24]$

$$\vartheta_{\lambda,6}(\tau)\big|_r L = \left(\frac{3\gamma}{\delta}\right)_* \xi_4^{\delta-1} \xi_{12}^{\alpha\beta}\left(\vartheta_{3,\lambda}(\tau, \alpha, 12) + \vartheta_{3,\lambda}(\tau, 7\alpha, 12)\right),$$

und die Relationen bei (A.1) zeigen, daß die Summe der beiden $\vartheta_{3,\lambda}$ auf der rechten Seite für $\lambda = 0$ mit $\vartheta_{0,6}(\tau)$, für $\lambda = 1$ mit $\left(\frac{\alpha}{3}\right)\vartheta_{1,6}(\tau)$ übereinstimmt. Danach und im Hinblick auf die Bemerkungen zu Satz A.1 und dessen Korollar findet man als erstes Resultat

$$(19.4)\qquad \vartheta_{0,6} \in \{\Gamma_0 [24], -\tfrac{1}{2}, v_{0,6}\}^0, \qquad \vartheta_{1,6} \in \{\Gamma_0 [24], -\tfrac{3}{2}, v_{1,6}\}^+$$

mit

$$v_{0,6}(L) = \left(\frac{3\gamma}{\delta}\right)_* \xi_4^{\delta-1} \xi_{12}^{\beta\delta}, \qquad v_{1,6}(L) = \left(\frac{\gamma}{\delta}\right)_* \xi_4^{1-\delta} \xi_{12}^{\beta\delta}$$

für $L \in \Gamma_0 [24]$.

Dieses Resultat kann durch Benutzung der leicht beweisbaren Relation $\vartheta_{\lambda,6}(\tau) = 2^\lambda \vartheta_{2,\lambda}(\tau, 0, 3)$ wesentlich verschärft werden. Wir wenden (A.10) und die folgenden Formeln an:

$$\vartheta_{0,0}(\tau, 0, 3) = \vartheta_0(3\tau), \qquad \vartheta_{0,0}(\tau, 1, 3) = \vartheta_{0,0}(\tau, -1, 3),$$

$$\vartheta_{0,1}(\tau, 0, 3) \equiv 0, \qquad\qquad \vartheta_{0,1}(\tau, 1, 3) = -\vartheta_{0,1}(\tau, -1, 3).$$

Dann ergibt sich

$$(19.5)\qquad
\begin{aligned}
\vartheta_{0,6}(\tau)\,|\,T &= \xi_4^{-1}\,\frac{1}{\sqrt{3}}\left(\vartheta_0(3\tau) - \vartheta_{0,0}(\tau, 1, 3)\right) \quad (r = \tfrac{1}{2}) \\
\vartheta_{1,6}(\tau)\,|\,T &= 2\,\xi_4\,\vartheta_{0,1}(\tau, 1, 3) \qquad\qquad\qquad\quad (r = \tfrac{3}{2})
\end{aligned}$$

Die hier auf den rechten Seiten auftretenden Fourier-Reihen sind periodisch in τ mit der Periode 6. Gemäß $\dot{U}^6 = \begin{pmatrix} 1 & 0 \\ 6 & 1 \end{pmatrix} = T^{-1}\,U^{-6}\,T$ erhält man daraus

$$\vartheta_{\lambda,6}(\tau)\,|\,\dot{U}^6 = \vartheta_{\lambda,6}(\tau)\,|\,T\,|\,U^{-6}\,|\,T^{-1} = \vartheta_{\lambda,6}(\tau)\,|\,T\,|\,T^{-1} = \vartheta_{\lambda,6}(\tau);$$

jedes $\vartheta_{\lambda,6}(\tau)$ stellt also eine Modulform des Kompositums $\langle\Gamma_0 [24], \dot{U}^6\rangle$ dar. Wegen $[\Gamma_0 [12] : \Gamma_0 [24]] = 2$ ist $\langle\Gamma_0 [24], \dot{U}^{12}\rangle = \Gamma_0 [12]$ und folglich

$$\langle\Gamma_0 [12], \dot{U}^6\rangle = \langle\Gamma_0 [24], \dot{U}^{12}, \dot{U}^6\rangle = \langle\Gamma_0 [24], \dot{U}^6\rangle.$$

Das ergibt in der gleichen Weise $\langle\Gamma_0 [24], \dot{U}^6\rangle = \Gamma_0 [6]$; jedes $\vartheta_{\lambda,6}(\tau)$ stellt also eine *ganze Modulform der Gruppe* $\Gamma_0 [6]$ dar.

Von hier aus gelangt man zu einem abschließenden Resultat über $\vartheta_{1,6}(\tau)$ ($\lambda = 1$) wie folgt. Man hat $\vartheta_{0,1}(\tau, 1, 3)\,|\,U^2 = \xi_3^2\,\vartheta_{0,1}(\tau, 1, 3)$ und nach der zweiten Gleichung (19.5)

$$\vartheta_{1,6}(\tau)\,|\,\dot{U}^{-2} = 2\,\xi_4\,\xi_3^2\,\vartheta_{0,1}(\tau, 1, 3)\,|\,T^{-1} = \xi_3^2\,\vartheta_{1,6}(\tau).$$

Da andererseits $\vartheta_{1,6}(\tau)\,|\,U = \xi_{12}\,\vartheta_{1,6}(\tau)$ und die Gruppe $\Gamma_0 [2]$ von U und $\dot{U}^{-2}$ erzeugt wird, stellt $\vartheta_{1,6}(\tau)$ eine *ganze Spitzenform der Gruppe* $\Gamma_0 [2]$ dar.

Um $\vartheta_{1,6}$ nach dem Verfahren von Anhang C. durch Potenzen von $\eta(\tau)$ und $\eta_2(\tau) := \eta(2\tau)$ auszudrücken, bestimmen wir die Ordnungen der drei Modulformen $\eta, \eta_2, \vartheta_{1,6}$ bezüglich der Gruppe $\Gamma = \Gamma_0[2]$ in den Spitzen $\zeta = \infty$ und 0. Die Ordnungen in 0 sind, wie für $\vartheta_{1,6}$ ausgeführt, durch Transformation mit T zu gewinnen. Die Resultate besagen, daß $24 \operatorname{ord}_{\Gamma,\zeta} \vartheta_{1,6}$ die Werte der folgenden Tabelle annimmt:

	η	η_2	$\vartheta_{1,6}$
∞	1	2	1
0	2	1	8

Sie liefern nach der Valenzformel zunächst die Aussage, daß $\vartheta_{1,6}$ *in* $\mathfrak{H}$ *nicht verschwindet* und sodann die *Identität* (vgl. (14.3))

$$(19.6) \qquad \vartheta_{1,6}(\tau) = \eta^5(\tau)\,\eta^{-2}(2\tau) = \eta(\tau)\,\vartheta_0^2(2\tau) = \eta^2\left(\frac{\tau}{2}\right)\vartheta_3(\tau);$$

diese kann als Analogon der Jacobischen Darstellung von $\eta^3(\tau)$ angesehen werden. Die explizite Darstellung des Multiplikatorsystems $v_{1,6}$ von $\vartheta_{1,6}$ auf $\Gamma_0[2]$ ergibt sich nach (19.6) aus (4.14). Nach der zweiten Relation (19.5) stellt $\vartheta_{0,1}(\tau, 1, 3)$ eine ganze Spitzenform der Gruppe $\Gamma^0[2]$ dar; man findet

$$(19.7) \qquad \vartheta_{0,1}(\tau, 1, 3) = -\,\eta^5(\tau)\,\eta^{-2}\left(\frac{\tau}{2}\right) = -\,\eta(\tau)\,\frac{1}{4}\,\vartheta_2^2\left(\frac{\tau}{2}\right) = -\,\eta^2(2\tau)\,\vartheta_3(\tau).$$

Die zweite Formel ist mit der Identität

$$(19.8) \qquad \vartheta_{3,1}(\tau, 1, 3) = \tfrac{1}{4}\,\eta(\tau)\,\vartheta_4^2(\tau)$$

gleichbedeutend, die ihrerseits mit der Darstellung von $\vartheta_{3,1}(\tau, 1, 3)$ durch ϑ_3, ϑ_4 in [30] (3.11) übereinstimmt. Aus dieser ist also auch rückwärts (19.6) zu gewinnen (vgl. die Theta-Relationen in Anhang E).

Wir untersuchen jetzt $\vartheta_{0,6}(\tau)$ als ganze Modulform der Gruppe $\Gamma_0[6]$. Wegen $\Gamma_0[6] = \Gamma_0[2] \cap \Gamma_0[3]$ hat $\Gamma_0[6]$ keine elliptischen Fixpunkte. Die *vier Spitzenbahnen* mod $\Gamma_0[6]$ (vgl. Satz 3.1) werden von den folgenden Spitzen $\zeta = A^{-1}\infty$ (mit zugehörigen $A \in {}_1\Gamma$ und den Breiten N) vertreten:

$$\zeta = \infty \ (A = I, N = 1), \qquad \zeta = 0 \ (A = T, N = 6),$$
$$\zeta = -\tfrac{1}{2} \ (A = \dot{U}^2, N = 3), \qquad \zeta = -\tfrac{1}{3} \ (A = \dot{U}^3, N = 2).$$

Da $\vartheta_{0,6}$ bezüglich $\Gamma_0[6]$ den Divisorengrad $\tfrac{1}{2}$ hat, ist $\vartheta_{0,6}(\tau)$ in $\mathfrak{H}$ von Null verschieden, läßt sich also als Potenzprodukt der Primformen zu den genannten Spitzen bezüglich $\Gamma_0[6]$ darstellen; diese werden nach dem in Anhang C beschriebenen Verfahren bestimmt. Aus der genannten Darstellung von $\vartheta_{0,6}$ erhält man die explizite Gestalt des Multiplikatorsystems $v_{0,6}$ von $\vartheta_{0,6}$ auf $\Gamma_0[6]$ und kann dann versuchen, den analytischen Apparat der Eisenstein-

Reihen und Spitzenformen auf die erzeugenden Fourier-Reihen $\vartheta_{6,2}^{(j,j')}(\tau)$ der Anzahlfunktionen (19.3) anzuwenden; dabei wird, wie betont, $j \in \mathbb{N}$, $j' \in \mathbb{N}_0$, $h := j + j' \equiv 1 \bmod 2$, $h \geq 5$ vorausgesetzt.

Es gilt $\mathrm{ord}_{\Gamma,\infty}\,\vartheta_{0,6} = \frac{1}{24}$ ($\Gamma := \Gamma_0[6]$) und nach der ersten Gleichung (19.5)

$$(19.9) \qquad\qquad \mathrm{ord}_{\Gamma,0}\,\vartheta_{0,6} = 0, \qquad b_0\,(T, \vartheta_{0,6}) = \xi_4\, 3^{-\frac{1}{2}}\,.$$

Um die Ordnungen von $\vartheta_{0,6}$ in den Spitzen $\zeta = -\frac{1}{2},\, -\frac{1}{3}$ zu bestimmen, bilden wir $\vartheta_{0,6} | T U^l T^{-1}$ ($l = 2, 3$) was auf

$$\vartheta_0(3\tau) | U^2 = \vartheta_0(3\tau), \qquad \vartheta_{0,0}(\tau, 1, 3) | U^2 = \xi_3^2\,\vartheta_{0,0}(\tau, 1, 3);$$

$$\vartheta_0(3\tau) | U^3 = \vartheta_3(3\tau), \qquad \vartheta_{0,0}(\tau, 1, 3) | U^3 = \vartheta_{3,0}(\tau, 1, 3)$$

führt. Damit ergibt sich

$$\vartheta_{0,6}(\tau) | \dot{U}^{-2} = \xi_4^{-1}\,\frac{1}{\sqrt{3}}\,(\vartheta_0(3\tau) - \xi_3^2\,\vartheta_{0,0}(\tau, 1, 3)) | T^{-1}$$

$$= \xi_4^{-1}\,\frac{1}{\sqrt{3}}\,\{\xi_3^2\,(\vartheta_0(3\tau) - \vartheta_{0,0}(\tau, 1, 3)) + (1 - \xi_3^2)\,\vartheta_0(3\tau)\} | T^{-1}$$

$$= \xi_3^2\,\vartheta_{0,6}(\tau) + \frac{1}{3}\,(1 - \xi_3^2)\,\vartheta_2\left(\frac{\tau}{3}\right);$$

$$\vartheta_{0,6}(\tau) | T U^3 = \xi_4^{-1}\,\frac{1}{\sqrt{3}}\,(\vartheta_3(3\tau) - \vartheta_{3,0}(\tau, 1, 3))\,,$$

und dies ist nach (A. 8) mit $\vartheta_{3,0}(\tau, 1, 3) | T$ identisch, so daß

$$\vartheta_{0,6}(\tau) | \dot{U}^{-3} = \vartheta_{3,0}(\tau, 1, 3)\,.$$

Hieraus erhält man die *gesuchten Ordnungen* von $\vartheta_{0,6}$ in der Gestalt

$$\mathrm{ord}_{\Gamma,-\frac{1}{2}}\,\vartheta_{0,6} = \frac{1}{8}, \qquad \mathrm{ord}_{\Gamma,-\frac{1}{3}}\,\vartheta_{0,6} = \frac{1}{3}\,;$$

als Summe der Ordnungen in den drei Spitzen ∞, $-\frac{1}{2}$, $-\frac{1}{3}$ ergibt sich, wie es sein soll, der Wert $\frac{1}{2}$.

Nach der Theorie von Anhang C, insbes. Satz C.5, hat man die Vertreter der Spitzenbahnen mod $\Gamma_0[6]$ auf die positiven Teiler t von 6 durch $\zeta = \zeta_t$ ($t > 0,\, t\,|\,6$) zu beziehen, wo

$$\zeta_1 = 0 \ \ (t = 1), \quad \zeta_2 = -\tfrac{1}{2} \ \ (t = 2), \quad \zeta_3 = -\tfrac{1}{3} \ \ (t = 3), \quad \zeta_6 = \infty \ \ (t = 6)$$

und $N_t := \dfrac{6}{t}$ die Breite von ζ_t in $\Gamma_0[6]$ bezeichnet. Man erhält dann eine Primform zur Spitze ζ_t der Gruppe $\Gamma_0[6]$ in der Gestalt

$$Z(\tau, \zeta_t) \approx \prod_{l > 0,\, l\,|\,6} \eta^{\alpha_{l,t}}(l\tau)\,,$$

wenn $\alpha_{l,t}$ die Elemente der Spalte mit der „Nummer" t in der Matrix $24\,\mathbf{P}_6^{-1}$ durchläuft, wo $\mathbf{P}_6 = (\varrho_{t,l})$ ($t, l > 0,\, t\,|\,6,\, l\,|\,6$) mit

$$\varrho_{1,l} = \frac{6}{l}\,, \qquad \varrho_{t,l} = \frac{(t,l)^2}{l}\,N_t \ \ (t = 2, 3), \qquad \varrho_{6,l} = l\,.$$

Die numerischen Werte sind

$$P_6 = \begin{pmatrix} 6 & 3 & 2 & 1 \\ 3 & 6 & 1 & 2 \\ 2 & 1 & 6 & 3 \\ 1 & 2 & 3 & 6 \end{pmatrix}, \qquad 24\,P_6^{-1} = \begin{pmatrix} 6 & -3 & -2 & 1 \\ -3 & 6 & 1 & -2 \\ -2 & 1 & 6 & -3 \\ 1 & -2 & -3 & 6 \end{pmatrix}$$

und liefern die folgenden *Primformen der Gruppe* $\Gamma_0[6]$ *zu den Spitzen* $\zeta = \zeta_t$ $(t > 0, t \mid 6)$:

$$
\begin{aligned}
Z(\tau, 0) \;\; &= \eta^6(\tau)\,\eta^{-3}(2\tau)\,\eta^{-2}(3\tau)\,\eta(6\tau) = \vartheta_0^3(2\tau)\,\vartheta_0^{-1}(6\tau), \\[4pt]
Z(\tau, -\tfrac{1}{2}) &= \eta^{-3}(\tau)\,\eta^6(2\tau)\,\eta(3\tau)\,\eta^{-2}(6\tau) = \tfrac{1}{4}\,\vartheta_2^3(\tau)\,\vartheta_2^{-1}(3\tau), \\[4pt]
Z(\tau, -\tfrac{1}{3}) &= \eta^{-2}(\tau)\,\eta(2\tau)\,\eta^6(3\tau)\,\eta^{-3}(6\tau) = \vartheta_0^{-1}(2\tau)\,\vartheta_0^3(6\tau), \\[4pt]
Z(\tau, \infty) \;\; &= \eta(\tau)\,\eta^{-2}(2\tau)\,\eta^{-3}(3\tau)\,\eta^6(6\tau) = \tfrac{1}{4}\,\vartheta_2^{-1}(\tau)\,\vartheta_2^3(3\tau).
\end{aligned}
$$
(19.10)

Aus diesen Formeln und den oben berechneten Ordnungen von $\vartheta_{0,6}$ in den Spitzen gewinnt man die (19.6) entsprechende Darstellung von $\vartheta_{0,6}(\tau)$ durch die $\eta(t\,\tau)$ in der Gestalt

$$(19.11) \qquad \vartheta_{0,6}(\tau) = \eta^{-1}(\tau)\,\eta(2\tau)\,\eta^2(3\tau)\,\eta^{-1}(6\tau),$$

was $\eta(\tau)\,\vartheta_{0,6}(\tau) = \eta(2\tau)\,\vartheta_0(6\tau)$ besagt; eine leichte Rechnung liefert das *Multiplikatorsystem* $v_{0,6}$ von $\vartheta_{0,6}(\tau)$ auf $\Gamma_0[6]$, wozu lediglich die Bestimmung (4.14) von v_3 anzuwenden ist. Es gilt

$$(19.12) \qquad v_{0,6}(L) = \left(\frac{3\gamma}{\delta}\right)_* \xi_4^{\delta-1}\,\xi_{12}^{\beta\delta} \qquad (L \in \Gamma_0[6]).$$

In der gleichen Art lassen sich auch die *Multiplikatorsysteme der Primformen* (19.10) auf $\Gamma_0[6]$ explizit bestimmen. Sie sind sämtlich ungerade abelsche Charaktere auf $\Gamma_0[6]$ und, wie es die Theorie im Hinblick darauf, daß $\Gamma_0[6]$ das Geschlecht Null hat, verlangt, alle miteinander identisch, da ihre Drehreste in den Spitzen verschwinden. Für jedes solche Multiplikatorsystem u gilt danach

$$u \in [\Gamma_0[6], -1]^1, \qquad u(L) = \left(\frac{\delta}{3}\right) \qquad (L \in \Gamma_0[6]).$$

Zur Bearbeitung der unter (19.3) definierten Anzahlfunktionen $a_{6,2}^{(j,j')}(n)$ $(j + j' = h,\ h \equiv 1 \bmod 2,\ h \geq 5,\ 0 \leq j' \leq h - 1)$ sind die *Ordnungen der Modulform* $\vartheta_2(\tau)$, diese als Funktion der Klasse $\{\Gamma_0[6], -\tfrac{1}{2}, v_2\}$ verstanden, *in den Spitzen* $\zeta = \zeta_t$ zu bestimmen. Bezüglich $\Gamma_0[2]$ hat $\vartheta_2(\tau)$ in $\zeta = 0, \infty$ die Ordnungen bzw. $0, \tfrac{1}{8}$, und es gilt

$$-\tfrac{1}{2} \equiv \infty, \qquad -\tfrac{1}{3} \equiv 0 \bmod \Gamma_0[2].$$

Daraus resultieren für $\operatorname{ord}_{\Gamma, \zeta} \vartheta_2$ $(\Gamma = \Gamma_0[6],\ \zeta = \zeta_t)$ die Werte

$$0, \tfrac{3}{8}, 0, \tfrac{1}{8}, \quad \text{wenn bzw.} \quad t = 1, 2, 3, 6$$

und für $\operatorname{ord}_{\Gamma,\zeta_t} \vartheta_{6,2}^{(j,j')}$ die Werte

$$(19.13) \qquad\qquad 0,\tfrac{1}{8}\,h',\tfrac{1}{3}\,j,\tfrac{1}{24}\,h', \quad \text{wenn bzw.} \quad t = 1, 2, 3, 6,$$

wo $h' := h + 2j'$.

Bildet man nach (19.13) die Summe der Drehreste $\varkappa$ der Klasse $\{\Gamma_0[6], -\tfrac{1}{2}\,h, v_{6,2}^{(j,j')}\}$ in den Spitzen $\zeta = \zeta_t$ in den 12 Fällen mit $h = 5, 7$, so erhält man zehnmal den Wert $\tfrac{3}{2}$ und zweimal den Wert $\tfrac{1}{2}$, letzteres für $j, j' = 3, 2;\ 6, 1$. Man gewinnt daraus den Rang der Schar der ganzen Spitzenformen für $h = 5, 7$. Wir schreiben für $j \in \mathbb{N}$, $j' \in \mathbb{N}_0$:

$$\vartheta_{6,2}^{(j,j')} \in \mathsf{K}_{6,2}^{(j,j')} := \{\Gamma_0[6], -\tfrac{1}{2}\,h, v_{6,2}^{(j,j')}\}$$

und erhalten zunächst nach dem Riemann-Rochschen Satz

$$\dim_{\mathbb{C}} \mathsf{K}_{6,2}^{(j,j')+} = -\,|\mathfrak{a}| + \tfrac{1}{2}\,h - \Sigma\,\varkappa + 1\,;$$

die − völlig elementare − Berechnung in den Fällen $h = 5, 7$ erfordert Fallunterscheidungen, die das Resultat beeinflussen. Man findet

$$(19.14) \qquad \begin{aligned} \dim_{\mathbb{C}} \mathsf{K}_{6,2}^{(j,j')+} &= 1, \quad \text{wenn } h = 5 \text{ und wenn zugleich } h = 7,\, j = 3\,; \\ \dim_{\mathbb{C}} \mathsf{K}_{6,2}^{(j,j')+} &= 2, \quad \text{wenn } h = 7 \text{ und zugleich } j \neq 3\,. \end{aligned}$$

In den vorliegenden Untersuchungen über Modulformen halbzahligen Grades $-\tfrac{1}{2}\,h$ müssen, sehr *im Gegensatz zu allem Vorangehenden*, die Eisenstein-Reihen der Gestalt (3.4) $G(\tau, \mathsf{K}, A)$ angewendet werden, wo $\mathsf{K} = \mathsf{K}_{6,2}^{(j,j')}$ und $A = T$. Da hier v in der Verbindung $\sigma(T, L)\,v(L)$ $(L \in \Gamma_0[6])$ auftritt, verwenden wir anstelle von (19.12) eine *andere Darstellung von* $v = v_{0,6}$, die wie folgt entsteht: Nach (19.11) und (15.8) gilt

$$\vartheta_{0,6}(\tau) = \tfrac{1}{2}\,\vartheta_2(\tau)\,F(\tau), \qquad F(\tau) := \eta^2(3\,\tau)\,\eta^{-1}(2\,\tau)\,\eta^{-1}(6\,\tau)\,;$$

$F(\tau)$ ist eine multiplikative Funktion der Gruppe $\Gamma_0[6]$, d. h. eine (nicht-ganze) Modulform $\{\Gamma_0[6], 0, u_0\}$, und man findet durch direkte Rechnung

$$u_0(L) = \left(\frac{3}{\delta}\right)\xi_6^{-\beta\delta} = \left(\frac{\alpha}{3}\right)\xi_6^{\delta(3-\beta)-3} \qquad (L \in \Gamma_0[6])$$

Da $(\delta - \alpha)\,(3 - \beta) \equiv 0 \bmod 12$, erhält man hieraus, wie beabsichtigt, einen Ausdruck in α, β allein:

$$u_0(L) = \left(\frac{\alpha}{3}\right)\left(\frac{-1}{\alpha}\right)_{\!*} \xi_6^{-\alpha\beta} = \left(\frac{3}{\alpha}\right)\xi_6^{-\alpha\beta} \qquad (L \in \Gamma_0[6])\,,$$

der nun, zusammen mit Satz 4.2, die gesuchte Darstellung von $v_{0,6}$ liefert: Es folgt mit $r = \tfrac{1}{2}$

$$(19.15) \qquad\qquad \sigma(T, L)\,v_{0,6}(L) = \left(\frac{3\beta}{\alpha}\right)^{\!*} \xi_4^{1-\alpha}\,\xi_{12}^{\alpha\beta} \qquad (L \in \Gamma_0[6])$$

und daher, abermals nach Satz 4.2 und mit $h' = h + 2j'$:

$$(19.16) \qquad \sigma(T, L)\,v_{6,2}^{(j,j')}(L) = \left(\frac{3}{\alpha}\right)^{\!j}\left(\frac{\beta}{\alpha}\right)^{\!*} \xi_4^{h(1-\alpha)}\,\xi_{12}^{h'\alpha\beta} \qquad (L \in \Gamma_0[6])\,,$$

wo $\sigma(T, L)$ mit $r = \tfrac{1}{2}\,h$ (oder mit $r = \tfrac{1}{2}$) gebildet werden kann.

Zur *Aufstellung der Eisenstein-Reihe* $G\left(\tau, \mathrm{K}_{6,2}^{(j,j')}, T\right)$ bedarf es einer Charakterisierung der Elemente α, β in den $L \in \Gamma_0[6]$. Sie besagt $\alpha, \beta \in \mathbb{Z}$, $(\alpha, \beta) = 1$, $(\alpha, 6) = 1$. (Offenbar ist dies notwendig. Bildet man umgekehrt danach

$$J = \begin{pmatrix} \alpha & \beta \\ \gamma' & \delta' \end{pmatrix} \in {}_1\Gamma, \text{ so erreicht man } L = \dot{U}^{-\nu}J \in \Gamma_0[6] \text{ mit geeignetem } \nu \in \mathbb{Z}.)$$

Dies ergibt die folgende Darstellung

$$G\left(\tau, \mathrm{K}_{6,2}^{(j,j')}, T\right) = \sum_{\substack{m_1, m_2 = -\infty \\ (m_1, 6 m_2) = 1}}^{+\infty} \left(\frac{3}{m_1}\right)^j \left(\frac{m_2}{m_1}\right)^* \zeta_4^{h(m_1-1)} \zeta_{12}^{-h'm_1 m_2} (m_1\tau + m_2)^{-r}$$

$$(19.17)$$

$$= 2 \sum_{\substack{m_1 = 1 \\ (m_1, 6) = 1}}^{\infty} \left(\frac{3}{m_1}\right)^j \zeta_4^{h(m_1-1)} \sum_{m_2 = -\infty}^{+\infty} \left(\frac{m_2}{m_1}\right) \zeta_{12}^{-h'm_1 m_2} (m_1\tau + m_2)^{-r};$$

hier wurde r für $\frac{1}{2}h$ geschrieben ($h \equiv 1\ (2)$, $h \geq 5$); der willkürliche Parameter $v_{6,2}^{(j,j')}(T)$ wurde $=1$ gesetzt, und es ist $h' = h + 2j'$. Daß sich der Koeffizient $v^{-1}(M)$ von $(m_1\tau + m_2)^{-r}$ im Mittelglied von (19.17) nach der Regel

$$v(-M) = v(M)\, \sigma(M, -I)\, v(-I)$$

verhält, läßt sich explizit bestätigen und liefert ein nützliches Beispiel für konkrete Rechnungen mit Multiplikatoren. Ein allgemeines Phänomen, das

hier in (19.17) benutzt wird, besagt, daß $\mathfrak{S}(A\Gamma)$ mit $M = \begin{pmatrix} * & * \\ m_1 & m_2 \end{pmatrix}$ stets auch

eine Matrix $M^* = \begin{pmatrix} * & * \\ -m_1 & -m_2 \end{pmatrix}$ enthält (s. Anhang G bei (G.13)).

Nach wohlbekannten und leicht ad hoc beweisbaren Sätzen aus der Theorie der automorphen Formen (s.a. Anhang G, Satz G.1) stellt $G\left(\tau, \mathrm{K}_{6,2}^{(j,j')}, T\right)$ eine *ganze Modulform der Klasse* $\mathrm{K}_{6,2}^{(j,j')}$ dar, die in allen Spitzen, welche $\not\equiv 0 \bmod \Gamma_0[6]$ sind, verschwindet, während gilt

$$b_0\left(T, G\left(*, \mathrm{K}_{6,2}^{(j,j')}, T\right)\right) = 2.$$

Da andererseits $b_0(T, \vartheta_2) = \xi_4$, folgt ferner nach (19.9)

$$b_0\left(T, \vartheta_{6,2}^{(j,j')}\right) = \frac{1}{\sqrt{3}^j}\, \xi_4^h$$

und damit

Satz 19.1. *Es sei* $h \in \mathbb{Z}$, $h \equiv 1 \bmod 2$ *und* $h \geq 5$; *ferner seien* $j, j' \in \mathbb{Z}$ *mit* $j + j' = h$, $1 \leq j \leq h$ *gegeben. Dann gilt*

$$\vartheta_{6,2}^{(j,j')}(\tau) = \frac{1}{2\sqrt{3}^j}\, \xi_4^h\, G\left(\tau, \mathrm{K}_{6,2}^{(j,j')}, T\right) + \varphi(\tau),$$

wo $\varphi(\tau)$ *eine ganze Spitzenform der Klasse* $\mathrm{K}_{6,2}^{(j,j')}$ *bezeichnet.* —

Es sei bemerkt, daß dieser Satz auch für gerade h gilt und zwar dann zunächst, wie angegeben, für $h \geq 6$. Für $v_{6,2}^{(j,j')}$ erhält man nach dem obigen

Vorgehen, wenn $L \in \Gamma_0[6]$:

$$v_{6,2}^{(j,j')}(L) = \left(\frac{3}{\alpha}\right)^j \left(\frac{-1}{\alpha}\right)_*^{\frac{1}{2}h} \xi_{12}^{h'\alpha\beta} \qquad (j \in \mathbb{N},\ j' \in \mathbb{N}_0,\ j+j'=h).$$

Satz 19.1 gilt nach Anwendung des Heckeschen Summationsverfahrens auch für $h=4$, wenn G als Resultatfunktion dieses Verfahrens aufgefaßt wird. Wegen $v_{6,2}^{(j,j')}(U) = \xi_{12}^{h'}$ und Satz 3.4 ist diese Resultatfunktion in allen vier Fällen $(0 \leqq j' \leqq 3)$ eine analytische ganze Modulform der Klasse $\mathsf{K}_{6,2}^{(4-j',j')}$.

§ 20. Fourier-Koeffizienten gewisser Eisensteinschen Reihen halbzahligen Grades

(Inhaltsübersicht: Fourier-Entwicklungen von $G(\tau, \mathsf{K}_{6,2}^{(j,j')}, T)$ $(j \in \mathbb{N},\ j' \in \mathbb{N}_0,$ $h := j+j' = 2r \equiv 1 \bmod 2,\ h \geqq 5)$ aufgrund einer Lipschitzschen Formel und der multiplikativen Eigenschaften der Gaußschen Summen mit Restcharakteren als Koeffizienten. Asymptotisches Verhalten der Fourier-Koeffizienten $c_{6,2}^{(j,j')}(n)$ von $G(\tau, \mathsf{K}_{6,2}^{(j,j')}, T)$ für $n \to \infty$. Explizite Formeln der $c_{6,2}^{(j,j')}(n)$ für beliebige j, j' (wie oben) und insbesondere für $h = 5, 7$. Daraus wegen $\dim \mathsf{K}_{6,2}^{(1,4)} = 0$ die erste explizite Lösung eines Problems mit $h = 5$ in der Gestalt $a_{6,2}^{(1,4)}(n) = c_{6,2}^{(1,4)}(n)$.)

Wir knüpfen an (19.17) an und setzen dort in der Summe über m_2 auf der rechten Seite (wo also $m_1 > 0$)

$$m_2 = k + 24\,m_1 v \quad \text{mit} \quad k, v \in \mathbb{Z}, \quad k \bmod 24\,m_1.$$

Dann wird das allgemeine Glied dieser Summe über m_2

$$= 24^{-r}\, m_1^{-r} \left(\frac{k}{m_1}\right) \xi_{12}^{-h'm_1k} \left(\frac{\tau}{24} + \frac{k}{24\,m_1} + v\right)^{-r} \qquad (r = \tfrac{1}{2}h),$$

und man erhält nach der *Lipschitzschen Formel* (F.5)

$$G(\tau, \mathsf{K}_{6,2}^{(j,j')}, T) = 2 \cdot 24^{-r}\, \frac{(-2\pi i)^r}{\Gamma(r)} \sum_{\substack{m_1=1 \\ (m_1,6)=1}}^{\infty} \left(\frac{3}{m_1}\right)^j \xi_4^{h(m_1-1)}\, m_1^{-r}$$

$$\times \sum_{n=1}^{\infty} n^{r-1}\, K_{h'}(m_1, n)\, \exp \pi i n \frac{\tau}{12}$$

mit Gaußschen Summen der Gestalt

$$K_{h'}(m_1, n) := \sum_{k \bmod 24\,m_1} \left(\frac{k}{m_1}\right) \xi_{12}^{-h'm_1k}\, \xi_{12m_1}^{nk}.$$

Hier kann man wegen $(m_1, 24) = 1$ die Zerlegung $k = 24\,l + m_1\,g$ anwenden, wo g und l je ein festes vollständiges Restsystem mod 24 bzw. m_1 durchlaufen. So entsteht

$$K_{h'}(m_1, n) = \left(\frac{6}{m_1}\right) \left(\sum_{g \bmod 24} \xi_{12}^{(n-h'm_1^2)g}\right) H(m_1, n)$$

mit

$$(20.1) \qquad H(m, n) := \sum_{l \bmod m} \left(\frac{l}{m}\right) \xi_m^{2nl} \qquad (m \in \mathbb{N},\, m \equiv 1\,(2),\, n \in \mathbb{Z})$$

(insbesondere $H(1, n) = 1$) und demnach

$$G\left(\tau, \mathsf{K}_{6,2}^{(j,j')}, T\right) = \frac{4(-\pi i)^r}{12^{r-1}\,\Gamma(r)}$$

$$\times \sum_{\substack{m=1 \\ (m,6)=1}}^{\infty} \left(\frac{3}{m}\right)^j \left(\frac{6}{m}\right) \xi_4^{h(m-1)}\, m^{-r} \sum_{\substack{n=1 \\ n \equiv h'(24)}}^{\infty} n^{r-1}\, H(m, n)\, \exp \pi i n \frac{\tau}{12}$$

$$= \frac{4(-\pi i)^r}{12^{r-1}\,\Gamma(r)} \sum_{\substack{n=1 \\ n \equiv h'(24)}}^{\infty} D_{j,j'}(n, r)\, n^{r-1}\, \exp \pi i n \frac{\tau}{12},$$

wo $D_{j,j'}(n, s)$ $(s \in \mathbb{C},\, \mathrm{Re}\, s > 2)$ durch die absolut konvergente Reihe

$$(20.2) \qquad D_{j,j'}(n, s) := \sum_{m=1}^{\infty} \left(\frac{3}{m}\right)^{j+1} \left(\frac{2}{m}\right) \xi_4^{h(m-1)}\, H(m, n)\, m^{-s}$$

dargestellt wird. Man gewinnt also die *Fourier-Entwicklung* (vgl. Satz 19.1)

$$(20.3) \quad \frac{1}{2\sqrt{3}^{\,j}}\, \xi_4^h\, G\left(\tau, \mathsf{K}_{6,2}^{(j,j')}, T\right) = \alpha_{j,j'} \sum_{\substack{n=1 \\ n \equiv h'(24)}}^{\infty} D_{j,j'}(n, r)\, n^{r-1}\, \exp \pi i n \frac{\tau}{12},$$

wo $r = \frac{1}{2} h$, $h' := h + 2j'$ und

$$(20.4) \qquad \alpha_{j,j'} = \frac{1}{1 \cdot 3 \cdot 5 \ldots (h-2)}\, \frac{12}{\sqrt{3}^{\,h+j}} \left(\frac{\pi}{2}\right)^{\frac{1}{2}(h-1)};$$

im folgenden wird $n \in \mathbb{N}$ und $n \equiv h' \bmod 24$ vorausgesetzt ($h' := h + 2j'$ $\equiv 1 \bmod 2$).

Die Bestimmung von $D_{j,j'}(n, r)$ beruht darauf, daß die Dirichlet-Reihe $D_{j,j'}(n, s)$ eine *Eulersche Produktentwicklung* gestattet. Spaltet man die Summation in $H(m_1 m_2, n)$ $(m_1, m_2 \in \mathbb{N},\ m_1 \equiv m_2 \equiv 1\,(2),\ (m_1, m_2) = 1)$ in der üblichen Weise auf, so erhält man

$$H(m_1 m_2, n) = \left(\frac{m_1}{m_2}\right) \left(\frac{m_2}{m_1}\right) H(m_1, n)\, H(m_2, n),$$

während andererseits gilt

$$\xi_4^{h(m_1 m_2 - 1)} = \xi_4^{h(m_1 - 1)(m_2 - 1) + h(m_1 + m_2 - 2)}.$$

Das liefert bereits die Produktentwicklung in der Gestalt

$$(20.5) \qquad D_{j,j'}(n, s) = \prod_{p > 3} \psi_p^{(j,j')}(n, s),$$

in der

$$\psi_p^{(j,j')}(n, s) := \sum_{\mu=0}^{\infty} \left(\frac{2}{p}\right)^{\mu} \left(\frac{3}{p}\right)^{\mu(j+1)} \xi_4^{h(p^\mu - 1)}\, H(p^\mu, n)\, p^{-\mu s}$$

und p die Primzahlen > 3 durchläuft.

Die Berechnung von $H(p^\mu, n)$ (p Primzahl ≥ 3, $\mu \in \mathbb{N}$) läßt sich, abermals durch Aufspaltung der Summationen, auf triviale Formeln und die grundlegende *analytische Relation*

$$H(p, n) = \left(\frac{n}{p}\right) \begin{cases} \sqrt{p}, & \text{wenn} \quad p \equiv 1 \bmod 4 \\ i\sqrt{p}, & \text{wenn} \quad p \equiv 3 \bmod 4 \end{cases} \qquad (n \in \mathbb{Z})$$

zurückführen ($\sqrt{p} > 0$). Man findet für $p \geq 3$

(a) $\mu \equiv 1 \bmod 2$; wenn $p^{\mu-1} \mid n$, so sei $n_{p,\mu} := n p^{1-\mu}$. Dann gilt

$$H(p^\mu, n) = \begin{cases} 0, & \text{wenn} \quad p^{\mu-1} \nmid n; \\ p^{\mu-\frac{1}{2}} \left(\dfrac{n_{p,\mu}}{p}\right) \begin{cases} 1 & \text{für} \quad p \equiv 1 \bmod 4 \\ i & \text{für} \quad p \equiv 3 \bmod 4 \end{cases}, & \text{wenn} \quad p^{\mu-1} \mid n \end{cases};$$

(b) $\mu \equiv 0 \bmod 2$

$$H(p^\mu, n) = \begin{cases} 0, & \text{wenn} \quad p^{\mu-1} \nmid n \\ -p^{\mu-1}, & \text{wenn} \quad p^{\mu-1} \mid n, \ p^\mu \nmid n \\ (p-1)\,p^{\mu-1}, & \text{wenn} \quad p^\mu \mid n \end{cases}.$$

Zur *Bestimmung der Faktoren* $\psi_p^{(j,j')}(s)$ wird mit $v = v_p$ der höchste ganzzahlige Exponent bezeichnet, mit dem die Primzahl p in n aufgeht. Wegen

$$\zeta_4^{h(p-1)} = \begin{cases} \left(\dfrac{2}{p}\right) & \text{für} \quad p \equiv 1 \bmod 4 \\ \zeta_4^{h(p+1)-2h} = i^{-h}\left(\dfrac{2}{p}\right) & \text{für} \quad p \equiv 3 \bmod 4 \end{cases}$$

erhält man

$$\zeta_4^{h(p-1)} H(p, n) = \left(\frac{-1}{h}\right)^{\frac{1}{2}(p-1)} \left(\frac{2n}{p}\right) \sqrt{p} \qquad (n \in \mathbb{N}).$$

Im folgenden sei p eine Primzahl > 3. Im Falle $v_p = 0$, d.h. $(n, p) = 1$ verschwindet $H(p^\mu, n)$, wenn $\mu > 1$; es gilt also

$$(20.6) \qquad \psi_p^{(j,j')}(n, s) = 1 + \left(\frac{-1}{h}\right)^{\frac{1}{2}(p-1)} \left(\frac{3}{p}\right)^{j+1} \left(\frac{n}{p}\right) p^{\frac{1}{2}-s} \qquad (v_p = 0).$$

Im Fall $v_p > 0$ treten in der Reihendarstellung von $\psi_p^{(j,j')}(n, s)$ höchstens Glieder mit $\mu \leq v_p + 1$ auf, und es verschwinden die Glieder, für die gilt $\mu \leq v_p$, $\mu \equiv 1 \bmod 2$. Das ergibt für $v = v_p \equiv 1 \bmod 2$

$$(20.7) \qquad \psi_p^{(j,j')}(n, s) = 1 + \left(1 - \frac{1}{p}\right) \sum_{k=1}^{\frac{1}{2}(v-1)} p^{2k-2ks} - p^{v-(v+1)s},$$

dagegen für $v = v_p \equiv 0 \bmod 2$ und mit $n_p := n p^{-v}$

$$(20.8) \qquad \begin{aligned} \psi_p^{(j,j')}(n, s) = {} & 1 + \left(1 - \frac{1}{p}\right) \sum_{1 \leq k \leq \frac{1}{2}v} p^{2k-2ks} \\ & + \left(\frac{-1}{h}\right)^{\frac{1}{2}(p-1)} \left(\frac{3}{p}\right)^{j+1} \left(\frac{n_p}{p}\right) p^{v+\frac{1}{2}-(v+1)s}; \end{aligned}$$

diese Formel gilt nach (20.6) sinngemäß auch für $v = 0$.

Mit n_* werde der quadratische Kern von n bezeichnet; aus $n \equiv h' \bmod 24$ folgt $n \equiv n_* \equiv h' \bmod 8$, und in (20.8) kann n_p durch n_* ersetzt werden. – Im Hinblick auf (20.6) führen wir für Primzahlen $p > 3$ die Funktionen

$$\varphi_p^{(j,j')}(n, s) := 1 + \left(\frac{-1}{h}\right)^{\frac{1}{2}(p-1)} \left(\frac{3}{p}\right)^{j+1} \left(\frac{n_*}{p}\right) p^{\frac{1}{2}-s} \quad (\mathrm{Re}\, s > \tfrac{3}{2})$$

ein und definieren

$$F_{j,j'}(n, s) := \prod_{p>3} \varphi_p^{(j,j')}(n, s) \quad (\mathrm{Re}\, s > \tfrac{3}{2}).$$

Wir zeigen zunächst, daß sich $F_{j,j'}(n, s)$ auf *Dirichletsche L-Reihen* $L(s, \chi)$ und die Riemannsche ζ-*Funktion* $\zeta(s)$ zurückführen läßt.

Sei erstens $h \equiv 1 \bmod 4$. Dann erhält man

$$\varphi_p^{(j,j')}(n, s) = 1 + \left(\frac{3}{p}\right)^{j'} \left(\frac{n_*}{p}\right) p^{\frac{1}{2}-s}$$

und daraus, wegen $h' \equiv 1 + 2j' \bmod 4$:

$$(20.9) \qquad \varphi_p^{(j,j')}(n, s) = 1 + \left(\frac{p}{\tilde{n}}\right) p^{\frac{1}{2}-s},$$

wo $\tilde{n}$ unabhängig von p durch

$$(20.10) \qquad \tilde{n} = \begin{cases} n_* & \text{für} \quad j' \equiv 0 \bmod 2 \\ 3\, n_* & \text{für} \quad j' \equiv 1 \bmod 2, \quad n_* \not\equiv 0 \bmod 3 \\ \frac{1}{3}\, n_* & \text{für} \quad j' \equiv 1 \bmod 2, \quad n_* \equiv 0 \bmod 3 \end{cases}$$

definiert ist.

Im Falle $h \equiv 3 \bmod 4$ wird

$$\varphi_p^{(j,j')}(n, s) = 1 + \left(\frac{-1}{p}\right) \left(\frac{3}{p}\right)^{j'} \left(\frac{n_*}{p}\right) p^{\frac{1}{2}-s}, \quad h' \equiv 3 + 2j' \bmod 4,$$

und das liefert abermals (20.9) mit $\tilde{n}$ nach (20.10). Man findet also in jedem Falle (immer unter der Voraussetzung $n \in \mathbb{N}$, $n \equiv h' \bmod 24$)

$$(20.11) \quad \begin{aligned} F_{j,j'}(n, s) &= \prod_{\substack{p>3 \\ p\,\nmid\,\tilde{n}}} (1 - p^{1-2s}) \prod_{p>3} \left(1 - \left(\frac{p}{\tilde{n}}\right) p^{\frac{1}{2}-s}\right)^{-1} \\ &= \sigma_{j,j'}(n, s) \prod_{\substack{p>3 \\ p\,\mid\,n_*}} (1 - p^{1-2s})^{-1}\, \zeta_6^{-1}(2s-1)\, L\left(s - \frac{1}{2}, \left(\frac{*}{\tilde{n}}\right)\right) \end{aligned}$$

mit

$$\sigma_{j,j'}(n, s) := \left(1 - \left(\frac{2}{\tilde{n}}\right) 2^{\frac{1}{2}-s}\right) \left(1 - \left(\frac{3}{\tilde{n}}\right) 3^{\frac{1}{2}-s}\right),$$

$$\zeta_6(s) = \sum_{\substack{m=1 \\ (m,6)=1}}^{\infty} m^{-s} = (1 - 2^{-s})(1 - 3^{-s})\, \zeta(s) \quad (\mathrm{Re}\, s > 1).$$

Von hier aus gelangt man durch leichte Umformungen zu den *abschließenden Darstellungen,* die in den Anwendungen auf die $a_{6,2}^{(j,j')}(n)$ auftreten. Nach (20.5, 11) ergibt sich, zunächst für Re $s > 2$

$$D_{j,j'}(n, s) = \left(\prod_{p > 3} \frac{\psi_p^{(j,j')}(n, s)}{\varphi_p^{(j,j')}(n, s)} \right) F_{j,j'}(n, s)$$

(20.12)

$$= \sigma_{j,j'}(n, s)\, \zeta_6^{-1}(2s - 1)\, L\left(s - \frac{1}{2}, \left(\frac{*}{\tilde{n}}\right)\right) R_{j,j'}(n, s),$$

wo $R_{j,j'}(n, s)$ als endliches Produkt der Gestalt

$$R_{j,j'}(n, s) = \prod_{p > 3,\, p \mid n} \varrho_p^{(j,j')}(n, s)$$

erscheint, dessen Faktoren definiert sind durch

$$\varrho_p^{(j,j')}(n, s) = (1 - p^{1-2s})^{-1}\, \psi_p^{(j,j')}(n, s)$$

mit $\psi_p^{(j,j')}(n, s)$ nach (20.7), wenn $v = v_p \equiv 1 \bmod 2$ (was $p \mid n_*$ bedeutet); dagegen durch

$$\varrho_p^{(j,j')}(n, s) = \left(1 + \left(\frac{p}{\tilde{n}}\right) p^{\frac{1}{2}-s}\right)^{-1} \psi_p^{(j,j')}(n, s)$$

mit $\psi_p^{(j,j')}(n, s)$ nach (20.8), wenn $v = v_p \equiv 0 \bmod 2$ (was $p \nmid n_*$ bedeutet, also hier wegen $p \mid n$ soviel wie $p \mid q$, wo $n = q^2 n_*$, $q \in \mathbb{N}$). Die Darstellung (20.8) von $\psi_p^{(j,j')}(n, s)$ kann in der gleichen Weise wie oben die von $\varphi_p^{(j,j')}(n, s)$ in

$$(20.13) \qquad \psi_p^{(j,j')}(n, s) = 1 + \left(1 - \frac{1}{p}\right) \sum_{k=1}^{\frac{1}{2}v} p^{2k - 2ks} + \left(\frac{p}{\tilde{n}}\right) p^{v + \frac{1}{2} - (v+1)s}$$

übergeführt werden.

Eine weitere, *letzte, Umformung* der $\psi_p^{(j,j')}(n, s)$ in den Darstellungen (20.7, 13) betrifft die Abspaltung des Faktors

$$1 - p^{1-2s} \quad \text{für} \quad v \equiv 1\,(2); \qquad 1 + \left(\frac{p}{\tilde{n}}\right) p^{\frac{1}{2}-s} \quad \text{für} \quad v \equiv 0\,(2), \quad v > 0$$

und verläuft völlig elementar. Man findet

$$\varrho_p^{(j,j')}(n, s) = \sum_{0 \leq k \leq \frac{1}{2}(v-1)} p^{2k - 2ks}, \quad \text{wenn} \quad v \equiv 1 \bmod 2$$

(20.14)

$$\varrho_p^{(j,j')}(n, s) = \left(1 - \left(\frac{p}{\tilde{n}}\right) p^{\frac{1}{2}-s}\right) \sum_{k=0}^{\frac{1}{2}v-1} p^{2k - 2ks} + p^{v - vs},$$

wenn $v \equiv 0 \bmod 2$. Die erste dieser Formeln gilt auch für $v = 1$, die zweite auch für $v = 0$; die betr. Werte von $\varrho_p^{(j,j')}(n, s)$ sind beide $= 1$, wie die ursprünglichen Darstellungen zeigen.

Mit diesen Resultaten ist die Bestimmung der Fourier-Koeffizienten der Modulform (20.3) *prinzipiell abgeschlossen.* Zur Formulierung des Ergebnisses hat man in die erhaltene Darstellung von $D_{j,j'}(n, s)$ für s den Wert $r = \frac{1}{2}h$ einzusetzen. Wir verabreden, in den Funktionszeichen $D_{j,j'}(n,s)$, $\sigma_{j,j'}(n,s)$, $R_{j,j'}(n,s)$, $\varrho_p^{(j,j')}(n,s)$ (p Primzahl > 3, $p\,|\,n$) das Argument s fortzulassen, wenn $s = \frac{1}{2}\,h$ eingesetzt wird. Demgemäß erhält man

$$(20.15) \qquad \frac{1}{2\sqrt{3}^j}\, \xi_4^h\, G\left(\tau, \mathsf{K}_{6,2}^{(j,j')}, T\right) = \sum_{\substack{n=1 \\ n \equiv h'(24)}}^{\infty} c_{6,2}^{(j,j')}(n)\, \exp \pi\, i\, n\, \frac{\tau}{12}$$

mit

$$(20.16) \qquad c_{6,2}^{(j,j')}(n) = \alpha_{j,j'}\, \sigma_{j,j'}(n)\, \zeta_6^{-1}(h-1)\, L\left(\frac{1}{2}(h-1), \left(\frac{*}{\tilde{n}}\right)\right) R_{j,j'}(n)\, n^{\frac{1}{2}h-1},$$

wo $\alpha_{j,j'}$ in (20.4) angegeben, n_* der quadratische Kern von n, $\tilde{n}$ durch (20.10) definiert ist und

$$\sigma_{j,j'}(n) \quad := \left(1 - \left(\frac{2}{\tilde{n}}\right) 2^{-\frac{1}{2}(h-1)}\right)\left(1 - \left(\frac{3}{\tilde{n}}\right) 3^{-\frac{1}{2}(h-1)}\right),$$

$$R_{j,j'}(n) \quad := \prod_{p > 3,\, p\,|\,n} \varrho_p^{(j,j')}(n),$$

$$\varrho_p^{(j,j')}(n) := \sum_{k=0}^{\frac{1}{2}(v-1)} p^{-k(h-2)}, \quad \text{wenn} \quad v = v_p \equiv 1 \bmod 2,$$

$$\varrho_p^{(j,j')}(n) := \left(1 - \left(\frac{p}{\tilde{n}}\right) p^{-\frac{1}{2}(h-1)}\right) \sum_{k=0}^{\frac{1}{2}v-1} p^{-k(h-2)} + p^{-\frac{1}{2}v(h-2)},$$

wenn $v = v_p \equiv 0 \bmod 2$; die Alternative $v \equiv \left\{\begin{matrix}1\\0\end{matrix}\right\} \bmod 2$ bedeutet $\left\{\begin{matrix}p\,|\,n_*\\p\nmid n_*\end{matrix}\right\}$, und es gilt

$$(20.17) \qquad\qquad R_{j,j'}(n) = 1, \quad \text{wenn } n \text{ quadratfrei}.$$

Ist andererseits z. B. $n = n_*\, q^2$ mit $q \in \mathbb{N}$, $(q, n^*) = 1$ und quadratfreiem q, so kommt

$$R_{j,j'}(n) = \prod_{p > 3,\, p\,|\,q} \left(1 - \left(\frac{p}{\tilde{n}}\right) p^{-\frac{1}{2}(h-1)} + p^{-(h-2)}\right).$$

Zu $\tilde{n}$ (vgl. (20.10)): $\tilde{n} = 1$ tritt genau dann ein, wenn entweder $j' \equiv 0 \bmod 2$ und n ein Quadrat oder $j' \equiv 1 \bmod 2$ und n ein dreifaches Quadrat ist. In beiden Fällen hat man $L\left(s, \left(\frac{*}{\tilde{n}}\right)\right)$ durch $\zeta(s)$ zu ersetzen. Man bestätigt direkt, daß dies nur für $h \equiv 1\ (4)$ eintreten kann.

Die gesuchte Darstellung der $c_{6,2}^{(j,j')}(n)$ in finiten Ausdrücken beruht auf dem entsprechenden Phänomen für $L\left(\frac{1}{2}(h-1), \left(\frac{*}{m}\right)\right)$ bei ungeradem quadratfreiem $m \in \mathbb{N}$, wenn $h \equiv m \bmod 4$. Es läßt sich im vorliegenden Falle nach den Formeln von [25] (36) realisieren, da nach (20.10) $\tilde{n}$ quadratfrei und $\equiv h \bmod 4$ ist.

Wir betrachten kurz das *asymptotische Verhalten* der $c_{6,2}^{(j,j')}(n)$ ($n \equiv h' \bmod 24$, $n \to +\infty$). Wir benutzen (20.3, 5), was

$$c_{6,2}^{(j,j')}(n) = \alpha_{j,j'}\, D_{j,j'}(n, \tfrac{1}{2}\,h)\, n^{\frac{1}{2}h-1},$$

mit konstantem $\alpha_{j,j'} > 0$ und der Produktformel bedeutet. Die sehr grobe Abschätzung $|H(m,n)| \leq m$ liefert einerseits

$$|\psi_p^{(j,j')}(n,s)| \leq \sum_{\mu=0}^{\infty} p^{\mu(1-\sigma)} = (1 - p^{-(\sigma-1)})^{-1},$$

wo $\sigma := \operatorname{Re} s > 1$; andererseits

$$|\psi_p^{(j,j')}(n,s)| \geq 1 - \sum_{\mu=1}^{\infty} p^{\mu(1-\sigma)} = (1 - 2p^{1-\sigma})(1 - p^{1-\sigma})^{-1}.$$

Die rechte Seite ist $\geq (1 - p^{-(\sigma-1-\beta)})(1 - p^{-(\sigma-1)})^{-1}$, wenn β durch $2 = 5^\beta$ bestimmt wird; β ist eine positive numerische Konstante $< \frac{1}{2}$. Nun folgt

$$\zeta_6(\sigma-1)\,\zeta_6^{-1}(\sigma-\beta-1) < |D_{j,j'}(n,s)| \leq \zeta_6(\sigma-1),$$

falls $\sigma \geq \frac{5}{2}$ und daraus

Satz 20.1. *Für $j \in \mathbb{N}$, $j' \in \mathbb{N}_0$, $h := j + j' \equiv 1 \bmod 2$, $h \geq 5$ gilt (vgl. (20.15)), wenn $n \in \mathbb{N}$, $n \equiv h + 2j' \bmod 24$:*

$$\lambda_h\, n^{\frac{1}{2}h-1} \leq |c_{6,2}^{(j,j')}(n)| \leq \mu_h\, n^{\frac{1}{2}h-1}$$

mit positiven, nur von h abhängigen Konstanten λ_h, μ_h.   —

Die gleiche Aussage besteht nach Satz 19.1 und aufgrund bekannter Abschätzungen der Fourier-Koeffizienten der ganzen Spitzenformen auch für die Anzahlfunktionen $a_{6,2}^{(j,j')}(n)$ ($n \equiv h' \bmod 24$) unter den angegebenen Bedingungen. Sie gilt (mutatis mutandis) in gleicher Weise für die $a_{6,2}^{(j,j')}(n)$ bei geradem $h \geq 6$ ($h' := h + 2j'$).

Um die *Darstellung* der $c_{6,2}^{(j,j')}(n)$ *in finiten Ausdrücken* abzuleiten, wenn einer der zwölf Fälle mit $h = 5, 7$ vorliegt, hat man lediglich die oben zitierten Formeln für $L\left(2, \left(\frac{*}{m}\right)\right)$ bzw. $L\left(3, \left(\frac{*}{m}\right)\right)$ auszuschreiben, wenn m eine quadratfreie natürliche Zahl $\equiv 1$ bzw. $3 \bmod 4$ bezeichnet. Danach gilt bei quadratfreiem $m \in \mathbb{N}$

$$L\left(2, \left(\frac{*}{m}\right)\right) = 2\,\pi^2\, m^{-\frac{5}{2}}\, u_2(m) \qquad (m \equiv 1\ (4))$$

mit

$$u_2(m) := -\sum_{k=1}^{\frac{1}{2}(m-1)} \left(\frac{k}{m}\right) k\,(m-k) \quad \text{für } m > 1,$$

$$u_2(1) := \frac{1}{12} \qquad (m = 1);$$

$$L\left(3, \left(\frac{*}{m}\right)\right) = \frac{2}{3}\,\pi^3\, m^{-\frac{7}{2}}\, u_3(m) \qquad (m \equiv 3\ (4))$$

mit

$$u_3(m) := \sum_{k=1}^{\frac{1}{2}(m-1)} \left(\frac{k}{m}\right) k\,(m-k)\,(m-2k);$$

es sei hervorgehoben, daß $u_2(m)$ für $m > 5$ und $u_3(m)$ für $m > 7$ durch m teilbar ist.

Es sei $h = 5$. Zur Erleichterung der Übersicht tabulieren wir $\sigma_{j,j'}(n)$:

j'	0	1	2	3	4
h'	5	7	9	11	13
$\tilde{n}$	n_*	$3\,n_*$	n_*	$3\,n_*$	n_*
$\sigma_{j,j'}(n)$	$\dfrac{25}{18}$	$\dfrac{5}{4}$	$\dfrac{1}{12}\left(9-\left(\dfrac{n_*}{3}\right)\right)$	$\dfrac{3}{4}$	$\dfrac{10}{9}$

und erhalten nun (jeweils für $n \in \mathbb{N}$, $n \equiv h' \bmod 24$) und mit $n = n_*\, q^2$ ($q \in \mathbb{N}$)

$$c_{6,2}^{(5,0)}(n) = \frac{10}{9}\, n_*^{-1}\, u_2(n_*)\, q^3\, R_{5,0}(n),$$

$$c_{6,2}^{(4,1)}(n) = \frac{1}{3}\, (3\,n_*)^{-1}\, u_2(3\,n_*)\, q^3\, R_{4,1}(n),$$

$$c_{6,2}^{(3,2)}(n) = \frac{1}{5}\left(9-\left(\frac{n_*}{3}\right)\right) n_*^{-1}\, u_2(n_*)\, q^3\, R_{3,2}(n),$$

$$c_{6,2}^{(2,3)}(n) = \frac{3}{5}\, (3\,n_*)^{-1}\, u_2(3\,n_*)\, q^3\, R_{2,3}(n),$$

$$c_{6,2}^{(1,4)}(n) = 8\, n_*^{-1}\, u_2(n_*)\, q^3\, R_{1,4}(n).$$

Obwohl der Rang der Schar $\mathsf{K}_{6,2}^{(1,4)+}$ nach (19.14) gleich 1 ist, tritt bei der Bestimmung von $a_{6,2}^{(1,4)}(n)$ kein Beitrag einer ganzen Spitzenform auf. Es besteht vielmehr eine Jacobische Identität im engeren Sinne:

Satz 20.2. *Für $n \in \mathbb{N}$, $n \equiv 13 \bmod 24$ gilt*

$$a_{6,2}^{(1,4)}(n) = 8\, n_*^{-1}\, u_2(n_*)\, q^3\, R_{1,4}(n). \quad -$$

Für $h = 7$ tabulieren wir $\sigma_{j,j'}(n)$ wie folgt

j'	0	1	2	3	4	5	6
h'	7	9	11	13	15	17	19
$\tilde{n}$	n_*	$3\,n_*$ oder $\dfrac{1}{3}\,n_*$	n_*	$3\,n_*$	n_*	$3\,n_*$	n_*
$\sigma_{j,j'}(n)$	$\dfrac{7^2}{2\cdot 3^3}$	$\dfrac{1}{24}\left(27+\left(\dfrac{\tilde{n}}{3}\right)\right)$	$\dfrac{13}{12}$	$\dfrac{7}{8}$	$\dfrac{7}{6^3}\left(27+\left(\dfrac{n_*}{3}\right)\right)$	$\dfrac{9}{8}$	$\dfrac{7}{6}$

Damit ergibt sich (jeweils für $n \in \mathbb{N}$, $n \equiv h' \bmod 24$) und mit $n = n_* q^2$, $q \in \mathbb{N}$:

$$c_{6,2}^{(7,0)}(n) = \frac{4 \cdot 7}{3^4 \cdot 13}\, n_*^{-1}\, u_3(n_*)\, q^5\, R_{7,0}(n),$$

$$c_{6,2}^{(6,1)}(n) = \frac{1}{3 \cdot 7 \cdot 13}\, (3\, n_*)^{-1}\, u_3(3\, n_*)\, q^5\, R_{6,1}(n) \qquad (\tilde{n} = 3\, n_*),$$

$$c_{6,2}^{(6,1)}(n) = \frac{3}{7 \cdot 13}\left(27 + \left(\frac{\tilde{n}}{3}\right)\right) \tilde{n}^{-1}\, u_3(\tilde{n})\, q^5\, R_{6,1}(n) \qquad \left(\tilde{n} = \frac{1}{3}\, n_*\right),$$

$$c_{6,2}^{(5,2)}(n) = \frac{2}{3 \cdot 7}\, n_*^{-1}\, u_3(n_*)\, q^5\, R_{5,2}(n),$$

$$c_{6,2}^{(4,3)}(n) = \frac{1}{3^2 \cdot 13}\, (3\, n_*)^{-1}\, u_3(3\, n_*)\, q^5\, R_{4,3}(n),$$

$$c_{6,2}^{(3,4)}(n) = \frac{1}{3^2 \cdot 13}\left(27 + \left(\frac{n_*}{3}\right)\right) n_*^{-1}\, u_3(n_*)\, q^5\, R_{3,4}(n),$$

$$c_{6,2}^{(2,5)}(n) = \frac{3}{7 \cdot 13}\, (3\, n_*)^{-1}\, u_3(3\, n_*)\, q^5\, R_{2,5}(n),$$

$$c_{6,2}^{(1,6)}(n) = \frac{12}{13}\, n_*^{-1}\, u_3(n_*)\, q^5\, R_{1,6}(n).$$

§ 21. Ganze Spitzenformen; abschließende Resultate; numerische Werte

(Inhaltsübersicht: Konstruktion der ganzen Spitzenformen aus $K_{6,2}^{(j,j')}$ für $h = 5$ und $h = 7$ nach der Methode von § 14. Abschließende Formeln (Jacobische Identitäten) für die $a_{6,2}^{(j,j')}(n)$ in den Fällen $h = 5$ ($j = 5, 4, 3, 2$) und $h = 7$ ($j = 7, 4, 3, 1$). Tabellen.)

Im folgenden wird dauernd benutzt, daß ein Multiplikatorsystem $v \in [\Gamma_0[6], -r]^1$ ($r \in \mathbb{R}$) durch r und seine Drehreste in den Spitzen ζ_t ($t = 1, 2, 3, 6$) eindeutig bestimmt ist. Die folgende Tabelle enthält in der Spalte unter den Werten von j, j' die Ordnungen bezüglich $\Gamma = \Gamma_0[6]$ von $\vartheta_{6,2}^{(j,j')}$ in den Spitzen ζ_t (vgl. (19.13)).

Tabelle

$j, j'; h'$	5,0;5	4,1;7	3,2;9	2,3;11	1,4;13	7,0;7	6,1;9	5,2;11	4,3;13	3,4;15	2,5;17	1,6;19
$\zeta = 0$	0	0	0	0	0	0	0	0	0	0	0	0
$\zeta = -\frac{1}{2}$	$\frac{5}{8}$	$\frac{7}{8}$	$\frac{9}{8}$	$\frac{11}{8}$	$\frac{13}{8}$	$\frac{7}{8}$	$\frac{9}{8}$	$\frac{11}{8}$	$\frac{13}{8}$	$\frac{15}{8}$	$\frac{17}{8}$	$\frac{19}{8}$
$\zeta = -\frac{1}{3}$	$\frac{5}{3}$	$\frac{4}{3}$	1	$\frac{2}{3}$	$\frac{1}{3}$	$\frac{7}{3}$	2	$\frac{5}{3}$	$\frac{4}{3}$	1	$\frac{2}{3}$	$\frac{1}{3}$
$\zeta = \infty$	$\frac{5}{24}$	$\frac{7}{24}$	$\frac{3}{8}$	$\frac{11}{24}$	$\frac{13}{24}$	$\frac{7}{24}$	$\frac{3}{8}$	$\frac{11}{24}$	$\frac{13}{24}$	$\frac{5}{8}$	$\frac{17}{24}$	$\frac{19}{24}$

Wird $\mathrm{ord}_{\Gamma,\zeta_t}\,\vartheta_{6,2}^{(j,j')} = \alpha_t^{(j,j')}$ gesetzt, so erhält $\vartheta_{6,2}^{(j,j')}$ auf jeder die ζ_t enthaltenden Fundamentalmenge von $\Gamma_0\,[6]$ den Divisor

$$\vartheta_{6,2}^{(j,j')} \sim \prod_{t>0,\,t\,|\,6} (\zeta_t)^{\alpha_t^{(j,j')}}; \qquad \text{vgl. § 19.}$$

Zur Vereinfachung der Bezeichnung denken wir uns j, j' fixiert. Es sei

$$\lambda_t \equiv \alpha_t \bmod 1, \qquad \lambda_t > 0 \ (t \in \mathbb{N},\, t\,|\,6), \qquad \sum_{t>0,\,t\,|\,6} \lambda_t = \sum_{t>0,\,t\,|\,6} \alpha_t.$$

Dann wird bis auf einen konstanten Faktor durch

$$\varphi\,(\tau) = \varphi^{(j,j')}\,(\tau) \sim \prod_{t>0,\,t\,|\,6} (\zeta_t)^{\lambda_t}$$

eine Funktion aus $\mathsf{K}_{6,2}^{(j,j')+}$ definiert. Sie läßt sich in der Gestalt

$$(21.1) \qquad\qquad \varphi^{(j,j')}\,(\tau) \approx \prod_{t>0,\,t\,|\,6} Z^{\lambda_t}\,(\tau, \zeta_t) \qquad (\text{vgl. (19.10)})$$

und daher als Potenzprodukt der $\eta\,(l\,\tau)$ ($l \in \mathbb{N},\, l\,|\,6$) darstellen.

Dieser Sachverhalt besteht natürlich für beliebige $h \in \mathbb{N}$. Bei gebrochenen Exponenten λ_t ist Z^{λ_t} mit Hilfe der Hauptwertsumme von $\log \eta\,(\tau)$ zu definieren. Aus der Tabelle geht hervor, daß die Spalte der λ_t genau dann eindeutig bestimmt ist, wenn $\dim_{\mathbb{C}} \mathsf{K}_{6,2}^{(j,j')+}$ den Wert 1 hat. Dies tritt nach (19.14) in allen Fällen mit $h = 5$ und im Fall $j = 3$, $j' = 4$ ein. Man erhält in der Reihenfolge $h = 5$, j bzw. $= 5, 4, 3, 2, 1$ und $j = 3$, $j' = 4$, wenn die Spalten als transponierte Zeilen geschrieben werden:

$$\{\lambda_1, \lambda_2, \lambda_3, \lambda_4\}^{\displaystyle\cdot} = \text{bzw.} \ \{1, \tfrac{5}{8}, \tfrac{2}{3}, \tfrac{5}{24}\}^{\displaystyle\cdot}, \quad \{1, \tfrac{7}{8}, \tfrac{1}{3}, \tfrac{7}{24}\}^{\displaystyle\cdot}, \quad \{1, \tfrac{1}{8}, 1, \tfrac{3}{8}\}^{\displaystyle\cdot},$$

$$\{1, \tfrac{3}{8}, \tfrac{2}{3}, \tfrac{11}{24}\}^{\displaystyle\cdot}, \quad \{1, \tfrac{5}{8}, \tfrac{1}{3}, \tfrac{13}{24}\}^{\displaystyle\cdot}; \quad \{1, \tfrac{7}{8}, 1, \tfrac{5}{8}\}^{\displaystyle\cdot}.$$

Die gesuchten *ganzen Spitzenformen* ergeben sich aus diesen Spalten durch Multiplikation mit der Matrix $24\,\mathsf{P}_6^{-1}$ (s. bei (19.10)) von links; man findet unmittelbar oder durch Umformungen nach (14.3) und (19.11):

$$\varphi^{(5,0)}\,(\tau) = \eta^3\,(\tau)\,\eta\,(2\,\tau)\,\eta^2\,(3\,\tau)\,\eta^{-1}\,(6\,\tau) = \eta^4\,(\tau)\,\vartheta_{0,6}\,(\tau)$$

$$= \eta^3\,(\tau)\,\eta\,(2\,\tau)\,\vartheta_0\,(6\,\tau);$$

$$\varphi^{(4,1)}\,(\tau) = \eta^3\,(\tau)\,\eta^2\,(2\,\tau) = \eta^4\,(\tau)\,\tfrac{1}{2}\,\vartheta_2\,(\tau);$$

$$\varphi^{(3,2)}\,(\tau) = \eta^4\,(\tau)\,\eta^{-2}\,(2\,\tau)\,\eta^3\,(3\,\tau) = \vartheta_0^2\,(2\,\tau)\,\eta^3\,(3\,\tau);$$

$$\varphi^{(2,3)}\,(\tau) = \eta^4\,(\tau)\,\eta^{-1}\,(2\,\tau)\,\eta\,(3\,\tau)\,\eta\,(6\,\tau)$$

$$= \eta^2\,(\tau)\,\vartheta_0\,(2\,\tau)\,\eta\,(3\,\tau)\,\eta\,(6\,\tau);$$

$$\varphi^{(1,4)}\,(\tau) = \eta^4\,(\tau)\,\eta^{-1}\,(3\,\tau)\,\eta^2\,(6\,\tau) = \eta^4\,(\tau)\,\tfrac{1}{2}\,\vartheta_2\,(3\,\tau);$$

$$\varphi^{(3,4)}\,(\tau) = \eta^2\,(\tau)\,\eta^2\,(2\,\tau)\,\eta^3\,(3\,\tau) = \eta^3\,(\tau)\,\tfrac{1}{2}\,\vartheta_2\,(\tau)\,\eta^3\,(3\,\tau).$$

Mit den Fourier-Koeffizienten dieser Basisformen von $\mathsf{K}_{6,2}^{(j,j')+}$ lassen sich bereits die *abschließenden Resultate* formulieren, wenn $h = 5$ und wenn $j = 3$,

$j' = 4$; der Fall $j = 1$, $j' = 4$ ist durch Satz 20.2 erledigt. Wir definieren, wenn jeweils $n \in \mathbb{N}$, $n \equiv h' \bmod 24$:

$$\beta^{(5,0)}(n) := \sum_{m_1,\ldots,m_4,m_5} \left(\frac{-1}{m_1 \ldots m_4}\right)_* \quad \text{u.d.B.} \quad \begin{cases} m_1 \equiv \ldots \equiv m_4 \equiv m_5 \equiv 1 \bmod 6 \\ m_1^2 + \ldots + m_5^2 = n \end{cases},$$

$$\beta^{(4,1)}(n) := \sum_{m_1,m_2,m_3} \left(\frac{-1}{m_1 \, m_2}\right)_* m_3 \quad \text{u.d.B.} \quad \begin{cases} m_1 \equiv m_2 \equiv 1\,(6), m_3 \equiv 1\,(4) \\ 2\,m_1^2 + 2\,m_2^2 + 3\,m_3^2 = n \end{cases},$$

$$\beta^{(2)}(n) := \sum_{m_1,m_2,m_3} (-1)^{m_1+m_2}\, m_3 \quad \text{u.d.B.} \quad m_3 \equiv 1\,(4),\ 8\,m_1^2 + 8\,m_2^2 + 3\,m_3^2 = n,$$

$$\beta^{(3,2)}(n) := \beta^{(2)}\left(\tfrac{1}{3}\,n\right) \quad (n \equiv 9 \bmod 24),$$

$$\beta^{(2,3)}(n) := \sum_{m_1,\ldots,m_4,m_5} \left(\frac{-1}{m_1 \ldots m_4}\right)_* (-1)^{m_5}$$

$$\text{u.d.B.} \quad m_1 \equiv \ldots \equiv m_4 \equiv 1\,(6),\ m_1^2 + m_2^2 + 3\,m_3^2 + 6\,m_4^2 + 24\,m_5^2 = n,$$

$$\beta^{(3)}(n) := \sum_{m_1,m_2,m_3} m_1\, m_3 \quad \text{u.d.B.} \quad \begin{cases} m_1 \equiv m_2 \equiv m_3 \equiv 1\,(4) \\ m_1^2 + m_2^2 + 3\,m_3^2 = n \end{cases},$$

$$\beta^{(3,4)}(n) := \beta^{(3)}\left(\tfrac{1}{3}\,n\right) \quad (n \equiv 15 \bmod 24).$$

In diesen Bezeichnungen und mit den in § 20 angegebenen Werten von $c_{6,2}^{(j,j')}(n)$ ergeben sich zunächst die folgenden Identitäten Jacobischer Art:

Satz 21.1. *Für* $h = 5$, $j = 5, 4, 3, 2$ *gilt, wenn* $n \in \mathbb{N}$ *und* $n \equiv h' \bmod 24$ $(h' := h + 2j')$

$$a_{6,2}^{(5,0)}(n) = c_{6,2}^{(5,0)}(n) + \tfrac{5}{9}\,\beta^{(5,0)}(n), \qquad a_{6,2}^{(4,1)}(n) = c_{6,2}^{(4,1)}(n) + \tfrac{2}{3}\,\beta^{(4,1)}(n),$$

$$a_{6,2}^{(3,2)}(n) = c_{6,2}^{(3,2)}(n) + \tfrac{2}{5}\,\beta^{(2)}\left(\frac{n}{3}\right), \qquad a_{6,2}^{(2,3)}(n) = c_{6,2}^{(2,3)}(n) + \tfrac{4}{5}\,\beta^{(2,3)}(n). \quad -$$

Die Ableitung der entsprechenden Identitäten für $h = 7$ ist mit der einen Ausnahme $j = 3$, $j' = 4$ merklich komplizierter. In diesem Ausnahmefall erhält man

Satz 21.2. *Für* $j = 3$, $j' = 4$ *gilt, wenn* $n \in \mathbb{N}$, $n \equiv 15 \bmod 24$

$$a_{6,2}^{(3,4)}(n) = c_{6,2}^{(3,4)}(n) + \tfrac{64}{13}\,\beta^{(3)}\left(\frac{n}{3}\right).$$

In den *anderen Fällen mit* $h = 7$ hat $\mathsf{K}_{6,2}^{(j,j')+}$ den Rang 2. Wie man zu verfahren hat, um eine Basis dieser Schar zu konstruieren, soll *am Beispiel* $j = 7$, $j' = 0$ gezeigt werden. – Aus der Tabelle erhält man zunächst die folgenden Spalten (λ_t) $(t = 1, 2, 3, 6)$, die nach dem genannten divisorentheoretischen Verfahren auf ganze Spitzenformen führen:

$$\{\lambda_1, \lambda_2, \lambda_3, \lambda_6\}^{\bullet} = \{1, \tfrac{7}{8}, \tfrac{4}{3}, \tfrac{7}{24}\}^{\bullet}, \quad \{1, \tfrac{15}{8}, \tfrac{1}{3}, \tfrac{7}{24}\}^{\bullet},$$

$$\{1, \tfrac{7}{8}, \tfrac{1}{3}, \tfrac{31}{24}\}^{\bullet}, \quad \{2, \tfrac{7}{8}, \tfrac{1}{3}, \tfrac{7}{24}\}^{\bullet}$$

Die erste liefert

$$\varphi_1^{(7,0)}(\tau) := \eta(\tau)\,\eta^3(2\tau)\,\eta^6(3\tau)\,\eta^{-3}(6\tau)$$

$$= \eta^4(\tau)\,\vartheta_{0,6}^3(\tau) = \eta(\tau)\,\eta^3(2\tau)\,\vartheta_0^3(6\tau);$$

die drei anderen entstehen aus $\varphi_1^{(7,0)}(\tau)$ durch Multiplikation mit einer Funktion der Gestalt

$$(21.2)\qquad \eta^{\mu_1}(\tau)\,\eta^{\mu_2}(2\tau)\,\eta^{\mu_3}(3\tau)\,\eta^{\mu_6}(6\tau)\qquad (\mu_1,\ldots,\mu_6 \in \mathbb{Z}),$$

deren Exponentensystem (μ_t) $(t = 1, 2, 3, 6)$ wie folgt zu erhalten ist:

Es sei $\mathfrak{g}_k$ $(k = 1, 2, 3, 4)$ die k-te Spalte der Matrix $24\,\mathsf{P}_6^{-1}$ aus § 19. Dann kommen hier in Betracht

$$\{\mu_1,\mu_2,\mu_3,\mu_6\}^{\bullet} = \mathfrak{g}_2 - \mathfrak{g}_3 = \{-1, 5, -5, 1\}^{\bullet};$$

$$= \mathfrak{g}_4 - \mathfrak{g}_3 = \{3, -3, -9, 9\}^{\bullet}; = \mathfrak{g}_1 - \mathfrak{g}_3 = \{8, -4, -8, 4\}^{\bullet}.$$

Von den resultierenden Modulformen hat, soweit ersichtlich, nur die dritte

$$\varphi_2^{(7,0)}(\tau) := \eta^4(\tau)\,\eta^{-3}(3\tau)\,\eta^6(6\tau) = \eta^4(\tau)\,\tfrac{1}{8}\,\vartheta_2^3(3\tau)$$

den Charakter einer Thetareihe. Daß $\varphi_1^{(7,0)}(\tau)$ und $\varphi_2^{(7,0)}(\tau)$ eine Basis von $\mathsf{K}_{6,2}^{(7,0)+}$ bilden, liegt an der Definition der Exponentensysteme (μ_t). So bedeutet $(\mu_t) = \mathfrak{g}_2 - \mathfrak{g}_3$, daß die betreffende Funktion (21.1) eine *vollinvariante Funktion der Gruppe* $\Gamma_0[6]$ mit dem Divisor $(\zeta_2)(\zeta_3)^{-1}$ darstellt.

Die Anwendung des beschriebenen Verfahrens liefert in den Fällen $h = 7$, $j = 6, 5, 4, 2, 1$ (vgl. Satz 21.2) die folgenden ganzen Spitzenformen $\varphi_\nu^{(j,j')}$, von denen bei gleichem j je zwei, falls vorhanden, eine Basis von $\mathsf{K}_{6,2}^{(j,j')+}$ bilden.

$$\varphi_1^{(6,1)}(\tau) := \eta(\tau)\,\eta^4(2\tau)\,\eta^4(3\tau)\,\eta^{-2}(6\tau) = \eta(\tau)\,\eta^4(2\tau)\,\vartheta_0^2(6\tau),$$

$$\varphi_2^{(6,1)}(\tau) := \eta^{10}(\tau)\,\eta^{-5}(2\tau)\,\eta(3\tau)\,\eta(6\tau) = \vartheta_0^5(2\tau)\,\eta(3\tau)\,\eta(6\tau),$$

$$\varphi_3^{(6,1)}(\tau) := \eta^2(\tau)\,\eta^{-1}(2\tau)\,\eta^9(3\tau)\,\eta^{-3}(6\tau) = \vartheta_0(2\tau)\,\eta^3(3\tau)\,\vartheta_0^3(6\tau);$$

$$\varphi_1^{(5,2)}(\tau) := \eta(\tau)\,\eta^5(2\tau)\,\eta^2(3\tau)\,\eta^{-1}(6\tau) = \eta(\tau)\,\eta^5(2\tau)\,\vartheta_0(6\tau),$$

$$\varphi_2^{(5,2)}(\tau) := \eta^{10}(\tau)\,\eta^{-4}(2\tau)\,\eta^{-1}(3\tau)\,\eta^2(6\tau) = \eta^2(\tau)\,\vartheta_0^4(2\tau)\,\tfrac{1}{2}\,\vartheta_2(3\tau),$$

$$\varphi_3^{(5,2)}(\tau) := \eta^2(\tau)\,\eta^7(3\tau)\,\eta^{-2}(6\tau) = \eta^2(\tau)\,\eta^3(3\tau)\,\vartheta_0^2(6\tau);$$

$$\varphi_1^{(4,3)}(\tau) := \eta(\tau)\,\eta^6(2\tau),$$

$$\varphi_2^{(4,3)}(\tau) := \eta^2(\tau)\,\eta(2\tau)\,\eta^5(3\tau)\,\eta^{-1}(6\tau)$$

$$= \eta^2(\tau)\,\eta(2\tau)\,\eta^3(3\tau)\,\vartheta_0(6\tau) = \eta^3(\tau)\,\eta^3(3\tau)\,\vartheta_{0,6}(\tau),$$

$$\varphi_3^{(4,3)}(\tau) := \eta^5(\tau)\,\eta^{-2}(2\tau)\,\eta^{-4}(3\tau)\,\eta^8(6\tau) = \eta(\tau)\,\vartheta_0^2(2\tau)\,(\tfrac{1}{2}\,\vartheta_2(3\tau))^4;$$

$$\varphi^{(2,5)}(\tau) := \eta^2(\tau)\,\eta^3(2\tau)\,\eta(3\tau)\,\eta(6\tau);$$

$$\varphi_1^{(1,6)}(\tau) := \eta^2(\tau)\,\eta^4(2\tau)\,\eta^{-1}(3\tau)\,\eta^2(6\tau) = \eta^2(\tau)\,\eta^4(2\tau)\,\tfrac{1}{2}\,\vartheta_2(3\tau),$$

$$\varphi_2^{(1,6)}(\tau) := \eta^3(\tau)\,\eta^{-1}(2\tau)\,\eta^4(3\tau)\,\eta(6\tau) = \eta(\tau)\,\vartheta_0(2\tau)\,\eta^4(3\tau)\,\eta(6\tau).$$

Es sei hervorgehoben, daß sich hier (aus unbekannten Gründen) keine Basis der Schar $\mathsf{K}_{6,2}^{(2,5)+}$ in Gestalt zweier Thetareihen ergibt.

Im folgenden sollen über die eine von Satz 21.2 hinaus noch *weitere drei Identitäten Jacobischer Art für* $h = 7$ aufgestellt werden; es handelt sich um die Fälle mit $j = 7, 4, 1$. Wir setzen

$$\varphi_\nu^{(j,j')}(\tau) = \sum_{\substack{n=h' \\ n \equiv h'(24)}}^{\infty} \beta_{j,\nu}(n) \exp \pi i n \frac{\tau}{12} \qquad (h' = h + 2j')$$

und verwenden diese Bezeichnung für $h = 7, j = 7, 4, 1; \nu = 1, 2$. Dann wird

$$\beta_{7,1}(n) = \sum_{m_1,\dots,m_7} \left(\frac{-1}{m_1\, m_2\, m_3\, m_4}\right)_* \quad \text{u.d.B.} \quad \left\{\begin{array}{l} m_1 \equiv m_2 \equiv \dots \equiv m_7 \equiv 1 \bmod 6 \\ \displaystyle\sum_{i=1}^{7} m_i^2 = n \end{array}\right\},$$

$$\beta_{7,2}(n) = \sum_{m_1,\dots,m_7} \left(\frac{-1}{m_1\, m_2\, m_3\, m_4}\right)_*$$

$$\text{u.d.B.} \quad \left\{\begin{array}{l} m_1 \equiv \dots \equiv m_4 \equiv 1\,(6),\ m_5 \equiv \dots \equiv m_7 \equiv 1\,(4) \\ m_1^2 + \dots + m_4^2 + 9\,(m_5^2 + m_6^2 + m_7^2) = n \end{array}\right\},$$

$$\beta_{4,1}(n) = \sum_{m_1, m_2, m_3} \left(\frac{-1}{m_1}\right)_* m_2\, m_3 \quad \text{u.d.B.} \quad \left\{\begin{array}{l} m_1 \equiv 1\,(6),\ m_2 \equiv m_3 \equiv 1\,(4) \\ m_1^2 + 6\, m_2^2 + 6\, m_3^2 = n \end{array}\right\},$$

$$\beta_{4,2}(n) = \sum_{m_1, m_2, m_3} m_2\, m_3 \quad \text{u.d.B.} \quad \left\{\begin{array}{l} m_1 \equiv 1\,(6),\ m_2 \equiv m_3 \equiv 1\,(4) \\ m_1^2 + 3\, m_2^2 + 9\, m_3^2 = n \end{array}\right\},$$

$$\beta_{1,1}(n) = \sum_{m_1,\dots,m_5} \left(\frac{-1}{m_1\, m_2\, m_3}\right)_* m_4$$

$$\text{u.d.B.} \quad \left\{\begin{array}{l} m_1 \equiv m_2 \equiv m_3 \equiv 1\,(6),\ m_4 \equiv m_5 \equiv 1\,(4) \\ m_1^2 + m_2^2 + 2\, m_3^2 + 6\, m_4^2 + 9\, m_5^2 = n \end{array}\right\},$$

$$\beta_{1,2}(n) = \sum_{m_1,\dots,m_5} \left(\frac{-1}{m_1\, m_2\, m_3}\right)_* m_4\, (-1)^{m_5}$$

$$\text{u.d.B.} \quad \left\{\begin{array}{l} m_1 \equiv m_2 \equiv m_3 \equiv 1\,(6),\ m_4 \equiv 1\,(4) \\ m_1^2 + 3\, m_2^2 + 6\, m_3^2 + 9\, m_4^2 + 24\, m_5^2 = n \end{array}\right\}.$$

In diesen Bezeichnungen und denen, die (für die $c_{6,2}^{(j,j')}(n)$) am Ende von § 20 eingeführt wurden, erhält man die gesuchten drei Identitäten in der folgenden Gestalt

Satz 21.3. *Für* $n \in \mathbb{N}, n \equiv h + 2j' \bmod 24$ *gilt*

$$a_{6,2}^{(7,0)}(n) = c_{6,2}^{(7,0)}(n) + \frac{7 \cdot 41}{3^3 \cdot 13} \beta_{7,1}(n) + \frac{2^3 \cdot 7}{3^3 \cdot 13} \beta_{7,2}(n),$$

$$a_{6,2}^{(4,3)}(n) = c_{6,2}^{(4,3)}(n) + \frac{40}{39} \beta_{4,1}(n) \qquad + \frac{32}{13} \beta_{4,2}(n),$$

$$a_{6,2}^{(1,6)}(n) = c_{6,2}^{(1,6)}(n) - \frac{32}{13} \beta_{1,1}(n) \qquad + \frac{72}{13} \beta_{1,2}(n). \quad -$$

Bei der *numerischen Bestätigung* dieser Formeln zeigt sich, daß die Koeffizienten $\beta_{j,\nu}(n)$ sich hinsichtlich ihrer Struktur und Berechenbarkeit nicht wesentlich von den entsprechenden Formalismen unterscheiden, die bei quadratischen Formen gerader Variablenzahl auftreten. Dagegen ist die Berechnung der $c_{6,2}^{(j,j')}(n)$ schon für verhältnismäßig kleine Werte von n einigermaßen mühsam[1]), ganz im Gegensatz zu den bei gerader Variablenzahl an entsprechender Stelle auftretenden Teilersummen. — Einen gewissen Einblick in die numerische Situation erhält man aus den folgenden Tabellen:

$j = 3, j' = 4;\ n \equiv 15 \bmod 24,\ 15 \leqq n \leqq 159$:

$n\ (\tilde n)$	15 (15)	39 (39)	63 (7)	87 (87)	111 (111)	135 (15)	159 (159)
$a_{6,2}^{(3,4)}(n)$	16	112	384	912	1712	2736	4016
$13\,c_{6,2}^{(3,4)}(n)$	144	1584	5184	11664	21744	34992	53424
$\beta^{(3)}(\tfrac{1}{3}n)$	1	-2	-3	3	8	9	-19

$j = 7,\ j' = 0;\ n \equiv 7 \bmod 24,\ 7 \leqq n \leqq 223,\ n \neq 175,\ \tilde n = n$:

n	7	31	55	79	103	127	151	199	223
$a_{6,2}^{(7,0)}(n)$	1	7	28	77	161	273	399	749	1043
$n^{-1}u_3(n)$	48/7	288	1200	2976	5712	9600	15024	30096	39360
$\beta_{7,1}(n)$	1	-1	-4	3	9	25	-1	-59	-5
$\beta_{7,2}(n)$	0	1	-4	2	11	-17	2	-19	3

$j = 4,\ j' = 3;\ n \equiv 13 \bmod 24,\ 13 \leqq n \leqq 157;\ \tilde n = 3n$:

n	13	37	61	85	109	133	157
$a_{6,2}^{(4,3)}(n)$	8	56	200	496	952	1536	2248
$\tilde n^{-1}u_3(\tilde n)$	528	7248	24816	57600	106416	177216	267504
$\beta_{4,1}(n)$	1	-1	-7	6	15	-8	1
$\beta_{4,2}(n)$	1	-2	-2	-1	11	12	-16

$j = 1,\ j' = 6;\ n \equiv 19 \bmod 24,\ 19 \leqq n \leqq 163;\ \tilde n = n$:

n	19	43	67	91	115	139	163
$2^{-6}a_{6,2}^{(1,6)}(n)$	1	7	22	47	86	138	199
$n^{-1}u_3(n)$	66	498	1506	3300	5892	9558	13890
$\beta_{1,1}(n)$	1	-2	-5	11	5	-15	10
$\beta_{1,2}(n)$	1	-3	1	-2	14	-5	-11

---

[1]) Die meisten der benötigten Werte u_3 wurden im Rechenzentrum der Universität Münster durch Dr. K.-B. Mertz bestimmt, wofür ihm an dieser Stelle nachdrücklich gedankt sei.

Die Tatsache, daß die Tabellenwerte $a_{6,2}^{(7,0)}(n)$ für $n > 1$ *durch 7 teilbar* sind, entspricht dem folgenden allgemeinen Sachverhalt: Es sei h eine Primzahl $\geqq 5$. Wenn $n \equiv h \bmod 24$ $(n \in \mathbb{N})$ nicht den quadratischen Kern h hat, so gilt $a_{6,2}^{(h,0)}(n) \equiv 0 \bmod h$. − Der Beweis beruht auf einem bekannten Teilbarkeitslemma für Polynomialkoeffizienten und soll hier nicht ausgeführt werden. Zwei Beispiele dafür, daß $a_{6,2}^{(h,0)}(n)$ für $h = 5, 7$ nicht durch h teilbar sind, wenn n den quadratischen Kern h hat, sind

$$a_{6,2}^{(5,0)}(125) = 56, \qquad a_{6,2}^{(7,0)}(175) = 547.$$

Wir schließen diesen Bericht mit zwei Tabellen. Die erste betrifft die Anzahlfunktion $a_q^{(2,2)}(n)$ für $q = 23$ (Satz 11.6); sie enthält auch die wesentlichen Angaben zu den Anzahlfunktionen $a_{q,v}^{(1,1,1)}(n)$ $(v = 1, 2)$. In der zweiten handelt es sich um die Anzahlfunktionen $a_2^{(j,l)}(n)$ mit $j + l = 8$, $j \in \mathbb{Z}$, $1 \leqq j \leqq 7$ (Satz 15.3, 4).

Im Falle $q = 23$, $j = j' = 2$ verwenden wir neben $\beta_{\mu, v; q}(n)$ (vgl. (11.10) ff.) die folgende Bezeichnung:

$$\sigma'_{\alpha, q}(n) := \sum_{\substack{d > 0,\, d \mid n \\ d \not\equiv 0\,(q)}} (-1)^{n-d}\, d^\alpha \qquad (\alpha \in \mathbb{R}, q \in \mathbb{N}).$$

Tabelle $(q = 23)$

n	1	2	3	4	5	6	7	8	9	10	11	12	13	14
$a_q^{(2,2)}(n)$	4	4	0	4	8	0	0	4	4	8	0	0	8	0
$\sigma'_{1,q}(n)$	1	1	4	5	6	4	8	13	13	6	12	20	14	8
$\beta_{3,6;q}(n)$	1	3	1	-2	2	1	-4	-1	-2	0	2	-4	-1	-2
$\beta_{3,5;q}(n)$	0	1	2	-1	-2	1	-2	-2	0	-2	2	1	0	0
$\beta_{3,4;q}(n)$	0	0	4	4	-8	-4	0	-8	4	0	0	8	4	8
$\beta_{5,5;q}(n)$	0	0	0	1	0	-2	0	-1	0	2	0	1	0	2
$\beta_{4,5;q}(n)$	0	0	0	0	4	-4	-4	0	-4	8	4	4	-4	0

n	15	16	17	18	19	20	21	22	23	24	25	26	27
$a_q^{(2,2)}(n)$	0	4	8	4	0	8	0	0	4	16	28	8	16
$\sigma'_{1,q}(n)$	24	29	18	13	20	30	32	12	1	52	31	14	40
$\beta_{3,6;q}(n)$	-2	1	0	2	-2	2	0	-4	1	3	11	5	-1
$\beta_{3,5;q}(n)$	-2	3	2	2	0	0	2	-2	0	0	4	3	-2
$\beta_{3,4;q}(n)$	-8	0	8	4	0	-8	0	-8	0	-4	0	4	-4
$\beta_{5,5;q}(n)$	0	-2	0	0	0	-2	0	-2	0	1	0	0	0
$\beta_{4,5;q}(n)$	4	-4	-4	-4	0	-8	4	0	0	4	8	-4	0

Im Falle $q = 2$ sei, wie angegeben, $j \in \mathbb{Z}$, $j + l = 8$, $1 \leqq j \leqq 7$.

Die Beiträge der Eisenstein-Reihen zu den betreffenden Darstellungen (Satz 15.3,4) lassen sich aus den folgenden Teilersummen zusammensetzen:

$$\sigma_{\alpha,\,v;\,2}(n) := \sum_{d>0,\,d\,|\,n} \left(\frac{2}{d}\right)^{v} d^{\alpha}, \qquad \sigma^{*}_{\alpha,\,v;\,2}(n) := \sum_{d,\,d'>0,\,d\,d'=n} \left(\frac{2}{d'}\right)^{v} d^{\alpha},$$

wo $\alpha \in \mathbb{R}$, $v = 1, 2$; ferner $\sigma'_{\alpha}(n) := \sum_{d>0,\,d\,|\,n} (-1)^{n-d} d^{\alpha}$.

Tabelle $(q = 2)$

n	1	2	3	4	5	6	7	8	9
$a_2^{(7,1)}(n)$	14	86	308	742	1400	2436	4048	6022	8306
$a_2^{(6,2)}(n)$	12	64	208	496	1000	1792	2848	4208	6012
$a_2^{(5,3)}(n)$	10	46	140	342	712	1268	2032	3046	4214
$a_2^{(4,4)}(n)$	8	32	96	240	496	896	1472	2160	2984
$a_2^{(3,5)}(n)$	6	22	68	166	344	644	1040	1542	2170
$a_2^{(2,6)}(n)$	4	16	48	112	248	448	736	1136	1492
$a_2^{(1,7)}(n)$	2	14	28	86	168	308	560	742	1150
$\sigma_{3,1;2}(n)$	1	1	-26	1	-124	-26	344	1	703
$\sigma^{*}_{3,1;2}(n)$	1	8	26	64	124	208	344	512	703
$\sigma^{*}_{3,2;2}(n)$	1	8	28	64	126	224	344	512	757
$\sigma'_3(n)$	1	7	28	71	126	196	344	583	757
$\beta^{*}_4(n)$	1	0	-4	0	-2	0	24	0	-11
$\beta^{*}_{4,1}(n)$	1	-6	10	4	-20	4	-8	40	-1
$\beta^{*}_{4,2}(n)$	0	1	-2	-2	4	2	0	-4	0

Anhänge

In den folgenden Anhängen A – G werden Gegenstände verschiedener Art behandelt, die mit den vorangehenden Entwicklungen eng zusammenhängen. Es handelt sich überwiegend um die Begründung unentbehrlicher Aussagen der Theorie, die teilweise bereits bekannt sind (vgl. insbesondere Anhang F), und um deren Konsequenzen.

Anhang A. Einfache Thetareihen

(Inhaltsübersicht: Definition der zu untersuchenden einfachen Thetareihen $\vartheta_{3,\lambda}(\tau, h, N)$ ($N \in \mathbb{N}$, $h \in \mathbb{Z}$, $\lambda = 0, 1$) durch (A.1). Einführung der analogen einfachen Thetareihen $\vartheta_{0,\lambda}$, $\vartheta_{2,\lambda}$. Ableitung der Formeln für die Transformation durch $T = \begin{pmatrix} 0 & -1 \\ 1 & 0 \end{pmatrix}$. Anwendung eines Verfahrens von Hecke zur Bestimmung des Verhaltens der Funktionen $\vartheta_{3,\lambda}(\tau, h, N)$ bei Transformation durch Matrizen $S = \begin{pmatrix} a & b \\ c & d \end{pmatrix} \in {}_1\Gamma$ mit $c > 0$ und $ac \equiv cd \equiv 0 \bmod 2$ (diese Kongruenzen werden nur für $N \equiv 1 \bmod 2$ benötigt). Übergang zu Matrizen $S \in {}_1\Gamma$ mit folgenden Eigenschaften:

$$S \in \Gamma_0[2N], \quad \text{wenn} \quad N \equiv 0\,(2); \qquad S \in \Gamma_\vartheta \cap \Gamma_0[N], \quad \text{wenn} \quad N \equiv 1\,(2).$$

Abschließende Aussagen über die $\vartheta_{3,\lambda}$ als ganze Modulformen zu Kongruenzgruppen. – Zusammenhang der $\vartheta_{3,0}$, $\vartheta_{0,0}$, $\vartheta_{2,0}$ mit elliptischen Thetafunktionen in zwei Variablen $\vartheta_\nu(u, \tau)$; ferner, über das Γ-Integral, mit den Kongruenz-Zetafunktionen

$$\zeta^+(s; h, N) := \sum_{n \equiv h\,(N)}{}' |n|^{-s}, \qquad \zeta^-(s; h, N) := \sum_{n \equiv h\,(N)}{}' (\operatorname{sgn} n)\,|n|^{-s},$$

deren Darstellung in $\mathbb{C}$ und bemerkenswertes Funktionalgleichungssystem aus eben diesem Zusammenhang hervorgeht.)

Es sei $N \in \mathbb{N}$, $h \in \mathbb{Z}$, $\lambda = 0, 1$ und

$$(\text{A.1}) \qquad \vartheta_{3,\lambda}(\tau, h, N) := \sum_{m \equiv h\,(N)} m^\lambda \exp \pi i m^2 \frac{\tau}{N} \qquad (\tau \in \mathfrak{H});$$

es gelten die Relationen

$$\vartheta_{3,\lambda}(\tau, h', N) = \vartheta_{3,\lambda}(\tau, h, N), \quad \text{wenn} \quad h' \equiv h \bmod N;$$

$$\vartheta_{3,\lambda}(\tau, -h, N) = (-1)^\lambda\, \vartheta_{3,\lambda}(\tau, h, N),$$

so daß insbesondere

$$\vartheta_{3,1}(\tau, 0, N) \equiv 0 \quad \text{und, falls} \quad N \equiv 0 \ (2): \ \vartheta_{3,1}(\tau, \tfrac{1}{2} N, N) \equiv 0.$$

Neben diesen Funktionen (A.1) betrachten wir unter den gleichen Voraussetzungen die einfachen Thetareihen

$$\text{(A. 2)} \qquad \vartheta_{0,\lambda}(\tau, h, N) := \sum_{m \equiv h \, (N)} (-1)^m \, m^\lambda \exp \pi i \, m^2 \frac{\tau}{N}$$

$$\text{(A. 3)} \qquad \vartheta_{2,\lambda}(\tau, h, N) := \sum_{m \equiv h \, (N)} (m + \tfrac{1}{2})^\lambda \exp \pi i \, (m + \tfrac{1}{2})^2 \frac{\tau}{N}.$$

Diese neuen Funktionen kommen hier nur bei ungeradem N in Betracht. Bei geradem N gilt

$$\vartheta_{0,\lambda}(\tau, h, N) = (-1)^h \, \vartheta_{3,\lambda}(\tau, h, N),$$

und bei beliebigem $N \in \mathbb{N}$ gilt

$$\vartheta_{2,\lambda}(\tau, h, N) = 2^{-\lambda} \, \vartheta_{3,\lambda}(\tfrac{1}{2}\tau, 2h + 1, 2N).$$

Den *eigentlichen Gegenstand* der folgenden Untersuchung bilden die Funktionen $\vartheta_{3,\lambda}(\tau, h, N)$. Wir bestimmen zunächst ihr Verhalten bei Transformation mit den Erzeugenden U und T der Modulgruppe. Man erhält unmittelbar

$$\text{(A. 4)} \qquad
\begin{aligned}
\vartheta_{3,\lambda}(\tau + 1, h, N) &= \zeta_N^{h^2} \, \vartheta_{3,\lambda}(\tau, h, N) && (N \equiv 0 \bmod 2) \\
\vartheta_{3,\lambda}(\tau + 1, h, N) &= (-1)^h \, \zeta_N^{h^2} \, \vartheta_{0,\lambda}(\tau, h, N) && (N \equiv 1 \bmod 2);
\end{aligned}$$

in diesem zweiten Falle gilt auch

$$\vartheta_{0,\lambda}(\tau + 1, h, N) = (-1)^h \, \zeta_N^{h^2} \, \vartheta_{3,\lambda}(\tau, h, N);$$

für alle $N \in \mathbb{N}$ gilt

$$\text{(A. 5)} \qquad \vartheta_{\nu,\lambda}(\tau + 2, h, N) = \zeta_N^{2h^2} \, \vartheta_{\nu,\lambda}(\tau, h, N) \qquad (\nu = 3, 0).$$

Zur Transformation durch T wird das *Poissonsche Summationsprinzip* angewendet. Es besteht für z.B. $\vartheta_{3,\lambda}(\tau, h, N)$ darin, daß man den Summationsbuchstaben $m = h + \nu N$ ($\nu \in \mathbb{Z}$) durch $h + (\nu + u) N$ ersetzt, wo u eine komplexe Variable bezeichnet, die entstehende periodische analytische Funktion von u in eine Fourier-Reihe entwickelt und deren Koeffizienten berechnet. Die Endformel des Verfahrens bedeutet, daß das Ausgangsobjekt durch die Summe dieser Fourier-Koeffizienten dargestellt wird.

In den vorliegenden Fällen ergeben sich als periodische Funktionen von u stets *ganze Funktionen*. Die Berechnung der Fourier-Koeffizienten erfordert die Auswertung des Integrals

$$\text{(A.6)} \qquad A(\xi, \eta; \lambda, \tau, N) := \int_{-\infty}^{+\infty} (\xi + N u)^\lambda \exp \pi i \left\{ (\xi + N u)^2 \frac{\tau}{N} - 2 \eta u \right\} du,$$

wo $\xi, \eta \in \mathbb{R}$; $\lambda = 0, 1$; $\tau \in \mathfrak{H}$, $N > 0$. Eine Umformung der geschweiften Klammer durch quadratische Ergänzung ergibt

$$A(\xi, \eta; \lambda, \tau, N) = \left(\exp \frac{\pi i}{N} \left(2 \xi \eta - \frac{\eta^2}{\tau} \right) \right) \frac{1}{N} B\left(-\frac{\eta}{\tau}, \frac{\tau}{N}, \lambda \right)$$

mit der Bedeutung

$$B\left(c, \frac{\tau}{N}, \lambda\right) := \int\limits_{-\infty}^{+\infty} u^\lambda \exp \pi i \, (u + c)^2 \frac{\tau}{N} \, du \qquad (c \in \mathbb{C}).$$

Dieses Integral läßt sich auf dem üblichen Wege in

$$B\left(c, \frac{\tau}{N}, \lambda\right) = (-c)^\lambda \, 2 \int\limits_{0}^{\infty} \exp \pi i \, u^2 \frac{\tau}{N} \, du$$

überführen; von hier aus gelangt man durch die Substitution

$$v = \sqrt{\frac{\pi}{N}} \, \sqrt{-i\tau} \, u, \quad \text{wo} \quad \vartheta = \arg v = \frac{1}{2}\left(\arg \tau - \frac{\pi}{2}\right),$$

also $|\vartheta| < \dfrac{\pi}{4}$ gilt, zu

$$B\left(c, \frac{\tau}{N}, \lambda\right) = \sqrt{\frac{N}{\pi}} \, \frac{2}{\sqrt{-i\tau}} \, (-c)^\lambda \int\limits_{0}^{\infty e^{i\vartheta}} e^{-v^2} \, dv,$$

$$B\left(\frac{-\eta}{\tau}, \frac{\tau}{N}, \lambda\right) = \sqrt{N} \, \xi_4 \, \eta^\lambda \, \tau^{-\frac{1}{2}-\lambda}.$$

Damit ergibt sich

$$(\text{A. 7}) \qquad A\,(\xi, \eta; \lambda, \tau, N) = \frac{1}{\sqrt{N}} \, \xi_4 \, \tau^{-\frac{1}{2}-\lambda} \, \eta^\lambda \, \exp \frac{\pi i}{N}\left(2\,\xi\,\eta - \frac{\eta^2}{\tau}\right).$$

Das oben angedeutete Verfahren liefert

$$\varphi\,(u) := \sum\limits_{v=-\infty}^{+\infty} (h + (v + u)\,N)^\lambda \, \exp \pi i \, (h + (v + u)\,N)^2 \frac{\tau}{N}$$

$$= \sum\limits_{n=-\infty}^{+\infty} A_n \, e^{2\pi i n u}$$

mit $A_n = A\,(h, n; \lambda, \tau, N)$; nach geringfügigen Umformungen erhält man, wenn man τ durch $-1/\tau$ ersetzt:

$$(\text{A. 8}) \qquad \vartheta_{3,\lambda}\left(\frac{-1}{\tau}, h, N\right) = \xi_4^{-1} \, (-1)^\lambda \, \tau^{\frac{1}{2}+\lambda} \, \frac{1}{\sqrt{N}} \sum\limits_{j \bmod N} \xi_N^{2hj} \, \vartheta_{3,\lambda}\,(\tau, j, N).$$

Im Falle $N \equiv 0 \bmod 2$ besteht kein Anlaß, die Funktionen (A. 2, 3) $\vartheta_{v,\lambda}\,(\tau, h, N)$ $(v = 0, 2)$ zu untersuchen, da sich hier die $\vartheta_{3,\lambda}\,(\tau, h, N)$ ($h \bmod N$, λ fest) bei Anwendung aller $L \in {}_1\Gamma$ untereinander umsetzen. Es sei $N \equiv 1\,(2)$; wir setzen

$$\varphi\,(u) := (-1)^h \sum\limits_{v=-\infty}^{+\infty} e^{-\pi i (u+v)} \, (h + (u + v)\,N)^\lambda \, \exp \pi i \, (h + (u + v)\,N)^2 \frac{\tau}{N}$$

und finden

$$\varphi\,(u) = (-1)^h \sum\limits_{n=-\infty}^{+\infty} A_n \, e^{2\pi i n u}$$

mit

$$A_n = A\,(h, n + \tfrac{1}{2}; \lambda, \tau, N),$$

woraus nun folgt

$$(\text{A.}9) \qquad \vartheta_{0,\lambda}\left(\frac{-1}{\tau}, h, N\right) = \xi_4^{-1}(-1)^\lambda \tau^{\frac{1}{2}+\lambda} \frac{1}{\sqrt{N}} \sum_{j \bmod N} (-1)^h \xi_N^{h(2j+1)} \vartheta_{2,\lambda}(\tau, j, N).$$

In der gleichen Art beweist man

$$(\text{A.}10) \qquad \vartheta_{2,\lambda}\left(\frac{-1}{\tau}, h, N\right) = \xi_4^{-1}(-1)^\lambda \tau^{\frac{1}{2}+\lambda} \frac{1}{\sqrt{N}} \sum_{j \bmod N} (-1)^j \xi_N^{(2h+1)j} \vartheta_{0,\lambda}(\tau, j, N).$$

Das Formelpaar (A. 9, 10) ist involutorisch. Die drei Formeln (A. 8, 9, 10) reduzieren sich im Falle $\lambda = 0$, $h = 0$, $N = 1$ auf die bekannten Transformationsformeln der Thetanullwerte ϑ_3, ϑ_0, ϑ_2.

Wir beginnen mit dem Nachweis dafür, daß alle $\vartheta_{3,\lambda}(\tau, h, N)$ ($\lambda = 0, 1$; $h \in \mathbb{Z}$, $N \in \mathbb{N}$) *ganze Modulformen* zu gewissen Kongruenzgruppen darstellen, wofür wir ein von Hecke in [11, Nr. 23] entwickeltes Verfahren benutzen. Es handelt sich darum, aus den obigen Formeln eine Darstellung von

$\vartheta_{3,\lambda}(S\tau, h, N)$ durch die $\vartheta_{3,\lambda}(\tau, j, N)$ abzuleiten, wo $S = \begin{pmatrix} a & b \\ c & d \end{pmatrix} \in {}_1\Gamma$; wir betrachten den Fall $c \neq 0$ und setzen $c > 0$ voraus.

Man bestätigt zunächst die elementare Zerlegung

$$(\text{A.}11) \qquad \vartheta_{3,\lambda}(\tau, h, N) = \sum_{\substack{j \bmod kN \\ j \equiv h \, (N)}} \vartheta_{3,\lambda}(k\tau, j, kN) \qquad (k \in \mathbb{N}).$$

Danach wird

$$\vartheta_{3,\lambda}(S\tau, h, N) = \sum_{\substack{j \bmod cN \\ j \equiv h \, (N)}} \vartheta_{3,\lambda}\left(a - \frac{1}{c\tau+d}, j, cN\right),$$

und man findet nach (A. 4, 5), falls $acN \equiv 0 \bmod 2$:

$$\vartheta_{3,\lambda}(S\tau, h, N) = \sum_{\substack{j \bmod cN \\ j \equiv h \, (N)}} \xi_{cN}^{aj^2} \vartheta_{3,\lambda}\left(\frac{-1}{c\tau+d}, j, cN\right),$$

sowie nach (A. 8)

$$\vartheta_{3,\lambda}(S\tau, h, N) =$$

$$= \xi_4^{-1}(-1)^\lambda (c\tau+d)^{\frac{1}{2}+\lambda} \frac{1}{\sqrt{cN}} \sum_{\substack{j,k \bmod cN \\ j \equiv h \bmod N}} \xi_{cN}^{aj^2+2jk} \vartheta_{3,\lambda}(c\tau+d, k, cN)$$

Hier kann, falls $cdN \equiv 0 \bmod 2$, abermals (A. 4, 5) angewendet werden; dadurch entsteht

$$\vartheta_{3,\lambda}(S\tau, h, N) =$$

$$(\text{A.}12) \qquad = \xi_4^{-1}(-1)^\lambda (c\tau+d)^{\frac{1}{2}+\lambda} \frac{1}{\sqrt{cN}} \sum_{k \bmod cN} W(h, k; N, S)\, \vartheta_{3,\lambda}(c\tau, k, cN),$$

wo für beliebige $h, k \in \mathbb{Z}$, $N \in \mathbb{N}$ und gewisse $S = \begin{pmatrix} a & b \\ c & d \end{pmatrix} \in {}_1\Gamma$

$$(\text{A.}13) \qquad W(h, k; N, S) := \sum_{\substack{j \bmod cN \\ j \equiv h \, (N)}} \xi_{cN}^{aj^2+2jk+dk^2}$$

definiert wird. Die bisher vorausgesetzten Eigenschaften von S bedeuten:

$$c > 0; \quad \text{und, falls} \quad N \equiv 1 \bmod 2: a\,c \equiv c\,d \equiv 0 \bmod 2$$

Die Schreibweise der Summe (A.13) ist wegen $a\,c\,N \equiv 0 \bmod 2$ legitim; wegen $c\,d\,N \equiv 0 \bmod 2$ hängt die Summe von k nur mod $c\,N$ ab.

Eine *wesentliche Eigenschaft* der verallgemeinerten Gaußschen Summen (A.13) W besteht in ihrem *Verhalten bei der Substitution* $h \to h - d\,k$. Mit $j' := j + d\,k$ erhält man

$$a\,j^2 + 2\,j\,k + d\,k^2 = a\,j'^2 - 2\,b\,c\,j'\,k + b\,c\,d\,k^2,$$

und man kann die Summationsbedingungen von $W(h - d\,k, k; N, S)$ ersetzen durch $j' \bmod c\,N$, $j' \equiv h \bmod k$; dann ist $c\,j' \equiv c\,h \bmod c\,N$, also

$$a\,j^2 + 2\,j\,k + d\,k^2 \equiv a\,j'^2 - 2\,b\,c\,h\,k + b\,c\,d\,k^2 \bmod 2\,c\,N,$$

$$W(h - d\,k, k; N, S) = \xi_N^{b\,k\,(-2h + d\,k)}\, W(h, 0; N, S).$$

In der resultierenden Formel

$$W(h, k; N, S) = \xi_N^{-b\,k\,(2h + d\,k)}\, W(h + d\,k, 0; N, S)$$

hängt der zweite Faktor rechts von k nur mod N ab; ein Gleiches gilt für den ersten Faktor zwar bei geradem N stets, während bei ungeradem N dafür $b\,d \equiv 0 \bmod 2$ verlangt werden muß. Zusammen mit den oben genannten Voraussetzungen über S bedeutet dies soviel wie $S \in \Gamma_\vartheta$; das wird im folgenden unterstellt. Dann ergibt sich nach (A.11, 12) die abschließende Relation

$$
\vartheta_{3,\lambda}(\tau, h, N) \,|\, S = \xi_4^{-1} (-1)^\lambda \frac{1}{\sqrt{c\,N}} \times
$$

(A.14)
$$
\times \sum_{j \bmod N} \xi_N^{-b\,j\,(2h + d\,j)}\, W(h + d\,j, 0; N, S)\, \vartheta_{3,\lambda}(\tau, j, N) \qquad (r = \tfrac{1}{2} + \lambda);
$$

sie gilt bei geradem N für $S \in {}_l\Gamma$, $c > 0$, bei ungeradem N für $S \in \Gamma_\vartheta$, $c > 0$; vgl. auch (A.8). Daß man bei ungeradem N keine solche Formel gewinnt, die für alle $S \in {}_l\Gamma$ gilt, liegt in der Natur der $\vartheta_{3,\lambda}(\tau, h, N)$; vgl. (A.4). — Im wesentlichen ist dies die gesuchte Darstellung.

Eine *starke Vereinfachung* der obigen Relation (A.14) erhält man unter der zusätzlichen Annahme

$$d \equiv 0 \bmod 2\,N, \quad \text{wenn} \quad N \equiv 0 \bmod 2; \quad d \equiv 0 \bmod N, \quad \text{wenn} \quad N \equiv 1 \bmod 2.$$

Daraus folgt $(c, N) = 1$, es durchläuft also $j = v\,c + l\,N$ ein vollständiges Restsystem mod $c\,N$, wenn v, l vollständige Restsysteme mod N bzw. c durchlaufen; $j \equiv h \bmod N$ bedeutet $v\,c \equiv h$ oder $v \equiv -b\,h \bmod N$, und es ergibt sich nun aufgrund der Voraussetzungen über S:

$$a\,c\,v^2 \equiv a\,c\,b^2\,h^2 \equiv -a\,b\,h^2 \bmod 2\,N.$$

Dies führt auf *zwei weitere abschließende Formeln:* Es gilt einerseits, woraus die explizite Bestimmung der Exponentialsummen W folgt:

$$W(h, 0; N, S) = \xi_N^{-a\,b\,h^2} \sum_{l \bmod c} \xi_c^{a\,N\,l^2}$$

und andererseits

$$\vartheta_{3,\lambda}\,(\tau, h, N)\,|\,S = \xi_4^{-1}\,(-1)^\lambda\,\frac{1}{\sqrt{c\,N}}\,W\,(h, 0;\, N, S)\,\sum_{j \bmod N}\,\xi_N^{-2bjh}\,\vartheta_{3,\lambda}\,(\tau, j, N),$$
(A.15)

wenn $S \in {}_1\Gamma$, $c > 0$ und $d \equiv 0 \bmod 2\,N$ für $N \equiv 0 \bmod 2$ und $S \in \Gamma_\vartheta$, $c > 0$ und $d \equiv 0 \bmod N$ für $N \equiv 1 \bmod 2$.

Der *letzte Schritt* des Verfahrens besteht darin, daß in dieser Formel τ durch $-1/\tau$ ersetzt und auf der rechten Seite die Transformationsgleichung (A.8) nochmals angewendet wird. Damit erscheint links $\vartheta_{3,\lambda}\left(\dfrac{b\,\tau - a}{d\,\tau - c}, h, N\right)$ $(c\,T\,\tau + d)^{-r}$, wo $r = \frac{1}{2} + \lambda$ und

$$(c\,T\,\tau + d)^r = \sigma\,(S, T)\,(d\tau - c)^r\,\tau^{-r}.$$

Wir berechnen $\sigma\,(S, T)$, indem wir bilden

$$\arg\,(c\,T\,\tau + d) = \arg\,(d\tau - c) - \arg\,\tau + 2\,\pi\,w_0,$$

wo $w_0 := w\,(S, T)$ und $c > 0$. Für $\tau = i\,y$, $y \to +0$ strebt $\arg\left(T\,\tau + \dfrac{d}{c}\right)$ gegen $\pi/2$ und $\arg\,(-c + d\,i\,y)$ gegen $\pi\,\mathrm{sgn}\,d$, falls $d \neq 0$. Auf diese Weise findet man

(A.16) $w_0 = \frac{1}{2}\,(1 - \mathrm{sgn}\,d)$ für $d \neq 0$, $w_0 = 0$ für $d = 0$.

Indem man nun $\vartheta_{3,\lambda}\,(-1/\tau, k, N)$ nach (A.8) durch die $\vartheta_{3,\lambda}\,(\tau, j, N)$ $(j \bmod N)$ ausdrückt, erhält man

$$\vartheta_{3,\lambda}\left(\frac{b\,\tau - a}{d\,\tau - c}, h, N\right) = (-i)\,(-1)^{w_0}\,(d\tau - c)^{\frac{1}{2}+\lambda}\,\frac{W\,(h, 0;\, N, S)}{\sqrt{c}}\,\vartheta_{3,\lambda}\,(\tau, b\,h, N).$$

(A.17)

Wir setzen $L = \begin{pmatrix} \alpha & \beta \\ \gamma & \delta \end{pmatrix} := S\,T$. Den Voraussetzungen über S entspricht in der Bezeichnung $\Gamma_{\vartheta, 0}\,[N] := \Gamma_\vartheta \cap \Gamma_0\,[N]$:

$$L \in \Gamma_0\,[2\,N], \text{ wenn } N \equiv 0 \bmod 2; \quad L \in \Gamma_{\vartheta, 0}\,[N], \text{ wenn } N \equiv 1 \bmod 2,$$

sowie $\delta < 0$. Die Formeln für die mit Quadraten im Exponenten gebildeten Gaußschen Summen, deren Beweis hier nicht reproduziert werden soll, besagen

$$\sum_{l \bmod c}\,\xi_c^{a\,N\,l^2} = \sqrt{c}\left(\frac{a\,N}{c}\right)\,\xi_4^{1-c} \quad (\text{wenn } c \equiv 1,\, a\,N \equiv 0 \bmod 2)$$

$$\sum_{l \bmod c}\,\xi_c^{a\,N\,l^2} = \sqrt{c}\left(\frac{c}{a\,N}\right)\,\xi_4^{a\,N} \quad (\text{wenn } c \equiv 0,\, a\,N \equiv 1 \bmod 2).$$

Damit erhält man nach (A.14)

$$\frac{1}{\sqrt{c}}\,W\,(h, 0;\, N, S) = \xi_N^{\alpha\,\beta\,h^2}\left(\frac{-\beta\,N}{-\delta}\right)\,\xi_4^{\delta+1}, \quad \text{wenn } \delta \equiv 1,\, \beta\,N \equiv 0 \bmod 2;$$

(A.18)

$$\frac{1}{\sqrt{c}}\,W\,(h, 0;\, N, S) = \xi_N^{\alpha\,\beta\,h^2}\left(\frac{-\delta}{-\beta\,N}\right)\,\xi_4^{-\beta\,N}, \quad \text{wenn } \delta \equiv 0,\, \beta\,N \equiv 1 \bmod 2.$$

Nun gilt $-\beta\gamma \equiv 1 \bmod (-\delta)$, so daß, wenn $\delta < 0$, $\delta \equiv 1$ (2), $\gamma \neq 0$:

$$\left(\frac{-\beta N}{-\delta}\right) = \left(\frac{\gamma N}{-\delta}\right) = \left(\frac{\gamma N}{\delta}\right)^* = \left(\frac{\gamma N}{\delta}\right)_* (-1)^{\frac{1}{2}(\operatorname{sgn}\gamma - 1)}.$$

Man gelangt so zu einer *ersten Endformel:* Es gilt nach (A. 17) mit $r = \frac{1}{2} + \lambda$

$$(A. 19) \qquad \vartheta_{3,\lambda}(\tau, h, N)\big|_r L = \xi_4^{\delta - 1} \left(\frac{\gamma N}{\delta}\right)_* \xi_N^{\alpha\beta h^2} \vartheta_{3,\lambda}(\tau, \alpha h, N)$$

unter den folgenden Bedingungen für $L \in {}_1\Gamma$:

$$(A. 20) \quad \begin{array}{l} \gamma \equiv 0 \bmod 2N, \quad \gamma \neq 0, \quad \delta < 0, \quad \text{wenn} \quad N \equiv 0 \bmod 2, \\[4pt] \gamma \equiv 0 \bmod N, \quad \gamma \neq 0, \quad \delta < 0, \quad L \equiv I \bmod 2, \quad \text{wenn} \quad N \equiv 1 \bmod 2. \end{array}$$

Um hier zunächst die *Bedingung $\delta < 0$ aufzuheben,* setze man (A. 20) als erfüllt voraus und bilde gemäß (1.23)

$$\vartheta_{3,\lambda}(\tau, h, N)\big|_r (-L) = e^{\pi i r \operatorname{sgn}\gamma} \vartheta_{3,\lambda}(\tau, h, N)\big|_r L$$

$$= e^{\pi i (\frac{1}{2}+\lambda)\operatorname{sgn}\gamma} \xi_4^{\delta-1} \left(\frac{\gamma N}{\delta}\right)_* \xi_N^{\alpha\beta h^2} \vartheta_{3,\lambda}(\tau, \alpha h, N).$$

Es wird behauptet, daß die rechte Seite mit

$$\xi_4^{-\delta-1}\left(\frac{-\gamma N}{-\delta}\right)_* \xi_N^{\alpha\beta h^2} \vartheta_{3,\lambda}(\tau, -\alpha h, N)$$

übereinstimmt. Dies besagt

$$\left(\frac{-\gamma N}{-\delta}\right)_* = i^{\operatorname{sgn}\gamma + \delta}\left(\frac{\gamma N}{\delta}\right)_*$$

und ist leicht aus

$$\left(\frac{-\gamma N}{-\delta}\right)_* = \left(\frac{-\gamma N}{\delta}\right)^* = \left(\frac{-\gamma N}{\delta}\right)_* (-1)^{\frac{1}{2}(1 + \operatorname{sgn}\gamma)}$$

abzuleiten. Damit ist die Bedingung $\delta < 0$ aufgehoben.

Um auch die *Bedingung $\gamma \neq 0$ aufzuheben,* muß man $L = \varepsilon\, U^k$ betrachten, wo $\varepsilon = \pm 1$, $k \in \mathbb{Z}$ und, falls $N \equiv 1 \bmod 2$, $k \equiv 0 \bmod 2$. (A. 19) folgt, wenn $\varepsilon = +1$, unmittelbar aus (A. 4, 5). – Sei $\varepsilon = -1$. Man berechnet

$$\vartheta_{3,\lambda}(\tau, h, N)\big|_r (-U^k) = \vartheta_{3,\lambda}(\tau, h, N)\big| U^k \big| (-I)$$

$$= \xi_N^{k h^2} \vartheta_{3,\lambda}(\tau, h, N)\, e^{-\pi i (\frac{1}{2}+\lambda)},$$

und das ist die rechte Seite von (A. 19) für $L = -U^k$. Damit ist auch die Bedingung $\gamma \neq 0$ in (A. 20) aufgehoben.

Im Falle $N \equiv 1 \bmod 2$ hat man, wenn zunächst $\delta < 0$, $\delta \equiv 0 \bmod 2$ zutrifft, $\left(\dfrac{-\delta}{-\beta N}\right)$ umzuformen, wobei $\gamma \equiv 0 \bmod N$, $L \equiv T \bmod 2$. Man setze

$$\alpha = 2^e \alpha', \quad \delta = 2^g \delta' \quad (e, g \in \mathbb{N},\ \alpha' \in \mathbb{Z},\ -\delta' \in \mathbb{N},\ \alpha' \equiv \delta' \equiv 1\ (2))$$

und $m := -\beta\gamma$, so daß $m \equiv 1 \bmod 2^e\,(-\delta)$; dann wird

$$\left(\frac{-\delta}{-\beta N}\right)\left(\frac{-\delta}{\gamma}\right) = \left(\frac{-\delta}{-\beta\gamma}\right)\left(\frac{-\delta}{N}\right), \qquad \left(\frac{-\delta}{-\beta\gamma}\right) = \left(\frac{2}{m}\right)^g (-1)^{\frac{1}{4}(m-1)(\delta'+1)},$$

$m \equiv 1 \bmod 2^{e+g}$, also $\left(\dfrac{2}{m}\right) = 1$, außer für $e = g = 1$, in welchem Falle sich $\left(\dfrac{2}{m}\right) = -1$ ergibt, so daß

$$\left(\frac{-\delta}{-\beta N}\right) = \varepsilon\left(\frac{-\delta}{\gamma N}\right), \qquad \varepsilon = \left\{ \begin{array}{ll} 1 & \text{für } e+g \geq 3 \\ -1 & \text{für } e=g=1 \end{array} \right\}.$$

Andererseits ist $\xi_4^{-\beta N} = \xi_4^{-\beta\gamma^2 N} = \xi_4^{(1-\alpha\delta)\gamma N} = \xi_4^{\gamma N}\,\varepsilon$. Damit folgt

$$\xi_4^{-\beta N}\left(\frac{-\delta}{-\beta N}\right) = \xi_4^{\gamma N}\left(\frac{-\delta}{\gamma N}\right) = \xi_4^{\gamma N}\left(\frac{\delta}{\gamma N}\right)^*\left(\frac{-1}{\gamma N}\right)^*,$$

$$\left(\frac{-1}{\gamma N}\right)^* = \xi_4^{2-2\gamma N}(-1)^{w_0}, \qquad (-i)(-1)^{w_0}\xi_4^{\gamma N}\left(\frac{-1}{\gamma N}\right)^* = \xi_4^{-\gamma N}$$

und nun aus (A.17) die zweite Endformel in der Gestalt

$$(A.21) \qquad \vartheta_{3,\lambda}(\tau,h,N)\big|_r L = \xi_4^{-\gamma N}\left(\frac{\delta}{\gamma N}\right)^* \xi_N^{\alpha\beta h^2}\,\vartheta_{3,\lambda}(\tau,\alpha h,N),$$

wenn $r = \frac{1}{2} + \lambda$ und

$$(A.22) \quad L \in {}_1\Gamma, \quad N \equiv 1\,(2), \quad \gamma \equiv 0\,(N), \quad L \equiv T \bmod 2, \quad \delta < 0.$$

Um hier die *Bedingung $\delta < 0$ aufzuheben*, setze man (A.22) als erfüllt voraus. (A.21) gilt mit $-L$ anstelle von L, wenn

$$\left(\frac{-\delta}{-\gamma N}\right)^* = i^{\operatorname{sgn}\gamma - \gamma N}\left(\frac{\delta}{\gamma N}\right)^*$$

zutrifft; diese letzte Formel ist leicht zu beweisen. Ferner ist der Fall $\delta = 0$ zu betrachten. Hier ist $L = \varepsilon\,U^k T = \varepsilon\begin{pmatrix} k & -1 \\ 1 & 0 \end{pmatrix}$, wo $k \equiv 0 \bmod 2$. Er kann nach (A.22) nur für $N = 1$ eintreten, hat also lediglich für die eine Funktion $\vartheta_3(\tau) = \vartheta_{3,0}(\tau,0,1)$ $(\lambda = 0)$ Bedeutung. Der betreffende Spezialfall von (A.21) stimmt im wesentlichen mit der klassischen Formel $\vartheta_3\,|\,T = \xi_4^{-1}\,\vartheta_3$ überein.

Damit erhält man zusammenfassend als Endergebnis:

Satz A.1. *(Bezeichnung s. (A.1)). Für $L \in {}_1\Gamma$ gilt mit $r = \frac{1}{2} + \lambda$:*

$$\vartheta_{3,\lambda}(\tau,h,N)\big|_r L = \left(\frac{\gamma N}{\delta}\right)_* \xi_4^{\delta-1}\,\xi_N^{\alpha\beta h^2}\,\vartheta_{3,\lambda}(\tau,\alpha h,N),$$

wenn $N \equiv 0 \bmod 2$, $L \in \Gamma_0[2N]$ und wenn $N \equiv 1 \bmod 2$, $L \in \Gamma_0[N]$, $L \equiv I \bmod 2$.

Ferner gilt

$$\vartheta_{3,\lambda}(\tau, h, N)\big|_r L = \left(\frac{\delta}{\gamma N}\right)^* \zeta_4^{-\gamma N}\, \zeta_N^{\alpha\beta h^2}\, \vartheta_{3,\lambda}(\tau, \alpha\, h, N),$$

wenn $N \equiv 1 \bmod 2$, $L \in \Gamma_0[N]$, $L \equiv T \bmod 2$. —

Hieraus folgt

Korollar. *Es sei* $N \equiv 0$ *oder* $1 \bmod 2$, $L \in {}_1\Gamma$, $L \equiv \varepsilon\, I \bmod 2\, N$, $(\varepsilon = \pm 1)$, $r = \frac{1}{2} + \lambda$. *Dann gilt*

$$\vartheta_{3,\lambda}(\tau, h, N)\big|_r L = \left(\frac{\gamma N}{\delta}\right)_* \zeta_4^{\delta - 1}\, \varepsilon^\lambda\, \vartheta_{3,\lambda}(\tau, h, N).$$

Es sei $N \equiv 1 \bmod 2$, $L \in {}_1\Gamma$, $L \equiv \varepsilon\, I \bmod N$ $(\varepsilon = \pm 1)$, $L \equiv T \bmod 2$; *dann gilt*

$$\vartheta_{3,\lambda}(\tau, h, N)\big|_r L = \left(\frac{\delta}{\gamma N}\right)^* \zeta_4^{-\gamma N}\, \varepsilon^\lambda\, \vartheta_{3,\lambda}(\tau, h, N). \quad -$$

$\vartheta_{3,\lambda}(\tau, h, N)$ stellt also stets eine ganze Modulform vom Grade $-\frac{1}{2} - \lambda$ der Hauptkongruenzgruppe $\Gamma[2N]$ dar. Bei ungeradem N stellt jedes $\vartheta_{3,\lambda}(\tau, h, N)$ sogar eine ganze Modulform der Gruppe $\Gamma[N] \cap \Gamma_\vartheta$ dar; diese enthält $\Gamma[2N]$ als Untergruppe vom Index 2. Die Multiplikatorsysteme sind in beiden Fällen den Formeln des Korollars zu entnehmen, vorausgesetzt, daß es zu den angegebenen Multiplikatoren eine solche Modulform gibt, die nicht identisch verschwindet. Dies trifft für beide Werte von λ zu, wenn $1 \leq h < \frac{1}{2} N$. Für $N = 1, 2$ hat man

$$\vartheta_{3,0}(\tau, 0, 1) = \vartheta_3(\tau), \qquad \vartheta_{3,0}(\tau, 0, 2) = \vartheta_3(2\,\tau), \qquad \vartheta_{3,0}(\tau, 1, 2) = \vartheta_2(2\,\tau),$$

während $\vartheta_{3,1}(\tau, 0, 1)$, $\vartheta_{3,1}(\tau, 0, 2)$, $\vartheta_{3,1}(\tau, 1, 2)$ identisch verschwinden. Nach Satz 1.11 und einer in § 2 angegebenen einfachen Abschätzung stellen alle Funktionen $\vartheta_{3,1}(\tau, h, N)$ *ganze Spitzenformen* dar. Im Falle $N = 1$ gewinnt man aus Satz A.1 die *explizite Gestalt des Multiplikatorsystems* v_3 von ϑ_3; d.h. (2.10) ist jetzt ebenfalls bewiesen.

Die oben unter (A. 1, 2, 3) eingeführten einfachen Thetareihen hängen, wie noch kurz gezeigt werden soll, mit der *klassischen elliptischen Thetafunktion*

$$(A.\ 23) \qquad \vartheta_3(v, \tau) := \sum_{m \in \mathbf{Z}} e^{\pi i m^2 \tau + 2\pi i m v} \qquad (\tau \in \mathfrak{H}, v \in \mathbb{C})$$

eng zusammen (s. hierzu die Bemerkungen zu (2.2)). Man erhält für $N \in \mathbb{N}$, $h \in \mathbf{Z}, \tau \in \mathfrak{H}, u \in \mathbb{C}$

$$\exp \pi i \left(h^2\, \frac{\tau}{N} + 2\, h\, \frac{u}{N}\right) \vartheta_3(h\, \tau + u, N\, \tau) = \sum_{m \in \mathbf{Z}} \exp \pi i\, \Phi_m,$$

mit

$$\Phi_m := \left((m\, N)^2 + 2\, m\, N\, h + h^2\right) \frac{\tau}{N} + 2\, (m\, N + h)\, \frac{u}{N}$$

und daraus bereits die erste gesuchte Formel

$$\vartheta_3\,(u;\,\tau,\,h,\,N) := \sum_{m\,\equiv\,h\,(N)} \exp\,\pi\,i\left(m^2\,\frac{\tau}{N} + 2\,m\,\frac{u}{N}\right)$$

(A. 24)

$$= \exp\,\pi\,i\left(h^2\,\frac{\tau}{N} + 2\,h\,\frac{u}{N}\right)\,\vartheta_3\,(h\,\tau + u,\,N\,\tau).$$

Die hier neu eingeführte Funktion genügt den Relationen

$$\vartheta_3\,(u+1;\,\tau,\,h,\,N) = \xi_N^{2h}\,\vartheta_3\,(u;\,\tau,\,h,\,N)$$

und, wenn $N \equiv 1 \bmod 2$:

$$\vartheta_0\,(u;\,\tau,\,h,\,N) := \sum_{m\,\equiv\,h\,(N)} (-1)^m \exp\,\pi\,i\left(m^2\,\frac{\tau}{N} + 2\,m\,\frac{u}{N}\right)$$

(A. 25)

$$-(-1)^h\,\xi_N^{-h}\,\vartheta_3\,(u+\tfrac{1}{2};\,\tau,\,h,\,N) - (-1)^h \exp\,\pi\,i\left(h^2\,\frac{\tau}{N} + 2\,h\,\frac{u}{N}\right)\,\vartheta_3\,(h\,\iota + u + \tfrac{1}{2},\,N\,\iota).$$

In der gleichen Art wie durch (A. 24) erhält man unter den betreffenden Bedingungen

$$\vartheta_2\,(u;\,\tau,\,h,\,N) := \sum_{m\,\equiv\,h\,(N)} \exp\,\pi\,i\left\{\left(m+\frac{1}{2}\right)^2\,\frac{\tau}{N} + (2\,m+1)\,\frac{u}{N}\right\}$$

(A. 26)

$$= \exp\,\pi\,i\left\{\left(h+\frac{1}{2}\right)^2\,\frac{\tau}{N} + (2\,h+1)\,\frac{u}{N}\right\}\,\vartheta_3\left(\left(h+\frac{1}{2}\right)\tau + u,\,N\,\tau\right);$$

auch diese Funktion betrachten wir hier nur für $N \equiv 1 \bmod 2$.

Die bekannte Produktentwicklung ([13] II, 2., § 10) von (A. 23) $\vartheta_3\,(v,\,\tau)$ liefert entsprechende Produktentwicklungen der neuen Thetareihen (A. 24, 25, 26), aus denen insbesondere hervorgeht, wo *diese neuen Reihen*, als Funktionen von u betrachtet, *verschwinden*. Für $\vartheta_3\,(u;\,\tau,\,h,\,N)$ besagt dies, daß eine Relation

(A. 27) $e^{2\pi\,i\,(h\,\tau+u)} = -e^{\pi\,i\,v\,N\,\tau}$ $(v \equiv 1 \bmod 2)$

zutrifft, wobei o. B. d. A. $-\tfrac{1}{2}\,N < h \leqq +\tfrac{1}{2}\,N$ angenommen werden darf. (A. 27) tritt für reelle u nie ein, falls $|h| < \tfrac{1}{2}\,N$; im Falle $h = \tfrac{1}{2}\,N$ ($N \equiv 0 \bmod 2$) jedoch genau dann, wenn $u \equiv \tfrac{1}{2} \bmod 1$. – So ergibt sich

Satz A. 2. *Die Funktion* (A. 24) $\vartheta_3\,(u;\,\tau,\,h,\,N)$ $(u \in \mathbb{C})$ *ist für reelle u und $\tau \in \mathfrak{H}$ stets von Null verschieden, falls nicht* $h \equiv \tfrac{1}{2}\,N \bmod N$ $(N \equiv 0 \bmod 2)$. *Gilt aber* $N \equiv 0 \bmod 2$, $h \equiv \dfrac{N}{2} \bmod N$, *so verschwindet* $\vartheta_3\,(u;\,\tau,\,h,\,N)$ $(u \in \mathbb{R})$ *genau dann für kein* $\tau \in \mathfrak{H}$, *wenn* $u \not\equiv \tfrac{1}{2} \bmod 1$ *ist.* –

Entsprechende Aussagen über die oben eingeführten elliptischen Thetafunktionen $\vartheta_\mu\,(u;\,\tau,\,h,\,N)$ $(\mu = 0,\,2)$ lassen sich aus Satz A. 2 durch die definierenden Relationen (A. 25, 26) unmittelbar gewinnen. Ferner erhält man Verallgemeinerungen der Funktionen (A. 1, 2, 3) $\vartheta_{\mu,1}\,(\tau,\,h,\,N)$ $(\mu = 3,\,0,\,2;\,\lambda = 1)$, die als Analoga der obigen $\vartheta_\mu\,(u;\tau,h,N)$ gelten können, durch Ableitung dieser letzteren nach u.

In § 3 wurde von den dort eingeführten ζ-*Funktionen* $\zeta\,(s;h,N)$ ($h,N\in\mathbb{Z}$, $N\geqq 2$) bewiesen, daß sie in die Halbebene $\{\operatorname{Re} s > -1\}$ meromorph fortsetzbar sind und sich hier bis auf einen Pol erster Ordnung im Punkte $s=1$ holomorph verhalten (vgl. Satz 3.4). Im folgenden soll kurz (unter Übergehung der Einzelheiten) dargelegt werden, daß diese Aussage unverändert für die volle s-Ebene zutrifft. Dies kann, ebenso wie ein System Riemannscher Funktionalgleichungen für die $\zeta\,(s;h,N)$, durch deren Zusammenhang mit den Thetareihen $\vartheta_{3,\lambda}\,(\tau,h,N)$ über ein Γ-Integral bewiesen werden.

Wir *definieren* für $h,N\in\mathbb{Z}$, $N\geqq 2$, $s\in\mathbb{C}$, $\operatorname{Re} s > 1$

$$(\text{A. }28)\qquad \zeta^+\,(s;h,N):=\sum_{\substack{n=-\infty\\ n\equiv h\,(N)}}^{+\infty}{}' \,|n|^{-s},\qquad \zeta^-\,(s;h,N):=\sum_{\substack{n=-\infty\\ n\equiv h\,(N)}}^{+\infty}{}' \,(\operatorname{sgn} n)\,|n|^{-s};$$

der Akzent bedeutet $n\neq 0$; er ist nur für $h\equiv 0 \bmod N$ effektiv. In den Bezeichnungen (3.29) gilt

$$\zeta^\pm\,(s;h,N)=\zeta\,(s;h,N)\pm\zeta\,(s;N-h,N)\ (1\leqq h\leqq N-1).$$

Durch *Anwendung eines* wohlbekannten *Riemannschen Verfahrens* ergibt sich zunächst der angekündigte Zusammenhang mit den Funktionen $\vartheta_{3,\lambda}\,(\tau,h,N)$ in den folgenden beiden Gleichungen, in denen $\operatorname{Re} s > 1$ bzw. $\operatorname{Re} s > 2$ vorauszusetzen ist:

$$\left(\frac{\pi}{N}\right)^{-\frac{s}{2}}\Gamma\left(\frac{s}{2}\right)\zeta^+\,(s;h,N)\quad=\int_0^\infty \vartheta_{3,0}^+\,(i\,u,h,N)\,u^{\frac{s}{2}-1}\,du,$$

$$\left(\frac{\pi}{N}\right)^{-\frac{s}{2}}\Gamma\left(\frac{s}{2}\right)\zeta^-\,(s-1;h,N)=\int_0^\infty \vartheta_{3,1}\,(i\,u,h,N)\,u^{\frac{s}{2}-1}\,du.$$

In der ersten dieser Darstellungen ist $\vartheta_{3,0}^+$ durch

$$\vartheta_{3,0}^+\,(\tau,h,N)=\vartheta_{3,0}\,(\tau,h,N),\quad\text{wenn}\quad h\not\equiv 0 \bmod N,$$

$$\vartheta_{3,0}^+\,(\tau,h,N)=\vartheta_3\,(N\,\tau)-1,\quad\text{wenn}\quad h\equiv 0 \bmod N,$$

erklärt. Daraus erhält man unter Benutzung der Theta-Transformation (A. 8) die meromorphe Fortsetzung der Funktionen $\zeta^\pm\,(s;h,N)$ in die volle s-Ebene aufgrund der Darstellungen

$$\left(\frac{\pi}{N}\right)^{-\frac{s}{2}}\Gamma\left(\frac{s}{2}\right)\zeta^+\,(s;h,N)=2\,N^{-\frac{1}{2}}\frac{1}{s-1}-2\,\delta\left(\frac{h}{N}\right)\frac{1}{s}$$

$$+\int_1^\infty \vartheta_{3,0}^+\,(i\,u,h,N)\,u^{\frac{s}{2}-1}\,du+N^{-\frac{1}{2}}\sum_{j\bmod N}\xi_N^{2hj}\int_1^\infty \vartheta_{3,0}^+\,(i\,u,j,N)\,u^{-\frac{s+1}{2}}\,du,$$

$$\left(\frac{\pi}{N}\right)^{-\frac{s+1}{2}}\Gamma\left(\frac{s+1}{2}\right)\zeta^-\,(s;h,N)=\int_1^\infty \vartheta_{3,1}\,(i\,u,h,N)\,u^{\frac{s-1}{2}}\,du$$

$$-i\,N^{-\frac{1}{2}}\sum_{j\bmod N}\xi_N^{2hj}\int_1^\infty \vartheta_{3,1}\,(i\,u,j,N)\,u^{-\frac{s}{2}}\,du,$$

wo $\delta(x) = 1$ oder 0, je nachdem $x \in \mathbb{Z}$ oder nicht. Sie führen zu dem folgenden abschließenden Resultat:

Satz A. 3. *Die Dirichlet-Reihen $\zeta^+(s; h, N)$, $\zeta^-(s; h, N)$, die für $h, N \in \mathbb{Z}$, $N \geqq 2$, $s \in \mathbb{C}$, Re $s > 1$ durch (A. 28) erklärt sind, genügen den Relationen*

$$\zeta^{\pm}(s; -h, N) = \pm \, \zeta^{\pm}(s; h, N).$$

Alle Funktionen $\zeta^+(s; h, N)$ sind in die volle s-Ebene meromorph fortsetzbar. Sie liefern dort analytische Funktionen von s, die sich überall mit Ausnahme eines Pols erster Ordnung im Punkte $s = 1$ holomorph verhalten und die in diesem Punkte das gleiche Residuum $\dfrac{2}{N}$ aufweisen. – Alle Funktionen $\zeta^-(s; h, N)$ sind in die volle s-Ebene holomorph fortsetzbar.

Definiert man

$$\Xi^+(s; h, N) := \left(\frac{\pi}{N}\right)^{-\frac{s}{2}} \Gamma\left(\frac{s}{2}\right) \zeta^+(s; h, N),$$

$$\Xi^-(s; h, N) := \left(\frac{\pi}{N}\right)^{-\frac{s+1}{2}} \Gamma\left(\frac{s+1}{2}\right) \zeta^-(s; h, N),$$

so bestehen die Riemannschen Funktionalgleichungen

$$\Xi^+(1 - s; h, N) = \frac{1}{\sqrt{N}} \sum_{j \bmod N} \cos 2\pi \, \frac{hj}{N} \, \Xi^+(s; j, N),$$

$$\Xi^-(1 - s; h, N) = \frac{1}{\sqrt{N}} \sum_{j \bmod N} \sin 2\pi \, \frac{hj}{N} \, \Xi^-(s; j, N),$$

und sowohl alle $s(1 - s) \, \Xi^+(s; h, N)$ als auch alle $\Xi^-(s; h, N)$ stellen ganze Funktionen von s dar. –

Anhang B. Mehrfache Thetareihen

(Inhaltsübersicht: Definition mehrfacher Thetareihen zu vorgegebenen positiv-definiten rational-zahligen quadratischen Formen. Transformation einer zu einer Kongruenzgruppe gehörigen Modulform durch $\tau \to (h\tau)/k$ $(h, k \in \mathbb{N})$; Frickesche Erweiterungen. Mehrfache Thetareihen als ganze Modulformen zu Kongruenzgruppen (Reduktion nach Jacobi). Binäre Thetareihen $\vartheta(k, \tau; \varrho, \mathfrak{a}, Q\sqrt{D})$ im Falle $D < 0$ nach Hecke: Verhalten bei Transformation durch die

$$S = \begin{pmatrix} a & b \\ c & d \end{pmatrix} \in {}_1\Gamma \; \textit{mit } c > 0 \textit{ aufgrund einer Heckeschen Modifikation der Funda-}$$

mentalformel der Theta-Transformation und aufgrund von sechs Umformungsregeln für die o. g. $\vartheta(k, \tau; \varrho, \mathfrak{a}, Q\sqrt{D})$. Spezialisierungen auf die Fälle $Q = 1$; $D = -4, -3$. Es entstehen fünf bemerkenswerte Funktionensysteme, deren jedes, den Werten von $k \in \mathbb{N}_0$ entsprechend, unendlich viele Funktionen umfaßt, die nicht identisch verschwinden.)

Es sei $\mathbf{A} = (a_{jk}) = \mathbf{A}^{(s,s)}$ eine s-reihige symmetrische positive Matrix über $\mathbb{Q}$ ($j =$ Zeilenindex), $N \in \mathbb{Q}$, $N > 0$; $\mathfrak{h} = (h_j) = \mathfrak{h}^{(s,1)}$ eine s-reihige Spalte über $\mathbb{Z}$, $K \in \mathbb{N}$. Wir definieren für $\tau \in \mathfrak{H}$

$$(\text{B.1}) \qquad \Theta(\tau, \mathbf{A}, N; \mathfrak{h}, K) := \sum_{\substack{\mathfrak{m} \in \mathbb{Z}^s \\ \mathfrak{m} \equiv \mathfrak{h}\,(K)}} \exp \pi i\, \mathfrak{m}'\, \mathbf{A}\, \mathfrak{m}\, \frac{\tau}{N}.$$

Die *Hauptaufgabe* dieses zweiten Anhangs besteht darin, zu jeder dieser Thetareihen (B.1) die Existenz einer Kongruenzuntergruppe Γ von $_1\Gamma$ mit der Eigenschaft nachzuweisen, daß *die Thetareihe eine ganze Modulform zur Gruppe Γ darstellt.*

Wir wollen zunächst zeigen, daß die Gültigkeit dieses Satzes von dem Wert von N nicht abhängt. Dazu genügt es, Folgendes zu beweisen:

Lemma. *Es sei $f(\tau)$ eine ganze Modulform der Klasse $\{\Gamma, -r, v\}$ und dabei Γ eine Kongruenz-Untergruppe der $_1\Gamma$, $r > 0$, $v \in [\Gamma, -r]^1$. Es seien h, k teilerfremde natürliche Zahlen. Dann stellt $f\left(\dfrac{h}{k}\,\tau\right)$ eine ganze Modulform einer Klasse $\{\Gamma^*, -r, v^*\}$ dar, wo Γ^* wie Γ eine Kongruenz-Untergruppe der $_1\Gamma$ bezeichnet und auch $v^* \in [\Gamma^*, -r]^1$. Wenn $Q \in \mathbb{N}$, $\Gamma[Q] \subset \Gamma$, so gilt überdies $\Gamma[h\,k\,Q] \subset \Gamma^*$.* —

Beweis. Für $g(\tau) := f(\tau) \mid S$ ($S \in \mathrm{SL}(2, \mathbb{R})$) findet man (vgl. Lemma 1.2, Satz 1.5)

$$g(\tau) \mid L' = v'_S(L')\, g(\tau) \qquad (\text{vgl. §1})$$

mit

$$v'_S(L') := \sigma(L, S)\, \sigma^{-1}(S, L')\, v(L) \quad (L' := S^{-1} L S \in S^{-1} \Gamma S),$$

und $g(\tau)$ stellt eine ganze Modulform der Gruppe $\Gamma^* := {}_1\Gamma \cap S^{-1} \Gamma S$ dar, vorausgesetzt, daß diese Gruppe einen endlichen Index in $_1\Gamma$ hat. Im vorliegenden Falle hat man $S = D_\mu \left(\mu := \sqrt{\dfrac{h}{k}} > 0\right)$ zu setzen, so daß $g(\tau) \approx f\left(\dfrac{h}{k}\,\tau\right)$. Hier besagt $L' \in \Gamma^*$, daß

$$L' \in {}_1\Gamma,\ L := D_\mu L' D_\mu^{-1} = \begin{pmatrix} \alpha' & h\,\beta'/k \\ k\,\gamma'/h & \delta' \end{pmatrix} \in \Gamma$$

zutrifft; die Untergruppe $\Gamma_1^* := {}_1\Gamma \cap D_\mu^{-1}\,\Gamma[Q]\,D_\mu$ von Γ^* ist durch

$$(\text{B.2}) \qquad \alpha' \equiv \delta' \equiv \pm 1 \bmod Q, \qquad \beta' \equiv 0 \bmod \frac{k\,Q}{(h, Q)}, \qquad \gamma' \equiv 0 \bmod \frac{h\,Q}{(k, Q)}$$

zu beschreiben, und diese enthält die Hauptkongruenzgruppe $\Gamma[h\,k\,Q]$. Das ist bereits die Behauptung: Man hat

$$(\text{B.3}) \qquad v^*(L') = v\left(\begin{pmatrix} \alpha' & h\,\beta'/k \\ k\,\gamma'/h & \delta' \end{pmatrix}\right) \qquad (L' \in \Gamma^*). \quad —$$

$D_\mu \in {}_1\Gamma$ gilt nur im trivialen Falle $h = k = 1$. Auch wenn er nicht vorliegt, kann $D_\mu^{-1}\,\Gamma\,D_\mu \subset {}_1\Gamma$ eintreten. Dies geschieht für

$$\Gamma = \Gamma[k \backslash h] := \Gamma_0[k] \cap \Gamma^0[h],$$

indem

$$D_\mu^{-1} \, \Gamma \, [k \backslash h] \, D_\mu = \Gamma \, [h \backslash k].$$

Da außerdem $T \, \Gamma \, [k \backslash h] \, T^{-1} = \Gamma \, [h \backslash k]$, so folgt nun

$$K_\mu \, \Gamma \, [h \backslash k] \, K_\mu^{-1} = \Gamma \, [h \backslash k] \quad \text{mit} \quad K_\mu := T \, D_\mu = \begin{pmatrix} 0 & -\mu^{-1} \\ \mu & 0 \end{pmatrix}.$$

Ferner schließt man, daß $K_\mu^2 = - I$ und daraus, daß

$$\Phi \, [h \backslash k] := \Gamma \, [h \backslash k] \cup \Gamma \, [h \backslash k] \, K_\mu$$

eine Untergruppe von SL $(2, \mathbb{R})$ ist. Sie ist nur im trivialen Falle $\mu = 1$ in $_1\Gamma$ enthalten und dann mit $_1\Gamma$ identisch; in jedem anderen Fall wird $\Phi \, [h \backslash k]$ eine *Frickesche Erweiterung* von $\Gamma \, [h \backslash k]$ genannt. K_μ ist stets elliptisch und hat in $\mathfrak{H}$ den Fixpunkt $\omega_\mu := i \, \mu^{-1}$. Seine Fixpunktordnung in $\Phi \, [h \backslash k]$ ist stets $= 2$. Denn für $\mu \neq 1$ gibt es kein $L \neq \pm I$ aus $\Gamma \, [h \backslash k]$, das ω_μ fest läßt. − Wir schreiben

$$\Phi_0 \, [h] := \Phi \, [h \backslash 1], \qquad \Phi^0 \, [k] := \Phi \, [1 \backslash k].$$

Wir diskutieren nun das oben formulierte Hauptproblem. Im Falle $s = 1$ gilt mit $a := a_{11}$, $h := h_1$:

$$\text{(B. 4)} \qquad \Theta \, (\tau, \mathbf{A}, N; \mathfrak{h}, K) = \sum_{m \equiv h \, (K)} \exp \pi i \, a \, m^2 \, \frac{\tau}{N} = \vartheta_{3,0} \, (\tau, h, K),$$

wenn $N = a \, K$ gesetzt wird. Daher werden wir von jetzt an $s \geq 2$ voraussetzen.

Wir bezeichnen mit $\mathfrak{G}$ den Modul der Vektoren von $\mathbb{Z}^s$. Es sei $\mathfrak{l} = (l_j) \in \mathfrak{G}$ (j bestimmt die Zeile, $1 \leq j \leq s$); wir definieren

$$\text{(B. 5)} \qquad \Theta^* \, (\tau, \mathbf{A}, N; \mathfrak{l}, K) := \sum_{\mathfrak{m} \in \mathfrak{G}} \exp \pi i \left(\mathfrak{\dot{m}} \, \mathbf{A} \, \mathfrak{m} \, \frac{\tau}{N} + \frac{2}{K} \, \mathfrak{l} \, \mathfrak{m} \right).$$

Dann gilt

$$\text{(B. 6)} \quad K^{-s} \sum_{\mathfrak{l} \bmod K} \exp \left(- \pi i \, \frac{2}{K} \, \mathfrak{l} \, \mathfrak{h} \right) \Theta^* \, (\tau, \mathbf{A}, N; \mathfrak{l}, K) = \Theta \, (\tau, \mathbf{A}, N; \mathfrak{h}, K).$$

Durch diese Formel läßt sich das obige Problem auf die entsprechende Aufgabe bezüglich der Funktionen (B. 5) Θ^*, die der Analyse leichter zugänglich sind, zurückführen.

Wir bedienen uns eines *Reduktionsverfahrens von C. G. J. Jacobi* (vgl. Landau [16], § 11). Man setze $\mathfrak{x} = (x_j) \in \mathbb{R}^{(s, 1)}$; das Verfahren beruht darauf, daß in der quadratischen Form

$$\frac{1}{a_{11}} \left(\sum_{v=1}^{s} a_{1v} \, x_v \right)^2 = \sum_{j, k = 1}^{s} \frac{a_{1j} \, a_{1k}}{a_{11}} \, x_j \, x_k$$

mit der symmetrischen Matrix $(a_{11}^{-1} \, a_{1j} \, a_{1k})$ $(j, k = 1, 2, \ldots, s)$ sämtliche Glieder von $\mathfrak{\dot{x}} \, \mathbf{A} \, \mathfrak{x}$ auftreten, welche x_1 enthalten. Es gilt also

$$\mathfrak{\dot{x}} \, \mathbf{A} \, \mathfrak{x} - a_{11}^{-1} \left(\sum_{v=1}^{s} a_{1v} \, x_v \right)^2 = \mathfrak{\dot{\underline{x}}} \, \mathbf{A}_1 \, \mathfrak{\underline{x}}$$

mit

$$\mathfrak{\underline{x}} := \begin{pmatrix} x_2 \\ \vdots \\ x_s \end{pmatrix} \in \mathbb{R}^{(s-1, 1)}, \qquad \mathbf{A}_1 := \left(a_{jk} - \frac{a_{1j} \, a_{1k}}{a_{11}} \right) \qquad (j, k = 2, \ldots, s);$$

man beweist leicht, daß diese Matrix $\mathbf{A}_1$ wieder positiv ist. Zieht man aus $\sum_{v=1}^{s} a_{1v} x_v$ den Hauptnenner der a_{1v} und danach den größten gemeinsamen Teiler der zugehörigen Zähler heraus, so entsteht

$$\dot{\mathfrak{x}} \mathbf{A} \mathfrak{x} - \varrho_1 \left(\sum_{v=1}^{s} b_{1v} x_v \right)^2 = \dot{\mathfrak{x}} \mathbf{A}_1 \mathfrak{x},$$

wo $\varrho_1 \in \mathbb{Q}$, $\varrho_1 > 0$ und die b_{1v} teilerfremde ganze Zahlen mit $b_{11} > 0$ sind. Durch vollständige Induktion erhält man auf diese Weise

$$(\text{B. 7}) \qquad \dot{\mathfrak{x}} \mathbf{A} \mathfrak{x} = \sum_{j=1}^{s} \varrho_j \left(\sum_{v=1}^{s} b_{jv} x_v \right)^2$$

mit $\varrho_j \in \mathbb{Q}$, $\varrho_j > 0$, $b_{jv} \in \mathbb{Z}$ $(j, v = 1, 2, \ldots, s)$, $b_{jv} = 0$ für $v \le j - 1$, $b_{jj} > 0$, $(b_{jj}, b_{j,j+1}, \ldots, b_{js}) = 1$.

Wir schreiben $B := (b_{jk})$ $(j, k = 1, 2, \ldots, s; j = \text{Zeilenindex})$; die Bijektion $\mathfrak{n} = B \mathfrak{m}$ $(\mathfrak{m} \in \mathfrak{G})$ bildet $\mathfrak{G}$ auf $B \mathfrak{G} \subset \mathfrak{G}$ ab. Mit $q := \det B$ erhält man ebenso $q B^{-1} \mathfrak{G} \subset \mathfrak{G}$; also gilt $q \mathfrak{G} \subset B \mathfrak{G} \subset \mathfrak{G}$; $B \mathfrak{G}$ besteht mithin aus *disjunkten Restklassen* mod q in $\mathfrak{G}$, und $\dot{\mathfrak{m}} \mathbf{A} \mathfrak{m}$ läßt sich darstellen als Vereinigung der $\sum_{j=1}^{s} \varrho_j n_j^2$, wo $\mathfrak{n} = (n_j) \in \mathfrak{g}_\mu + q \mathfrak{G}$ $(1 \le \mu \le \mu_0)$ mit gewissen mod q paarweise inkongruenten $\mathfrak{g}_\mu \in \mathfrak{G}$. Da ferner

$$\dot{\mathfrak{l}} \mathfrak{m} = \frac{1}{q} \dot{\mathfrak{l}} q B^{-1} \mathfrak{n} = \frac{1}{q} \dot{\mathfrak{l}}_1 \mathfrak{n} \quad (\mathfrak{l}_1 := q \dot{B}^{-1} \mathfrak{l} = (l_{1j})),$$

so erhält man mit $\mathfrak{g}_\mu = (g_{\mu j})$ $(1 \le \mu \le \mu_0, 1 \le j \le s; j \text{ Zeilenindex})$

$$\Theta^* (\tau, \mathbf{A}, N; \mathfrak{l}, K) = \sum_{\mu=1}^{\mu_0} \sum_{\substack{\mathfrak{n} \in \mathfrak{G} \\ \mathfrak{n} \equiv \mathfrak{g}_\mu (q)}} \exp \pi i \left\{ \left(\sum_{j=1}^{s} \varrho_j n_j^2 \right) \frac{\tau}{N} + \frac{2}{q K} \dot{\mathfrak{l}}_1 \mathfrak{n} \right\}$$

$$= \sum_{\mu=1}^{\mu_0} \prod_{j=1}^{s} \sum_{n_j \equiv g_{\mu j}(q)} \exp \pi i \left(\varrho_j n_j^2 \frac{\tau}{N} + \frac{2}{q K} l_{1j} n_j \right)$$

$$= \sum_{\mu=1}^{\mu_0} \prod_{j=1}^{s} \sum_{\substack{h_j \bmod q K \\ h_j \equiv g_{\mu j}(q)}} \left(\exp \frac{2 \pi i}{q K} l_{1j} h_j \right) \sum_{m_j \equiv h_j(q K)} \exp \pi i \, m_j^2 \varrho_j \frac{\tau}{N}$$

$$= \sum_{\mu=1}^{\mu_0} \sum_{\substack{\mathfrak{h} \bmod q K \\ \mathfrak{h} \equiv \mathfrak{g}_\mu (q)}} \left(\exp \frac{2 \pi i}{q K} \dot{\mathfrak{l}}_1 \mathfrak{h} \right) \prod_{j=1}^{s} \vartheta_{3,0} \left(q K \varrho_j \frac{\tau}{N}, h_j, q K \right);$$

hier ist die Bedingung $\mathfrak{h} \in \mathfrak{G}$ hinzuzufügen.

In dieser Formel spezialisieren wir N wie folgt: Ist H der Hauptnenner der ϱ_j $(1 \le j \le s)$, so schreiben wir

$$(\text{B. 8}) \qquad q K \varrho_j = \frac{t}{H} e_j \, (t, e_j \in \mathbb{N} \, (1 \le j \le s), (e_1, e_2, \ldots, e_s) = 1)$$

und setzen nun $N := \dfrac{t}{H}$, so daß $q\,K\,\varrho_j\,\dfrac{1}{N} = e_j$. Damit folgt

$$(\text{B. }9) \qquad \Theta^*\left(\tau,\mathbf{A},\frac{t}{H};\mathfrak{l},K\right) = \sum_{\mu=1}^{\mu_0} \sum_{\substack{\mathfrak{h} \bmod qK \\ \mathfrak{h}\equiv g_\mu(q)}} \left(\exp\frac{2\pi i}{qK}\,\mathfrak{l}\,\mathfrak{h}\right) \prod_{j=1}^{s} \vartheta_{3,0}\,(e_j\,\tau,\,h_j,\,q\,K),$$

und hierin stellt $\vartheta_{3,0}\,(e_j\,\tau,\,h_j,\,q\,K)$ nach dem Korollar zu Satz A. 1 eine ganze Modulform vom Grade $-\tfrac{1}{2}$ zu derjenigen Kongruenzgruppe dar, welche durch $L \in {}_{\mathfrak{l}}\Gamma$ mit

$$\alpha \equiv \delta \equiv \varepsilon \bmod 2\,q\,K, \qquad \beta \equiv 0 \bmod \frac{2\,q\,K}{(2\,q\,K,\,e_j)}, \qquad \gamma \equiv 0 \bmod 2\,q\,K\,e_j \qquad (\varepsilon = \pm 1)$$

definiert ist. Der einem solchen L mit $\varepsilon = +1$ entsprechende Multiplikatorwert ist

$$v^{(j)}(L) := \left(\frac{\gamma\,q\,K\,e_j}{\delta}\right)_* \zeta_4^{\delta-1};$$

er hängt ersichtlich von h_j nicht ab. Man erhält also im Hinblick auf (B. 6, 9)

Satz B.1. *Bildet man für $s > 1$ gemäß* (B. 1, 5) *die Thetareihen Θ, Θ^* mit dem oben definierten Wert $N := H^{-1}\,t$, so entstehen ganze Modulformen vom Grade*

$$\frac{s}{2}$$ *zu der durch*

$$\alpha \equiv \delta \equiv \varepsilon \bmod 2\,q\,K, \qquad \beta \equiv 0 \bmod 2\,q\,K, \qquad \gamma \equiv 0 \bmod 2\,q\,K\,f \qquad (\varepsilon = \pm 1)$$

definierten Kongruenzgruppe; diese ist $= \Gamma\,[2\,q\,K] \cap \Gamma_0\,[2\,q\,K\,f]$; f bezeichnet das kleinste gemeinsame Vielfache der $e_j\,(1 \leqq j \leqq s)$. Das (für alle $\mathfrak{h}$, $\mathfrak{l}$) gemeinsame Multiplikatorsystem der genannten Funktionen Θ, Θ^* auf der genannten Kongruenzgruppe hat für $\varepsilon = +1$ den Wert

$$\tilde{v}(L) := \left(\frac{\gamma\,q\,K}{\delta}\right)_*^{s} \left(\frac{\tilde{e}}{\delta}\right) \zeta_4^{s(\delta-1)} \qquad \left(\tilde{e} := \prod_{j=1}^{s} e_j\right). \qquad -$$

Damit ist die gestellte Aufgabe gelöst. Zur Wahl von N sei noch folgendes bemerkt: Da die Annahme, $\mathbf{A}$ sei halbganz, nur eine unwesentliche Einschränkung bedeutet, sei jetzt dies vorausgesetzt. Es bezeichne $\mathfrak{r}_g$ die g-te Spalte von $B^{-1}\,(1 \leqq g \leqq s)$. Dann folgt nach (B. 7)

$$B\,\mathfrak{r}_g = (\delta_{g\,j})\,(1 \leqq j \leqq s), \qquad \dot{\mathfrak{r}}_g\,\mathbf{A}\,\mathfrak{r}_g = \sum_{j=1}^{s} \varrho_j\,\delta_{g\,j}^2 = \varrho_g.$$

Daher ist $n_j := q^2\,\varrho_j \in \mathbb{N}$ und $q\,K\,\varrho_j = K\,n_j/q$. Wir erhalten also das

Korollar. *Wenn $\mathbf{A}$ halbganz ist, so gilt in* (B. 8)

$$q\,K\,\varrho_j = K\,n_j/q \quad \text{mit} \quad n_j \in \mathbb{N} \qquad (1 \leqq j \leqq s);$$

es ist also H ein Teiler von q und die nach der obigen Vorschrift zu bestimmende positive rationale Zahl N hat die Eigenschaft $q\,N \in \mathbb{N}$. $\quad -$

Unter den mehrfachen Thetareihen $(s > 1)$ sind die *binären* $(s = 2)$ einer genaueren Analyse am leichtesten zugänglich, weil der Formalismus der binären positiven quadratischen Formen durch den der *Idealnormen imaginärquadratischer Zahlkörper* zutreffend beschrieben werden kann. Die Resultate der diesbezüglichen höchst erfolgreichen Untersuchungen von Hecke [11], Nr. 23, wurden im vorangehenden Text mehrfach an entscheidender Stelle benutzt; im Anhang A wurde die Methode zur Analyse des Verhaltens einfacher Thetareihen, die bei Hecke nicht auftreten, angewendet. Deshalb und weil die Heckesche Darstellung in [11], Nr. 23, gewisse Mängel — darunter kleine Unstimmigkeiten — erkennen läßt, erscheint es angemessen, die Theorie, soweit sie den definiten Fall betrifft, hier kurz nachzuvollziehen. Dabei kommen insbesondere auch zwei *wesentliche Erweiterungen* der Heckeschen Konstruktion zur Sprache. — Die folgende Reproduktion, die als *Referat* aufzufassen ist, beschränkt sich auf die Angabe von Grundlagen und Zwischenresultaten des Verfahrens, deren Verbindung nach dem Heckeschen Text ausgeführt werden muß. Das Referat bedient sich mit geringen Abweichungen der von Hecke benutzten klassischen Ausdrucksweise in der algebraischen Zahlentheorie.

Es sei $\mathfrak{K} = \mathbb{Q}\,(\sqrt{D}\,)$ ein imaginär-quadratischer Zahlkörper, D seine Diskriminante, $\mathfrak{o}$ seine Hauptordnung, $\mathfrak{a}$ ein Ideal in $\mathfrak{o}$, $\mathfrak{a} \neq (0)$, $\varrho \in \mathfrak{a}$ ($\varrho = 0$ ist zulässig), $k \in \mathbb{N}_0$, $Q \in \mathbb{N}$; für eine Zahl $\alpha \in \mathfrak{K}$ bezeichne $\alpha' = \bar{\alpha}$ ihre Konjugierte bezüglich $\mathbb{Q}$; $\mathsf{N}\,\mathfrak{a} = \mathsf{N}\,(\mathfrak{a})$ bezeichne die Anzahl der Restklassen mod $\mathfrak{a}$ in $\mathfrak{o}$; geht aus dem Zusammenhang hervor, daß in $\sum\limits_{\alpha}$ über irgendwelche $\alpha \in \mathfrak{K}$ summiert wird, so gelte $\alpha \in \mathfrak{o}$ als selbstverständliche Zusatzbedingung; überdies sei

$$- i\,\sqrt{D} = \sqrt{|D|} > 0.$$

Wir untersuchen die Funktionen

$$(\text{B.10}) \qquad \vartheta\,(k, \tau; \varrho, \mathfrak{a}, Q\,\sqrt{D}\,) := \sum_{\mu \,\equiv\, \varrho \bmod \mathfrak{a}\, Q\,\sqrt{D}} \mu^k \exp \frac{2\,\pi\,i}{\varDelta\,(\mathfrak{a})}\,\mu\,\mu'\,\tau,$$

wo

$$\varDelta\,(\mathfrak{a}) := (\mathsf{N}\,\mathfrak{a})\,Q\,|D|, \qquad \tau \in \mathfrak{H},$$

und zeigen zu diesem Zwecke zunächst, wie man zu der *Thetaformel* [11], Nr. 23, (13) und ihrer Verallgemeinerung gelangt.

Es sei (vgl. diesen Anhang B.) $\mathsf{A} = \mathsf{A}^{(s,s)} = (a_{jk})$ eine reelle symmetrische s-reihige Matrix mit der Eigenschaft $\mathsf{A} > 0$, d. h. $\dot{\mathfrak{x}}\,\mathsf{A}\,\mathfrak{x} > 0$, wenn

$$\mathfrak{x} = \begin{pmatrix} x_1 \\ x_2 \\ \vdots \\ x_s \end{pmatrix} \in \mathbb{R}^s, \qquad \mathfrak{x} \neq \mathfrak{o}_0;$$

hier bezeichnet $\mathfrak{o}_0$ die Spalte $\mathfrak{x}$, deren sämtliche Komponenten x_j verschwinden $(1 \leq j \leq s)$; ein Punkt über dem Symbol einer Matrix deutet deren Transposition an. Für

$$\mathfrak{u} := \begin{pmatrix} u_1 \\ u_2 \\ \vdots \\ u_s \end{pmatrix}, \qquad \mathfrak{v} := \begin{pmatrix} v_1 \\ v_2 \\ \vdots \\ v_s \end{pmatrix} \in \mathbb{C}^s, \qquad \tau \in \mathfrak{H}$$

erhält man in der Gestalt

$$\Theta\,(\mathsf{A};\mathfrak{u},\mathfrak{v},\tau) := \sum_{m\,\in\,\mathbf{Z}^s} \exp \pi\,i\,\{(\dot{\mathfrak{u}} + \dot{m})\,\mathsf{A}\,(\mathfrak{u} + m)\,\tau + 2\,\dot{\mathfrak{v}}\,(\mathfrak{u} + m)\}$$

eine wohldefinierte Funktion von $\mathfrak{u}, \mathfrak{v}, \tau$, die der Relation

$$\Theta\,(\mathsf{A};\mathfrak{u},\mathfrak{v},\tau) = \xi_4^s\,e^{2\pi i\,\dot{\mathfrak{v}}\,\mathfrak{u}}\,|\mathsf{A}|^{-1/2}\,\tau^{-s/2}\,\Theta\left(\mathsf{A}^{-1};\,-\mathfrak{v},\,\mathfrak{u},\,\frac{-1}{\tau}\right)$$

genügt; diese wird als *Fundamentalformel der Theta-Transformation* ohne Beweis aus der Literatur übernommen (Landau [16], Satz 149, 150; vgl. auch [30], (2.16)). Mit $\mathfrak{v} = \mathfrak{v}_0$, $s = 2$ ergibt sich hieraus

$$\Theta\,(\mathsf{A};\mathfrak{u},\mathfrak{v}_0,\tau) = \sum_{m\,\in\,\mathbf{Z}^2} \exp \pi\,i\,(\dot{\mathfrak{u}} + \dot{m})\,\mathsf{A}\,(\mathfrak{u} + m)\,\tau$$

$$\text{(B.11)} \qquad = i\,|\mathsf{A}|^{-\frac{1}{2}}\,\tau^{-1} \sum_{m\,\in\,\mathbf{Z}^2} \exp \pi\,i\left\{\dot{m}\,\mathsf{A}^{-1}\,m\frac{-1}{\tau} + 2\,\dot{m}\,\mathfrak{u}\right\}.$$

Nun sei α_1, α_2 eine Modulbasis von $\mathfrak{a}$; es werde $\operatorname{Im}\dfrac{\alpha_2}{\alpha_1} > 0$ vorausgesetzt. Dann gilt $\alpha_1\,\alpha_2' - \alpha_1'\,\alpha_2 = -\,(\mathrm{N}\,\mathfrak{a})\,\sqrt{D}$, und man findet, wenn $m_1, m_2 \in \mathbf{Z}$ sowie $u, u' \in \mathbf{C}$ durch

$$\mu := m_1\,\alpha_1 + m_2\,\alpha_2 \in \mathfrak{a}, \qquad \begin{pmatrix} u \\ u' \end{pmatrix} := \begin{pmatrix} \alpha_1 & \alpha_2 \\ \alpha_1' & \alpha_2' \end{pmatrix} \begin{pmatrix} u_1 \\ u_2 \end{pmatrix} \subset \mathbf{C}^2.$$

definiert werden:

$$(\mu + u)\,(\mu' + u') = (\dot{\mathfrak{u}} + \dot{m})\,\mathsf{A}\,(\mathfrak{u} + m)$$

mit

$$\mathsf{A} := \begin{pmatrix} \alpha_1\,\alpha_1' & \frac{1}{2}\,(\alpha_1\,\alpha_2' + \alpha_1'\,\alpha_2) \\ \frac{1}{2}\,(\alpha_1\,\alpha_2' + \alpha_1'\,\alpha_2) & \alpha_2\,\alpha_2' \end{pmatrix}, \qquad m := \begin{pmatrix} m_1 \\ m_2 \end{pmatrix}.$$

In der anderen Bezeichnung $\mathsf{A} = \begin{pmatrix} a & \frac{1}{2}\,b \\ \frac{1}{2}\,b & c \end{pmatrix}$ gilt daher

$$a > 0 > b^2 - 4\,a\,c = (\mathrm{N}\,\mathfrak{a})^2\,D$$

und man berechnet, indem man $\lambda := -\,m_1\,\alpha_2' + m_2\,\alpha_1' \in \mathfrak{a}'$ einführt:

$$\dot{m}\,\mathsf{A}^{-1}\,m = \frac{4\,\lambda\,\lambda'}{(\mathrm{N}\,\mathfrak{a})^2\,|D|}, \qquad \dot{\mathfrak{u}}\,m = \frac{\lambda\,u - \lambda'\,u'}{(\mathrm{N}\,\mathfrak{a})\,\sqrt{D}}.$$

Für die rechte Seite von (B.11) ergibt dies

$$\frac{2\,i}{(\mathrm{N}\,\mathfrak{a})\,\sqrt{|D|}}\,\tau^{-1} \sum_{\lambda\,\in\,\mathfrak{a}'} \exp \pi\,i\left\{\frac{4\,\lambda\,\lambda'}{(\mathrm{N}\,\mathfrak{a})^2\,|D|}\,\frac{-1}{\tau} + \frac{2\,(\lambda\,u - \lambda'\,u')}{(\mathrm{N}\,\mathfrak{a})\,\sqrt{D}}\right\}$$

und damit im wesentlichen bereits die *gesuchte Formel* [11], Nr. 23, (13) in der Gestalt

$$\sum_{\mu\,\in\,\mathfrak{a}} e^{2\pi i\,(\mu + u)\,(\mu' + u')\,\tau} = \frac{i\,\tau^{-1}}{(\mathrm{N}\,\mathfrak{a})\,\sqrt{|D|}} \sum_{v\,\in\,(\mathfrak{a}\,\sqrt{D})^{-1}} \exp 2\,\pi\,i\left(v\,v'\,\frac{-1}{\tau} + v\,u + v'\,u'\right).$$

Durch k-malige Differentiation nach u' folgt hieraus

(B.12)

$$\sum_{\mu \in \mathfrak{a}} (\mu + u)^k \, e^{2 \pi i (\mu + u)(\mu' + u') \tau}$$

$$= \frac{i \, \tau^{-k-1}}{(\mathbf{N} \, \mathfrak{a}) \sqrt{|D|}} \sum_{v \in (\mathfrak{a} \sqrt{D})^{-1}} v'^k \exp 2 \pi i \left\{ v \, v' \frac{-1}{\tau} + v \, u + v' \, u' \right\}.$$

Dies liefert nach den in [11] angegebenen Substitutionen die erste Transformationsgleichung für die Thetareihen (B.10):

(B.13)

$$\vartheta (k, \tau; \varrho, \mathfrak{a}, Q \sqrt{D}) |_{k+1} T = \frac{(-1)^k}{Q \sqrt{D}}$$

$$\times \sum_{\substack{\alpha \bmod \mathfrak{a} \, Q \sqrt{D} \\ \alpha \in \mathfrak{a}}} \exp 2 \pi i \frac{\alpha \, \varrho' + \alpha' \, \varrho}{\varDelta (\mathfrak{a})} \, \vartheta (k, \tau; \alpha, \mathfrak{a}, Q \sqrt{D}).$$

Eine andere Anwendung von (B.12), die im Spezialfall $\varrho = 0$ von Bedeutung ist, entsteht durch die Substitution

$$u = u' = 0, \quad \mathfrak{a} \to \mathfrak{a} \, Q \sqrt{D}, \quad \tau \to \frac{\tau}{\varDelta (\mathfrak{a})},$$

wenn überdies auf der rechten Seite über die μ mit

$$(\mathbf{N} \, \mathfrak{a}) \, Q^2 \sqrt{D}^3 \, v = \mu' \quad (\text{d. h. } \mu \in \mathfrak{a} \, Q \sqrt{D})$$

summiert wird. Man findet nach einer kurzen Rechnung

(B.14) $\quad \vartheta (k, \tau; 0, \mathfrak{a}, Q \sqrt{D}) = i^{1-k} (\sqrt{N} \, \tau)^{-k-1} \, \vartheta (k, - (N \tau)^{-1}; 0, \mathfrak{a}, Q \sqrt{D})$

(wo $N := Q^2 |D|$), was besagt, daß sich $\vartheta (k, \tau; 0, \mathfrak{a}, Q \sqrt{D})$ bei der Transformation durch $K_N := T D_{\sqrt{N}}$ wie eine *automorphe Form des Grades* $-1-k$ *verhält* (vgl. ob. Bem. über die Frickeschen Gruppen $\Phi_0 [N]$).

Bei den folgenden Umformungen muß man sich einiger Rechenregeln bedienen, denen die Funktionen $\vartheta (k, \tau; \varrho, \mathfrak{a}, Q \sqrt{D})$ genügen und die jetzt formuliert werden.

(α) Es sei $\varrho^* \in \mathfrak{o}$, $\varrho^* \equiv \varrho \bmod \mathfrak{a} \, Q \sqrt{D}$; dann ist $\varrho^* \in \mathfrak{a}$ und

$$\vartheta (k, \tau; \varrho^*, \mathfrak{a}, Q \sqrt{D}) = \vartheta (k, \tau; \varrho, \mathfrak{a}, Q \sqrt{D}).$$

(β) Es sei ε eine Einheitswurzel in $\mathfrak{R}$. Dann gilt

$$\vartheta (k, \tau; \varepsilon \, \varrho, \mathfrak{a}, Q \sqrt{D}) = \varepsilon^k \, \vartheta (k, \tau; \varrho, \mathfrak{a}, Q \sqrt{D}).$$

(γ) Es sei $\lambda \in \mathfrak{R}$, $\lambda \neq 0$, $\lambda \, \mathfrak{a} \subset \mathfrak{o}$. Dann ist $\lambda \, \varrho \in \lambda \, \mathfrak{a}$ und

$$\vartheta (k, \tau; \lambda \, \varrho, \lambda \, \mathfrak{a}, Q \sqrt{D}) = \lambda^k \, \vartheta (k, \tau; \varrho, \mathfrak{a}, Q \sqrt{D}).$$

(δ) Aus $\mu \equiv \varrho \bmod \mathfrak{a} \, Q \sqrt{D}$ folgt $\mu \, \mu' \equiv \varrho \, \varrho' \bmod \varDelta (\mathfrak{a})$ und

$$\vartheta (k, \tau + n; \varrho, \mathfrak{a}, Q \sqrt{D}) = \left(\exp \frac{2 \pi i}{\varDelta (\mathfrak{a})} \varrho \, \varrho' \, n \right) \vartheta (k, \tau; \varrho, \mathfrak{a}, Q \sqrt{D}) \quad (n \in \mathbb{Z}).$$

(ε) Das Ideal $\mathfrak{b} \subset \mathfrak{o}$ liege in der gleichen Idealklasse wie $\mathfrak{a}$; d.h. es gebe $\lambda, \nu \in \mathfrak{o}$ mit $\lambda \neq 0 \neq \nu$ und $\lambda\,\mathfrak{a} = \nu\,\mathfrak{b}$. Dann ist $\lambda\,\varrho = \nu\,\sigma$ mit einem $\sigma \in \mathfrak{b}$ und nach (γ) gilt

$$\vartheta\,(k, \tau; \varrho, \mathfrak{a}, Q\,\sqrt{D}) = \lambda^{-k}\,\nu^{k}\,\vartheta\,(k, \tau; \sigma, \mathfrak{b}, Q\,\sqrt{D})$$

(vgl. die Bedeutung von $\mathfrak{a}$ als „Hilfsideal" bei Hecke, das nur seiner Klasse nach in Betracht kommt).

(ζ) Es sei $n \in \mathbb{N}$. Nach dem Zerlegungsschema

$$\sum_{\mu \equiv \varrho \bmod \mathfrak{a}\, Q\, \sqrt{D}}^{*} = \sum_{\substack{\alpha \bmod \mathfrak{a}\, n\, Q\, \sqrt{D} \\ \alpha \equiv \varrho \bmod \mathfrak{a}\, Q\, \sqrt{D}}} \;\; \sum_{\mu \equiv \alpha \bmod \mathfrak{a}\, n\, Q\, \sqrt{D}}^{*}$$

gilt

$$\vartheta\,(k, \tau; \varrho, \mathfrak{a}, Q\,\sqrt{D}) = \sum_{\substack{\alpha \bmod \mathfrak{a}\, n\, Q\, \sqrt{D} \\ \alpha \equiv \varrho \bmod \mathfrak{a}\, Q\, \sqrt{D}}} \vartheta\,(k, n\,\tau; \alpha, \mathfrak{a}, n\,Q\,\sqrt{D}). \quad -$$

Es sei $S = \begin{pmatrix} a & b \\ c & d \end{pmatrix} \in {}_1\Gamma$. Das Verhalten von (B. 10) bei Transformation mit S ergibt sich im Falle $c = 0$ aus (δ). Im folgenden sei $c > 0$. Nach dem in [11], Nr. 23, dargelegten Verfahren findet man bei Benutzung der obigen Rechenregeln

$$\vartheta\,(k, \tau; \varrho, \mathfrak{a}, Q\,\sqrt{D})\,|\,S = \frac{(-1)^{k}}{c\,Q\,\sqrt{D}} \sum_{\substack{\beta \bmod \mathfrak{a}\, c\, Q\, \sqrt{D} \\ \beta \in \mathfrak{a}}} \varphi\,(\varrho, \beta)\,\vartheta\,(k, c\,\tau; \beta, \mathfrak{a}, c\,Q\,\sqrt{D}),$$

wo $r = k + 1$ und $\varphi\,(\varrho, \beta)$ für $\varrho, \beta \in \mathfrak{a}$ bei fest gewählten $\mathfrak{a}, Q, D, S$ durch

$$\varphi\,(\varrho, \beta) := \sum_{\substack{\alpha \bmod \mathfrak{a}\, c\, Q\, \sqrt{D} \\ \alpha \equiv \varrho \bmod \mathfrak{a}\, Q\, \sqrt{D}}} \exp \frac{2\,\pi\,i}{c\,\Delta\,(\mathfrak{a})}\,\{a\,\alpha\,\alpha' + \beta\,\alpha' + \beta'\,\alpha + d\,\beta\,\beta'\}$$

definiert ist. Eine wichtige Umformung liefert

$$\varphi\,(\varrho, \beta) = \left(\exp \frac{-2\,\pi\,i\,b}{\Delta\,(\mathfrak{a})}\,(d\,\beta\,\beta' + \beta\,\varrho' + \beta'\,\varrho) \right) \varphi\,(\varrho + d\,\beta, 0)$$

und zeigt damit, daß $\varphi\,(\varrho, \beta)$ von β nur mod $\mathfrak{a}\,Q\,\sqrt{D}$ abhängt. Das führt auf die *abschließende allgemeine Formel*

(B. 15)
$$\begin{aligned} &\vartheta\,(k, \tau; \varrho, \mathfrak{a}, Q\sqrt{D})\,|\,S \\ &= \frac{(-1)^{k}}{c\,Q\,\sqrt{D}} \sum_{\substack{\gamma \bmod \mathfrak{a}\, Q\, \sqrt{D} \\ \gamma \in \mathfrak{a}}} \varphi\,(\varrho, \gamma)\,\vartheta\,(k, \tau; \gamma, \mathfrak{a}, Q\,\sqrt{D}) \quad (r = k + 1). \end{aligned}$$

Genauere Informationen erhält man unter gewissen zusätzlichen Annahmen über $\mathfrak{a}$ und S. Nach (ε) kann $\mathfrak{a}$ zu $c\,Q\,|D|$ teilerfremd gewählt werden, was jetzt geschehen und später wieder aufgehoben werden soll. Es gelte also zunächst

(B. 16) $\mathfrak{a} + (c\,Q\,D) = \mathfrak{o},$

ferner aber, als wesentliche Einschränkung

(B. 17) $d \equiv 0 \bmod Q\,|D|.$

Hieraus folgt $(c, Q \mid D \mid) = 1.$ — Aufgrund dieser Annahmen ergibt sich

$$\varphi(\varrho, \beta) = \left(\exp \frac{-2\pi i b}{\varDelta(\mathfrak{a})} (\beta \varrho' + \beta' \varrho)\right) \varphi(\varrho, 0) \qquad (\varrho, \beta \in \mathfrak{a}),$$

und es kommt nun darauf an, $\varphi(\varrho, 0)$ zu berechnen.

Ein erstes Resultat entsteht nach (B.16) durch die übliche Zerlegung einer Summe über die Vertreter der Restklassen nach einem Produkt teilerfremder Ideale in der Gestalt

$$\varphi(\varrho, 0) = \left(\exp \frac{2\pi i}{\varDelta(\mathfrak{a})} (-a b \varrho \varrho')\right) F(c),$$

wo

$$F(c) := \sum_{\lambda \bmod (c)} \exp 2\pi i \frac{\lambda \lambda'}{c} ;$$

um zu dieser Darstellung von $F(c)$ zu gelangen, wendet Hecke einen Satz der Hilbertschen *Normenresttheorie* an (D. Hilbert [12] (Zahlbericht), Abschn. 17, § 64). Es gelingt dann, $F(c)$ explizit zu bestimmen mit dem Resultat

$$F(c) = \left(\frac{D}{c}\right) c,$$

in dem die Kroneckersche Variante des Jacobischen Restsymbols erscheint. Für die dabei benutzte Kongruenz [11], Nr. 23, S. 228_{11} gibt es mehrere Beweise; der wohl einfachste beruht auf Polynom-Kongruenzen.

Die unter den Voraussetzungen (B.16, 17) abschließende Transformationsgleichung wird von Hecke (vgl. auch Anhang A) durch eine höchst elegante Deduktion aus (B.15) abgeleitet: Man ersetzt τ durch $T\tau$ und wendet nochmals (B.13) an; das ergibt

$$(\text{B.18}) \qquad \vartheta(k, \tau; \varrho, \mathfrak{a}, Q\sqrt{D}) \mid S T = \frac{1}{Q^2 D} \sum_{\substack{\alpha \bmod \mathfrak{a} Q\sqrt{D} \\ \alpha \in \mathfrak{a}}} \psi(\varrho, \alpha)\, \vartheta(k, \tau; \alpha, \mathfrak{a}, Q\sqrt{D}),$$

wo $r = k + 1$,

$$\psi(\varrho, \alpha) := \left(\frac{D}{c}\right) \left(\exp \frac{2\pi i}{\varDelta(\mathfrak{a})} (-a b \varrho \varrho')\right) G(\alpha - b\varrho; \mathfrak{a}, Q\sqrt{D}) \qquad (\alpha \in \mathfrak{a})$$

und

$$G(\beta; \mathfrak{a}, Q\sqrt{D}) := \sum_{\substack{\gamma \bmod \mathfrak{a} Q\sqrt{D} \\ \gamma \in \mathfrak{a}}} \exp \frac{2\pi i}{\varDelta(\mathfrak{a})} (\beta \gamma' + \beta' \gamma) \qquad (\beta \in \mathfrak{a}).$$

Den in [11], Nr. 23, herausgestellten *Hilfssatz* über diese Exponentialsummen G beweist man am einfachsten, indem man durch Zerlegung der Summation zunächst bestätigt, daß $G(\beta; \mathfrak{a}, Q\sqrt{D})$ von $\mathfrak{a}$ nicht abhängt, genauer, daß

$$G(\beta; \mathfrak{a}, Q\sqrt{D}) = G(\beta, Q\sqrt{D}) := \sum_{\nu \bmod Q\sqrt{D}} \exp \frac{2\pi i}{Q \mid D \mid} (\beta \nu' + \beta' \nu)$$

zutrifft. Das Verhalten der letzteren Summe bei der Substitution $\nu \to \nu + \alpha$ ($\alpha \in \mathfrak{o}$) zeigt, daß ihre Werte für Argumente $\beta \in \mathfrak{o}$:

$$G(\beta, Q\sqrt{D}) = \left\{ \begin{array}{ll} Q^2 \mid D \mid, & \text{wenn } \beta \equiv 0 \bmod Q\sqrt{D} \\ 0 & \text{sonst} \end{array} \right\}$$

aus dem folgenden leicht beweisbaren *Hilfssatz* abgeleitet werden können:

Für ein vorgegebenes $\beta \in \mathfrak{o}$ sind genau dann alle $\alpha\beta' + \alpha'\beta$ ($\alpha \in \mathfrak{o}$) durch $Q\,|D|$ teilbar, wenn $\beta \equiv 0 \bmod Q\,\sqrt{D}$ gilt. —

Damit erhält man für die rechte Seite von (B.18)

$$-\left(\frac{D}{c}\right) \exp \frac{2\pi i}{\Delta(\mathfrak{a})} (-\,a\,b\,\varrho\,\varrho')\,\vartheta\,(k,\tau;b\,\varrho,\mathfrak{a},Q\,\sqrt{D})$$

und daraus durch Umbezeichnung

$$\vartheta\,(k,\tau;\varrho,\mathfrak{a},Q\,\sqrt{D})\,|\,S = -\left(\frac{D}{-d}\right)\left(\exp \frac{2\pi i}{\Delta(\mathfrak{a})}\,a\,b\,\varrho\,\varrho'\right)\vartheta\,(k,\tau;a\,\varrho,\mathfrak{a},Q\,\sqrt{D}),$$

wenn $S \in {}_1\Gamma$, $d < 0$, $c \equiv 0 \bmod Q\,|D|$, $\mathfrak{a} + (d\,Q\,D) = \mathfrak{o}$. Dies führt auf die *abschließende Relation*

$$\vartheta\,(k,\tau;\varrho,\mathfrak{a},Q\,\sqrt{D})\,|\,S = \left(\frac{D}{d}\right)_{\!*}\left(\exp \frac{2\pi i}{\Delta(\mathfrak{a})}\,a\,b\,\varrho\,\varrho'\right)\vartheta\,(k,\tau;a\,\varrho,\mathfrak{a},Q\,\sqrt{D}),$$
(B.19)

die gilt, wenn hier die Kroneckersche Variante des Jacobischen Restsymbols erscheint und wenn

$$S \in {}_1\Gamma, \quad d \neq 0, \quad c \equiv 0 \bmod Q\,|D|, \quad \mathfrak{a} + (d\,Q\,D) = \mathfrak{o}.$$

Die Bedingung $d \neq 0$ kann getilgt werden, weil $Q\,|D| \geqq 3$; daß auch die Bedingung für $\mathfrak{a}$ getilgt werden kann, ergibt sich nach (ε) wie folgt:

Es sei $S \in \Gamma_0\,[Q\,|D|]$ und $\mathfrak{a}$ ein beliebiges Ideal $\neq (0)$ in $\mathfrak{o}$; es liege die Situation von (ε) vor und es sei $\mathfrak{b} + (d\,Q\,D) = \mathfrak{o}$. Dann gilt nach (B.19)

$$\vartheta\,(k,\tau;\sigma,\mathfrak{b},Q\,\sqrt{D})\,|\,S = \left(\frac{D}{d}\right)_{\!*}\left(\exp \frac{2\pi i}{\Delta(\mathfrak{b})}\,a\,b\,\sigma\,\sigma'\right)\vartheta\,(k,\tau;a\,\sigma,\mathfrak{b},Q\,\sqrt{D})$$

und nach (ε)

$$\frac{\sigma\,\sigma'}{\Delta(\mathfrak{b})} = \frac{\nu\,\sigma\,\nu'\,\sigma'}{\mathbf{N}\,(\nu\,\mathfrak{b})\,Q\,|D|} = \frac{\lambda\,\varrho\,\lambda'\,\varrho'}{\mathbf{N}\,(\lambda\,\mathfrak{a})\,Q\,|D|} = \frac{\varrho\,\varrho'}{\Delta(\mathfrak{a})}.$$

Daraus folgt (B.19). Für die Gültigkeit von (B.19) bedarf es also keiner anderen Voraussetzungen über $\mathfrak{R}$, D, $\mathfrak{a}$, ϱ, Q, k als der, die zu Beginn dieses Referats formuliert wurden; über S muß lediglich $S \in \Gamma_0\,[Q\,|D|]$ vorausgesetzt werden.

Im folgenden wird über binäre Thetareihen berichtet, die durch *zwei Spezialisierungen* aus den allgemeinen Funktionen (B.10) hervorgehen. Von der zweiten Spezialisierung werden anschließend konkrete Unterfälle betrachtet.

1. $\varrho = 0$. Die binäre Thetareihe

$$\vartheta\,(k,\tau;\mathfrak{a},\sqrt{D}) := \sum_{\mu\,\in\,\mathfrak{a}} \mu^k \exp \frac{2\pi i}{\mathbf{N}\,\mathfrak{a}}\,\mu\,\mu'\,\tau$$

ist mit $\sqrt{D}^{-k}\,\vartheta\,(k,\tau;0,\mathfrak{a},\sqrt{D})$ ($Q=1$) identisch; die Einbeziehung eines $Q > 1$ erbringt keinen Gewinn. Nach (B.19) stellt $\vartheta\,(k,\tau;\mathfrak{a},\sqrt{D})$ eine ganze Modulform der Klasse $\{\Gamma_0\,[|D|], -k-1, V_D^*\}$ dar, die nach (B.15) für $k > 0$ in den Spitzen verschwindet, wo $V_D^*\,(L) := \left(\dfrac{D}{\delta}\right)_{\!*}$ für $L \in \Gamma_0\,[|D|]$. Man kann sogar

$\vartheta\,(k, \tau; \mathfrak{a}, \sqrt{D})$ als ganze automorphe Form der Klasse $\{\Phi_0\,[\,|\,D\,|\,], -k-1, V_D^*\}$ ansehen (ganze Spitzenform dieser Klasse, wenn $k > 0$), wo

$$\Phi_0\,[n] := \Gamma_0\,[n] \cup \Gamma_0\,[n]\,K_n, \qquad K_n := T D_{\sqrt{n}}, \qquad V_D^*\,(K_n) = i^{k-1}.$$

Nach (β) verschwindet $\vartheta\,(k, \tau; \mathfrak{a}, \sqrt{D})$ identisch, wenn nicht $k \equiv 0 \bmod w$, wo w die Anzahl der Einheiten in $\mathfrak{K}$ angibt. Nach (ε) nimmt $\vartheta\,(k, \tau; \mathfrak{a}, \sqrt{D})$ beim Übergang von $\mathfrak{a}$ zu einem anderen Ideal der gleichen Klasse einen konstanten Faktor auf.

2. $\mathfrak{a} = $ Hauptideal (α). Die entstehenden Thetareihen sind bis auf konstante Faktoren mit

$$(\text{B. 20}) \qquad \vartheta_1\,(k, \tau; \varrho, Q\,\sqrt{D}) := \sum_{\mu \equiv \varrho \bmod Q\,\sqrt{D}} \mu^k \exp \frac{2\,\pi\,i}{Q\,|D|}\,\mu\,\mu'\,\tau$$

identisch; da dies mit $\vartheta\,(k, \tau; \varrho, \mathfrak{o}, Q\,\sqrt{D})$ übereinstimmt, gelten unverändert $(\alpha) - (\delta)$, (B. 13) und die Schlußformel (B. 19).

Diese Funktionen ϑ_1 werden nun *weiter spezialisiert* auf die Unterfälle

$$Q = 1, D = -4 \quad \text{und} \quad Q = 1, D = -3.$$

3. $Q = 1$, $D = -4$. Es *gibt* (im wesentlichen) *drei Systeme* entsprechender Thetareihen

$$\vartheta_1\,(k, \tau; \varrho, 2\,i) := \sum_{\mu \equiv \varrho \bmod 2} \mu^k \exp \frac{\pi\,i}{2}\,\mu\,\mu'\,\tau;$$

man erhält sie, indem man $\varrho = 0, 1, 1 + i$ wählt. Für $\varrho = 0$ entsteht das System der Funktionen

$$\vartheta_k^*\,(\tau) := 2^{-k}\,\vartheta_1\,(k, \tau; 0, 2\,i) = \sum_{\mu \in \mathfrak{o}} \mu^k\,e^{2\,\pi\,i\,\mu\,\mu'\,\tau}.$$

Sie stellen ganze Modulformen $\{\Gamma_0\,[4], -k-1, V_{-4}^*\}$ dar $(\vartheta_0^*\,(\tau) = \vartheta_3^2\,(2\,\tau))$, die jedoch für $k \equiv 0 \bmod 4$ identisch verschwinden. (B. 14) bedeutet hier

$$\vartheta_k^*\left(\frac{-1}{4\,\tau}\right)(2\,\tau)^{-k-1} = i^{k-1}\,\vartheta_k^*\,(\tau),$$

besagt also, daß

$$_2\vartheta_k\,(\tau) := \vartheta_k^*\left(\frac{\tau}{2}\right) \approx \vartheta_k^*\,(\tau)\,|\,D_{\sqrt{2}}^{-1} \in \{\Gamma\,[2], -k-1, V_{-4}^*\}$$

die Transformation T gemäß

$$_2\vartheta_k\,(\tau)\,|\,T = i^{k-1}\,{}_2\vartheta_k\,(\tau) \qquad (r = k+1)$$

gestattet. Damit erhält man in der Gestalt

$$(\text{B. 21}) \qquad _2\vartheta_k\,(\tau) := \sum_{m_1,\,m_2 \in \mathbb{Z}} \operatorname{Re}\,(m_1 + m_2\,i)^k\,e^{\pi\,i\,(m_1^2 + m_2^2)\,\tau}$$

für alle $k \in \mathbb{N}$ mit $k \equiv 0 \bmod 4$ ganze Spitzenformen $\{\Gamma_\vartheta, -k-1, v_\vartheta^2\}$, von denen keine identisch verschwindet (vgl. [30], § 4 (4 E) und die Ausführungen in dsem § 15). Das Letztere wird, wie auch in den anderen Beispielen, aus der Betrachtung der Glieder mit $m_1^2 + m_2^2 = 1$ bzw. $m_1^2 + m_1\,m_2 + m_2^2 = 1$ abgeleitet.

Die *zweite Möglichkeit* für ϱ, $\varrho = 1$, ergibt folgendes Resultat: Für gerades $k \in \mathbb{N}$ stellt

$$(\text{B. 22}) \qquad {}_1\vartheta_k(\tau) := \sum_{m_1 \equiv 1,\, m_2 \equiv 0\,(2)} \operatorname{Re}(m_1 + m_2\,i)^k\, e^{\pi i\,(m_1^2 + m_2^2)\frac{\tau}{4}}$$

eine ganze Spitzenform der Klasse $\{\Gamma[2], -k-1, v_2 v_3\}$ dar, welche nicht identisch verschwindet; für $k = 0$ entsteht $\vartheta_2(\tau)\,\vartheta_3(\tau)$. Gegenüber (B. 21) seien die Spezialfälle $k = 2, 6$ hervorgehoben:

$$_1\vartheta_2(\tau) = \sum_{m_1 \equiv 1,\, m_2 \equiv 0\,(2)} (m_1^2 - m_2^2)\, e^{\pi i\,(m_1^2 + m_2^2)\frac{\tau}{4}},$$

$$_1\vartheta_6(\tau) = \sum_{m_1 \equiv 1,\, m_2 \equiv 0\,(2)} (m_1^6 - 15\,m_1^4 m_2^2 + 15\,m_1^2 m_2^4 - m_2^6)\, e^{\pi i\,(m_1^2 + m_2^2)\frac{\tau}{4}}.$$

Die Formel für $_1\vartheta_2$ gestattet eine *zusätzliche* Interpretation. Man kann Minimalwerte der Ordnungen von $_1\vartheta_2$ in den Vertretern mod $\Gamma[2]$ der Spitzenbahnen aus den zugehörigen Drehresten, d.h. denen von $v_2 v_3$ bestimmen. Diese ergeben sich aus den Ordnungen (bezüglich $\Gamma[2]$) von $\vartheta_2(\tau)\,\vartheta_3(\tau)$ in den Spitzen. Die Valenzformel zeigt dann, daß die genauen Werte für die Ordnungen in den Spitzen mit den Minimalwerten zusammenfallen. Dies liefert, da demnach $_1\vartheta_2$ in $\mathfrak{H}$ nicht verschwindet, den *Divisor von* $_1\vartheta_2$ und damit, weil die Primformen der $\Gamma[2]$ zu $\infty, 0, 1$ in der Gestalt $\approx \vartheta_2^4, \vartheta_0^4, \vartheta_3^4$ vorliegen:

$$_1\vartheta_2(\tau) = \vartheta_3(\tau)\,\vartheta_0^4(\tau)\,\vartheta_2(\tau) = 2\,\eta^6\!\left(\frac{\tau}{2}\right),$$

was leicht numerisch zu bestätigen ist. Es gilt also

$$(\text{B. 23}) \qquad \eta^6(\tau) = \tfrac{1}{2}\,{}_1\vartheta_2(2\,\tau) \qquad (\text{vgl. (14.3)}).$$

Die *dritte Wahl* von ϱ, $\varrho = 1 + i$, führt auf die Funktionen

$$(\text{B. 24}) \qquad {}_0\vartheta_k(\tau) := \sum_{m_1 \equiv m_2 \equiv 1\,(2)} \operatorname{Re}(m_1 + m_2\,i)^k\, e^{\pi i\,(m_1^2 + m_2^2)\frac{\tau}{4}};$$

sie stellen für $k \in \mathbb{N}$ ganze Spitzenformen $\{\Gamma_0[2], -k-1, v_2^2\}$ dar, die für $k \not\equiv 0 \bmod 4$ identisch verschwinden, nicht aber für irgendein $k \equiv 0 \bmod 4$. Hinsichtlich der Beziehungen zu den $a_{1,2}^{(h)}(n)$ aus (15.6) vgl. § 15.

4. $Q = 1$, $D = -3$. Es gibt im wesentlichen *nur zwei* Systeme entsprechender Thetareihen; sie entstehen für $\varrho = 0, 1$ aus $\vartheta_1(k, \tau; \varrho, \sqrt{-3})$ in der Gestalt

$$_3\vartheta_k(\tau) := \sum_{\mu\,\in\,\mathfrak{o}} \mu^k\, e^{2\pi i\,\mu\mu'\tau} \qquad\qquad (\varrho = 0)$$

$$_1\vartheta_{3,k}(\tau) := \sum_{\mu\,\equiv\,1\,\bmod\,\sqrt{-3}} \mu^k\, \exp\frac{2\pi i}{3}\,\mu\mu'\tau \qquad (\varrho = 1).$$

$_3\vartheta_k(\tau)$ verschwindet genau dann identisch, wenn $k \not\equiv 0 \bmod 6$ und stellt eine ganze automorphe Form der Klasse $\{\Phi_0[3], -k-1, {}_3v_k\}$ dar, wo

$$_3v_k(L) = \left(\frac{\delta}{3}\right)\ (L \in \Gamma_0[3]), \qquad {}_3v_k(K_3) = i^{k-1}.$$

Für $k > 0$ verschwindet $_3\vartheta_k(\tau)$ in allen Spitzen. Da $_3\vartheta_k(\tau)$ ersichtlich auch in der Gestalt

$$_3\vartheta_k(\tau) = \sum_{\mu \in \mathfrak{o}} \mu'^k\, e^{2\pi i \mu \mu' \tau}$$

geschrieben werden kann, erhält man nun eine Darstellung mit *reellen* Koeffizienten durch

$$_3\vartheta_k(\tau) = \sum_{m_1, m_2} \mathrm{Re}\,(m_1 + m_2\,\xi_3)^k\, e^{2\pi i\,(m_1^2 + m_1 m_2 + m_2^2)\,\tau}.$$

Bezüglich der *Ordnungen von $_3\vartheta_k$ in den Vertretern* $\zeta = \infty, 0$ der Spitzenbahnen sei bemerkt, daß diese beide den Wert 1 haben, wie für ∞ durch konkrete Rechnung, für 0 aus der Transformation mit K_3 zu erhalten. Daraus folgt die vollständige Bestimmung des Divisors von $_3\vartheta_6$. Sie besagt, daß $_3\vartheta_6$ in $\mathfrak{H}$ überall außerhalb der Punkte $L\,(-\tfrac{1}{2} + \tfrac{1}{6}\sqrt{-3})$ $(L \in \Gamma_0\,[3])$ von Null verschieden ist, während in diesen Punkten Nullstellen der klassischen Ordnung 1 liegen.

Im Falle $\varrho = 1$ bedarf man einiger Kenntnisse aus der *primitiven Arithmetik* des Körpers $\mathbb{Q}\,(\sqrt{-3})$: Für $\mu = m_1 + m_2\,\xi_3$ $(m_1, m_2 \in \mathbb{Z})$ gilt $\mu \equiv \varepsilon \bmod \sqrt{-3}$ $(\varepsilon = 0, \pm 1)$ genau dann, wenn $m_1 - m_2 \equiv \varepsilon \bmod 3$. Die 6 Einheiten $\xi_3^j\,(0 \leqq j \leqq 5)$ verteilen sich auf die Restklassen von

$$\pm 1 \bmod \sqrt{-3} \quad \text{gemäß} \quad 1 \equiv \xi_3^2 \equiv \xi_3^4 \not\equiv \xi_3 \equiv \xi_3^3 \equiv \xi_3^5 \bmod \sqrt{-3}.$$

Die Funktionen $_1\vartheta_{3,k}$ verschwinden identisch, wenn $k \not\equiv 0 \bmod 3$; für $k \equiv 0 \bmod 3$ beginnen ihre Fourier-Entwicklungen mit $3 \exp \dfrac{2\pi i}{3}\,\tau$ als niedrigstem Glied. Sie stellen ganze Modulformen, für $k > 0$ ganze Spitzenformen $\{\Gamma_0\,[3], -k-1, {}_1v_{3,k}\}$ dar, wo

$$_1v_{3,k}(L) = \left(\frac{\delta}{3}\right)^{k+1} \xi_3^{2\beta\delta} \qquad (L \in \Gamma_0\,[3]).$$

Um eine Darstellung von $_1\vartheta_{3,k}$ mit reellen Koeffizienten zu erhalten, betrachten wir die „*konjugierte*" Thetareihe

$$_1\vartheta_{3,k}^{*}(\tau) := \sum_{\mu \equiv 1 \bmod \sqrt{-3}} \mu'^k \exp \frac{2\pi i}{3}\,\mu\,\mu'\,\tau.$$

Für $\mu := m_1 + m_2\,\xi_3$ $(m_1, m_2 \in \mathbb{Z})$ gilt

$$\mu' = \xi_3^5\,(m_2 + m_1\,\xi_3) = \xi_3^2\,v, \qquad v = n_1 + n_2\,\xi_3 := -m_2 - m_1\,\xi_3;$$

hierdurch wird die Restklasse der $\mu \equiv 1 \bmod \sqrt{-3}$ bijektiv auf sich abgebildet. Daraus folgt (da $k \equiv 0 \bmod 3$ vorausgesetzt werden kann) $_1\vartheta_{3,k}^{*} = {}_1\vartheta_{3,k}$ und die gesuchte „*reelle*" Darstellung

$$_1\vartheta_{3,k}(\tau) = \sum_{m_1 - m_2 \equiv 1\,(3)} \mathrm{Re}\,(m_1 + m_2\,\xi_3)^k \exp \frac{2\pi i}{3}\,(m_1^2 + m_1 m_2 + m_2^2)\,\tau.$$

Diese Funktionen haben für $k \equiv 3 \bmod 6$ eine bemerkenswerte zusätzliche Eigenschaft. Bildet man $_1\vartheta_{3,k}(\tau)\,|\,T$ nach (B.13), so erscheint auf der rechten Seite eine Summe über die drei Restklassenvertreter $\alpha = 0, \pm 1 \bmod \sqrt{-3}$.

Hier verschwindet, wie erwähnt, das Glied mit $\alpha = 0$ identisch, während die beiden anderen zusammen $_1\vartheta_{3,k}$ ergeben; damit entsteht

$$_1\vartheta_{3,k}(\tau) \mid T = {}_1\vartheta_{3,k}(\tau) \qquad (k \equiv 3 \bmod 6,\ k \in \mathbb{N}).$$

Daraus folgt, daß die genannten $_1\vartheta_{3,k}$ sämtlich *ganze Spitzenformen der vollen Modulgruppe* darstellen. Speziell gilt in Analogie zu (B. 23)

$$(\text{B. 25}) \qquad \frac{1}{3}\,{}_1\vartheta_{3,3}(\tau) = \eta^8(\tau), \qquad \frac{2\,\pi^6}{2835}\,{}_1\vartheta_{3,9}(\tau) = G_{-6}(\tau)\,\eta^8(\tau). \ -$$

Der Vergleich der Multiplikatorsysteme der $_1\vartheta_{3,k}(\tau)$ $(k \equiv 3 \bmod 6)$ auf $_1\Gamma$ zeigt, daß diese sämtlich mit dem von η^8, also mit v_η^8 zusammenfallen. $-$

Die unter 3., 4. betrachteten Thetareihen haben die Gestalt

$$(\text{B. 26}) \qquad \sum_{\mathfrak{B}} \mu^k(m_1, m_2) \exp \frac{2\,\pi\,i}{N}\,F(m_1, m_2)\,\tau;$$

hier ist für $m_1, m_2 \in \mathbb{Z}$

$$\mu(m_1, m_2) := m_1 + m_2\,\xi_l\,(l = 2, 3), \qquad F(m_1, m_2) := \mid \mu(m_1, m_2)\mid^2,$$

$N = 8$ für $l = 2$, $N = 1$ oder 3 für $l = 3$; $\mathfrak{B}$ symbolisiert gewisse Kongruenzbedingungen für die ganzzahligen Variablen m_1, m_2. Damit gilt:

Die Koeffizienten b_n der Fourier-Entwicklung

$$\sum_{n=0}^{\infty} b_n \exp \frac{2\,\pi\,i}{N}\,n\,\tau \text{ der Thetareihe (B. 26)}$$

verschwinden für diejenigen n, welche nicht unter den Bedingungen $\mathfrak{B}$ durch die quadratische Form F ganzzahlig darstellbar sind. Für $n \to \infty$ gilt

$$(\text{B. 27}) \qquad b_n = O\,(n^{\frac{1}{2}k}\,\sigma_0(n)),$$

wo $\sigma_0(n) := \sum_{d > 0,\, d \mid n} 1$. (B. 27) entspricht der *Vermutung von Ramanujan* über die Fourier-Koeffizienten von η^{24}.

Anhang C. Die Gruppen $\Gamma^0[n]$ und $\Gamma_0[n]$

(Inhaltsübersicht: Konstruktion eines zusammenhängenden Fundamentalkomplexes der Gruppe $\Gamma^0[q^h]$ (q Primzahl > 2, $h \in \mathbb{N}$), der aus einem Spitzensektor von ∞ (Breite q^h), einem Spitzensektor von 0 (Breite 1) und (für $h > 1$) weiterer Spitzensektoren gewisser Spitzen $v \in \mathbb{N}$ ($v \equiv 0 \bmod q$, $v \leqq q^h - 1$) besteht. Lokalisierung der elliptischen Fixpunkte. Übertragung auf die Gruppen $\Gamma^0[n]$ mit durch mehr als eine Primzahl teilbaren Stufen n. Bestimmung der Ordnungen von $f(n\tau)$ in den Spitzenbahnen von $\Gamma_0[n]$, wo f eine in $\mathfrak{H}$ holomorphe Modulform zur vollen Modulgruppe angibt. Darstellungen der Primformen zu den Spitzenbahnen der Gruppe $\Gamma_0[n]$ als Potenzprodukte der $\eta(l\tau)$ ($l > 0$, $l \mid n$) mit rationalen Exponenten für gewisse n. Randabbildungen an Fundamentalkomplexen der Gruppen $\Gamma^0[q^h]$ (q, h wie oben).)

Es ist nicht schwierig, zu beweisen, daß jede kanonische Untergruppe Γ der Modulgruppe einen *zusammenhängenden regulären Fundamentalkomplex* (in der Modulfigur) besitzt. Dies ist ein über Kanten zusammenhängender Komplex von Moduldreiecken (vgl. § 1), der aus vollständigen Spitzensektoren eines Vertretersystems der Spitzenbahnen besteht. Ein solcher Komplex $\Re$ enthält stets eine exakte Fundamentalmenge $\mathfrak{F}$ von Γ in $\mathfrak{H}'$. Man gelangt von $\Re$ zu $\mathfrak{F}$ wie folgt: Es sei $\omega \in \Re$ ein elliptischer Fixpunkt von $_1\Gamma$, nicht aber von Γ, l $(= 2 \text{ oder } 3)$ seine Fixpunktordnung in $_1\Gamma$. Wenn die Bahn von ω mod Γ mehr als einmal auf $\Re$ vertreten ist, tilge man von dieser alle Punkte bis auf einen aus $\Re$. Die Anwendung dieses Verfahrens auf alle endlich vielen solchen $\omega \in \Re$ liefert $\mathfrak{F}$. — Der Beweis dieses Satzes soll nicht reproduziert werden; der Satz ist jedoch zur Orientierung sehr nützlich.

$\Re$ induziert eine bestimmte Zerlegung von $_1\Gamma$ in Nebenklassen mod Γ. Jeder der $\sigma := \sigma_\Gamma$ Spitzensektoren von $\Re$ kann in der Gestalt

$$\mathfrak{S}_j := \bigcup_{0 \leq \nu \leq N_j - 1} R_j U^\nu \mathfrak{E} \qquad (1 \leq j \leq \sigma)$$

dargestellt werden, wo $R_j \infty$ die oben genannten Vertreter der Spitzenbahnen durchläuft und N_j die Breite, also $P_j := R_j U^{N_j} R_j^{-1}$ die Grundmatrix von $R_j \infty$ in Γ angibt. Die gesuchte Zerlegung in Nebenklassen ist dann

$$_1\Gamma = \bigcup_{j=1}^{\sigma} \bigcup_{\nu=0}^{N_j-1} \Gamma R_j U^\nu .$$

In den zunächst folgenden Entwicklungen von Anhang C sei q eine fest gegebene Primzahl ≥ 2. Nach § 2 stellt

$$(C.1) \qquad\qquad \Re := \bigcup_{\nu=0}^{q-1} U^\nu \mathfrak{E} \cup T \mathfrak{E} \qquad (\sigma = 2)$$

einen regulären Fundamentalkomplex der Gruppe $\Gamma^0[q]$ dar. Die erste der *beiden Aufgaben* dieses Anhangs C besteht in der Hauptsache darin, die entsprechende Konstruktion eines zusammenhängenden regulären Fundamentalkomplexes für jede Gruppe $\Gamma^0[q^h]$ $(h \in \mathbb{Z}, h \geq 2)$ durchzuführen. Dabei wird abkürzend Γ für $\Gamma^0[q^h]$ geschrieben.

Wir bestimmen zunächst eine möglicherweise nicht disjunkte Zerlegung von $_1\Gamma$ in Nebenklassen mod Γ. Sei $S = \begin{pmatrix} a & b \\ c & d \end{pmatrix} \in {}_1\Gamma$ und $(a, q) = 1$. Bei geeigneter Wahl von $v \in \mathbb{Z}$ liegt $SU^{-v} = \begin{pmatrix} * & b - a\,v \\ * & * \end{pmatrix}$ in Γ $(0 \leq v < q^h)$, so daß $S \in \bigcup_{v=0}^{q^h-1} \Gamma U^v$. Wenn andererseits $a \equiv 0 \bmod q^h$, so liegt $ST^{-1} = \begin{pmatrix} * & a \\ * & * \end{pmatrix}$ in Γ, so daß $S \in \Gamma T$. Sei schließlich $(a, q^h) = q^k$, $1 \leq k \leq h - 1$. Man findet

$$S(U^v T)^{-1} = \begin{pmatrix} * & a + b\,v \\ * & * \end{pmatrix} .$$

Wegen $(b, q) = 1$ ist die Kongruenz $a + bv \equiv 0 \bmod q^h$ lösbar, und jede Lösung erfüllt $(v, q^h) = q^k$. Damit erhält man

$$(C.2) \qquad {}_1\Gamma = \bigcup_{v=0}^{q^h-1} \Gamma\, U^v \cup \Gamma\, T \cup \bigcup_{\substack{v=1 \\ v \equiv 0\,(q)}}^{q^h-1} \Gamma\, U^v T$$

und hieraus, daß sich unter den Spitzen ∞, v ($v \in \mathbb{Z}$, $0 \leq v \leq q^h - 1$) ein Vertretersystem der Spitzenbahnen mod Γ befindet.

Um ein solches unter den genannten Spitzen auszuwählen, haben wir Kongruenzen mod Γ zwischen diesen zu diskutieren: Zwei dieser Kongruenzen diskutieren wir für allgemeine Stufen, d. h. für $\Gamma = \Gamma^0[n]$ ($n \in \mathbb{Z}$, $n > 1$):

Hilfssatz 1. Mit $\Gamma := \Gamma^0[n]$ gilt genau dann $\infty \equiv v \bmod \Gamma$ ($v \in \mathbb{Z}$), wenn $(v, n) = 1$. — *Beweis.* (a) Sei $\infty \equiv v \bmod \Gamma$ ($v \in \mathbb{Z}$). Es gibt ein $L \in \Gamma$ mit $L\infty = \dfrac{\alpha}{\gamma} = v$. Wegen $(\alpha, \gamma) = 1$ ist $\gamma = \varepsilon = \pm 1$, also $v = \varepsilon\alpha$, $(v, n) = 1$. (b) Sei $v \in \mathbb{Z}$, $(v, n) = 1$. Wir bestimmen $\begin{pmatrix} v & n \\ \gamma & \delta \end{pmatrix} \in {}_1\Gamma$; da auch $\begin{pmatrix} v & n \\ \gamma + v & \delta + n \end{pmatrix} \in {}_1\Gamma$, kann vorausgesetzt werden, daß in der ersten Matrix γ nicht verschwindet. Nun folgt

$$L := \begin{pmatrix} v & \gamma\,n \\ 1 & \delta \end{pmatrix} \in \Gamma,\ L\infty = v,\ \text{q.e.d.}$$

Hilfssatz 2. Mit $\Gamma := \Gamma^0[n]$ gilt $0 \equiv v \bmod \Gamma$ ($v \in \mathbb{Z}$) genau dann, wenn $v \equiv 0 \bmod n$. — *Beweis:* (a) Sei $0 \equiv v \bmod \Gamma$ ($v \in \mathbb{Z}$). Es gibt ein $L \in \Gamma$ mit $L0 = \dfrac{\beta}{\delta} = v$, woraus $\delta = \pm 1$ und $v = \pm \beta \equiv 0 \bmod n$ folgt. (b) Wenn $v \equiv 0 \bmod n$, so gilt $U^v 0 = v$ mit $U^v \in \Gamma$. —

Hilfssatz 3. Es seien $v_1, v_2 \in \mathbb{Z}$, $(v_j, n) = t_j$ ($j = 1, 2$). Wenn $v_2 \equiv v_1 \bmod \Gamma^0[n]$, so gilt $t_2 = t_1$. — *Beweis:* Nach Voraussetzung hat man $v_2 = L v_1$ ($L \in \Gamma^0[n]$). Aus

$$1 = -\gamma(\alpha v_1 + \beta) + \alpha(\gamma v_1 + \delta)$$

folgt $v_2 = \pm (\alpha v_1 + \beta) \equiv \pm \alpha v_1 \bmod n$ und daraus die Behauptung.

Mit dem Argument unter Hilfssatz 2 (b) erhält man $v_1 \equiv v_2 \bmod \Gamma$ aus $v_1 \equiv v_2 \bmod n$, wenn $v_1, v_2 \in \mathbb{Z}$. — Wir kehren zum Spezialfall $n = q^h$ zurück.

Zur *Bestimmung der Spitzenbreiten* sei zunächst bemerkt, daß ∞ die Breite q^h und 0 (Grundmatrix $\dot{U}^{-1}$) die Breite 1 hat. Es sei $v \in \mathbb{Z}$, $(v, q^h) = q^k$, $1 \leq k \leq h - 1$. Wir wählen $A := (U^v T)^{-1} = \begin{pmatrix} 0 & 1 \\ -1 & v \end{pmatrix}$, so daß $A^{-1} U^l A = \begin{pmatrix} * & v^2 l \\ * & * \end{pmatrix}$ ($l \in \mathbb{Z}$). Daraus folgt: Die Breite N der Spitze v in Γ ist $= q^{h-2k}$, falls $k < \tfrac{1}{2} h$; $= 1$, falls $k \geq \tfrac{1}{2} h$.

Nun kann ein Kriterium dafür aufgestellt werden, daß für zwei vorgegebene $v_1, v_2 \in \mathbb{Z}$ gelte $v_2 \equiv v_1 \bmod \Gamma$; dabei darf $(v_2, q^h) = (v_1, q^h) = q^k$ mit $1 \leq k \leq h - 1$ angenommen werden. Die Kongruenz mod Γ besagt

$$v_2 = U^{v_2} T\infty = L' v_1 = L' U^{v_1} T\infty \qquad (L' \in \Gamma)$$

oder

$$U^{v_2} T = L U^{v_1} T U^g \qquad (L \in \Gamma, g \in \mathbb{Z})$$

oder

$$L = U^{v_2} T U^{-g} T^{-1} U^{-v_1} = U^{v_2} \dot{U}^g U^{-v_1} = \begin{pmatrix} * & v_2 - v_1 (1 + v_2 g) \\ * & * \end{pmatrix},$$

d. h. die Existenz eines $g \in \mathbb{Z}$ mit

$$(C.3) \qquad v_2 \equiv v_1 + v_1 v_2 g \bmod q^h .$$

Daß auch $f \in \mathbb{Z}$ anstelle von g die Kongruenz (C. 3) löst, ist mit

$$L^* := U^{v_2} T U^{-f} T^{-1} U^{-v_1}, \quad \text{d. h.} \quad L^* L^{-1} = U^{v_2} T U^{g-f} (U^{v_2} T)^{-1} \in \Gamma$$

gleichbedeutend, also damit, daß $L^* L^{-1}$ eine Potenz der Grundmatrix

$$P_2 := U^{v_2} T U^{N_2} (U^{v_2} T)^{-1}$$

von v_2 in Γ, d. h. daß $f \equiv g \bmod N_2$ ist. Umgekehrt gilt mit $f = g + l N_2$ ($l \in \mathbb{Z}$):

$$P_2^l U^{v_2} T = U^{v_2} T U^{l N_2} = L U^{v_1} T U^f ,$$

was $L^* = P_2^{-l} L$ liefert. Man erhält also aus einer Lösung von (C.3) die sämtlichen Lösungen f von (C. 3) in der Gestalt $f = g + l N_2$ ($l \in \mathbb{Z}$).

Die *Existenz* einer Lösung g von (C.3) ist leicht zu bestätigen. Im Falle $k \geq \frac{1}{2} h$ ist jedes g von $\mathbb{Z}$ eine Lösung, was $N_2 = 1$ entspricht. Sei $1 \leq k < \frac{1}{2} h$ und $v_j = q^k \lambda_j$ ($j = 1, 2$). Aus (C.3) folgt $\lambda_2 \equiv \lambda_1 \bmod q^k$. Gilt umgekehrt dies mit $\lambda_2 - \lambda_1 = q^k m$, so bedeutet (C.3) soviel wie $m \equiv \lambda_1 \lambda_2 g \bmod q^{h-2k}$, und diese Kongruenz ist, wie es sein soll, eindeutig $\bmod q^{h-2k} = N_2$ lösbar. Die notwendige und hinreichende Bedingung dafür besagt $v_2 \equiv v_1 \bmod q^{2k}$.

Aus diesen Überlegungen läßt sich ein Vertretersystem der Spitzenbahnen $\bmod \Gamma$ bestimmen. Im Endergebnis (Satz C.1) werden die Systeme der Spitzen v, deren Exponenten $k \geq \frac{1}{2} h$ sind, miteinander und mit $v = 0$ zusammengefaßt. Man gelangt so zu

Satz C. 1. *Es sei q eine Primzahl ≥ 2, $h \in \mathbb{N}$. Man erhält ein Vertretersystem der Spitzenbahnen* $\bmod \Gamma^0 [q^h]$ *in den Spitzen* ∞ *(Breite q^h) sowie $v \in \mathbb{Z}$ mit $0 \leq v \leq q^h - 1$ und $v \equiv 0 \bmod q$ unter folgenden zusätzlichen Bedingungen: Es sei $k \in \mathbb{N}, k \leq h$;*

(a) zu gegebenem k mit $\frac{1}{2} h \leq k \leq h$ durchlaufe v ein vollständiges Restsystem $\bmod q^h$ mit $(v, q^h) = q^k$ (Spitzenbreite $= 1$); der Fall $h = k$ wird durch $v = 0$ vertreten.

(b) zu gegebenem k mit $1 \leq k < \frac{1}{2} h$ durchlaufe v ein vollständiges Restsystem $\bmod q^{2k}$ mit $(v, q^h) = q^k$ (Spitzenbreite $= q^{h-2k}$).

Die Menge der unter (a) genannten v kann auch durch die folgenden Bedingungen beschrieben werden:

$$v \in \mathbb{Z}, \quad 0 \leq v \leq q^h - 1, \quad v^2 \equiv 0 \bmod q^h . \quad -$$

Es sei bemerkt, daß sich daraus die *bekannten Werte* für die Anzahl $\sigma^0 [q^h]$ der Spitzenbahnen von Γ und für den Index von Γ in $_1\Gamma$ leicht ableiten lassen.

Man erhält mit Eulerschem φ:

$$\sigma^0[q^h] = \sum_{k=0}^{h} \varphi\left((q^k, q^{h-k})\right), \qquad [_1\Gamma : \Gamma^0[q^h]] = q^h + q^{h-1}$$

und, übereinstimmend mit der ersten dieser Formeln:

$$\sigma^0[q^h] = 2\,q^{\frac{1}{2}(h-1)} \quad (h \equiv 1\,(2)), \qquad \sigma^0[q^h] = q^{\frac{1}{2}h} + q^{\frac{1}{2}h-1} \quad (h \equiv 0\,(2)).$$

Als *Beispiele* notieren wir

$h = 1$: ∞ (Breite q); $v = 0$ (Breite 1) (vgl. (C.1));

$h = 2$: ∞ (Breite q^2); $v = \lambda q$ für $0 \leq \lambda \leq q - 1$ (Breite 1);

$h = 3$: ∞ (Breite q^3); $v = \lambda q^2$ für $0 \leq \lambda \leq q - 1$ (Breite 1);

                          $v = \lambda q$ für $1 \leq \lambda \leq q - 1$ (Breite q);

$h = 4$; ∞ (Breite q^4); $v = \lambda q^2$ für $0 \leq \lambda \leq q^2 - 1$ (Breite 1);

                          $v = \lambda q$ für $1 \leq \lambda \leq q - 1$ (Breite q^2);

$h = 5$: ∞ (Breite q^5); $v = \lambda q^3$ für $0 \leq \lambda \leq q^2 - 1$ (Breite 1);

                          $v = \lambda q^2$ für $1 \leq \lambda \leq q^2 - 1$, $(\lambda, q) = 1$ (Breite q);

                          $v = \lambda q$ für $1 \leq \lambda \leq q - 1$ (Breite q^3).

Im folgenden sollen noch die *elliptischen Fixpunkte* der Gruppen $\Gamma^0[q^h]$ bestimmt werden. Zunächst sei bemerkt, daß im Falle $q = 2, 3$ nur für $h = 1$ elliptische Fixpunkte auftreten: Es ist $e_2 = 1$, $e_3 = 0$ für $\Gamma = \Gamma^0[2]$ und $e_2 = 0$, $e_3 = 1$ für $\Gamma = \Gamma^0[3]$; im Fundamentalkomplex (C.1) liegen diese an den Stellen $1 + i$ $(q = 2)$ bzw. $1 + \xi_3$ $(q = 3)$. Die Nichtexistenz elliptischer Fixpunkte für $q^h = 4, 9$ ergibt sich aus der Eulerschen Polyederformel (1.12). — Für das unmittelbar Folgende setzen wir $q > 3$ voraus.

In einem Spitzensektor zur Spitze ∞ werden die *Ränderzuordnungen* durch

die Matrizen $M_{jk} := U^j T U^{-k} = \begin{pmatrix} j & -jk - 1 \\ 1 & -k \end{pmatrix}$ $(j, k \in \mathbb{Z})$ vollzogen. Daß $j + i$

ein elliptischer Fixpunkt von $\Gamma^0[q^h]$ ist, besagt $M_{jj} \in \Gamma^0[q^h]$ oder $j^2 + 1 \equiv 0 \bmod q^h$. Daß $j + \xi_3$ ein elliptischer Fixpunkt von $\Gamma^0[q^h]$ ist, besagt $M_{j,j+1} \in \Gamma^0[q^h]$ oder $(2j + 1)^2 + 3 \equiv 0 \bmod q^h$.

Nach bekannten Sätzen der elementaren Zahlentheorie findet man: Im Spitzensektor $\mathfrak{S}_\infty = \bigcup_{0 \leq v \leq q^h - 1} U^v \,\mathfrak{E}$ liegen *elliptische Fixpunkte von* $\Gamma^0[q^h]$ in der Anzahl

$$(\text{C.4}) \quad \begin{cases} e_2 = e_3 = 2, & \text{wenn } q \equiv 1 \bmod 12; \quad e_2 = 2,\, e_3 = 0, \text{ wenn } q \equiv 5 \bmod 12; \\ e_2 = 0,\, e_3 = 2, & \text{wenn } q \equiv 7 \bmod 12; \quad e_2 = e_3 = 0, \quad \text{wenn } q \equiv 11 \bmod 12. \end{cases}$$

Daß in den anderen Spitzensektoren eines nach Satz C.1 strukturierten Fundamentalkomplexes von Γ keine elliptischen Fixpunkte auftreten, läßt sich wie folgt beweisen: In einem Spitzensektor zur Spitze $\zeta = A^{-1}\infty$ $(A \in {}_1\Gamma)$ werden die Ränderzuordnungen durch die Matrizen $A^{-1} M_{jk} A$ ausgeübt. Im vorliegenden Falle ist $A^{-1} = U^v T$ $(\zeta = v)$, und man erhält für das nordöstliche

Element der Matrix $A^{-1} M_{jk} A$ den Ausdruck $-1 + (j + k)\, v - (jk + 1)\, v^2$. Dieser ist, weil v stets durch q teilbar ist, $\equiv -1 \bmod q$, also nie durch q^h teilbar. $-$ Insgesamt wurde bewiesen:

Satz C. 2. $\Gamma^0[q^h]$ *hat für* $q = 2, 3$, *wenn* $h \geq 2$, *keine elliptischen Fixpunkte.*

Gemäß den in Satz C.1 angegebenen Vertretern der Spitzenbahnen $\bmod \Gamma^0[q^h]$ *bestehe ein regulärer Fundamentalkomplex* $\mathfrak{K}$ *von* $\Gamma^0[q^h]$ *aus dem Spitzensektor* $\mathfrak{S}_\infty = \bigcup_{0 \leq v \leq q^h - 1} U^v\, \mathfrak{E}$ *und aus an diesen angrenzenden Spitzensektoren* $\mathfrak{S}_v$ *zu den in Satz C.1 genannten Spitzen* v. *Dann gilt: Keines dieser* $\mathfrak{S}_v$ *enthält einen elliptischen Fixpunkt von* $\Gamma^0[q^h]$. *Die Anzahl der elliptischen Fixpunkte auf* $\mathfrak{S}_\infty$ *ist durch* (C.4) *gegeben.* $-$

Die explizite Aufstellung der Ränderzuordnungen für einen der in Satz C.2 genannten Fundamentalkomplexe ist für niedrige Werte von q^h ausführbar und empfehlenswert. Sie beruht bei $\mathfrak{S}_\infty$ darauf, daß für die $v \equiv 0 \bmod q$ keine Ränderzuordnung innerhalb $\mathfrak{S}_\infty$ stattfindet, für $(v, q) = 1$ dagegen $M_{v\varrho} \in \Gamma^0[q^n]$ $(\varrho \in \mathbb{Z}, 1 \leq \varrho \leq q^n - 1)$ genau dann in $\Gamma^0[q^h]$ liegt, wenn $v\varrho \equiv -1 \bmod q^h$ zutrifft.

Ein dem ersten Hauptsatz C.1 entsprechendes Resultat für die Kongruenzgruppen $\Gamma^0[n]$, deren *Stufe* n *durch mehr als eine Primzahl teilbar* ist, läßt sich nach dem Schema von Satz 3.1 durch Durchschnittsbildung gewinnen, wobei die Hilfssätze 1, 2, 3 und die anschließende Bemerkung mehrmals anzuwenden sind. Wir modifizieren zu diesem Zwecke die Formulierung von Satz C.1, indem wir angeben, wie man ein Vertretersystem der Spitzenbahnen $\bmod \Gamma^0[q^h]$ unter ganzen Zahlen v findet.

Es sei $\mathfrak{R}$ ein vollständiges Restsystem $\bmod\, q^h$ in $\mathbb{Z}$, es sei $v_j \in \mathfrak{R}$, $(v_j, q^h) = q^{k_j}$ $(j = 1, 2)$. Für $v_2 \equiv v_1 \bmod \Gamma^0[q^h]$ ist $k_2 = k_1$ notwendig. Es sei $k := k_1 = k_2$; dann und nur dann gilt $v_2 \equiv v_1 \bmod \Gamma^0[q^h]$, wenn $v_2 \equiv v_1 \bmod (q^{2k}, q^h)$. Man erhält ein Vertretersystem der Spitzenbahnen $\bmod \Gamma^0[q^h]$ unter den $v \in \mathfrak{R}$, wenn zu gegebenem $k \in \mathbb{Z}$ $(0 \leq k \leq h)$ $v \in \mathfrak{R}$ unter der Bedingung $(v, q^h) = q^k$ ein volles Restsystem $\bmod\, (q^{2k}, q^h)$ durchläuft. Da dies für $\lambda := v q^{-k}$ (abgesehen von $\lambda q^k \in \mathfrak{R}$) bedeutet, daß $\lambda \bmod (q^k, q^{h-k})$ läuft und, falls $k < h$, zu q teilerfremd ist, kann nun die Anzahl der genannten v bei gegebenem k bestimmt werden. Sie beträgt in jedem Falle (auch für $k = 0, h$) $\varphi((q^k, q^{h-k}))$ mit Eulerschem φ, was die obige Angabe bestätigt.

Es seien q_j $(1 \leq j \leq s)$ verschiedene Primzahlen $(s > 1)$; wir setzen

$$n_j := q_j^{h_j} \quad (h_j \in \mathbb{N}), \qquad n := \prod_{j=1}^{s} n_j$$

und bestimmen die Zahlen $e_j \in \mathbb{N}$ mit

$$e_j \equiv 1 \bmod n_j, \qquad e_j \equiv 0 \bmod n_k \quad (1 \leq k \leq s, k \neq j).$$

$\mathfrak{R}_j$ bezeichne ein vollständiges Restsystem $\bmod\, n_j$ in $\mathbb{Z}$ und es sei

$$(\text{C.5}) \qquad \mathfrak{R} := \left\{ v \,\middle|\, v = \sum_{j=1}^{s} e_j v_j,\ v_j \in \mathfrak{R}_j \right\}.$$

Die positiven Teiler t von n lassen sich durch

$$t = \prod_{j=1}^{s} t_j, \qquad t_j = q_j^{k_j} \qquad (0 \leq k_j \leq h_j, k_j \in \mathbb{Z})$$

eindeutig ausdrücken. $(v, n) = t$ bedeutet für $v \in \mathfrak{R}$ in der obigen Darstellung, daß $(v_j, n_j) = t_j$ $(1 \leq j \leq s)$. Ist $v' \in \mathfrak{R}$, $v' = \sum_{j=1}^{s} e_j v'_j$, so folgt $t' := (n, v') = t$ aus $v' \equiv v \bmod \Gamma^0[n]$, und im Falle $t' = t$ gilt $v' \equiv v \bmod (t^2, n)$ genau dann, wenn $v'_j \equiv v_j \bmod (t_j^2, n_j)$ für $1 \leq j \leq s$ zutrifft. Berücksichtigt man einerseits, daß für $v \in \mathfrak{R}$ nach (C.5) auch gilt $v \equiv v_j \bmod \Gamma^0[n_j]$ $(1 \leq j \leq s)$, andererseits Satz 3.1, so erhält man nun abschließend

Satz C.3. *Es sei $n \in \mathbb{N}$, $n > 1$. Ein Vertretersystem der Spitzenbahnen $\bmod \Gamma^0[n]$ besteht aus ∞ und $\bigcup_{t>1, t\mid n} \mathfrak{B}_t$, wo $\mathfrak{B}_t$ zu gegebenem Teiler $t > 1$ von n ein volles Restsystem $\bmod (t^2, n)$ unter den $v \in \mathbb{Z}$ mit $0 \leq v \leq n - 1$, $(v, n) = t$ bezeichnet. Die Elementezahl von $\mathfrak{B}_t$ beträgt $\varphi((t, n/t))$ mit Eulerschem φ. Sämtliche Spitzen v von $\mathfrak{B}_t$ haben die gleiche Breite in $\Gamma^0[n]$, nämlich*

$$N = N_t := \min \{g \in \mathbb{N} \mid t^2 g \equiv 0 \bmod n\};$$

insbesondere hat $v = 0$ die Breite 1 in $\Gamma^0[n]$; ∞ hat dort die Breite n. —

In den Bezeichnungen (C.5) besagt $v^2 g \equiv 0 \bmod n$, daß $v_j^2 g \equiv 0 \bmod n_j$ $(1 \leq j \leq s)$ oder mit $v_j = q_j^{k_j} \lambda_j$:

$$\lambda_j^2 q_j^{2k_j} g \equiv 0 \bmod q_j^{h_j} \quad \text{und} \quad (\lambda_j, q_j) = 1 \quad \text{für} \quad k_j < h_j$$

zutrifft. Das gibt

$$g \equiv 0 \bmod \begin{cases} q_j^{h_j - 2k_j}, & \text{wenn} \quad k_j \leq \tfrac{1}{2} h_j \\ 1 & \text{wenn} \quad k_j > \tfrac{1}{2} h_j \end{cases}$$

und entspricht nach Satz 3.1 den in Satz C.1 angegebenen Werten. Damit ist die Formel für die Spitzenbreiten in Satz C.3 bewiesen.

Nach Satz C.3 kann man einen zusammenhängenden regulären Fundamentalkomplex $\mathfrak{F}^0[n]$ von $\Gamma^0[n]$ aus den Spitzensektoren

$$(\text{C.6}) \qquad \mathfrak{S}_\infty := \bigcup_{k=0}^{n-1} U^k \mathfrak{E}, \qquad \mathfrak{S}_v := \bigcup_{k=0}^{N_t-1} U^v T U^k \mathfrak{E} \qquad (v \in \mathfrak{B}_t, t > 1, t \mid n)$$

bilden. Wie beim Beweise von Satz C.2 zeigt man, daß keines dieser $\mathfrak{S}_v$ $((v, n) = t > 1)$ einen elliptischen Fixpunkt von $\Gamma^0[n]$ enthält. Für die Anzahl der elliptischen Fixpunktbahnen $\bmod \Gamma^0[n]$ findet man daher nach (C.4) aus der Art, wie sich Untergitter eines linearen Gitters mit teilerfremden Indizes durchschneiden, die folgenden (bekannten) Werte für $e_2 = e_{2,\Gamma}$, $e_3 = e_{3,\Gamma}$ $(\Gamma = \Gamma^0[n])$:

$$e_2 = 0, \quad \text{wenn} \quad n \equiv 0 \bmod 4; \qquad e_2 = \prod_{j=1}^{s} \left(1 + \left(\frac{-4}{q_j}\right)\right) \quad \text{sonst};$$

$$(\text{C.7})$$

$$e_3 = 0, \quad \text{wenn} \quad n \equiv 0 \bmod 9; \qquad e_3 = \prod_{j=1}^{s} \left(1 + \left(\frac{q_j}{3}\right)\right) \quad \text{sonst.}$$

Ein zusammenhängender regulärer Fundamentalkomplex $\mathfrak{F}_0[n]$ von $\Gamma_0[n]$ ergibt sich aus $\mathfrak{F}^0[n]$ in der Gestalt $\mathfrak{F}_0[n] = T\,\mathfrak{F}^0[n]$. Als Vertreter der Spitzenbahnen mod $\Gamma_0[n]$ erscheinen in $\mathfrak{F}_0[n]$ die Spitzen

$$(\text{C.8}) \qquad\qquad \infty,\ 0,\ -\frac{1}{v} \qquad (v \in \mathfrak{B}_t,\ t\,|\,n,\ 1 < t < n)$$

mit den Breiten bzw. $1, n, N_t$.

Die Gruppe $\Gamma_0[n]$ $(n > 1)$ tritt in dem folgenden klassischen Zusammenhang auf: Es sei $f(\tau) \in \{_1\Gamma, -r, v\}$ $(r \in \mathbb{R}, v \in [_1\Gamma, -r]^1)$, $f \not\equiv 0$; der Einfachheit halber werde vorausgesetzt, daß f in $\mathfrak{H}$ holomorph ist. Nach dem Transformationsprinzip von § 1 (Satz 1.5) hat man

$$\tilde{f}_n(\tau) := f(n\,\tau) \approx f(\tau)\,|\,D_{\sqrt{n}} \in \{\Gamma_0[n], -r, \tilde{v}_n\}$$

mit

$$\tilde{v}_n(L) = v\left(\begin{pmatrix} \alpha & n\,\beta \\ n^{-1}\,\gamma & \delta \end{pmatrix}\right) \qquad (L \in \Gamma_0[n])\,.$$

Bezeichnet l einen positiven Teiler von n, so gilt $\tilde{f}_l \in \{\Gamma_0[n], -r, \tilde{v}_l\}$. Wir stellen die *Aufgabe, die Ordnungen der Modulformen $\tilde{f}_l(\tau)$ bezüglich $\Gamma = \Gamma_0[n]$ in den repräsentierenden Spitzen* (C.8) *zu bestimmen*, wenn l die sämtlichen positiven Teiler von n durchläuft und

$$m_0 + \varkappa = \operatorname{ord}_{\Gamma,\,\infty} f \qquad (\Gamma = {}_1\Gamma)$$

gegeben ist.

Für die Spitzen ∞ und 0 erhält man hierzu

$$(\text{C.9}) \qquad\qquad \operatorname{ord}_{\Gamma,\,\infty} \tilde{f}_l = l\,(m_0 + \varkappa) \qquad (\Gamma = \Gamma_0[n])$$

und wegen $f(l\,\tau)\,|\,T = \tau^{-r} f(-\,l/\tau) = l^{-r} v(T) f\left(\dfrac{\tau}{l}\right)$ ferner

$$(\text{C.10}) \qquad\qquad \operatorname{ord}_{\Gamma,\,0} \tilde{f}_l = l^{-1}\,n\,(m_0 + \varkappa) \qquad (\Gamma = \Gamma_0[n])\,.$$

In den anderen Fällen $(1 < t < n)$ empfiehlt sich das folgende *allgemeine Verfahren:* Zu vorgegebenen l und $A = \begin{pmatrix} a_0 & a_3 \\ a_1 & a_2 \end{pmatrix} \in {}_1\Gamma$ definiere man $l_1 \in \mathbb{N}$, $l_0 \in \mathbb{Z}$ durch

$$l_1 := (a_1, l), \qquad l_0\,a_1 \equiv l_1\,a_0 \bmod l$$

und danach $W = W_{l,A}$ durch

$$W_{l,A} := \begin{pmatrix} l^{-1}(a_0\,l_1 - a_1\,l_0) & a_3\,l_1 - a_2\,l_0 \\ l_1^{-1}\,a_1 & l_1^{-1}\,l\,a_2 \end{pmatrix} \in {}_1\Gamma\,.$$

Man berechnet $W(l\,\tau) = l^{-1}\,l_1^2\,A\,\tau - l^{-1}\,l_0\,l_1$ und bestimmt damit $\tilde{f}_{l,A}$ wie folgt:
Es ist

$$f(W(l\,\tau)) = (l\,l_1^{-1})^r\,v(W)\,(a_1\,\tau + a_2)^r\,\tilde{f}_l(\tau)\,,$$

also

$$\tilde{f}_l(\tau) = (a_1\,\tau + a_2)^{-r}\,(l\,l_1^{-1})^{-r}\,v^{-1}(W)\,f(l^{-1}\,l_1^2\,A\,\tau - l^{-1}\,l_0\,l_1)$$

und daher

$$\tilde{f}_{l,A}(\tau) = (l\,l_1^{-1})^{-r}\,v^{-1}\,(W)\,f\,(l^{-1}\,l_1^2\,\tau - l^{-1}\,l_0\,l_1)\ .$$

Im vorliegenden Falle hat man $a_1 = v \in \mathfrak{V}_t$ $(t\,|\,n, 1 < t < n)$ und $l_1 - (v, l)$ $= (t, l)$, was

$$(\mathrm{C.}\,11)\qquad \mathrm{ord}_{\Gamma,\zeta}\,\tilde{f}_l = \varrho_{t,\,l}\,(m_0 + \varkappa)\left(\Gamma := \Gamma_0[n],\ \zeta := \frac{-1}{v},\ \varrho_{t,\,l} := \frac{(t,l)^2}{l}\,N_t\right)$$

liefert; die Werte (C. 9, 10) $(\zeta = \infty, 0)$ subsumieren sich hierunter mit bzw. $t = n, 1$. Die Zahlen $\varrho_{t,\,l}$ sind, wie jetzt gezeigt werden soll, sämtlich natürliche Zahlen. Zum Beweis genügt es ersichtlich, den Spezialfall $n = q^h$ $(h \in \mathbb{N})$, $t = q^k$ $(1 \leqq k \leqq h - 1)$, $l = q^g$ $(0 \leqq g \leqq h)$ zu diskutieren, wo q eine Primzahl bezeichnet. Hier ist

$$\varrho_{t,\,l} = (q^k, q^g)^2\,q^{-g}\cdot\begin{cases} q^{h-2k}, & \text{wenn}\quad 1 \leqq k \leqq \tfrac{1}{2}\,h \\ 1, & \text{wenn}\quad \tfrac{1}{2}\,h < k \leqq h - 1 \end{cases},$$

also offenbar zunächst $\varrho_{t,\,l} \in \mathbb{N}$ für $g \leqq k$ und $k < g \leqq 2\,k$. Für $g > 2\,k$ gilt $2\,k < h$, also $\varrho_{t,\,l} = q^{2k-g+h-2k} = q^{h-g}$. —

Wir fassen diese Ergebnisse zusammen in

Satz C. 4. *Es sei $n \in \mathbb{Z}$, $n > 1$, $f(\tau) \in \{{}_1\Gamma, -r, v\}$ $(r \in \mathbb{R}, v \in [{}_1\Gamma, -r]^1)$, $f \not\equiv 0$ und in $\mathfrak{H}$ holomorph, $m_0 + \varkappa := \mathrm{ord}_{{}_1\Gamma,\infty}\,f$. Die Spitzenbahnen* mod $\Gamma_0[n]$ *werden von den Spitzen $\zeta = \infty, 0, \dfrac{-1}{v}$ vertreten, wo v die Systeme $\mathfrak{V}_t$ $(t\,|\,n, 1 < t < n)$ aus Satz C.3 (unter der Bedingung $(v, n) = t$) durchläuft. Alle Spitzen $\dfrac{-1}{v}$ $(v \in \mathfrak{V}_t,$ $(v, n) = t)$ haben die gleiche Breite N_t; $\zeta = \infty, 0$ entsprechen den Teilern $t = n, 1$. Bezeichnet l einen positiven Teiler von n, so gilt*

$$\tilde{f}_l(\tau) := f(l\tau) \in \{\Gamma_0[n], -r, \tilde{v}_l\},\qquad \tilde{v}_l(L) = v\left(\begin{pmatrix} \alpha & l\,\beta \\ l^{-1}\,\gamma & \delta \end{pmatrix}\right)\qquad (L \in \Gamma_0[n]);$$

$$\mathrm{ord}_{\Gamma,\zeta}\,\tilde{f}_l = \varrho_{t,\,l}\cdot(m_0 + \varkappa)\left(\Gamma = \Gamma_0[n],\ \zeta = \infty, 0, \frac{-1}{v}\ \textit{mit}\ v \in \mathfrak{V}_t\right),$$

wo

$$\varrho_{n,\,l} = l,\qquad \varrho_{1,\,l} = \frac{n}{l},\qquad \varrho_{t,\,l} = \frac{(t,l)^2}{l}\,N_t\qquad (1 < t < n);$$

alle diese $\varrho_{t,\,l}$ sind natürliche Zahlen. —

(Zur *Definition der Primformen*:) Es sei Γ eine kanonische Untergruppe der ${}_1\Gamma$, $\mathfrak{F}$ eine Fundamentalmenge von Γ in $\mathfrak{H}'$, z ein Punkt von $\mathfrak{F}$. Eine Modulform

$$Z(\tau; z, \Gamma) \in \{\Gamma, -s, u\}\qquad (s \in \mathbb{R}, u \in [\Gamma, -s]^1)\ ,$$

deren Divisor bezüglich $\mathfrak{F}$ durch $Z(\tau; z, \Gamma) \sim (z)^1$ gegeben ist (vgl. § 1), wird üblicherweise eine Primform der Gruppe Γ zum Punkte z genannt. Sie existiert stets und ist durch diese Angabe bis auf einen konstanten Faktor eindeutig bestimmt. Nach Satz 1.9 gilt $s\,\mu_\Gamma = 12$. —

Wie man leicht bestätigt, stimmt die Anzahl $\sigma_0\,[n] = \sum\limits_{t>0,\,t\mid n} \varphi\left(\left(t,\dfrac{n}{t}\right)\right)$ der

Spitzenbahnen mod $\Gamma_0\,[n]$ genau dann mit der Anzahl der positiven Teiler von n überein, wenn $n = 2^a b$, wo $a = 0, 1, 2, 3$ und b ungerade und quadratfrei. Trifft dies zu, so ist die Matrix $\mathsf{P}_n := (\varrho_{t,\,l})$ (t = Zeilen-, l = Spaltenindex; beide durchlaufen die wachsend geordneten positiven Teiler von n) quadratisch. Im Fall $\det \mathsf{P}_n \neq 0$ existiert für jede Spitze ζ von $\mathfrak{F}_0\,[n]$ eine Primform der Gruppe $\Gamma_0\,[n]$ zur Spitze ζ von der Gestalt

$$(C.12) \qquad Z(\tau;\,\zeta,\,\Gamma_0\,[n]) = \prod_{l>0,\,l\mid n} \eta^{\alpha_l}(l\,\tau)$$

mit rationalen $\alpha_l = \alpha_l(\zeta)$. Wenn andererseits $\det \mathsf{P}_n$ verschwindet, so gibt es eine Modulform der Gruppe $\Gamma_0\,[n]$ von der Gestalt

$$(C.13) \qquad F(\tau) = \prod_{l>0,\,l\mid n} \eta^{\beta_l}(l\,\tau) \qquad \left(\beta_l \in \mathbb{Q},\ \sum_{l>0,\,l\mid n} |\beta_l| > 0\right),$$

die in allen Spitzen, also in allen Punkten von $\mathfrak{F}_0\,[n]$ die Ordnung 0 hat. Nach Satz 1.9 hat F daher den Grad 0 und ist als ganze multiplikative Funktion konstant. Andererseits gilt nach (4.14)

$$(C.14) \qquad \frac{\eta'}{\eta}(\tau) = \frac{\pi\,i}{12} - 2\,\pi\,i \sum_{m=1}^{\infty} \sigma_1(m)\,e^{2\pi i m \tau} \qquad \left(\sigma_1(m) := \sum_{d>0,\,d\mid m} d\right),$$

und damit folgt aus (C.13) durch logarithmische Differentiation

$$\frac{\pi\,i}{12} \sum_{l>0,\,l\mid n} l\,\beta_l - 2\,\pi\,i \sum_{\substack{l,\,m=1 \\ l\mid n}}^{\infty} l\,\beta_l\,\sigma_1(m)\,e^{2\pi i m l \tau} \equiv 0;$$

dies führt, wie man leicht sieht, auf einen Widerspruch. — Wir fassen zusammen.

Satz C.5. *Die Anzahl der Spitzenbahnen* $\bmod\ \Gamma_0\,[n]$ ($n \in \mathbb{Z}$, $n > 1$) *ist genau dann* $= \sum\limits_{l>0,\,l\mid n} 1$, *wenn* $n = 2^a b$ ($a = 0, 1, 2, 3$; $b \equiv 1 \bmod 2$ *quadratfrei*). *Bezieht man in diesem Falle die Vertreter* ζ *der Spitzenbahnen* $\bmod\ \Gamma_0\,[n]$ *in* $\mathfrak{F}_0\,[n]$ *gemäß*

$$\zeta = \zeta_1 = 0\ (t = 1), \qquad \zeta = \zeta_t = \frac{-1}{v}\ (v \in \mathfrak{B}_t,\ t\mid n,\ 1 < t < n), \qquad \zeta = \zeta_n = \infty\ (t = n)$$

auf die positiven Teiler t *von* n, *so erhält man eine Primform der Gruppe* $\Gamma_0\,[n]$ *zur Spitze* $\zeta = \zeta_t$ *in der Gestalt* (C.12), *wenn* $\alpha_l = \alpha_l(\zeta_t)$ *die Elemente der Spalte zur Nummer* t *von* $24\,\mathsf{P}_n^{-1}$ *durchläuft; hier bezeichnet* $\mathsf{P}_n = (\varrho_{t,\,l})$ *die oben im Text eingeführte Matrix.* —

Im Falle eines quadratfreien n bedeutet die oben bewiesene Aussage $\det \mathsf{P}_n \neq 0$, daß, wenn $j,\,l$ die wachsend geordneten positiven Teiler von n durchlaufen, gilt

$$\det_{j,\,l}\left(\frac{n}{j\,l}\,(j,\,l)^2\right) \neq 0\,.$$

Unter der genannten Voraussetzung ist die Matrix P_n symmetrisch.

Aufgrund der Konstruktion eines Fundamentalkomplexes $\mathfrak{F}^0[q^h]$ von $\Gamma^0[q^h]$ nach Satz C.1 kann man, wie zusätzlich bemerkt sei, ein System von Erzeugenden der Gruppe $\Gamma^0[q^h]$ mit den zugehörigen diese Gruppe definierenden Relationen explizit aufstellen. Zu diesem besonders im Falle $q-2$ lehrreichen Schematismus, der hier nicht genauer reproduziert werden kann, das Folgende:

Die Erzeugenden werden durch Kantenzuordnungen des Randes von $\mathfrak{F}^0[q^h]$ geliefert, wobei die parabolischen unter diesen durch den Aufbau von $\mathfrak{F}^0[q^h]$ aus Spitzensektoren unmittelbar gegeben sind. Die übrigen entspringen aus den Abbildungen der „Querkanten"

$$A^{-1}\,U^j\,\mathfrak{b} \quad \left(A \in {}_1\Gamma,\, j \in \mathbb{Z},\, \mathfrak{b} := \left\{ e^{i\varphi} \,\Big|\, \frac{\pi}{3} \leqq \varphi \leqq \frac{2\pi}{3} \right\} \right)$$

des Spitzensektors der Spitze $A^{-1}\infty$ auf die Querkanten $B^{-1}\,U^l\,\mathfrak{b}$ des Spitzensektors der Spitze $B^{-1}\infty$ $(B \in {}_1\Gamma,\, l \in \mathbb{Z})$ von $\mathfrak{F}^0[q^h]$ durch Transformationen der Gestalt $A^{-1}\,M_{j,\,l}\,B$. Dabei ergibt sich unmittelbar, daß für $A = B = I$ eine solche Zuordnung nur dann stattfinden kann, wenn $(j, q) = (l, q) = 1$. Das wichtigste Phänomen der Kantenzuordnung besagt für die Spitzensektoren der Spitzen $B^{-1}\infty = v \in \mathbb{Z}$ $(B = TU^{-v})$ in $\mathfrak{F}^0[q^h]$, daß niemals zwei Querkanten des gleichen solchen Spitzensektors oder zweier verschiedener solchen Spitzensektoren einander zugeordnet werden. Vielmehr besteht eine Ränderzuordnung, in der eine solche Querkante vorkommt, in der Abbildung dieser auf eine Querkante $U^j\,\mathfrak{b}$ $(A = I)$ des oben genannten Spitzensektors $\mathfrak{S}_\infty$, wobei $(j, q^h) = (v, q^h) \equiv 0 \bmod q$.

Die definierenden Relationen, die zwischen den so bestimmten Kantenzuordnungen gelten, können als Umläufe auf der $\mathfrak{F}^0[q^h]$ entsprechenden Riemannschen Fläche um die Punkte interpretiert werden, welche den Ecken der Moduldreiecke von $\mathfrak{F}^0[q^h]$ entsprechen (vgl. hierzu [29]).

Anhang D. Das Verhalten von η und $\log \eta$ bei Modulsubstitutionen

(Inhaltsübersicht: Transformation von $\eta(\tau)$ durch $T = \begin{pmatrix} 0 & -1 \\ 1 & 0 \end{pmatrix}$; Hervorhebung dreier Beweise, insbesondere eines, der zeigt, daß die gesuchte Formel mit der Legendreschen Relation gleichbedeutend ist. Parabolische und elliptische Transformationen von $\log f(\tau)$, wo $f(\tau)$ eine in $\mathfrak{H}$ holomorphe und nicht verschwindende Modulform einer kanonischen Untergruppe der Modulgruppe angibt. Transformation von $\log \eta(\tau)$ durch Modulmatrizen $\begin{pmatrix} a & b \\ c & d \end{pmatrix}$ mit $c > 0$ nach Riemann-Dedekind. Rechenregeln und Bemerkungen über Dedekindsche Summen.)

(I) Aus den vorangehenden Darstellungen wird ersichtlich, daß der Dedekindschen Modulform

$$(D.1) \qquad \eta(\tau) := \left(\exp \pi i \, \frac{\tau}{12} \right) \prod_{m=1}^{\infty} (1 - e^{2\pi i m \tau}) ,$$

zum mindesten im Bereich der ganzen Spitzenformen, eine zentrale Bedeutung zukommt. Es sollen deshalb gewisse Sätze, die ihre wichtigsten Eigenschaften betreffen, mit vollständigen Beweisen reproduziert werden. Dabei handelt es sich vornehmlich um das *Multiplikatorsystem* $v = v_5$ *von* η *auf* ${}_1\Gamma$, für welches also

$$(D.2) \qquad \eta \in \{ {}_1\Gamma, -\tfrac{1}{2}, v \}^+$$

zutrifft. Wir wollen das vielfältig angewendete Formelpaar (4.14) beweisen, das eine – keineswegs die einzige – explizite Darstellung von v auf ${}_1\Gamma$ angibt.

Als Grundlage des Beweises kann man die Relationen

$$(D.3) \quad \eta \,|\, U = \xi_{12}\, \eta, \qquad \eta \,|\, T = \xi_4^{-1}\, \eta \qquad \left(r = \frac{1}{2}; \; \xi_m := \exp \frac{\pi i}{m} \text{ für } m \in \mathbb{N} \right)$$

ansehen, deren erste unmittelbar aus (D.1) folgt; aus ihnen gewinnt man (D.2) mit einem nun wohldefinierten $v \in [{}_1\Gamma, -\tfrac{1}{2}]^1$, dessen Werte 24-ste Einheitswurzeln sind. Für die – entscheidende – zweite Relation (D.3) gibt es zahlreiche Beweise, deren Literaturnachweise im Verzeichnis am Ende des Textes zusammengestellt sind. Ausführlicher sollen nur die Beziehung zur *Diskriminante der elliptischen* Funktionen und *zwei andere Verfahren* erwähnt werden.

Das Gitter $\mathfrak{G} \subset \mathbb{C}$ werde von den über $\mathbb{R}$ linear-unabhängigen Zahlen ω_1, ω_2 aufgespannt, und es gelte $\mathrm{Im}\,(\omega_2/\omega_1) > 0$. Für die sog. Diskriminante $\Delta = \Delta(\omega_1, \omega_2)$ der elliptischen Funktionen des Gitters $\mathfrak{G}$ ergibt die Theorie dieser Funktionen die *Darstellung*

$$\Delta = \Delta(\omega_1, \omega_2) = \left(\frac{2\pi}{\omega_1} \right)^{12} \eta^{24} \left(\frac{\omega_2}{\omega_1} \right).$$

Da Δ nur von $\mathfrak{G}$ abhängt, ist Δ gegenüber orientierungstreuen Transformationen von $\mathfrak{G}$ in sich, d.h. linksseitiger Multiplikation von $\begin{pmatrix} \omega_2 \\ \omega_1 \end{pmatrix}$ mit Modulmatrizen invariant. Daraus folgt $\eta^{24} \in \{ {}_1\Gamma, -12, 1 \}^+$ und dann durch Logarithmieren (D.2).

Bei Hardy-Wright [D.8] findet sich ein *sehr bemerkenswerter elementarkombinatorischer Beweis* von Franklin [D.6] für die Eulersche Identität

$$(D.4) \qquad \eta(\tau) = \sum_{m \equiv 1 \bmod 6} \left(\frac{-1}{m} \right)_{*} \exp \pi i \, m^2 \, \frac{\tau}{12} .$$

Durch Anwendung der Methode von § 2 auf die rechte Seite (vgl. auch [30]) erhält man die zweite Relation (D.3).

Der *vielleicht einfachste* Beweis für diese zweite Formel (D.3), der deshalb etwas ausführlicher referiert werden soll, entsteht aus einer Untersuchung der

Periodizitätsmoduln $\eta_j = \eta_j(\omega_1, \omega_2)$ $(j = 1, 2)$ der Weierstraßschen Funktion $\zeta(u) = \zeta(u \,|\, \omega_1, \omega_2)$ (zu ω_1, ω_2 vgl. oben). Diese lassen sich durch $\zeta(u)$ gemäß

$$(\text{D. 5}) \qquad \tfrac{1}{2}\,\eta_j(\omega_1, \omega_2) = \zeta(\tfrac{1}{2}\,\omega_j \,|\, \omega_1, \omega_2) \qquad (j = 1, 2)$$

ausdrücken. Wir schreiben $\omega_2 = \tau\,\omega_1$ $(\tau \in \mathfrak{H})$ und definieren

$$\tfrac{1}{2}\,\eta_j(\tau) := \tfrac{1}{2}\,\eta_j(1, \tau) = \omega_1 \tfrac{1}{2}\,\eta_j(\omega_1, \omega_2)$$

Für den in Rede stehenden Beweis kommt es nicht auf den Ursprung dieser Funktionen $\tfrac{1}{2}\,\eta_j(\tau)$, sondern nur auf ihre aus (D. 5) entstehenden Darstellungen an; es sind dies

$$
(\text{D. 6}) \qquad
\begin{aligned}
\frac{1}{2}\,\eta_1(\tau) &= 2 + \frac{1}{4} \sum_{m_1, m_2}{}' (m_1\tau + \tfrac{1}{2} + m_2)^{-1}(m_1\tau + m_2)^{-2}, \\[2ex]
\frac{1}{2}\,\eta_2(\tau) &= \frac{2}{\tau} + \frac{\tau^2}{4} \sum_{m_1, m_2}{}' \left(m_1\tau + \frac{\tau}{2} + m_2\right)^{-1}(m_1\tau + m_2)^{-2},
\end{aligned}
$$

oder, wenn für $\varepsilon = \pm 1$

$$F_{1,\varepsilon}(\tau) := \sum_{m_1 = 1,\, m_2 = -\infty}^{+\infty} \left(m_1\tau + \frac{\varepsilon}{2} + m_2\right)^{-1}(m_1\tau + m_2)^{-2},$$

$$F_{2,\varepsilon}(\tau) := \sum_{m_1 = 1,\, m_2 = -\infty}^{+\infty} \left(m_1\tau + \frac{\varepsilon}{2}\,\tau + m_2\right)^{-1}(m_1\tau + m_2)^{-2}$$

gesetzt wird:

$$\frac{1}{2}\,\eta_1(\tau) = \frac{\pi^2}{6} + \frac{1}{4}\,F_{1,+1}(\tau) - \frac{1}{4}\,F_{1,-1}(\tau)$$

$$\frac{1}{2\tau^2}\,\eta_2(\tau) = \frac{\pi^2}{6\tau} + \frac{\pi}{\tau^2}\,\mathrm{ctg}\,\frac{\pi}{2}\,\tau + \frac{1}{4}\,F_{2,+1}(\tau) - \frac{1}{4}\,F_{2,-1}(\tau)\,.$$

Um von hier aus zu einer Art von Fourier-Entwicklung der Funktionen $\tfrac{1}{2}\,\eta_j(\tau)$ $(j = 1, 2)$ zu gelangen, kann man eine entsprechende Entwicklung von

$$\varphi(\tau_1, \tau_2) := \sum_{m = -\infty}^{+\infty} (\tau_1 + m)^{-2}(\tau_2 + m)^{-1} \qquad (\tau_1, \tau_2 \in \mathfrak{H},\ \tau_1 \neq \tau_2)$$

benutzen. Man erhält sie aus den Partialbruchentwicklungen trigonometrischer Funktionen in der Gestalt

$$\varphi(\tau_1, \tau_2) = \frac{1}{\tau_2 - \tau_1}\,\frac{\pi^2}{\sin^2 \pi\tau_1} - \frac{1}{(\tau_2 - \tau_1)^2}\,(\pi\,\mathrm{ctg}\,\pi\tau_1 - \pi\,\mathrm{ctg}\,\pi\tau_2)\,.$$

Sie führt über

$$F_{1,\varepsilon}(\tau) = \sum_{m_1 = 1}^{\infty} \varphi\left(m_1\tau,\, m_1\tau + \frac{\varepsilon}{2}\right), \qquad F_{2,\varepsilon}(\tau) = \sum_{m_1 = 1}^{\infty} \varphi\left(m_1\tau,\, m_1\tau + \frac{\varepsilon}{2}\,\tau\right)$$

zu den gesuchten Entwicklungen der Funktionen $\tfrac{1}{2}\,\eta_j(\tau)$, wobei sich in beiden Fällen etwa die Hälfte der entstehenden Terme gegenseitig aufhebt. Das Resultat läßt sich aufgrund der Darstellung (C.14) von $\dfrac{\eta'}{\eta}$ (τ) durch

$$(D.7) \qquad \frac{1}{2}\,\eta_1\,(\tau) = -\,2\,\pi\,i\,\frac{\eta'}{\eta}\,(\tau), \qquad \frac{1}{2}\,\eta_2\,(\tau) = -\,\pi\,i - 2\,\pi\,i\,\tau\,\frac{\eta'}{\eta}\,(\tau)$$

ausdrücken; eine unmittelbare Konsequenz von (D.7) ist die *wohlbekannte Legendresche Relation.*

Andererseits findet man nach (D.6) durch explizite Rechnung leicht

$$\frac{1}{2}\,\eta_1\left(\frac{-1}{\tau}\right)\,\tau^{-1} = \frac{1}{2}\,\eta_2\,(\tau)\,,$$

was sich nach (D.7) unmittelbar in

$$\frac{1}{\tau^2}\,\frac{\eta'}{\eta}\left(\frac{-1}{\tau}\right) = \frac{\eta'}{\eta}\,(\tau) + \frac{1}{2\,\tau}$$

umschreiben läßt. Dies ist im wesentlichen die Behauptung.

Zur Literatur sei bemerkt, daß Relationen der hier dargestellten Art aus Klein-Fricke [15] Bd. 1, I., Kap. 4 herausgelesen werden können (s. z. B. S. 122, (2)). Sie unterliegen jedoch den bekannten Interpretationsschwierigkeiten. Ein anderer Zusammenhang mit (D.7) in [27] S. 59, (9.12).

Das Verhalten der hier untersuchten Funktionen $\eta_j\,(\tau)$ $(j = 1, 2)$ bei Modulsubstitutionen wird durch die folgende Formel dargestellt: Für die Spalte

$$e\,(\tau) = \begin{pmatrix} \eta_2\,(\tau) \\ \eta_1\,(\tau) \end{pmatrix}$$

gilt in Matrizen-Symbolik

$$e\,(S\,\tau) = (c\,\tau + d)\,S\,e\,(\tau) \qquad \left(S = \begin{pmatrix} * & * \\ c & d \end{pmatrix} \in {}_1\Gamma \right).$$

Angesichts dieser Situation dürfen wir, um (4.14) zu beweisen, von (D.1, 2) ausgehen; es sei bemerkt, daß dann $v\,(T)$ notwendig den Wert ξ_4^{-1} hat. – Auch zu der Zielformel (4.14) führt mehr als ein Weg. Wir werden im folgenden wegen des höheren Informationsgehalts die durch *die Riemann-Dedekindschen Fragmente* ([D.18]) *gekennzeichnete Methode* benutzen, um das Verhalten von $\log\eta(\tau)$ bei Modulsubstitutionen zu bestimmen. Das sehr bemerkenswerte Resultat liefert zwar eine explizite Darstellung der $v\,(S)$ $(S \in {}_1\Gamma)$ durch Dedekindsche Summen, nicht aber (4.14). Zu (4.14) gelangt man anschließend durch eine *elementar-arithmetische Diskussion Dedekindscher Summen* nach H. Rademacher [D.15].

Hinsichtlich der Riemannschen Methode sei hervorgehoben, daß sie, wenn man von (D.1, 2) ausgeht, keineswegs einer erneuten Anwendung von Thetafunktionen bedarf; diese erfolgt vielmehr bereits in der Theorie der elliptischen Funktionen zum Beweise von (D.2).

(II) Wir beginnen mit einigen Feststellungen allgemeiner Art zum *Verhalten der Logarithmen von Modulformen,* die in $\mathfrak{H}$ holomorph und $\neq 0$ sind. Es sei Γ eine kanonische Untergruppe der Modulgruppe, $r \in \mathbb{R}$, $v \in [\Gamma, -r]^1$ und $f\,(\tau)$ eine Modulform der Klasse $\{\Gamma, -r, v\}$, die in $\mathfrak{H}$ holomorph und $\neq 0$

ist. Bezeichnet N_0 die Breite der Spitze ∞ in Γ und wird $v(U^{N_0}) = e^{2\pi i \varkappa_0}$ $(0 \le \varkappa_0 < 1)$ gesetzt, so besteht eine Entwicklung der Gestalt

$$f(\tau) = b_{m_0 + \varkappa_0}(f) \left(\exp 2\pi i (m_0 + \varkappa_0) \frac{\tau}{N_0} \right) \sum_{m=0}^{\infty} b_m^*(f) \exp 2\pi i m \frac{\tau}{N_0},$$

wo $m_0 + \varkappa_0 := \mathrm{ord}_{\Gamma, \infty} f$, $b_0^*(f) = 1$ ist und $\sum_{m=0}^{\infty} b_m^*(f) z^m$ in $\{|z| < 1\}$ konvergiert. Bei geeignetem ϱ_0 $(0 < \varrho_0 \le 1)$ gilt

$$\left| \sum_{m=1}^{\infty} b_m^*(f) z^m \right| < 1 \quad \text{für} \quad |z| < \varrho_0.$$

Daraus entspringt ein in $|z| < 1$ eindeutiger holomorpher Hauptwert

$$\mathrm{HW} \log \sum_{m=0}^{\infty} b_m^*(f) z^m = \sum_{m=1}^{\infty} \beta_m(f) z^m$$

mit

$$\left| \arg \left(\sum_{m=0}^{\infty} b_m^*(f) z^m \right) \right| < \frac{\pi}{2} \quad \text{für} \quad |z| < \varrho_0,$$

und es wird jeder in $\mathfrak{H}$ holomorphe $\log f(\tau)$ durch

$$(\mathrm{D.8}) \quad \log f(\tau) := \log b_{m_0 + \varkappa_0}(f) + 2\pi i (m_0 + \varkappa_0) \frac{\tau}{N_0} + \sum_{m=1}^{\infty} \beta_m(f) \exp 2\pi i m \frac{\tau}{N_0}$$

bei geeignet gewähltem $\log b_{m_0 + \varkappa_0}(f)$ dargestellt. Für das Folgende werde irgendeiner dieser Logarithmen (D. 8) fest gewählt. Er genügt für jedes $L \in \Gamma$ einer Funktionalgleichung

$$(\mathrm{D.9}) \qquad \log f(L\tau) = \lambda(L) + r \log(\gamma\tau + \delta) + \log f(\tau) \qquad (L \in \Gamma)$$

mit einem rein-imaginären $\lambda(L)$, für das $v(L) = e^{\lambda(L)}$ zutrifft. Speziell ist

$$(\mathrm{D.10}) \qquad \lambda(-I) = -\pi i r, \qquad \lambda(U^{k N_0}) = 2\pi i (m_0 + \varkappa_0) k \qquad (k \in \mathbb{Z}).$$

Insbesondere aber besteht eine allgemeine *Konsistenz-Relation* in der Gestalt

$$(\mathrm{D.11}) \qquad \lambda(L_1 L_2) = 2\pi i r w(L_1, L_2) + \lambda(L_1) + \lambda(L_2) \qquad (L_1, L_2 \in \Gamma);$$

sie folgt aus der unter den Voraussetzungen von (1.15) gültigen Relation

$$(\mathrm{D.12}) \qquad \log(m_1 S\tau + m_2) = \log(m_1' \tau + m_2') - \log(c\tau + d) + 2\pi i w(M, S).$$

Das i.a. schwierige *Problem der Bestimmung der* $\lambda(L)$ gestattet, wie kurz gezeigt werden soll, eine – bescheidene – *Teillösung:* Die $\lambda(L)$ für parabolische und elliptische L sind unmittelbar zu bestimmen.

Die Spitze $\zeta = A^{-1} \infty$ $(A \in {}_1\Gamma)$ habe in Γ die Breite N und die Grundmatrix P und es sei $v(P) = e^{2\pi i \varkappa}$ $(0 \le \varkappa < 1)$. In Analogie zu (D. 8) erhält man eine Entwicklung

$$\log f(\tau) = -r \log(a_1 \tau + a_2) + \log b_{m_1 + \varkappa}(A, f) + 2\pi i (m_1 + \varkappa) \frac{A\tau}{N}$$

$$(\mathrm{D.13}) \qquad + \sum_{m=1}^{\infty} \beta_m(A, f) \exp 2\pi i m \frac{A\tau}{N},$$

wo $m_1 + \varkappa := \operatorname{ord}_{\Gamma,\zeta} f$ und die $\sum\limits_{m=1}^{\infty}$ auf der rechten Seite den

$$\mathrm{HW} \log \left(b_{m_1+\varkappa}^{-1}(A, f) \sum_{m=0}^{\infty} b_{m_1+m+\varkappa}(A, f) \exp 2\pi i (m + \varkappa) \frac{A\tau}{N} \right)$$

angibt. Aus (D. 9) folgt durch Transformation mit $L = P^k$ $(k \in \mathbb{Z})$ nach (D. 11, 12), wenn $\underline{P}^k = \{p_1^{(k)}, p_2^{(k)}\}$ gesetzt und $w(A, P^k) = 0$ berücksichtigt wird:

$$\log f(P^k \tau) = -r \log(a_1\tau + a_2) + r \log(p_1^{(k)}\tau + p_2^{(k)}) + \log b_{m_1+\varkappa}(A, f)$$
$$+ 2\pi i (m_1 + \varkappa) \frac{A\tau}{N} + 2\pi i k (m_1 + \varkappa) + \sum_{m=1}^{\infty} \beta_m (A, f)\, e^{2\pi i m \frac{A\tau}{N}},$$

also nach (D. 9)

$$(\mathrm{D.}14) \qquad \lambda(P^k) = 2\pi i (m_1 + \varkappa) k = 2\pi i k \operatorname{ord}_{\Gamma,\zeta} f \qquad (k \in \mathbb{Z}).$$

Handelt es sich um die Bestimmung von $\lambda(-P^k)$, so ergibt sich diese aus (D. 14) mit Hilfe der Gleichung

$$(\mathrm{D.}15) \qquad w(-I, S) = \tfrac{1}{2}(1 + \operatorname{sgn} c) \qquad (c \neq 0).$$

Die entsprechende Berechnung von $\lambda(L)$ für elliptische $L \in \Gamma$ ist denkbar einfach: Es sei ω ein elliptischer Fixpunkt von Γ, l $(= 2, 3)$ seine Fixpunktordnung, E seine Grundmatrix in Γ. Wir schreiben $\underline{E}^j = \{e_1^{(j)}, e_2^{(j)}\}$ $(j \in \mathbb{Z})$ und setzen in (D. 9) $L = E^j$ und $\tau = \omega$ ein. Dann entsteht

$$\lambda(E^j) = -r \log(e_1^{(j)} \omega + e_2^{(j)}) \qquad (j \in \mathbb{Z}).$$

Für $1 \leqq j \leqq l-1$ ist $e_1^{(j)} < 0$ (vgl. § 1 bei (1.11)); daraus folgt

$$(\mathrm{D.}16) \qquad \lambda(E^j) = \pi i \frac{r}{l} j \qquad (1 \leqq j \leqq l-1)$$

und somit

Satz D. 1. *Es sei $f(\tau)$ eine Modulform der Klasse $\{\Gamma, -r, v\}$, wo Γ eine kanonische Untergruppe der Modulgruppe, r reell und $v \in [\Gamma, -r]^1$ ist; f sei in $\mathfrak{H}$ holomorph und $\neq 0$. Dann gestattet jeder in $\mathfrak{H}$ analytische $\log f(\tau)$ Umsetzungen der Gestalt (D. 9) mit rein-imaginären konstanten $\lambda(L)$ $(L \in \Gamma)$. Diese lassen sich für parabolische und elliptische $L \in \Gamma$ gemäß (D. 14, 15, 16) explizit bestimmen.*

(III) Wir beginnen mit der Entwicklung des *zweiten Teils der Riemannschen Fragmente*, indem wir zunächst gemäß (D. 1) für $\tau \in \mathfrak{H}$ definieren

$$\log \eta(\tau) := \pi i \frac{\tau}{12} + F(\tau), \quad \text{wo} \quad F(\tau) := \sum_{m=1}^{\infty} \log(1 - e^{2\pi i m \tau})$$

mit Hauptwerten $\log(1 - e^{2\pi i m \tau})$ zu bilden ist; $F(\tau)$ gestattet daher auch die Darstellung

$$F(\tau) = -\sum_{m=1}^{\infty} m^{-1} \frac{e^{2\pi i m \tau}}{1 - e^{2\pi i m \tau}} \qquad (\tau \in \mathfrak{H}).$$

Wie in (D.9) schreiben wir

$$(\mathrm{D}.17) \qquad \log \eta (S \tau) = \lambda (S) + \tfrac{1}{2} \log (c \tau + d) + \log \eta (\tau) \qquad \left(S = \begin{pmatrix} a & b \\ c & d \end{pmatrix} \in {}_{1}\Gamma \right)$$

und erhalten $v(S) = e^{\lambda (S)}$ sowie

$$\lambda (-I) = - \frac{\pi i}{2}, \quad \lambda (U^{k}) = \frac{\pi i}{12} k, \quad \lambda (-U^{k}) = \frac{\pi i}{12} (k - 6),$$

$$\lambda (T) = - \frac{\pi i}{4} \quad (k \in \mathbb{Z}),$$

ferner (vgl. (D.10, 15)):

$$\lambda (S^{-1}) + \lambda (S) = 0, \quad \lambda (-S) = \frac{\pi i}{2} \operatorname{sgn} c + \lambda (S), \quad \text{wenn } c \neq 0.$$

In Anbetracht dieser Relationen kann man sich darauf beschränken, den Fall $c > 0$ zu untersuchen.

Es sei also $S = \begin{pmatrix} a & b \\ c & d \end{pmatrix} \in {}_{1}\Gamma$, $c > 0$. Man hat

$$\frac{\pi i}{12} S \tau + F (S \tau) = \lambda (S) + \frac{1}{2} \log (c \tau + d) + \frac{\pi i}{12} \tau + F (\tau).$$

Wir wählen $\tau = - \dfrac{d}{c} + i y \; (y > 0)$ und betrachten diese Gleichung im Hinblick auf den Grenzübergang $y \to 0$; auf diesen bezieht sich auch das Landausche Symbol $o(1)$. Man findet

$$c \tau + d = i c y, \quad S \tau = \frac{a}{c} - \frac{1}{c(c \tau + d)} = \frac{a}{c} + \frac{i}{c^{2} y}$$

und daher

$$F (S \tau) = o(1), \quad \frac{\pi i}{12} \tau = - \frac{\pi i}{12} \frac{d}{c} + o(1),$$

also

$$- \frac{\pi}{12 c^{2} y} + \frac{\pi i}{12} \frac{a + d}{c} + o(1) = \lambda (S) + \frac{\pi i}{4} + \frac{1}{2} \log (c y) + F \left(- \frac{d}{c} + i y \right).$$

Subtrahiert man von dieser Gleichung die zu ihr konjugiert-komplexe, so entsteht

$$(\mathrm{D}.18) \quad \frac{\pi i}{6} \frac{a + d}{c} - \frac{\pi i}{2} + o(1) = 2 \lambda (S) + F \left(- \frac{d}{c} + i y \right) - \overline{F \left(- \frac{d}{c} + i y \right)}.$$

Hier führen wir folgende Bezeichnungen ein:

$$t := e^{-2 \pi y} \; (0 < t < 1), \quad \zeta = \zeta_{c} := \exp \frac{2 \pi i}{c} = \xi_{c}^{2},$$

$$f_{m} \left(t, \frac{d}{c} \right) := \frac{1}{1 - t^{m} \zeta^{dm}} - \frac{1}{1 - t^{m} \zeta^{-dm}} \quad (m \in \mathbb{N}, 0 \leqq t < 1),$$

$$\Phi \left(t, \frac{d}{c} \right) := \sum_{m=1}^{\infty} \frac{1}{m} f_{m} \left(t, \frac{d}{c} \right) = F \left(- \frac{d}{c} + i y \right) - \overline{F \left(- \frac{d}{c} + i y \right)}.$$

In diesen besagt (D.18) soviel wie

$$\frac{\pi i}{6} \frac{a+d}{c} - \frac{\pi i}{2} + o(1) = 2\lambda(S) + \Phi\left(t, \frac{d}{c}\right) ;$$

daraus folgt: Es existiert $\lim\limits_{t \to 1-0} \Phi\left(t, \frac{d}{c}\right)$ und es gilt

$$(D.19) \qquad \frac{\pi i}{6} \frac{a+d}{c} - \frac{\pi i}{2} = 2\lambda(S) + \lim\limits_{t \to 1-0} \Phi\left(t, \frac{d}{c}\right).$$

(IV) Zur *Bestimmung des Grenzwertes auf der rechten Seite* dient eine Abschätzung der Teilsummen

$$(D.20) \qquad \sum_{m=1}^{n} f_m\left(t, \frac{d}{c}\right) \qquad (n \in \mathbb{N}).$$

Dazu sei bemerkt, daß $f_m\left(t, \frac{d}{c}\right)$ identisch in t verschwindet, wenn $m \equiv 0(c)$, aber auch, bei geradem c, wenn $m \equiv \frac{1}{2}c \bmod c$. Insbesondere ist daher $\Phi\left(t, \frac{d}{c}\right) \equiv 0$ für $c = 1, 2$, weshalb wir $c \geqq 3$ voraussetzen. Wir betrachten die Teilsummen (D.20) zunächst unter der Bedingung $n = Kc$ ($K \in \mathbb{N}$). Für $k, j \in \mathbb{Z}, k \geqq 0, 0 < j < \frac{1}{2}c$ ist

$$f_{kc+j}\left(t, \frac{d}{c}\right) + f_{kc+c-j}\left(t, \frac{d}{c}\right) = \varphi_{j,k}\left(t, \frac{d}{c}\right) - \varphi_{j,k}\left(t, -\frac{d}{c}\right)$$

mit

$$\varphi_{j,k}\left(t, \frac{d}{c}\right) = \zeta^{dj} t^{kc+j} (1 - t^{c-2j}) (1 - t^{kc+j} \zeta^{dj})^{-1} (1 - t^{kc+c-j} \zeta^{dj})^{-1}.$$

Sämtliche hier auftretenden Nenner sind für $0 \leqq t \leqq 1$ dem Betrage nach $\geqq \mu_c$, wo $0 < \mu_c \leqq 1$ und μ_c nur von c abhängt. Daraus folgt für $0 < t < 1$

$$\sum_{k=0}^{K-1} \left| f_{kc+j}\left(t, \frac{d}{c}\right) + f_{kc+c-j}\left(t, \frac{d}{c}\right) \right| < 2\mu_c^{-2} \frac{t^j}{1-t^c} (1 - t^{c-2j}) < 2\mu_c^{-2},$$

also zunächst

$$\left| \sum_{m=1}^{Kc} f_m\left(t, \frac{d}{c}\right) \right| < c\,\mu_c^{-2}.$$

Von hier aus gelangt man zu einer Abschätzung von (D.20) bei allgemeinem n, indem man eine Abschätzung von $\sum\limits_{m} \left| f_m\left(t, \frac{d}{c}\right) \right|$ hinzufügt, wo m einer der Bedingungen $kc + 1 \leqq m < kc + \frac{c}{2}$, $kc + \frac{c}{2} < m \leqq (k+1)c - 1$ unterliegt. Insgesamt ergibt sich die folgende Abschätzung, deren Schranke weder von n noch von t abhängt:

$$(D.21) \qquad \left| \sum_{m=1}^{n} f_m\left(t, \frac{d}{c}\right) \right| \leqq 2c\,\mu_c^{-2} \qquad (n \in \mathbb{N}, 0 < t < 1).$$

Zur *Ausführung des Grenzübergangs* $t \to 1 - 0$ werde $f_m\left(1, \dfrac{d}{c}\right)$ für $m \not\equiv 0 \bmod c$ durch die obige Definitionsformel erklärt, was eine für $0 \leqq t \leqq 1$ stetige Funktion $f_m\left(t, \dfrac{d}{c}\right)$ liefert. Für $m \equiv 0 \bmod c$ sei $f_m\left(t, \dfrac{d}{c}\right) \equiv 0$ $(0 \leqq t \leqq 1)$.

Dann besteht (D.21) für $0 \leqq t \leqq 1$, die Summe

$$\Phi\left(t, \frac{d}{c}\right) = \sum_{m=1}^{\infty} \frac{1}{m} f_m\left(t, \frac{d}{c}\right) \qquad (0 \leqq t \leqq 1)$$

konvergiert auf $0 \leqq t \leqq 1$ gleichmäßig und nach (D.19) gilt

$$(\text{D.22}) \qquad \frac{\pi i}{6} \frac{a+d}{c} - \frac{\pi i}{2} = 2\lambda(S) + \sum_{m=1}^{\infty} \frac{a_m}{m},$$

wo $a_m := f_m\left(1, \dfrac{d}{c}\right)$. Diese a_m genügen den Relationen

$$(\text{D.23}) \quad a_m = a_n (m, n \in \mathbb{N}, m \equiv n(c)), \quad a_c = 0, \quad a_j + a_{c-j} = 0 \quad (1 \leqq j \leqq c-1);$$

insbesondere verschwindet daher $\sum_{j=1}^{c-1} a_j$. Im übrigen gilt $a_m = i \operatorname{ctg} \pi \dfrac{d}{c} m$ für $m \not\equiv 0 (c)$.

Zur *Summation der unendlichen Reihe* $\sum_{m=1}^{\infty} a_m m^{-1}$ bilden wir die Funktion

$$H(x) := \sum_{m=1}^{\infty} a_m x^{m-1} \quad (|x| < 1), \qquad g(x) := \sum_{j=1}^{c-1} a_j x^j \quad (x \in \mathbb{C});$$

hier gilt $g(0) = 0$ und nach (D.23) auch $g(1) = 0$. Ferner ergibt sich

$$H(x) = \sum_{k=0}^{\infty} \sum_{j=1}^{c-1} a_j x^{kc+j-1} = \frac{g(x)}{x(1-x^c)} \quad (|x| < 1);$$

die rationale Funktion auf der rechten Seite verhält sich in den Punkten $x = 0, 1$ holomorph. Man findet durch Integration für $0 < x < 1$

$$\int_0^x H(u) \, du = \sum_{m=1}^{\infty} \frac{a_m}{m} x^m = -\int_0^x \frac{g(u)}{u(u^c - 1)} \, du,$$

und hieraus folgt nach dem *Abelschen Grenzwertsatz*

$$(\text{D.24}) \qquad \sum_{m=1}^{\infty} \frac{a_m}{m} = -\int_0^1 \frac{g(x)}{x(x^c - 1)} \, dx.$$

(V) Die Interpolationsformel von Lagrange liefert

$$\frac{g(x)}{x(x^c - 1)} = \sum_{v=1}^{c-1} \frac{g(\zeta^v)}{c(x - \zeta^v)} \quad (c \in \mathbb{Z}, c > 2);$$

im einzelnen Summenglied ergibt die Integration

$$\log(1 - \zeta^v) - \log(-\zeta^v) = \log(1 - \zeta^{-v}) \quad (1 \leqq v \leqq c-1),$$

und eine einfache geometrische Überlegung zeigt, daß dabei $|\arg(1-\zeta^{-\nu})| < \dfrac{\pi}{2}$ zutrifft. Dies führt auf die Darstellung

$$\log(1-\zeta^{-\nu}) = \log\left(2\sin\pi\frac{\nu}{c}\right) + \pi i\left(\frac{1}{2}-\frac{\nu}{c}\right) \qquad (1 \leq \nu \leq c-1)\,.$$

Setzt man dieses Resultat in (D.24) ein, so erhält man von den rechts auftretenden Realteilen und von $\frac{1}{2}\pi i$ den Beitrag Null; denn es gilt

$$g(\zeta^{\nu}) + g(\zeta^{-\nu}) = 0\,,$$

wie aus (D.23) abzuleiten. So kommt nach (D.24)

$$(\text{D}.25) \qquad \sum_{m=1}^{\infty} \frac{a_m}{m} = \frac{\pi i}{c}\sum_{\nu=1}^{c-1}\left(\frac{\nu}{c}-\frac{1}{2}\right)g(\zeta^{\nu}) = \frac{\pi i}{c}\sum_{\nu=1}^{c-1}\frac{\nu}{c}\,g(\zeta^{\nu})\,.$$

Zur Berechnung der a_m dient die *folgende Formel:* Es sei $n \in \mathbb{N}$, $z \in \mathbb{C}$, $z \neq 1$, $z^n = 1$; dann gilt

$$(\text{D}.26) \qquad \frac{1}{1-z} = -\frac{1}{n}\sum_{k=1}^{n-1} k\, z^k\,.$$

Mit Hilfe dieser Formel erhält man zunächst Darstellungen für die a_m $(1 \leq m \leq c-1)$ und aus diesen

$$a_m\,\zeta^{\nu m} = -\frac{1}{c}\sum_{j=1}^{c-1} j\,(\zeta^{(\nu+dj)m} - \zeta^{(\nu-dj)m}) \qquad \left(1 \leq \genfrac{}{}{0pt}{}{\nu}{m} \leq c-1\right)\,.$$

Hier definieren wir ein Kroneckersches δ-Symbol mod c durch

$$\delta^{(c)}_{g,h} = \begin{cases} 1, & \text{wenn } g \equiv h \bmod c \\ 0, & \text{sonst} \end{cases} \qquad (g, h \in \mathbb{Z})\,;$$

es liefert die gesuchte Darstellung

$$g(\zeta^{\nu}) = \sum_{j=1}^{c-1} j\,(\delta^{(c)}_{dj,\nu} - \delta^{(c)}_{dj,-\nu}) = \sum_{j=1}^{c-1} j\,(\delta^{(c)}_{j,a\nu} - \delta^{(c)}_{-j,a\nu})$$

$$= \sum_{j=1}^{c-1} (j\,\delta^{(c)}_{j,a\nu} - (c-j)\,\delta^{(c)}_{j,a\nu}) = 2c\sum_{j=1}^{c-1}\left(\frac{j}{c}-\frac{1}{2}\right)\delta^{(c)}_{j,a\nu}\,,$$

$$g(\zeta^{\nu}) = 2c\left(\frac{a\nu}{c}-\left[\frac{a\nu}{c}\right]-\frac{1}{2}\right) \qquad (1 \leq \nu \leq c-1)\,.$$

Damit sind wir bei den *Dedekindschen Summen* angelangt. Für diese geben wir die folgende *Definition:*

Für beliebig gegebene $a, c \in \mathbb{Z}$ mit $(a, c) = 1$ und $c > 0$ werden als Dedekindsche Summen zum Modul c die Summen

$$(\text{D}.27) \qquad s(a, c) := \sum_{\nu=1}^{c-1} \frac{\nu}{c}\left(\frac{a\nu}{c}-\left[\frac{a\nu}{c}\right]-\frac{1}{2}\right)$$

bezeichnet.

In dieser Bezeichnung erhalten wir nach (D.25) (auch für $c = 1, 2$)

$$\sum_{m=1}^{\infty} \frac{a_m}{m} = 2\pi i\, s\,(a,c)\,,$$

und daraus nach (D.22) den abschließenden Sachverhalt

Satz D.2. *Für jedes* $S = \begin{pmatrix} a & b \\ c & d \end{pmatrix} \in {}_1\Gamma$ *mit* $c > 0$ *gelten die Formeln (vgl. (D.1, 2, 17, 22, 27)):*

$$(D.28) \qquad \lambda\,(S) = -\frac{\pi i}{4} + \frac{\pi i}{12}\,\frac{a+d}{c} - \pi i\, s\,(a, c)\,,$$

$$(D.29) \qquad v\,(S) = \zeta_4^{-1}\, \zeta_{12c}^{a+d}\, e^{-\pi i\, s\,(a,c)}. \quad -$$

(VI) Bevor wir (s. Anhang E) den Übergang von (D.29) zu den Darstellungen (4.14) vollziehen, wollen wir einige *Rechenregeln für Dedekindsche Summen* beweisen. Es gilt, wie man unmittelbar bestätigt

$$(D.30) \qquad s\,(a + kc, c) = s\,(a, c) \qquad (k \in \mathbb{Z})$$

$$(D.31) \qquad s\,(-a, c) = -s\,(a, c)\,.$$

Etwas komplizierter ist ein Reziprozitätsgesetz zu bestätigen. Es besagt

Satz D.3. *Es seien* $a, c \in \mathbb{N}$ *mit* $(a, c) = 1$. *Dann gilt*

$$12\,a\,c\,(s\,(a, c) + s\,(c, a)) = a^2 + c^2 - 3\,a\,c + 1$$

oder

$$s\,(a, c) + s\,(c, a) = -\frac{1}{4} + \frac{1}{12}\left(\frac{a}{c} + \frac{c}{a} + \frac{1}{a\,c}\right). \quad -$$

Der *Beweis* beruht im wesentlichen auf Satz D.2, (D.11) und der Berechnung der $w\,(T, S)$, die für $a \neq 0 \neq c$ in Anhang F dargestellt ist. Aus dem Resultat (F.4) geht hervor, daß $w\,(T, S)$ im vorliegenden Falle $(a > 0)$ verschwindet. Unter den Voraussetzungen $S \in {}_1\Gamma$, $a > 0$, $c > 0$ ergibt sich nach (D.11, 28)

$$\lambda\,(TS) = -\frac{\pi i}{4} + \lambda\,(S) = -\frac{\pi i}{2} + \frac{\pi i}{12}\,\frac{a+d}{c} - \pi i\, s\,(a, c)$$

$$= -\frac{\pi i}{4} + \frac{\pi i}{12}\,\frac{b-c}{a} + \pi i\, s\,(c, a)\,,$$

also

$$s\,(a, c) + s\,(c, a) = -\frac{1}{4} + \frac{1}{12}\left(\frac{a}{c} + \frac{c}{a} + \frac{d}{c} - \frac{b}{a}\right),$$

d.i. die Behauptung. – Die wesentliche Quelle des Beweises ist ersichtlich *rein analytischer Natur*. Hinsichtlich anderer Beweise s. Rademacher-Großwald [D.17].

In der Literatur über Dedekindsche Summen wird anstelle von (D.27) vielfach eine *modifizierte Darstellung* dieser Summen benutzt. Man definiere

$[x]$ nach Gauß, wenn $x \in \mathbb{R}$, und damit

$$((x)) := \begin{cases} x - [x] - \frac{1}{2}, & \text{wenn} \quad x \notin \mathbb{Z} \\ 0, & \text{wenn} \quad x \in \mathbb{Z} \end{cases}.$$

Für $c \in \mathbb{N}$, $a \in \mathbb{Z}$ stellt $\left(\left(\dfrac{a\,v}{c}\right)\right)$ eine ungerade zahlentheoretische Funktion von v dar, die periodisch mit der Periode c ist und

$$\sum_{v \bmod c} \left(\left(\frac{a\,v}{c}\right)\right) = 0$$

erfüllt. Daraus folgt, daß $s(a, c)$ für $a \in \mathbb{Z}$, $c \in \mathbb{N}$, $(a, c) = 1$ durch

$$(D.32) \qquad s(a, c) := \sum_{v \bmod c} \left(\left(\frac{v}{c}\right)\right)\left(\left(\frac{a\,v}{c}\right)\right)$$

definiert werden kann (vgl. (D.27)). Wir wollen (D.32) als Definition von $s(a, c)$ für beliebige $a, c \in \mathbb{Z}$ festsetzen, wenn nur $c \neq 0$. Dann gelten die folgenden einfachen Rechenregeln

$$s(a + k\,c, c) = s(a, c) \qquad (k \in \mathbb{Z}),$$

$$s(-a, c) = -s(a, c), \qquad s(a, -c) = s(a, c),$$

$$s(a, c) = s(d, c), \quad \text{wenn} \quad a\,d \equiv 1 \bmod c,$$

$$s(a, c) = s(a', c'), \quad \text{wenn} \quad a = a'\,t, \quad c = c'\,t, \quad t := (a, c).$$

Die (D.28) entsprechende Darstellung von $\lambda(S)$ (s. (D.17)), wenn

$$S = \begin{pmatrix} a & b \\ c & d \end{pmatrix} \in {}_1\Gamma$$

und lediglich $c \neq 0$, gewinnt man aus (D.28), indem man (D.15) benutzt, in der Gestalt

$$(D.33) \qquad \lambda(S) = -\frac{\pi i}{4} \operatorname{sgn} c + \frac{\pi i}{12} \frac{a + d}{c} - \pi i\,(\operatorname{sgn} c)\,s(a, c).$$

Hieraus soll nach (D.14, 16) $\lambda(S)$ und dadurch $s(a, c)$ für parabolische und elliptische $S \in {}_1\Gamma$ bestimmt werden. Man setze zunächst

$$S = P = A^{-1} U^k A, \quad \text{wo} \quad A = \begin{pmatrix} * & * \\ a_1 & a_2 \end{pmatrix} \in {}_1\Gamma, \quad a_1 \neq 0 \neq k, \quad k \in \mathbb{Z}$$

Dann wird

$$P = \begin{pmatrix} 1 + a_1 a_2 k & a_2^2 k \\ -a_1^2 k & 1 - a_1 a_2 k \end{pmatrix}, \qquad \lambda(P) = \frac{\pi i}{12} k \, ;$$

also besteht

Satz D.3. *Für $a_1, a_2, k \in \mathbb{Z}$, $a_1 \neq 0 \neq k$, $(a_1, a_2) = 1$ gilt*

$$s(1 + a_1 a_2 k, a_1^2 k) = \frac{1}{12}\,|k| + \frac{1}{6 a_1^2 |k|} - \frac{1}{4}. \qquad -$$

Im Falle einer elliptischen Matrix S benutzen wir (D.16) für $S = E^j$ $(1 \leqq j \leqq l-1)$, wo $E := \begin{pmatrix} e_0 & e_3 \\ e_1 & e_2 \end{pmatrix}$ die Grundmatrix des betr. elliptischen Fixpunktes ω bezeichnet. Für $l = 2$ ist $S = E$, für $l = 3$ ist $S = E$ oder $= E^2 =: E' = \begin{pmatrix} e'_0 & e'_3 \\ e'_1 & e'_2 \end{pmatrix}$. Stets ist $e_1 < 0$, $e'_1 < 0$; als Spuren von E, E' ergeben sich

$$e_0 + e_2 = 0 \quad \text{für} \quad l = 2; \qquad e_0 + e_2 = 1, \quad e'_0 + e'_2 = -1 \quad \text{für} \quad l = 3.$$

Die Resultate lassen sich wie folgt formulieren:

Satz D. 4 $(l = 2)$ *Es sei* $e_0 \in \mathbb{Z}$, $d \,|\, e_0^2 + 1$, $d > 0$. *Dann ist*

$$s(e_0, d) = 0.$$

$(l = 3)$ *Es sei* $e_0 \in \mathbb{Z}$, $\varepsilon := \pm 1$, $d \,|\, e_0^2 + \varepsilon e_0 + 1$, $d > 0$. *Dann ist*

$$s(e_0, d) = \frac{\varepsilon}{12}\left(1 - \frac{1}{d}\right). \quad -$$

Die Sätze D.3, 4 sind Beispiele dafür, wie sich Eigenschaften von $\log \eta(\tau)$ auf Dedekindsche Summen auswirken; in diesen Beispielen handelt es sich um einfache Eigenschaften. Eine nicht ganz so einfache Eigenschaft von $\log \eta$ besagt folgendes (s. [31], S. 21, 22):

Es sei $n \in \mathbb{N}$. *Dann gilt mit* $\sigma_\alpha(n) := \sum\limits_{d > 0, \, d \,|\, n} d^\alpha$ $(\alpha \in \mathbb{R})$:

$$\sum_{\substack{a, d > 0 \\ ad = n}} \sum_{b=0}^{d-1} \log \eta\left(\frac{a\tau + b}{d}\right) = \frac{\pi i}{24}\left(\sigma_1(n) - \sigma_0(n)\right) + \sigma_1(n) \log \eta(\tau).$$

Kürzlich sind drei Beweise der folgenden analogen Formel für Dedekindsche Summen mitgeteilt worden: Für $h, k \in \mathbb{Z}$, $k > 0$ gilt

$$\sum_{\substack{a, d > 0 \\ ad = n}} \sum_{b=0}^{d-1} s(a h + b k, d k) = \sigma_1(n) \, s(h, k).$$

Anhang E. Beweis der Formeln (4.14) für die Multiplikatorwerte von η. Relationen zwischen einfachen Thetareihen

(Inhaltsübersicht: Bestimmung des Multiplikatorsystems v_5 von $\vartheta_5 = \eta$ auf $_1\Gamma$ aufgrund von Anhang D und einer Untersuchung von Rademacher. Bestimmung der Multiplikatorsysteme v_ν von ϑ_ν $(\nu = 3, 0, 2)$ auf bzw. Γ_ϑ, $\Gamma^0[2]$, $\Gamma_0[2]$. Multiplikative Relationen zwischen einfachen Theta-Reihen der Gruppe Γ_ϑ sowie

$$\eta\left(\frac{\tau}{2}\right) \eta(2\tau) \in \{\Gamma_\vartheta, -1, u_2\}^+.)$$

(I) Zum *Beweis der genannten Formeln* dürfen wir von Gl. (D. 29) in Satz D. 2 ausgehen. Die folgende Diskussion betrifft ausschließlich elementar defi-

nierte Summen, die wir in leicht geänderter Bezeichnung notieren. Es wird —
abgesehen von ausdrücklich hervorgehobenen Ausnahmen — dauernd $h, k \in \mathbb{N}$
mit $(h, k) = 1$ vorausgesetzt. — Es gilt

$$s(h, k) = \sum_{v=1}^{k-1} \frac{v}{k} \left(\frac{h\,v}{k} - \left[\frac{h\,v}{k} \right] - \frac{1}{2} \right) = \frac{h}{k^2} \sum_{v=1}^{k-1} v^2 - \frac{1}{2k} \sum_{v=1}^{k-1} v - \frac{1}{k} t(h, k),$$

wo

$$(E.\,1) \qquad\qquad\qquad t(h, k) := \sum_{v=1}^{k-1} v \left[\frac{h\,v}{k} \right],$$

so daß

$$(E.\,2) \qquad s(h, k) = \frac{h}{6k}(k-1)(2k-1) - \frac{1}{4}(k-1) - \frac{1}{k} t(h, k).$$

Die *Reziprozitätsformel* Satz D. 3 für die Dedekindschen Summen $s(h, k)$
läßt sich nach (E. 2) in eine entsprechende Reziprozitätsformel für die Summen $t(h, k)$ überführen. Diese letztere hat die Gestalt

$$(E.\,3) \qquad 12\left(h\,t(h, k) + k\,t(k, h) \right) = (8\,h\,k - h - k - 1)(h - 1)(k - 1);$$

daß die rechte Seite durch 12 teilbar ist, kann auch aufgrund von $(h, k) = 1$
unmittelbar erschlossen werden.

Nach (D. 29) kommt es zum Beweise von (4.14) darauf an, die Restklasse
von $s(h, k) \bmod 2$ im Bereich der rationalen Zahlen zu bestimmen. Dies ist
dahin zu verstehen, daß Kongruenzen in $\mathbb{Q}$ nach einem Modul $n \in \mathbb{N}$ von der
Gestalt $r_1 \equiv r_2 \bmod n$ $(r_1, r_2 \in \mathbb{Q})$ stets bedeuten sollen, daß $r_1 - r_2 = g\,n$ mit

$g \in \mathbb{Z}$ gilt. Das *Auftreten des Legendre-Jacobischen Restsymbols* $\left(\dfrac{h}{k} \right)$

$(k \equiv 1 \bmod 2)$ wird sich im Zusammenhang mit Summen nach Art von (E. 1)
wie folgt ergeben:

Für $h \in \mathbb{Z}$, $k \in \mathbb{N}$, $k \equiv 1 \bmod 2$, $(h, k) = 1$ gilt (vgl. die Anmerkungen S. 17
bei Rademacher [D. 15])

$$(E.\,4) \qquad \left(\frac{h}{k} \right) = (-1)^{u(h, k)} \quad \text{mit} \quad u(h, k) := \sum_{\lambda=1}^{\frac{1}{2}(k-1)} \left[2\lambda\,\frac{h}{k} \right].$$

Weiter sei wieder $h, k \in \mathbb{N}$ mit $(h, k) = 1$. Wir betrachten in der Ebene mit
den Kartesischen Koordinaten x, y das Rechteck $\mathfrak{R}$ mit den Ecken $(0, 0)$, $(h, 0)$,

(h, k), $(0, k)$. Auf der Diagonal-Geraden $y = \dfrac{k}{h} x$ von $\mathfrak{R}$ liegt im Innern von $\mathfrak{R}$

$(0 < x < h)$ kein Gitterpunkt. Daher ist die Anzahl der Gitterpunkte im In-
nern von $\mathfrak{R}$, die oberhalb der Diagonale liegen, $= \frac{1}{2}(h - 1)(k - 1)$. Das besagt

$$(E.\,5) \qquad \sum_{v=1}^{k-1} \left[v\,\frac{h}{k} \right] = \frac{1}{2}(h - 1)(k - 1) \qquad (h, k \in \mathbb{N}, (h, k) = 1).$$

Zunächst soll der Fall $k \equiv 1 \bmod 2$ abgehandelt werden. Hier gilt nach
(E. 1)

$$t(h, k) \equiv \sum_{\substack{v=1 \\ v \equiv 1\,(2)}}^{k-1} \left[v\,\frac{h}{k} \right] = \sum_{\lambda=1}^{\frac{1}{2}(k-1)} \left[(2\lambda - 1)\,\frac{h}{k} \right] \bmod 2$$

und daher nach (E. 4,5)

$$\sum_{\lambda=1}^{\frac{1}{2}(k-1)} \left[(2\lambda-1)\,\frac{h}{k} \right] + u\,(h,k) = \sum_{\nu=1}^{k-1} \left[\nu\,\frac{h}{k} \right] = \frac{1}{2}\,(h-1)\,(k-1),$$

so daß

(E. 6) $\qquad\qquad t\,(h,k) \equiv \frac{1}{2}\,(h-1)\,(k-1) - u\,(h,k) \bmod 2.$

Es genüge $h' \in \mathbb{Z}$ der Kongruenz $h\,h' \equiv -1 \bmod k$. Aus (E. 3) folgt

$$h\,t\,(h,k) \equiv \frac{1}{12}\,(h-1)\,(k-1)\,(8\,h\,k - h - k - 1) \bmod k,$$

also

$$t\,(h,k) \equiv -\frac{1}{12}\,h'\,(h-1)\,(k-1)\,(8\,h\,k - h - k - 1) \bmod k,$$

$$\equiv -\frac{1}{12}\,h'\,(h-1)\,(k^2-1)\,(8\,h\,k - h - k - 1) \bmod k.$$

Nun ist offenbar $(h-1)\,(k^2-1)\,(8\,h-1) \equiv 0 \bmod 24$; also folgt weiter

(E. 7) $\qquad\qquad t\,(h,k) \equiv \frac{1}{12}\,h'\,(h^2-1)\,(k^2-1) \bmod k,$

während andererseits nach (E. 6) gilt

(E. 8) $\qquad\qquad t\,(h,k) \equiv \frac{1}{2}\,k\,(h-1)\,(k-1) - k\,u\,(h,k) \bmod 2.$

Die rechte Seite von (E. 7) ist gerade, die von (E. 8) durch k teilbar; man erhält also

$$t\,(h,k) \equiv -k\,u\,(h,k) + \frac{1}{2}\,k\,(h-1)\,(k-1) + \frac{1}{12}\,h'\,(h^2-1)\,(k^2-1) \bmod 2\,k,$$

$$\frac{1}{k}\,t\,(h,k) \equiv -u\,(h,k) + \frac{1}{2}\,(h-1)\,(k-1) + \frac{1}{12}\,h'\,(h^2-1)\,(k-k^{-1}) \bmod 2$$

oder nach (E. 2)

$$s\,(h,k) \equiv u\,(h,k) - \frac{1}{2}\,(h-1)\,(k-1) - \frac{1}{12}\,h'\,(h^2-1)\,(k-k^{-1})$$

$$-\frac{1}{4}\,(k-1) + \frac{h}{6\,k}\,(k-1)\,(2\,k-1) \bmod 2$$

$$\equiv u\,(h,k) - \frac{1}{2}\,(k-1)\,h + \frac{1}{4}\,(k-1) + \frac{1}{3}\,(k-1)\,h$$

$$-\frac{1}{6}\,h\,(1-k^{-1}) - \frac{1}{12}\,h'\,(h^2-1)\,(k-k^{-1}) \bmod 2;$$

nach einer geringfügigen Umformung wird

(E. 9) $\quad s\,(h,k) \equiv u\,(h,k) + \frac{1}{4}\,(k-1) - \frac{1}{12}\,(k-k^{-1})\,(2\,h + h'\,h^2 - h') \bmod 2.$

Damit kann $v\,(S)$ für die $S \in {}_1\Gamma$ mit $c > 0$, $c \equiv 1 \bmod 2$, $a > 0$ nach (D. 29) bestimmt werden. Wir identifizieren $S = \begin{pmatrix} a & b \\ c & d \end{pmatrix}$ mit $\begin{pmatrix} h & * \\ k & -h' \end{pmatrix}$ und erhalten nach (D. 29) und (E. 4,9)

$$v\,(S) = \left(\frac{h}{k}\right) \xi_4^{-k} \exp \frac{\pi\,i}{12} \left\{ \frac{h-h'}{k} + \left(k - \frac{1}{k}\right)(2\,h + h'\,h^2 - h') \right\}$$

$$= \left(\frac{h}{k}\right) \xi_4^{-k} \exp \frac{\pi\,i}{12} \left\{ k\,(h-h') + \left(k - \frac{1}{k}\right)(h + h'\,h^2) \right\}$$

$$= \left(\frac{a}{c}\right) \xi_4^{-c} \exp\frac{\pi i}{12} \left\{ (a+d)\,c + \left(c - \frac{1}{c}\right) a\,(1 - a\,d)\right\}$$

$$= \left(\frac{d}{c}\right) \xi_4^{-c} \exp\frac{\pi i}{12} \left\{ (a+d)\,c - a\,b\,(c^2 - 1)\right\}.$$

Dies drückt bereits im wesentlichen die Behauptung im vorliegenden Falle aus. Daß man $a\,b\,(c^2-1)$ im Exponenten von ξ_{12} durch $b\,d\,(c^2-1)$ ersetzen kann, ist klar für $(c, 3) = 1$; wenn $c \equiv 0 \bmod 3$, so gilt $a \equiv d \bmod 3$ und daher $a\,(c^2-1) \equiv d\,(c^2-1) \bmod 24$. – Mithin ist *bewiesen*

$$(\text{E. }10) \qquad v\,(S) = \left(\frac{d}{c}\right) \xi_4^{-c}\, \xi_{12}^{(a+d)\,c - b\,d\,(c^2-1)} \qquad (S \in {}_1\Gamma),$$

wenn $a > 0, c > 0, c \equiv 1 \bmod 2$.

Wir betrachten *den Fall* $h \equiv 1 \bmod 2$. Genügt $k' \in \mathbb{Z}$ der Kongruenz $k\,k' \equiv -1 \bmod h$, so erhält man aus (E. 9) durch Vertauschung von h und k:

$$s\,(k, h) \equiv u\,(k, h) + \frac{1}{4}\,(h-1) - \frac{1}{12}\,(h - h^{-1})\,(2\,k + k'\,k^2 - k') \bmod 2;$$

also wird nach Satz D. 3

$$s\,(h, k) \equiv -u\,(k, h) - \frac{1}{4}\,(h-1) + \frac{1}{12}\,(h - h^{-1})\,(2\,k + k'\,k^2 - k')$$

$$(\text{E. }11) \qquad\qquad -\frac{1}{4} + \frac{1}{12}\left(\frac{h}{k} + \frac{k}{h} + \frac{1}{h\,k}\right) \bmod 2.$$

Zur Umformung der rechten Seite, die insbesondere der Elimination von k' dient, bemerken wir, daß

$$\tfrac{1}{12}\,(h^2 - 1)\,(k^2 - 1)\,(k\,k' + h\,h') \equiv -\tfrac{1}{12}\,(h^2 - 1)\,(k^2 - 1)$$

sowohl $\bmod h$ als auch $\bmod 2\,k$, also $\bmod 2\,h\,k$ gilt; d. h. es gilt

$$\tfrac{1}{12}\,(h - h^{-1})\,(k^2 - 1)\,k' + \tfrac{1}{12}\,(k - k^{-1})\,(h^2 - 1)\,h'$$

$$\equiv -\tfrac{1}{12}\,(h - h^{-1})\,(k - k^{-1}) \bmod 2.$$

Nach (E. 11) ergibt dies

$$s\,(h, k) + u\,(k, h) \equiv -\tfrac{1}{4}\,h + \tfrac{1}{6}\,(h - h^{-1})\,k - \tfrac{1}{12}\,(k - k^{-1})\,(h^2 - 1)\,h'$$

$$-\tfrac{1}{12}\,(h - h^{-1})\,(k - k^{-1}) + \tfrac{1}{12}\,(h\,k^{-1} + k\,h^{-1} + h^{-1}\,k^{-1}) \bmod 2.$$

Die Summe des zweiten, vierten und fünften Terms auf der rechten Seite beträgt

$$\tfrac{1}{12}\,h\,k + \tfrac{1}{6}\,h\,k^{-1} = -\tfrac{1}{6}\,(k - k^{-1})\,h + \tfrac{1}{4}\,h\,k,$$

so daß nun

$$s\,(h, k) + u\,(k, h) \equiv \tfrac{1}{4}\,(k-1)\,h - \tfrac{1}{12}\,(k - k^{-1})\,(2\,h + h^2\,h' - h') \bmod 2$$

und nach (D. 29) aufgrund der für ungerade k angegebenen Identifizierung

$$v(S) = \left(\frac{k}{h}\right) \exp \frac{\pi i}{12}\left\{-3 + \frac{h-h'}{k} - 3(k-1)h + \left(k - \frac{1}{k}\right)(2h + h^2 h' - h')\right\}$$

$$= \left(\frac{k}{h}\right) \exp \frac{\pi i}{12}\left\{3(h-1) - 3hk + k(h-h') + \left(k - \frac{1}{k}\right)(h + h^2 h')\right\}$$

gilt. Die letzte Gleichung besagt, daß

$$(E.\,12) \qquad\qquad v(S) = \left(\frac{c}{a}\right) \zeta_4^{a-1-ac}\, \zeta_{12}^{(a+d)\,c-ab(c^2-1)}$$

zutrifft, wenn $S \in {}_1\Gamma$, $c > 0$, $a > 0$, $a \equiv 1 \bmod 2$.

(II) Um aus (E. 10, 12) die Endformeln (4.14) zu gewinnen, muß man einige der *einschränkenden Bedingungen,* denen (E. 10, 12) unterliegen, *aufheben.* Wir heben zunächst die Bedingung $a > 0$ für (E. 10) auf. Setzt man (vgl. (4.14))

$$e(S) := (a+d)\,c - b\,d\,(c^2 - 1) \qquad (S \in {}_1\Gamma),$$

so erhält man für $v \in \mathbb{Z}$

$$e(U^v S) - (a + d + vc)\,c \quad (b + vd)\,d\,(c^2 - 1)$$

$$= e(S) + v - v(c^2 - 1)(d^2 - 1) \equiv e(S) + v \bmod 24.$$

Wegen $v(U^v) = \zeta_{12}^v$ bedeutet dies, daß, wenn die bei (E. 10) genannten Bedingungen für S erfüllt sind, jedes $v(U^v S)$ $(v \in \mathbb{Z})$ durch die (E. 10) entsprechende Formel dargestellt wird; was in der Tat die Bedingung $a > 0$ aufhebt.

Wir behaupten, daß allgemein für $S \in {}_1\Gamma$, $c \equiv 1 \bmod 2$ gilt

$$(E.\,13) \qquad\qquad v(S) = \left(\frac{d}{c}\right)^{*} \zeta_4^{-c}\, \zeta_{12}^{(a+d)\,c - bd(c^2-1)}.$$

Dies trifft für $c > 0$ zu. Wir setzen $c > 0$ voraus und bestimmen einerseits

$$v(-S) = e^{\pi i r \operatorname{sgn} c}\, v(S) = i\, v(S) \qquad (r = \tfrac{1}{2});$$

andererseits gilt $e(-S) = e(S)$ und

$$\left(\frac{-d}{-c}\right)^{*} \zeta_4^{c} = \left(\frac{-d}{c}\right)\zeta_4^{c} = \left(\frac{d}{c}\right) i^{1-c}\,\zeta_4^{c} = i\left(\frac{d}{c}\right)\zeta_4^{-c},$$

was besagt, daß sich $v(-S)$ nach (E. 13) berechnet; damit ist auch die Bedingung $c > 0$ aufgehoben und die Behauptung bewiesen.

Um die Vorzeichenbedingungen für (E. 12) aufzuheben, setzen wir diese als erfüllt voraus und bestimmen $v(U^v S)$ $(v \in \mathbb{Z})$, wobei wir annehmen dürfen, daß $v \equiv 0 \bmod 24$ zutrifft. Dann gilt einerseits $v(U^v S) = v(S)$; andererseits stimmt $\left(\dfrac{c}{a}\right)$ mit $\left(\dfrac{c}{a+vc}\right)_{*}$ und daher $v(S)$ mit

$$\left(\frac{c}{a'}\right)_{*} \zeta_4^{a'-1-a'c}\, \zeta_{12}^{(a'+d)\,c - a'b'(c^2-1)} \qquad \left(U^v S = \begin{pmatrix} a' & b' \\ c & d \end{pmatrix}\right)$$

überein. Mithin gilt für $S \in {}_1\Gamma$, $a \equiv 1 \bmod 2$, $c > 0$:

$$(E.14) \qquad v(S) = \left(\frac{c}{a}\right)_* \zeta_4^{a-1-ac}\, \zeta_{12}^{(a+d)c - ab(c^2-1)}$$

Ferner gilt unter diesen Bedingungen einerseits $v(-S) = i\,v(S)$, andererseits

$$\left(\frac{-c}{-a}\right)_* \zeta_4^{-a} = \sigma_{-c,-a}\left(\frac{-c}{a}\right)^* \zeta_4^{-a}$$

$$= -\left(\frac{c}{a}\right)^* i^{a-1}\, \zeta_4^{-a} = i\left(\frac{c}{a}\right)_* \zeta_4^{a},$$

so daß (E.14) auch für $c < 0$, also für $S \in {}_1\Gamma$, $a \equiv 1 \bmod 2$, $c \neq 0$ zutrifft. Damit kommen wir zur zweiten Endformel:

Es sei $S \in {}_1\Gamma$, $d \equiv 1 \bmod 2$. Wenn $c \neq 0$, erhalten wir

$$v(S) = v^{-1}(S^{-1}) = \left(\frac{c}{d}\right)_* \zeta_4^{d-1-cd}\, \zeta_{12}^{(a+d)c - bd(c^2-1)}.$$

Im Falle $c = 0$ ist $S = \varepsilon\, U^k$ ($\varepsilon^2 = 1$, $k \in \mathbb{Z}$) und $v(S) = \zeta_{12}^k$ bzw. ζ_{12}^{k-6} für $\varepsilon = +1$ bzw. -1. Ersichtlich gilt also die obige Formel auch für $c = 0$.

Damit ist bewiesen (vgl. (4.14))

Satz E 1. *Für das Multiplikatorsystem $v = v_5$ von $\eta(\tau) = \vartheta_5(\tau)$ gelten die folgenden expliziten Formeln (s. § 4, insbes. (4.14)): Es ist*

$$v(S) = \left(\frac{c}{d}\right)_* \zeta_4^{d-1-cd}\, \zeta_{12}^{e(S)}\ (d \equiv 1 \bmod 2), \quad v(S) = \left(\frac{d}{c}\right)^* \zeta_4^{-c}\, \zeta_{12}^{e(S)}\ (c \equiv 1 \bmod 2)$$

mit $\quad e(S) := (a+d)c - bd(c^2 - 1) \quad$ *für* $\quad$ *alle* $\quad S = \begin{pmatrix} a & b \\ c & d \end{pmatrix} \in {}_1\Gamma$. $\quad$ *Wenn*

$c \equiv d \equiv 1 \bmod 2$, *so gelten beide Formeln.* $\quad -$

(III) Aus diesen Darstellungen lassen sich, wie noch kurz gezeigt werden soll, *explizite Formeln für die Multiplikatorsysteme v_0, v_2, v_3 der Jacobischen Theta-Nullwerte* (bzw.) $\vartheta_0(\tau)$, $\vartheta_2(\tau)$, $\vartheta_3(\tau)$ ableiten. Wir bemerken zunächst, daß, wie im Anhang B ausgeführt,

$$\eta\left(\frac{\tau}{2}\right) \in \{\Gamma^0[2], -\tfrac{1}{2}, v^{0*}\}^+, \qquad \eta(2\tau) \in \{\Gamma_0[2], -\tfrac{1}{2}, v_0^*\}^+$$

mit den Multiplikatorsystemen

$$v^{0*}(L) = v\left(\begin{pmatrix} \alpha & \tfrac{1}{2}\beta \\ 2\gamma & \delta \end{pmatrix}\right)\ (L \in \Gamma^0[2]), \quad v_0^*(L) = v\left(\begin{pmatrix} \alpha & 2\beta \\ \tfrac{1}{2}\gamma & \delta \end{pmatrix}\right)\ (L \in \Gamma_0[2])$$

zutrifft; in § 2 hatten wir

$$\vartheta_0(\tau) \in \{\Gamma^0[2], -\tfrac{1}{2}, v_0\}^0, \qquad \vartheta_2(\tau) \in \{\Gamma_0[2], -\tfrac{1}{2}, v_2\}^0$$

geschrieben, und es gilt, wie leicht beweisbar und im Text vielfach benutzt:

$$\vartheta_0(\tau) = \eta^2\!\left(\frac{\tau}{2}\right) \eta^{-1}(\tau), \quad v_0 = (v^0\!*)^2\, v^{-1}; \quad \vartheta_2(\tau) = 2\,\eta^2(2\,\tau)\,\eta^{-1}(\tau), \quad v_2 = v_0^{*2}\, v^{-1}.$$

Hieraus erhält man nun zunächst für $v_0(L)$ $(L \in \Gamma^0[2])$ nach einer kurzen direkten Rechnung

$$v_0(L) = \left(\frac{\gamma}{\delta}\right)_{\!*} \xi_4^{\delta-1-\gamma\delta+\varrho}, \quad \varrho := -2\,\gamma\,\delta + (\alpha+\delta)\,\gamma - \beta\,\delta\,\gamma^2.$$

Die Umformung

$$\varrho = \alpha\,\gamma - \gamma\,\delta - \beta\,\delta\,\gamma^2 = \alpha\,\gamma - \gamma\,\delta\,(1+\beta\,\gamma) = \alpha\,\gamma - \gamma\,\delta\,\alpha\,\delta$$

erweist $\varrho \equiv 0 \bmod 8$, was die Werte $v_0(L)$ von Satz 4.1 liefert.

Die der obigen analoge direkte Rechnung ergibt unmittelbar

$$v_2(L) = \left(\frac{\gamma}{\delta}\right)_{\!*} \xi_4^{\delta-1+\beta\delta} \quad (L \in \Gamma_0[2]).$$

Zur Ableitung der Werte von $v_3(L)$ $(L \in \Gamma_\vartheta;$ s. (2.10)) kann man sich der jetzt neu bestimmten Werte von $v_0(L)$ $(L \in \Gamma^0[2];$ s. Satz 4.1 und w. u. Satz E. 2) bedienen. v_3 und v_0 hängen durch

$$v_0(L) = v_3(U L U^{-1}) \quad (L \in \Gamma^0[2])$$

zusammen; daraus und aus (2.10) wurde Satz 4.1 abgeleitet. Dies ergibt nun umgekehrt die Werte (2.10) von v_3. − Wir fassen zusammen:

Satz E. 2. *(Werte-Bestimmung der Multiplikatoren v_0, v_2, v_3). Es gilt*

$$v_0(L) = \left(\frac{\gamma}{\delta}\right)_{\!*} \xi_4^{\delta-1-\gamma\delta} \quad (L \in \Gamma^0[2])$$

$$v_2(L) = \left(\frac{\gamma}{\delta}\right)_{\!*} \xi_4^{\delta-1+\beta\delta} \quad (L \in \Gamma_0[2])$$

$$v_3(L) = \left(\frac{\gamma}{\delta}\right)_{\!*} \xi_4^{\delta-1}\, (L \equiv I \bmod 2), \quad v_3(L) = \left(\frac{\delta}{\gamma}\right)^{\!*} \xi_4^{-\gamma}\, (L \equiv T \bmod 2);$$

hier ist $L \in {}_{\mathfrak{l}}\Gamma$ vorauszusetzen. −

Eine von Satz E. 1 *unabhängige Bestimmung der Werte von v_3*, die, soweit v_3 allein in Betracht kommt, erheblich einfacher ist als die obige, soll noch kurz dargelegt werden. Sie benutzt die Kenntnis der Werte der mit Quadraten im Exponenten gebildeten Gaußschen Summen. Die Werte $v_3(L)$ $(L \in \Gamma_\vartheta)$ werden aus der Relation

$$\vartheta_3(L\,\tau) = v_3(L)\,(\gamma\,\tau+\delta)^{1/2}\,\vartheta_3(\tau) \quad (L \in \Gamma_\vartheta)$$

abgeleitet, wobei es genügt, den Fall $\gamma > 0$ zu betrachten, da der Fall $\gamma < 0$ auf diesen, wie oben angegeben, zurückgeführt werden kann und der Fall $\gamma = 0$ trivial ist.

Es sei also $\gamma > 0$; wir setzen $\tau = -\dfrac{\delta}{\gamma} + i\,y$, so daß $\gamma\,\tau + \delta = i\,\gamma\,y$, $L\,\tau = \dfrac{\alpha}{\gamma} + \dfrac{i}{\gamma^2 y}$ und erhalten für $y \to +0$:

$$\vartheta_3\,(L\,\tau) = 1 + o\,(1) = \xi_4\,v_3\,(L)\,\sqrt{\gamma\,y}\left(1 + 2\sum_{m=1}^{\infty} e^{\pi\,i\,m^2\,\varrho - \pi\,m^2\,y}\right),$$

wo $\varrho := \dfrac{-\delta}{\gamma}$. Die Summe auf der rechten Seite läßt sich gemäß

$$m = \gamma\,v + j \qquad (v \in \mathbb{N}_0,\, 1 \leqq j \leqq \gamma)$$

zerlegen, was wegen $\gamma\,\delta \equiv 0 \bmod 2$ auf

$$\sum_{m=1}^{\infty} e^{\pi\,i\,m^2\,\varrho - \pi\,m^2\,y} = \sum_{j=1}^{\gamma} e^{\pi\,i\,j^2\,\varrho} \sum_{v=0}^{\infty} e^{-\pi\,(\gamma\,v + j)^2\,y}$$

führt. Die Monotonie der Funktion $\exp\,(-\pi\,(\gamma\,t + j)^2\,y)$ von t für $t \geqq 0$ ermöglicht in der bekannten Weise den Vergleich der Summe über v mit einem Integral; so findet man

$$\sum_{v=0}^{\infty} \exp\,(-\pi\,(\gamma\,v + j)^2\,y) = O\,(1) + \int_0^{\infty} \exp\,(-\pi\,(\gamma\,t + j)^2\,y)\,dt$$

$$= O\,(1) + \frac{1}{\gamma}\int_0^{\infty} e^{-\pi\,u^2\,y}\,du = O\,(1) + \frac{1}{2\,\gamma\,\sqrt{y}}.$$

Durch Einsetzen in die obigen Formeln und Vollzug des Grenzübergangs folgt nun das abschließende Resultat

$$1 = \xi_4\,v_3\,(L)\,\frac{1}{\sqrt{\gamma}}\,G\,(\varrho),$$

das die gesuchte Werte-Bestimmung impliziert. Die dabei auftretenden Gaußschen Summen $G\,(\varrho)$ haben folgende Werte:

Es sei $m \in \mathbb{N}$, $a \in \mathbb{Z}$, $(a, m) = 1$, $a\,m \equiv 0 \bmod 2$ und

$$G\left(\frac{a}{m}\right) := \sum_{j\bmod m} \exp \pi\,i\,\frac{a}{m}\,j^2.$$

Dann gilt

$$G\left(\frac{a}{m}\right) = \sqrt{m}\left(\frac{a}{m}\right)\xi_4^{1-m}, \quad \text{wenn}\quad m \equiv 1 \bmod 2,$$

(E. 16)

$$G\left(\frac{a}{m}\right) = \sqrt{m}\left(\frac{m}{a}\right)\xi_4^a, \qquad \text{wenn}\quad a \equiv 1 \bmod 2.\ -$$

Zum Schluß noch eine Bemerkung über das Multiplikatorsystem der Modulform

$$\vartheta_3\,(2\,\tau) \in \{\Gamma_0\,[4], -\tfrac{1}{2}, v_{3,2}\}:$$

Es gilt

$$v_{3,2}\,(L) = \left(\frac{\gamma}{\delta}\right)_{\!*}\xi_8^{-(\delta-1)^2} = \left(\frac{2\,\gamma}{\delta}\right)_{\!*}\xi_4^{\delta-1} \qquad (L \in \Gamma_0\,[4]).$$

(IV) Die Bestimmung der Multiplikatorsysteme v_0, v_2 in Satz E. 2 ist ein Beispiel für die Reduktion einer Aufgabe dieser Art auf die Bestimmung von v_5 durch Theta-Relationen; als solche kann man die verwendeten Darstellungen von ϑ_0, ϑ_2 durch η ansehen. Man erhält andere Beispiele aus einer genaueren Analyse dieser Relationen; dabei werden die in § 2 eingeführten einfachen Thetareihen ϑ_ν ($\nu = 3, 4, 5, 6$), $\vartheta_\nu^{(1)}$ ($\nu = 1, 3, 4, 6$) sowie

$$\eta_2(\tau) := \eta\left(\frac{\tau}{2}\right) \eta(2\tau) \in \{\Gamma_\vartheta, -1, u_2\}^+$$

miteinander verknüpft. η_2 tritt in der Darstellung (14.3) von ϑ_3 durch η auf.

Zur Diskussion der *Relationen zwischen diesen neuen Modulformen* der Γ_ϑ muß man, wie sich zeigt, ganz wesentlich die Sätze 1.9, 10, 11 aus § 1 benutzen. Die erforderlichen Argumente sollen hier, obwohl sie bereits aufgetreten sind, kurz reproduziert werden.

In Verbindung mit der Valenzformel (Satz 1.9) erweist Satz 1.11 die obigen acht einfachen Thetareihen ϑ_ν, $\vartheta_\nu^{(1)}$ als ganze Modulformen und alle außer ϑ_3, ϑ_4 als ganze Spitzenformen der Γ_ϑ; ϑ_5 und $\vartheta_1^{(1)}$ sind ganze Spitzenformen der vollen Modulgruppe. Die Valenzformel zeigt überdies, daß keines der ϑ_ν, $\vartheta_\nu^{(1)}$ in $\mathfrak{H}$ irgendwo verschwindet. Der Vergleich der Divisoren (bezüglich $_1\Gamma$) von η und ϑ_5, η^3 und $\vartheta_1^{(1)}$ ergibt dann nach Satz 1.10 die klassischen analytischen Identitäten

$$\eta(\tau) = \vartheta_5(\tau) \text{ (Euler)}, \qquad \eta^3(\tau) = \vartheta_1^{(1)}(\tau) \text{ (Jacobi)}.$$

Auf die gleiche Art erhält man die andere analytische Identität

$$\vartheta_3(\tau)\, \vartheta_0(\tau)\, \vartheta_2(\tau) = 2\, \eta^3(\tau) \text{ (Jacobi)}.$$

Für diese Formeln erweist sich nach der Valenzregel bereits als hinreichend, daß die beteiligten Modulformen hinsichtlich der Ordnung im Unendlichen und des Grades ($-r = -\frac{1}{2}$ bzw. $-\frac{3}{2}$) übereinstimmen.

Zur Aufstellung der Relationen zwischen den obigen neun Modulformen der Thetagruppe dient, wenn diese mit f_k bezeichnet werden, wo

$$f_k \in \{\Gamma_\vartheta, -r_k, u_k\} \qquad (1 \leqq k \leqq 9),$$

eine Tabelle der (unmittelbar ersichtlichen) Werte $\varrho_k := 24\,\mathrm{ord}_{\Gamma_\vartheta, \infty} f_k$; die f_k sind mit den f in der Reihenfolge der ersten Zeile identisch:

$f = f_k$	ϑ_3	ϑ_6	ϑ_5	ϑ_4	η_2	$\vartheta_6^{(1)}$	$\vartheta_4^{(1)}$	$\vartheta_1^{(1)}$	$\vartheta_3^{(1)}$
ϱ_k	0	1	2	3	5	1	3	6	8

so daß also $r_1 = \ldots = r_4 = \frac{1}{2}$, $r_5 = 1$, $r_6 = \ldots = r_9 = \frac{3}{2}$. Im folgenden soll, wenn $\alpha_k \in \mathbb{R}$, $f_k^{\alpha_k}(\tau)$ nach den im Anhang D (II) entwickelten Prinzipien gebildet werden; wir schreiben

$$f_k^{\alpha_k}(\tau) \in \{\Gamma_\vartheta, -\alpha_k r_k, u_k^{\alpha_k}\} \qquad (1 \leqq k \leqq 9)$$

und definieren

$$G(\tau) := \prod_{k=1}^{9} f_k^{\alpha_k}(\tau) \in \{\Gamma_\vartheta, -r, V\},$$

wo $r := \sum_{k=1}^{9} \alpha_k\, r_k$, $V := \prod_{k=1}^{9} u_k^{\alpha_k}$ $(\alpha_k \in \mathbb{R})$.

Hier besteht das folgende

Lemma: $G(\tau)$ *ist durch* r *und* $\varrho := \sum_{k=1}^{9} \alpha_k\, \varrho_k$ *bis auf einen konstanten Faktor eindeutig bestimmt.* —

Beweis nach Satz 1.9, 10: Es gilt

$$\mathrm{ord}_{\Gamma_\vartheta,\,\infty}\, G = \tfrac{1}{24}\,\varrho, \qquad \mathrm{ord}_{\Gamma_\vartheta,\,1}\, G = \tfrac{1}{4}\,r - \tfrac{1}{24}\,\varrho. \quad —$$

Aufgrund des Lemmas kann man mit Hilfe der Tabelle *mühelos zahllose Theta-Relationen* aufstellen, von denen sich jedoch die „meisten" als Folge-Relationen auf einige wenige unter ihnen reduzieren; für Anwendungen sind Abhängigkeiten dieser Art von geringer Bedeutung. Als Beispiele für Relationen seien zunächst genannt (in der Bezeichnung $\approx$ der starken Äquivalenz, definiert nach Satz 1.10):

$$(\text{E.}\,16) \qquad \vartheta_3\,\vartheta_5 \approx \vartheta_6^2, \quad \vartheta_3\,\vartheta_4 \approx \vartheta_5\,\vartheta_6, \quad \vartheta_4\,\vartheta_6 \approx \vartheta_5^2; \quad \eta_2 \approx \vartheta_4\,\vartheta_5.$$

Alle Darstellungen von $\vartheta_\nu\,\eta_2$ $(\nu = 3, 4, 5, 6)$ als Produkte dreier dieser ϑ_ν sind Folge-Relationen der Relationen (E.16). Zwischen den $\vartheta_\mu^{(1)}$ $(\mu = 1, 3, 4, 6)$ mit den Darstellungen

$$\vartheta_6^{(1)} \approx \vartheta_3^2\,\vartheta_6, \quad \vartheta_4^{(1)} \approx \vartheta_6^3 \approx \vartheta_3^2\,\vartheta_4, \quad \vartheta_1^{(1)} \approx \vartheta_5^3 \approx \vartheta_4^2\,\vartheta_3,$$

$$(\text{E.}\,17) \qquad\qquad \vartheta_4^{(1)} \approx \vartheta_3\,\vartheta_5\,\vartheta_6, \quad \vartheta_1^{(1)} \approx \vartheta_4\,\vartheta_5\,\vartheta_6, \quad \vartheta_3^{(1)} \approx \vartheta_5\,\vartheta_4^2$$

durch die obigen ϑ_ν bestehen die Relationen

$$\vartheta_3\,\vartheta_4^{(1)} \approx \vartheta_5\,\vartheta_6^{(1)}, \quad \vartheta_3\,\vartheta_1^{(1)} \approx \vartheta_4\,\vartheta_4^{(1)}, \quad \vartheta_3\,\vartheta_3^{(1)} \approx \vartheta_5\,\vartheta_1^{(1)} \approx \vartheta_5^4,$$

$$\vartheta_6\,\vartheta_3^{(1)} \approx \vartheta_4\,\vartheta_1^{(1)}, \quad \vartheta_4\,\vartheta_6^{(1)} \approx \vartheta_6\,\vartheta_4^{(1)} \approx \vartheta_6^4.$$

Darstellungen, die der von ϑ_3 durch η in (14.3) entsprechen, sind

$$\vartheta_3 \approx \eta^5\,\eta_2^{-2}, \quad \vartheta_6 \approx \eta^3\,\eta_2^{-1}, \quad \vartheta_4 \approx \eta^{-1}\,\eta_2;$$

$$(\text{E.}\,18) \qquad \vartheta_6^{(1)} \approx \eta^{13}\,\eta_2^{-5}, \quad \vartheta_4^{(1)} \approx \eta^9\,\eta_2^{-3}, \quad \vartheta_3^{(1)} \approx \eta^{-1}\,\eta_2^2.$$

H. Maass hat eine *Basis des Relationen-Gitters* explizit bestimmt, das den Modulformen G des Lemmas im Bereich derjenigen Vektoren $(\alpha_k) \in \mathbb{Z}^9$ entspricht, welche $G \approx 1$ bewirken. Es besteht aus 7 Relationen, die in (E.16, 17) angegebene Relationen oder Folge-Relationen solcher ausdrücken. Danach ist jede Modulform G des Lemmas mit ganzen Exponenten α_k eindeutig in der Gestalt $\vartheta_4^g\,\vartheta_5^h$ mit $g, h \in \mathbb{Z}$ darstellbar.

Zu den Relationen zwischen Theta-Funktionen der Γ_ϑ gehört auch

$$2\,\vartheta_0(\tau)\,\vartheta_2(\tau) = \vartheta_4^2(\tau)$$

(vgl. [30] (3.7)); aus ihr entsteht wegen $\vartheta_4(\tau+1) = \xi_8 \vartheta_2\left(\dfrac{\tau}{2}\right)$ durch Transformation mit U

(E.19)
$$2\,\vartheta_2(\tau)\,\vartheta_3(\tau) = \vartheta_2^2(\tfrac{1}{2}\,\tau)$$

und hieraus durch Transformation mit T eine ganze Modulform der Gruppe $\Gamma_0[2]$ gemäß

$$\vartheta_0(\tau)\,\vartheta_3(\tau) = \vartheta_0^2(2\,\tau).$$

Die im vorangehenden Text viel benutzten Darstellungen (14.3) von $\vartheta_0(\tau)$, $\vartheta_2(\tau)$ durch $\eta(\tau)$ entspringen den Analoga des obigen Lemmas für die Gruppen $\Gamma^0[2]$, $\Gamma_0[2]$. Das Analogon des Lemmas für die Hauptkongruenzgruppe $\Gamma[2]$ betrifft die Ordnungen der in $\mathfrak{H}$ holomorphen und dort nicht verschwindenden Modulformen der Gruppe $\Gamma[2]$ in den Vertretern $\zeta = \infty, 0, 1$ der drei Spitzenbahnen mod $\Gamma[2]$. Da die Ordnung einer Modulform in der Spitze 0 nicht selten ohne größere Schwierigkeiten bestimmt werden kann, darf man von dem Analogon des Lemmas für die Gruppe $\Gamma[2]$ übersichtliche Anwendungen erwarten. Eine wichtige Position dürften dabei die klassischen Nullwerte ϑ_3, ϑ_2, ϑ_0 einnehmen; ihre Divisoren-Darstellung bezüglich $\Gamma[2]$ besagt

$$\vartheta_2 \sim (\infty)^{1/4}, \qquad \vartheta_0 \sim (0)^{1/4}, \qquad \vartheta_3 \sim (1)^{1/4}.$$

Von anderen Theta-Relationen, die im vorangehenden Text auftreten, seien hier noch drei zitiert: (14.3) ist inhaltlich mit (E.19) identisch. Von den beiden Thetareihen (19.1) $\vartheta_{\lambda,6}(\tau)$ $(\lambda = 0, 1)$ stellt $\vartheta_{1,6}(\tau)$ eine Modulform der Gruppe $\Gamma_0[2]$, $\vartheta_{0,6}(\tau)$ eine Modulform der Gruppe $\Gamma_0[6]$ dar. Es gilt (vgl. (14.3))

$$\vartheta_{1,6}(\tau) = \eta(\tau)\,\vartheta_0^2(2\,\tau) = \eta^2\left(\frac{\tau}{2}\right)\vartheta_3(\tau),$$

$$\eta(\tau)\,\vartheta_{0,6}(\tau) = \eta(2\,\tau)\,\vartheta_0(6\,\tau).$$

(V) Zur *Bestimmung der Multiplikatorsysteme* der neun Modulformen $f_k(\tau)$ kehren wir zu deren ursprünglicher Bezeichnung zurück, d.h. zu v_ν bei ϑ_ν $(3 \leqq \nu \leqq 6)$, $v_\nu^{(1)}$ bei $\vartheta_\nu^{(1)}$ $(\nu = 1, 3, 4, 6)$ und u_2 bei η_2. Man erhält eine explizite Bestimmung von $v_3^{(1)}$ aus $\vartheta_3 \vartheta_3^{(1)} = \vartheta_5^4$ in der Gestalt

$$v_3^{(1)} = v_5^4 v_3^{-1} \qquad (v_5, v_3 \text{ nach Satz E.1,2}).$$

Daß $v_3^{(1)3}$ mit v_3 zusammenfällt, daß also $\vartheta_3^{(1)3} \in \{\Gamma_\vartheta, -\frac{9}{2}, v_3\}^+$ $(v_3 = v_3^9)$ zutrifft, ergibt sich aus

$$v_3^{(1)}(U^2) = \xi_3^2, \qquad v_3^{(1)}(T) = \xi_4^{-3}.$$

Die Berechnung von $u_2(L)$ $(L \in \Gamma[2])$ kann nach Satz E.1 direkt erfolgen, während sich im Falle $L \in T\Gamma[2]$ ein Umweg als erforderlich erweist. Man findet für $L \in {}_1\Gamma$ (vgl. Satz E.1)

$$u_2(L) = \left(\frac{-1}{\delta}\right)_* \xi_8^{-5\gamma\delta}\,\xi_{24}^{5\,e_2(L)} \qquad (L \equiv I \bmod 2),$$

$$u_2(L) = u_2(-T)\,u_2(TL) = \left(\frac{-1}{\beta}\right)_* \xi_8^{4-5\alpha\beta}\,\xi_{24}^{5\,e_2'(L)},$$

$$e_2'(L) := e_2(TL) = (\beta - \gamma)\,\alpha + \beta\,\delta\,(\alpha^2 - 1) \qquad (L \equiv T \bmod 2).$$

Daraus ergeben sich nach (E.18) explizite Darstellungen für v_4, v_6, $v_4^{(1)}$, $v_6^{(1)}$.

Im folgenden sollen noch die *arithmetischen Äquivalente von vier der Relationen* (E.17) explizit angegeben werden. Es handelt sich um

$$\vartheta_6^{(1)} \approx \vartheta_3^2\, \vartheta_6, \qquad \vartheta_4^{(1)} \approx \vartheta_3\, \vartheta_5\, \vartheta_6, \qquad \vartheta_1^{(1)} \approx \vartheta_4\, \vartheta_5\, \vartheta_6, \qquad \vartheta_3^{(1)} \approx \vartheta_5\, \vartheta_4^2 .$$

Den rechten Seiten entsprechen die arithmetischen Funktionen

$$\beta_1(n) := \sum_{m_1,\,m_2,\,m_3} \left(\frac{-2}{m_3} \right) \quad \text{u.d.B.} \quad m_3 \equiv 1 \bmod 6, \ \ 24\,(m_1^2 + m_2^2) + m_3^2 = n,$$

wo $n \equiv 1 \bmod 24$;

$$\beta_2(n) := \sum_{m_1,\,m_2,\,m_3} \left(\frac{-1}{m_2} \right) \left(\frac{-2}{m_3} \right) \quad \text{u.d.B.} \quad \left\{ \begin{array}{l} m_2 \equiv m_3 \equiv 1 \bmod 6, \\ 24\,m_1^2 + 2\,m_2^2 + m_3^2 = 3\,n \end{array} \right\},$$

wo $n \equiv 1 \bmod 8$;

$$\beta_3(n) := \sum_{m_1,\,m_2,\,m_3} \left(\frac{2}{m_1\,m_3} \right) \left(\frac{-1}{m_2\,m_3} \right) \quad \text{u.d.B.} \quad \left\{ \begin{array}{l} m_1 \equiv 1\,(4),\, m_2 \equiv m_3 \equiv 1\,(6), \\ 3\,m_1^2 + 2\,m_2^2 + m_3^2 = 6\,n \end{array} \right\},$$

wo $n \equiv 1 \bmod 4$;

$$\beta_4(n) := \sum_{m_1,\,m_2,\,m_3} \left(\frac{-1}{m_1} \right) \left(\frac{2}{m_2\,m_3} \right) \quad \text{u.d.B.} \quad \left\{ \begin{array}{l} m_1 \equiv 1\,(6),\, m_2 \equiv m_3 \equiv 1\,(4), \\ 2\,m_1^2 + 3\,m_2^2 + 3\,m_3^2 = 8\,n \end{array} \right\},$$

wo $n \equiv 1 \bmod 3$. Die Relationen besagen (Lit. s. a. [1], [30])

$$\beta_1(n) = \left(\frac{-6}{m} \right) m, \quad \text{wenn} \quad n = m^2, \quad (m, 6) = 1, \qquad m \in \mathbb{N};$$

$$\beta_2(n) = \left(\frac{-2}{m} \right) m, \quad \text{wenn} \quad n = m^2, \quad m \equiv 1 \bmod 2, \quad m \in \mathbb{N};$$

$$\beta_3(n) = \left(\frac{-1}{m} \right) m, \quad \text{wenn} \quad n = m^2, \quad m \equiv 1 \bmod 2, \quad m \in \mathbb{N};$$

$$\beta_4(n) = \left(\frac{m}{3} \right) m, \quad \text{wenn} \quad n = m^2, \quad (m, 3) = 1, \qquad m \in \mathbb{N};$$

$\beta_k(n)$ verschwindet ($k = 1, \ldots, 4$), falls die betreffende für n genannte Bedingung nicht erfüllt ist.

Im Gegensatz zu den Theta-Relationen (E.20), die auf ternäre quadratische Formen führen, sollen nun andere Theta-Relationen, die auf *binäre quadratische Formen* führen, arithmetisch dargestellt werden; es handelt sich um die Relationen in den Zeilen zwischen (E.17) und (E.18). Wir bedienen uns dazu einer Art tabellarischer Zusammenfassung, indem wir schreiben

$$c_{4,j}\, \vartheta_j(\tau)\, \vartheta_k^{(1)}(\tau) = \sum_{n \equiv g(N^*)} a_{j,k}(n) \exp \pi i\, n\, \frac{\tau}{N};$$

hier sei

$$j = 3, 4, 5, 6; \quad k = 1, 3, 4, 6; \quad c_{4,j} = \left\{ \begin{array}{ll} \frac{1}{2}, & \text{wenn} \quad j = 4 \\ 1 & \text{sonst} \end{array} \right\},$$

und es werde $a_{j,k}(n)$ ausgedrückt durch

$$a_{j,k}(n) = \sum_{m_1, m_2} f_{j,k}(m_1, m_2) \quad \text{u.d.B.} \quad \mathfrak{C}_{j,k}$$

mit im einzelnen aufzuweisenden

$$N, n \equiv g(N^*); \quad f_{j,k} = f_{j,k}(m_1, m_2); \quad \mathfrak{C}_{j,k}.$$

In diesem Sinne ergeben sich folgende Formeln:

(a) $j = 3$, $k = 4$: $N = 8$, $n \equiv 1\,(8)$; $f_{3,4} = m_1 \left(\dfrac{2}{m_1}\right)$;

$\quad \mathfrak{C}_{3,4}$: $m_1 \equiv 1\,(4)$, $m_2 \equiv 0\,(2)$, $m_1^2 + 2m_2^2 = n$.

(b) $j = 5$, $k = 6$: $N = 8$, $n \equiv 1\,(8)$; $f_{5,6} = m_1 \left(\dfrac{2}{m_1}\right)\left(\dfrac{-1}{m_2}\right)$;

$\quad \mathfrak{C}_{5,6}$: $m_1 \equiv m_2 \equiv 1 \bmod 6$, $m_1^2 + 2m_2^2 = 3n$.

(c) $j = 3$, $k = 1$: $N = 4$, $n \equiv 1\,(4)$; $f_{3,1} = m_1$;

$\quad \mathfrak{C}_{3,1}$: $m_1 \equiv 1\,(4)$, $m_2 \equiv 0\,(2)$, $m_1^2 + m_2^2 = n$.

(d) $j = k = 4$: $N = 4$, $n \equiv 1\,(4)$; $f_{4,4} = m_1 \left(\dfrac{2}{m_1 m_2}\right)$;

$\quad \mathfrak{C}_{4,4}$: $m_1 \equiv m_2 \equiv 1 \bmod 4$, $m_1^2 + m_2^2 = 2n$.

(e) $j = 4$, $k = 1$: $N = 8$, $n \equiv 3\,(8)$; $f_{4,1} = m_1 \left(\dfrac{2}{m_2}\right)$;

$\quad \mathfrak{C}_{4,1}$: $m_1 \equiv m_2 \equiv 1 \bmod 4$, $2m_1^2 + m_2^2 = n$.

(f) $j = 6$, $k = 3$: $N = 8$, $n \equiv 3\,(8)$; $f_{6,3} = m_1 \left(\dfrac{-2}{m_2}\right)$;

$\quad \mathfrak{C}_{6,3}$: $m_1 \equiv 1\,(3)$, $m_2 \equiv 1\,(6)$, $8m_1^2 + m_2^2 = 3n$.

(g) $j = k = 3$: $N = 3$, $n \equiv 1\,(3)$; $f_{3,3} = m_1$;

$\quad \mathfrak{C}_{3,3}$: $m_1 \equiv 1 \bmod 3$, $m_1^2 + 3m_2^2 = n$.

(h) $j = 5$, $k = 1$: $N = 3$, $n \equiv 1\,(6)$; $f_{5,1} = m_1 \left(\dfrac{-1}{m_2}\right)$;

$\quad \mathfrak{C}_{5,1}$: $m_1 \equiv 1\,(4)$, $m_2 \equiv 1\,(6)$, $3m_1^2 + m_2^2 = 4n$.

(i) $j = 4$, $k = 6$: $N = 6$, $n \equiv 1\,(6)$; $f_{4,6} = m_1 \left(\dfrac{2}{m_1 m_2}\right)$;

$\quad \mathfrak{C}_{4,6}$: $m_1 \equiv 1\,(6)$, $m_2 \equiv 1\,(4)$, $m_1^2 + 3m_2^2 = 4n$.

(j) $j = 6$, $k = 4$: $N = 6$, $n \equiv 1\,(6)$; $f_{6,4} = m_1 \left(\dfrac{2}{m_1}\right)\left(\dfrac{-2}{m_2}\right)$;

$\quad \mathfrak{C}_{6,4}$: $m_1 \equiv 1\,(4)$, $m_2 \equiv 1\,(6)$, $3m_1^2 + m_2^2 = 4n$.   —

In diesen Bezeichnungen besteht der folgende

Satz E.3. *Für $n \in \mathbb{N}$ gilt*

$$a_{3,4}(n) = a_{5,6}(n), \quad \text{wenn} \quad n \equiv 1 \bmod 8,$$

$$a_{3,1}(n) = a_{4,4}(n), \quad \text{wenn} \quad n \equiv 1 \bmod 4,$$

$$a_{4,1}(n) = a_{6,3}(n), \quad \text{wenn} \quad n \equiv 3 \bmod 8,$$

$$a_{3,3}(n) = a_{5,1}(n), \quad \text{wenn} \quad n \equiv 1 \bmod 3,$$

$$a_{4,6}(n) = a_{6,4}(n), \quad \text{wenn} \quad n \equiv 1 \bmod 6. \quad -$$

Von diesen Formeln bedarf die *vierte* eines Kommentars. Sie bedeutet, daß

$$a_{3,3}(n) = a_{5,1}(n), \quad \text{wenn} \quad n \equiv 1\,(6), \quad \text{aber} \quad a_{3,3}(n) = 0, \quad \text{wenn} \quad n \equiv 4\,(6).$$

Die zweite Aussage trifft nachweislich nicht allein deshalb zu, weil für $n \equiv 4 \bmod 6$ keine Darstellungen von n unter den Bedingungen $\mathfrak{C}_{3,3}$ existieren. Es gibt zwar keine solchen, wenn $n \equiv -2 \bmod 12$; dagegen ist die Anzahl der Darstellungen von $n \in \mathbb{N}$ unter den Bedingungen $\mathfrak{C}_{3,3}$ und $n \equiv 4 \bmod 12$ nach Satz 6.2 gleich

$$\frac{1}{2}\,a(n, \mathbf{A}_3) = \sum_{d,\,d' > 0,\,dd' = n} (-1)^{(d-1)(d'-1)} \left(\frac{d}{3}\right).$$

Dies liefert für $n = 2^v\, n^*$ $(v, n^* \in \mathbb{N}, n^* \equiv 1 \bmod 2)$ nach einer kurzen Rechnung

$$\frac{1}{2}\,a(n, \mathbf{A}_3) = 0, \qquad\qquad \text{wenn} \quad v \equiv 1 \bmod 2,$$

$$\frac{1}{2}\,a(n, \mathbf{A}_3) = 3 \sum_{d > 0,\,d \mid n^*} \left(\frac{d}{3}\right), \qquad \text{wenn} \quad v \equiv 0 \bmod 2. \quad -$$

Zu der zuletzt betrachteten Relation $\vartheta_3\,\vartheta_3^{(1)} = \eta^4$ ist zu bemerken, daß sie von Hecke in seiner letzten veröffentlichten Abhandlung ([11], Nr. 42) übersehen wurde. H. untersuchte hier die Wirkung gewisser Operatoren auf vier spezielle Modulformen der Grade $-\frac{1}{2}$ und $-\frac{3}{2}$ der Gruppe Γ_ϑ, unter ihnen $\eta^4\,\vartheta_3^{-1}$.

Wir erwähnen ferner einen Zusammenhang der obigen $\vartheta_v(\tau)$ mit der Schläflischen Modulfunktion ($f(\tau)$ in [20]). Es gilt

$$f(\tau) = \xi_{24}^{-1}\,\eta\left(\frac{\tau+1}{2}\right)\eta^{-1}(\tau) = \vartheta_6(\tau)\,\vartheta_5^{-1}(\tau).$$

Unter den additiven Relationen zwischen den Jacobischen Theta-Nullwerten seien die folgenden beiden genannt:

$$\vartheta_3^4(\tau) = \vartheta_0^4(\tau) + \vartheta_2^4(\tau), \qquad \vartheta_3^8(\tau) = \frac{1}{16}\,\vartheta_2^8\left(\frac{\tau}{2}\right) + \vartheta_0^8(2\tau).$$

Die erste hat für die Normierung der Jacobischen elliptischen Funktionen grundlegende Bedeutung (vgl. [13], II.3.). Dagegen ist die arithmetische Bedeutung beider gering.

Anhang F. Grundlegende Sachverhalte verschiedener Art

(Inhaltsübersicht: Es handelt sich um das Folgende:
(a) Zerlegung der Spitzenbahnen beim Übergang zu einer Untergruppe.
(b) Berechnung der wichtigsten Werte $w(M, S)$ für $M, S \in \mathrm{SL}\,(2, \mathbb{R})$.
(c) Kongruenzbedingungen für $(2, 2)$-Matrizen über $\mathbb{Z}$.
(d) Beweis von Satz 1.11.
(e) Ein Siegelsches Positivitätskriterium für quadratische Formen.)

Es werden fünf Gegenstände kurz diskutiert, die zu den Grundlagen der Theorie gehören. Die hier abgeleiteten Resultate sind sämtlich in der Literatur zu finden; es soll aber dem Leser die Mühe des Suchens und Übertragens abgenommen werden.

(a) Zum Thema der Spitzenbahnen und -breiten (s. (1.7)) wird ein einfacher *algebraischer Formalismus* mitgeteilt, der zugleich beschreibt, wie sich die Zerlegung einer Spitzenbahn beim Übergang zu einer Untergruppe darstellt.

Es seien Γ und Δ kanonische Untergruppen der Modulgruppe, es sei $\Delta \subset \Gamma$ und $m := [\Gamma : \Delta]$; ferner $A \in {}_1\Gamma$ und $P := A^{-1} U^N A$ die Grundmatrix von $\zeta := A^{-1}\infty$ in Γ. Zwei Nebenklassen $\Delta S_1, \Delta S_2$ in Γ heißen *äquivalent* (bezüglich der Spitze ζ), in Zeichen

$$(\mathrm{F}.1) \qquad \Delta S_2 \sim \Delta S_1 \ (\text{bzgl. } \zeta), \quad \text{wenn} \quad \Delta S_2 = \Delta S_1\, P^k \quad (\text{mit einem } k \in \mathbb{Z})$$

zutrifft. Offenbar hat die Relation (F.1) allgemeinen Äquivalenzcharakter, es zerfällt also das System der Nebenklassen $\Delta S \subset \Gamma$ vollständig in disjunkte Klassen dieser Äquivalenz. Dies besagt, daß eine disjunkte Zerlegung der Gestalt

$$(\mathrm{F}.2) \qquad \Gamma = \bigcup_{v=1}^{h} \bigcup_{j=0}^{g_v - 1} \Delta R_v\, P^j \qquad \left(m = \sum_{v=1}^{h} g_v \right)$$

besteht, in der $\Delta R_\varrho \sim \Delta R_v$ (bzgl. ζ, $1 \leq \varrho \leq h$) genau dann gilt, wenn $\varrho = v$ und $\Delta R_v\, P^k = \Delta R_v$ ($k \in \mathbb{Z}$) genau dann, wenn $k \equiv 0 \bmod g_v$ ($h, g_v \in \mathbb{N}$).

Aus (F.2) folgt, wenn (wie in § 1) $\Gamma \zeta$ die Bahn der Spitze $\zeta \bmod \Gamma$ bezeichnet:

$$(\mathrm{F}.3) \qquad \Gamma \zeta = \bigcup_{v=1}^{h} \Delta R_v\, \zeta .$$

Man sieht sofort, daß die hier rechts auftretenden Bahnen $\Delta R_v\, \zeta$ paarweise verschieden sind. Denn aus $R_\varrho\, \zeta = L R_v\, \zeta$ ($1 \leq \varrho \leq h, L \in \Delta$) folgt

$$R_\varrho^{-1} L R_v = \varepsilon\, P^k \qquad (\varepsilon^2 = 1, k \in \mathbb{Z}) ,$$

also $\Delta R_v = \Delta R_\varrho\, P^k$, d.h. $\varrho = v$, $k \equiv 0 \bmod g_v$. Ferner bedeutet $\Delta R_v\, P^k = \Delta R_v$ ($k \in \mathbb{Z}$), daß $R_v A^{-1} U^{kN} A R_v^{-1} \in \Delta$, also daß $A_v^{-1} U^{kN} A_v \in \Delta$ mit $A_v := A R_v^{-1}$ zutrifft. $A_v^{-1}\infty = R_v\, \zeta$ hat in Γ die Breite N, in Δ also eine Breite $l N$ ($l \in \mathbb{N}$); offenbar ist $l = g_v$. — Wir erhalten

Satz F.1. (Bezeichnungen im Text). *Die disjunkte Zerlegung (F.2) von Γ in Nebenklassen ΔS mit den angegebenen Eigenschaften besagt, daß die Bahn $\Gamma \zeta$ in*

die disjunkten Bahnen $\Delta R_v \zeta$ $(1 \leqq v \leqq h)$ zerlegt wird und daß $R_v \zeta$ in Δ die Breite

$g_v N$ $(= Relativbreite\ g_v)$ hat. Es gilt $\sum\limits_{v=1}^{h} g_v = [\Gamma : \Delta].$ –

Im Hinblick auf den Zusammenhang, der zwischen (s. § 1) Fundamentalkomplexen $\mathfrak{R}_\Gamma$ von Γ und $\mathfrak{R}_\Delta$ von Δ besteht, kann die Aussage von Satz F.1 (cum grano salis) auch dahin beschrieben werden, daß ζ als Spitze von $\mathfrak{R}_\Gamma$ in die h (inkongruenten) Spitzen $R_v \zeta$ von $\mathfrak{R}_\Delta$ zerfällt $(1 \leqq v \leqq h)$, wobei $R_v \zeta$ mit der Relativbreite (dem Exponenten) g_v auftritt. Vgl. hierzu die in § 1 dargestellte Situation im Sonderfall $\Gamma = {}_1\Gamma$; die letzte Formel von Satz F.1 bedeutet soviel wie (1.8). Wenn Δ Normalteiler von Γ ist, stimmen alle Relativbreiten g_v überein und für den gemeinsamen Wert g gilt $m = g\ h$.

Eine zu der obigen Äquivalenzrelation (F.1) analoge Relation auf dem System der Nebenklassen $\Delta S \subset \Gamma$ kann unter Auszeichnung einer elliptischen oder hyperbolischen Grundmatrix (anstelle des obigen P) erklärt werden und führt zu einem entsprechenden Zerlegungssatz für die Bahn des betr. Fixpunkts oder Fixpunktepaares von Γ (vgl. [28]).

(b) Mit dem bereits in Anhang A angewendeten Grenzübergang lassen sich die *Werte von $w\,(M, S)$ bestimmen* (Bezeichnungen zu (1.13, 14, 15)), wobei sich, abgesehen von der Fallunterscheidung hinsichtlich des Verschwindens der m_1, c, m_1', übersichtliche Resultate ergeben. Wir führen die Berechnung durch im Falle, daß m_1, c, m_1' sämtlich $\neq 0$ sind sowie im Falle $m_1 \neq 0 \neq c$, $m_1' = 0$; es sei bemerkt, daß nie genau zwei der Zahlen m_1, c, m_1' verschwinden können.

In den Bezeichnungen zu (1.15) gilt nach (1.14), falls m_1, c, m_1' sämtlich $\neq 0$ sind:

$$\frac{\pi}{2}\left(\operatorname{sgn} m_1 - \operatorname{sgn} m_1' + \operatorname{sgn} c - 1\right) + \arg\left(S\tau + \frac{m_2}{m_1}\right)$$

$$= \arg\left(\tau + \frac{m_2'}{m_1'}\right) - \arg\left(\tau + \frac{d}{c}\right) + 2\pi\, w\,(M, S).$$

Wir setzen $\tau = -\dfrac{d}{c} + i\,y$, wo $y > 0$, $y \to 0$ und erhalten

$$S\tau = \frac{a}{c} + \frac{i}{c^2 y}, \qquad \tau + \frac{m_2'}{m_1'} = -\frac{m_1}{c\,m_1'} + i\,y,$$

also $\lim\limits_{y \to +0} \arg\left(S\tau + \dfrac{m_2}{m_1}\right) = \dfrac{\pi}{2}$ und

$$\lim_{y \to +0} \arg\left(\tau + \frac{m_2'}{m_1'}\right) = \begin{cases} \pi, & \text{wenn} \quad m_1\,c\,m_1' > 0 \\ 0, & \text{wenn} \quad m_1\,c\,m_1' < 0 \end{cases} = \frac{\pi}{2}\left(\operatorname{sgn}\,(m_1\,c\,m_1') + 1\right).$$

Daraus folgt

$$\frac{\pi}{2}\left(\operatorname{sgn} m_1 - \operatorname{sgn} m_1' + \operatorname{sgn} c\right) = \frac{\pi}{2}\operatorname{sgn}\,(m_1\,c\,m_1') + 2\pi\,w\,(M, S),$$

mithin

Satz F. 2. (Bezeichnungen zu (1.15)). *Wenn* m_1, c, m_1' *sämtlich* $\neq 0$ *sind, so gilt*

$$w(M, S) = \tfrac{1}{4}\,(\operatorname{sgn} m_1 + \operatorname{sgn} c - \operatorname{sgn} m_1' - \operatorname{sgn}(m_1\, c\, m_1')). \quad -$$

Im Falle $m_1 \neq 0 \neq c$, $m_1' = 0$ ist

$$\arg(m_1'\,\tau + m_2') = \arg m_2' = -\frac{\pi}{2}\,(\operatorname{sgn} m_2' - 1)\,,$$

also ähnlich wie oben

$$\frac{\pi}{2}\,(\operatorname{sgn} m_1 + \operatorname{sgn} m_2' + \operatorname{sgn} c - 3) + \arg\left(S\,\tau + \frac{m_2}{m_1}\right)$$

$$= -\arg\left(\tau + \frac{d}{c}\right) + 2\,\pi\,w\,(M, S)\,;$$

dies besagt

Korollar F. 2 (Bezeichnungen zu (1.15)). *Wenn* $m_1 \neq 0 \neq c$, *aber* $m_1' = 0$ *ist, so gilt*

$$w(M, S) = \tfrac{1}{4}\,(\operatorname{sgn} m_1 + \operatorname{sgn} c + \operatorname{sgn} m_2' - 1). \quad -$$

Als *Anwendungen* betrachten wir die Formeln (1.17) (fünf Zeilen). Die ersten beiden Zeilen folgen unmittelbar aus der Definition, ebenso die fünfte Zeile und der Sonderfall der dritten mit $c = 0$, $d > 0$. Für $c \neq 0$ erhält man aus dem Korollar

$$w(S^{-1}, S) = \tfrac{1}{4}\,(-\operatorname{sgn} c + \operatorname{sgn} c + 1 - 1) = 0\,.$$

Sehr wichtig ist die Formel in der vierten Zeile. Man hat zunächst

$$S^{-1}\,U^\xi\,S = \begin{pmatrix} 1 + c\,d\,\xi & d^2\,\xi \\ -c^2\,\xi & 1 - c\,d\,\xi \end{pmatrix} \quad \left(U^\xi := \begin{pmatrix} 1 & \xi \\ 0 & 1 \end{pmatrix},\ \xi \in \mathbb{R}\right).$$

Dies ist $= U^{d^2\xi}$ für $c = 0$, was die Formel bestätigt; ebenso gilt sie für $\xi = 0$. Für $c \neq 0 \neq \xi$ kann Satz F.2 mit der Zuordnung $m_1 \to c$, $c \to -c^2\,\xi$, $m_1' \to c$ angewendet werden und liefert unmittelbar die Behauptung, die jetzt in allen Fällen bewiesen ist. Wegen

$$w(S, S^{-1}\,U^\xi\,S) = w(S, S^{-1}) - w(S^{-1}, U^\xi\,S)$$

bedeutet sie, daß $w(S^{-1}, U^\xi\,S) = w(S^{-1}\,U^\xi, S)$ von ξ nicht abhängt. Man kann daraus nach (1.16) schließen, daß gilt

$$\text{(F. 3)} \qquad w(S^{-1}\,U^\xi\,S,\ S^{-1}\,U^\eta\,S) = 0 \qquad (\xi, \eta \in \mathbb{R})\,;$$

diese Relation liefert $v(P^k) = (v(P))^k$, wenn $k \in \mathbb{Z}$, $v \in [\Gamma, -r]^1$ mit $r \in \mathbb{R}$ und P eine parabolische Grundmatrix ist (Voraussetzungen: (M)).

Die in Lemma 1.2 genannten Rechenregeln sind allein nach (1.16,17) zu beweisen, ebenso die Aussage, daß $v \in [\Gamma, -r]^1$ in der Spitze ζ den gleichen Drehrest hat, wie $v_S' \in [S^{-1}\,\Gamma S, -r]^1$ in der Spitze $S^{-1}\zeta$. (Definition des Drehrestes bei diskreten Untergruppen von SL $(2, \mathbb{R})$ wie in (MF III)).

Die Formel von Satz F.2 und die des Korollars liefern unter der einschränkenden Voraussetzung $m_1 \neq 0 \neq c$ unmittelbar den Satz von H. Maaß, der besagt, daß $w(M, S) = w(S, M)$ gilt, wenn M und S vertauschbar sind. Natürlich trifft $w(M, S) = w(S, M)$ unter viel schwächeren Voraussetzungen zu: Man schreibe $SM =: S^* = \begin{pmatrix} * & * \\ c^* & d^* \end{pmatrix}$. Es gilt $w(M, S) = w(S, M)$ unter der Voraussetzung $m_1 m_1' c c^* \neq 0$ bereits dann, wenn c^* und m_1' das gleiche Vorzeichen haben.

Der gelegentlich auftretende Wert $w(T, S)$ $(S \in \mathrm{SL}(2, \mathbb{R}))$ läßt sich, wenn $a \neq 0 \neq c$, nach Satz F.2 leicht berechnen; Es ergibt sich

$$(\text{F.4}) \qquad w(T, S) = \tfrac{1}{4}(1 - \operatorname{sgn} a)(1 + \operatorname{sgn} c) \qquad (= 0 \text{ oder } 1).$$

Dieses Symbol w erscheint in der Formel

$$\log S \tau = \log \frac{a\tau + b}{c\tau + d} = \log(a\tau + b) - \log(c\tau + d) + 2\pi i\, w(T, S).$$

(c) Der zu Beginn von § 3 angegebene Hilfssatz gestattet folgende Verallgemeinerung:

Satz F.3. *Es seien zwei Matrizen G_1, G_2 vom Typus $(2, 2)$ über $\mathbb{Z}$ und zwei natürliche Zahlen n_1, n_2 gegeben. Notwendig und hinreichend für die Existenz einer Modulmatrix S mit $S \equiv G_j \bmod n_j$ für $j = 1, 2$ sind folgende Bedingungen:*

$$G_1 \equiv G_2 \bmod (n_1, n_2); \quad \det G_1 \equiv 1 \bmod n_1, \quad \det G_2 \equiv 1 \bmod n_2. \;\; -$$

Zum Beweis wird ein Lemma benötigt, das in der Theorie der Eisensteinschen Reihen zu Kongruenzgruppen von Anfang an bedeutungsvoll war. Es besagt

Lemma F.1. *Es seien $a_1, a_2, n \in \mathbb{Z}$, $n > 0$, $(a_1, a_2, n) = 1$. Dann gibt es $b_1, b_2 \in \mathbb{Z}$ mit $b_1 \equiv a_1, b_2 \equiv a_2 \bmod n$ und $(b_1, b_2) = 1$.*

Beweis des Lemmas: Es darf $n > 1$ vorausgesetzt werden. Wenn $a_1 \equiv 0 \bmod n$, so ist $(a_2, n) = 1$; man nehme dann $b_1 = n$, $b_2 = a_2$. Wenn $a_1 \not\equiv 0 \bmod n$, so ist $a_2 + gn$ $(g \in \mathbb{Z})$ durch keine Primzahl teilbar, die in a_1 und n aufgeht. Man setze $h := \prod_{p \mid a_1, p \nmid n} p$ (mit Primzahlen p) und bestimme $g \in \mathbb{Z}$ gemäß $a_2 + gn \equiv 1 \bmod h$. Dann entsprechen $b_1 = a_1$, $b_2 = a_2 + gn$ der Behauptung. $\; -$

Beweis des Satzes: Die genannten Bedingungen sind offenbar notwendig. Wir setzen sie als erfüllt voraus und bezeichnen mit n das kleinste positive gemeinsame Vielfache von n_1 und n_2; es darf $n > 1$ angenommen werden. Wir bestimmen eine $(2, 2)$-Matrix G über $\mathbb{Z}$ mit $G \equiv G_1 \bmod n_1$ und $G \equiv G_2 \bmod n_2$.

Dann ist $\det G \equiv 1 \bmod n$; schreibt man $G = \begin{pmatrix} * & * \\ g_1 & g_2 \end{pmatrix}$, so folgt $(g_1, g_2, n) = 1$, und es gibt nach dem Lemma eine Modulmatrix $S' = \begin{pmatrix} a' & b' \\ c & d \end{pmatrix}$ mit $c \equiv g_1$,

$d \equiv g_2 \bmod n$. Hieraus erhält man

$$G S'^{-1} \equiv \begin{pmatrix} s & t \\ 0 & 1 \end{pmatrix} \bmod n \qquad (s, t \in \mathbb{Z});$$

wegen der Determinanten-Bedingung ist $s \equiv 1 \bmod n$ und daher gilt die Behauptung mit $S := U' S'$.

(d) Die in § 3 erwähnte sehr nützliche aber zu wenig bekannte *Formel von Lipschitz* besagt folgendes:

Es sei $\tau \in \mathfrak{H}$, $s \in \mathbb{C}$, $\operatorname{Re} s > 1$, $0 \leq \varkappa < 1$. Für nicht-negatives $\lambda \in \mathbb{C}$ ($\lambda \neq 0$) sei $\lambda^z := e^{z \log \lambda}$ mit $- \pi < \arg \lambda < + \pi$ ($z \in \mathbb{C}$). Dann gilt

$$(\text{F.5}) \qquad \sum_{m=-\infty}^{+\infty} \frac{e^{-2\pi i \varkappa m}}{(\tau + m)^s} = \frac{(-2\pi i)^s}{\Gamma(s)} \sum_{\substack{n=0 \\ n+\varkappa > 0}}^{\infty} (n + \varkappa)^{s-1} e^{2\pi i (n + \varkappa) \tau}.$$

Man beweist sie durch Fourier-Entwicklung der folgenden Funktion von u:

$$\sum_{m=-\infty}^{\infty} e^{-2\pi i \varkappa (m+u)} (\tau + m + u)^{-s} \qquad (\operatorname{Im} u > -y),$$

wobei zur Bestimmung der Koeffizienten (3.14) benutzt wird.

Unter den Anwendungen sei neben zahllosen auf Poincarésche Reihen (vgl. Anhang G) die folgende asymptotische Relation erwähnt:

Für $y > 0$, $s > 1$, $0 \leq \varkappa < 1$ gilt

$$(\text{F.6}) \qquad \sum_{\substack{n=0 \\ n+\varkappa > 0}}^{\infty} (n + \varkappa)^{s-1} e^{-(n+\varkappa) y} = \Gamma(s) y^{-s} + \varrho(s, y)$$

mit

$$|\varrho(s, y)| \leq \frac{2}{(2\pi)^s} \Gamma(s) \zeta(s).$$

Diese Abschätzung ist besonders im Hinblick auf den Grenzübergang $y \to +0$ von Bedeutung. Bemerkenswert erscheint die Analogie der linken Seite zu der Eulerschen Integraldarstellung von $\Gamma(s)$.

Wir wollen (F.6) benutzen, um Satz 1.11 zu beweisen. Nach Voraussetzung wird $f(\tau)$ in $\mathfrak{H}$ (mit $b_{n+\varkappa_0}(f) := b_{n+\varkappa_0}(I, f)$) durch

$$f(\tau) = \sum_{n=0}^{\infty} b_{n+\varkappa_0}(f) \exp 2\pi i (n + \varkappa_0) \frac{\tau}{N_0}$$

dargestellt, wo N_0 und $\varkappa_0$ die bei (1.25) angegebene Bedeutung von N und $\varkappa$ für $A = I$ haben. Aufgrund von (F.6) erhält man

$$\left| \sum_{\substack{n=0 \\ n+\varkappa_0 > 0}}^{\infty} b_{n+\varkappa_0}(f) \exp 2\pi i (n + \varkappa_0) \frac{\tau}{N_0} \right| \leq C \Gamma(\alpha + 1) \left(\frac{2\pi}{N_0} \right)^{-\alpha-1} y^{-\alpha-1} + C',$$

wo C' nur von C und α abhängt. Daraus folgt, daß in ganz $\mathfrak{H}$

$$|f(\tau)| \leq C_1 + C_2 y^{-\alpha-1}$$

mit gewissen von τ unabhängigen positiven C_1, C_2 zutrifft. — Im folgenden werden mit $C_3, \ldots, C_8$ geeignete, von τ unter jeweils angegebenen Bedingungen unabhängige Größen (Konstanten) bezeichnet. Mit einer solchen hat man

$$(\text{F.7}) \qquad\qquad |f(\tau)| \leqq C_3\, y^{-\alpha-1}, \quad \text{wenn} \quad \tau \in \mathfrak{H},\ y \leqq 1 .$$

Nun sei $\zeta = A^{-1}\infty$ eine beliebige von ∞ verschiedene Spitze, d.h. $A \in {}_1\Gamma$ mit $A = \begin{pmatrix} * & * \\ a_1 & a_2 \end{pmatrix}$, $a_1 \neq 0$. Wir benutzen (1.25) und erhalten

$$b_{m+\varkappa}(A,f) = \int_{i\beta}^{i\beta+N} f_A(\tau)\, \exp\left(-2\pi i (m+\varkappa)\, \frac{\tau}{N} \right) \frac{d\tau}{N} ,$$

wo β irgendeine positive Zahl bedeutet und horizontal integriert werde. Hier soll der Integrand für $\beta \geqq 1$ auf dem Integrationsweg abgeschätzt werden.

Wir schreiben $S = \begin{pmatrix} * & * \\ c & d \end{pmatrix} := A^{-1}$, $\tau' := S\,\tau$, $y' := \operatorname{Im}\tau'$; man hat

$$f_A(\tau) = f(\tau)\,|A^{-1} = f(\tau)\,|S = f(\tau')\,(c\,\tau+d)^{-r} .$$

Auf dem Integrationsweg gilt $(c\,x+d)^2 \leqq (|c|\,N+|d|)^2 =: C_4$, also

$$\frac{1}{C_5\,\beta} \leqq y' = \frac{\beta}{(c\,x+d)^2+c^2\,\beta^2} \leqq \frac{1}{c^2\,\beta} ,$$

wo $C_5 := c^2 + C_4$. Damit ergibt sich, wenn $\beta \geqq 1$, nach (F.7)

$$f(\tau') \leqq C_3\, y'^{-\alpha-1} \leqq C_3\,(C_5\,\beta)^{\alpha+1} = C_6\,\beta^{\alpha+1} ,$$

während $|c\,\tau+d|^{-r} = \beta^{-\frac{r}{2}}\, y'^{\frac{r}{2}}$, also (für $r \gtreqless 0$)

$$|c\,\tau+d|^{-r} \leqq C_7\,\beta^{-r}, \qquad |f_A(\tau)| \leqq C_8\,\beta^{\alpha+1-r} \qquad (\beta \geqq 1) .$$

Dies liefert für $\beta \to +\infty$ bei Anwendung auf den Fall $m + \varkappa < 0$ zunächst die erste Behauptung. Unter der im Text von Satz 1.11 genannten zusätzlichen Voraussetzung kann die letzte Abschätzung auch auf den Fall $m = \varkappa = 0$ und dann auch für $\zeta = A^{-1}\infty \equiv \infty \bmod \Gamma$ angewendet werden, wodurch sie die zweite Behauptung liefert.

(e) (Ein Positivitäts-Kriterium von C.L. Siegel.) Alle im folgenden auftretenden Matrizen sind Matrizen über $\mathbb{R}$. Ist M eine solche, so werde durch $M = M^{(p,q)}$ ausgedrückt, daß M aus p Zeilen und aus q Spalten besteht $(p, q \in \mathbb{N})$. $\dot{M} = M^{\boldsymbol{\cdot}}$ bezeichnet die Transponierte von M, $I^{(p)}$ die p-reihige Einheitsmatrix, O eine Nullmatrix von geeigneter Zeilen- und Spaltenzahl, $\mathfrak{x}$ eine Spalte, d.h. eine Matrix $\mathfrak{x}^{(n,1)}$ mit geeignetem n und $\mathfrak{o} = \mathfrak{o}^{(n,1)}$ die n-reihige Nullspalte. —

Wir bestätigen zunächst den folgenden

Hilfssatz. Es sei $n, p \in \mathbb{Z}$, $n \geqq 2$, $1 \leqq p \leqq n-1$, $p+q = n$. Die symmetrische Matrix $W = W^{(n,n)}$ sei in der Zerlegung

$$W = \begin{pmatrix} P & G \\ \dot{G} & Q \end{pmatrix} \quad \text{mit} \quad P = \dot{P} = P^{(p,p)}, \quad G = G^{(p,q)}, \quad Q = \dot{Q} = Q^{(q,q)}$$

gegeben; überdies sei det $P \neq 0$. Dann gibt es genau eine Matrix $R = \dot{R} = R^{(q,\,q)}$ über $\mathbb{R}$ derart, daß gilt

$$(F.8) \qquad W = \begin{pmatrix} I^{(p)} & P^{-1}G \\ O & I^{(q)} \end{pmatrix}^{\!\cdot} \begin{pmatrix} P & O \\ O & R \end{pmatrix} \begin{pmatrix} I^{(p)} & P^{-1}G \\ O & I^{(q)} \end{pmatrix}. \quad -$$

Beweis durch Ausmultiplizieren; dabei ergibt sich

$$R = Q - \dot{G}P^{-1}G.$$

Nun gewinnt man das folgende Kriterium

Satz F.4. *Es sei W eine n-reihige symmetrische Matrix über $\mathbb{R}$ $(n \in \mathbb{N})$. Für $l \in \mathbb{Z}$, $1 \leq l \leq n$ bezeichne W_l diejenige symmetrische Matrix, welche aus W durch Streichen der Zeilen und Spalten mit den Nummern $l+1, \ldots, n$ hervorgeht; insbesondere sei also $W_n = W$. Genau dann ist $W > 0$ (d.h. die quadratische Form mit der Matrix W positiv-definit), wenn $\det W_l > 0$ für $1 \leq l \leq n$ zutrifft.* $-$

Beweis. Es darf als bekannt vorausgesetzt werden, daß $W > 0$ die Konsequenz $\det W > 0$ hat. Daher folgt aus $W > 0$ auch $\det W_l > 0$ für $1 \leq l \leq n$, die Bedingung des Kriteriums ist also für $W > 0$ notwendig.

Zum Beweis dafür, daß sie auch hinreichend ist, wird vollständige Induktion nach n angewendet. Für $n = 1$ ist nichts zu beweisen. Es sei bekannt, daß eine $(n-1)$-reihige symmetrische Matrix V über $\mathbb{R}$, die $\det V_l > 0$ für $1 \leq l \leq n-1$ erfüllt, stets positiv ist. Nun sei die symmetrische Matrix $W = W^{(n,\,n)}$ über $\mathbb{R}$ so beschaffen, daß $\det W_l > 0$ für $1 \leq l \leq n$ zutrifft. Wir schreiben W in der Kästchen-Zerlegung

$$W = \begin{pmatrix} W_{n-1} & \mathfrak{g} \\ \dot{\mathfrak{g}} & \alpha \end{pmatrix} \quad \text{mit} \quad \mathfrak{g} = \mathfrak{g}^{(n-1,\,1)}, \quad \alpha \in \mathbb{R};$$

wegen $\det W_{n-1} > 0$ läßt sich W nach dem Hilfssatz vermöge einer Matrix $K = K^{(n,\,n)}$ über $\mathbb{R}$ durch (vgl. (F.8))

$$W = \dot{K} \begin{pmatrix} W_{n-1} & \mathfrak{o} \\ \dot{\mathfrak{o}} & \beta \end{pmatrix} K \quad \text{mit} \quad \det K = 1, \quad \mathfrak{o} = \mathfrak{o}^{(n-1,\,1)}, \quad \beta \in \mathbb{R}$$

ausdrücken. W ist zugleich mit $\begin{pmatrix} W_{n-1} & \mathfrak{o} \\ \dot{\mathfrak{o}} & \beta \end{pmatrix}$ positiv. Nach Induktionsannahme gilt $W_{n-1} > 0$; zusätzlich aber erhält man

$$\det W = (\det W_{n-1})\,\beta > 0, \quad \text{also} \quad \beta > 0,$$

was die Behauptung liefert.

Anhang G. Metrik und Eisenstein-Reihen

(Inhaltsübersicht:

(I)   *Invariante Integrale, innere Produkte.*

(II)   *Eisenstein-Reihen mit konvergenzerzeugenden Faktoren zu einer Klasse* $\mathsf{K} = \{\Gamma, -r, v\}$, *wo* Γ *eine kanonische Untergruppe von* $_1\Gamma$, $r \in \mathbb{R}$, $v \in [\Gamma, -r]^1$. *Asymptotik bezüglich der Spitzen.*

(III) *Geometrische Vorbereitungen zum Beweis des folgenden Hauptsatzes.*

(IV)   *Beweis der Orthogonalität modifizierter Eisenstein-Reihen nach* (II) *zu den ganzen Spitzenformen von* K.

(V)   *Poincarésche Reihen vom parabolischen Typus in Analogie zu* (II).

(VI)   *Eisenstein-Reihen zu* $\mathsf{K} = \mathsf{K}_r[N] = \{\Gamma[N], -r, v^{(0)}\}$ *nach Hecke; wo* $N, r \in \mathbb{N}, v^{(0)}(L) = 1$ *für* $L \in \Gamma(N)$.

(VII) *Hiervon: Der Fall* $r = 2$; *Summationsverfahren;*

(VIII) *sowie: Der Fall* $r = 1$; *Summationsverfahren.)*

(I) Die in § 1 und § 3 erwähnte *metrische Verknüpfung* zwischen ganzen Modulformen, insbesondere die Orthogonalität der Eisenstein-Reihen zu den ganzen Spitzenformen, hat zwar auf die Beweise Jacobischer Identitäten keinen Einfluß. Sie vermittelt jedoch, anders als irgendeine Asymptotik, die Eindeutigkeit jeder solchen Identität. Diese hat stets die Gestalt

$$f(\tau) = \Lambda(\tau) + \varphi(\tau),$$

wo f und Λ ganze Modulformen der gleichen Klasse $\mathsf{K} := \{\Gamma, -r, v\}$ (vgl. § 1) bezeichnen, f gegeben, Λ ein lineares Kompositum der Eisenstein-Reihen der Klasse K ist und φ in allen Spitzen verschwindet. Die Eindeutigkeit folgt unmittelbar aus den Eigenschaften der Metrik und aus der Orthogonalität der Eisenstein-Reihen zu den ganzen Spitzenformen.

Diese Sätze gelten aus Konvergenzgründen zunächst nur für (reelle) $r > 2$, lassen sich aber auf die Fälle $r = 2, 1$ übertragen, in denen die Eisenstein-Reihen durch ein Summationsverfahren, wie etwa das Heckesche, erklärt werden müssen. Wegen der prinzipiellen Bedeutung der Sache und da die vorliegenden Beweise in eine kompliziertere Theorie eingearbeitet sind, soll im folgenden eine *direkte Entwicklung* des relevanten Teils *der Theorie* mitgeteilt werden.

Es seien $f(\tau)$, $g(\tau)$ auf $\mathfrak{H}$ definierte komplexwertige stetige Funktionen, es sei r reell und $\mathfrak{B}$ ein Kompaktum in $\mathfrak{H}$ mit stückweise glattem Rand. Die erwähnte Metrik beruht auf den *Eigenschaften des Integrals*

(G.1)
$$J_r(f, g; \mathfrak{B}) := \iint_{\mathfrak{B}} f(\tau)\, \bar{g}(\tau)\, y^{r-2}\, dx\, dy,$$

wo $\tau = x + iy$ $(x \in \mathbb{R}, y > 0)$ und $\bar{g}(\tau) := \overline{g(\tau)}$. Es genügt für $S \in \mathrm{SL}(2, \mathbb{R})$ der Funktionalgleichung (vgl. (1.20))

(G.2)
$$J_r(f, g; S\mathfrak{B}) = J_r(f \mid S, g \mid S; \mathfrak{B}),$$

zu deren Beweis wesentlich benutzt wird, daß nach (1.10) gilt

$$(c\,\tau + d)^r\,(c\,\bar{\tau} + d)^r = |c\,\tau + d|^{2r} \qquad \left(S = \begin{pmatrix} * & * \\ c & d \end{pmatrix}\right).$$

Stellen f, g in $\mathfrak{H}$ holomorphe Modulformen der Klasse K dar, wo

(G.3) Γ eine kanonische Untergruppe der $_1\Gamma$, $r \in \mathbb{R}$, $v \in [\Gamma, -r]^1$,

was im folgenden zunächst angenommen wird, so liefert (G.2)

(G.4) $J_r\,(f, g;\, L\mathfrak{B}) = J_r\,(f, g;\, \mathfrak{B}) \qquad (L \in \Gamma)\,.$

Ferner erhält man, wenn (vgl. § 1, bei (1.25))

$$f(\tau) = f_A(\tau)\,|\,A, \qquad g(\tau) = g_A(\tau)\,|\,A \qquad (A \in {}_1\Gamma)$$

gesetzt wird:

(G.5) $J_r\,(f, g;\, \mathfrak{B}) = J_r\,(f_A, g_A;\, A\mathfrak{B}) \qquad (A \in {}_1\Gamma)\,.$

Unter gewissen Bedingungen kann das Doppelintegral (G.1) über einen Fundamentalbereich von Γ erstreckt werden und definiert dann das innere Produkt von f mit g (bezüglich Γ). Sei zunächst $\mathfrak{B}$ ein abgeschlossener Bereich, der nach Transformation ins Endliche durch ein $S \in {}_1\Gamma$ von einer stückweise glatten Jordan-Kurve berandet wird; sei ferner

(G.6) $\mathfrak{B} \subset A^{-1}\,\mathfrak{B}\,(x_0;\, \alpha,\, \beta)\,,$

wo $A \in {}_1\Gamma$ und $\mathfrak{B} = \mathfrak{B}\,(x_0;\, \alpha,\, \beta)$ (Vertikal-Halbstreifen) durch

(G.7) $\mathfrak{B} := \{\tau \in \mathfrak{H} \mid |x - x_0| \leqq \alpha,\, y \geqq \beta\} \qquad (x_0 \in \mathbb{R};\, \alpha,\, \beta > 0)$

definiert ist. Wenn $f(\tau)\, g(\tau)$ in der Spitze $\zeta = A^{-1} \infty$ verschwindet, so konvergiert $J_r\,(f, g;\, \mathfrak{B})$ nach (G.5) absolut.

Nun sei $\mathfrak{F}_\Gamma$ eine aus endlich vielen Teilbereichen bestehende Fundamentalmenge von Γ in $\mathfrak{H}$ derart, daß jeder Teilbereich von endlich vielen Strecken und Halbgeraden der hyperbolischen Geometrie von $\mathfrak{H}$ berandet wird. Ferner seien $f, g \in \mathsf{K}$ in $\mathfrak{H}$ holomorph, und es verschwinde die Modulform fg in allen Spitzen. Dann konvergiert $J_r\,(f, g;\, \mathfrak{F}_\Gamma)$, wie dargelegt, absolut und hängt von der Auswahl von $\mathfrak{F}_\Gamma$ nicht ab. Letzteres ergibt sich, wenn $\mathfrak{F}_\Gamma^*$ eine andere Fundamentalmenge von Γ mit den obigen Eigenschaften bezeichnet, durch Überlagerung der Pflasterungen von $\mathfrak{H}$ durch die $L\mathfrak{F}_\Gamma$ und die $L\mathfrak{F}_\Gamma^*$ $(L \in \Gamma)$ sowie Anwendung von (G.4).

Wir *definieren* dann *das innere Produkt* (oder *Skalarprodukt*) von f mit g bezüglich Γ durch

(G.8) $(f, g) = (f, g;\, \Gamma) := J_r\,(f, g;\, \mathfrak{F}_\Gamma)\,.$

Die Voraussetzungen erfordern $r > 0$; für $0 < r < 1$ tritt die genannte absolute Konvergenz bereits für beliebige ganze Modulformen aus K ein. Für $r > 0$ definiert (G.8) eine *positiv-definite beiderseits linear-distributive Hermitesche Metrik* auf dem Vektorraum K^+ der ganzen Spitzenformen von K; im Falle $r < 1$ gilt das Entsprechende sogar für den Vektorraum K^0 aller ganzen Modulformen der Klasse K. Wie früher (vgl. gegen Ende des § 3) bezeichnen wir mit $K^\perp$ den zu K^+ im Sinne der obigen Metrik orthogonalen Teilraum von K^0.

Es gilt die nach (G. 2) leicht zu beweisende Transformationsgleichung

$$(\text{G.9}) \qquad (f \mid S, g \mid S; S^{-1} \, \Gamma \, S) = (f, g; \Gamma) \qquad (S \in {}_1\Gamma) \,.$$

(II) Die folgende *Theorie der Eisenstein-Reihen* kann leicht zu einer analogen Theorie der Poincaréschen Reihen vom parabolischen Typus ausgebaut werden. Wir gehen hier auf diese Erweiterung nur mit einigen wenigen Bemerkungen ein, da sie aus der vorliegenden Theorie nach [24] ohne Schwierigkeit abgeleitet werden kann, aber nicht zum Gegenstand dieses Berichts gehört.

Bis auf weiteres gelte (G.3); es sei (vgl. bei (3.4)) $A \in {}_1\Gamma$, $\zeta := A^{-1}\infty$, $P = A^{-1}U^N A$ die Grundmatrix von ζ in Γ und $v(P) = 1$ (d. h. $\varkappa = 0$, vgl. (1.25)), $\mathfrak{S}(A\,\Gamma)$ ein vollständiges System von Matrizen $M = AK \in A\,\Gamma$ mit verschiedenen zweiten Zeilen $\{m_1, m_2\}$,

$$(\text{G.10}) \qquad v(M) := v(A)\,\sigma(A, K)\,v(K) \qquad (M = AK \in A\,\Gamma)\,,$$

wo $v(A)$, falls $A \notin \Gamma$, eine willkürliche Konstante des Betrages 1 bezeichne; $s = \sigma + i\,t$ $(\sigma, t \in \mathbb{R})$ mit $r + \sigma > 2$. Die Bedingung $M = AK \in \mathfrak{S}(A\,\Gamma)$ bedeutet für $K \in \Gamma$, daß K ein Vertretersystem der Nebenklassen $\langle P\rangle L$ $(L \in \Gamma)$ durchläuft, wo

$$\langle P\rangle := \{P^k \mid k \in \mathbb{Z}\} \subset \Gamma\,.$$

Für beliebige $K, L \in \Gamma$ ergibt sich aufgrund von (G. 10)

$$(\text{G.11}) \qquad v(ML) = v(M)\,\sigma(M, L)\,v(L) \qquad (M = AK \in A\,\Gamma)\,.$$

Daß $v(M)$ unter den obigen Voraussetzungen nur von der zweiten Zeile von M abhängt, folgt aus (G.11) und der bereits in § 1 benutzten Relation $v(P^k) = (v(P))^k$ $(k \in \mathbb{Z})$: Sind $M = AK$ und $M^* = AK^*$ zwei Matrizen von $A\,\Gamma$ mit der gleichen zweiten Zeile, so gilt $K^* = P^k K$ $(k \in \mathbb{Z})$, also nach (G.11)

$$v(M^*) = v(AP^k)\,\sigma(AP^k, K)\,v(K)\,,$$

wo (vgl. (1.17)) $AP^k = U^{kN}A$ und

$$v(AP^k) = v(A)\,\sigma(A, P^k)\,v(P^k) = v(A). \quad -$$

Auf dieser Grundlage wird nun die *Eisenstein-Reihe*

$$(\text{G.12}) \qquad G(s, \tau; \mathsf{K}, A) := \sum_{M \in \mathfrak{S}(A\,\Gamma)} v^{-1}(M)\,(m_1\,\tau + m_2)^{-r}\,|m_1\,\tau + m_2|^{-s}$$

mit $M = \begin{pmatrix} * & * \\ m_1 & m_2 \end{pmatrix}$ *definiert*. Wir zeigen sogleich, daß sie bei fest gegebenen K, s auf jedem abgeschlossenen Vertikalhalbstreifen (G. 7) $\mathfrak{B}$ *gleichmäßig absolut konvergiert*. Wie man leicht beweist, gilt für $\tau \in \mathfrak{B}$

$$(\text{G.13}) \qquad |m_1\,\tau + m_2| \geqq C_1\,|m_1\,i + m_2| \qquad (m_1, m_2 \in \mathbb{R})$$

mit einem von τ unabhängigen $C_1 > 0$, woraus die Behauptung sofort folgt. Im übrigen treten die Glieder der Reihe (G.12) *paarweise* auf: Zu $M \in \mathfrak{S}(A\,\Gamma)$ mit

$\underline{M} = \{m_1, m_2\}$ gibt es genau ein

$$M^* \in \mathfrak{S}(A\,\Gamma) \quad \text{mit} \quad \underline{M}^* = \{-m_1, -m_2\},$$

und dann gilt nach (G.11) mit $L = -I$

$$v^{-1}(M^*)(-m_1\,\tau - m_2)^{-r} = v^{-1}(M)(m_1\,\tau + m_2)^{-r}.$$

Daß in (G.12) ein Glied mit $m_1 = 0$ auftritt, besagt genau, daß $\zeta \equiv \infty \bmod \Gamma$. Nach (G.13) erhält man bei festen K, s für jedes ε mit $0 < \varepsilon < r + \sigma - 2$, sofern $\tau \in \mathfrak{B}$ (s. (G.7))

$$(\text{G.14}) \qquad\qquad |G(s, \tau; \text{K}, A)| \leqq C_2\,y^{-(r + \sigma - 2 - \varepsilon)},$$

falls $\zeta \not\equiv \infty \bmod \Gamma$; dagegen unter den gleichen Voraussetzungen

$$(\text{G.15}) \qquad\qquad |G(s, \tau; \text{K}, A) - 2v^{-1}(M_1)| \leqq C_2\,y^{-(r + \sigma - 2 - \varepsilon)},$$

falls $\zeta \equiv \infty \bmod \Gamma$ und $M_1 \in \mathfrak{S}(A\,\Gamma)$, $\underline{M}_1 = \{0, 1\}$; $C_2 > 0$ hängt von τ nicht ab.

Zur Beschreibung des *automorphen Verhaltens* der Reihen (G.12) als Funktionen von τ benutzen wir für $S = \begin{pmatrix} * & * \\ c & d \end{pmatrix} \in \text{SL}(2, \mathbb{R})$ den durch (3.21) definierten Strichoperator

$$f(s, \tau)\,|\,S = f(s, \tau)\,|_{r, s}\,S = f(s, S\,\tau)(c\,\tau + d)^{-r}\,|c\,\tau + d|^{-s}.$$

In dieser Terminologie ergibt sich zunächst nach (G.11)

$$(\text{G.16}) \qquad G(s, \tau; \text{K}, A)\,|_{r, s}\,L = v(L)\,G(s, \tau; \text{K}, A) \qquad (L \in \Gamma)$$

und überdies nach der Definition von v_S' in Lemma 1.2 $(S \in {}_1\Gamma)$

$$(\text{G.17}) \qquad G(s, \tau; \text{K}, A)\,|_{r, s}\,S = \frac{v_S'(A\,S)}{v(A)\,\sigma(A, S)}\,G(s, \tau; \text{K}_S', A\,S),$$

wo $\text{K}_S' := \{S^{-1}\,\Gamma\,S, -r, v_S'\}$ $(S \in {}_1\Gamma)$. Die letztere Relation läßt sich mit $B \in {}_1\Gamma$, wenn

$$G(s, \tau; \text{K}, A) = G_B(s, \tau; \text{K}, A)\,|_{r, s}\,B$$

gesetzt wird, auch in der Gestalt schreiben

$$(\text{G.18}) \quad G_B(s, \tau; \text{K}, A) = \sigma(A\,B^{-1}, B)\,v^{-1}(A)\,v_{B^{-1}}'(A\,B^{-1})\,G(s, \tau; \text{K}_{B^{-1}}', A\,B^{-1});$$

die Reihe G auf der rechten Seite enthält ein von Null verschiedenes konstantes Glied *genau* dann, wenn $B^{-1}\infty \equiv A^{-1}\infty \bmod \Gamma$. Im Falle $r > 2$ verhalten sich alle Nullwerte, d. h. die folgenden Funktionen von τ:

$$G(\tau; \text{K}, A) := G(0, \tau; \text{K}, A) \qquad (s = 0),$$

in $\mathfrak{H}$ holomorph; die Formeln (G.14 − 18) ergeben

Satz G.1. *Es sei Γ eine kanonische Untergruppe der Modulgruppe, $r \in \mathbb{R}$, $r > 2$, $v \in [\Gamma, -r]^1$, $A \in {}_1\Gamma$, $\zeta := A^{-1}\infty$, und es verschwinde der Drehrest $\varkappa$ von $\text{K} := \{\Gamma, -r, v\}$ in ζ. Dann stellt $G(\tau; \text{K}, A)$ eine ganze Modulform der Klasse K dar. Sie verschwindet in allen Spitzen, die nicht der Bahn $\Gamma\,\zeta$ angehören, während gilt*

$$b_0(A, G(*; \text{K}, A)) = 2v^{-1}(A).$$

Durchläuft $\zeta_j = A_j^{-1} \infty$ $(A_j \in {}_1\Gamma;\ j = 1, 2, \ldots, h)$ *ein volles Vertretersystem derjenigen Spitzenbahnen* $\mathrm{mod}\ \Gamma$, *in denen* K *unverzweigt ist, so stimmen alle Eisenstein-Reihen* $G(\tau; \mathsf{K}, A)$ $(A \in {}_1\Gamma)$ *bis auf konstante Faktoren* $\neq 0$ *mit den* $G(\tau; \mathsf{K}, A_j)$ *überein, und diese sind linear-unabhängig.* —

(III) Durch Multiplikation der Reihen (G.12) mit $y^{\frac{1}{2}s}$ kann man in den (G.16, 17) entsprechenden Formeln zu den Strichoperatoren übergehen, die bereits in (G.2) aufgetreten sind. Wir betrachten, zunächst wieder unter den Voraussetzungen (G.3), die modifizierten Eisenstein-Reihen

$$(\mathrm{G.19}) \qquad \begin{aligned} F(s, \tau; \mathsf{K}, A) &:= y^{\frac{1}{2}s}\, G(s, \tau; \mathsf{K}, A) \\ &= \sum_{M \in \mathfrak{S}(A\Gamma)} v^{-1}(M)\,(m_1 \tau + m_2)^{-r}\,(\mathrm{Im}\, M\tau)^{\frac{1}{2}s} \qquad (A \in {}_1\Gamma) \end{aligned}$$

für die man nach (G.16, 17) die Transformationsgleichungen

$$(\mathrm{G.20}) \qquad \begin{aligned} F(s, \tau; \mathsf{K}, A)\,|\,L &= v(L)\, F(s, \tau; \mathsf{K}, A) \qquad (L \in \Gamma) \\ F(s, \tau; \mathsf{K}, A)\,|\,S &= \frac{v'_S(AS)}{v(A)\,\sigma(A, S)}\, F(s, \tau; \mathsf{K}'_S, AS) \qquad (S \in {}_1\Gamma) \end{aligned}$$

erhält; hier wurde und wird im folgenden $| = |_r$ geschrieben. Definiert man $F_B(s, \tau; \mathsf{K}, A)$ durch

$$F(s, \tau; \mathsf{K}, A) = F_B(s, \tau; \mathsf{K}, A)\,|\,B \qquad (B \in {}_1\Gamma),$$

so kommt nach (G.18) überdies

$$F_B(s, \tau; \mathsf{K}, A) = \frac{\sigma(AB^{-1}, B)}{v(A)}\, v'_{B^{-1}}(AB^{-1})\, F(s, \tau; \mathsf{K}'_{B^{-1}}, AB^{-1}),$$

also insbesondere

$$(\mathrm{G.21}) \qquad F_A(s, \tau; \mathsf{K}, A) = v^{-1}(A)\, F(s, \tau; \mathsf{K}^*_A, I),$$

wo $\mathsf{K}^*_A := \{\Gamma^*_A, -r, v^*_A\}$, $\Gamma^*_A := A\Gamma A^{-1}$, $v^*_A := v'_{A^{-1}}$.

Im folgenden werden *ganze Spitzenformen* der Klasse K eingeführt, weshalb $r > 0$ vorausgesetzt wird. Sei also $\varphi(\tau) \in \mathsf{K}^+$. Entsprechend den Ausführungen von G.(I) (s. insbes. bei (G.6, 7, 8)) existiert

$$P(s; \mathsf{K}, A; \varphi) := J_r(F(s, *; \mathsf{K}, A), \varphi; \mathfrak{F}_\Gamma)$$

im Sinne absoluter Konvergenz für jede Fundamentalmenge $\mathfrak{F}_\Gamma$ der oben angegebenen Art und hat die gleichen Invarianzeigenschaften wie das obige Integral (G.8) $J_r(f, g; \mathfrak{F}_\Gamma)$. Insbesondere ergibt sich nach (G.5, 21)

$$(\mathrm{G.22}) \qquad P(s; \mathsf{K}, A; \varphi) = v^{-1}(A)\, P(s; \mathsf{K}^*_A, I, \varphi_A) \qquad (A \in {}_1\Gamma).$$

Das wichtigste *Ziel* besteht in dem *Nachweis*, daß das Skalarprodukt $P(s; \mathsf{K}, A; \varphi)$ unter den genannten Voraussetzungen *stets verschwindet*. (G.22) zeigt, daß es genügt, dies im Falle $A = I$ zu beweisen. Wir betrachten also

$$P(s, \mathsf{K}, \varphi) := J_r(F(s, *; \mathsf{K}, I), \varphi; \mathfrak{F}_\Gamma)$$

unter der Annahme, daß K in $\zeta = \infty$ unverzweigt sei; im übrigen gelte (G.3) und $r + \sigma > 2$; N sei die Breite der Spitze ∞ in Γ.

Zu den *Vorbereitungen des Beweises* gehört die Wahl von $\mathfrak{F}_\Gamma$ und die eines Systems $\mathfrak{S}\,(\Gamma)$, wie es in $G\,(s, \tau; K, I)$ auftritt. Als $\mathfrak{F}_\Gamma$ wählen wir einen über Kanten zusammenhängenden Fundamentalkomplex von Γ, der aus vollständigen Spitzensektoren bezüglich Γ besteht; es darf angenommen werden, daß die Vereinigung der $U^j\,\mathfrak{C}$ $(0 \le j \le N - 1)$ unter diesen vorkommt.

Indem wir die Halbgeraden des Randes von $\mathfrak{C}$ als Längskanten, dessen Kreisbogen als Querkante von $\mathfrak{C}$ bezeichnen und dies auf die Moduldreiecke $S\,\mathfrak{C}$ $(S \in {}_{|}\Gamma)$ übertragen, können wir die Zerlegung der Geraden $\{x = -\tfrac{1}{2}, y > 0\}$ in Kanten dieser Art wie folgt beschreiben (*der Leser zeichne*): Durch $\tfrac{1}{6}\sqrt{3} \le y \le \tfrac{1}{2}\sqrt{3}$ wird die gemeinsame Querkante zweier Moduldreiecke mit den Spitzen $0, -1$; durch $0 < y \le \tfrac{1}{6}\sqrt{3}$ die gemeinsame Längskante zweier Moduldreiecke mit der Spitze $-\tfrac{1}{2}$ dargestellt. Von diesen vier Moduldreiecken sind die beiden im Vertikalhalbstreifen $\{-\tfrac{1}{2} \le x \le 0, y > 0\}$ enthaltenen durch $T U\,\mathfrak{C}$, $\dot{U}^{-2}\,\mathfrak{C}$ gegeben.

Wir bilden $\mathfrak{G} := \mathfrak{F}_\Gamma \cup (\partial\mathfrak{F}_\Gamma \cap \mathfrak{H})$ und definieren

$$\mathfrak{W} := \{\tau \in \mathfrak{H}\,|\,-\tfrac{1}{2} \le x \le N - \tfrac{1}{2}\}\,.$$

$$\mathfrak{W}_{0,\lambda} := \{\tau \in \mathbb{C}\,|\,-\tfrac{1}{2} \le x \le N - \tfrac{1}{2}, 0 < y \le \lambda\} \quad (0 < \lambda < 1)$$

$$\mathfrak{W}_{\lambda,\varrho} := \{\tau \in \mathbb{C}\,|\,-\tfrac{1}{2} \le x \le N - \tfrac{1}{2}, \lambda < y \le \varrho\} \quad (0 < \lambda < 1 < \varrho)\,.$$

Unter den Matrizen $M \in \Gamma$ mit der gegebenen zweiten Zeile $\underline{M} = \{m_1, m_2\}$ erfüllt genau eine die Ungleichung

$$(\text{G.23}) \qquad\qquad -\tfrac{1}{2} < \operatorname{Re} M(2i) < N - \tfrac{1}{2} \quad (M \in \Gamma);$$

daher wird *hierdurch ein System* $\mathfrak{S}_0 = \mathfrak{S}\,(\Gamma)$ *definiert*. Ersichtlich gilt $\pm\,I \in \mathfrak{S}_0$; $M \in \mathfrak{S}_0$ ist mit $-\,M \in \mathfrak{S}_0$ gleichbedeutend. Von jedem Bereich $M\,\mathfrak{G}$ $(M \in \mathfrak{S}_0)$ liegt ein innerer Punkt im Innern von $\mathfrak{W}$. Wenn nicht $M\,\mathfrak{G} \subset \mathfrak{W}$ $(M \in \mathfrak{S}_0)$, so enthält $M\,\mathfrak{G}$ eines der vier Grenzdreiecke von $\mathfrak{W}$, nämlich

$$T U\,\mathfrak{C}, \quad U^{N-1}\,T U^{-1}\,\mathfrak{C}, \quad \dot{U}^{-2}\,\mathfrak{C}, \quad U^{N-1}\,\dot{U}^2\,\mathfrak{C}$$

sowie das an dieses und an $\{x = -\tfrac{1}{2}\}$ bzw. $\{x = N - \tfrac{1}{2}\}$ von außen anstoßende Dreieck. Gilt hier z. B.

$$M\,\mathfrak{G} \supset T U\,\mathfrak{C}, \quad \text{so} \quad U^N M\,\mathfrak{G} \supset U^{N-1}\,T U^{-1}\,\mathfrak{C};$$

wegen $U^N M \notin \mathfrak{S}_0$ folgt daher, daß $M\,\mathfrak{G} \not\subset \mathfrak{W}$ $(M \in \mathfrak{S}_0)$ für höchstens zwei Matrizenpaare $\pm\,M$ aus $\mathfrak{S}_0$ eintreten kann.

Wir verstehen unter $\mathfrak{S}^+$ die Menge der $M \in \mathfrak{S}_0$, für welche

$$\underline{M} = \{m_1, m_2\} \quad \text{mit} \quad \{m_1, m_2\} = \{0, 1\} \quad \text{oder} \quad m_1 > 0$$

zutrifft. Der Fall $M\,\mathfrak{G} \not\subset \mathfrak{W}$ $(M \in \mathfrak{S}_0)$ wird als *Ausnahmefall* bezeichnet. In einem solchen wird $M\,\mathfrak{G}$ durch die Geraden $x = -\tfrac{1}{2} + jN$ $(j \in \mathbb{Z})$ in endlich viele Teilbereiche zerlegt. Reduziert man diese durch Verschiebungen vermöge U^{kN} $(k \in \mathbb{Z})$ in $\mathfrak{W}$ hinein, so erhält man auf diese Weise aus $M\,\mathfrak{G}$ eine

Punktmenge $\mathfrak{G}_M$ der Gestalt $\mathfrak{R} \cup (\partial\mathfrak{R} \cap \mathfrak{H})$, wo $\mathfrak{R}$ eine endlich-teilige Fundamentalmenge von Γ in $\mathfrak{H}$ darstellt, deren jeder Teil ein von endlich vielen Kanten der Modulfigur berandeter Bereich ist. Liegt der Ausnahmefall nicht vor, so wird $\mathfrak{G}_M = M\mathfrak{G}$ ($M \in \mathfrak{S}^+$) gesetzt.

Aus diesen Überlegungen folgt, daß die *Vereinigung der* $\mathfrak{G}_M$ ($M \in \mathfrak{S}^+$) *den Vertikalhalbstreifen* $\mathfrak{W}$ *lückenlos und bis auf Randkoinzidenzen einfach überdeckt.*

(IV) Es durchlaufe $\zeta = A^{-1}\infty$ ($A \in {}_{\mathrm{I}}\Gamma$) die Spitzen von $\mathfrak{F}_\Gamma$; als eines dieser A kann und soll $A = I$ gewählt werden. Unter dem Abschneiden der Spitze ζ vom Spitzensektor

$$\mathfrak{R} := \bigcup_{k=0}^{N'-1} A^{-1} U^{g+k} \mathfrak{E} \qquad (g \in \mathbb{Z}, \ N' = \text{Breite von } \zeta \text{ in } \Gamma)$$

in der Höhe $h > 2$ wird die Tilgung der Punkte τ von $\mathfrak{R}$ mit $\operatorname{Im} A\tau > h$ verstanden. Entsprechend ist das Abschneiden aller Spitzen von $\mathfrak{F}_\Gamma$ in der (gemeinsamen) Höhe h zu interpretieren.

Wir beweisen drei Hilfssätze:

Hilfssatz 1. Durch das Abschneiden der Spitzen von $\mathfrak{F}_\Gamma$ *in der Höhe* $h > 2$ *werden von sämtlichen* $M\mathfrak{F}_\Gamma$ ($M \in \mathfrak{S}^+$) *nur Punkte* τ *mit* $y < h^{-1}$ *und Punkte* τ *mit* $y > h$ *getilgt; letzteres tritt lediglich für* $M = I$ *ein, in welchem Falle* $A = I$ *ist. –*

Beweis. Es genügt, die Punkte von $MA^{-1}\mathfrak{W}$ zu betrachten, wo $M \in \mathfrak{S}^+$, A wie oben und $\mathfrak{W}$ durch (G.7) bestimmt sind. Wir schreiben $M' = MA^{-1} = \begin{pmatrix} * & * \\ m_1' & m_2' \end{pmatrix}$. Daß m_1' verschwindet, impliziert $\infty = M\zeta$, also $\zeta = \infty$, $A = M = I$. Im Falle $m_1' \neq 0$ gilt für $\tau \in \mathfrak{W}$

$$\operatorname{Im} M'\tau = \frac{y}{|m_1'\tau + m_2'|^2} \leq m_1'^{-2} y^{-1} \leq y^{-1} < h^{-1}, \quad \text{q.e.d.}$$

Hilfssatz 2. Zu vorgegebenem β ($0 < \beta < \frac{1}{2}$) *existiert eine endliche* I *enthaltende Teilmenge* $\mathfrak{N}_0(\beta)$ *von* $\mathfrak{S}^+$ *folgender Art: Für alle* $M \in \mathfrak{S}^+ \setminus \mathfrak{N}_0(\beta)$ *gilt* $\operatorname{Im} M\tau < \beta$, *falls* $\tau \in \mathfrak{F}_\Gamma$. –*

Beweis. In den obigen Bezeichnungen ergibt sich für $m_1' \neq 0$ nach (G.13)

$$\operatorname{Im} M'\tau \leq |m_1'\tau + m_2'|^{-1} \leq C_1^{-1} |m_1' i + m_2'|^{-1} .$$

Hilfssatz 3. Zu jedem vorgegebenen ε ($0 < \varepsilon < \frac{1}{2}$) *gibt es ein* $\lambda_0(\varepsilon)$ ($0 < \lambda_0(\varepsilon) < \frac{1}{2}$) *derart, daß*

$$\iint\limits_{\mathfrak{W}_{0,\lambda}} |\varphi(\tau)| \, y^{\frac{1}{2}\sigma + r - 2} \, dx \, dy < \varepsilon$$

zutrifft, sobald $0 < \lambda < \lambda_0(\varepsilon)$. –*

Beweis. $y^{\frac{1}{2}r} |\varphi(\tau)|$ ist nach [11], Nr. 33 in $\mathfrak{H}$ beschränkt, und es gilt

$$\tfrac{1}{2}\sigma + \tfrac{1}{2}r - 2 > -1. \quad –$$

Wir kommen zum *Beweis dafür, daß* $P(s, \mathsf{K}, \varphi)$ unter den angenommenen Voraussetzungen stets *verschwindet.* Es sei ε mit $0 < \varepsilon < \frac{1}{2}$ fest gegeben. $\mathfrak{F}^{(h)} = \mathfrak{F}_{\Gamma}^{(h)}$ entstehe aus $\mathfrak{F}_{\Gamma}$ durch Abschneiden aller Spitzen in der Höhe h $(h > 2)$. Es gibt ein $h_0(\varepsilon) > 2$ mit der Eigenschaft, daß

$$(\text{G.24}) \qquad \left| \frac{1}{2} P(s, \mathsf{K}, \varphi) - \iint_{\mathfrak{F}^{(h)}} \frac{1}{2} G(s, \tau; \mathsf{K}, I) \, \overline{\varphi}(\tau) \, y^{r + \frac{s}{2}} \frac{dx \, dy}{y^2} \right| < \varepsilon$$

wird, wenn $h > h_0(\varepsilon)$. Es sei $h > h_0(\varepsilon)$. Durch Vertauschung von Summation und Integration erhält man für das Doppelintegral J_h die entscheidende *Umformung*

$$J_h := \iint_{\mathfrak{F}^{(h)}} = \sum_{M \in \mathfrak{S}^+} \iint_{M \mathfrak{F}^{(h)}} \overline{\varphi}(\tau) \, y^{r + \frac{1}{2}s - 2} \, dx \, dy \, .$$

Wir wählen ein λ mit $0 < \lambda < \lambda_0(\varepsilon)$ und verlangen von h überdies, daß $h^{-1} \leq \lambda$ sei. Zu dem vorgegebenen ε existiert eine endliche Menge $\mathfrak{N}_1(\varepsilon) \subset \mathfrak{S}^+$ derart, daß

$$\left| J_h - \sum_{M \in \mathfrak{N}} \iint_{M \mathfrak{F}^{(h)}} \overline{\varphi}(\tau) \, y^{r + \frac{1}{2}s - 2} \, dx \, dy \right| < \varepsilon$$

gilt, wenn hier über eine endliche Teilmenge $\mathfrak{N}$ von $\mathfrak{S}^+$ summiert wird, die $\mathfrak{N}_1(\varepsilon)$ umfaßt. $\mathfrak{N}$ enthalte zusätzlich $\mathfrak{N}_0(h^{-1})$. Da die Ordinaten bei der Reduktion der (höchstens zwei) Ausnahmebereiche $M\mathfrak{G}$ auf die $\mathfrak{G}_M$ nicht geändert werden, kann in der gleichen Weise, wie $M\mathfrak{F}^{(h)}$ aus $M\mathfrak{F}$ entsteht, $\mathfrak{G}_M^{(h)}$ aus $\mathfrak{G}_M$ gebildet werden. Die letzte Ungleichung besagt dann

$$(\text{G.25}) \qquad \left| J_h - \sum_{M \in \mathfrak{N}} \iint_{\mathfrak{G}_M^{(h)}} \overline{\varphi}(\tau) \, y^{r + \frac{1}{2}s - 2} \, dx \, dy \right| < \varepsilon \, .$$

Nach Hilfssatz 1 und Hilfssatz 2 wird $\mathfrak{W}_{h',h}$ $(h' = h^{-1})$ von den $\mathfrak{G}_M^{(h)}$ $(M \in \mathfrak{N})$ lückenlos und bis auf Randkoinzidenzen einfach überdeckt, während die über $\mathfrak{W}_{h',h}$ herausragenden Teile der $\mathfrak{G}_M^{(h)}$ $(M \in \mathfrak{N})$ endlich viele bis auf Randkoinzidenzen disjunkte abgeschlossene Flächenstücke in $\mathfrak{W}_{0,h'}$ bilden. Einerseits ist nun

$$(\text{G.26}) \qquad \iint_{\mathfrak{W}_{h',h}} \overline{\varphi}(\tau) \, y^{r + \frac{1}{2}s - 2} \, dx \, dy = 0 \, ,$$

andererseits nach Hilfssatz 3 die Summe der Integrale mit diesem Integranden über die genannten Flächenstücke kleiner als ε.

So ergibt sich nach (G.24, 25, 26)

$$\left| \tfrac{1}{2} P(s, \mathsf{K}, \varphi) \right| < 3\varepsilon \, ,$$

was die Behauptung liefert und also besagt

Satz G.2. *Es sei Γ eine kanonische Untergruppe der Modulgruppe, $r \in \mathbb{R}$, $r > 0$, $v \in [\Gamma, -r]^1$, $\mathsf{K} := \{\Gamma, -r, v\}$; ferner $A \in {}_1\Gamma$, P die Grundmatrix der Spitze $A^{-1}\infty$ in Γ, $v(P) = 1$; $s \in \mathbb{C}$, $r + \operatorname{Re} s > 2$, φ eine ganze Spitzenform der Klasse K. Dann existiert das Skalarprodukt* (vgl. (G.1, 8, 12, 19))

$$(F(s, *; \mathsf{K}, A), \varphi; \Gamma) = J_r(F(s, *; \mathsf{K}, A), \varphi; \mathfrak{F}_{\Gamma})$$

im Sinne absoluter Konvergenz und verschwindet stets. —

(V) Die *Poincaréschen Reihen vom parabolischen Typus,* auf die sich diese Theorie übertragen läßt, sind unter den in Satz G.2 genannten Voraussetzungen, abgesehen von der Vorschrift $v(P) = 1$, die nicht gebraucht wird, folgendermaßen bestimmt: Es sei

$$v \in \mathbb{Z}, \quad P = A^{-1} U^N A, \quad v(P) = e^{2\pi i \varkappa}, \quad 0 \leqq \varkappa < 1;$$

dann wird definiert

$$G(s, \tau; \mathsf{K}, A, v + \varkappa)$$

$$:= \sum_{M \in \mathfrak{S}(A\Gamma)} v^{-1}(M) \left(\exp 2\pi i (v + \varkappa) \frac{M\tau}{N} \right) (m_1 \tau + m_2)^{-r} |m_1 \tau + m_2|^{-s},$$

wo $M = \begin{pmatrix} * & * \\ m_1 & m_2 \end{pmatrix}$; und

$$F(s, \tau; \mathsf{K}, A, v + \varkappa) := y^{\frac{s}{2}} G(s, \tau; \mathsf{K}, A, v + \varkappa).$$

Die Transformationsgleichungen dieser Funktionen entsprechen (G.16, 17, 18, 20, 21) genau. Die Skalarprodukte

$$(F(s, *; \mathsf{K}, A, v + \varkappa), \varphi; \Gamma) \qquad (\varphi \in \mathsf{K}^+)$$

konvergieren für $v + \varkappa \geqq 0$ absolut, bedürfen jedoch für $v + \varkappa < 0$ (d.h. $v < 0$) i.a. einer besonderen Definition als *Cauchysche Hauptwerte.* In diesem zweiten Falle führt die oben entwickelte Schlußkette zu dem *genauen Analogen von Satz* G.2: Alle genannten Skalarprodukte mit $v < 0$ *verschwinden.* Im ersten Fall ($v + \varkappa > 0$) dagegen ergibt sich

$$(F(s, *; \mathsf{K}, A, v + \varkappa), \varphi; \Gamma)$$

$$= 2 v^{-1}(A) N \left(\frac{N}{4\pi(v + \varkappa)} \right)^{r + \frac{s}{2} - 1} \Gamma \left(r + \frac{s}{2} - 1 \right) \overline{b_{v + \varkappa}}(A, \varphi). \quad -$$

Unter der Voraussetzung $r > 2$ sind die Funktionen

$$G(\tau; \mathsf{K}, A, v + \varkappa) := F(0, \tau; \mathsf{K}, A, v + \varkappa) \qquad (v \in \mathbb{Z})$$

auf $\mathfrak{H}$ wohldefiniert und stellen dort holomorphe Modulformen der Klasse K dar, die für $v + \varkappa > 0$ in allen Spitzen verschwinden. Im Falle $v + \varkappa < 0$ ist ihr Verhalten in den Spitzen zu dem der $G(\tau; \mathsf{K}, A)$ analog, wie hier nicht näher ausgeführt zu werden braucht. Über die $G(\tau; \mathsf{K}, A)$ ($v = \varkappa = 0$) gilt in der Terminologie des zweiten Teils von Satz G.1 und unter Verwendung der Bezeichnungen K^0, K^+ von § 1

Satz G.3 (Bezeichnungen und Voraussetzungen von Satz G.1). *Es bedeute* $\mathsf{K}^\perp$ *die lineare Schar derjenigen ganzen Modulformen der Klasse* K*, welche im Sinne der durch* (G.8) *definierten Metrik zur linearen Teilschar* K^+ *von* K^0 *orthogonal sind.* $\mathsf{K}^\perp$ *wird durch die Eisenstein-Reihen* $G(\tau; \mathsf{K}, A_j)$ $(1 \leqq j \leqq h)$ *aufgespannt, und diese bilden eine Basis von* $\mathsf{K}^\perp$. $-$

Beweis. Es sei $f \in \mathsf{K}^0$. Nach Satz G.1 gilt

$$f(\tau) = \Lambda(\tau) + \varphi(\tau) \qquad (\varphi(\tau) \in \mathsf{K}^+),$$

wo $\Lambda(\tau)$ ein eindeutig bestimmtes lineares Kompositum der Eisenstein-Reihen $G(\tau; \mathsf{K}, \Lambda_j)$ $(1 \le j \le h)$ angibt. Wenn f zu K^+ orthogonal ist, erhält man nach Satz G.2

$$0 = (f, \varphi; \Gamma) = (\Lambda, \varphi; \Gamma) + (\varphi, \varphi; \Gamma) = (\varphi, \varphi; \Gamma),$$

also $\varphi \equiv 0$, $f = \Lambda$, q.e.d.

(VI) Im folgenden wird die Theorie der Eisenstein-Reihen der *sehr speziellen Formenklassen*

$$(\mathrm{G}.27) \qquad\qquad \mathsf{K}_r[N] := \{\Gamma[N], -r, v^{(0)}\} \qquad (r, N \in \mathbb{N})$$

(vgl. (1.4)) behandelt, wo $v^{(0)}$ mit (3.6) $v_1^{(N)}$ übereinstimmt, also

$$v^{(0)}(L) = \varepsilon^r \quad \text{für} \quad L \equiv \varepsilon I \bmod N, \quad L \in {}_1\Gamma \quad (\varepsilon^2 = 1).$$

Das Ziel besteht in der Übertragung der Orthogonalitätseigenschaft von Satz G.3 auf die von Hecke untersuchten Eisenstein-Reihen, insbesondere in den Fällen nicht-absoluter Konvergenz ($r = 2, 1$), in denen das Heckesche Summationsverfahren angewendet wird. Dabei müssen die Heckeschen Resultate benutzt und für den vorliegenden Zweck etwas ausführlicher kommentiert werden.

Die von Hecke untersuchten *Eisenstein-Reihen der Stufe N* werden *in neuer Bezeichnung* wie folgt *definiert*:

$$
(\mathrm{G}.28) \quad
\begin{aligned}
H_r(s, \tau; \{a_1, a_2\}, N) &:= \sum_{m_1 \equiv a_1, \, m_2 \equiv a_2 (N)} (m_1 \tau + m_2)^{-r} \, |m_1 \tau + m_2|^{-s}, \\[2mm]
H_r^*(s, \tau; \{a_1, a_2\}, N) &:= \sum_{\substack{m_1 \equiv a_1, \, m_2 \equiv a_2 (N) \\ (m_1, m_2) = 1}} (m_1 \tau + m_2)^{-r} \, |m_1 \tau + m_2|^{-s}.
\end{aligned}
$$

Hier ist $r \in \mathbb{N}$, $s \in \mathbb{C}$, $\tau \in \mathfrak{H}$, $r + \sigma > 2$ ($\sigma := \mathrm{Re}\, s$); $a_1, a_2 \in \mathbb{Z}$; $\{m_1, m_2\}$ und $\{a_1, a_2\}$ bedeuten Matrizenzeilen; der Akzent verbietet $m_1 = m_2 = 0$; bei ungeradem r soll $N > 2$ sein. Die Summationsbedingungen für die Reihe H_r^* sind nur im primitiven Fall, d.h. für $(a_1, a_2, N) = 1$ widerspruchsfrei. Da man den imprimitiven Fall $t := (a_1, a_2, N) > 1$ der Reihen H_r stets auf den primitiven Fall mit der Stufe $N' := N\, t^{-1}$ reduzieren kann, wollen wir uns auf die Diskussion des *primitiven Falles beschränken*. Hier kann (vgl. Anhang F, Lemma F.1) immer $(a_1, a_2) = 1$ unterstellt werden, doch ist diese Vorschrift nicht immer vorteilhaft. —

Die Reihen (G.28) H_r^* stehen mit den Reihen $G(s, \tau; \mathsf{K}_r[N], A)$ (vgl. (G.12)) in enger Beziehung. Es gilt für $A = \begin{pmatrix} * & * \\ a_1 & a_2 \end{pmatrix} \in {}_1\Gamma$, wenn $r \equiv 0 \bmod 2$

$$(\mathrm{G}.29) \qquad G(s, \tau; \mathsf{K}_r[N], A) = 2\,\alpha^{(N)} H_r^*(s, \tau; \{a_1, a_2\}, N)$$

mit

$$v^{(0)}(A) = 1, \qquad \alpha^{(N)} = \begin{cases} \frac{1}{2} & \text{für} \quad N = 1, 2 \\ 1 & \text{für} \quad N > 2 \end{cases};$$

dagegen, wenn $r \equiv 1 \bmod 2$ $(N > 2)$

$$(G.30) \qquad G(s, \tau; \mathsf{K}_r[N], A) = 2v^{(0)-1}(A) H_r^*(s, \tau; \{a_1, a_2\}, N).$$

Diesen Formeln entspricht das Verhalten der Reihen H_r^* bei Modulsubstitutionen, das sich unmittelbar aus (G.28) ablesen läßt (vgl. auch (G.16, 17)). Man findet für $S \in {}_1\Gamma$ in der gemeinsamen Bezeichnung $H_r^{(*)}$ für H_r und H_r^*:

$$(G.31) \qquad H_r^{(*)}(s, \tau; \{a_1, a_2\}, N)\big|_{r,s} S = H_r^{(*)}(s, \tau; \{a_1, a_2\} S, N).$$

Zwischen den Reihen H_r und H_r^* besteht eine von Hecke bewiesene *grundlegende* (zu wenig beachtete) *lineare Äquivalenz*, die wie folgt zu formulieren ist: Für $k \in \mathbb{Z}$, $(k, N) = 1$ und $\mathrm{Re}\, s > 1$ sei (mit $\mu(n)$ nach Möbius)

$$\mu(s; k, N) := \sum_{\substack{n=1 \\ k\, n \equiv 1\,(N)}}^{\infty} \frac{\mu(n)}{n^s}, \qquad \lambda(s; k, N) := \sum_{\substack{n=1 \\ k\, n \equiv 1\,(N)}}^{\infty} \frac{1}{n^s}.$$

Dann gilt, wenn $k \bmod N$ durch $k(N)$ abgekürzt wird:

$$(G.32)$$
$$H_r^*(s, \tau; \{a_1, a_2\}, N) = \sum_{k(N),\,(k,N)=1} \mu(r+s; k, N) H_r(s, \tau; k\{a_1, a_2\}, N),$$

$$H_r(s, \tau; \{a_1, a_2\}, N) = \sum_{k(N),\,(k,N)=1} \lambda(r+s; k, N) H_r^*(s, \tau; k\{a_1, a_2\}, N).$$

Dieser Formalismus unterliegt der Voraussetzung $(a_1, a_2, N) = 1$. Er reicht bereits aus, um das folgende Analogon von Satz G.3 über die Nullwerte

$$H_r^{(*)}(\tau; \{a_1, a_2\}, N) := H_r^{(*)}(0, \tau; \{a_1, a_2\}, N)$$

zu gewinnen; dabei wird, weil für $N = 1$ nichts Wesentliches zu beweisen ist, $N > 1$ vorausgesetzt.

Wir verstehen unter $\mathfrak{h}_N$ ein *Halbsystem von zu N teilerfremden vektoriellen Resten* $\{a_1, a_2\} \bmod N$ $(N > 2, (a_1, a_2, N) = 1)$, d.h. es sollen die $\pm \{a_1, a_2\}$ mit $\{a_1, a_2\} \in \mathfrak{h}_N$ ein Vertretersystem aller gemäß $(a_1, a_2, N) = 1$ zu N teilerfremden vektoriellen Restklassen $\bmod N$ bilden. Dann gilt (vgl. auch die Beziehung zwischen $\mathfrak{h}_N$ und den Spitzenbahnen $\bmod \Gamma[N]$)

Satz G.4. *Sowohl die Reihen* $H_r(\tau; \{a_1, a_2\}, N)$ $(r \geqq 3, \{a_1, a_2\} \in \mathfrak{h}_N, N > 2)$ *als auch die Reihen* $H_r^*(\tau; \{a_1, a_2\}, N)$ $(r, \{a_1, a_2\}$ *wie oben) bilden eine Basis der Orthogonalschar* $\mathsf{K}_r[N]^\perp$. *Im Spezialfall* $N = 2$ *erhält man je eine Basis in den Funktionen* H_r, H_r^* *für*

$$\{a_1, a_2\} = \{0, 1\}, \{1, 0\}, \{1, 1\}. \quad -$$

Hinsichtlich der Fourier-Entwicklungen der beiden Nullwerttypen $H_r^*(\tau; \{a_1, a_2\}, N)$ ist hervorzuheben, daß die Fourier-Koeffizienten von $H_r(\tau; \{a_1, a_2\}, N)$ (vgl. [11], Nr. 24, (2)) finite Gestalt aufweisen, die von $H_r^*(\tau; \{a_1, a_2\}, N)$ dagegen nicht. Ein Summationsverfahren für die letzteren erhält man, indem man sie nach (G.32) durch die ersteren linear ausdrückt.

(VII) Zur Aufstellung der Fourier-Entwicklungen der Eisenstein-Reihen $H_r(s, \tau; \{a_1, a_2\}, N)$ $(r = 2, 1)$ verwenden wir neben den Formalismen von § 3 (s. (3.12−16)) das Kronecker-Symbol

$$\delta_N(a, b) := \begin{cases} 1, & \text{wenn} \quad a \equiv b \bmod N \\ 0 & \text{sonst} \end{cases} \qquad (a, b \in \mathbb{Z}, N \in \mathbb{N})$$

sowie die in (A.28) definierten Kongruenz-Zetafunktionen $\zeta^{\pm}(s; h, N)$ (s. auch Satz A.3). Damit ergibt sich

$$H_2(s, \tau; \{a_1, a_2\}, N)$$

$$= \delta_N(a_1, 0)\, \zeta^+(2 + s; a_2, N) + N^{-1} y^{-1-s} \frac{-\sqrt{\pi}\, \Gamma\left(\dfrac{s+1}{2}\right)}{2\Gamma\left(2 + \dfrac{s}{2}\right)} s\, \zeta^+(1 + s; a_1, N)$$

$$+ \sum_{\varepsilon = \pm 1} N^{-1} \sum_{\substack{m > 0,\, n \neq 0 \\ m \equiv \varepsilon a_1(N)}} \left(\exp \frac{2\pi i}{N}(mx + \varepsilon a_2)\, n\right) (my)^{-1-s} B\left(2 + \frac{s}{2}, \frac{s}{2}; mn\frac{y}{N}\right).$$

Für beschränkte s und die τ in einem Vertikalhalbstreifen (G.7) $\mathfrak{B}$ konvergiert die Doppelreihe gleichmäßig absolut. Setzt man also

$$\text{(G.33)} \qquad E_r^{(*)}(s, \tau; \{a_1, a_2\}, N) := y^{\frac{s}{2}}\, H_r^{(*)}(s, \tau; \{a_1, a_2\}, N),$$

so *existiert jedes Skalarprodukt*

$$(E_2(s, *; \{a_1, a_2\}, N), \varphi; \Gamma[N]) \qquad (\varphi \in \mathsf{K}_2[N]^+)$$

für $\sigma > -1$ im Sinne absoluter Konvergenz und stellt, weil diese für beschränkte s mit $\sigma \geqq -1 + \alpha$ $(\alpha > 0)$ gleichmäßig ist, eine in der Halbebene $\sigma > -1$ holomorphe Funktion von s dar. Für die *Nullwerte* findet man

$$\text{(G.34)} \qquad \begin{aligned} H_2(\tau; \{a_1, a_2\}, N) &= \delta_N(a_1, 0)\, \zeta^+(2; a_2, N) - \frac{\pi}{N^2 y} \\ &\quad - \frac{4\pi^2}{N^2} \sum_{\varepsilon = \pm 1} \sum_{\substack{m, n = 1 \\ m \equiv \varepsilon a_1(N)}}^{\infty} \xi_N^{2n\,\varepsilon\,a_2}\, n\, \exp 2\pi i\, m\, n\, \frac{\tau}{N}. \end{aligned}$$

Man kann diese Entwicklung dazu benutzen, um den *Anfang einer asymptotischen Entwicklung von $H_2^*(\tau; \{a_1, a_2\}, N)$* nach Potenzen von

$$z := \exp 2\pi i\, N^{-1} \tau$$

abzuleiten. Aufgrund von (G.32, 34) erhält man nach kurzer Rechnung für $y > 1$

$$\text{(G.35)} \qquad H_2^*(\tau; \{a_1, a_2\}, N) = \begin{cases} 1, & \text{wenn} \quad \{a_1, a_2\} \equiv \pm \{0, 1\} \bmod N \\ 0 & \text{sonst} \end{cases} - \frac{3}{\sigma[N]\pi y} + O(z),$$

wenn $N \geqq 3$; für $N = 2$ ist die rechte Seite zu verdoppeln; $\sigma[N]$ bezeichnet die Anzahl der Spitzenbahnen mod $\Gamma[N]$.

In einem Halbsystem $\mathfrak{h}_N$ von zu N teilerfremden vektoriellen Resten $\{a_1, a_2\}$ mod N kann stets $(a_1, a_2) = 1$ erreicht werden. Hat $\mathfrak{h}_N$ diese Eigenschaft und bildet man $A = \begin{pmatrix} * & * \\ a_1 & a_2 \end{pmatrix} \in {}_1\Gamma$ mit $\{a_1, a_2\} \in \mathfrak{h}_N$, so durchlaufen die Punkte $\zeta := A^{-1}\infty$ ein Vertretersystem der Spitzenbahnen mod $\Gamma\,[N]$ (vgl. die Vorbemerkung zu Satz G.4). Die einzelne Funktion $H_2^*\,(\tau; \{b_1, b_2\}, N)$ hat in der Spitze

$$B^{-1}\infty\,, \qquad B = \begin{pmatrix} * & * \\ b_1 & b_2 \end{pmatrix} \in {}_1\Gamma\,, \qquad \{b_1, b_2\} \in \mathfrak{h}_N$$

und in keiner anderen der genannten Spitzen $\zeta = A^{-1}\infty$ ein von Null verschiedenes konstantes Glied. (Zur Bestätigung vgl. w.u. die entsprechende Stelle in Abschnitt VIII.)

Aus (G.35) und dem Residuensatz folgt damit, wie auch bei Hecke ([11], Nr. 24) ausgeführt, das *Reduktionstheorem* (s. w.u. in Satz G.5). Die *Orthogonalität der Nullwerte* H_2, H_2^* zu den ganzen Spitzenformen der Klasse $\mathsf{K}_2\,[N]$ ergibt sich aufgrund von (G.32) wie folgt: Es sei $\varphi \in \mathsf{K}_2\,[N]^+$. Für $\sigma > 0$ gilt nach der zweiten Formel (G.32) (vgl. (G.33))

$$(E_2\,(s, *; \{a_1, a_2\}, N), \varphi; \Gamma\,[N])$$
$$= \sum_{k(N),\,(k,\,N)\,=\,1} \lambda(2 + s; k, N)\,(E_2^*\,(s, *; k\,\{a_1, a_2\}, N), \varphi; \Gamma\,[N])\,.$$

Die linke Seite verhält sich für $\sigma > -1$ holomorph in s. Nach Satz G.2 und (G.29) verschwindet sie für $\sigma > 0$, also *identisch in s*. Analog läßt sich das Skalarprodukt

$$(E_2^*\,(s, *; \{a_1, a_2\}, N), \varphi; \Gamma\,[N])$$

nach der ersten Formel (G.32) als in $\sigma \geqq -1 + \alpha$ $(\alpha > 0)$ gleichmäßig absolut konvergentes Doppelintegral darstellen, dessen Wert überall verschwindet.

Im Hinblick auf den Residuensatz (Satz 1.7) und auf die Beweisführung von Satz G.3 ergibt dies den folgenden Satz G.5. Dazu sei $\mathfrak{h}_N$ ein Halbsystem von zu N teilerfremden vektoriellen Resten $\{a_1, a_2\}$ mod N, wenn $N > 2$; im Falle $N = 2$ bestehe $\mathfrak{h}_N = \mathfrak{h}_2$ aus $\{0, 1\}$, $\{1, 0\}$, $\{1, 1\}$. Nun gilt

Satz G.5. *Die analytischen Linearkombinationen der Eisenstein-Reihen*

$$H_2\,(\tau; \{a_1, a_2\}, N) \qquad (s = 0, \{a_1, a_2\} \in \mathfrak{h}_N)$$

stimmen mit den analytischen Linearkombinationen der Eisenstein-Reihen

$$H_2^*\,(\tau; \{a_1, a_2\}, N) \qquad (s = 0, \{a_1, a_2\} \in \mathfrak{h}_N)$$

überein. Sie bilden eine lineare Teilschar $\Omega_2\,[N]$ von $\mathsf{K}_2\,[N]$ vom Range $\sigma\,[N] - 1$.

Für eine vorgegebene Linearkombination $\Lambda\,(\tau)$ der $H_2^{(*)}\,(\tau; \{a_1, a_2\}, N)$ $(\{a_1, a_2\} \in \mathfrak{h}_N)$ bedeutet analytisches Verhalten in τ so viel wie das Verschwinden der Koeffizientensumme und entspricht daher genau dem Bestehen des Residuensatzes. — Zu jeder Modulform $f \in \mathsf{K}_2\,[N]^0$ gibt es genau ein Element $\Lambda \in \Omega_2\,[N]$ derart, daß $f = \Lambda + \varphi$ mit $\varphi \in \mathsf{K}_2\,[N]^+$ zutrifft (Reduktionstheorem). — Die lineare Schar $\Omega_2\,[N]$ stimmt mit der Orthogonalschar $\mathsf{K}_2\,[N]^\perp$ (zu $\mathsf{K}_2\,[N]^+$ in $\mathsf{K}_2\,[N]^0$) überein (Orthogonalität). — Man erhält eine Basis von $\Omega_2\,[N]$ in der Gestalt

$$H_2^{(*)}\,(\tau; \{a_1, a_2\}, N) - H_2^{(*)}\,(\tau; \{a_1^0, a_2^0\}, N)\,,$$

wo $\{a_1, a_2\}$ und $\{a_1^0, a_2^0\} \in \mathfrak{h}_N$, $\{a_1^0, a_2^0\}$ fest und $\{a_1, a_2\} \neq \{a_1^0, a_2^0\}$. —

(VIII) Die Fourier-Entwicklung von $H_1(s, \tau; \{a_1, a_2\}, N)$, wo $N > 2$ und zunächst $\sigma > 1$, hat die Gestalt

$$H_1(s, \tau; \{a_1, a_2\}, N)$$

$$= \delta_N(a_1, 0)\, \zeta^-(1 + s; a_2, N) + N^{-1} y^{-s} (-i \sqrt{\pi}) \frac{\Gamma\left(\dfrac{s+1}{2}\right)}{\Gamma\left(1 + \dfrac{s}{2}\right)} \zeta^-(s; a_1, N)$$

$$+ \sum_{\varepsilon = \pm 1} \frac{\varepsilon}{N} \sum_{\substack{m > 0,\, n \neq 0 \\ m \equiv \varepsilon a_1(N)}} \left(\exp \frac{2\pi i}{N}(mx + \varepsilon a_2)\, n\right) (m\, y)^{-s}\, B\left(1 + \frac{s}{2}, \frac{s}{2}; m\, n\, \frac{y}{N}\right).$$

Daraus folgt wie in (VII) die *Existenz jedes Skalarprodukts*

$$(E_1(s, *; \{a_1, a_2\}, N), \varphi; \Gamma[N]) \qquad (\varphi \in \mathsf{K}_1[N]^+)$$

für $\sigma > -1$ im Sinne absoluter Konvergenz; weil diese für beschränkte s mit $\sigma \geqq -1 + \alpha$ gleichmäßig ist ($\alpha > 0$), stellt jedes Skalarprodukt eine in der Halbebene $\{\sigma > -1\}$ holomorphe Funktion von s dar.

Für die *Nullwerte* $H_1(\tau; \{a_1, a_2\}, N)$ ergibt sich die in τ analytische Fourier-Entwicklung

$$H_1(\tau; \{a_1, a_2\}, N) - \delta_N(a_1, 0)\, \zeta^-(1; a_2, N) - \frac{\pi i}{N} \zeta^-(0; a_1, N)$$

$$- \frac{2\pi i}{N} \sum_{\varepsilon = \pm 1} \varepsilon \sum_{\substack{m, n = 1 \\ m \equiv \varepsilon a_1(N)}}^{\infty} \zeta_N^{2n\,\varepsilon\,a_2} \exp 2\pi i\, m\, n\, \frac{\tau}{N}.$$

Der durch (G.32) hergestellte Zusammenhang zwischen den Eisenstein-Reihen H_r und H_r^* wird im Falle $r = 1$ bei Hecke einer gewissen Modifikation unterworfen, die wir hier, obwohl sie außer einer formalen Vereinfachung nichts einbringt, nachvollziehen. Im übrigen bedeutet die unpräzise Ausdrucksweise von Hecke keineswegs, daß ein (modifizierter) Zusammenhang wieder mit Koeffizienten besteht, die in einer Halbebene $\{\sigma > -\alpha\}$ ($\alpha > 0$) holomorph sind. Was sich de facto ergibt, ist *sehr* viel weniger.

Man setze für $k \in \mathbb{Z}$, $(k, N) = 1$

$$\lambda^-(s; k, N) := \tfrac{1}{2}\left(\lambda(s; k, N) - \lambda(s; -k, N)\right);$$

offenbar ist

$$2\lambda^-(s; k, N) = \zeta^-(s; k', N) \qquad (k' \in \mathbb{Z},\, k\, k' \equiv 1 \bmod N).$$

Analog wird gesetzt

$$\mu^-(s; k, N) := \tfrac{1}{2}\left(\mu(s; k, N) - \mu(s; -k, N)\right).$$

Bezeichnet X_N^- die Nebenklasse der ungeraden Restcharaktere mod N, so erhält man mit Eulerschem φ und Dirichletschen Funktionen $L(s, \chi)$ ($\chi \in X_N^-$)

$$\mu^-(s; k, N) = \frac{1}{\varphi(N)} \sum_{\chi \in X_N^-} \chi(k)\, L^{-1}(s, \chi),$$

woraus aufgrund bekannter Eigenschaften der $L(s, \chi)$ die Existenz eines $\varrho^0 = \varrho^0(N) > 0$ derart folgt, daß jedes $\mu^-(s; k, N)$ (bei gegebenem N) eine im Gebiet

$$\{s \in \mathbb{C} \mid \sigma > 1\} \cup \{s \in \mathbb{C} \mid |s - 1| < \varrho^0(N)\}$$

holomorphe Funktion von s darstellt.

Mit den modifizierten Koeffizienten λ^-, μ^- gelten die *neuen Äquivalenzformeln*

$$H_1^*(s, \tau; \{a_1, a_2\}, N) = \sum_{\substack{k \bmod N \\ (k, N) = 1}} \mu^-(1 + s; k, N)\, H_1(s, \tau; k\,\{a_1, a_2\}, N)$$

(G.37)

$$H_1(s, \tau; \{a_1, a_2\}, N) = \sum_{\substack{k \bmod N \\ (k, N) = 1}} \lambda^-(1 + s; k, N)\, H_1^*(s, \tau; k\,\{a_1, a_2\}, N).$$

Sie zeigen einerseits, daß nicht nur die Nullwerte

$$H_1(\tau; \{a_1, a_2\}, N) := H_1(0, \tau; \{a_1, a_2\}, N) \qquad (N \geq 3, (a_1, a_2, N) = 1),$$

sondern auch die (entsprechenden) Nullwerte $H_1^*(\tau; \{a_1, a_2\}, N)$ wohlbestimmte *ganze Modulformen* der Klasse $\mathsf{K}_1[N]$ darstellen. Man erhält sie bis auf Faktoren ± 1, indem man $\{a_1, a_2\}$ eines der oben definierten Halbsysteme $\mathfrak{h}_N$ durchlaufen läßt.

Wir bezeichnen mit $\Omega_1[N]$ die von diesen Nullwerten aufgespannte lineare Schar $(\Omega_1[N] \subset \mathsf{K}_1[N]^0)$.

Aus (G.37) kann man die wesentliche Aussage über das Verhalten der Nullwerte $H_1^*(\tau; \{a_1, a_2\}, N)$ in den Spitzen ableiten. Man findet aufgrund einer Rechnung für $y > 1$

$$H_1^*(\tau; \{a_1, a_2\}, N) = \left\{ \begin{array}{ll} \varepsilon + i\varrho + O(z), & \text{wenn} \quad \{a_1, a_2\} \equiv \varepsilon\,\{0, 1\} \bmod N \\ i\varrho + O(z) & \text{sonst} \end{array} \right\},$$

wo $z := \exp 2\pi i N^{-1}\tau$ und jeweils ϱ irgendwelche reellen Zahlen bezeichnet $(\varepsilon^2 = 1)$.

Nun sei $\mathfrak{h}_N$ eines der oben eingeführten Halbsysteme mod N mit der Eigenschaft $(a_1, a_2) = 1$ für $\{a_1, a_2\} \in \mathfrak{h}_N$. Wir wählen ein festes $\{b_1, b_2\} \in \mathfrak{h}_N$ und Matrizen A, B mit

$$A = \begin{pmatrix} * & * \\ a_1 & a_2 \end{pmatrix} \in {}_1\Gamma, \qquad B = \begin{pmatrix} * & * \\ b_1 & b_2 \end{pmatrix} \in {}_1\Gamma.$$

Das konstante Glied von $H_1^*(\tau; \{a_1, a_2\}, N)$ in der Spitze $B^{-1}\infty$ entspringt aus der Formel (vgl. (1.25))

$$H_{1\,B}^*(\tau; \{a_1, a_2\}, N) = H_1^*(\tau; \{a_1, a_2\}\,B^{-1}, N)$$

und hat nach dem letzten Resultat den Realteil ε oder 0 ($\varepsilon = \pm 1$) entsprechend $\{a_1, a_2\} \equiv \varepsilon\,\{b_1, b_2\}$ mod N oder nicht, also 1, wenn $\{a_1, a_2\} = \{b_1, b_2\}$ und 0 sonst.

Dies liefert nach einem Heckeschen Schluß das *Reduktionstheorem* in folgender Fassung: Zu jeder Modulform $f \in \mathsf{K}_1[N]^0$ ($N \in \mathbb{Z}, N \geq 3$) gibt es genau ein Linear-Kompositum $\Lambda^* = \Lambda^*(\tau)$ der $H_1^*(\tau; \{a_1, a_2\}, N)$ ($\{a_1, a_2\} \in \mathfrak{h}_N$) mit *reellen* Koeffizienten derart, daß gilt

$$f(\tau) = \Lambda^*(\tau) + \varphi(\tau), \qquad \varphi(\tau) \in \mathsf{K}_1[N]^+.$$

Betrachtet man demgegenüber ein lineares Kompositum $\Lambda = \Lambda(\tau)$ der $H_1^*(\tau; \{a_1, a_2\}, N)$ mit *komplexen* Koeffizienten $\beta(a_1, a_2)$ $(\{a_1, a_2\} \in \mathfrak{h}_N)$, die *nicht sämtlich reell* sind, so liegt die Frage nahe, ob Λ identisch verschwinden muß, wenn Λ in allen Spitzen verschwindet. Diese Frage hängt mit dem nicht einfachen Problem der linearen Relationen zusammen, die zwischen den $H_1^*(\tau; \{a_1, a_2\}, N)$ bestehen und über die Hecke kurz referiert. Die Metrisierung ergibt jedoch unmittelbar, daß Λ identisch verschwinden muß; was natürlich *keineswegs* bedeutet, daß alle Koeffizienten $\beta(a_1, a_2)$ verschwinden müssen.

Die *Orthogonalität* der Nullwerte H_1, H_1^* zur Schar $\mathsf{K}_1[N]^+$ läßt sich genau so wie die entsprechende Aussage im Falle $r = 2$ beweisen (vgl. (VII)). Multipliziert man die zweite Relation (G.37) mit $y^{\frac{1}{2}s}$ und bildet beiderseits das Skalarprodukt mit einer ganzen Spitzenform $\varphi(\tau)$ der Klasse $\mathsf{K}_1[N]$, so erhält man links, wie bemerkt, eine in der Halbebene $\{\sigma > -1\}$ holomorphe Funktion von s, rechts eine für $\sigma > +1$ wohldefinierte holomorphe Funktion von s, die nun nach Satz G.2 und (G.29) identisch verschwindet. Das liefert das *in s identische Verschwinden* aller Skalarprodukte

$$(E_1(s, *; \{a_1, a_2\}, N), \varphi; \Gamma[N]) \qquad (\sigma > -1, \varphi \in \mathsf{K}_1[N]^+)$$

und eine entsprechende Aussage über die $E_1^*(s, \tau; \{a_1, a_2\}, N)$.

Damit erhält man zusammenfassend

Satz G.6. *Es sei $N \in \mathbb{Z}$, $N \geqq 3$. Sowohl alle Nullwerte $H_1(\tau; \{a_1, a_2\}, N)$ als auch alle Nullwerte $H_1^*(\tau; \{a_1, a_2\}, N)$ mit $(a_1, a_2, N) = 1$ stellen (analytische) ganze Modulformen der Klasse $\mathsf{K}_1[N]$ dar. Die beiden Systeme der obigen H_1, H_1^* sind zueinander linear mit reellen Koeffizienten äquivalent. Man erhält die einzelnen Funktionen beider Systeme bis auf Faktoren ± 1 sämtlich, indem man $\{a_1, a_2\}$ eines der oben definierten Halbsysteme $\mathfrak{h}_N$ mod N durchlaufen läßt. Die von ihnen (mit komplexen Koeffizienten) aufgespannte lineare Schar $\Omega_1[N]$ kann durch Linearkombination der $H_1^*(\tau; \{a_1, a_2\}, N)$ $(\{a_1, a_2\} \in \mathfrak{h}_N)$ bereits mit reellen Koeffizienten gewonnen werden. Diese sind durch die so dargestellte Funktion $\Lambda \in \Omega_1[N]$ eindeutig bestimmt. Neben dem zitierten Reduktionstheorem gilt*

(a) $\dim_{\mathbb{C}} \Omega_1[N] = \frac{1}{2} \sigma[N]$ *(vgl. Satz und Korollar 1.13).*

(b) $\Omega_1[N] = \mathsf{K}_1[N]^{\perp}$ *(= Orthogonalschar zu $\mathsf{K}_1[N]^+$ in $\mathsf{K}_1[N]^0$).* —

Danach ist jede Funktion Λ von $\Omega_1[N]$ durch die Realteile ihrer konstanten Glieder in den Spitzen (eines Vertretersystems der Spitzenbahnen) eindeutig bestimmt, und die vektorielle Zusammenfassung dieser konstanten Glieder der Funktionen Λ ergibt einen *isotropen Vektorraum der Dimension* $\frac{1}{2} \sigma[N]$ *in* $\mathbb{C}^{\sigma[N]}$.

Literatur-Angaben

Das folgende Literatur-Verzeichnis ist von irgendeiner Vollständigkeit vermutlich weit entfernt. Zusätzliche Informationen können aus den Literatur-Verzeichnissen der hier zitierten Werke entnommen werden.

1. van der Blij, F.: On the theory of simultaneous linear and quadratic representation I – V; Indagationes Mathematicae, vol. *IX* (1947), p. 16, 26, 129, 188, 248

2. Brandt, H.: Über Stammformen; Ber. Verh. Sächs. Akad. Wiss. Leipzig, Bd. *100* (1952), S. 3

2*. Cohen, H.: Formes modulaires à une et deux variables; Thèse, Bordeaux 1976.

2a. Deligne, P.: Formes modulaires et représentations l-adiques; Springer Lecture Notes Nr. *179*, S. 139

2b. Deligne, P.: La conjecture de Weil I; Publ. Math. I. H. E. S., vol. *43* (1974), S. 273

3. Ebel, Ilse: Analytische Bestimmung der Darstellungsanzahlen natürlicher Zahlen durch spezielle ternäre quadratische Formen mit Kongruenzbedingungen; Math. Zeitschr. *64* (1956), S. 217

4. Glaisher, J. W. L.: On the representations of a number as the sum of two, four, six, eight, ten and twelve squares; Quart. Journ. Math. *38* (1907), S. 1

5. Glaisher, J. W. L.: On the representations of a number as the sum of fourteen and sixteen squares; Quart. Journ. Math. *38* (1907), S. 178

6. Glaisher, J. W. L.: On the representations of a number as the sum of eighteen squares; Quart. Journ. Math. *38* (1907), S. 289

7. Goldberg, K.: s. 10

8. Gundlach, K.-B.: On the representation of a number as a sum of squares; Glasgow Math. Journ. Bd. *19* (1978), S. 173

9. Gupta, Hansraj: On the class numbers of binary quadratic forms; Univ. Nac. Tucuman Revista A 3 (1942), S. 21

10. Haynsworth, Emilie V., and Goldberg, K.: Nr. *23*. Bernoulli and Euler Polynomials – Riemann Zeta Function in: Milton Abramowitz and Irene A. Stegun (National Bureau of Standards): Handbook of Mathematical functions . . . , Tenth Printing, Dec. 1972, Washington, D.C.; S. 803

11. Hecke, E.: Mathematische Werke, Vandenhoeck u. Ruprecht, Göttingen 1959; insbes.
Nr. *23*: Zur Theorie der elliptischen Modulfunktionen; S. 428;
Nr. *24*: Theorie der Eisensteinschen Reihen höherer Stufe und ihre Anwendung auf Funktionentheorie und Arithmetik; S. 461;
Nr. *33*: Über die Bestimmung Dirichletscher Reihen durch ihre Funktionalgleichung; S. 591

12. Hilbert, D.: Die Theorie der algebraischen Zahlkörper (Zahlbericht); Ges. Abhandl. Bd. *1*, Springer 1932, S. 63; insbes. 17., S. 161 ff.

13. Hurwitz, A.: Elliptische Funktionen, in: Hurwitz-Courant-Röhrl: Allgemeine Funktionentheorie . . . , 4. Aufl.; Springer-Verlag 1964, Zweiter Abschnitt, S. 146

14. Jacobi, C. G. J.: Ges. Werke, Bd. *1*, herausgg. von C. W. Borchardt; Verlag G. Reimer, Berlin 1881

15. Klein, F.: Vorlesungen über die Theorie der elliptischen Modulfunktionen; ausgearbeitet und vervollständigt von R. Fricke; Teubner, Leipzig; Bd. *1* (1890), Bd. *2* (1892)

15*. Knopp, M. I.: Modular Functions in Analytic Number Theory; Markham Publishing Comp., Chicago 1970.

16. Landau, E.: Einführung in die elementare und analytische Theorie der algebraischen Zahlen und Ideale; Teubner, Leipzig und Berlin (1918)

17. van Lint, J. H.: Hecke operators and Euler products; Diss. Utrecht 1957

18. Maaß, H.: Konstruktion ganzer Modulformen halbzahliger Dimension mit ϑ-Multiplikatoren in einer und zwei Variablen; Abhandl. a. d. Math. Seminar Univ. Hamburg, Bd. 12 (1937), S. 133

19. Maaß, H.: Analytische Zahlentheorie II; Vorlesungs-Ausarbeitung Heidelberg 1950/51

20. Meyer, C.: Bemerkungen zum Satz von Heegner-Stark über die imaginär-quadratischen Zahlkörper mit der Klassenzahl Eins; Journ. Reine Angew. Math. 242 (1970) S. 179. — Die Abhandlung enthält in der Einleitung eine Darstellung der — nicht unkomplizierten — Entdeckungsgeschichte des gen. Satzes mit Hervorhebung der Anteile von Hecke, Mordell, Deuring, Heilbronn, Linfoot, Heegner, Stark und Siegel, insbesondere des asymptotischen Resultats des letzteren aus dem Jahre 1935. Entsprechende Literaturzitate werden hier nicht wiederholt

21. Petersson, W. H.: Über die Entwicklungskoeffizienten der ganzen Modulformen und ihre Bedeutung für die Zahlentheorie; Abhandl. a. d. Math. Seminar Univ. Hamburg, Bd. 8 (1931), S. 215

22. Petersson, W. H.: Zur analytischen Theorie der Grenzkreiskruppen I, II; Math. Annalen 115 (1937/38), S. 28, 175

23. Petersson, W. H.: Über die Berechnung der Skalarprodukte ganzer Modulformen; Comm. Math. Helv. Bd. 22 (1949), S. 168

24. Petersson, W. H.: Über automorphe Orthogonalfunktionen und die Konstruktion der automorphen Formen von positiver reeller Dimension; Math. Annalen 127 (1954), S. 33

25. Petersson, W. H.: Über eine Zerlegung des Kreisteilungspolynoms von Primzahlordnung; Math. Nachr. Bd. 14 (1956), S. 361

26. Petersson, W. H.: Über Betragmittelwerte und die Fourier-Koeffizienten der ganzen automorphen Formen; Archiv Math. IX (1958), S. 176

27. Petersson, W. H.: Die Systematik der abelschen Differentiale in der Grenzkreisuniformisierung; Annales Acad. Sci. Fennicae, Series A, I. Mathematica, 276 (1960)

28. Petersson, W. H.: Über eine Spurbildung bei automorphen Formen; Math. Zeitschrift 96 (1967), S. 296

29. Petersson, W. H.: Über die Konstruktion zykloider Kongruenzgruppen in der rationalen Modulgruppe; Journ. Reine Angew. Math. Bd. 250 (1971), S. 182

30. Petersson, W. H.: Über Thetareihen zu großen Untergruppen der rationalen Modulgruppe; Sitz. Ber. Akad. Wiss. Heidelberg, Math.-Naturw. Klasse 1972, 1. Abhandl.

31. Petersson, W. H.: Über die Primformen der Hauptkongruenzgruppen; Abhandl. a. d. Math. Sem. Univ. Hamburg 38 (1972), S. 8

31*. Pfetzer, W.: Die Wirkung der Modulsubstitutionen auf mehrfache Thetareihen zu quadratischen Formen ungerader Variablenzahl, Archiv Math. IV (1953), S. 448

32. Rankin, R. A.: On the representation of a number as the sum of any number of squares, and in particular of twenty; Acta Arithm. 7 (1962), S. 399

33. Rankin, R. A.: Hecke operators on congruence subgroups of the modular group; Math. Annalen 168 (1967), S. 40

34. Rankin, R. A.: Modular forms and functions; Cambr. Univ. Press 1977

35. Schoeneberg, B.: Über den Zusammenhang der Eisensteinschen Reihen und der Thetareihen mit der Diskriminante der elliptischen Funktionen; Math. Annalen 126 (1953), S. 177

36. Schoeneberg, B.: Elliptic Modular Functions; Springer Verlag 1974

37. Shimura, G.: Introduction to the arithmetic theory of automorphic functions; Iwanami Shoten, Publishers, and Princeton Univ. Press 1971

38. Siegel, C. L.: Ges. Abhandl., 3 Bde., Springer-Verlag 1966; s. insbes. Nr. 20: Über die analytische Theorie der quadratischen Formen; Bd. I, S. 326

39. van der Waerden, B. L., und Gross, H. (Herausg.): Studien zur Theorie der quadratischen Formen; Birkhäuser Verlag 1968

40. Weil, A.: On some exponential sums; Proc. Nat. Acad. Sci. USA 34 (1948), S. 204

41. Zassenhaus, H.: Tabelle der Absolutglieder der Eisenstein-Reihen $E_2(\tau)$ für die ersten Primzahlen und Dimensionen, Abhandl. a. d. Math. Seminar Univ. Hamburg 14 (1941), S. 285

42. (Anm.) Es ist mir nicht gelungen, die Literaturstelle des folgenden schönen Satzes von G. Shimura zu finden: Es sei $N \in \mathbb{N}$, $\varphi\,(\tau)$ eine ganze Spitzenform der Klasse $\{\Gamma\,[N], -2, 1\}$. Die Koeffizienten der Entwicklung

$$\varphi\,(\tau) = \sum_{n=1}^{\infty} c_n \exp 2\,\pi\,i\,\frac{\tau}{N}\,n$$

genügen für jedes $\varepsilon > 0$ der Abschätzung

$$c_n = O\,(n^{\frac{1}{2}+\varepsilon}) \quad (n \to \infty)$$

Die folgenden Angaben betreffen die Gegenstände der Anhänge D und E, über die eine unerwartet reichhaltige Literatur existiert. Die Zitate sind durch ein vorgestelltes D gekennzeichnet.

D. 1. Apostol, T. M.: A short proof of Shô Iseki's functional equation; Proc. Amer. Math. Soc. *15* (1964), S. 618

D. 2. Berndt, Bruce C.: Generalized Dedekind eta functions and generalized Dedekind sums; Trans. Amer. Math. Soc. *178* (1973), S. 495

D. 3. Carlitz, L.: Dedekind sums and Lambert series; Proc. Amer. Math. Soc. *5* (1954), S. 580

D. 4. Dedekind, R.: Erläuterungen zu den Fragmenten *XXVII*, in: B. Riemann [D.18], S. 427, 438

D. 5. Fischer, W.: On Dedekind's function $\eta\,(\tau)$; Pacif. Journ. Math. *1* (1951), S. 83

D. 6. Franklin, F.: Comptes rendues, Paris, Bd. *92* (1881), S. 448

D. 7. Goldstein, L. and de la Torre, P.: On the transformation of log $\eta\,(\tau)$; Duke Math. Journ. *41* (1974), S. 291

D. 8. Hardy, G. H. and Wright, E. M.: An introduction to the theory of numbers, Fifth ed.; Oxford 1979. Zu [D.6] s. 19.9, 10, 11

D. 9. Iseki, Shô: A proof of a transformation formula in the theory of partitions; Journ. Math. Soc. Japan *4* (1952), S. 14

D.10. Iseki, Shô: The transformation formula for the Dedekind modular function and related functional equations; Duke Math. Journ. *24* (1957), S. 653

D.11. Koecher, M.: Ein neuer Beweis der Kroneckerschen Grenzformel; Archiv Math. Bd. *4* (1953), S. 316

D.12. Lewittes, J.: Analytic continuation of Eisenstein series; Trans. Amer. Math. Soc. *171* (1972), S. 469

D.13. van Lint, J. H.: On the multiplier system of the Riemann-Dedekind function η; Nederl. Akad. Wetensch. Proc. *A 61* (1958), S. 522

D.14. Meyer, C.: Über die Dedekindsche Transformationsformel für log $\eta\,(\tau)$; Abhandl. Math. Sem. Univ. Hamburg *30* (1967), S. 129

D.15. Rademacher, H.: Bestimmung einer gewissen Einheitswurzel in der Theorie der Modulfunktionen; Journ. Lond. Math. Soc. *7* (1932), S. 14

D.16. Rademacher, H.: On the transformation of log $\eta\,(\tau)$; Journ. Indian Math. Soc. *19* (1955), S. 25

D.17. Rademacher, H. and Grosswald, E.: Dedekind sums; The Carus Mathematical Monographs Nr. *16* (1972)

D.18. Riemann, G. B.: Ges. Math. Werke, 1. Aufl., Leipzig 1876; *XXVII*: Fragmente über die Grenzfälle der elliptischen Modulfunktionen, S. 427

D.19. Schoeneberg, B.: Über das unendliche Produkt $\prod_{k=1}^{\infty} (1 - x^k)$; Mitt. Math. Ges. Hamburg *9* (1968), S. 4; s. a. [36], III, § 2, 3

D.20. Sczech, R.: Ein einfacher Beweis der Transformationsformel für log $\eta\,(\tau)$; Math. Annalen *237* (1978), S. 161

D.21. Siegel, C. L.: A simple proof of $\eta\,(-1/\tau) = \eta\,(\tau)\,\sqrt{\tau/i}$; s. [38], Bd. III, Abhandlung Nr. 62, S. 188

D.22. Weil, A.: Sur une formule classique; Journal Math. Soc. Japan *20* (1968), S. 400

D.23. Weil, A.: Remarks on Hecke's Lemma and its Use; Algebraic number theory, Symposium Kyoto 1976; Tokyo 1977

Symbolverzeichnis

Sachverzeichnis

Ergebnisse der Mathematik und ihrer Grenzgebiete

A Series of Modern Surveys in Mathematics

Springer-Verlag Berlin Heidelberg NewYork